Adolf Opderbecke

DER MAURER

REPRINT – VERLAG
LEIPZIG

© REPRINT-VERLAG-LEIPZIG
Volker Hennig, Goseberg 22-24, 37603 Holzminden
ISBN 3-8262-1504-4

7. Reprint der Originalausgabe von 1910
nach dem Exemplar des Verlagsarchives

Lektorat: Andreas Bäslack, Leipzig
Einbandgestaltung: Jens Röblitz, Leipzig
Gesamtfertigung: Westermann Druck Zwickau GmbH

DAS HANDBUCH

DES

BAUTECHNIKERS

EINE ÜBERSICHTLICHE ZUSAMMENFASSUNG DER AN BAU-
GEWERKSCHULEN GEPFLEGTEN TECHNISCHEN LEHRFÄCHER

***

ZUM GEBRAUCHE

FÜR

STUDIERENDE UND AUSFÜHRENDE BAUTECHNIKER

UNTER MITWIRKUNG

VON

ERFAHRENEN BAUGEWERKSCHULLEHRERN

HERAUSGEGEBEN

VON

HANS ISSEL

ARCHITEKT, ORDENTLICHER LEHRER FÜR HOCHBAU AN DER KGL. BAUGEWERKSCHULE
IN HILDESHEIM

II. BAND

DER MAURER

LEIPZIG 1910

VERLAG VON BERNH. FRIEDR. VOIGT.

DER MAURER

UMFASSEND:

DIE GEBÄUDEMAUERN, DEN SCHUTZ DER GEBÄUDEMAUERN UND FUSSBÖDEN GEGEN BODENFEUCHTIGKEIT, DIE DECKEN, DIE KONSTRUKTION UND DAS VERANKERN DER GESIMSE, DIE FUSSBÖDEN, DIE PUTZ- UND FUGEARBEITEN, DIE WIEDERHERSTELLUNGS- UND UMBAUARBEITEN

FÜR DEN SCHULGEBRAUCH UND DIE BAUPRAXIS

BEARBEITET

VON

PROF. **ADOLF OPDERBECKE**

DIREKTOR DER KÖNIGL. GEWERBESCHULE IN THORN

MIT 808 TEXTABBILDUNGEN UND 23 TAFELN

VIERTE VERBESSERTE UND VERMEHRTE AUFLAGE

LEIPZIG 1910

VERLAG VON BERNH. FRIEDR. VOIGT.

Vorwort
zur ersten Auflage

Bei Abfassung dieses Bandes leitete mich, ebenso wie bei meinen seitherigen Arbeiten, die Absicht, den Schülern der Baugewerkschulen und denjenigen Bautechnikern und jüngeren Baugewerksmeistern, die ihre theoretische Ausbildung auf einer solchen Lehranstalt erfahren haben, ein Lehr- und Nachschlagebuch an die Hand zu geben, welches über die Konstruktionen, praktischen Erfahrungen und Regeln aus dem Gebiete des Steinbaues in leicht verständlicher Form Aufschluß gibt. Aus diesem Grunde habe ich besonders diejenigen Konstruktionen hervorzuheben gesucht, welche bei Hochbauausführungen alltäglich in Stadt und Land zur Anwendung gelangen, aber auch solchen Konstruktionen Aufmerksamkeit geschenkt, die ihr Dasein den gewaltigen Fortschritten verdanken, welche seit etwa 40 Jahren in der Herstellung künstlicher Baustoffe gemacht worden sind.

Aus den gleichen Gründen, welche bei der Bearbeitung des ersten, die Arbeiten des Zimmermanns behandelnden Bandes dieses Handbuches bestimmend waren, habe ich auch im vorliegenden Falle von statischen Untersuchungen der Konstruktionen, die ja überdies nur bei größeren Gewölbekonstruktionen unentbehrlich sind, Abstand genommen und mich mit der Wiedergabe der durch die Erfahrung gegebenen, empirischen Regeln begnügt.

Der Text wurde so knapp als möglich zusammengestellt und das Hauptgewicht auf klare und zahlreiche Abbildungen gelegt, da diese weit mehr als die ausführlichsten Beschreibungen geeignet sein dürften, das Verständnis für Wesen, Wert und Zweck einer Konstruktion zu wecken.

Möchte die vorliegende Arbeit sich als willkommenes Hilfsmittel bei Lehrenden und Lernenden erweisen!

Cassel, im Februar 1900

Der Verfasser

Vorwort

zur zweiten Auflage

Der Absatz von 3000 Exemplaren der ersten Auflage in dem verhältnismäßig kurzen Zeitabschnitte von $2^{1}/_{2}$ Jahren ist mir Beweis, daß die Arbeit in Fachkreisen im allgemeinen günstig beurteilt worden ist, und daß die Grundsätze, welche mich bei der erstmaligen Bearbeitung leiteten, dem Bedürfnis entsprechen. Demgemäß lag kein Grund vor, von den einmal gewählten Richtlinien bei der Umarbeitung abzuweichen.

Sehr begrüßt habe ich das Zugeständnis der Verlagsbuchhandlung, der zweiten Auflage einen nicht unwesentlich erweiterten Raum zuzuweisen, und ich habe dieses benutzt, um als neue Kapitel den Schutz der Gebäudemauern gegen Bodenfeuchtigkeit und das Verankern weit ausladender Gesimse zu bearbeiten, dabei aber auch einige Erweiterungen bei den Abschnitten „Mauern aus Werksteinen" und „Gewölbe" vorzunehmen.

Zerbst, im November 1902

Der Verfasser

Vorwort

zur vierten Auflage

Von vielen Fachkollegen ist mir wiederholt der Wunsch kundgegeben worden, bei einer Neuauflage eine Erweiterung dieses Bandes durch Hinzufügung einer kurzen Abhandlung über „Wiederherstellungs- und Umbauarbeiten" eintreten zu lassen. Dieser Anforderung bin ich durch Angliederung eines besonderen Kapitels am Schlusse des Bandes nachgekommen.

Die übrigen Kapitel haben ebenfalls an vielen Stellen Erweiterungen sowie Abänderungen erfahren und sind sowohl hinsichtlich der Abbildungen wie des Textes einer eingehenden Durchsicht unterzogen worden.

Thorn, im Oktober 1909

Der Verfasser

Inhaltsverzeichnis

Allgemeines.

Während der Maurer früher fast ausschließlich nur diejenigen Konstruktionen ausführte, zu deren Herstellung als Hauptstoff Steine erforderlich sind, ist in den letzten Jahrzehnten eine gewaltige Ausdehnung seines Wirkungskreises durch die Aufnahme und Anwendung von Konstruktionen erfolgt, die aus Mörtelkörpern, vornehmlich Betonkörpern aus Portlandzement mit Eiseneinlagen (Eisenbeton), bestehen und die bei Hochbauten hauptsächlich Verwendung zur Herstellung von Fundierungsarbeiten, wasserdichten Gruben, Decken und Stützen, in beschränktem Maße auch zur Ausführung von Mauern finden. (Vergl. Haberstroh, Der Eisenbeton im Hochbau, Verlag von Bernh. Friedr. Voigt in Leipzig. Preis 5 M.)

Die Steine können sowohl in ihrem Urzustande, wie sie in der Natur in gebirgigen Gegenden vorkommen, oder als künstliche Steine, welche durch Brennen oder durch die Einwirkung des Wassers, starken Druckes oder der Luft die nötige Härte erlangt haben, Verwendung finden.

Von den natürlichen Steinen werden zumeist die verschiedenen Sand- und Kalksteine, dann aber auch Granit, Syenit, Porphyr, Diorit, Lava, Gneis, Trachyt und viele andere Felsarten verwendet.

Aus Ton gebrannte Steine, sogenannte Backsteine oder Ziegelsteine, dienen namentlich zur Herstellung von Mauern, massiven Decken (Gewölben und Horizontaldecken mit oder ohne Eiseneinlagen), Fuß-böden und Gesimsen. Gegenüber den natürlichen Steinen kennzeichnen sie sich durch ihre regelmäßige prismatische Form und ihre geringen Abmessungen, welche in ganz bestimmten Verhältnissen zueinander stehen müssen, um einen regelrechten Mauerverband herstellen zu können. Die meisten deutschen Staaten haben für ihre Bauausführungen das sogen. Normalformat — $250 \times 120 \times 65$ mm — vorgeschrieben

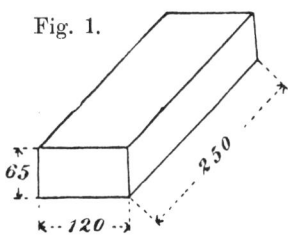

Fig. 1.

(Fig. 1). Abweichungen von diesen Maßen werden seitens der preußischen Staatsbauverwaltung nur dann gestattet, wenn in der Gegend der beabsichtigten Bauausführung keine Steine dieses Formates zu haben sind. Letzteres trifft namentlich für die Gegenden um Hamburg, Bremen und Oldenburg zu.

Gebrannte Tonplatten werden vielfach zur Ausführung von Fußböden (Fliesen) und zur Verkleidung innerer Wände (Wandplättchen) verwendet, während poröse, durchlochte oder wasserdichte glasierte Tonröhren zur Herstellung von Entwässerungsanlagen dienen.

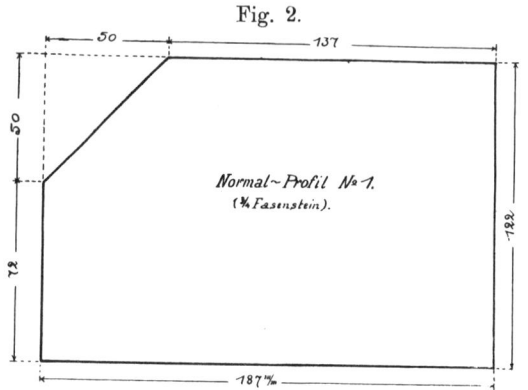

Fig. 2.

Normal~Profil № 1.
(¾ Fasenstein).

Soll Backsteinmauerwerk eine äußere Verblendung mit anderem besseren Material erhalten, so können hierfür natürliche Steine oder Backsteine, welche aus besonders gutem und sorgfältig vorbereitetem Ton hergestellt sind, die sogen. Verblendsteine, Verwendung finden. Die den inneren Kern des Mauerwerkes bildenden Steine bezeichnet man dann als Hintermauerungssteine. Je nachdem diese in Formkästen mit der Hand gestrichen oder durch Maschinen hergestellt worden sind, spricht man auch von Handsteinen und Maschinensteinen.

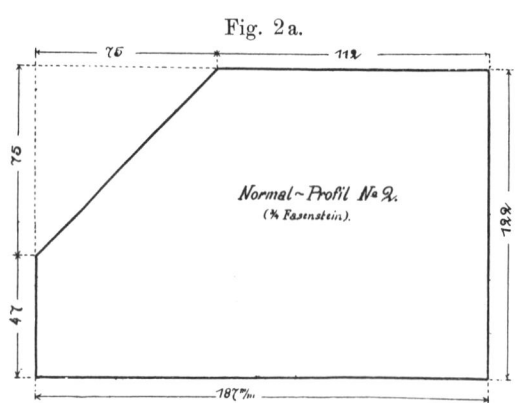

Fig. 2a.

Normal~Profil № 2.
(¾ Fasenstein).

Das Brennen der Ziegelsteine erfolgt entweder in Feldziegelöfen oder in besonders erbauten Brennöfen (Ringöfen) mit ununterbrochenem Betriebe, und man unterscheidet hiernach Feldbrand- und Ofenbrandsteine. Steine der ersteren Art geben nur teilweise brauchbares Material, da die den Feuerzügen zunächst befindlichen Steine meist geschmolzen, zusammengesintert, die den Außenwandungen des Ofens zunächst befind-

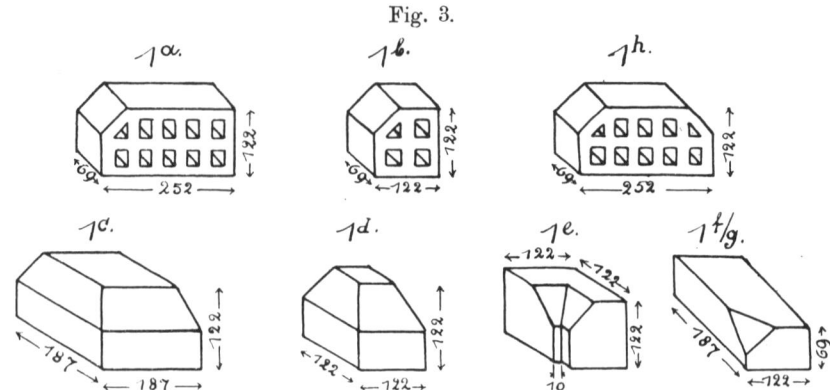

Fig. 3.

lichen Steine dagegen ungar und rissig sind. Auch werden die Steine dadurch, daß sie mit dem Brennstoffe in unmittelbare Berührung kommen, und die Spalten zwischen den Steinen teilweise durch Kohlengrus verstopft sind, durch anbackende Asche und Schlacken stark verunreinigt, auch entsteht durch Bruch der Steine

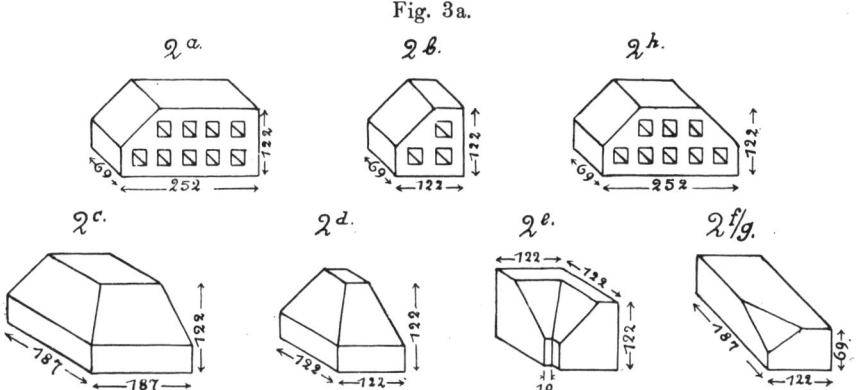

Fig. 3a.

viel Verlust, so daß ein Feldofen meist nicht mehr als $^2/_3$ brauchbare Ware liefert. Die Anfertigung von Feldbrandsteinen kann deshalb nur dann in Frage kommen, wenn brauchbare Ziegelerde sich auf dem Bauplatze vorfindet, gute und preiswerte Ofenbrandsteine aber in der Nähe der Baustelle nicht zu haben sind.

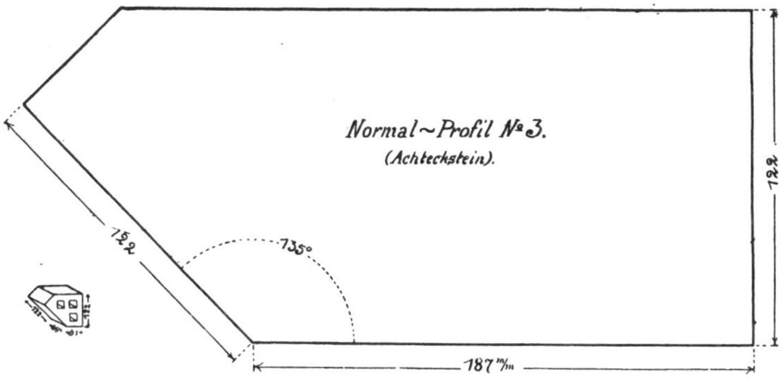

Die Frage, ob Hand- oder Maschinensteine den Vorzug verdienen, bedarf in jedem einzelnen Falle der Prüfung; die Antwort wird sich nach der Art des auszuführenden Baues (ob Putz- oder Verblendbau), nach der Herstellungsweise der Handsteine und nach der Beschaffenheit der Maschinensteine richten müssen. Im allgemeinen lassen sich die Handsteine besser zuhauen und gehen auch eine innigere Verbindung mit dem Mörtel ein, als die Maschinensteine. Da ihre Herstellung aber nur noch in kleineren Betrieben erfolgt, so kommen sie für größere Bauausführungen kaum noch in Frage.

Fig. 4.

Normal~Profil № 3.
(Achteckstein).

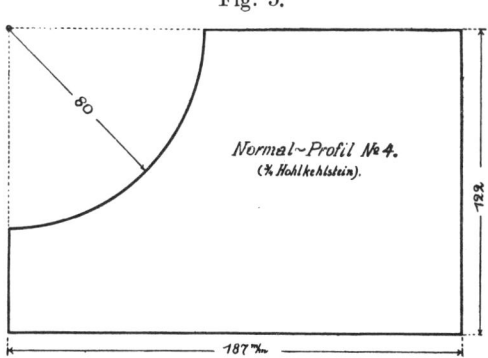

Fig. 5.

Normal~Profil № 4.
(½ Hohlkehlstein).

Sollen Steine mit möglichst geringem Gewicht Verwendung finden (zur Ausmauerung nicht unterstützter Wände, für die Ausführung unbelasteter Gewölbe mit großen Spannweiten usw.), so mischt man der Tonmasse solche Gegenstände (Sägespäne, Braunkohlengrus) bei, die beim Brennen vernichtet werden.

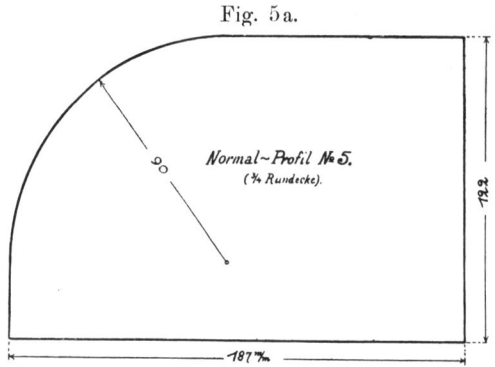

Fig. 5a.

Normal~Profil № 5.
(¾ Rundecke).

Im Handel bezeichnet man diese Steine als „poröse Mauersteine". Gleichen Zwecken dienen auch die „Lochsteine", welche mit senkrechten oder wagerechten, viereckigen oder runden Oeffnungen versehen sind.

Um den Verblendsteinen eine bestimmte und gleichmäßige Färbung zu geben, kann man verschiedene Tonarten mischen, welche sich heller oder dunkler brennen, oder dem Tone gewisse Mineralien beimengen. Diese Herstellungsweisen ergeben Steine, welche außen und innen, also durch und durch, eine gleichmäßige Färbung zeigen. Ein anderes Verfahren besteht darin,

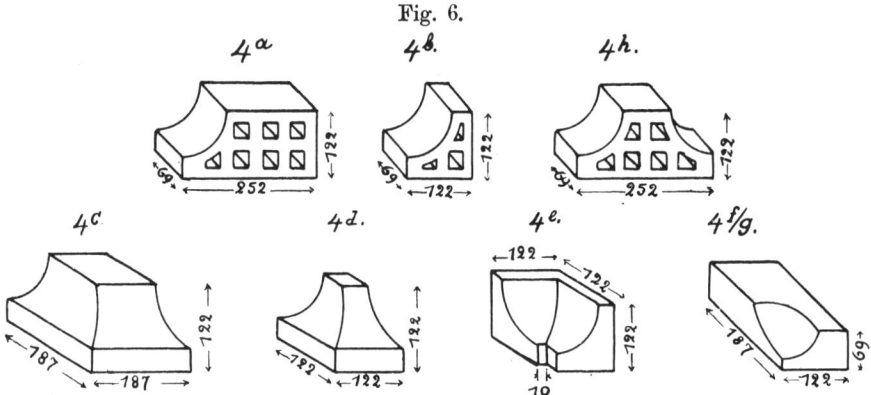

Fig. 6.

daß man die lufttrockenen Verblender mit den Sichtflächen in dünnflüssigen, durch chemische Beimengungen gefärbten Tonbrei eintaucht und sie dann brennt.

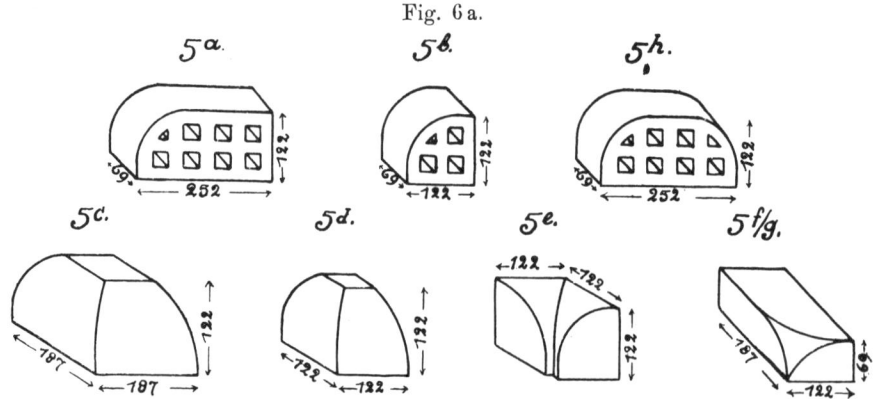

Fig. 6a.

Auf diese Art gefärbte Steine bezeichnet man als „engobierte Verblendsteine" (vom franz. engober = angießen, mit Farberde angießen).

Glasursteine werden auf ähnliche Weise gewonnen, indem man die bereits gebrannten Steine mit einer Glasurmasse, welche in jeder beliebigen Färbung hergestellt werden kann, überzieht und sie dann nochmals brennt.

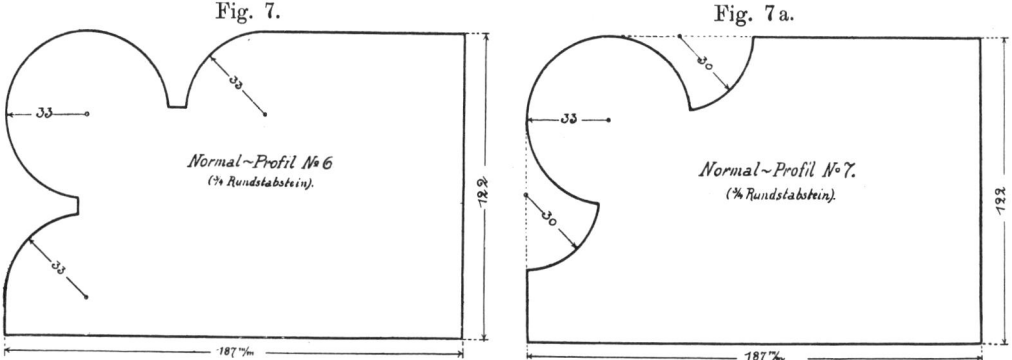

Fig. 7.   Fig. 7a.

Eine gelbliche oder bräunliche Glasur kann man den Steinen auch dadurch geben, daß man in die in Weißglut stehenden Kammern des Brennofens Kochsalz streut.

Das Format der Verblendsteine ist meist ein etwas größeres (252 × 122 × 69 mm), als das der gewöhnlichen Mauersteine,

Fig. 8.

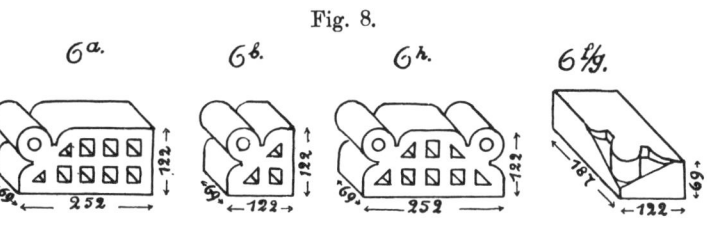

damit, des besseren Aussehens wegen, die Fugen schwächer als die der Hintermauerung werden.

Zur Herstellung profilierter senkrechter, wagerechter oder bogenförmiger Gliederungen dienen besonders gestaltete Steine, welche von den meisten größeren Ziegeleien hergestellt werden und von denen gewisse Formen unter der Bezeichnung „Normalformsteine"

Fig. 8a.

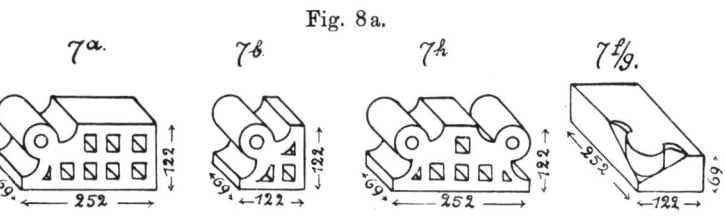

von den Werken und größeren Baumaterialienhändlern auf Lager gehalten werden. Die Abmessungen und Formen derselben sind von dem Architekten-Verein zu Berlin und dem Deutschen Vereine für Fabrikation von Ziegeln, Tonwaren, Kalk und Zement festgelegt worden.

Als Fasensteine dienen die Steine Nr. 1 und 2 (Fig. 2 und 2a), welche sowohl zur Herstellung von Flachschichten als auch von Rollschichten Verwendung finden können, je nachdem sie eine Höhe von 69 oder von 122 mm haben. Zu Flachschichten werden halbe, dreiviertel und ganze Steine mit einseitiger oder zweiseitiger Abfasung, sowie in der Form von Anfängersteinen (vgl. 1 f/g und

2 f/g, Fig. 3 und 3a) verwendet, während für Rollschichten besondere Ecksteine (vgl. 1c, 1d, 1e und 2c, 2d, 2e, Fig. 3 und 3a), im übrigen aber die Formen 1b und 2b in hochkantiger Lage Verwendung finden.

Fig. 9.

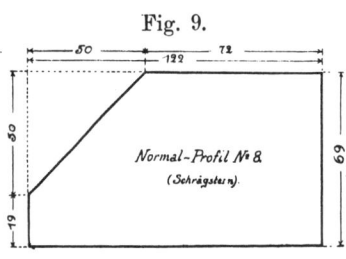

Normal-Profil № 8
(Schrägstein).

Zur Aufführung von Mauerecken, die im Grundriß einen Winkel von 135° einschließen, dient der Stein Nr. 3 (Fig. 4), der die Bezeichnung „Achteckstein" führt. Der Verband wird dadurch erzielt, daß der Stein in den aufeinanderfolgenden Schichten abwechselnd auf die untere und obere Auflagerseite gelegt wird.

Die Hohlkehlsteine (Fig. 5) und Rundeck- oder Wulststeine (Fig. 5a) werden ebenso wie die Fasensteine für die Vermauerung in Flach- und Rollschichten hergestellt (vgl. die Fig. 6 und 6a), während die Rundstabsteine (Fig. 7 bis 8a) ausschließlich für Flachschicht-Mauerung Verwendung finden.

Fig. 9a.

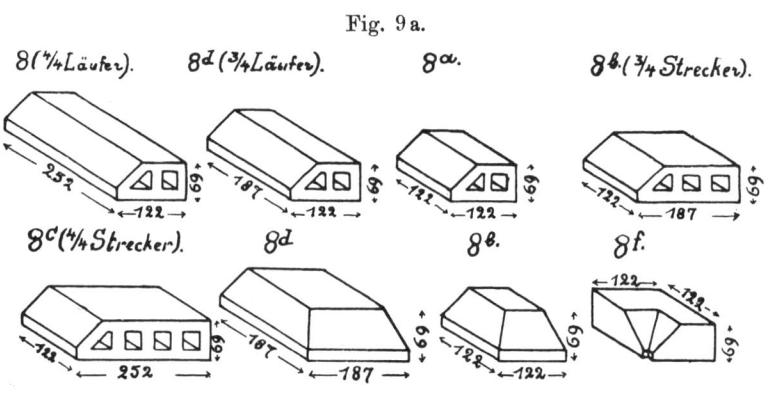

8 (¼ Läufer).   8d (¾ Läufer).   8α.   8b. (¾ Strecker).

8c (¼ Strecker).   8d   8e.   8f.

Zur Herstellung der Wasserschläge bei Fensterbrüstungen und Gesimsen dienen die Schrägsteine, welche entweder mit vorderer gerader Abkantung (vergl.

Fig. 9 und 9a), mit Abrundung (Fig. 10 bis 11a) oder mit nach unten vortretender Nase (Fig. 12 bis 13a) versehen sind und deren schräge Fläche eine solche

Fig. 10.   Fig. 10a.

A.

½ Normal~Schrägstein.
2 Schichten = ¼ St. Rücksprung.

B.

½ Normal~Schrägstein.
3 Schichten = ¼ St. Rücksprung.

Fig. 11.

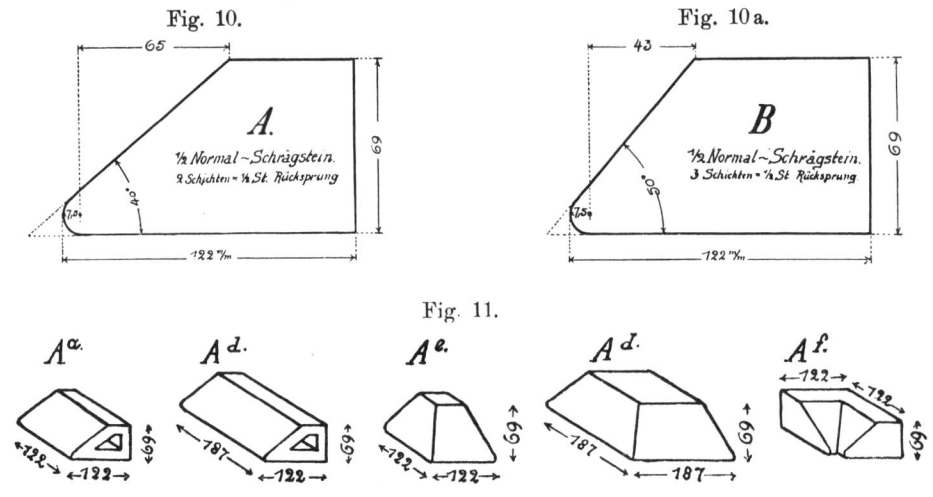

Aα.   Ad.   Ae.   Ad.   Af.

Neigung erhalten hat, daß der Rücksprung gleich einer halben Steinbreite entweder durch 2 oder 3 Mauerschichten (vgl. Fig. 10 bis 12a) vermittelt wird.

Fig. 11a.

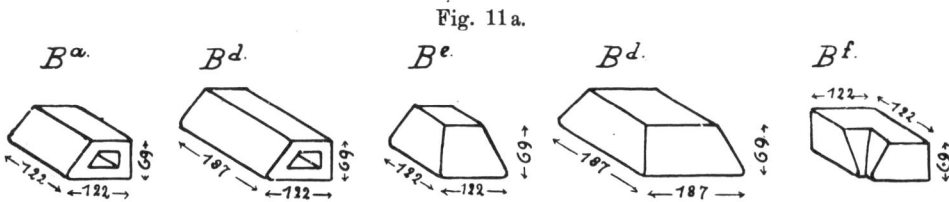

Da es für manche Zwecke erwünscht ist, zur Vermittelung verschiedener Mauerfluchten noch weitere Schrägsteine zur Verfügung zu haben, so halten die

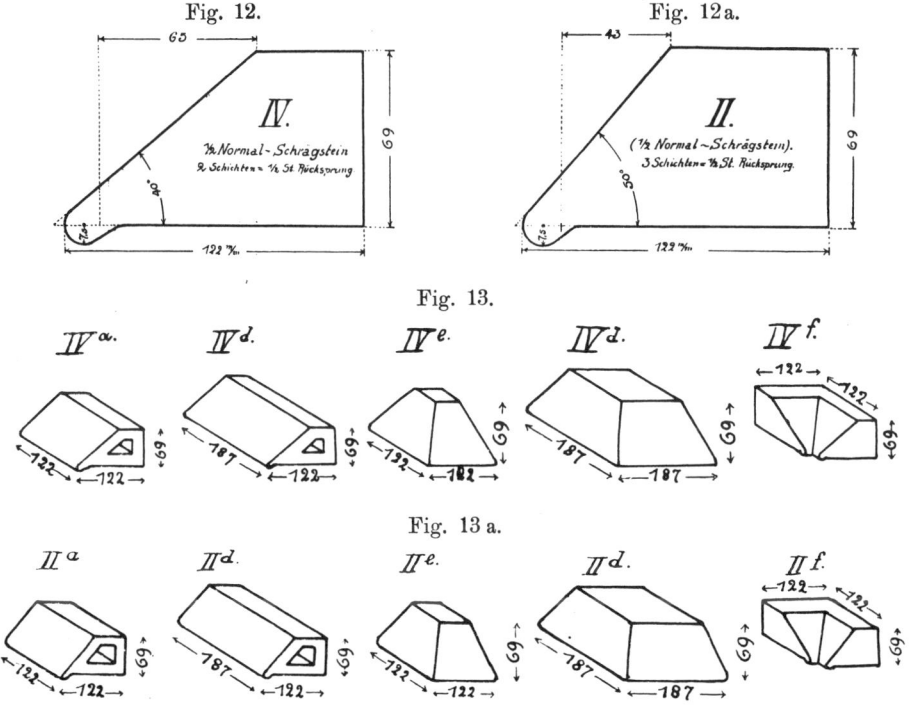

Fig. 12.   Fig. 12a.

Fig. 13.

Fig. 13a.

meisten größeren Ziegeleien neben den Normal-Schrägsteinen auch andere Formen auf Lager. Einige Beispiele hierfür veranschaulichen die Fig. 14 bis 18a, welche dem Musterbuche der Ziegeleiwerke Siegersdorf i. Schl. entnommen sind.

Den gleichen Zwecken wie die Schrägsteine können die Wulststeine und die Hohlkehlsteine (Fig. 19 bis 20a) dienen, welche jedoch, im Gegensatz zu

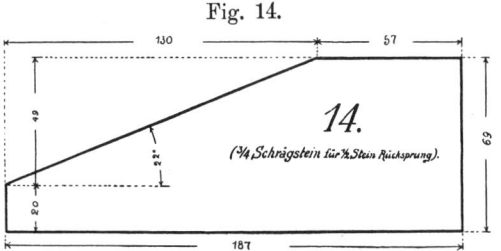

Fig. 14.

den durch die Fig. 5 bis 6a wiedergegebenen Normalsteinen, ausschließlich Verwendung für Flachschichten finden. Eine ebenso häufige Anwendung finden diese Steine aber auch zur Bildung der Unterglieder vortretender Gesimse oder sonstiger Auskragungen.

Fig. 14a.

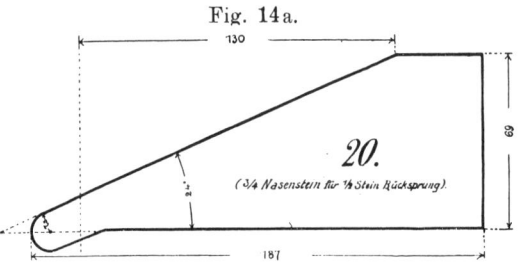

Um das Wasser von den Wasserschlägen in freiem Fall nach außen abzuleiten, verwendet man für die unterste Schicht mit Vorliebe Steine, die auf der Unterfläche eine Unterschneidung, eine sogen. „Wassernase", besitzen. Dieselben werden unter der Bezeichnung „Nasensteine" in den Normalformen, Fig. 21 bis 24a, hergestellt.

Fig. 15.

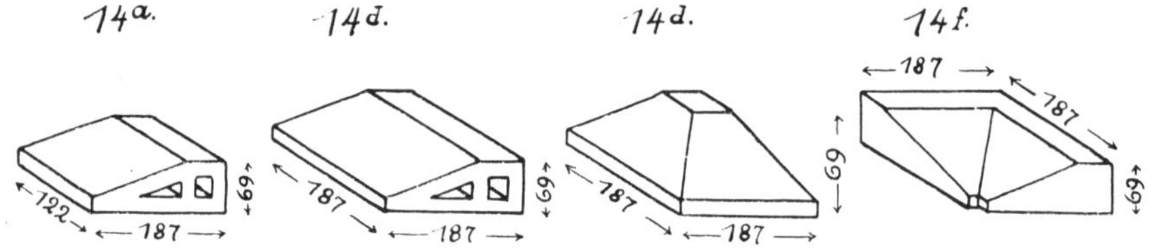

Fig. 15 a.

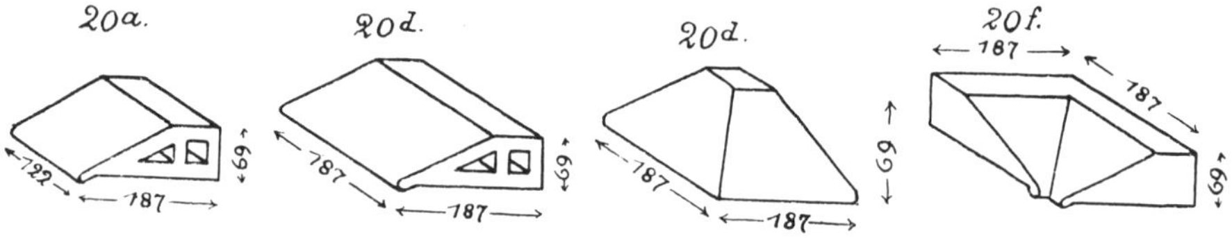

Fig. 16.

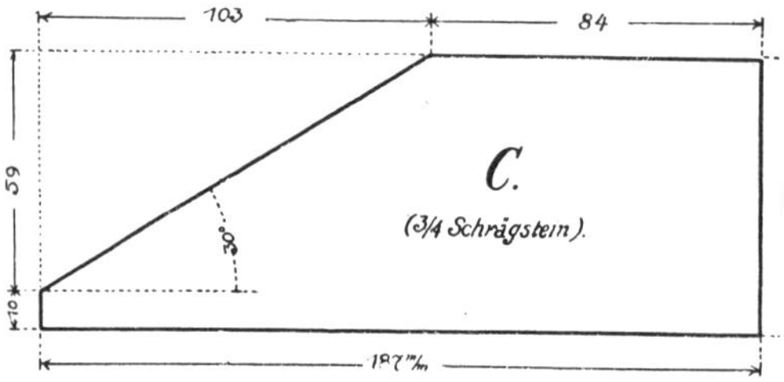

Fig. 16 a.

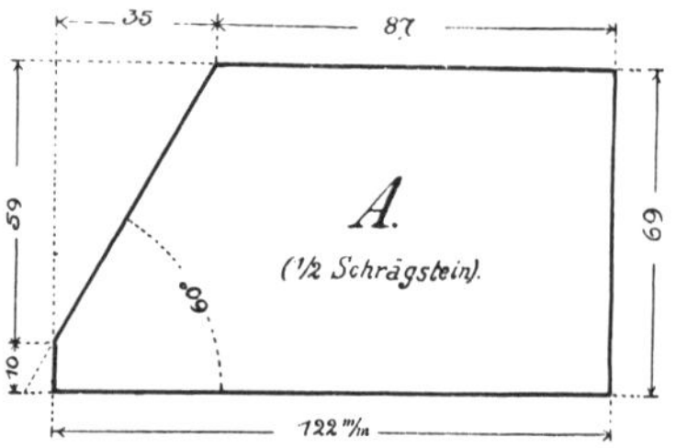

Fig. 17.

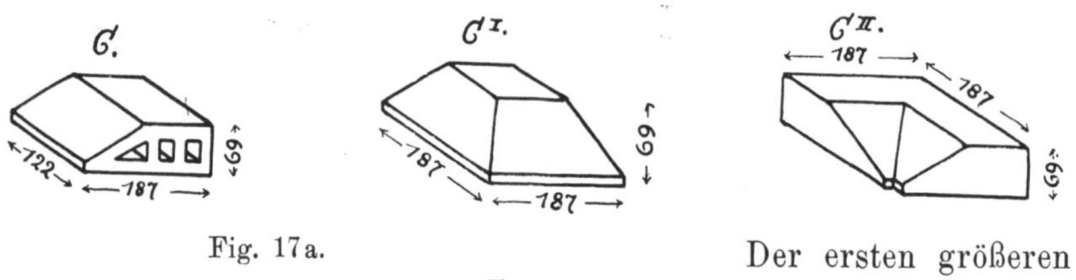

Fig. 17a.

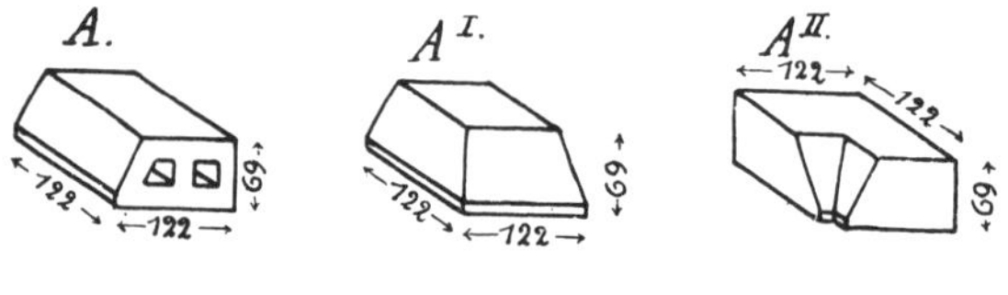

Der ersten größeren Verwendung von Verblendsteinen begegnen wir bei den Aegyptern; die alten Griechen dagegen benutzten sie nur in geringem Maße.

Steine, welche von der seither rechteckigen Form abweichen, sehen wir zum erstenmal bei den Bauten der Römer zur Anwendung gebracht; sie wurden, bei quadratischer oder sechseckiger Form, meist über Eck stehend, angeordnet. Auch Formsteine von mehr oder weniger reicher Gliederung kannten die Römer bereits, und auf welcher Höhe die Ziegeleitechnik damals schon stand, bezeugen uns die bedeutenden Abmessungen der Steine — bis 42 cm Länge bei nur geringer Höhe — an vielen Bauten aus der Römerzeit und der Umstand, daß diese keine Spur von Krümmung zeigen. Unter den Byzantinern erfuhr dann der Ziegelbau eine

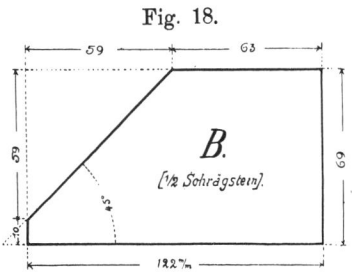

Fig. 18.

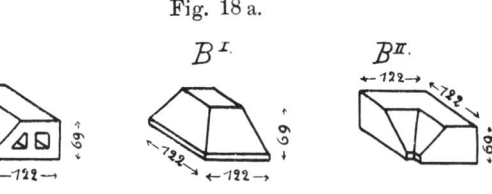

Fig. 18 a.

besonders sorgsame Pflege, und wir beobachten hier schon selbständige Formen, die nur wenig an die antiken erinnern. Von hier aus wird der Backsteinbau

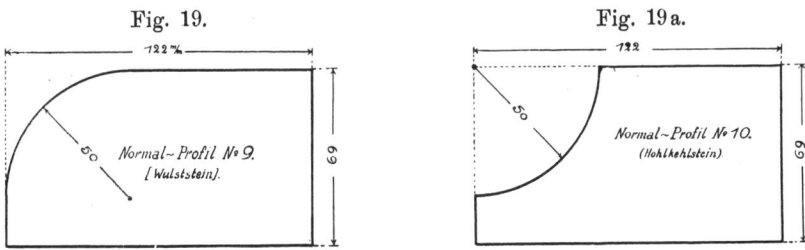

Fig. 19. Fig. 19a.

weiter übertragen auf andere Völker, namentlich nach Oberitalien, und im Mittelalter sehen wir ihn endlich in unserer norddeutschen Tiefebene, besonders

Fig. 20.

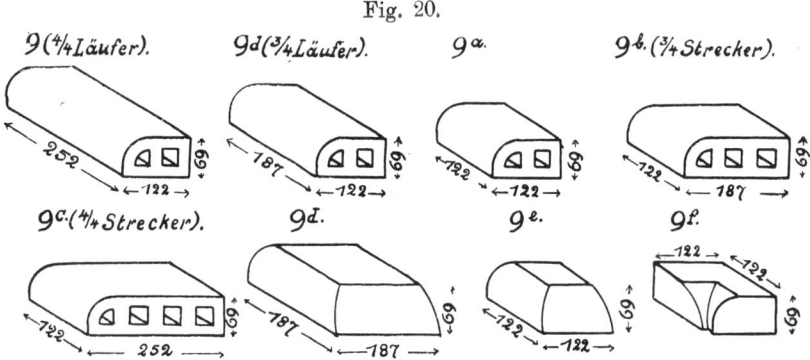

zwischen Brandenburg und Hannover, von hier nordwärts über Lüneburg bis Bremen, entlang der Nord- und Ostseeküste, vor allem in Lübeck, in ganz Mecklenburg, in Stralsund, Stettin und Danzig bis nach Königsberg und von dort über Marienburg, Thorn, Posen, Breslau und Berlin bis Magdeburg heimisch werden. Es darf uns diese Uebertragung aus den südlichen Ländern mit Uebergehung

Fig. 20 a.

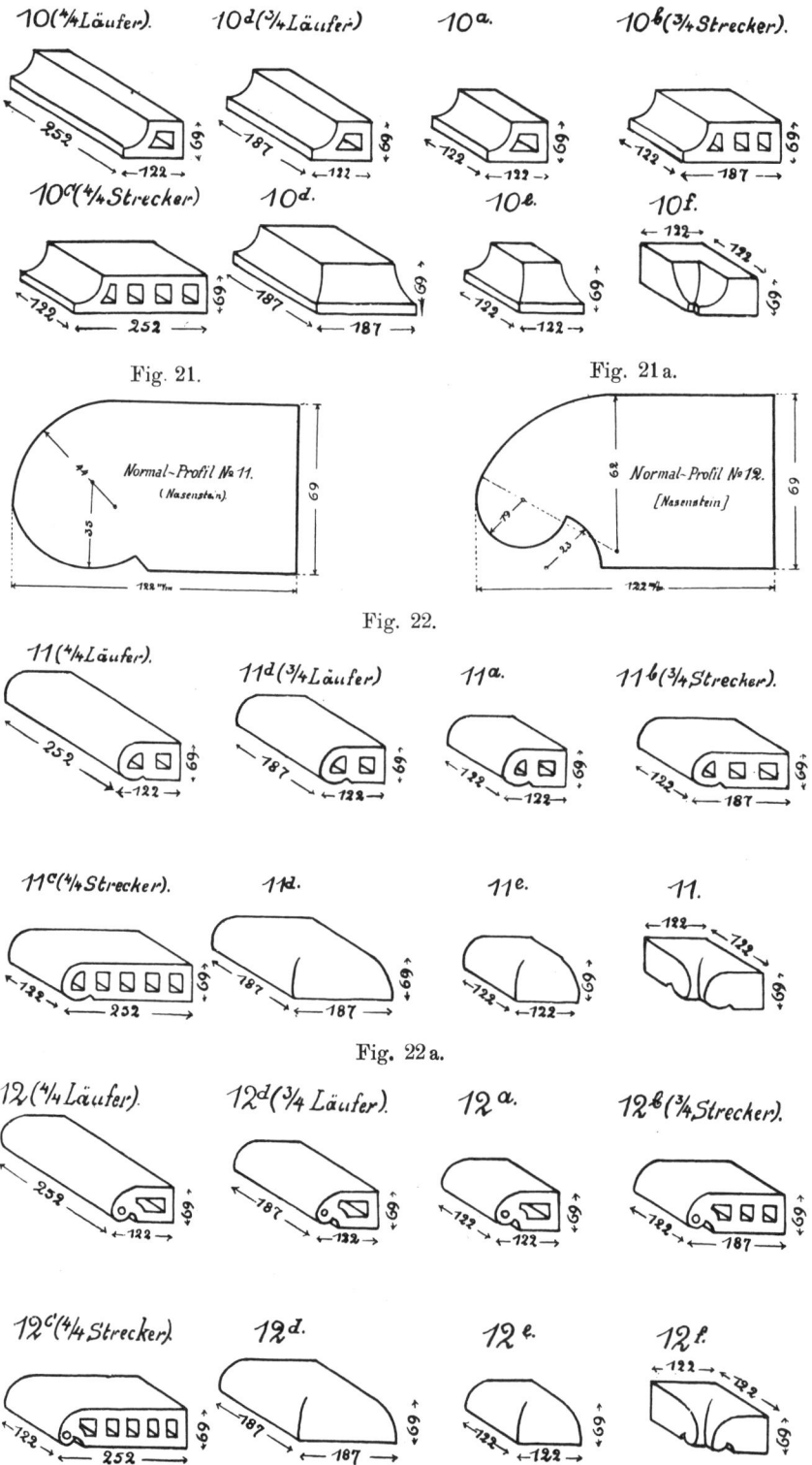

10 (⁴⁄₄ Läufer). 10ᵈ (³⁄₄ Läufer) 10ᵃ. 10ᵇ (³⁄₄ Strecker).

10ᶜ (⁴⁄₄ Strecker) 10ᵈ. 10ᵉ. 10ᶠ.

Fig. 21.

Normal-Profil № 11.
(Nasenstein).

Fig. 21 a.

Normal-Profil № 12.
[Nasenstein]

Fig. 22.

11 (⁴⁄₄ Läufer). 11ᵈ (³⁄₄ Läufer) 11ᵃ. 11ᵇ (³⁄₄ Strecker).

11ᶜ (⁴⁄₄ Strecker). 11ᵈ. 11ᵉ. 11.

Fig. 22 a.

12 (⁴⁄₄ Läufer). 12ᵈ (³⁄₄ Läufer). 12ᵃ. 12ᵇ (³⁄₄ Strecker).

12ᶜ (⁴⁄₄ Strecker). 12ᵈ. 12ᵉ. 12ᶠ.

von Süddeutschland unmittelbar nach unserem Norden um deswillen nicht wunder-
nehmen, weil diese, im Gegensatz zu Süddeutschland, an natürlichen Bausteinen

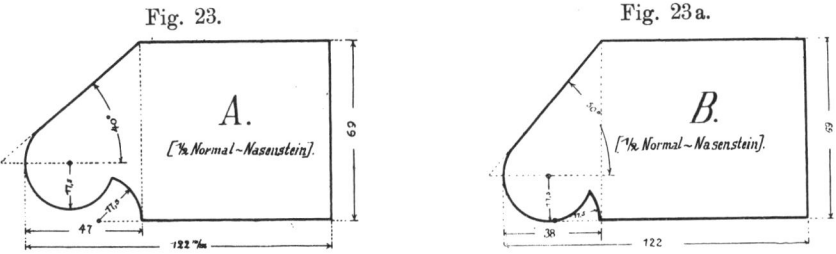

Fig. 23.　　　　　　　　　　　　　Fig. 23a.

arme Gegend die für die Ziegelbereitung erforderlichen Rohstoffe, Lehm oder
fetten Flußschlamm, in großen Mengen zur Verfügung hat.

Stoffe, welche
die zur Herstellung
von Maurerarbeiten
erforderliche Härte
durch die Einwir-
kung der Luft oder
des Wassers erlan-
gen, sind der Lehm,
Kalk, Zement, Traß
und Gips. Der Lehm
wird meist für sich
mit Wasser zu einem

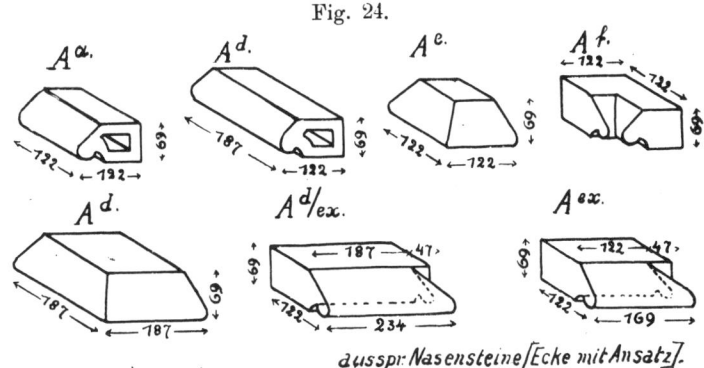

Fig. 24.

ausspr. Nasensteine [Ecke mit Ansatz].

mehr oder weniger strengflüssigen Brei angerührt und in diesem Zustande zur
Herstellung von Mauerwerk (Lehm-Pisé), Stakwänden und Mauerputz verwendet,

oder er wird zu
Steinen geformt,
welche in lufttrocke-
nem Zustande ver-
mauert werden. Die
übrigen Stoffe wer-
den meist mit ande-
ren Stoffen (Quarz-
sand, zerkleinertem
Granit, Kalkstein,
Basalt, Schilf, Kork-
abfällen, Haaren
usw.) vermischt und

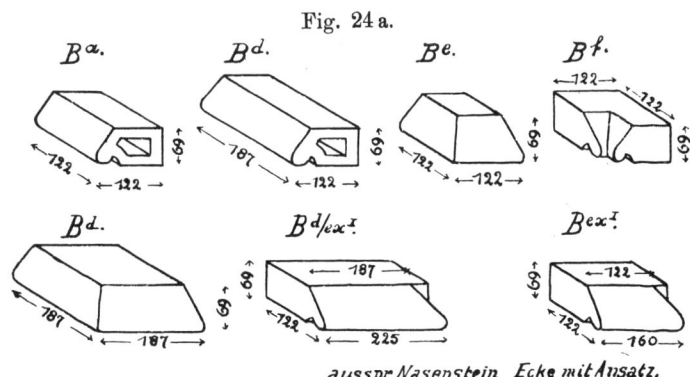

Fig. 24a.

ausspr. Nasenstein, Ecke mit Ansatz.

zu sogen. Kunststeinen geformt oder unmittelbar auf der Baustelle zur Aufführung von Mauerwerk (Kalk-Pisé, Zementbeton), Decken, Fußböden oder
Mauerputz verwendet.

Der Hauptsache nach erstreckt sich die Tätigkeit des Maurers bei Hochbau-Ausführungen auf die Herstellung der Gebäudemauern, gemauerter,

gestampfter oder gegossener F u ß b ö d e n und D e c k e n und auf das A u s f u g e n und V e r p u t z e n des Mauerwerks.

A. Gebäudemauern.

Der Höhenlage nach unterscheidet man G r u n d - oder F u n d a m e n t - m a u e r n , S o c k e l - oder P l i n t h e n m a u e r n , G e s c h o ß - und K n i e s t o c k - m a u e r n . Mit Bezug auf die Umgrenzung und innere Teilung eines Gebäudes durch Mauern spricht man von U m f a s s u n g s - oder A u ß e n m a u e r n und I n n e n m a u e r n . Die letzteren nennt man, je nach ihrer Lage zur Längs- oder Querachse des Gebäudes, L ä n g s - oder Q u e r s c h e i d e m a u e r n .

Haben die Mauern Balkenlagen oder andere senkrecht wirkende Lasten zu tragen, so bezeichnet man sie als T r a g m a u e r n ; sind sie seitlichem Druck ausgesetzt, so gibt man ihnen den Namen S t ü t z - oder W i d e r l a g s m a u e r n .

Ist eine Mauer ihrer Höhe nach aus mehreren Steinschichten zusammen- gesetzt, so wird sie um so widerstandsfähiger sein, je ebener die Berührungs- flächen zwischen den einzelnen Steinen sind. Da nun vollkommen ebene Flächen nur mit großem Zeit- und Kostenaufwande und bei manchen Baustoffen über- haupt nicht hergestellt werden können, so bringt man zwischen die Lagerflächen der Steine solche Stoffe (Moos, Erde, Filz, Blei), welche die Eigenschaften besitzen, die Unebenheiten der Steinflächen mit wachsendem Drucke immer vollkommener auszugleichen und so den Druck eines oberen Steines auf einen unteren gleich- mäßig überzuleiten. Derartige Stoffe werden in trockenem Zustande zwischen die Steine eingebracht, und man bezeichnet demnach solches Mauerwerk als T r o c k e n m a u e r w e r k .

Die Festigkeit und Widerstandsfähigkeit des Mauerwerks kann aber noch wesentlich erhöht werden, wenn man an Stelle der genannten Stoffe einen solchen zur Ausfüllung der Hohlräume zwischen den Steinen verwendet, welcher die letzteren zu einem Ganzen verkittet, indem er sich mit denselben verbindet und mit der Zeit eine gleiche oder sogar größere Festigkeit annimmt wie das. ver- wendete Steinmaterial. Solche Stoffe heißen M ö r t e l und werden in mehr oder weniger flüssigem Zustande verwendet. Einen von Mörtel ausgefüllten Hohl- raum nennt man L a g e r f u g e , wenn derselbe sich zwischen zwei übereinander- liegenden Steinen und S t o ß f u g e , wenn er sich zwischen zwei nebeneinander- liegenden Steinen befindet.

Je nach den Stoffen, aus welchen Mauern hergestellt werden, unter- scheidet man:

1. Mauern aus Ziegelsteinen,
2. Mauern aus natürlichen Steinen

und zwar:

      a) Mauern aus unbearbeiteten Bruchsteinen,
      b) Mauern aus bearbeiteten Werksteinen,

3. Mauern aus Stampf- und Gußmassen,
4. Leichte Mauern aus verschiedenen Baustoffen.

1. Mauern aus Ziegelsteinen.

Die Festigkeit der Mauern ist, abgesehen von der Güte der verwendeten Steine und des Mörtels, wesentlich von der Art und Weise abhängig, wie die Steine seitens des Maurers neben- und aufeinander gelegt werden. Dieses Neben- und Aufeinanderlegen der Steine bezeichnet der Maurer als den Verband des Mauerwerks. Vor dem Verlegen sind die Steine sorgfältig von Staub zu reinigen; es geschieht dies am besten durch Eintauchen derselben in Wasserkübel seitens besonderer Arbeiter. Dadurch wird auch den Steinen genug Wasser zugeführt, so daß sie nicht das im Mörtel enthaltene Wasser zu schnell aufsaugen und diesen seiner Bindekraft berauben.

Die Mauersteine sind alsbald in die richtige Lage zu bringen; alles spätere Rücken und Festhämmern beeinträchtigt die Festigkeit des Mauerwerks. Wird Mauerwerk bei starkem Frostwetter ausgeführt, welches nur kurze Zeit andauert, so wird beim Auftauen der Mörtel auseinander getrieben; dauert dagegen das Frostwetter längere Zeit (8 oder mehr Tage) an, so ist der Mörtel inzwischen so fest geworden, daß eintretendes Tauwetter nicht mehr schädlich wirkt. Da aber die Dauer des Frostes nicht vorher zu bestimmen ist, so ist das Mauern bei mehr als 2° Cels. Kälte durch die Baupolizeibehörde allgemein verboten worden; es wird nur ausnahmsweise in ganz besonders dringlichen Fällen unter Verwendung von warmem Wasser gestattet.

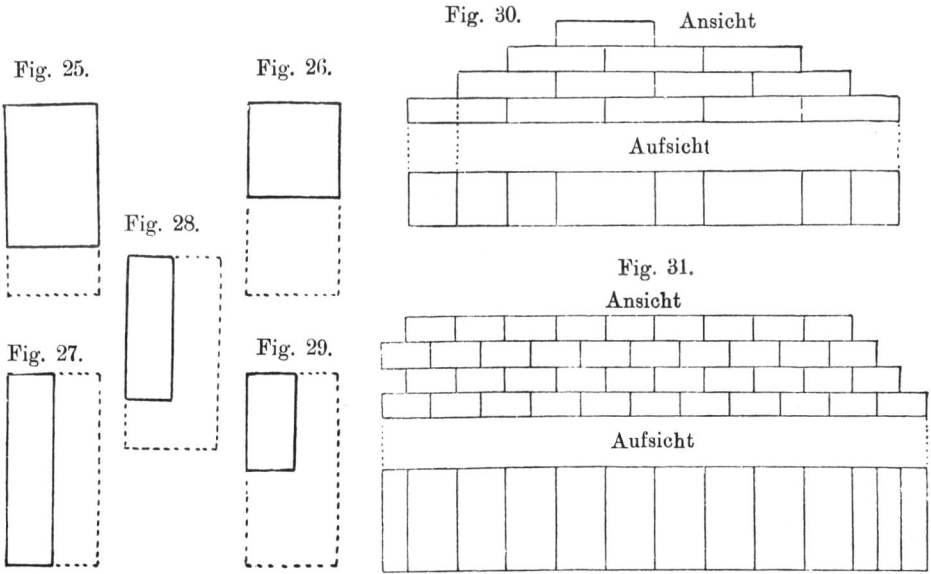

Fig. 30.   Ansicht

Fig. 25.   Fig. 26.

Aufsicht

Fig. 28.

Fig. 31.

Ansicht

Fig. 27.   Fig. 29.

Aufsicht

Zur Herstellung des Mauerverbandes sind neben den ganzen Steinen auch Teilsteine erforderlich, welche für gewöhnlich durch Zerteilen der ganzen Steine seitens der Maurer auf der Baustelle gewonnen werden.

Solche Teilsteine sind:

    1. Dreiquartiere oder Dreiviertelsteine (Fig. 25), welche die gleiche Breite, aber nur ³/₄ der Länge eines ganzen Steines zeigen;

2. Halbe Steine oder Köpfe (Fig. 26). Diese haben die gleiche Breite und die halbe Länge eines ganzen Steines;

3. Riemchen (Fig. 27 bis 29), welche entweder die ganze, die dreiviertel oder die halbe Länge und in jedem Falle die halbe Breite eines ganzen Steines haben. Riemchen, welche nur die halbe Länge eines ganzen Steines haben (Fig. 29), bezeichnet man auch als Viertelsteine oder Quartierstücke.

Im Mauerwerk bezeichnet man die ganzen Steine als Läufer, wenn sie die Langseite, und als Strecker oder Binder, wenn sie die Breit- oder Kopf-

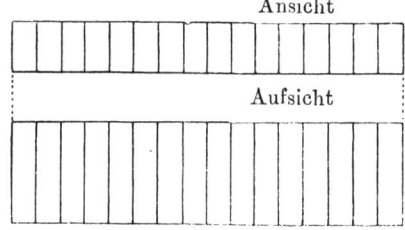

Fig. 32.

Ansicht

Aufsicht

seite in der Ansicht zeigen. Demzufolge spricht man auch von Läufer- oder Streckerschichten, je nachdem in der Ansichtseite die Lang- oder Breitseiten der Steine sichtbar sind (Fig. 30 und 31). Liegen die Steine einer Schicht derart auf einer Langseite, daß in der Ansicht die Kopfseiten sichtbar sind und die Schichthöhe gleich der Steinbreite ist, so nennt man die Schicht eine Rollschicht (Fig. 32). Eine Schicht, in der die mit der Flachseite aufliegenden Steine eine solche Richtung haben, daß ihre Stoßfugen

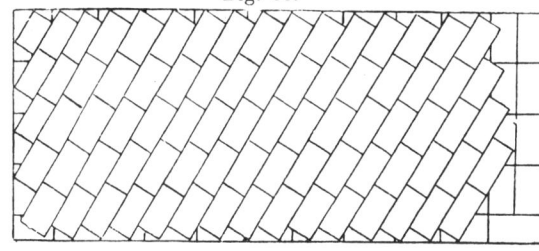

Fig. 33.

in schräger Richtung (meist 45°) gegen die Mauerflucht verlaufen (Fig. 33), bezeichnet man als Stromschicht, Strom- oder Kreuzlage.

Während die Länge und Höhe einer Mauer in Metern und Zentimetern ausgedrückt wird, gibt man die Mauerstärke meist in Backsteinbreiten an, so daß eine Mauer, welche eine Steinbreite zur Stärke hat, eine $\frac{1}{2}$ Stein starke, eine solche, welche eine Steinlänge zur Stärke hat, eine 1 Stein starke Mauer genannt wird usw. Die Stärke der Stoßfugen ist schon durch das Steinmaß bestimmt, weil zwei Steinbreiten einschließlich einer Stoßfuge gleich einer Steinlänge sein müssen. Da die Steinbreite 12 cm, die Steinlänge 25 cm beträgt, so muß die Stoßfuge 1 cm weit sein. Hiernach ergeben sich folgende Mauerstärken:

Für eine Mauer,			$\frac{1}{2}$	Stein	stark	= 12 cm
„	„	„	1	„	„	= 25 cm
„	„	„	$1\frac{1}{2}$	„	„	= 38 cm
„	„	„	2	„	„	= 51 cm
„	„	„	$2\frac{1}{2}$	„	„	= 64 cm
„	„	„	3	„	„	= 77 cm
„	„	„	$4\frac{1}{2}$	„	„	= 90 cm usw.

je 13 cm mehr für jede Steinbreite.

Die Stärke der Lagerfugen nimmt man etwas größer als die der Stoßfugen, meist zu 12 mm, an, oder man rechnet auf 1 m Höhe 13 Mauerschichten.

Das Schichtmaß von Oberkante Stein bis Oberkante Stein beträgt mithin:

bei	1 Schicht	0,077 m	bei	11 Schichten	0,846 m	bei	21 Schichten	1,616 m
„	2 Schichten	0,154 „	„	12 „	0,923 „	„	22 „	1,693 „
„	3 „	0,231 „	„	13 „	1,000 „	„	23 „	1,770 „
„	4 „	0,308 „	„	14 „	1,077 „	„	24 „	1,846 „
„	5 „	0,385 „	„	15 „	0,154 „	„	25 „	1,923 „
„	6 „	0,462 „	„	16 „	1,231 „	„	26 „	2,000 „
„	7 „	0,539 „	„	17 „	1,308 „	„	27 „	2,077 „
„	8 „	0,616 „	„	18 „	1,385 „	„	28 „	2,154 „
„	9 „	0,693 „	„	19 „	1,462 „	„	29 „	2,231 „
„	10 „	0,770 „	„	20 „	1,539 „	„	30 „	2,308 „

usw.

Um Mauerlängen nach Steinbreiten zu berechnen, kann man sich der drei Formeln $x \cdot 13 - 1$, $x \cdot 13$ und $x \cdot 13 + 1$ bedienen, je nachdem man das Längenmaß zwischen zwei ausspringenden Ecken oder zwischen einer ausspringenden und einer einspringenden Ecke, oder endlich zwischen zwei einspringenden

Fig. 34.

Ecken ermitteln will. Aus Fig. 34 ist die Anwendung dieser Formeln auf die verschiedenen vorkommenden Fälle leicht zu ersehen. In denselben bedeutet x die jeweilige Kopfzahl, die Zahl 13 das Kopfmaß + Fuge in Zentimetern ausgedrückt.

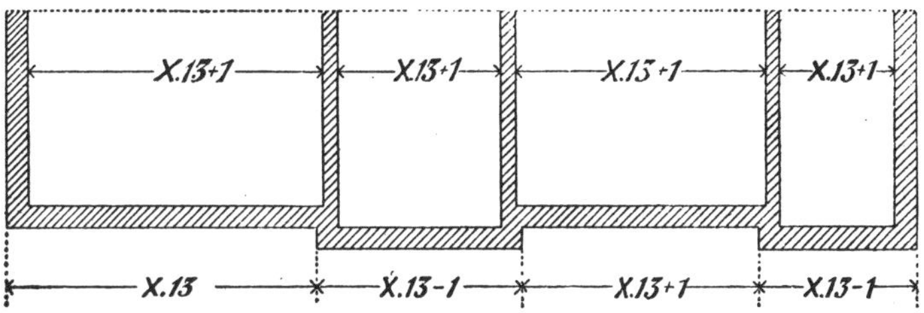

Die Stärke der Mauern, die auf die Haltbarkeit, die Kosten und auch auf die formale Ausbildung eines Bauwerkes Einfluß ausübt, ist von einer großen Zahl von Faktoren abhängig, deren Größe namentlich von der Art der Materialien, aus denen das Mauerwerk zusammengesetzt werden soll, dann aber auch von manchen anderen Umständen abhängig sind.

Da aber das Mauerwerk kein einheitlicher Körper wie ein Eisenstab oder ein Holzbalken ist, so lassen sich auf wissenschaftlichem Wege sichere Werte, die für die Praxis brauchbar sind, nur schwer festlegen. Bei den gewöhnlichen Hochbauten (Wohn-, Geschäfts-, Fabrikgebäuden usw.) werden Berechnungen der Mauerstärken nach der Druckfestigkeit des Materials und der Standfestigkeit der Mauern nur selten notwendig werden, da die mit Rücksicht auf andere Faktoren zu wählenden Abmessungen in der Regel so groß sind, dass die Druckfestigkeit des Materials bei weitem nicht ausgenutzt wird und die Standfestigkeit durchaus gesichert ist.

Die baupolizeilichen Bestimmungen über die Stärke der Mauern bei Hochbauten beruhen deshalb auf Erfahrungssätzen, und es werden nur in besonderen Fällen, z. B. für die Abmessungen der Fundamente bei wenig tragfähigem Baugrunde, der Fundamente und Mauerstärken bei Fabrikschornsteinen, bei sehr stark belasteten Stützen und Mauerpfeilern, bei Mauern, die starken Gewölbeschub (Kirchengewölbe usw.) oder Erddruck (Stützmauern) aufnehmen müssen usw., statische Berechnungen verlangt.

Unter gewöhnlichen Verhältnissen wählt man bei Wohngebäuden die folgenden Mauerstärken:

a) Für balkentragende Umfassungsmauern. Im Dachgeschoß 25 cm, in den beiden darunter befindlichen Geschossen 38 cm, in den beiden nächsten Geschossen 51 cm usw. Brandmauern und durch Balkenlagen nicht belastete Giebelmauern freistehender Gebäude können entsprechend schwächer gehalten werden; ihre Stärke in den einzelnen Geschossen ist durch die meisten Bauordnungen festgelegt. Die Brandmauern insbesondere dürfen an keiner Stelle schwächer als 25 cm sein und sind in der Regel alle 3 Stockwerke um einen halben Stein zu verstärken.

b) Für balkentragende Mittelmauern. In den beiden obersten Geschossen 25 cm, in den beiden darunter befindlichen 38 cm usw., oder auch in den vier obersten Geschossen 38 cm und dann in je zwei Geschossen um 13 cm stärker. Liegen zwei Tragewände in geringem Abstande (höchstens 2 m) voneinander, und beträgt ihr Abstand von den Umfassungsmauern nicht mehr als 4,5 m, so kann die eine derselben in den einzelnen Geschossen um einen halben Stein schwächer als die zweite gehalten werden.

d) Für unbelastete Scheidemauern. Die geringste Stärke beträgt 12 cm bei guter Ausführung, und wenn die Wände in Höhe jeder Balkenlage fest zwischen Streichbalken eingespannt werden, können Scheidemauern dieser Stärke unbedenklich auf vier Geschosse hindurchgeführt werden. Manche Bauordnungen verlangen jedoch eine Verstärkung dieser Wände in jedem dritten Geschoß um einen halben Stein.

Bei Aufführung einer Mauer hat der Maurer vor allem darauf zu achten, daß weder im Innern noch auf den Sichtflächen die Fugen zweier aufeinander folgender Schichten zusammenfallen und daß in den einzelnen Schichten die Stoßfugen geradlinig durchlaufen oder — wie der Maurer sagt — es muß Schnittfuge gehalten werden. Des weiteren ist dahin zu streben, daß im Innern der Mauer so viel als möglich ganze Steine vorhanden sind und sie tunlichst so verlegt werden, daß sie sich in zwei aufeinander folgenden Schichten um das halbe Längen- und das halbe Breitenmaß überdecken.

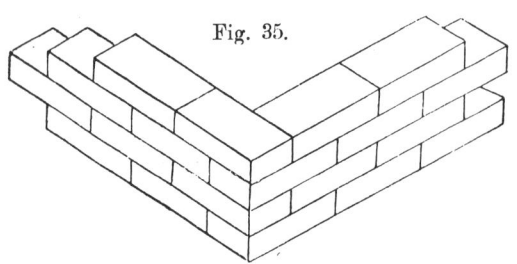

Fig. 35.

Bei Mauern von ½ Steinstärke liegen die Stoßfugen jeder Schicht über der Mitte der Steine der vorhergehenden Schicht. An einer rechtwinkeligen Mauerecke beginnt man deswegen jede Schicht mit einem ganzen Stein, welcher abwechselnd als Läufer und Strecker auf der gleichen Außenseite sichtbar ist

(Fig. 35). Da alle Schichten Läuferschichten sind, so bezeichnet man den Verband als **Läuferverband**.

Den Gegensatz zum Läuferverband bildet der

Binderverband (Fig. 36)

bei welchem alle Schichten Streckerschichten sind. Da die Steine sich nur um ihre halbe Breite überdecken, so besitzt dieser Verband keine große Festigkeit. Er kommt jedoch ausnahmsweise bei 1 Stein starken Mauern vor und wird besser durch den haltbareren

Blockverband (Fig. 37)

ersetzt, bei welchem Läuferschichten und Binderschichten derart wechseln, daß die Stoßfugen aller Läuferschichten beziehungsweise die Stoßfugen aller Binderschichten lotrecht übereinander liegen.

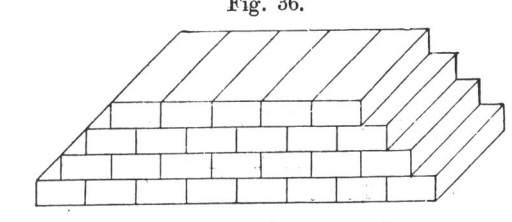

Fig. 36.

Fig. 37.

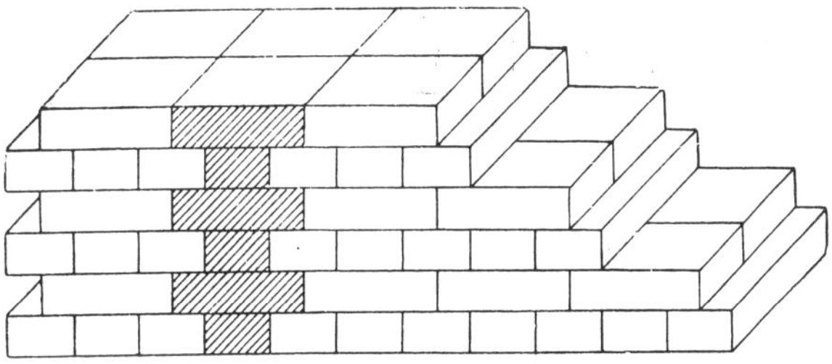

Soll eine Mauer an einer Stelle einen lotrechten Abschluß erhalten, so ist hier ein **Endverband** herzustellen. Dieser wird erreicht unter Benutzung von Dreiquartieren oder unter Verwendung von Riemchen. Sind bei einer Mauer zwei solcher Endverbände zu bilden, so muß die Strecke zwischen diesen Mauerabschlüssen durch Steinbreiten teilbar sein, oder die Teilung muss einen Rest von $^1/_4$ Steinlänge ergeben.

Im ersteren Falle (vergl. Fig. 38 bis 42 und Fig. 48 bis 50) ist der Endverband an beiden Mauerenden der gleiche, im letzteren Falle (vergl. Fig. 43 bis 47 und Fig. 51 bis 53) ist an der einen Mauerendigung der **Verband umzuwerfen**, d. h. es geht hier die Läuferschicht in eine Binderschicht und umgekehrt die Binderschicht in eine Läuferschicht über. Diese verschiedene Behandlung der Mauerendigungen, welche namentlich bei Außenmauern wegen des ungleichen Aussehens stört, läßt sich leicht vermeiden, wenn man beim Entwerfen der Gebäudegrundrisse die Längen der Mauerkörper zwischen ihren Endigungen (also zwischen den Tür-, Fenster- und anderen Mauerecken) unter Anwendung der durch Fig. 34 veranschaulichten Formeln genau nach Steinbreiten berechnet. Da indes erfahrungsgemäß in der Praxis häufig eine solche Berechnung vernachlässigt wird und demzufolge der Maurer nicht selten vor die Aufgabe gestellt wird, auch Mauerendigungen auszuführen, deren gegenseitiger Abstand beispielsweise $5^1/_4$, $5^3/_4$, $6^1/_4$, $6^3/_4$ Steinlängen beträgt, so habe ich nicht für überflüssig gehalten, Verbände für solche Fälle hier wiederzugeben.

Der Verband mit Dreiquartieren ist dem mit Riemchen unbedingt vorzuziehen, weil das Aufspalten der ganzen Steine in Riemchen nur

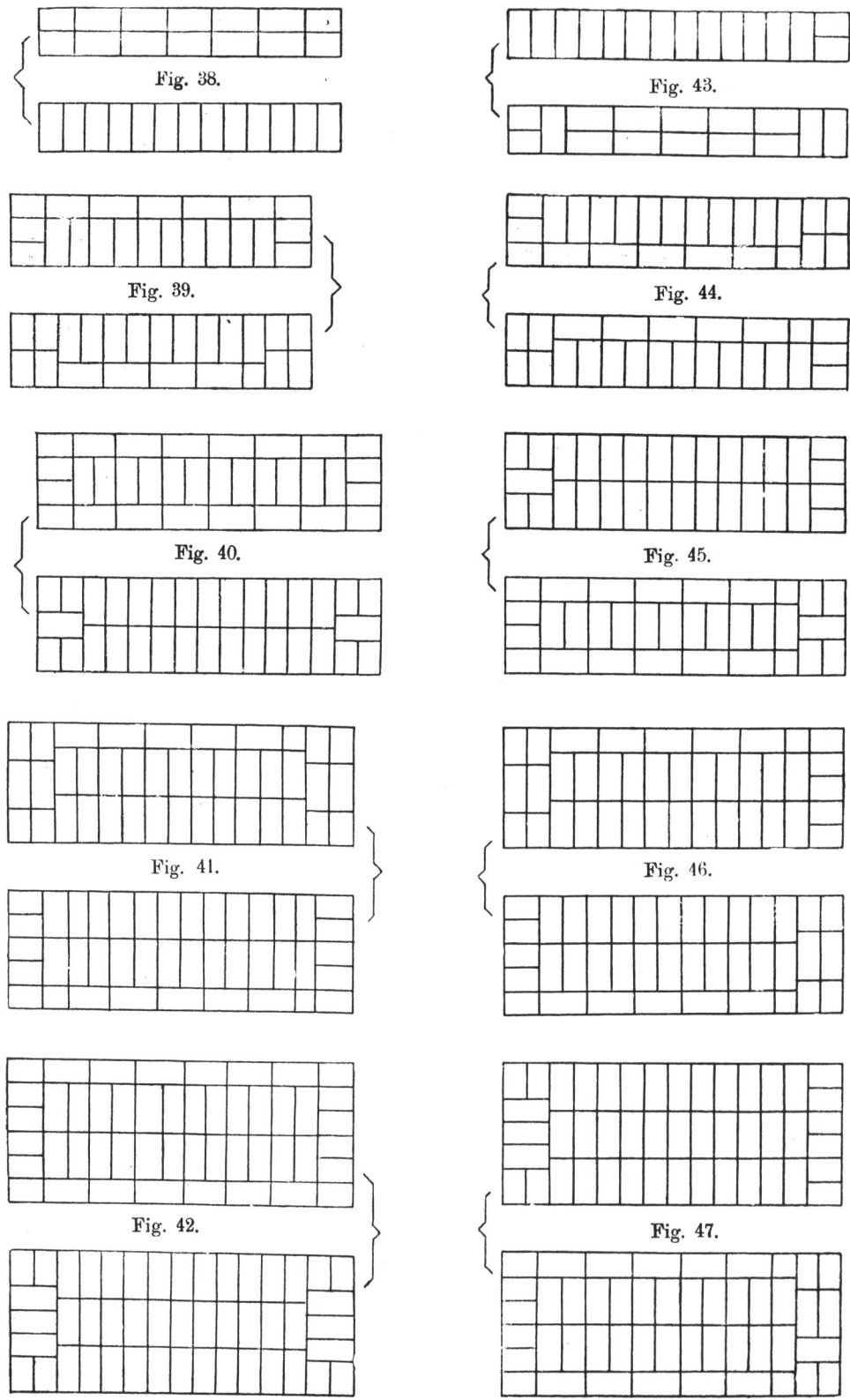

Fig. 38.

Fig. 39.

Fig. 40.

Fig. 41.

Fig. 42.

Fig. 43.

Fig. 44.

Fig. 45.

Fig. 46.

Fig. 47.

selten gelingt und deshalb gewöhnlich Brocken zur Herstellung des Verbandes vermauert werden. Dennoch wird dieser Verband in der Praxis vielfach verwendet, weil zu seiner Herstellung weit weniger Dreiquartiere benötigt werden und infolgedessen auch weniger Abfall (Klamotten) an Steinen entsteht.

Aus der Betrachtung der Figuren 38 bis 53 lassen sich folgende Regeln ableiten:

1. Beim Endverbande mit Dreiquartieren liegen am Ende jeder Läuferschicht so viel Dreiquartiere als die Mauer Steinbreiten zur Stärke hat, während in den Binderschichten (abgesehen von 1 Stein starken Wänden) je zwei Dreiquartiere auf der äußeren und inneren Wandseite liegen.

2. Jede Schicht einer Mauer, deren Stärke eine gerade Anzahl Steinbreiten zeigt (Figur 38, 40 und 42), hat auf beiden Wandseiten Läufer beziehungsweise Binder, während bei Mauern, die eine ungerade Anzahl Steinbreiten zur Stärke

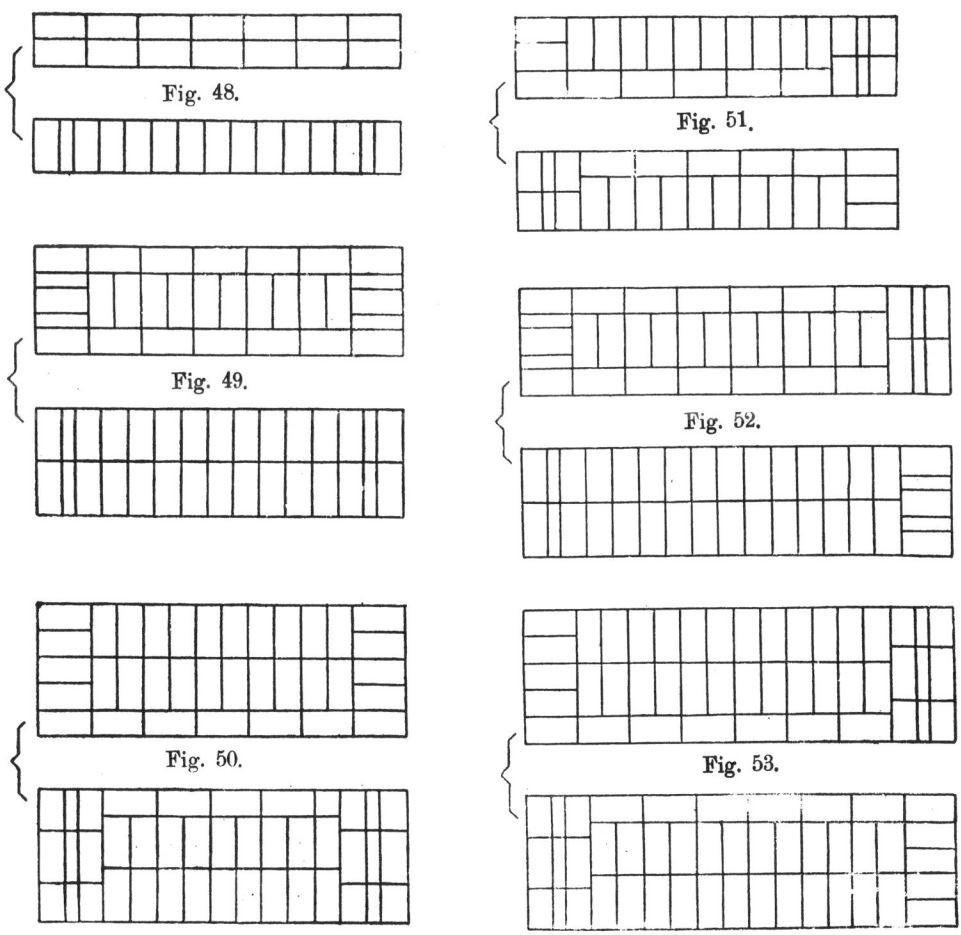

Fig. 48.

Fig. 51.

Fig. 49.

Fig. 52.

Fig. 50.

Fig. 53.

2*

haben (Fig. 39 und 41), in der gleichen Schicht auf der einen Wandseite Läufer, auf der anderen Binder liegen.

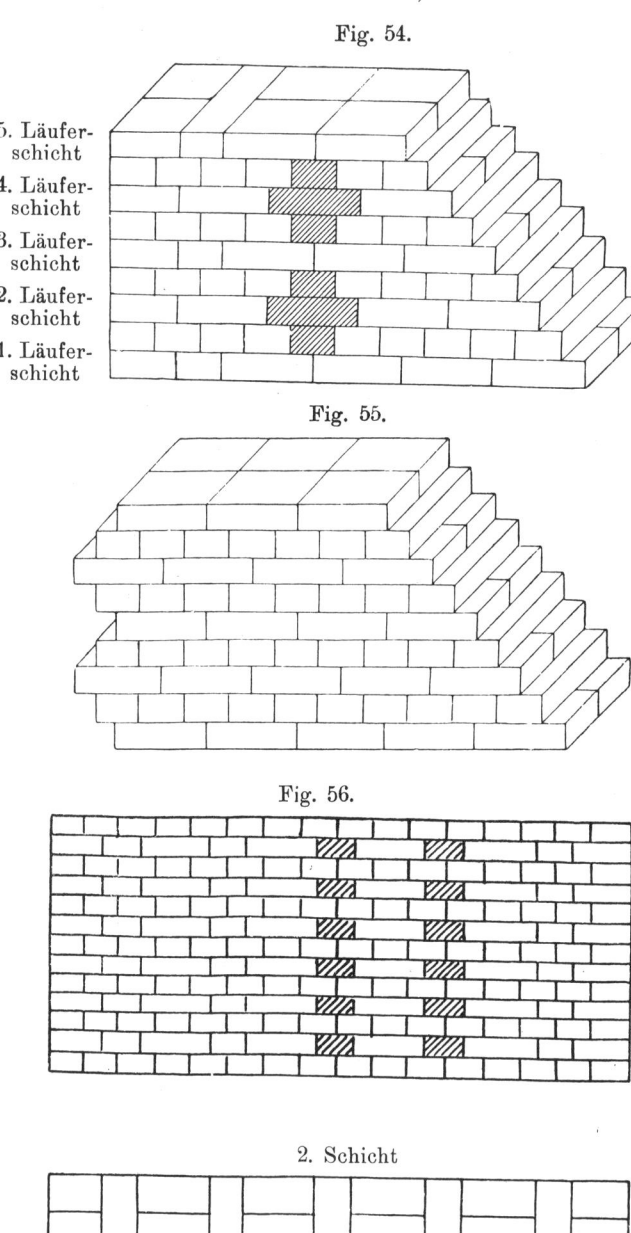

Fig. 54.

5. Läuferschicht
4. Läuferschicht
3. Läuferschicht
2. Läuferschicht
1. Läuferschicht

Fig. 55.

Fig. 56.

2. Schicht

1. Schicht

3. Beim Endverbande mit Riemchen beginnt die Läuferschicht mit ganzen Steinen; die Riemchen liegen in der Binderschicht neben dem ersten Binder.

Will man eine Mauer nachträglich verlängern, so führt man sie auf der Seite, nach welcher die Verlängerung beabsichtigt ist, mit Verzahnung oder mit Abtreppung aus. Beim Blockverbande zeigt die Verzahnung (Fig. 37 linke Seite) ganz regelmäßige $1/4$ Stein breite Vor- und Rücksprünge, während die Abtreppung (Fig. 37 rechte Seite) abwechselnd breitere und schmälere Absätze zeigt.

Wird in jeder ersten, dritten, fünften ... oder in jeder zweiten, vierten ... Läuferschicht neben dem Dreiquartier an der Mauerecke ein Binder eingeschoben, so geht der Blockverband in den

Kreuzverband

über. Es liegen dann ebenso wie beim Blockverbande die Stoßfugen aller Binderschichten, in den Läuferschichten jedoch nur die Stoßfugen der ersten, dritten, fünften ... beziehungsweise der zweiten, vierten, sechsten ... Schicht lotrecht übereinander. In der äußeren Ansicht macht sich der Unterschied zwischen dem Block- und Kreuzverbande dadurch bemerk-

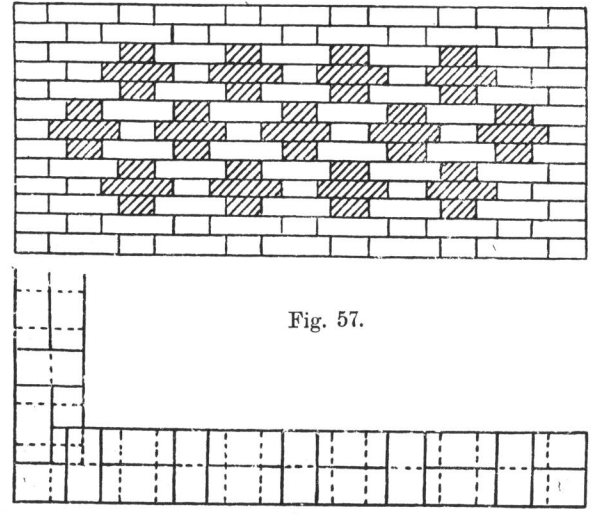

Fig. 57.

Fig. 58.

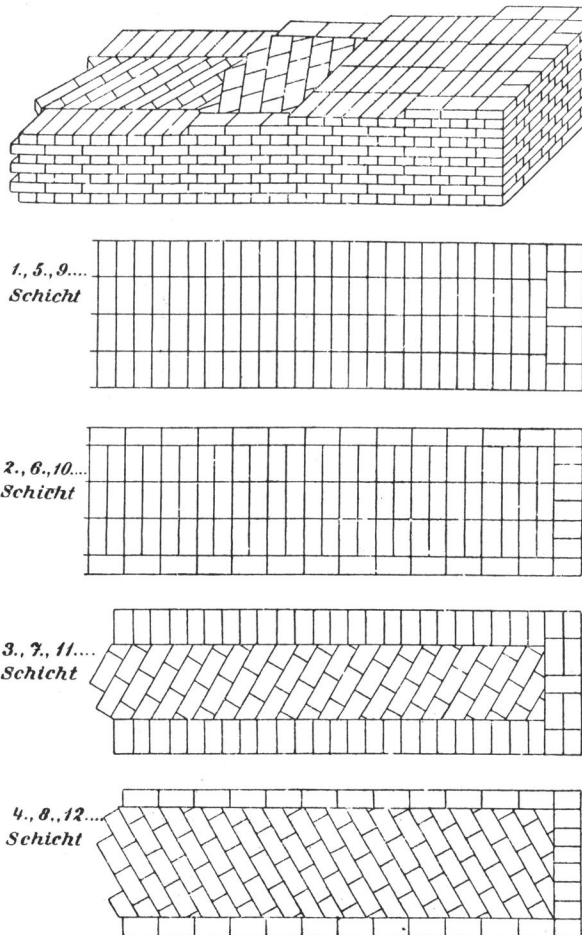

1., 5., 9....
Schicht

2., 6., 10....
Schicht

3., 7., 11....
Schicht

4., 8., 12....
Schicht

lich, daß die Stoßfugen, welche beim Kreuzverband über und unter den durch den Mauerverband sich bildenden Kreuzen liegen (Figur 54), beim Blockverband (Fig. 37) fehlen.

Auch die Verzahnung und Abtreppung zeigt im Gegensatz zum Blockverbande Abweichungen, da die erstere (Fig. 55 linke Seite) nur in jeder fünften Schicht Vorsprünge mit dazwischen liegenden Rücksprüngen, die letztere (Figur 55 rechte Seite) dagegen ganz regelmäßige Vorsprünge von $\frac{1}{4}$ Stein Breite zeigt.

Hinsichtlich des Endverbandes gelten die gleichen Regeln, welche bei Besprechung des Blockverbandes gegeben wurden.

Weit weniger im Gebrauch als der Block- und Kreuzverband sind:

a) Der holländische Verband (Fig. 56),

b) Der polnische oder gotische Verband (Fig. 57),

c) Der Strom- oder Festungsverband (Fig. 58).

Bei dem holländischen Verband ist in der Läuferschicht neben jedem Läufer ein Binder eingeschoben, während die Binderschichten die gleichen wie beim Block- und Kreuzverbande sind.

Der gotische Verband, welcher wegen seines guten Aussehens im Mittelalter viel zur Anwendung gelangte, zeigt in jeder Schicht abwechselnd Binder und Läufer, weshalb nicht zu vermeiden ist, daß an manchen Stellen Fuge auf Fuge trifft. Aus diesem Grunde ist seine Verwendung nicht zu befürworten.

Der Stromverband kann nur bei sehr starken Mauern Anwendung finden; er zeigt die meisten Fugenverwechselungen, erzeugt deswegen ein sehr festes Mauerwerk und wurde aus diesem Grunde früher viel bei Wasser- und Festungsbauten angewendet. Der Verlust bei den Diagonalschichten, welche dort, wo sie gegen die äußere im Block- oder Kreuzverbande gemauerte Verblendung anstoßen, zugehauen werden müssen, ist jedoch so bedeutend, daß dieser Verband heute nur noch selten zur Ausführung gelangt. Es wechseln gewöhnlich zwei diagonale mit zwei geraden, zuweilen auch vier diagonale mit zwei geraden Schichten.

Sollen Mauern in den Sichtflächen mit Verblendsteinen verkleidet werden, so würde die Ausführung dieser Verkleidung mit ganzen (⁴/₄) Steinen die natürlichste, beste und auch bequemste sein, weil man dann auf der Baustelle, abgesehen von Ecksteinen, nur einer Sorte Steine bedürfte. Da jedoch der Versand ganzer Verblendsteine auf größere Entfernungen bedeutende Kosten verursacht, auch zu denselben verhältnismäßig viel Material erforderlich ist, so

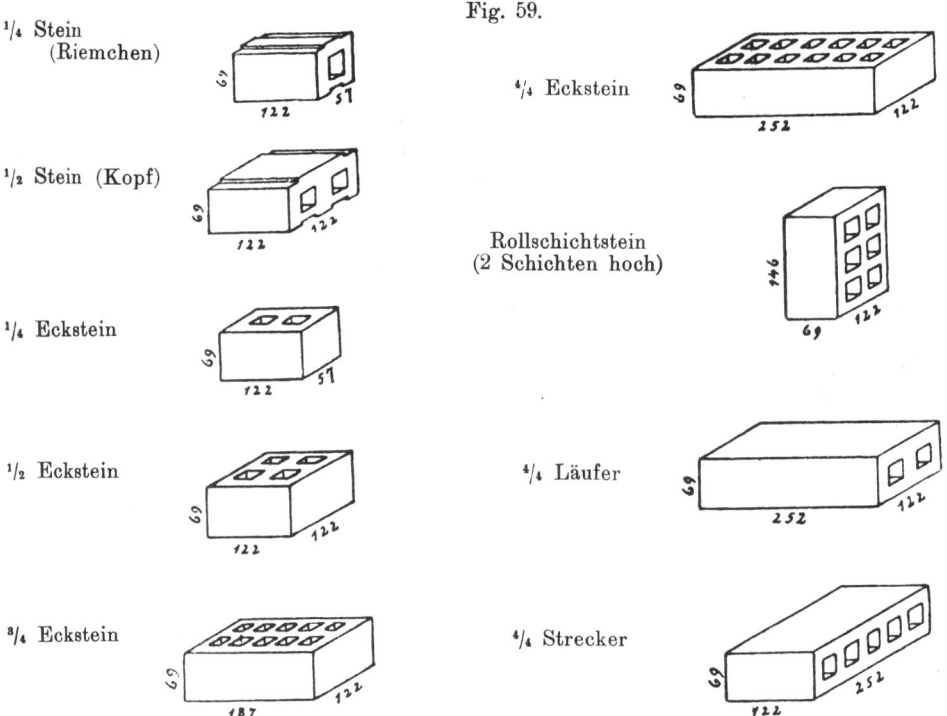

Fig. 59.

¹/₄ Stein (Riemchen)

⁴/₄ Eckstein

¹/₂ Stein (Kopf)

Rollschichtstein (2 Schichten hoch)

¹/₄ Eckstein

¹/₂ Eckstein

⁴/₄ Läufer

³/₄ Eckstein

⁴/₄ Strecker

stellen die Ziegeleien meist nur noch ¹/₂ und ¹/₄ Lochsteine für Flächenverblendung her. Zu diesen treten dann noch für die Eckbildungen ⁴/₄, ³/₄, ¹/₂ und ¹/₄ Ecksteine, sowie zur Bildung von Rollschichten die zwei Schichten hohen Rollschichtsteine (Fig. 59).

Bei der Verblendung mit Köpfen und Riemchen kann man diese in den eigentlichen Mauerkörper einbinden lassen, oder man verstärkt den letzteren um die Riemchenstärke, legt also die Verblendung vor die Mauerfläche. Der ersteren Weise wird man bei stärkeren Mauern, der zweiten bei verhältnismäßig schwachen Mauern den Vorzug geben müssen. Durch Fig. 60 sind einige Beispiele für die Verblendung 1 Stein starker und 1½ Stein starker Mauern veranschaulicht.

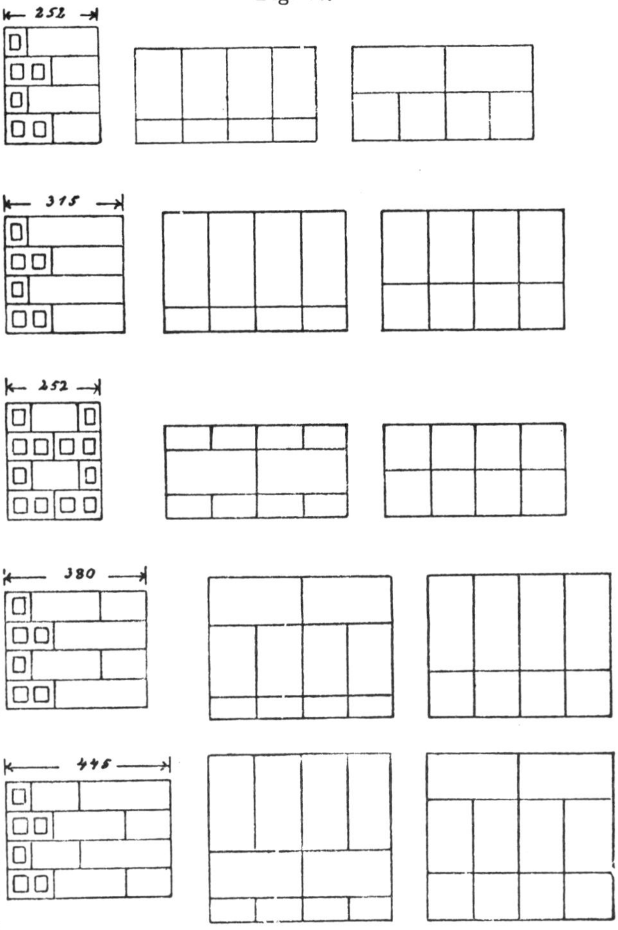

Da bei Verwendung von Dreiquartieren im Innern der Mauern durch den Verhau sehr viel Abfall entsteht, so sucht man diesem Uebelstande in der Praxis dadurch zu begegnen, daß man zur Herstellung der Hintermauerung nur ganze Steine verwendet und den verbleibenden Hohlraum durch Klamotten ausfüllt. Beispiele hierfür veranschaulichen die Fig. 61 bis 65. Diese Ausführungsweise kann allerdings nicht den gleichen Anspruch auf Solidität machen wie die mit Dreiquartieren, da die Ausfüllung der ¼ Stein breiten Hohlräume von den Maurern nur zu häufig unvollkommen und in liederlicher Weise bewirkt wird. Bei Staatsbauten wird deswegen diese Konstruktionsweise nicht geduldet.

Fig. 60.

Neuerdings kommt man immer mehr von der Verwendung der ½ und ¼ Verblendsteine ab; man wünscht nicht mehr das glatte Aussehen und die durchweg gleichmäßige Färbung der Mauerflächen, verwendet deswegen gewöhnliche Mauersteine bester Qualität (am liebsten Handstrichsteine, wenn solche zu haben sind), die meist im Kreuzverband vermauert werden und eine Ausfugung mit Weißkalk erhalten. Für Monumentalbauten, insbesondere Kirchen, werden jetzt auch Steine größeren Formates, sogen. Klostersteine, verwendet. Diese stehen aber sehr hoch im Preise, und es ist aus diesem Grunde ihre Verwendung in größerem Umfange, so bedauerlich dies auch ist, ausgeschlossen.

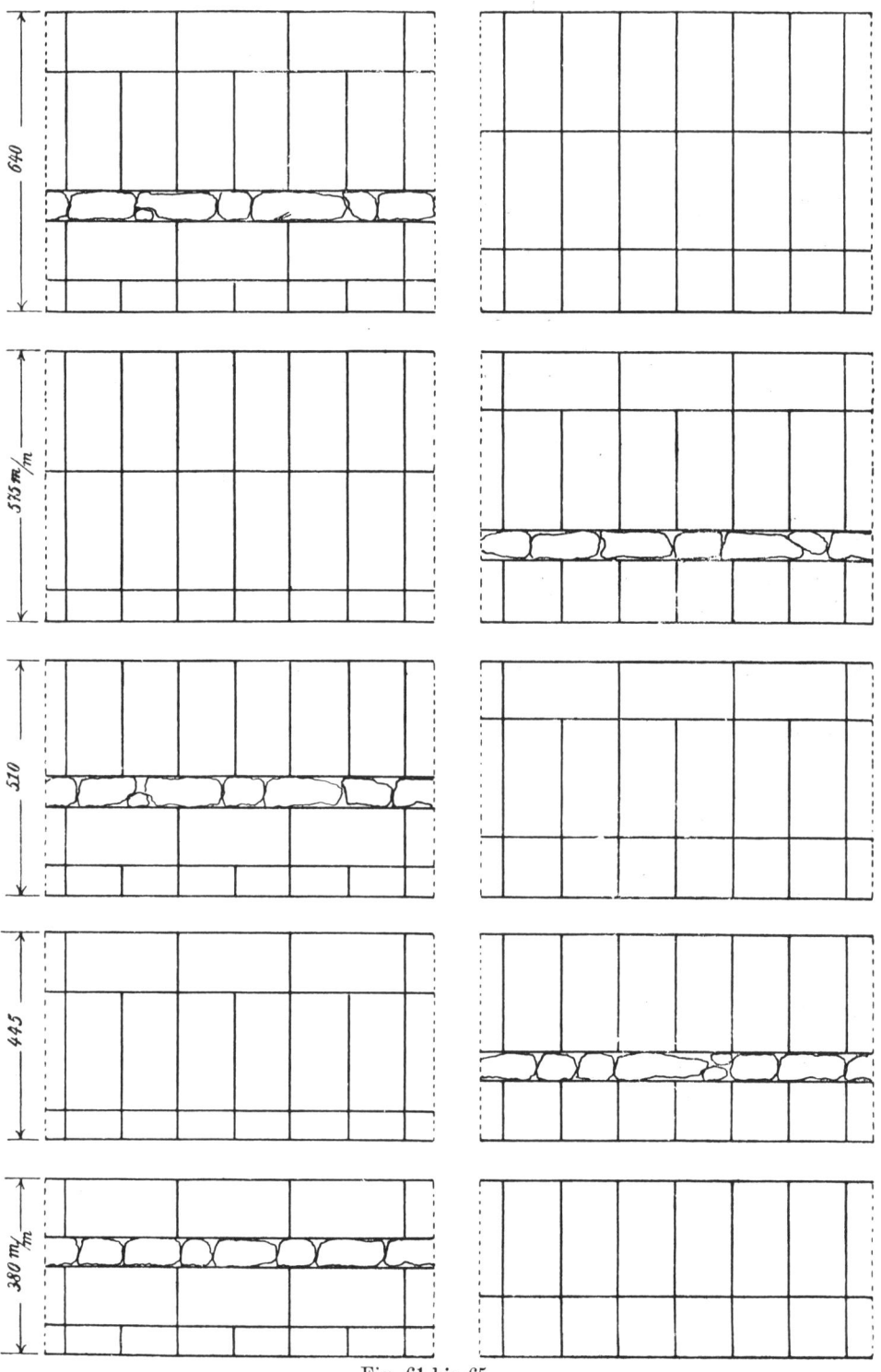

Fig. 61 bis 65.

Nach Besprechung und Vorführung der verschiedenen Verbandarten, welche
für die Ausführung von Ziegelmauerwerk zur Anwendung gelangen können,

wenden wir uns nunmehr denjenigen Fällen zu, welche besondere Aufmerksamkeit unter Beobachtung gewisser Regeln erfordern.

Wenn Mauern aufeinander treffen, so können hierbei folgende Fälle vorkommen:

1. Zwei Mauern bilden eine Ecke;
2. Eine Mauer ist in eine andere eingebunden;
3. Zwei Mauern durchkreuzen sich.

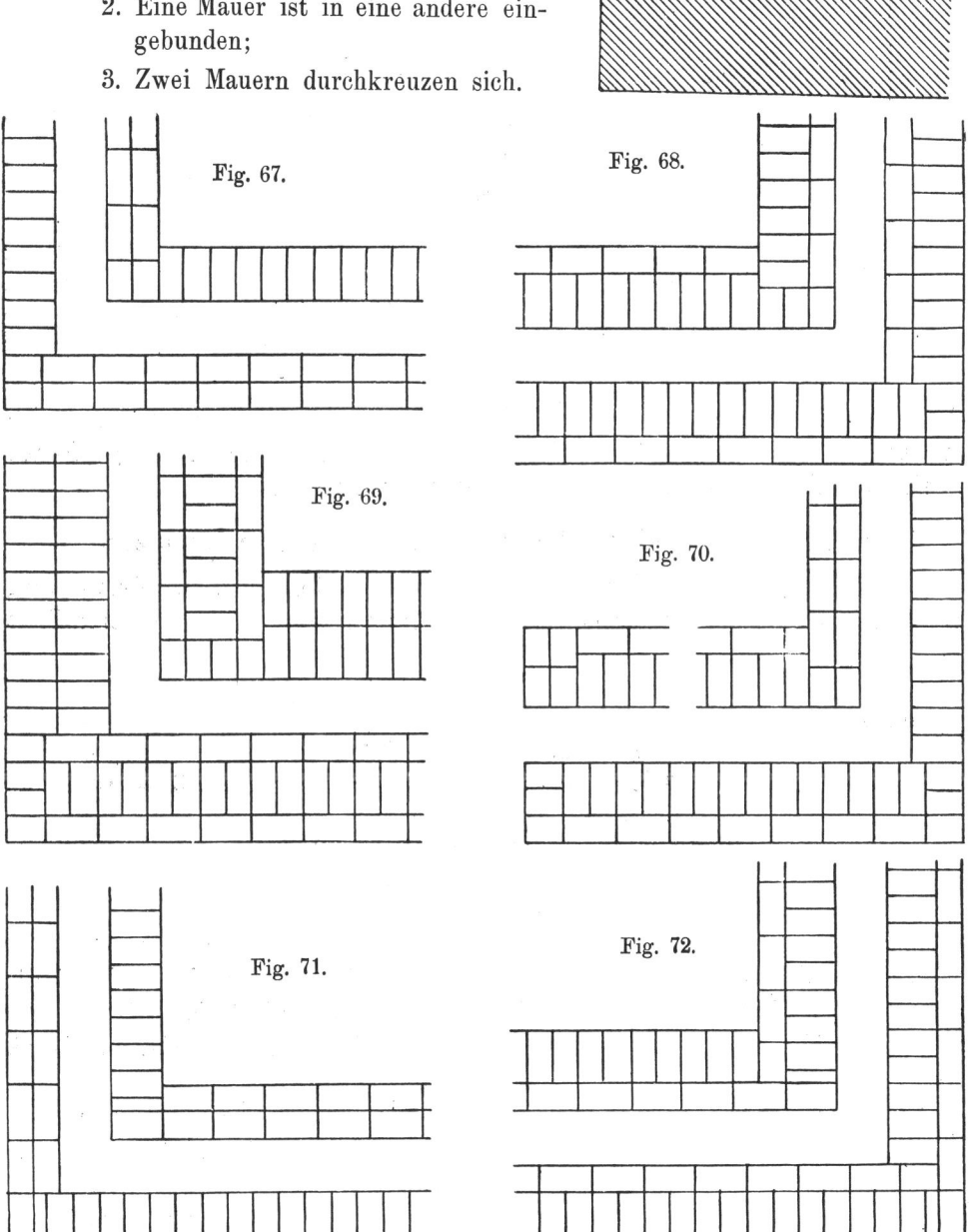

Fig. 66.

Fig. 67.

Fig. 68.

Fig. 69.

Fig. 70.

Fig. 71.

Fig. 72.

Man hat dann weiter zu unterscheiden, ob der Winkel, welchen die Mauern miteinander bilden, ein rechter oder ein von diesem abweichender Winkel ist.

a) Zwei Mauern bilden eine rechtwinkelige Ecke.

Hierbei gehen die Innenkanten der Mauern mit den einzelnen Schichten abwechselnd als Schnittfuge durch (Fig. 66) und zwar entweder in der Läuferschicht oder in der Binderschicht, je nachdem der Endverband mit Dreiquartieren (Fig. 67 bis 70) oder mit Riemchen (Fig. 71 bis 74) gebildet wird. Aus der

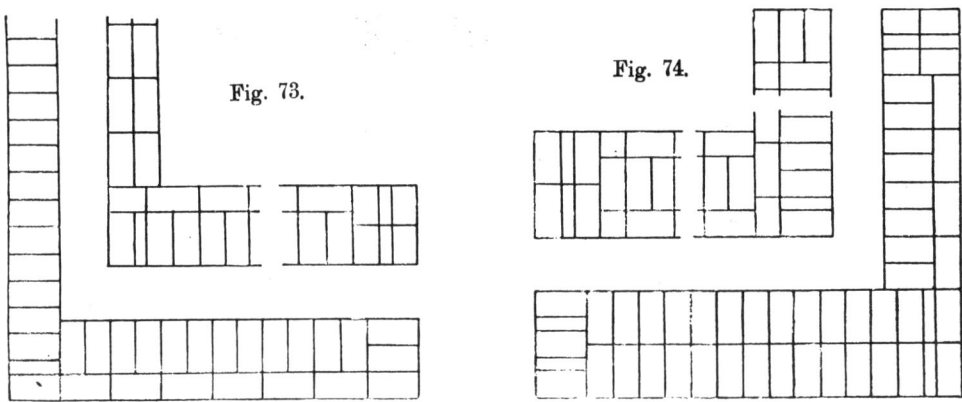

Fig. 73.

Fig. 74.

Betrachtung der Figuren erhellt, daß jeder Eckverband falsch ist, bei dem sich in der einspringenden Ecke die Fugen kreuzen, weil dann unbedingt Fugen zweier übereinander liegender Schichten aufeinanderfallen.

b) Eine Mauer bindet rechtwinkelig in eine andere ein.

Es ist auch hier auseinander zu halten, ob der Verband unter Verwendung von Dreiquartieren oder von Riemchen hergestellt werden soll. Im ersteren Falle

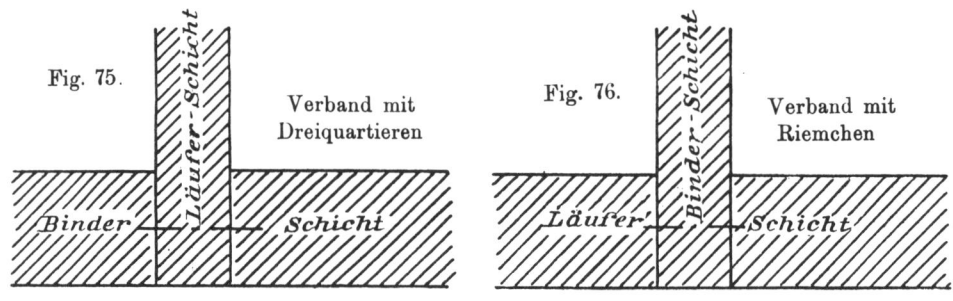

Fig. 75.

Verband mit
Dreiquartieren

Fig. 76.

Verband mit
Riemchen

(Fig. 75) ist die durchbindende Schicht immer eine Läuferschicht, im zweiten Falle (Fig. 76) eine Binderschicht. Beispiele für den Verband mit Dreiquartieren geben die Fig. 77 bis 82, solche für den Verband mit Riemchen die Fig. 83 bis· 86.

c) Zwei Mauern durchkreuzen sich unter rechtem Winkel.

Sind beide Wände gleich einer geraden Anzahl halber Steine stark, so binden die Läuferschichten (Fig. 87 und 88) durch.

Ist eine der Mauern gleich einer geraden, die andere gleich einer ungeraden Anzahl Steinbreiten stark, so muß die durchbindende Schicht der ersteren Wand eine Läuferschicht sein (Fig. 89).

Sind beide Mauern gleich einer ungeraden Anzahl Steinbreiten stark, so ist es gleichgültig, welche von diesen Wänden wechselweise durchbindet (Fig. 90 und 91).

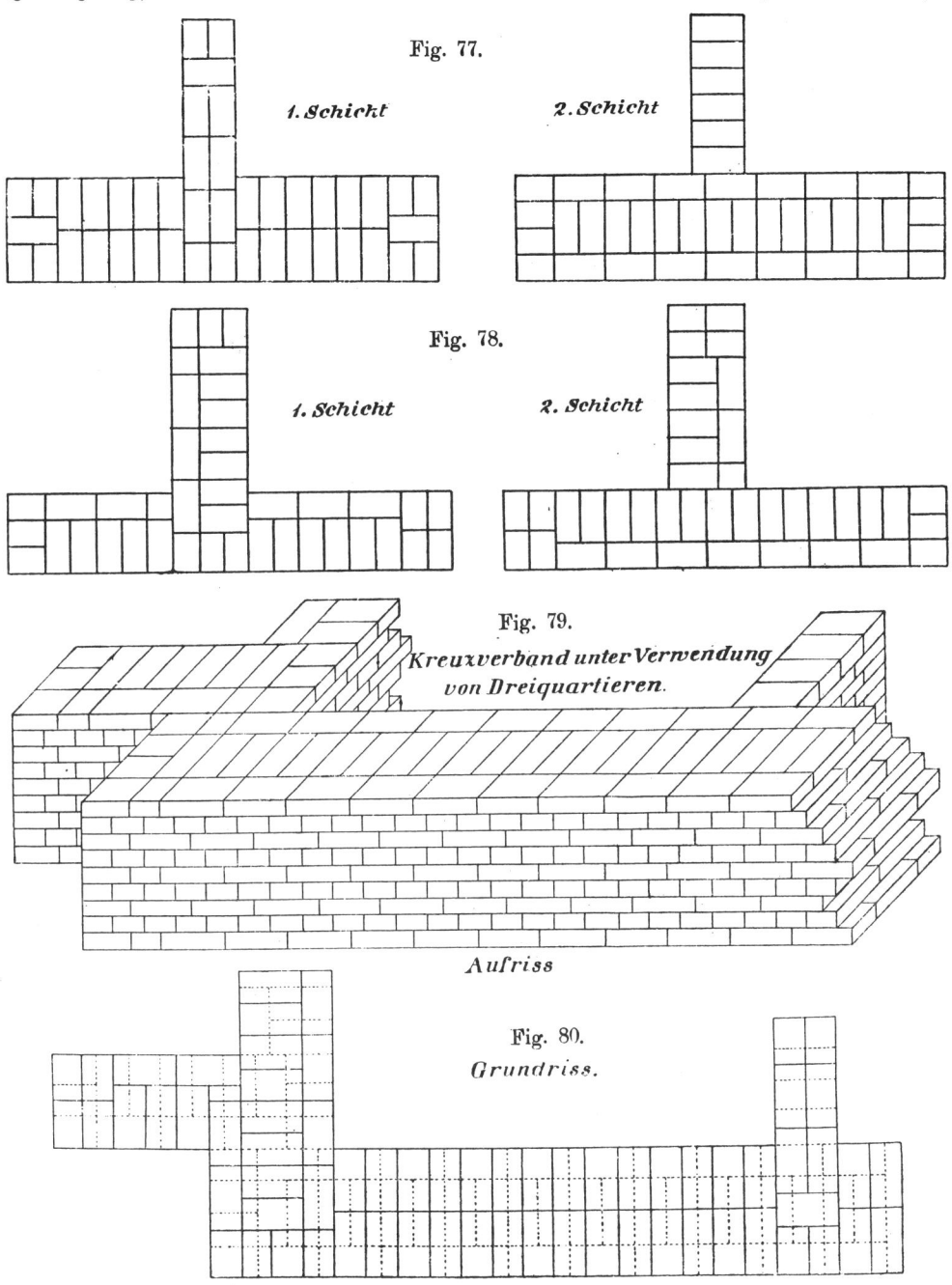

Fig. 77.

1. Schicht

2. Schicht

Fig. 78.

1. Schicht

2. Schicht

Fig. 79.

Kreuzverband unter Verwendung von Dreiquartieren.

Aufriss

Fig. 80.

Grundriss.

d) Zwei Mauern bilden eine spitz- od,er stumpfwinkelige Ecke.

Für solche Fälle ist ein normaler Verband nicht anwendbar, und die Durchführung der angegebenen Regeln ist nicht mehr möglich. Man achte hier auf folgendes:

1. Die äußere Läuferreihe einer Läuferschicht ist stets bis zur Ecke durchzuführen, und der die Ecke bildende Läuferstein muß entsprechend dem spitzen oder stumpfen Winkel der Ecke zugehauen werden.
2. An der ausspringenden Mauerecke dürfen keine Fugen auftreten.

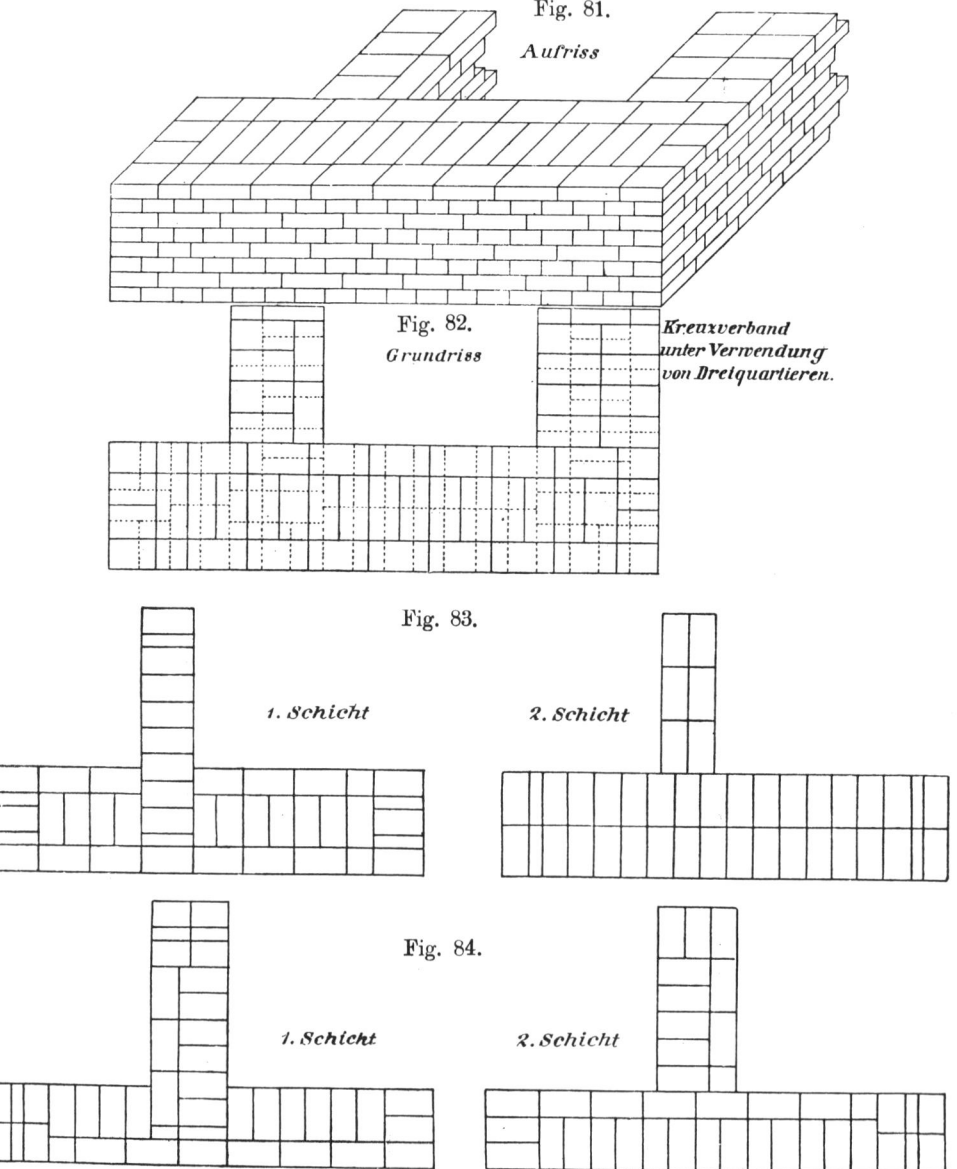

Fig. 81.

Aufriss

Fig. 82.

Grundriss

*Kreuzverband
unter Verwendung
von Dreiquartieren.*

Fig. 83.

1. Schicht

2. Schicht

Fig. 84.

1. Schicht

2. Schicht

3. Die Stoßfugen sind rechtwinkelig zu den Mauerfluchten anzuordnen.
4. Es sind möglichst viel ganze Steine zu verwenden.
5. Wo an der Mauerecke in der Vorderansicht Läufer und Binder zusammentreffen, geht abwechselnd die Läuferschicht bis zur Außenflucht der Binderschicht durch.

Die Figuren 92 bis 99 veranschaulichen eine Reihe von Beispielen, aus denen zu ersehen ist, daß der Verband sich ändert, sobald der Winkel, den die Mauerfluchten bilden, ein kleinerer oder größerer wird.

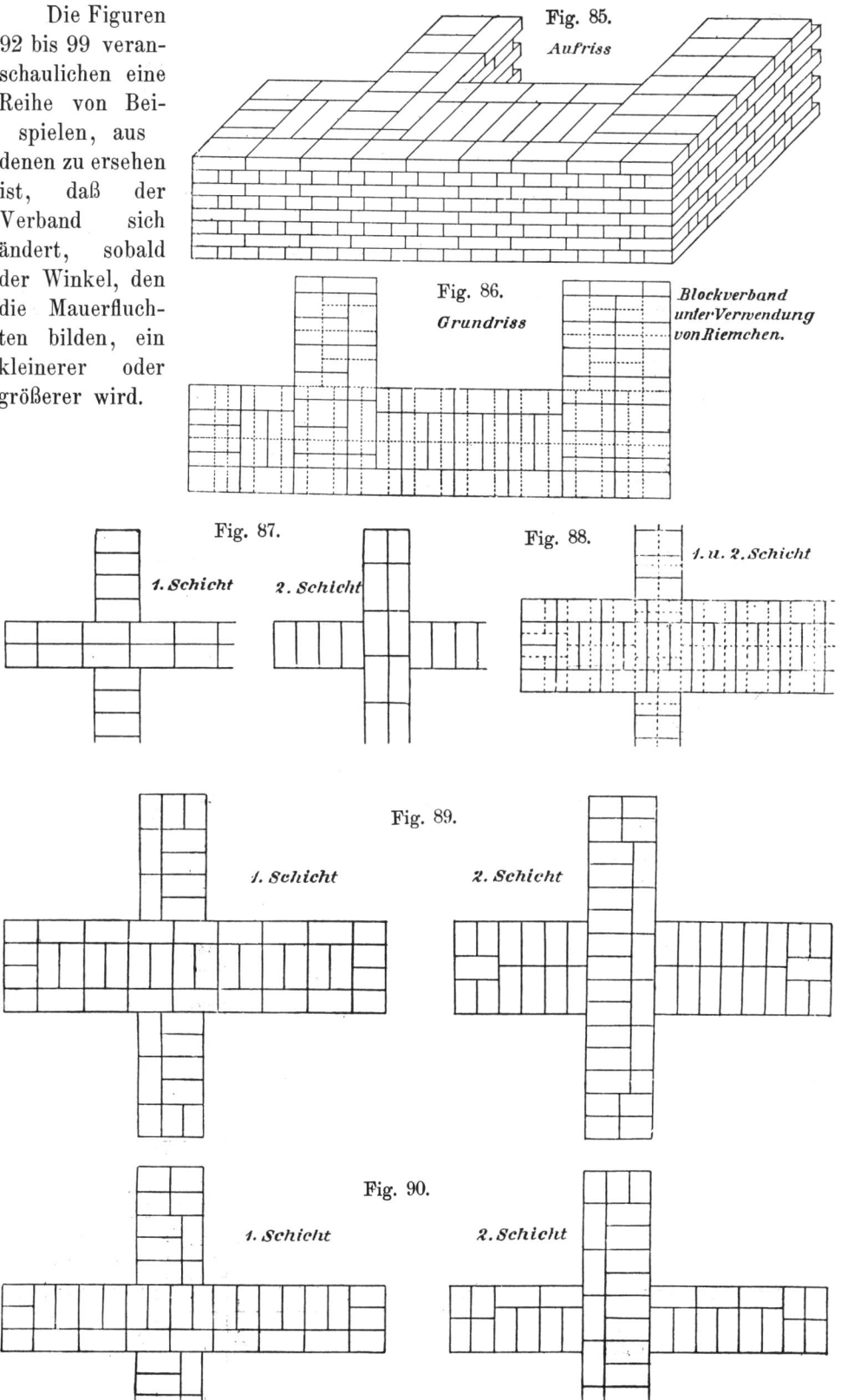

Fig. 85.
Aufriss

Fig. 86.
Grundriss

Blockverband unter Verwendung von Riemchen.

Fig. 87.
1. Schicht — *2. Schicht*

Fig. 88.
1. u. 2. Schicht

Fig. 89.
1. Schicht — *2. Schicht*

Fig. 90.
1. Schicht — *2. Schicht*

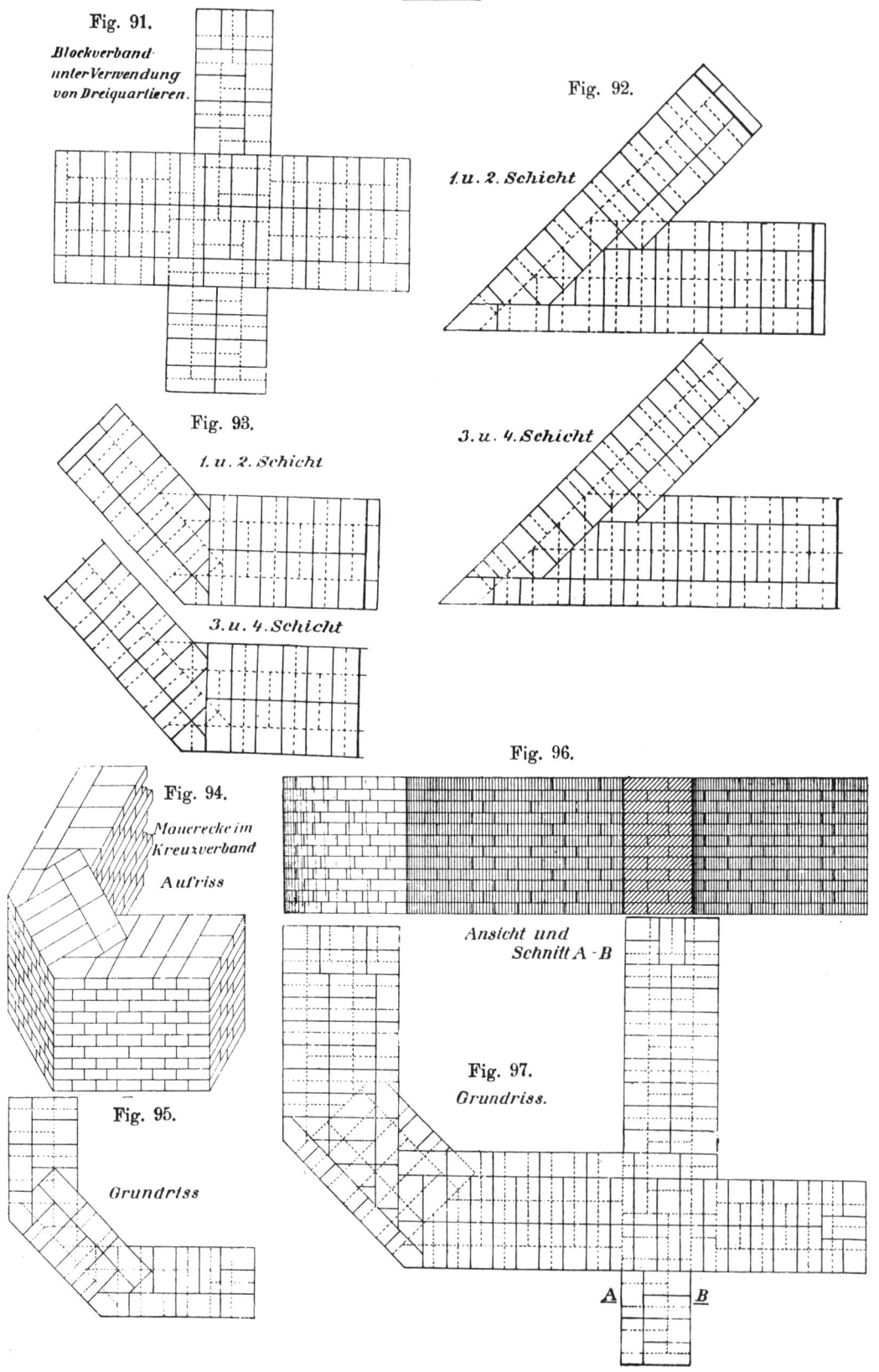

Fig. 91.

Blockverband unter Verwendung von Dreiquartieren.

Fig. 92.

1. u. 2. Schicht

3. u. 4. Schicht

Fig. 93.

1. u. 2. Schicht

3. u. 4. Schicht

Fig. 94.

Mauerecke im Kreuzverband

Aufriss

Fig. 95.

Grundriss

Fig. 96.

Ansicht und Schnitt A - B

Fig. 97.

Grundriss.

A   B

e) Eine Innenmauer bindet unter schiefem Winkel in eine Außenmauer ein (Fig. 100).

Man achte darauf, daß der Verband der Sichtfläche der Außenmauer nicht gestört wird, daß also die Läufer und Binder in den Schichten regelrecht abwechseln.

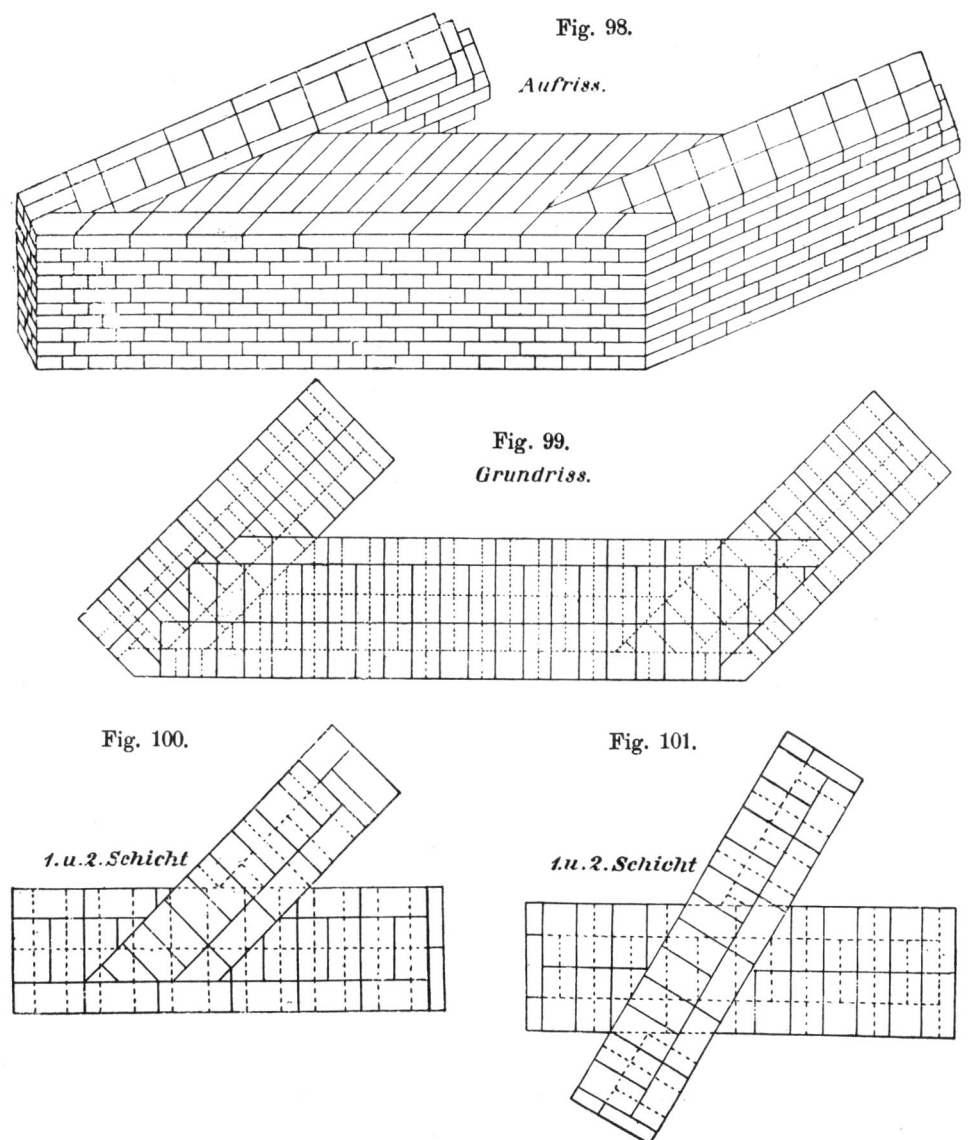

Fig. 98.

Aufriss.

Fig. 99.

Grundriss.

Fig. 100.

1.u.2.Schicht

Fig. 101.

1.u.2.Schicht

f) Zwei Mauern durchkreuzen sich unter schiefem Winkel (Fig. 101).

Hier sind die unter c angegebenen Regeln unverändert anzuwenden. Derartige Fälle kommen jedoch nur außerordentlich selten vor.

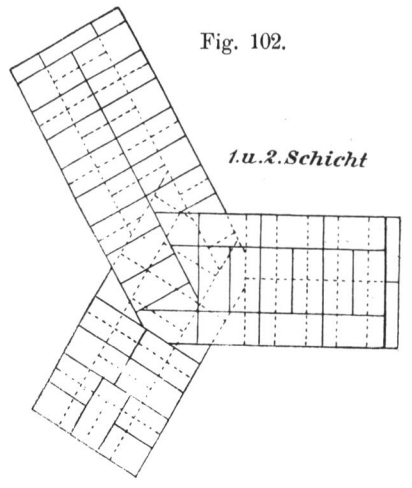

Fig. 102.

1.u.2.Schicht

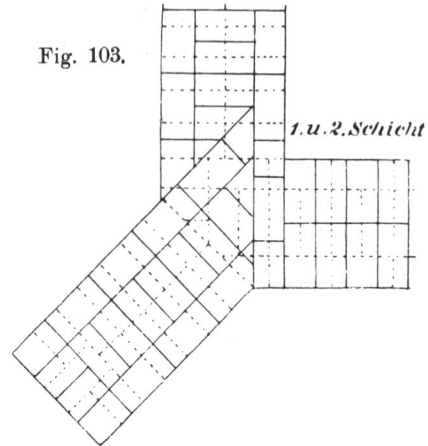

Fig. 103.

1.u.2.Schicht

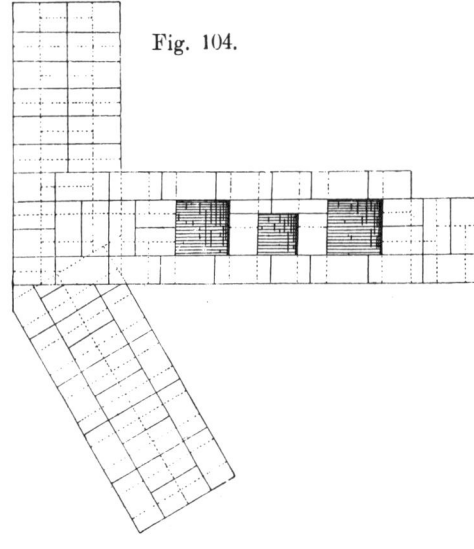

Fig. 104.

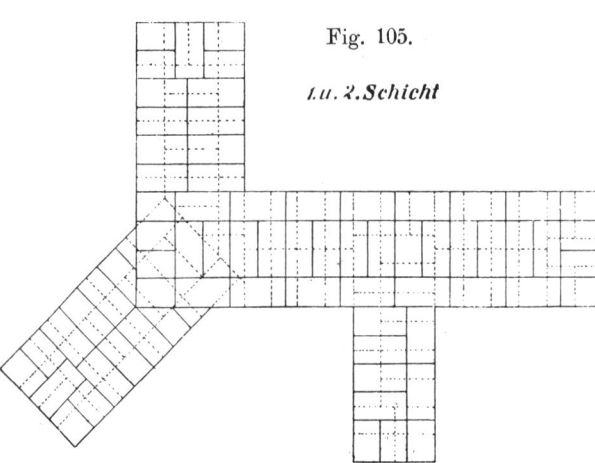

Fig. 105.

1.u.2.Schicht

g) Es treffen mehrere Mauern unter schiefen Winkeln zusammen.

Es ist gleichgültig, welche der Mauern einbindet; man achte jedoch darauf, daß möglichst viele ganze Steine vermauert werden und daß kleinere Teilstücke, namentlich an den Sichtflächen der Mauern vermieden werden. Die Fig. 102 bis 105 zeigen, daß der zu wählende Verband auch hier von den Winkeln, welche die Mauerfluchten miteinander bilden, abhängig ist.

Um die Festigkeit einer Mauer zu erhöhen, ordnet man zuweilen an den Ecken oder im Zuge derselben Lisenen oder

Pfeilervorlagen

an. Zur Erzielung eines regelrechten Verbandes ist erforderlich, daß sowohl die Breite b als auch der Vorsprung v und der Abstand l der Vorlagen voneinander durch Steinbreiten teilbar sind (Fig. 106). Um die Abmessungen dieser Mauerteile nach Zentimetern zu berechnen, bedient man sich mit Vorteil der wiederholt erwähnten Formeln x · 13 — 1, x · 13 und x · 13 + 1. Liegen die Vorlagen nur auf einer Seite der Mauer, so werden sie wie verkürzte Wände aufgenommen; liegen sie dagegen auf beiden Seiten einer Mauer einander gegenüber, so kann der Verband ebenso eingerichtet werden wie bei den Mauerdurchkreuzungen.

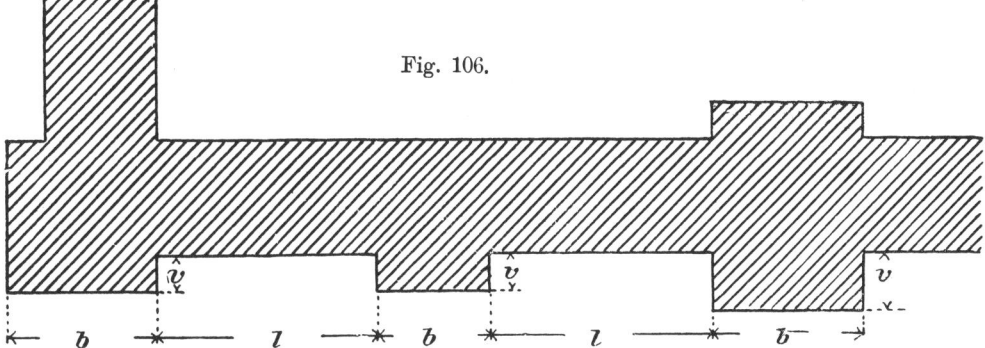

Fig. 106.

Als Verbandregel für Mauern mit Pfeilervorlagen ist zu merken:

In den Läuferschichten sind die Kanten der Mauer durch den Pfeiler und in den Binderschichten die Kanten der Pfeiler durch die Mauer zu führen.

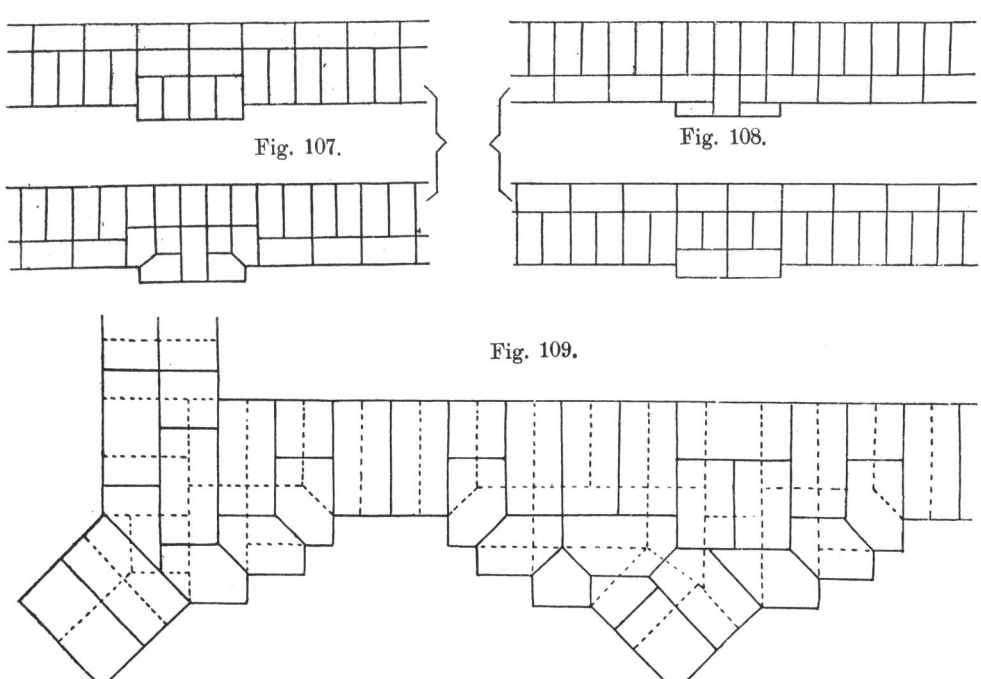

Fig. 107.

Fig. 108.

Fig. 109.

Abweichungen von dieser Regel müssen jedoch eintreten:

    1. Wenn der Pfeilervorsprung nur ¼ Steinlänge beträgt. Man haut dann in der Läuferschicht (Fig. 107) die Ecksteine der Pfeilervorlage so zu, daß die von der einspringenden Ecke ausgehende Stoßfuge mit

der Mauerflucht 45° bildet und die Ecksteine um je ¼ Steinlänge in die Mauer einbinden. Der Vorteil dieser Anordnung wird klar, wenn man die Fig. 108, bei welcher der Verband unter Einhaltung der angegebenen Regel angeordnet ist, näherer Betrachtung unterzieht. In

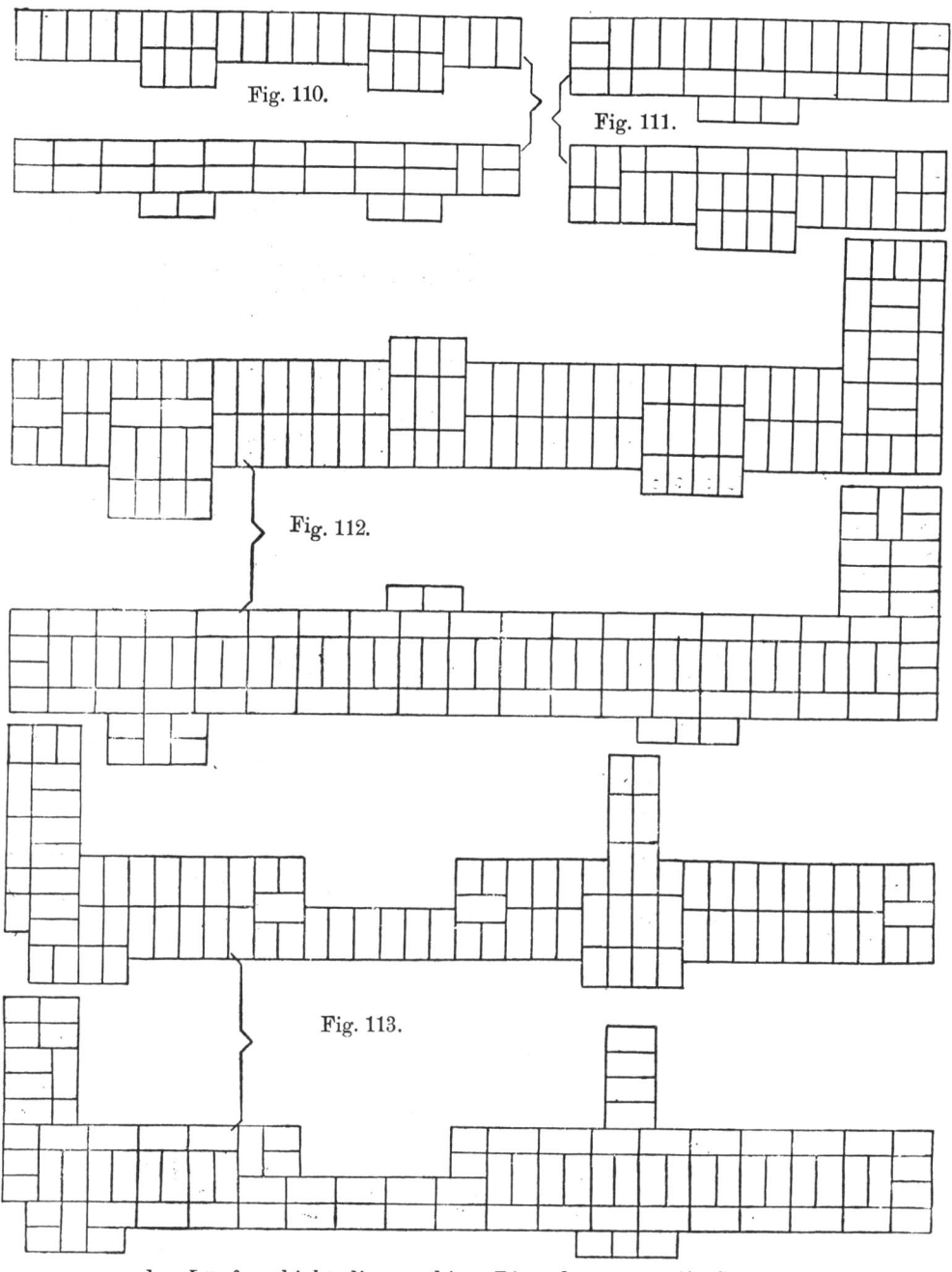

Fig. 110.

Fig. 111.

Fig. 112.

Fig. 113.

der Läuferschicht liegen hier Riemchen von ¾ Steinlänge, und es leuchtet ein, daß diese schmalen Steine nur geringen Halt zwischen den um ¼ Steinlänge einbindenden Steinen der Binderschichten finden.

2. Wenn die Seitenflächen der Pfeilervorlagen unter 45° gegen die Mauerflucht vortreten (Fig. 109), wie dies häufig bei Giebelbildungen in Backsteinrohbau (vergl. Band III dieses Handbuches) vorkommt.

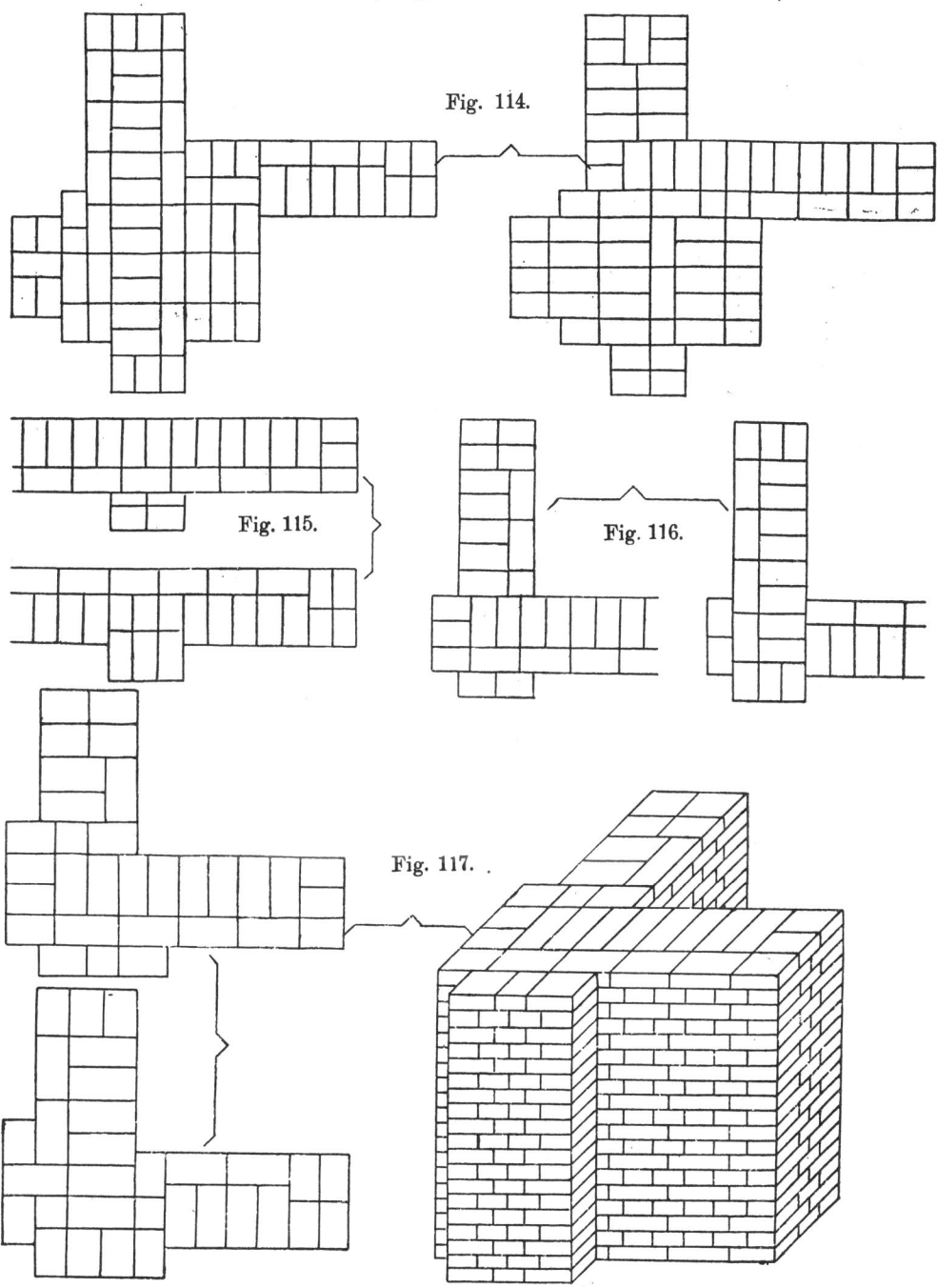

Fig. 114.

Fig. 115.

Fig. 116.

Fig. 117.

Ein regelrechter Verband mit Läufer- und Binderschichten ist dann nicht mehr durchführbar und man hat nur darauf zu sehen, daß in den auf-

3*

einander folgenden Schichten die Stoßfugen nicht zusammenfallen. Die Schwierigkeit, einen guten Verband zu halten, wächst, wenn sich (wie bei vorliegendem Beispiele) weitere Pfeilervorlagen von $^1/_4$ Stein Vorsprung an die über Eck gestellten Pfeiler anschließen. In solchem Falle ist selbst dem geübten Maurer anzuraten, den Verband nur nach reiflichster Ueberlegung und auf Grund eines Schichtenplanes zur Ausführung zu bringen.

Beispiele für Mauern mit rechtwinkelig vortretenden Pfeilervorlagen, deren Breiten und Vorsprünge durch Steinbreiten teilbar sind und bei denen somit ein regelrechter Verband möglich ist, bieten die Fig. 110 bis 117.

Häufig werden an Stelle der durchgehenden Mauern aus Gründen des besseren Verkehrs einzelne

freistehende Pfeiler

angeordnet, welche an ihrer oberen Endigung durch gewölbte Mauerbögen oder Balken von Holz, Stein oder Eisen in Verbindung gebracht werden. Die Grundform derselben kann das Quadrat, Rechteck, Achteck, der Kreis oder das Kreuz sein. Bei Pfeilern mit quadratischem, rechteckigem oder kreuzförmigem Querschnitte findet ein zweimaliger Fugenwechsel statt, indem die gleichgestalteten Schichten um 90° gedreht werden (Fig. 118 bis 121). Haben die Pfeiler achteckigen oder runden Querschnitt, so wird der Verband sich ändern je nachdem, ob die Pfeiler im Innern und Aeußern mit Steinen gewöhnlichen Formates hergestellt werden sollen, oder ob zur Ausführung der Sichtflächen Formsteine zur Verfügung stehen. Im ersteren Falle sind bei achteckigen Pfeilern die Steine an den Ecken, beziehungsweise bei runden Pfeilern alle Steine der Sichtflächen zu verhauen (Fig. 122 und 125) und die letzteren, des besseren Aussehens und größerer Witterungsbeständigkeit halber, mit einem Mörtelüberzug zu ver-

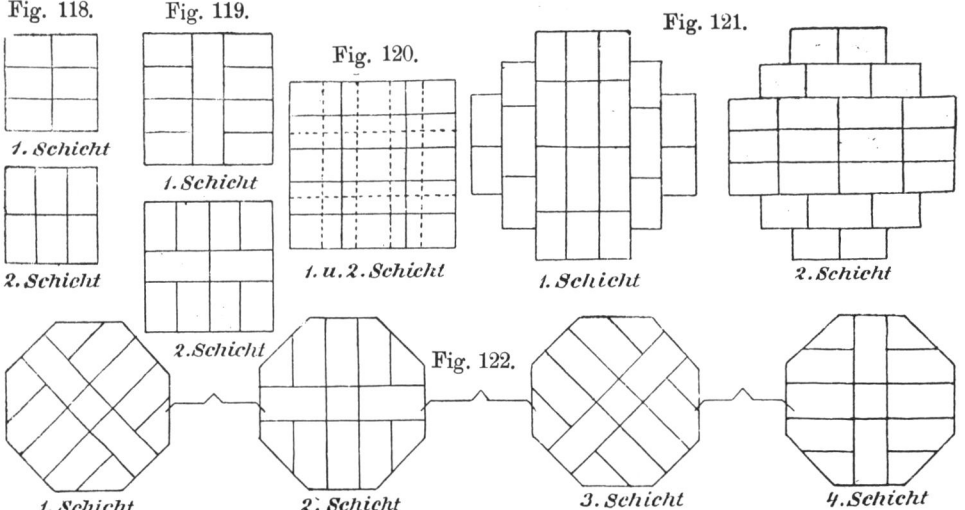

sehen. Sollen die Pfeiler in Ziegelrohbau ausgeführt werden, so hat man zur Ersparung unnötiger Kosten den Verband so einzurichten, dass möglichst wenig verschiedene Arten von Formsteinen erforderlich werden. Für die Ausführung des durch die Fig. 123 und 124 in Grundrissen und isometrischem Aufrisse dargestellten Achteck-Pfeilers ist nur ein einziger Formstein, der sogenannte Achteckstein erforderlich. Zur Herstellung der verschieden gestalteten links- und rechtsseitigen Ecke ist nur nötig, den Eckstein das eine Mal auf die untere, das andere Mal auf die obere Lagerfläche zu legen. Bei Pfeilern runden Querschnittes (Fig. 126) kommt man mit zwei Formsteinarten aus, welche in den einzelnen Schichten abwechselnd um ¹/₂ und ³/₄ Steinlänge einbinden.

Fig. 123.

Fig. 124.

Fig. 125.

1. Schicht

2. Schicht

3. Schicht

4. Schicht

1. Schicht

2. Schicht

3. Schicht

4. Schicht

Für die Standfestigkeit der Pfeiler ist es von Wichtigkeit, daß ein möglichst häufiger Fugenwechsel in den einzelnen Mauerschichten stattfindet. Bei achteckigen und kreisrunden Pfeilern wird dies gewöhnlich dadurch erreicht, daß jede Schicht um 45° gegen die vorangehende gedreht wird, so daß ein viermaliger Fugenwechsel entsteht Fig. 122 bis 126).

Den kreuzförmig gestalteten oder runden Pfeilern werden häufig runde Vorlagen angegliedert. Wenn solche Pfeiler sich auch mit Ziegelsteinen gewöhn-

Fig. 126.

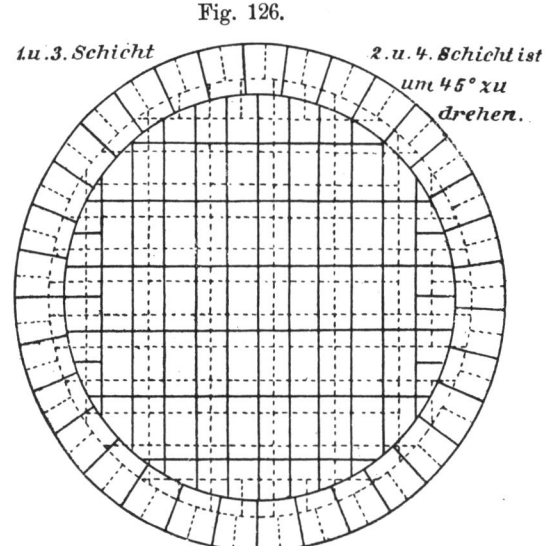

1 u. 3. Schicht

2 u. 4. Schicht ist um 45° zu drehen.

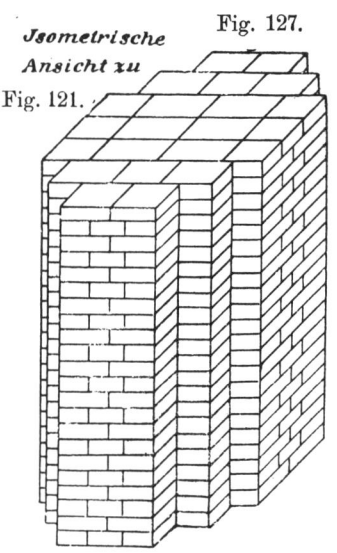

Jsometrische Ansicht zu Fig. 121.

Fig. 127.

lichen Formates ausführen lassen, so empfiehlt sich dieses doch nur, wo es sich um die Herstellung einiger weniger zu verputzender Pfeiler handelt. Sollen dagegen die Pfeiler unverputzt bleiben, oder ist eine große Anzahl gleichgestalteter Pfeiler auszuführen, so sind immer Formsteine anzuwenden. Beispiele hierfür geben die Figuren 128 bis 130.

Auch bei halbkreisförmig gestalteten Pfeilervorlagen in Verbindung mit Mauern kann der Kern der Vorlagen aus gewöhnlichen Steinen hergestellt werden, während für die Sichtflächen die Verwendung von Formsteinen vorzuziehen ist. Solche Pfeilervorlagen können beispielsweise für die Bildung der inneren Wange in Treppenhäusern zur Anwendung kommen (Fig. 131).

In den Gebäudemauern müssen häufig Hohlräume zur Unterbringung von Schornsteinröhren und Lüftungsschachten ausgespart werden, welche meist wesentliche Abweichungen von den für volles Mauerwerk geltenden Verbandregeln bedingen. Da es nun für die Ausführung solcher Hohlmauern gleichgültig ist, ob die Hohlräume zur Ableitung von Heizgasen, zur Einleitung kalter oder er-

Fig. 128.

Fig. 129.

Fig. 130.

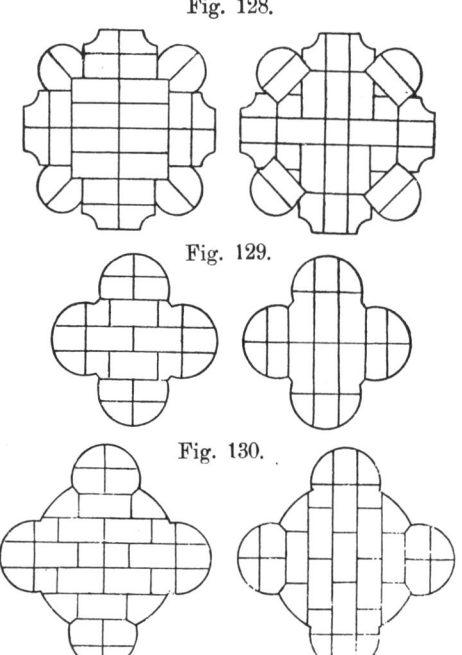

wärmter Luft oder schließlich zur Abführung verbrauchter Luft dienen, so lassen sich die hier anzuwendenden Verbände unter der Bezeichnung:

„Verbände für Schornsteine"

zusammenfassen. Mit Bezug auf die Lage der Schornsteinröhren lassen sich folgende Fälle unterscheiden:

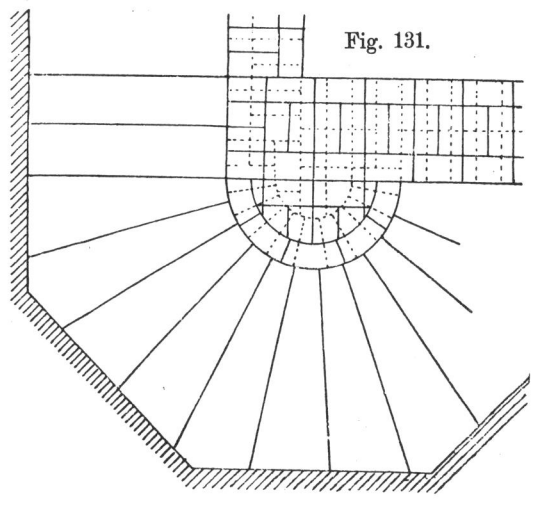

Fig. 131.

1. Das den Hohlraum begrenzende Mauerwerk (die Schornsteinwangen) tritt nicht gegen die Mauerfluchten vor (Fig. 132 und 133);
2. Das Wangenmauerwerk tritt auf einer Seite gegen die Mauerflucht vor (Fig. 134);
3. Das Wangenmauerwerk tritt auf zwei Seiten gegen die Mauerfluchten vor (Fig. 135);
4. Der Schornstein ist ein freistehender (Fig. 136). Dieser Fall tritt auch bei allen in Verbindung mit Gebäudemauern stehenden Schornsteinen in dem über Dach befindlichen und meist auch in dem im Dachraume vorhandenen Teile auf.

Je nach der Anzahl Röhren, welche in einem freistehenden Mauerkörper angeordnet sind, bezeichnet man den letzteren als einfachen, zweifachen, dreifachen . . . Schornsteinkasten.

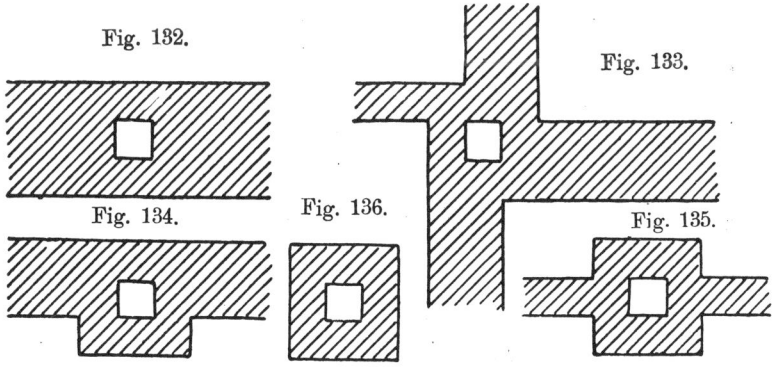

Fig. 132.

Fig. 133.

Fig. 134.

Fig. 136.

Fig. 135.

Hinsichtlich der Abmessungen der Schornsteinröhren sind auseinander zu halten:

1. Weite oder besteigbare Schornsteine.
2. Enge oder russische Schornsteine.

Die ersteren sollen nach den gesetzlichen Bestimmungen mindestens 42×47 cm weit sein, während die Bestimmungen über die Weite russischer Röhren nicht überall die gleichen sind. Als kleinster Querschnitt ist für dieselben ein Quadrat von $\frac{1}{2}$ Stein Seitenlänge, als größter ein Quadrat von 1 Stein Seitenlänge anzusehen. Dazwischen kommen noch verschiedene andere Abmessungen ($\frac{1}{2}$ auf $\frac{3}{4}$, $\frac{1}{2}$ auf 1, $\frac{3}{4}$ auf $\frac{3}{4}$ Stein usw.) zur Anwendung. Sollen die Röhren kreisrunden Querschnitt erhalten, so sind zu deren Herstellung die Mauersteine entsprechend zu verhauen, oder es sind Formsteine zu verwenden.

Bei der Reinigung der weiten Schornsteine steigt der Schornsteinfeger in sie hinein, er „befährt" sie. Die engen Schornsteine werden „gefegt", indem ein Besen, durch eine etwa 3 kg schwere eiserne Kugel beschwert, in denselben auf und ab bewegt wird.

Da die gesetzlichen Bestimmungen über Anlage und Ausführung der engen Schornsteine nicht ohne Einfluß auf die Konstruktion derselben sind, so erscheint es nicht überflüssig, die wichtigeren derselben hier folgen zu lassen. Sie lauten:

1. Alle Schornsteine müssen aus unverbrennlichem Material hergestellt und von Grund auf fundamentiert oder, wenn sie in oberen Stockwerken beginnen, auf unverbrennlicher Unterlage sicher unterstützt werden. Sie sind in einem sich überall gleichbleibenden Querschnitte bis mindestens 0,30 m über Dach zu führen.

2. Eine andere als die senkrechte Richtung darf den Schornsteinen nur gegeben werden, wenn sie ringsum zwischen massiven Wänden liegen oder durch gemauerte Bögen bezw. eiserne Träger sicher unterstützt sind.

3. Reinigungsöffnungen sind in der Regel unten und oben, außerdem auch bei Richtungsänderungen, wenn die Neigung gegen die Horizontale weniger als 60^{0} beträgt, anzuordnen und mit dicht schließenden eisernen Türen zu versehen. Die oberen Reinigungsöffnungen können fehlen, wenn die Reinigung bequem vom Dache aus erfolgen kann. Jede Reinigungsöffnung muß einen dichten Verschluß (Reinigungstüre) aus unverbrennlichem Material erhalten, auch ist der Fußboden vor den Reinigungstüren, sofern er nicht durchweg aus unverbrennlichem Material besteht, auf mindestens 0,5 m im Quadrat massiv aus natürlichen oder künstlichen Steinplatten, Gips- oder Zementestrich herzustellen oder mit Schwarzblech abzudecken.

4. Die Schornsteine müssen mit vollen, dichten Fugen gemauert werden; die Innenseite erhält meistens einen Putzüberzug, doch ist ein sorgfältig hergestellter Fugenverstrich vorzuziehen, da der Putz sich infolge des Setzens des Mauerwerkes oft schon während der Ausführung der Schornsteine ablöst. Die Außenseite innerhalb der Gebäude ist stets zu putzen.

5. Die Zungen und Wangen der Schornsteine müssen mindestens $\frac{1}{2}$ Stein stark und, wo sie unmittelbar an Holz (bei Treppenhäusern an Holzwangen) oder an die Nachbargrenze anstoßen, mindestens 1 Stein Stärke erhalten.

6. Schornsteinwangen von weniger als 25 cm Stärke müssen von Holzwerk mindestens 10 cm oder, wenn sie durch eine doppelte in Verband

gelegte Dachsteinschicht gegen das Holzwerk isoliert werden, mindestens 6,5 cm entfernt bleiben.

7. Für Berlin ist ein Minimalquerschnitt von 250 qcm vorgeschrieben, es müssen dort mithin die Schornsteine mindestens $^1/_2$ auf $^3/_4$ Stein groß ausgeführt werden, sofern Ziegelsteine gewöhnlicher Größe ($6,5 \times 12 \times 25$ cm) Verwendung finden sollen. In ein Schornsteinrohr dieses Querschnittes dürfen höchstens drei Zimmeröfen oder ein Küchenherd eingeführt werden; für jeden weiteren einzuführenden Ofen ist der Querschnitt um mindestens 80 qcm zu vergrößern.

Die Anordnung von Rauchrohren in Außenwänden ist nach Möglichkeit zu vermeiden, weil die Rauchgase in diesen Rohren im Winter zu stark abgekühlt werden und infolgedessen zu langsam abziehen. Gegebenenfalls sind die Außenwangen mindestens 38 cm stark anzulegen. Am besten werden die Rohre in den Mauerecken an Mittelmauern angeordnet, da sie dann allseitig warm liegen und meist in der Nähe der Firstlinie die Dachflächen durchschneiden, also nicht so hoch freistehen, als wenn sie in der Nähe der Traufe aus dem Gebäude heraustreten.

Fig. 137 zeigt den Verband eines Schornsteinkastens mit einem Rohre quadratischen Querschnittes, dessen Seitenlänge gleich einem halben Stein ist. Zu seiner Herstellung sind in jeder Schicht vier ganze Steine erforderlich, und wir sehen in den Ansichtsflächen neben dem Läufer einen Strecker liegen.

Verbände einfacher Schornsteinkasten mit Rohren von $^1/_2 : ^3/_4$, $^1/_2 : ^4/_4$, $^3/_4 : ^3/_4$ und $^4/_4 : ^4/_4$ Stein lichter Weite veranschaulichen die Figuren 138 bis 142,

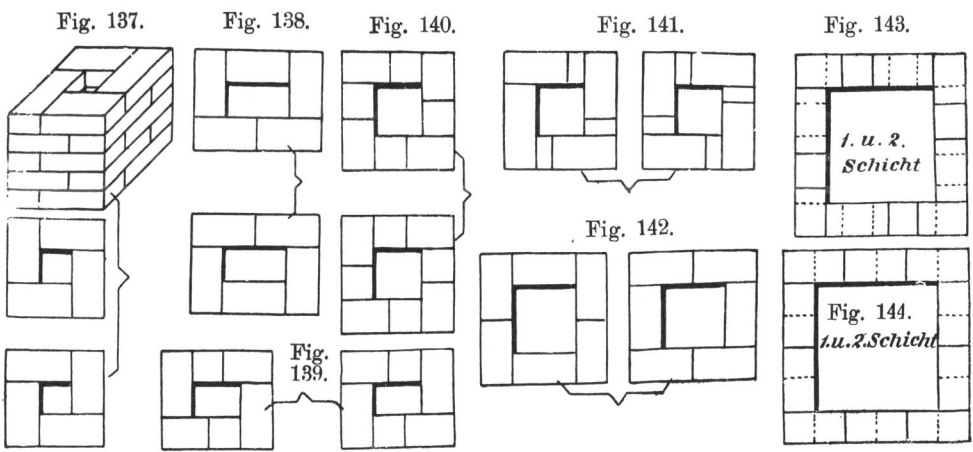

Fig. 137. Fig. 138. Fig. 140. Fig. 141. Fig. 143.

1. u. 2. Schicht

Fig. 142.

Fig. 144.
1. u. 2. Schicht

Fig. 139.

solche für besteigbare Schornsteine von $1^3/_4 : 1^3/_4$ und $2 : 2$ Stein lichter Weite die Figuren 143 bis 144, während die Figuren 145 bis 154 Beispiele für den Verband zweifacher, dreifacher, vierfacher und fünffacher Schornsteinkasten vorführen. In allen Fällen können wir beobachten, daß in ein und derselben Schicht Läufer oder Dreiquartiere mit Streckern abwechseln und daß zur Bildung des Verbandes möglichst viele ganze Steine verwendet sind. Will man die Dreiquartiere vermeiden, so muß man Riemchen verwenden, wie dies aus

Fig. 141 zu ersehen ist. Die letztere Anordnung wird zwar in der Praxis häufig getroffen, und sie bewirkt auch eine Vermehrung der ganzen Steine, dürfte aber trotzdem nicht zu empfehlen sein, weil die schmalen Riemchen nur geringen Halt im Mauerwerk finden.

Hinsichtlich der Ausführung und Güte der Schornsteinverbände können wir als Richtschnur festhalten:

Viertelsteine sind sowohl im Innern als im Aeußern tunlichst zu vermeiden.

Ein Schornsteinverband ist um so besser, je mehr ganze Steine zur Verwendung gelangen und je weniger Stoßfugen innerhalb der

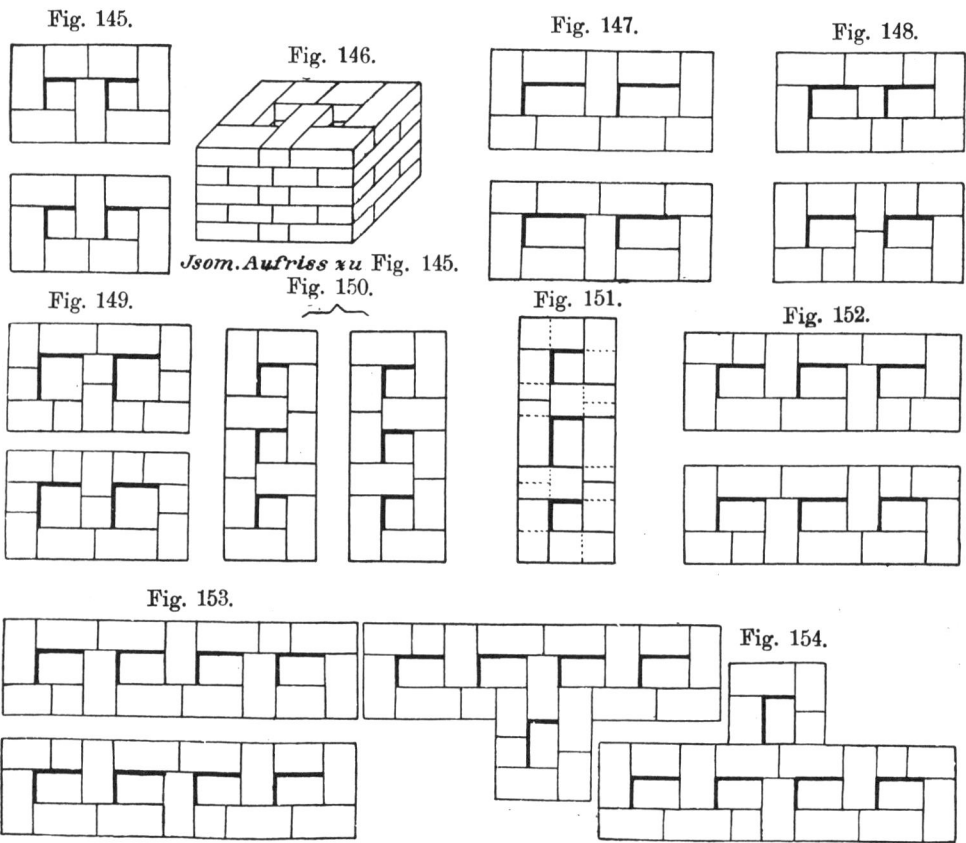

Fig. 145. Fig. 146. Fig. 147. Fig. 148.

Jsom. Aufriss zu Fig. 145.

Fig. 149. Fig. 150. Fig. 151. Fig. 152.

Fig. 153. Fig. 154.

Wangen und Zungen sich befinden, je weniger also ein Eintreten von Luft in die Röhren, beziehungsweise ein seitliches Austreten der Rauchgase aus diesen zu befürchten steht. Die letztere Gefahr liegt allerdings nicht vor, wenn die Stoßfugen voll mit Mörtel gefüllt sind; die Erfahrung hat aber bewiesen, daß nur zu oft die Maurer in dieser Hinsicht sich Verstöße zuschulden kommen lassen.

Jeder Schornsteinverband ist falsch, bei welchem in den Ecken der Röhren in der Richtung beider Wangen Fugen (Kreuzfugen) vorhanden sind, weil dann unbedingt in den aufeinanderfolgenden Schichten Fuge auf Fuge treffen muß.

Die Figuren 155 bis 157 stellen Verbände für Schornsteinröhren dar, welche im Mauerwerk ausgespart sind. Wir beobachten hier, daß in den Läuferschichten die Seitenwangen durch je einen Dreiviertelstein und in den Binderschichten durch je vier Dreiviertelsteine gebildet sind.

Die quadratischen Schornsteinröhren der Figuren 158 bis 160 von $^3/_4$ Stein Seitenlänge bedingen ein Vortreten der Schornsteine gegen die eine Mauerflucht um $^1/_4$ beziehungsweise $^3/_4$ Steinlänge. Im ersteren Falle sind in der Läuferschicht die Ecksteine der Vorlage schräg zugehauen, um die Verwendung von Riemchen zu umgehen. Im zweiten Falle ist der Verband das eine Mal (Fig. 158) unter Verwendung von Riemchen, das andere Mal (Fig. 160) mit Dreiquartieren hergestellt. Die erstere Art ist die in der Praxis zumeist übliche, weil sie eine möglichst geringe Anzahl von Dreiquartieren bedingt und die teilweise Verwendung der abgeschlagenen Viertelsteine zuläßt. Da aber die Viertelsteine häufig nur nachlässig und so vermauert werden, daß sie um ein Geringes in das Rohr hineinragen, so werden dieselben beim Fegen des Rohres oft in ihrer Lage gelockert und geben dann Veranlassung zu Rohrverengungen und Ver-

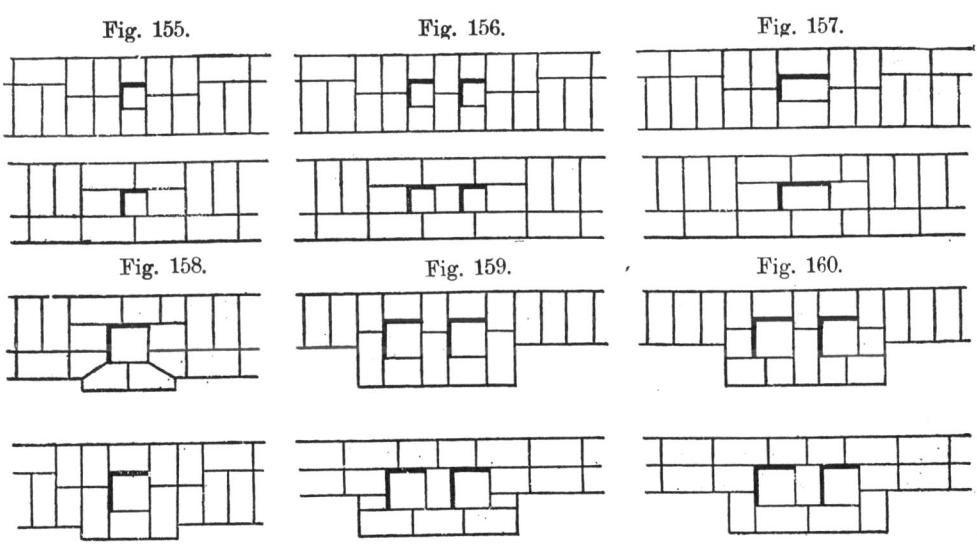

Fig. 155.　　　　　Fig. 156.　　　　　Fig. 157.

Fig. 158.　　　　　Fig. 159.　　　　　Fig. 160.

stopfungen. Man sollte deshalb stets streng darauf achten, daß die Maurer für Schornsteinverbände nie Viertelsteine benutzen.

Mit Vorliebe legt man die Rauchröhren in die Kreuzungsstellen der Innenwände oder dorthin, wo eine Wand in eine andere einbindet, weil in den Raumecken die Schornsteinvorlagen weit weniger als im Zuge der Mauer hindern und die Oefen hier den besten Aufstellungsort finden. Auch sind die in den Innenwänden der Gebäude liegenden Röhren weit mehr als solche in den Außenwänden gegen die Temperaturschwankungen der Aussenluft geschützt. Die Figuren 161 bis 165 geben hierfür einige erläuternde Beispiele.

Um die unschön wirkenden rechtwinkelig vortretenden Schornsteinvorlagen zu umgehen, ordnet man zuweilen runde Nischen an, in welchen die Oefen Aufstellung finden. Es ist dann ein mehrfaches Verhauen der Steine, welche die Nische bilden, nicht zu vermeiden. Ein Beispiel hierfür bietet Fig. 166.

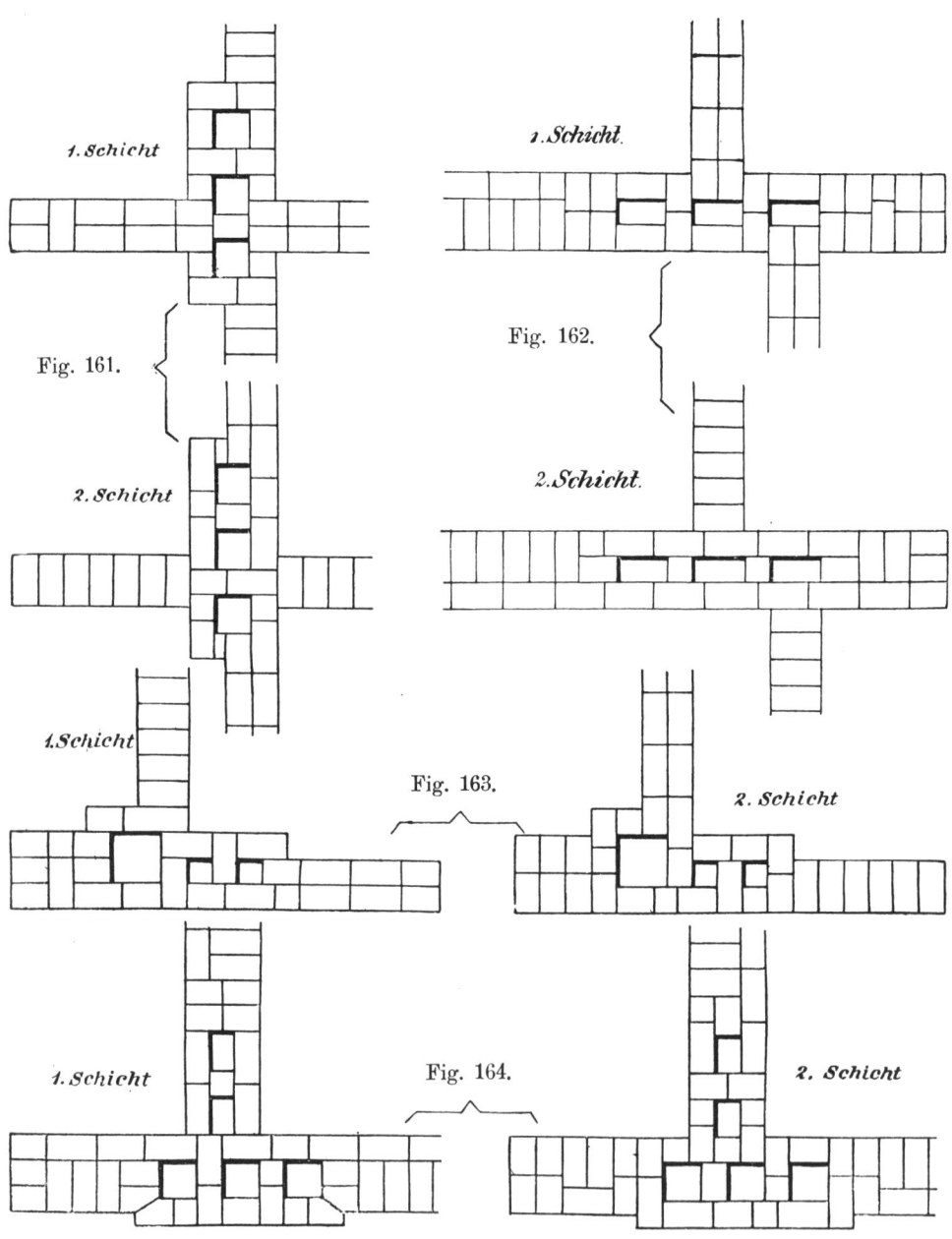

1. Schicht

1. Schicht.

Fig. 161.

Fig. 162.

2. Schicht

2. Schicht.

1. Schicht

Fig. 163.

2. Schicht

1. Schicht

Fig. 164.

2. Schicht

Da die Rauchgase um so besser aufsteigen, je weniger Reibungswiderstand an den Wandflächen zu überwinden ist, so leuchtet es ein, daß unter Beibehaltung gleicher Weite Röhren mit kreisrundem Querschnitt den Vorzug

vor quadratischen oder rechteckigen Röhren verdienen. Zur Herstellung der
runden Röhren bedient man sich wohl als Lehre eines runden, etwa 60 cm
langen Klotzes, der beim Mauern stets höher gerückt wird. Die Steine müssen
dann entsprechend zugehauen werden. Besser, aber auch wesentlich teurer, ist

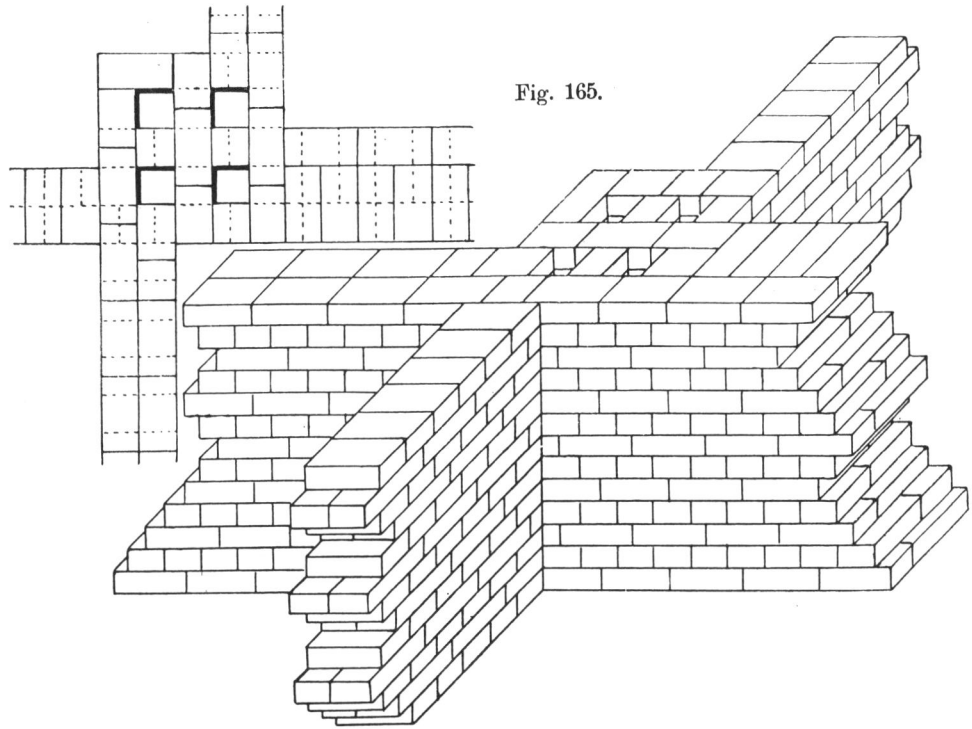

Fig. 165.

die Verwendung von Formsteinen, welche in verschiedener Weise (Fig. 167
bis 171) gestaltet sein können. Da jedoch die Formsteine meistens nur schwer
zu beschaffen sind und von vielen Ziegeleien nur auf besondere Bestellung
angefertigt werden, dieselben auch für
das Ziehen der Rohre, welches häufig
nicht zu umgehen ist, nicht zu verwenden sind, so kommen runde Röhren
nur äußerst selten zur Ausführung.

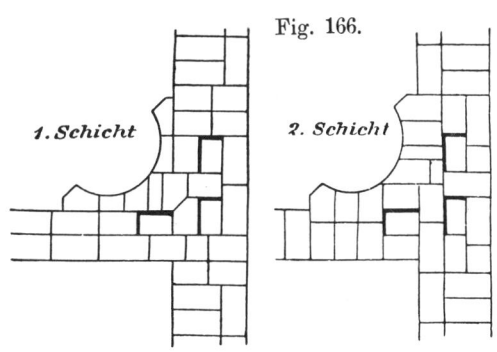

Fig. 166.

1. Schicht

2. Schicht

Namentlich für solche freistehenden Gebäude, welche in hohem
Grade den Einflüssen der Witterung
ausgesetzt sind, wurde früher vielfach
die Anordnung von Hohlräumen, den
sogenannten

Luft- oder Isolierschichten

in den Außenmauern empfohlen, weil die in diesen eingeschlossene Luft als
ruhende Schicht und somit als schlechter Wärmeleiter angesehen wurde.

In neuester Zeit hat man sich jedoch mehr der Ansicht zugeneigt, daß die Luft in den Hohlräumen der Mauern sich nicht im ruhenden Zustande befindet und dazu beiträgt

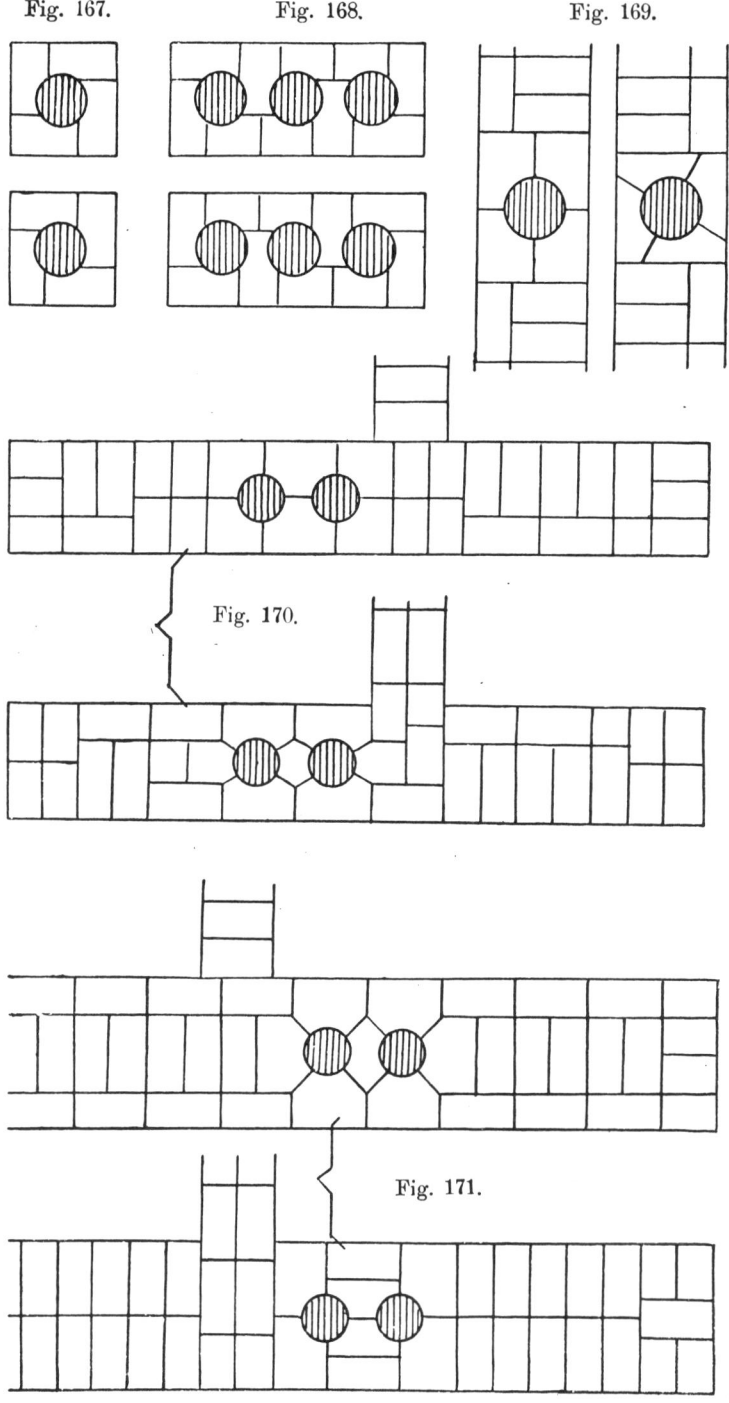

Fig. 167.　　Fig. 168.　　Fig. 169.

Fig. 170.

Fig. 171.

1. die Uebertragung der Temperaturunterschiede von außen nach dem Gebäudeinnern oder umgekehrt zu beschleunigen und

2. auf den Mauerflächen, welche die Hohlräume begrenzen, Schwitzwasser zu bilden.

Daß die Luftschicht keine ruhende sein kann, erhellt ohne weiteres aus der Betrachtung, dass im Winter die der Außenluft zugekehrte, im Sommer die der Zimmerluft zugekehrte Mauerschale die kältere sein wird. Die eingeschlossene Luft wird mithin auf der einen Seite abgekühlt, auf der anderen Seite erwärmt, so daß dieselbe sich dauernd in Bewegung (wenn auch nur in einer schwachen) befinden muß. Sie kann aber auch dem Durchgange der Außen- oder Zimmerluft gewiß kein größeres

Hindernis bereiten als volles Mauerwerk, da ja bekanntlich von zwei gleichzeitig aufgeführten Mauern gleicher Stärke, von denen eine mit Luftschicht, die andere ohne eine solche ausgeführt ist, immer diejenige schneller austrocknet, welche Luftschichten enthält. Diese Beobachtung hat wohl hauptsächlich Anlaß zu der irrigen Annahme gegeben, daß die Luftschichten dauernd trockene Mauern erzeugen; tatsächlich ändert sich aber der Zustand, wenn das Gebäude bewohnt, also die Innenräume gegen die Außenluft durch Türen und Fenster in gewissem Grade abgeschlossen sind. Es wird dann im Winter die im Hohlraume an der inneren Mauerschale hochstreichende Luft aus den geheizten Zimmern Wärme aufnehmen, während die an der äußeren kalten Mauerschale herabsinkende Luft Wärme abgeben muß. Die Folge ist dann die Bildung von Schwitzwasser auf der äußeren Mauerschale.

Der Königl. Landbauinspektor Astfalck*) schreibt hierzu dem Sinne nach:

„Tritt im Winter bei mildem Wetter der Fall ein, daß die Luftschicht von den nach außen durchdringenden Zimmertemperaturen stärker erwärmt wird, und wird dann bei plötzlich eintretendem scharfen Frost mit Nord- oder Nordostwind die nur einen halben Stein starke äußere Mauerverblendung so schnell durchkühlt, daß das Kondenswasser auf beiden Luftschichtmauerflächen gefriert, so wird infolge eines zweiten Witterungsumschlages wiederum die Zimmerluft kräftiger durch die Mauern nach außen strömen und der Reif in der Luftschicht auftauen, mithin nicht unbeträchtliche Wassermengen erzeugen, welche um so mehr die Mauern durchnässen werden, je häufiger und schneller die Witterungsumschläge einander folgen."

Astfalck kommt auf Grund seiner Beobachtungen zu dem Schlusse, daß die Anwendung von Luftschichten in den Gebäudemauern durchaus zu verwerfen sei und daß Wärmeübertragung sich nur durch Luftströmungen, also nicht durch eingeschlossene mehr oder weniger stagnierende und abwechselnder Feuchtigkeit ausgesetzte Luft, verringern lasse, daß aber der Nutzanwendung der Isolierung mittels Luftströmungen viele technische Schwierigkeiten entgegenstehen.

Regierungsbaumeister Janssen**) weist hiergegen an einer von ihm im Jahre 1895 in einem Vororte Hamburgs für ein Wohngebäude ausgeführten Isolierung nach, daß die von Astfalck warm empfohlene Umlaufluft-Isolierung recht wohl für manche Fälle anwendbar ist. Er hat in diesem Falle die Luftschichten an ihren tiefsten und höchsten Stellen (also im Keller- und Dachgeschosse) mit dem Gebäudeinnern in Verbindung gebracht (Fig. 172), so daß im Sommer die Hohlräume von unten nach oben und im Winter in umgekehrter Richtung von Luft durchflossen werden, wodurch im ersteren Falle eine kühlende, im letzteren eine wärmende Isolierung hervorgerufen wird. Zur Lüftung der Balkenköpfe und der Zwischendecken sind diese mit den Luftschichten in Verbindung gebracht

---

*) Vergl. dessen Abhandlungen über Luftschichten in Nr. 9 und 10 des Zentralblattes der Bauverwaltung, Verlag von Wilhelm Ernst & Sohn, Berlin 1898.
**) Vergl. Deutsche Bauzeitung, Berlin, Jahrgang 1899, No. 70.

worden (Fig. 172 a). Obgleich das in Frage stehende Gebäude im ersten Jahre seines Bestehens von allen Seiten und auch heute noch von drei Seiten den Witterungseinflüssen ausgesetzt ist, so hat sich (nach Janssen) doch niemals Feuchtigkeit bezw. Schwitzwasser im Innern gezeigt.

Die durch die Isolierschicht in zwei Teile zerlegte Mauer ist durch möglichst viele Strecker, sogenannte Ankersteine, zu verstärken. Um zu verhüten, daß diese Ankersteine die Feuchtigkeit von der äußeren nach der inneren Wand übertragen, müssen dieselben von besonders dichtem Material hergestellt und hartgebrannt sein, oder man taucht die vorher anzuwärmenden Steine mit den inneren Köpfen etwa 8 bis 10 cm tief in Steinkohlenteer oder besser in Asphalt ein.

Fig. 172.

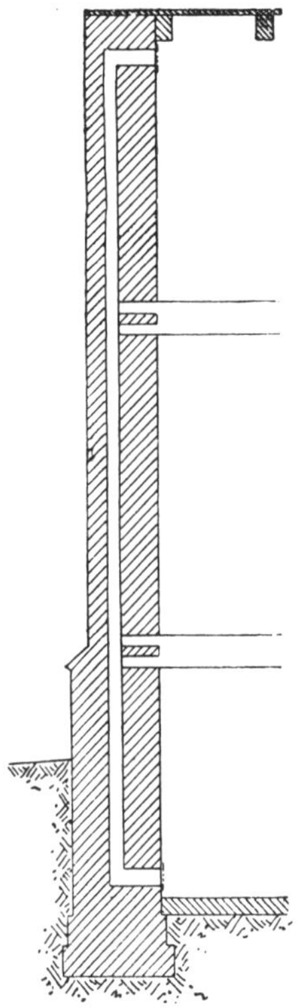

Die Ansichten über die dem äußeren Mauermantel zu gebende Stärke gehen weit auseinander. Vielfach wird als Minimalstärke 1 Steinlänge verlangt, um dem Eindringen des Schlagregens in den Isolierraum zu begegnen. Da indes die Erfahrung beweist, daß auch 1 Stein starke Mauern von gutem Material dem Eindringen von kräftigem Schlagregen nicht immer genügenden Widerstand entgegensetzen, so muß weiter gefordert werden, daß die Feuchtigkeit nicht auf die innere Wand übertragen wird. Aus diesem Grunde muß die Luftschicht durch die ganze Höhe und Länge der Mauern durchgeführt werden. Ist nun eine Außenwand nur $1\frac{1}{2}$ Stein stark, und ist dieselbe zugleich Tragemauer für die Balkenlagen, so ist es geradezu als fehlerhaft zu bezeichnen, den äußeren Mantel 1 Stein stark zu machen, weil dann für den inneren Teil der Mauer nur $\frac{1}{2}$ Stein übrig bleibt, und diese Stärke als ungeeignet zur Aufnahme der Deckenlasten anzusehen ist. Die Anordnung einer Anzahl durchbindender Schichten unter der Balkengleiche gibt allerdings ein gutes Mittel zur Verstärkung des Balkenauflagers, es wird dann aber an dieser Stelle die Luftschicht unterbrochen, also die Forderung, diese auf die ganze Höhe der Mauer durchzuführen, nicht erfüllt. Wir können hiernach folgende Regeln aufstellen:

Fig. 172 a.

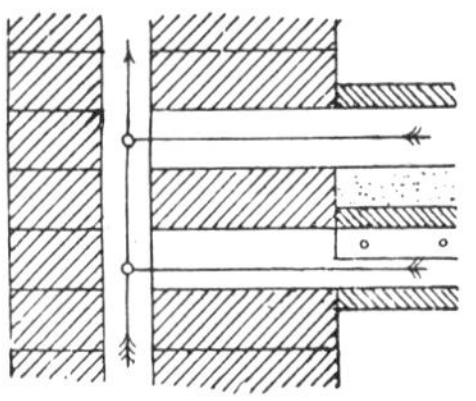

1. Für Hohlmauern, welche durch Balkenlagen belastet sind, mache man den inneren Teil der Mauer mindestens 1 Stein stark, wenn dann auch für den äußeren Teil nur $\frac{1}{2}$ Stein übrig bleibt.

2. Für nicht balkentragende Hohlmauern mache man den äußeren Mauermantel mindestens 1 Stein stark (abgesehen von nur 1 Stein starken Außenwänden), wenn dann auch für den inneren Teil nur $\frac{1}{2}$ Stein übrig bleibt.

Bei der Ausführung von Hohlmauern, namentlich von solchen mit $1/4$ Stein breiten Luftschichten ist eine besonders strenge Bauaufsicht auszuüben, weil die Maurer nur zu oft aus Unachtsamkeit den Hohlraum nahezu mit Mörtel ausfüllen. Dieser wird dann die Ursache der Ueberleitung der Feuchtigkeit von dem äußeren Mauermantel nach dem inneren Teil der Mauer; die Isolierung ist nur noch dem Namen nach vorhanden und entspricht nicht dem Zwecke, dem sie dienen soll. Da jedoch das Herabfallen von Mörtel in die Hohlräume nie ganz zu vermeiden ist, so sorge man dafür, daß dieser möglichst wieder entfernt werden kann. Zu diesem Zwecke führe man den Hohlraum stets bis unter die gegen aufsteigende Grundfeuchtigkeit anzuordnenden Isolierschichten herab, lasse hier etwa 25 bis 30 cm hohe und 20 bis 25 cm breite Oeffnungen in Abständen von höchstens 50 cm (Fig. 173), entferne durch diese mit einem geeigneten Instrumente den Mörtel in kürzeren Zwischenräumen und vermauere die Oeffnungen erst, nachdem das Mauerwerk ausgetrocknet ist*). Der auf den Bindersteinen liegenbleibende Mörtel ist sorgfältig vor dem Höhermauern zu beseitigen.

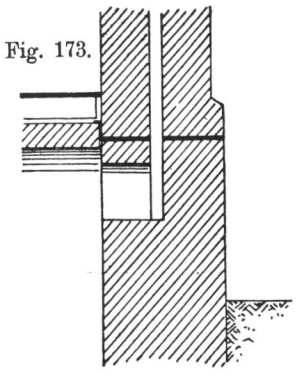

Fig. 173.

Am schwierigsten ist das Durchschlagen der Feuchtigkeit an denjenigen Stellen zu verhüten, wo die Bildung voller Mauerkörper nicht zu umgehen ist, also namentlich an den Sohlbänken, Leibungen und Ueberdeckungen der Oeffnungen. Hier verwende man stets scharf gebrannte Hohlsteine und hydraulischen oder Asphalt-Mörtel.

Die einfachste Verbindung der beiden Mauerteile erfolgt durch A n k e r - s t e i n e , welche in Entfernungen von $1\frac{1}{2}$ bis 2 Steinlängen in die Schichten eingelegt werden. Die Figuren 174 bis 176 veranschaulichen einige Anordnungen für $1/2$ und 1 Stein starke Mauerschalen mit $1/4$ Stein breiten Hohlräumen.

Bei 2 Stein starken Mauern lassen sich zwei Hohlräume von je $1/4$ Steinbreite anordnen, welche durch eine $1/2$ Stein starke Mauer voneinander getrennt sind (Fig. 177). Der innere Hohlraum kann dann zur Lüftung der Innenräume benutzt werden, indem man ihn mit der Außen- und Innenluft in Verbindung bringt.

Statt durch Ankersteine kann die Verbindung der beiden Mauerteile auch durch Eisenanker erfolgen. Diese werden meist aus Flacheisen hergestellt, deren umgebogene Enden in die Stoßfugen eingedrückt werden (Fig. 178).

Sind die Hohlräume $1/2$ Stein breit, so führt man dieselben gewöhnlich nicht geradlinig, sondern in Zickzackform durch die Mauer, indem man zur Erhöhung der Standfestigkeit der beiden Mauerschalen diese durch Mauerpfeiler in Abständen von $2\frac{1}{2}$ bis 3 Steinlängen verstärkt (Fig. 179). Eine Verbindung der beiden Mauerteile erfolgt dann zweckmäßig durch Einlegung von Eisenankern.

---

*) Ein Teil dieser Oeffnungen muß aus den oben angeführten Gründen dauernd unverschlossen bleiben.

In England werden an Stelle der gewöhnlichen Ankersteine vielfach Steine aus scharf gebranntem Steingut verwendet, welche so geformt und vermauert

Fig. 174.

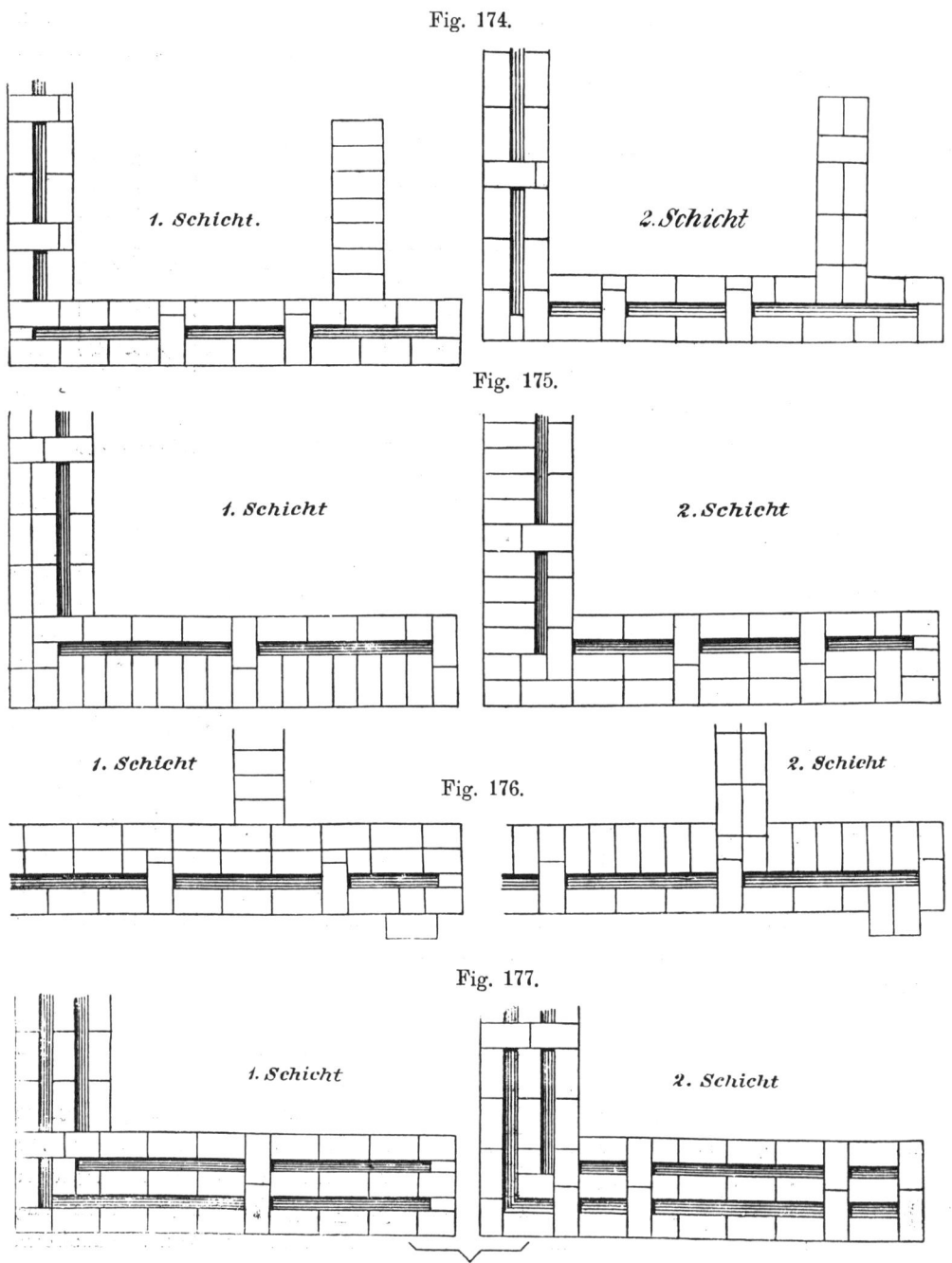

1. Schicht.

2. Schicht

Fig. 175.

1. Schicht

2. Schicht

1. Schicht

Fig. 176.

2. Schicht

Fig. 177.

1. Schicht

2. Schicht

sind, daß die inneren Köpfe um eine Schicht höher liegen als die äußeren (Fig. 180). Herabfallender Mörtel wird auf der schrägen, im Hohlraume lie-

genden Fläche der Ankersteine herabgleiten und sich an der äußeren Mauerschale ansammeln, so daß die innere Mauer frei von Feuchtigkeit bleibt*).

Um die Standfestigkeit der
Hohlmauern zu erhöhen und die
Ablagerung von Mörtel auf den
Ankersteinen zu vermeiden, schlägt
Schmölke vor, die Bindersteine
durch **Binderpfeiler** zu ersetzen,
welche in Abständen von 3½ bis
4 Steinlängen durch die ganze
Mauerhöhe reichen (Fig. 181).

Mauern mit umspringen-
den Luft-Isolierschichten**)
werden vielfach im Großherzogtum
Mecklenburg-Schwerin ausgeführt.
Die Konstruktion derselben weicht
von der sonst üblichen dadurch ab,

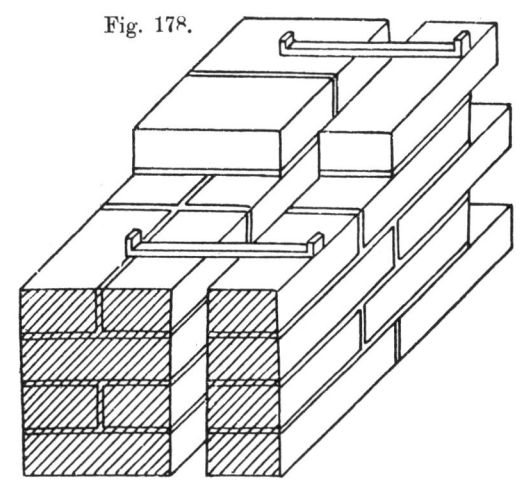

Fig. 178.

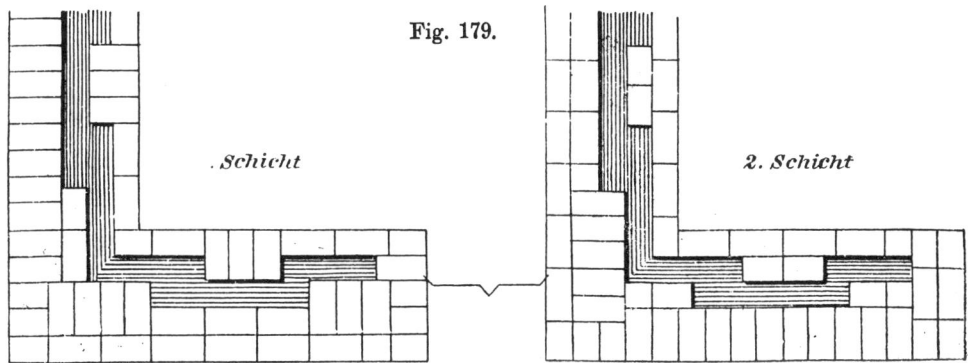

Fig. 179.

. Schicht

2. Schicht

daß der Hohlraum nicht als
ein durch die ganze Mauerhöhe führender Schlitz erscheint, sondern in einzelne
Hohlräume zerlegt wird, welche
in zwei aufeinanderfolgenden
Schichten um ¼ Stein gegeneinander versetzt angeordnet
sind. Vorteile dieser Anordnung sind die leicht ausführ-
bare Reinigung der Hohlräume

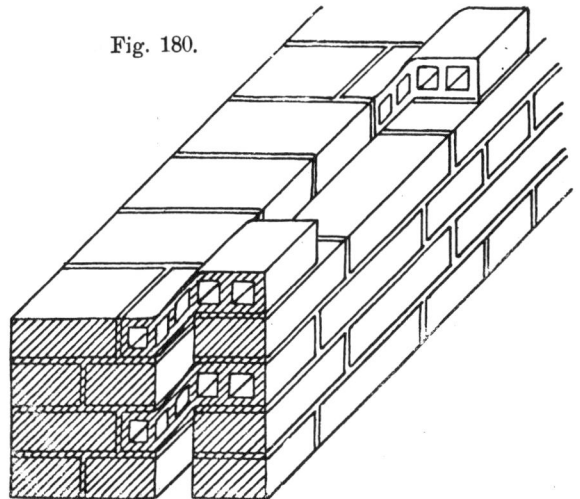

Fig. 180.

---

*) Handbuch der Architektur,
III. Teil, 2. Band, 1. Heft, Seite 42.
**) Mitgeteilt durch Müschen,
Deutsche Bauzeitung 1884, Seite 375.

4*

von Mörtel und die Verbesserung des Mauerverbandes. Als Nachteil ist zu bezeichnen, daß die Ueberleitung der Feuchtigkeit von außen nach innen nicht

Fig. 181.

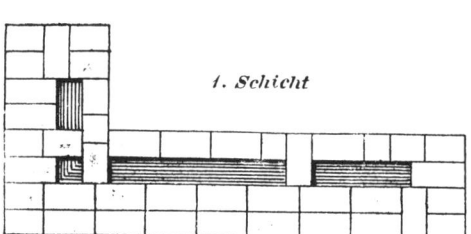

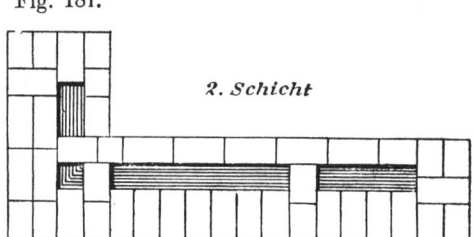

mehr auf einige wenige Ankersteine beschränkt bleibt, sondern in der ganzen Länge der Mauerschichten möglich ist. Eine Verbindung der Hohlräume mit der Außen-oder Innenluft ist hier nicht zu erreichen, und es erscheint deswegen diese Konstruktionsweise als überaus bedenklich.

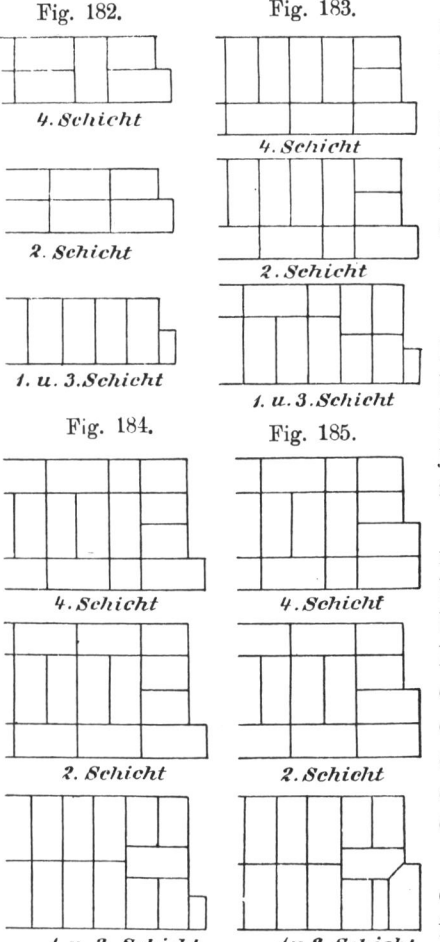

Fig. 182.   Fig. 183.

Fig. 184.   Fig. 185.

Zur Einführung von Licht und Luft in einen Raum oder zur Verbindung der Räume untereinander beziehungsweise mit dem das Gebäude umgebenden Gelände dienen die

Maueröffnungen.

Die zwischen mehreren in gleicher Höhenlage befindlichen Oeffnungen verbleibenden Mauerkörper nennt man P f e i l e r , P f o s t e n oder S c h ä f t e und S ä u l e n , je nachdem sie recht- oder vieleckigen beziehungsweise runden Querschnitt haben.

Seitlich werden Oeffnungen in Ziegelmauern von den meist lotrechten L e i - b u n g e n , nach oben durch einen M a u e r - b o g e n oder durch E i s e n b a l k e n begrenzt. Die untere Begrenzung ist in der Richtung der Mauerflucht fast immer wagerecht, in der Richtung der Mauerstärke dagegen durch eine nach außen geneigte S o h l b a n k oder einen W a s s e r s c h l a g gebildet, wenn die Oeffnung sich in einer Außenmauer befindet.

Erhalten die Maueröffnungen besondere Verschlüsse, so nennt man sie je nach ihrer Bestimmung F e n s t e r - , T ü r - oder T o r öffnungen. Zur Befestigung der meist aus Holz, seltener aus Eisen, hergestellten Verschlüsse werden die Leibungen und Ueberdeckungen der Oeffnungen in Außenmauern mit A n s c h l a g , einem mindestens $1/4$ Stein breiten Vorsprunge, versehen. Gegen die äußere Mauerflucht legt man die Fensteranschläge meist um ¹/₂ Stein, ausnahmsweise auch um ³/₄ und 1 Stein, die Anschläge der Türen und Tore dagegen mindestens um 1 Stein zurück.

Da ¹/₄ Stein breite Anschläge die Verwendung von Viertelsteinen bedingen (Fig. 182 bis 187), so sind sie für Ausführungen in Ziegelrohbau entweder ganz zu vermeiden, oder es sind zu ihrer Herstellung besondere Formsteine (Fig. 188)

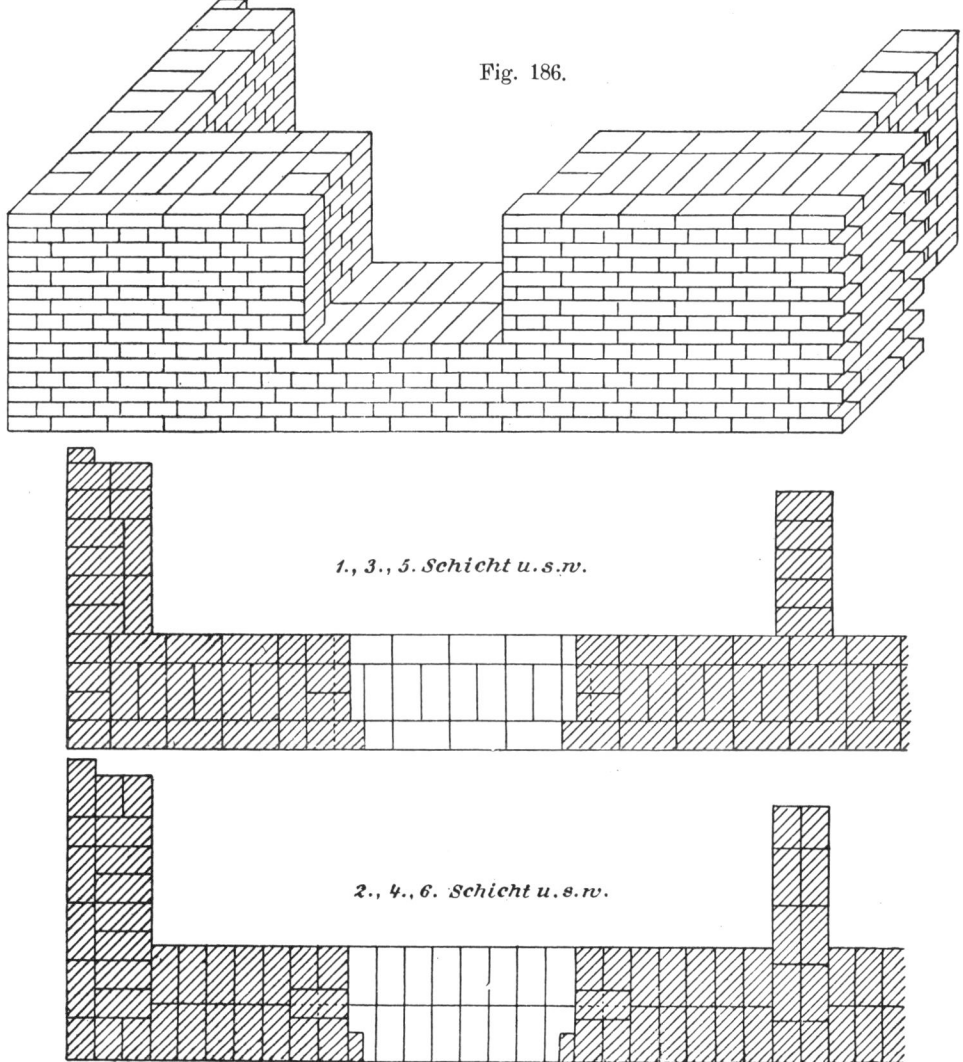

Fig. 186.

1., 3., 5. Schicht u.s.w.

2., 4., 6. Schicht u.s.w.

zu verwenden. Ein anderes Mittel, die Verwendung von Viertelsteinen zu umgehen, besteht darin, daß man die eigentliche Fensterleibung um ¹/₂ Stein gegen die äußere Mauerflucht zurücklegt. In den Binderschichten sind dann die Leibungssteine in der aus Fig. 189 ersichtlichen Weise zu verhauen. Diese Anordnung ist jedoch nur bei Mauern von wenigstens 1¹/₂ Steinstärke anwendbar.

Fig. 187.

Mauern im Kreuzverband
mit Fensteröffnung

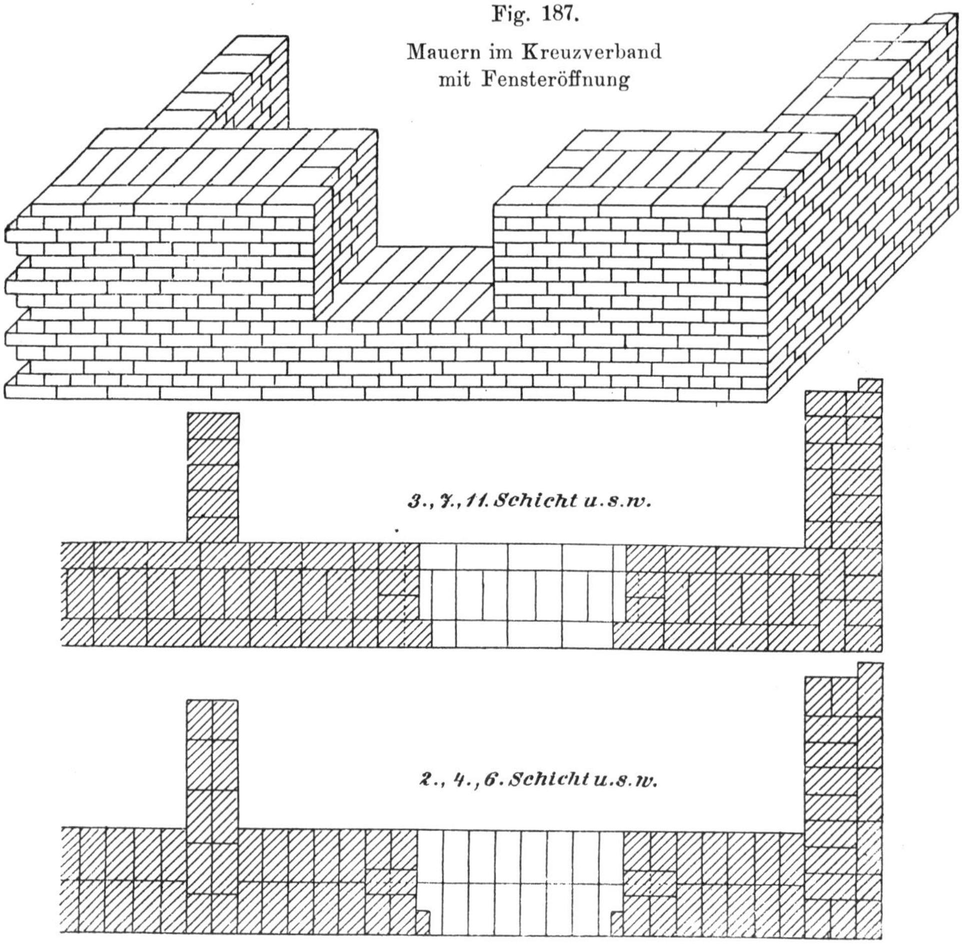

3., 7., 11. Schicht u. s. w.

2., 4., 6. Schicht u. s. w.

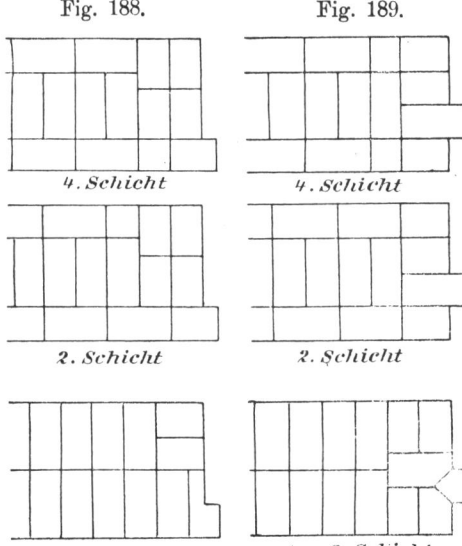

Fig. 188.   Fig. 189.

4. Schicht   *4. Schicht*

2. Schicht   *2. Schicht*

1. u. 3. Schicht   *1. u. 3. Schicht*

Bei ¼ Stein breiten Anschlägen ist übrigens zu bedenken, daß bei Teilung des Abstandes einer Fensterecke von einer Mauerecke (vergl. Fig. 186 und 187) durch Kopflängen ein Rest von ¼ Steinlänge verbleiben muß, sofern der Verband ein regelrechter sein soll.

Anschläge von ½ Steinbreite (Fig. 190 bis 194) kommen zur Anwendung bei Türen und Toren, bei Fensteröffnungen dann, wenn diese einen Verschluß durch Doppelfenster oder Klappläden erhalten sollen. Für sehr große Toröffnungen wird die Anschlagbreite oft noch größer, ¾ oder 1 Stein, gewählt (Figur 195 bis 198).

Bei 1½ Stein starken oder stärkeren Mauern werden zuweilen die Anschläge um ¾ Stein gegen die Mauerflucht zurückgelegt. Es ist dies geboten, wenn bei Putzbauten das Kantenprofil eine größere Tiefe als 10 cm erhalten soll. Beträgt dann die Anschlagbreite ¼ Stein, so kann der Verband nach Fig. 199 oder 200 eingerichtet werden, beträgt die Anschlagbreite ½ Stein, so ist der Verband nach Fig. 201 oder 202 anzuordnen.

Zuweilen werden die Leibungen der Oeffnungen mit Rücksicht auf die Erleichterung des Verkehrs (bei Türen und Toren), des Lichteinfalles oder des Durchblickes (bei Fenstern) nicht rechtwinkelig, sondern in schräger Richtung gegen die Wandflucht angeordnet. Sollen dieselben einen Putzüberzug erhalten, so kann der Verband mittels entsprechend zugehauener gewöhnlicher Ziegelsteine erreicht werden (vergleiche Fig. 203 bis 205). Im anderen Falle werden zur Ausführung der Leibungen Formsteine erforderlich (Fig. 206).

Für die Ueberdeckung der Oeffnungen durch

M a u e r b ö g e n

kommen hauptsächlich der s c h e i t - r e c h t e Bogen (Fig. 207), der segmentförmige oder F l a c h - b o g e n (Fig. 208), der halbkreisförmige oder R u n d b o g e n (Fig. 209), der S p i t z b o g e n (Fig. 210) und der K o r b - b o g e n (Fig. 211) in Frage. Die in der spätgotischen Zeit vereinzelt auftretenden Formen des gebrochenen und ungebrochenen Eselsrückenbogens (Fig. 212 bis 216) und des Vorhangfensterbogens (Fig. 217 und 218) sind für die Ausführung in Ziegelsteinen ungeeignet.

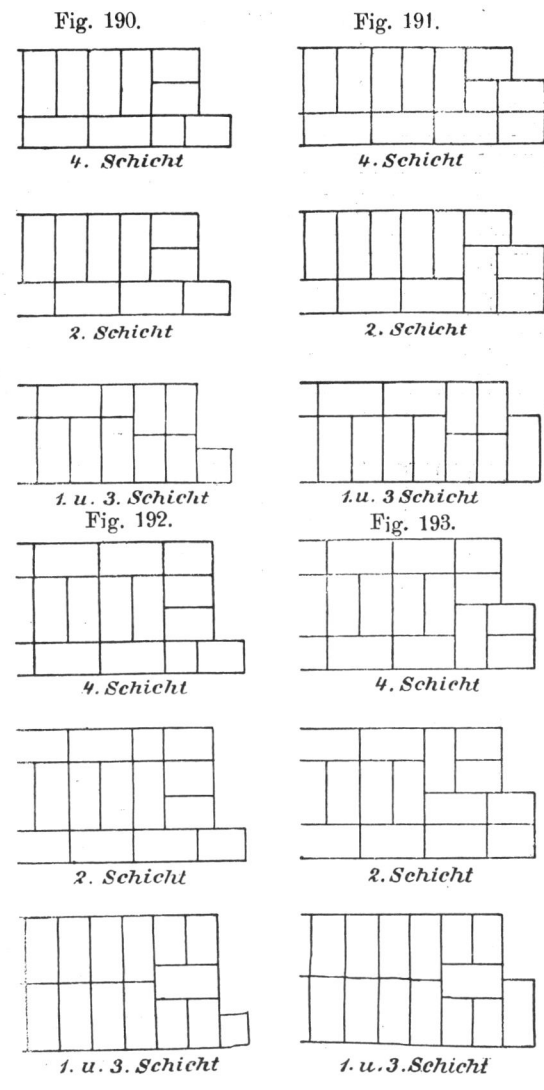

Fig. 190.   Fig. 191.

4. Schicht   4. Schicht

2. Schicht   2. Schicht

1. u. 3. Schicht   1. u. 3. Schicht

Fig. 192.   Fig. 193.

4. Schicht   4. Schicht

2. Schicht   2. Schicht

1. u. 3. Schicht   1. u. 3. Schicht

Das Zeichnen der scheitrechten, segmentförmigen, halbkreisförmigen und spitzbogigen Bogenlinien verursacht keine Schwierigkeiten, da die erstere eine wagerechte Linie und die übrigen Kreisbogenlinien sind, die aus einem oder zwei Mittelpunkten zu schlagen sind. Korbbogenlinien können in verschiedener

Weise dargestellt werden. Die gebräuchlichste Konstruktion ist die, daß man aus der halben Spannweite und Höhe des Bogens ein Rechteck a b c d (Fig. 211)

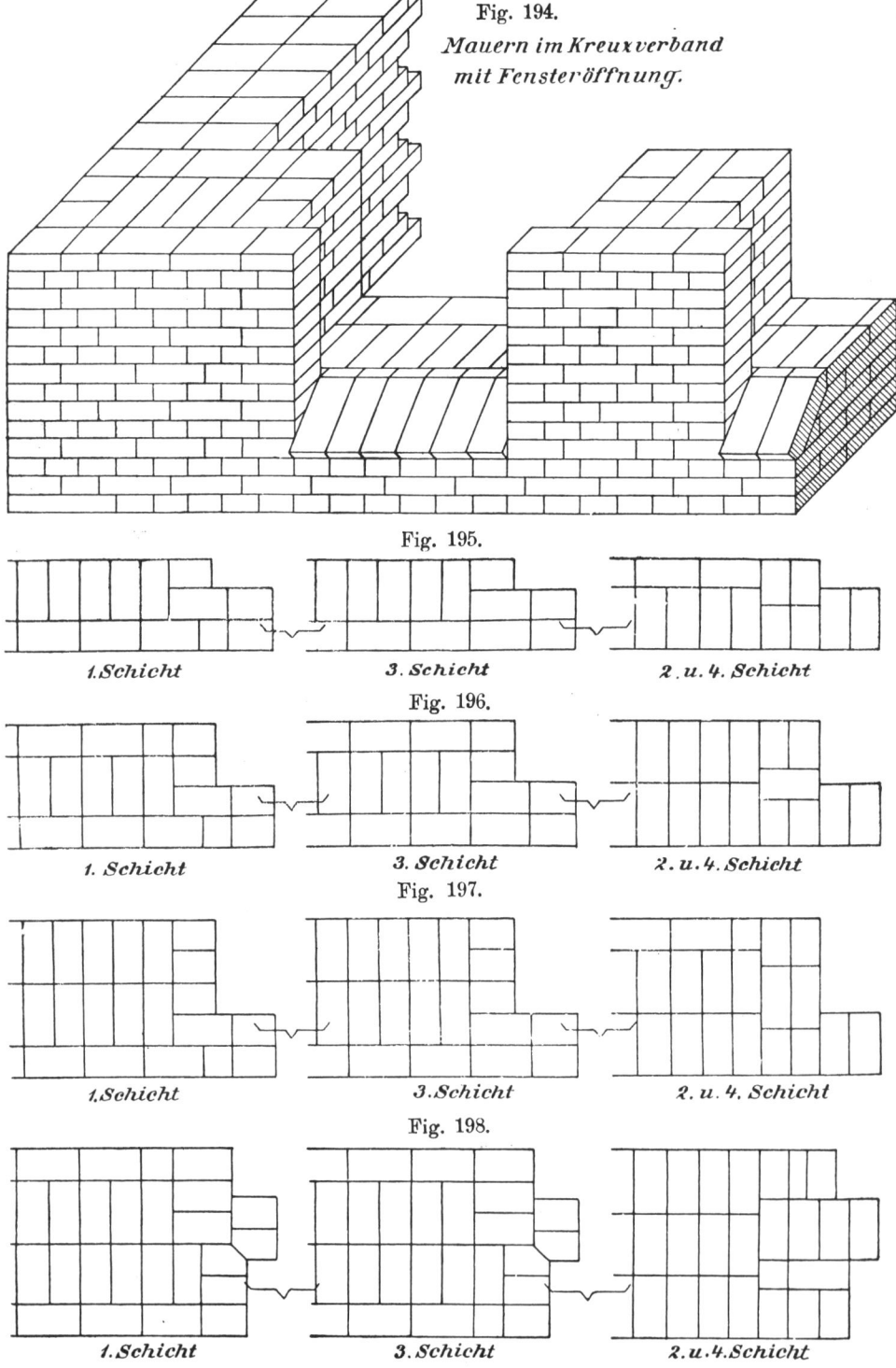

Fig. 194.

Mauern im Kreuzverband mit Fensteröffnung.

Fig. 195.

1.Schicht   3. Schicht   2. u. 4. Schicht

Fig. 196.

1. Schicht   3. Schicht   2. u. 4. Schicht

Fig. 197.

1.Schicht   3. Schicht   2. u. 4. Schicht

Fig. 198.

1. Schicht   3. Schicht   2. u. 4. Schicht

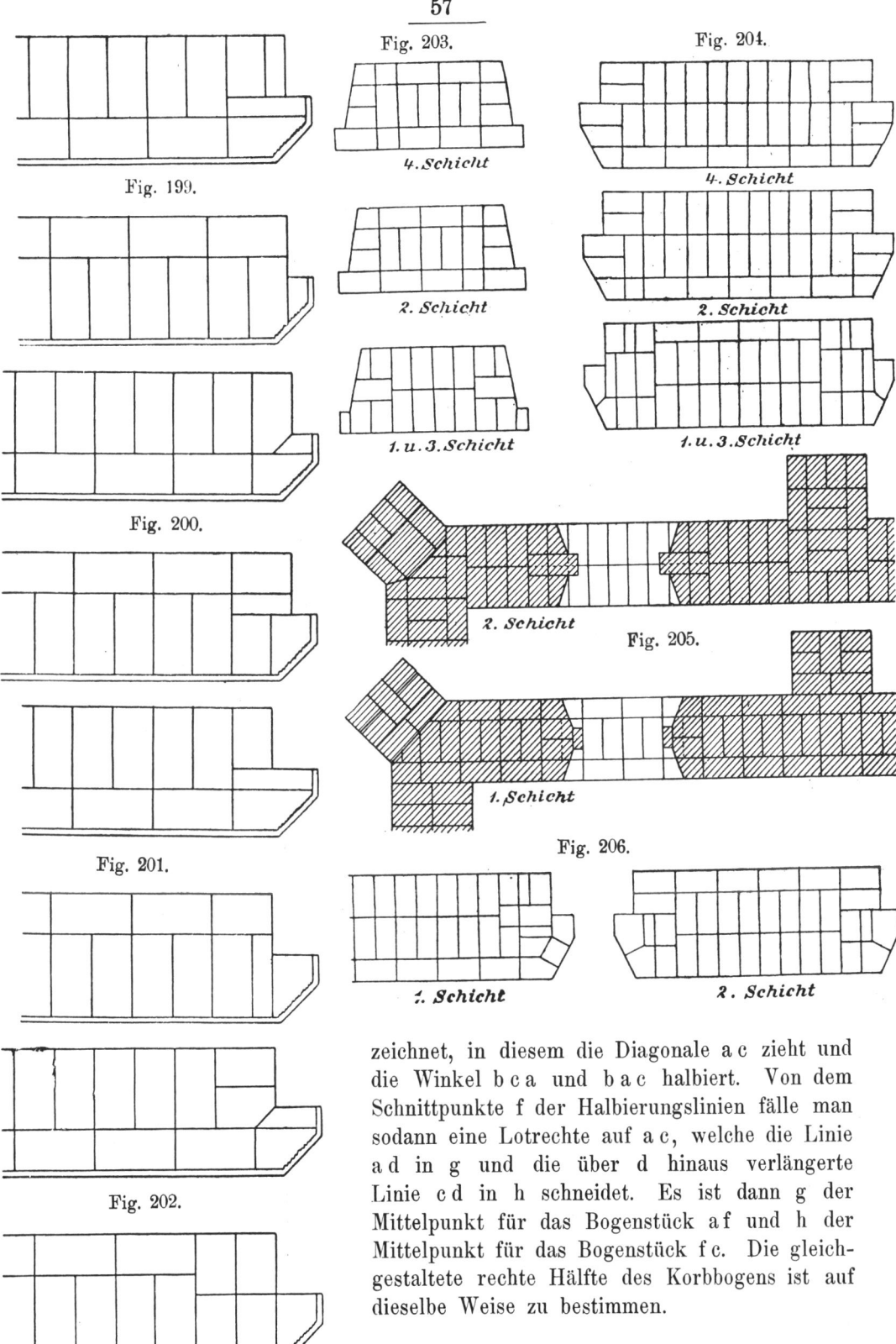

Fig. 199.

Fig. 203.

4. Schicht

Fig. 204.

4. Schicht

2. Schicht

2. Schicht

1. u. 3. Schicht

1. u. 3. Schicht

Fig. 200.

2. Schicht

Fig. 205.

1. Schicht

Fig. 201.

Fig. 206.

1. Schicht

2. Schicht

Fig. 202.

zeichnet, in diesem die Diagonale a c zieht und die Winkel b c a und b a c halbiert. Von dem Schnittpunkte f der Halbierungslinien fälle man sodann eine Lotrechte auf a c, welche die Linie a d in g und die über d hinaus verlängerte Linie c d in h schneidet. Es ist dann g der Mittelpunkt für das Bogenstück a f und h der Mittelpunkt für das Bogenstück f c. Die gleichgestaltete rechte Hälfte des Korbbogens ist auf dieselbe Weise zu bestimmen.

Hüftige oder einhüftige Bögen werden angewendet, wenn die Mauerkörper, welche durch einen Bogen verbunden werden sollen, in ungleicher Höhe endigen. Ihre Form wird meist unter Zugrundelegung des Halbkreises

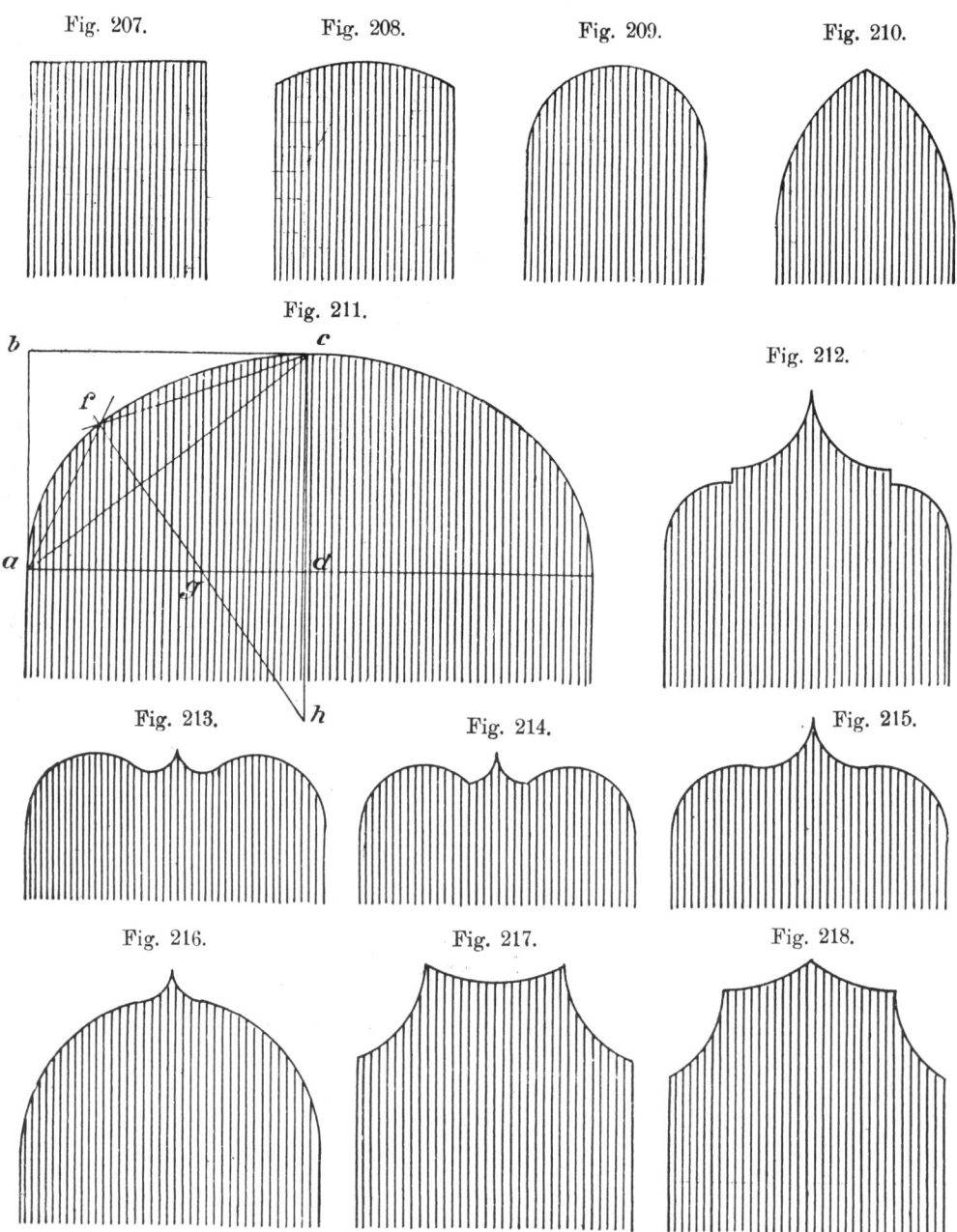

Fig. 207. Fig. 208. Fig. 209. Fig. 210.

Fig. 211.

Fig. 212.

Fig. 213. Fig. 214. Fig. 215.

Fig. 216. Fig. 217. Fig. 218.

durch Vergatterung (Fig. 219) gefunden. Zu diesem Zwecke zieht man durch den tiefsten Punkt a des Bogens eine Wagerechte a b, errichtet in b ein Lot b c, gleich dem Unterschiede der beiden Mauerhöhen und zieht a c. In beliebigen

Punkten der a b errichtet man hierauf Lote und trägt die Längen d e, f g, h i usw. zwischen der a b und dem Umfange des Halbkreises von den entsprechenden Teilpunkten der a c aus auf den Loten nach oben zu auf.

Die hierdurch entstehenden Endpunkte e^1, g^1, i^1 usw. sind dann Punkte des einhüftigen Bogens, durch deren folgerichtige Verbindung die Bogenlinie zur Darstellung gelangt.

Eine zweite Konstruktionsart ist durch Fig. 220 zur Darstellung gebracht. Hier ist die Spannweite a b in 3 gleiche Teile zerlegt und mit einem solchen Teile als Seitenlänge das Quadrat b c d e gebildet. Es ist dann d der Mittelpunkt für das Bogenstück c f und e der Mittelpunkt für das Bogenstück a f.

In Fig. 221 ist die Spannweite a b des Bogens und der Unterschied b c der beiden Mauerhöhen gegeben. Zur Zeichnung des Hüftbogens halbiere man a b in d, errichte in a und d Lote auf a b, verbinde a mit c und ziehe durch einen beliebigen Punkt e des in a errichteten Lotes eine Parallele e f zu a c. Alsdann halbiere man den Winkel a e f und ziehe zu der Halbierungslinie e g eine Parallele durch den Schnittpunkt h der a c mit dem in d errichteten Lote, welche die a b in i trifft. Es ist dann i der Mittelpunkt für das Bogenstück a k. Verbindet man jetzt k mit i und zieht durch c eine Parallele

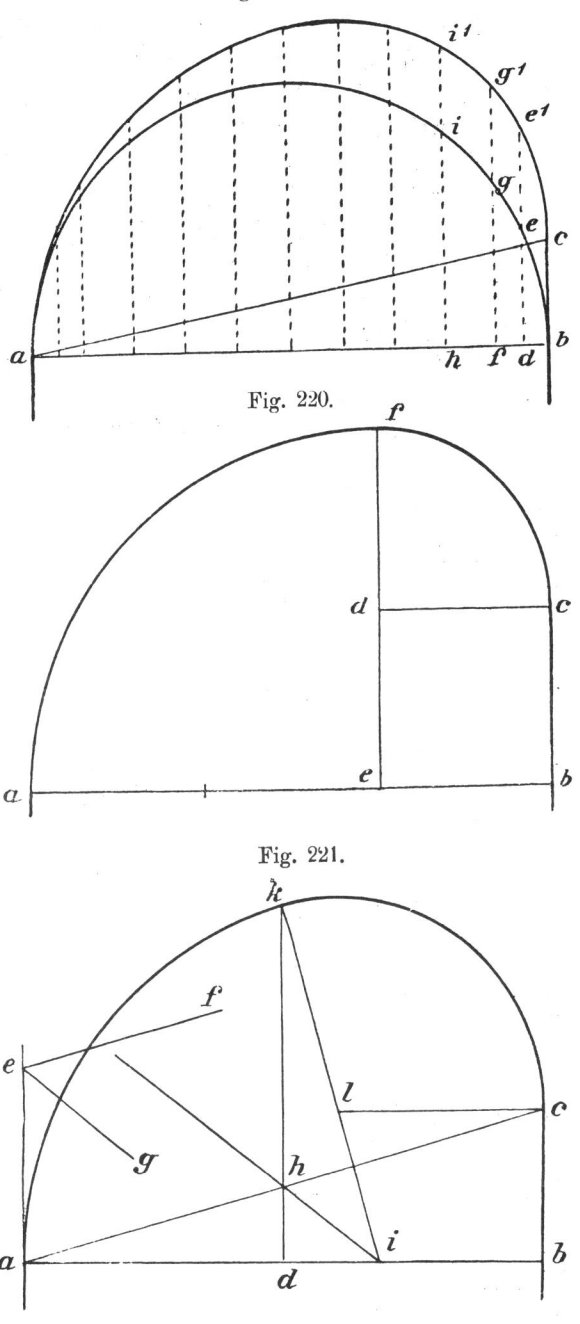

Fig. 219.

Fig. 220.

Fig. 221.

zu a b bis zum Schnitte l mit der i k, so ist l der Mittelpunkt für das Bogenstück k c.

Bei jedem Mauerbogen lassen sich im allgemeinen folgende Bezeichnungen für einzelne Teile desselben unterscheiden:

1. Die **innere Leibung**, welche durch die innere Wölbfläche gebildet wird;
2. die **äußere Leibung** (der Rücken), welche durch die äußere Wölbfläche gebildet wird;
3. die **Widerlager** oder die **Widerlagsmauern**, auf oder gegen welche sich der Bogen stützt;
4. die **Stirn** oder das **Haupt**; es ist dies die vordere Sichtfläche, welche von der inneren und äußeren Bogenlinie begrenzt wird;
5. die **Kämpferlinie**; es ist dies die Schnittlinie zwischen Wölbfläche und Widerlagsmauer;
6. die **Scheitellinie**; es ist dies die höchstliegende Linie der inneren Leibung;
7. der **Scheitelpunkt** ist der höchstliegende Punkt der Bogenlinie;
8. die **Spannweite** (Spannung, Bogenweite) gibt die Weite der Oeffnung an, welche überdeckt werden soll; sie wird stets horizontal gemessen;

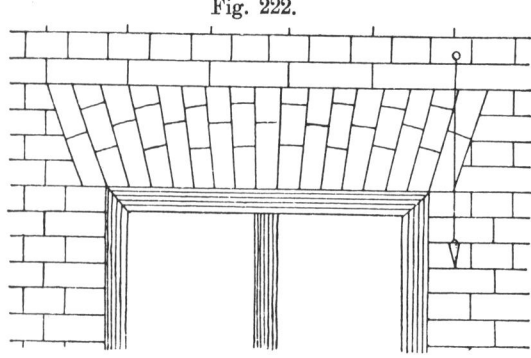

Fig. 222.

9. die **Pfeilhöhe** (Stichhöhe, Stich) nennt man den senkrechten Abstand des Scheitelpunktes von der Verbindungslinie zweier zusammengehöriger Kämpferpunkte;
10. die **Bogenstärke** ist die normale Entfernung zwischen der inneren und äußeren Bogenlinie;
11. die **Wölbsteine** sind die einzelnen Steine, aus denen der Bogen zusammengesetzt wird. Unter diesen sind hervorzuheben die **Kämpfersteine** oder **Anfänger**, welche unmittelbar auf dem Widerlager ruhen, und die **Schlußsteine**, welche auf der höchsten Stelle des Bogens liegend, den Schluß desselben bilden.

Fig. 223.

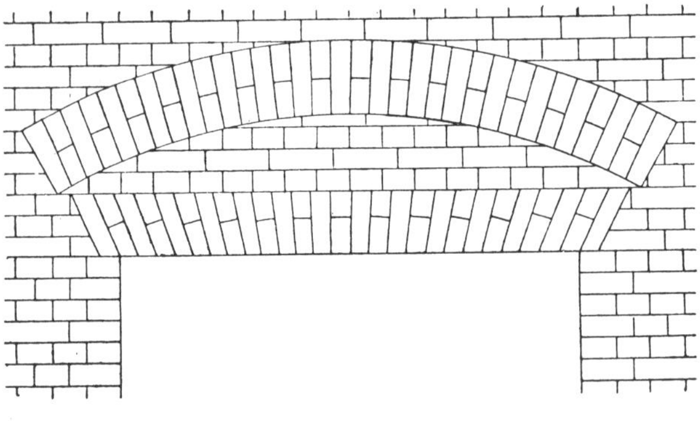

Scheitrechte Mauerbögen

sollten nur für Putzbau zugelassen werden, da dieselben sich selbst bei gewissenhaftester Ausführung immer etwas nach der Mitte zu setzen, und infolgedessen die innere Bogenlinie nie ganz geradlinig ist. Man gibt ihnen deswegen auch stets etwas Stechung (etwa 2 cm auf 1 m Spannung). Die Kämpfersteine rückt man gewöhnlich um ihre Stärke gegen die Leibungen der Oeffnung zurück und gibt den Wi-

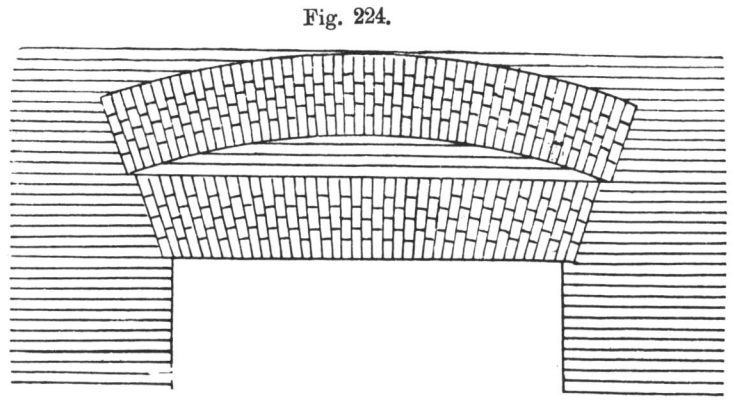

Fig. 224.

derlagsflächen eine solche Neigung, dass die Anfänger-steine mit einer Diagonale lotrecht zu stehen kommen (Fig. 222). Die Bogenstärke be-messe man stets über Oeffnungen bis 1,10 m lichter Weite auf minde-stens eine Steinlänge, darüber hinaus bis 1,80 m Spannweite auf mindestens 1¹/₂ Steinlänge, wenn man nicht vorzieht, sie durch Flachbögen zu entlasten (Fig. 223).

Die Ueberdeckung von Oeffnungen mit größerer Spannweite als 2 m durch scheitrechte Bö-gen ist tunlichst zu vermeiden, auch erscheint die in manchen Lehrbüchern an-gegebene Hilfs-konstruktion, weit gespannte scheitrechte Bö-gen an über ihnen angeord-nete Flachbögen aufzuhängen, schon deshalb be-denklich, weil durch die Hänge-eisen der Ver-band der Bögen gestört und durch das Setzen des betr. Entlastungs-bogens die durch diesen, dem scheitrechten Bo-gen abgenom-

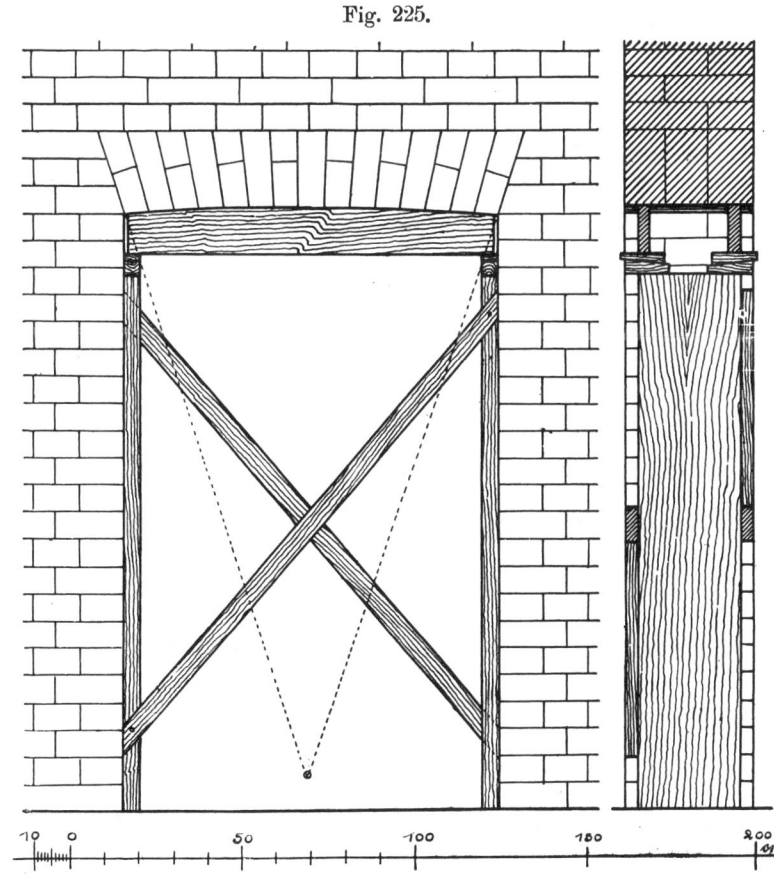

Fig. 225.

mene Last dem letzteren wieder zugeführt wird, ohne daß ein Nachziehen der eingemauerten Hängeeisen gut möglich ist. Man wird deswegen zur Ueberdeckung solch weit gespannter Oeffnungen, wenn diese in wagerechter Linie erfolgen soll, entweder 1¹⁄₂ bis 2 Stein starke Entlastungsbögen über den scheitrechten Bögen anordnen (Fig. 224) oder an Stelle der letzteren Eisenträger verlegen.

Die Ausmauerung des Raumes zwischen Entlastungsbogen und scheitrechtem Bogen darf erst dann vollzogen werden, wenn ein Setzen der Bögen

Fig. 226.

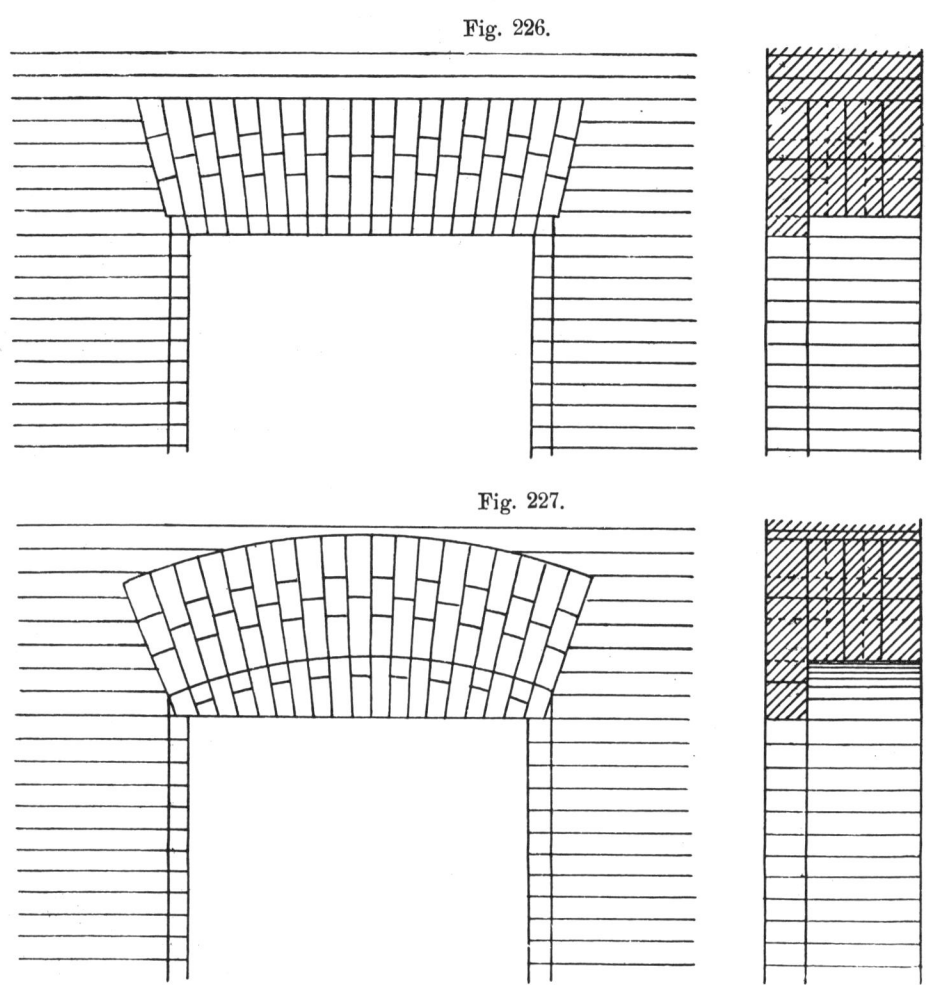

Fig. 227.

nicht mehr zu erwarten steht, auch wird man gut tun, hierfür leichtes Steinmaterial (Hohlsteine, Schwemmsteine) zu verwenden und die Oeffnung nicht auf volle Wandstärke, sondern an beiden Mauerseiten in nur ¹⁄₂ Steinstärke zu vermauern.

Als Lehrgerüst benutzt man meist 8 bis 10 cm starke Bohlen, welche durch drei senkrecht stehende Bohlen gestützt werden (Fig. 222), oder man legt unter die auszuführende Wölbung zwei Bohlen auf die hohe Kante, deren

Rücken mit geringem Stich bogenförmig abgearbeitet sind und stützt diese durch zwei weitere senkrechte Bohlen (Fig. 225), welche durch geneigt liegende Bretter gegen Ausweichen zu sichern sind.

Die Tür- und Fensterüberdeckungen erhalten meist Anschläge zur Aufnahme der Blindrahmen. Gibt man dem inneren Bogen die gleiche scheitrechte Form, wie dem äußeren, so lassen sich beide Bögen ohne Schwierigkeit in Ver-

Fig. 228.

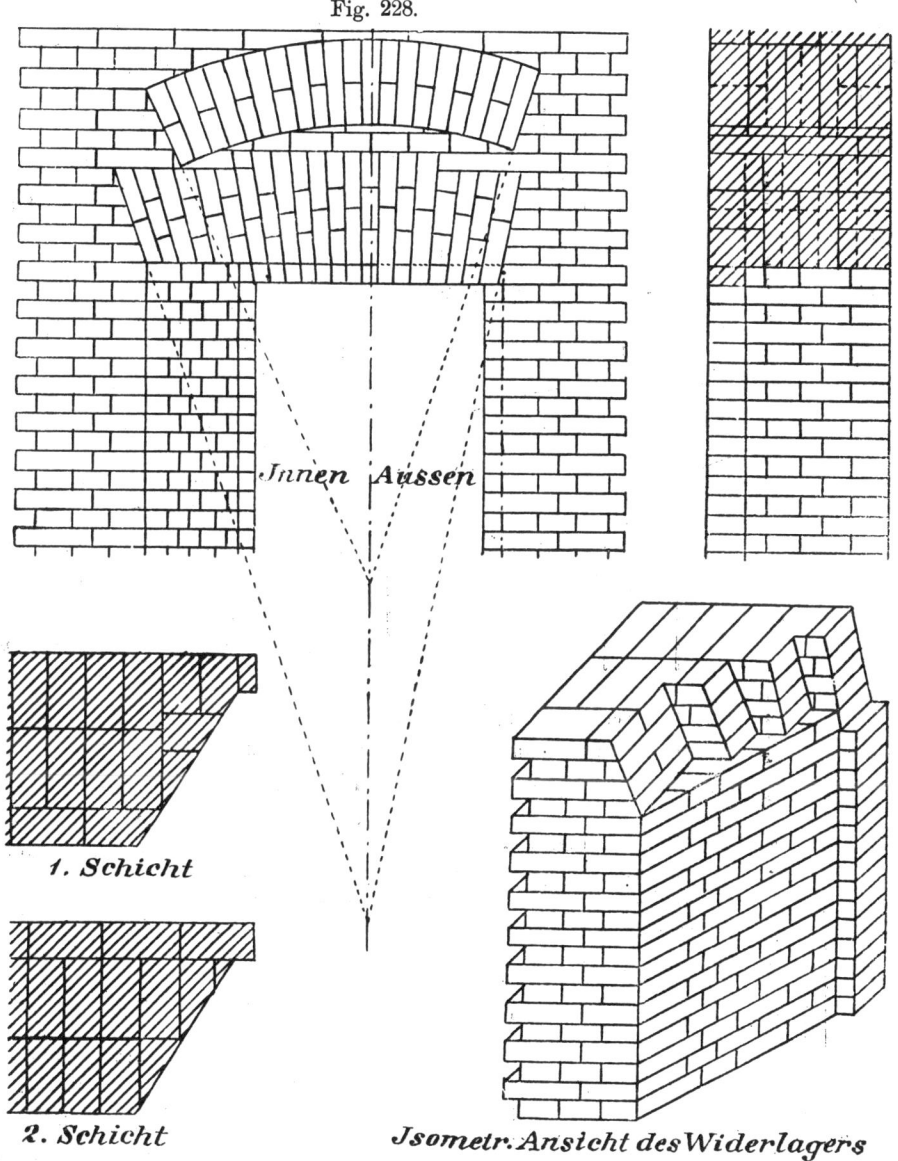

Innen *Aussen*

1. Schicht

2. Schicht

Isometr. Ansicht des Widerlagers

band bringen (Fig. 226). Soll der innere Bogen dagegen die Form eines Flachbogens erhalten, so gestaltet man den Rücken des äußeren Bogens ebenfalls flachbogig und läßt bei dem inneren Bogen das untere Segment des äußeren Bogens fort (Fig. 227).

Besondere Schwierigkeiten erwachsen für die Ausführung der Ueberwölbung, wenn die Leibungen der Oeffnung schräg zur Mauerflucht verlaufen. Die Widerlager sind dann in einzelnen rechtwinkelig zur Mauerflucht stehenden Absätzen (Fig. 228) auszuführen, und der Bogen muß eine wagerechte Scheitellinie erhalten,

Fig. 229.

Fig. 230.

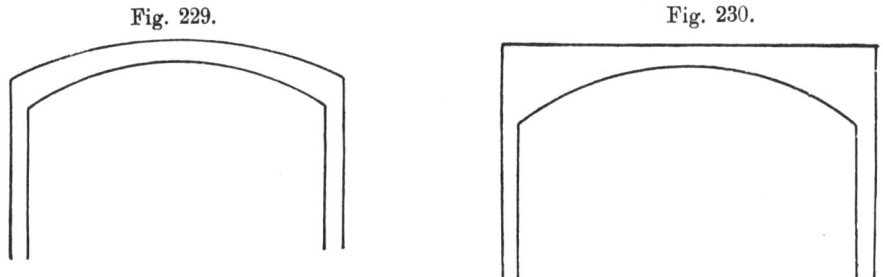

weil derselbe sonst, besonders an den Widerlagern, aus verhauenen Steinen bestehen würde. Zur Ausführung derartiger Wölbungen gehören jedoch besonders geübte Maurer, weil die einzelnen Widerlagsflächen verschiedene Neigung erhalten müssen.

Fig. 231.

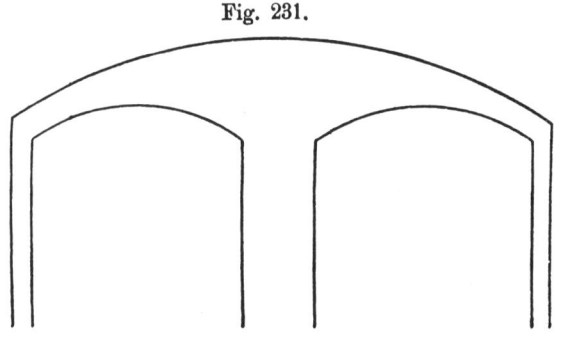

Flachbögen kommen sowohl bei Putzbauten als auch bei Ziegelrohbauten zur Anwendung. Im letzteren Falle achte man darauf, daß die Pfeilhöhe keine zu geringe ist, weil das Setzen der Bögen nie ganz gleichmäßig vor sich geht und dasselbe ein um so größeres und ungleichmäßigeres ist, je flacher ein Bogen ist. Die ungleich gekrümmte Bogenlinie wird dann dauernd stören, und man wähle deswegen das Verhältnis zwischen Pfeilhöhe und Spannweite bei Ziegelrohbauten nie geringer als 1 : 8. Sollen die Bögen dagegen später verputzt werden, so kann man unbedenklich mit $1/10$ bis $1/12$ Bogenstich auskommen.

Fig. 232.

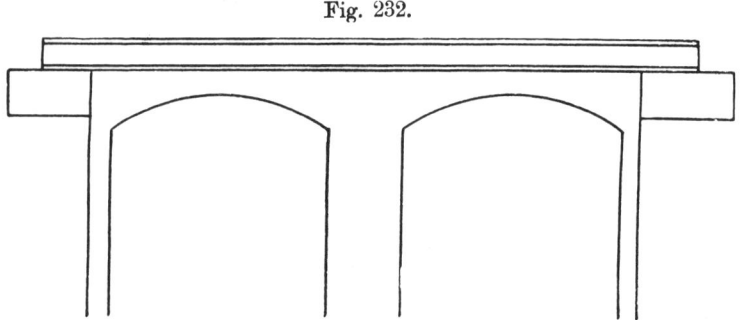

Bei Fenster- und Türöffnungen, welche einen Anschlag erhalten, tritt der Uebelstand auf, daß man die Türe und das Fenster in den meisten Fällen nicht vollständig öffnen kann, wenn man den inneren Bogen ebenfalls als Flachbogen einwölbt und die Verschlußflügel sich um lotrechte Achsen drehen sollen. In vielen Fällen kann dem Uebelstand dadurch begegnet werden, daß man den Anschlag des Bogens ¹/₂ Stein oder noch breiter wählt; reicht man auch hiermit nicht aus, so gibt man den Verschlüssen entweder feststehende oder um wagerechte Achsen drehbare Oberlichter (sogen. Klappfenster), oder man wölbt den inneren Bogen mit entsprechend geringerem Stich beziehungsweise als scheitrechten Bogen ein (Fig. 229 bis 232). In erhöhtem Maße tritt der erwähnte Uebelstand bei

Rund-, Korb- und Spitzbögen

auf. Sollen bei diesen Bogenformen Verschlüsse Verwendung finden, welche sich um lotrechte Achsen drehen lassen, so führt man die Leibung senkrecht bis zum Scheitel des äußeren Bogens hoch und überwölbt die innere Mauernische durch einen Flachbogen (Fig. 233 bis 235).

Die tiefstmögliche Lage des Kämpfers des Nischenbogens findet man auf die durch Fig. 233 veranschaulichte Weise. Man klappt im Grundrisse die Nischentiefe in die Ebene des Anschlags, lotet den gefundenen Punkt a an den Aufriß des äußeren Bogens nach b und legt den Kämpfer des Nischenbogens um mindestens so viel höher, als der Flügelrahmen den Anschlag überdeckt (2 bis 3 cm).

Sollen in Fensternischen Rouleaux angebracht werden, so muß die Anschlagbreite über dem Scheitel des äußeren Bogens mindestens 13 cm (besser 20 cm)

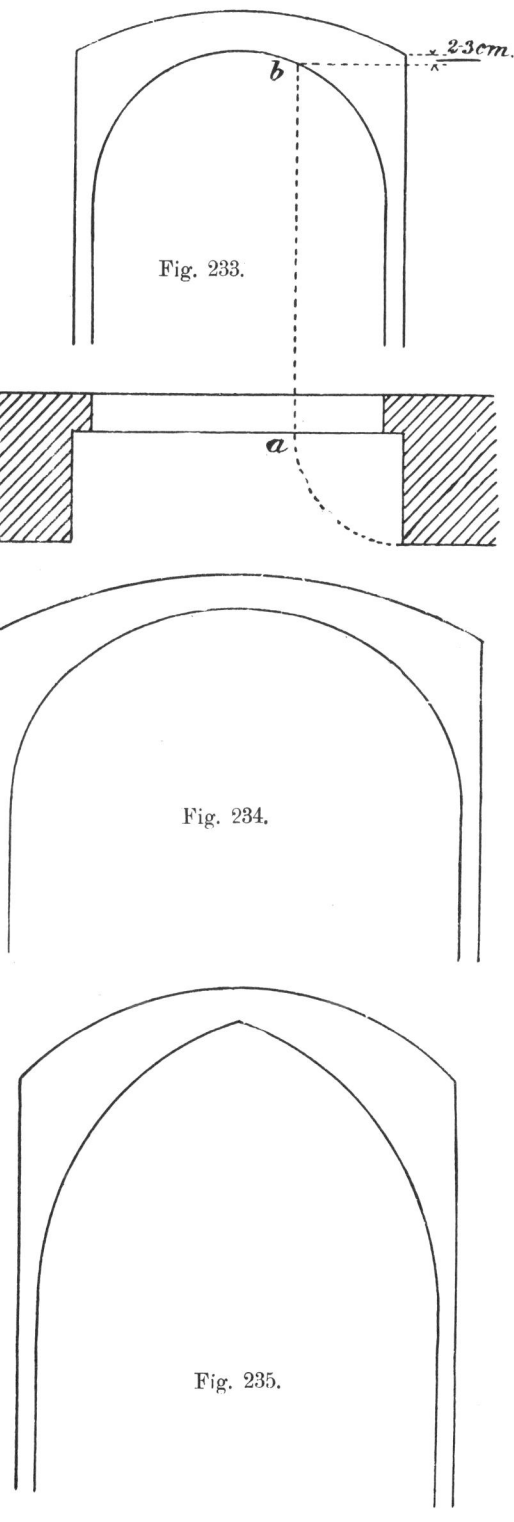

Fig. 233.

Fig. 234.

Fig. 235.

betragen, damit die oberen Fensterflügel sich unterhalb der Rouleauxstangen öffnen lassen. Bei Rollläden ist dieses Maß auf die Höhe des Rollladenkastens,

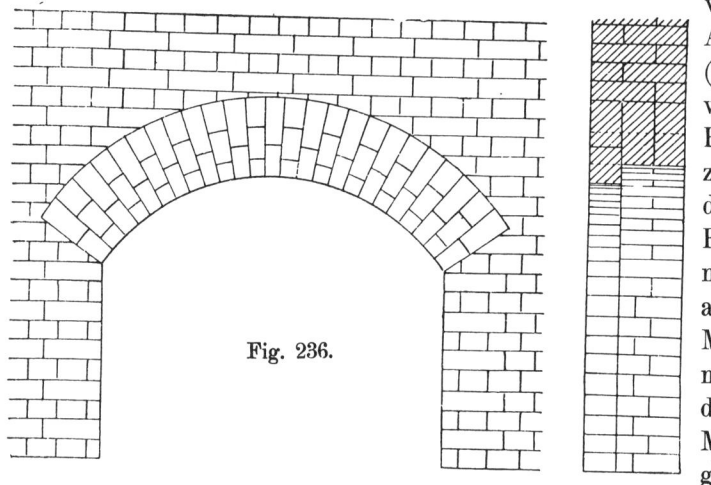

Fig. 236.

welche sich nach der Art des Rollladens (ob von Holz oder von Eisen) und der Fensterhöhe richtet*), zu vergrößern. In diesen Fällen ist die Forderung, welche man für gewöhnlich an den Verband der Mauerbögen stellen muss, daß dieser durch die ganze Mauerstärke durchgeführt wird, nicht zu erfüllen; es muß vielmehr der äußere und der innere Bogen, jeder für sich, ohne Zusammenhang eingewölbt werden.

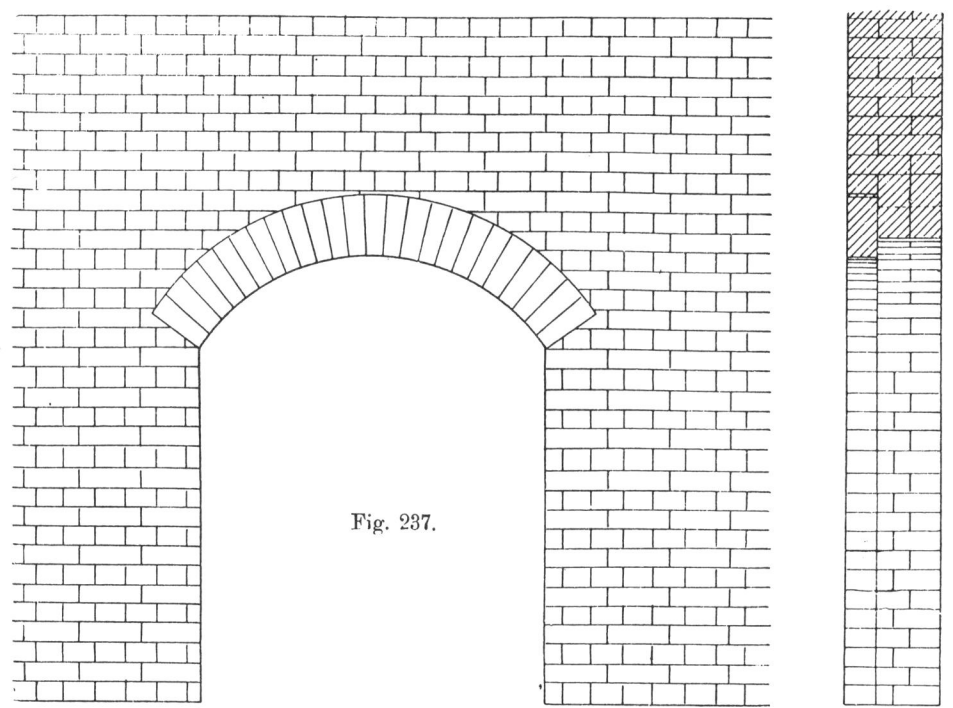

Fig. 237.

Auch bei Ueberwölbungen mit ¼ Stein breitem Anschlage läßt sich nicht immer der Bogenverband durch die volle Mauerstärke durchführen. Die in jeder

*) Vergl. Band IV dieses Handbuches „A. Opderbecke, Der innere Ausbau". Zweite Auflage.

zweiten Schicht an der inneren Bogenlinie auftretenden Riemchen (Fig. 236) würden bei Ausführung in Ziegelrohbau, abgesehen von ihrer wenig guten Haltbarkeit, unschön wirken. In solchem Falle sieht man deswegen meist von einem verbandmäßigen Ineinandergreifen des äußeren und inneren Mauerbogens ab und wölbt beide Bögen für sich mit voneinander unabhängigem Fugenschnitte ein (Fig. 237). Bei Ueberwölbungen mit ½ Stein breitem Anschlage lassen sich hingegen immer die inneren und äußeren Bögen in Verband bringen (Fig. 238 bis 240).

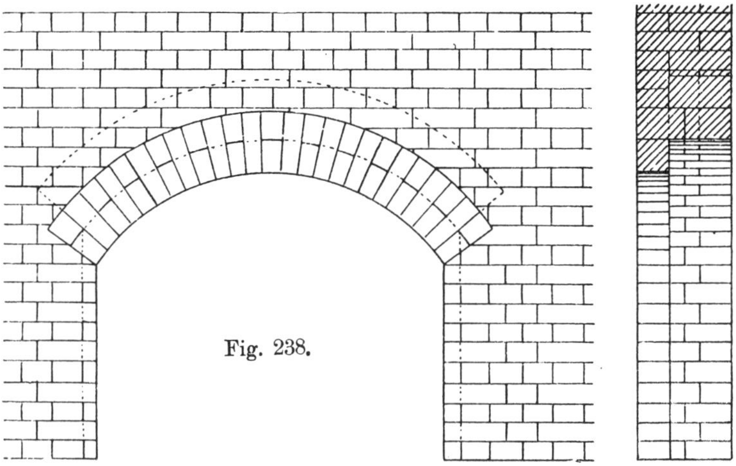

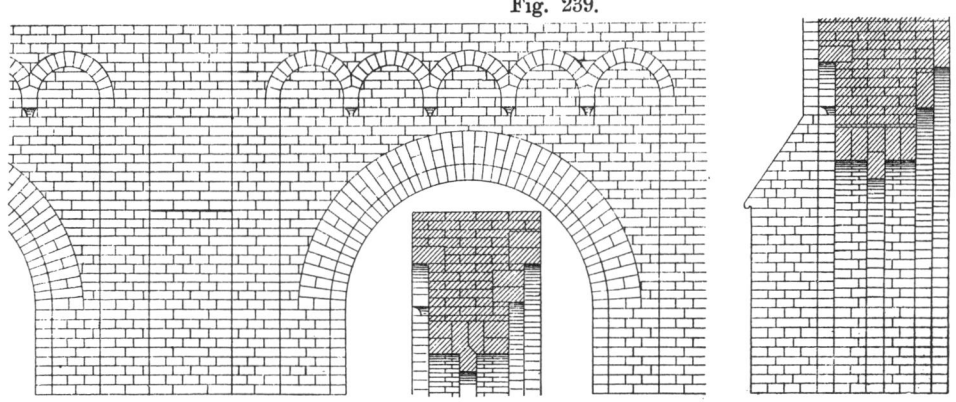

Fig. 238.

Einige Beispiele für die Ueberwölbung mit Flach-, Rund-, Korb- und Spitzbögen ohne Anschlag, wie solche namentlich bei Gurtbögen Verwendung finden, zeigen die Figuren 241 bis 247.

Zur Ausführung der nach irgend einer Linie gekrümmten Mauerbögen bedient man sich der Wölbscheiben oder Lehrbögen. Diese ruhen stets auf

Fig. 239.

Keilen, um sie mittels derselben in die erforderliche Höhenlage einrichten und nach Ausführung der Wölbung leicht wieder entfernen zu können. Es ist darauf zu achten, daß die Keile mit der Langseite rechtwinkelig zur Mauerflucht und nach dem Eintreiben so liegen, daß die Spitze des einen Keiles um einige Zentimeter gegen den Kopf des anderen vortritt. Im anderen Falle wird das Ausrüsten mit Schwierigkeiten verknüpft sein.

Fig 240.

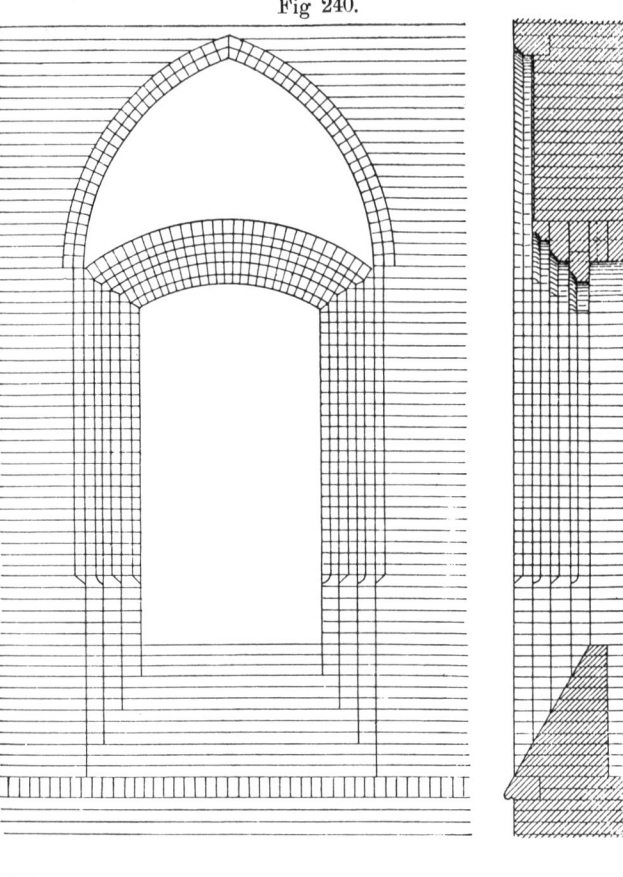

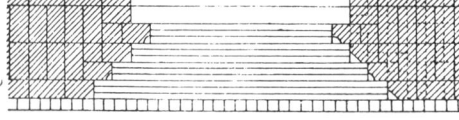

Fig. 241.

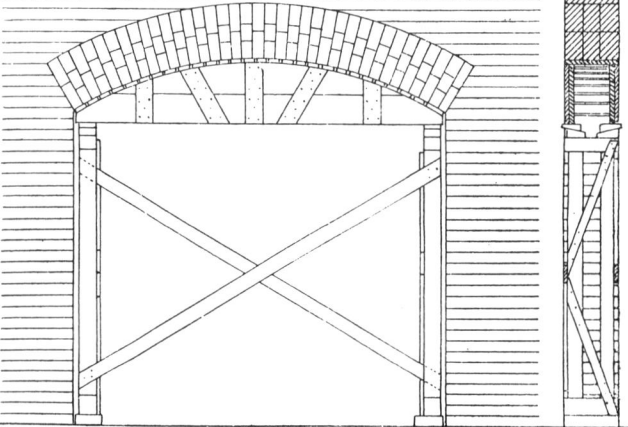

Bei segmentförmigen Bögen geringer Spannweite und geringer Pfeilhöhe können die Wölbscheiben aus einem entsprechend zugeschnittenen Brett bestehen. Beträgt die Mauerstärke nicht mehr als 1 ½ Stein, so stellt man zwei Wölbscheiben derart auf, dass sie gegen die Mauerfluchten 3 bis 4 cm zurücktreten. Dieselben werden entweder durch lotrechte Pfosten unterstützt (Fig. 248 und 249), oder auf einer vorgekragten Schicht (Fig. 250) gelagert. Letztere Ausführungsweise ist jedoch nur dann zulässig, wenn das Mauerwerk einen Putzüberzug erhalten soll, weil die vorgekragten Steine nach Ausrüstung des Bogens bündig mit den Mauerleibungen weggestemmt werden müssen. Bei größeren Mauerstärken muß entweder die Zahl der Wölbscheiben entsprechend vermehrt werden, oder es sind dieselben durch eine Schalung oder Lattung miteinander zu verbinden, damit die Wölbsteine überall Auflagerung finden (Fig. 249).

Ueberschreitet die Pfeilhöhe 30 cm, so kann man die Lehrbögen aus mehreren Brettern bilden, welche durch aufgenagelte Brettstücke miteinander verbunden werden (Fig. 241 und 242).

Für Spitzbögen verwendet man zweckmäßig Bohlen in geneigter Lage, welche an ihren Enden durch aufgenagelte Brettstücke miteinander verbunden werden (Fig. 247). Diese Konstruktion ist aber nur anwendbar, wenn die Wölbscheiben an der breitesten Stelle nicht mehr als 35 cm messen.

Zur Ausführung weit gespannter Bögen mit größerer Pfeilhöhe verwendet man meist Lehrbögen, welche aus einer doppelten oder dreifachen Lage Brettstücke zusammengesetzt sind, oder man konstruiert dieselben aus $\frac{10}{10}$ bis $\frac{14}{14}$ cm starkem Zimmerholz und stellt die Bogenkrümmung durch entsprechend zugeschnittene Bohlen-Auffütterungen her. Beispiele hierfür geben die Figuren 246 und 252 bis 255).

Hat ein Bogen die Form eines Halbkreises, so lasse man den Lehrbogen erst über dem Kämpfer beginnen, weil derselbe sich bei voller Halbkreisform so fest einklemmen würde, daß das Ausrüsten mit großer Schwierigkeit verbunden wäre. Den unteren horizontalen Balken oder die Schwelle des Lehrbogens lege man deshalb um etwa $\frac{1}{12}$ der Spannweite über die Kämpferlinie hinaus

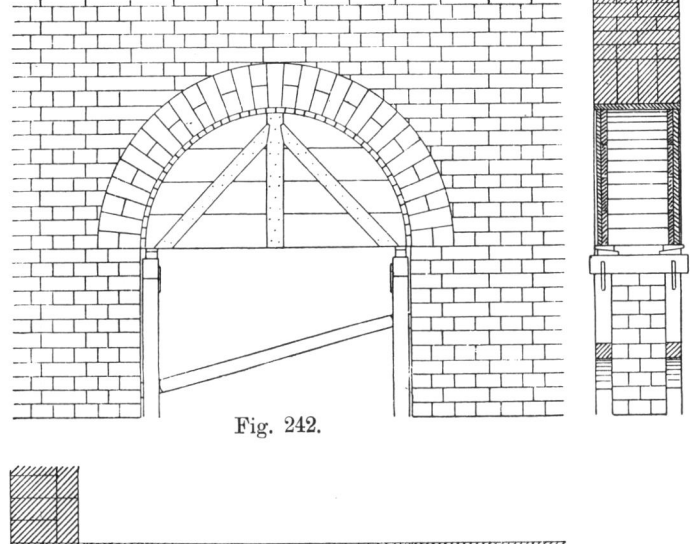

Fig. 242.

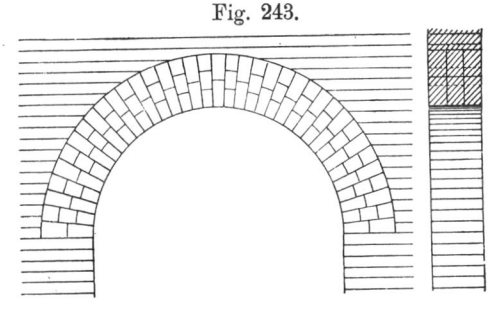

Fig. 243.

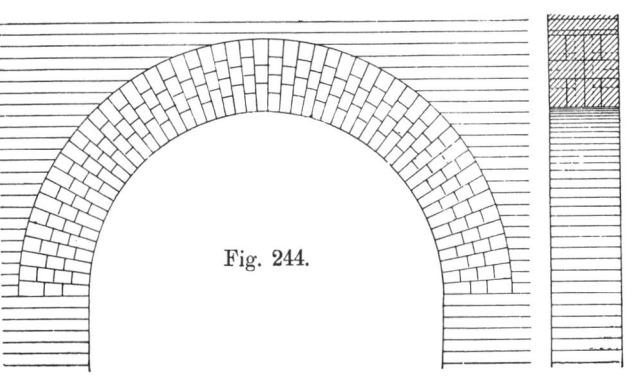

Fig. 244.

(Fig. 252 bis 255). Die unteren Wölbschichten müssen dann vor Aufstellung des Lehrgerüstes nach der Schablone entweder ausgekragt oder gewölbt werden.

Die Keile, welche zur Einrichtung der einzelnen Lehrbögen hinsichtlich deren Höhenlage, sowie zur Ausrüstung dienen, sind von Eichenholz, behobelt, etwa 30 cm lang, 15 cm breit, am Kopfe 8 cm und an der Spitze 4 cm stark herzustellen.

Bei sehr großen und stark belasteten Lehrgerüsten werden mitunter zum Zwecke eines gleichmäßigen Ausrüstens die Balken, auf welchen die Keile ruhen, auf Sand-säcke gelegt, bezie-hungsweise die das Lehrgerüst tragenden Stützen in Sandtöpfe gestellt. Durch Oeff-nen der Säcke bezw. Töpfe gelangt infolge des auf ihnen ru-henden Druckes der trocken eingebrachte und trocken zu halten de Sand zum Ausfluß und bewirkt ein ruhiges Senken der Lehrbögen ohne die beim Lösen von Keilen unvermeidlichen Erschütterungen und Ungleichmäßigkeiten. Da diese Hilfsmittel für Hochbau-ausführungen kaum Verwen-dung finden dürften, so kann hier füg-lich von einer bildlichen Vor-führung der-selben Ab-stand genom-men werden*).

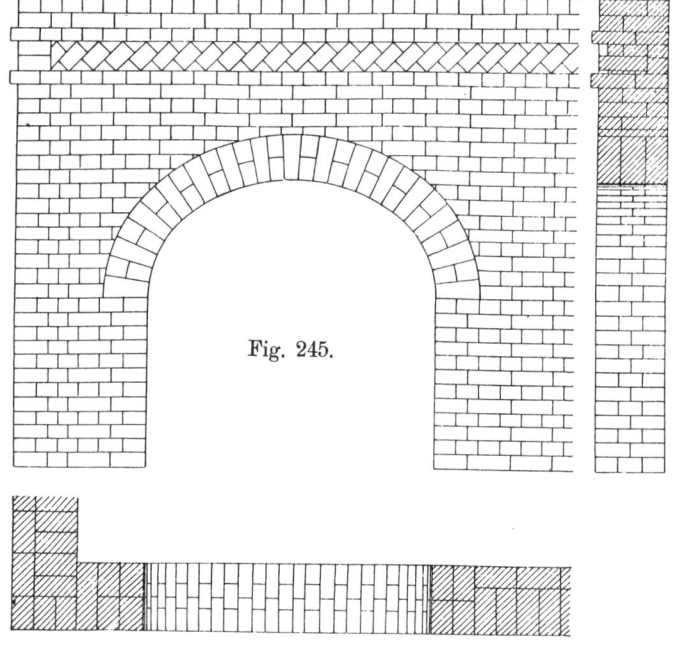

Fig. 245.

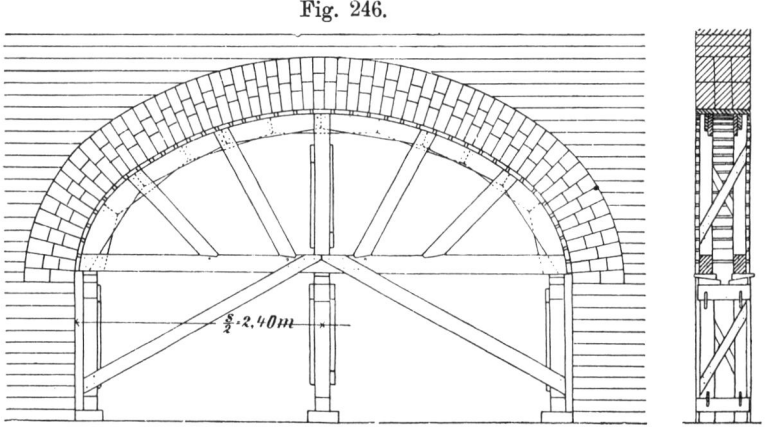

Fig. 246.

Die Zeit-dauer, welche verfließen muß, ehe man das Ausrüsten einer Wölbung vornehmen kann, ist von mancherlei Nebenumständen, namentlich von der Spannweite und der Belastung,

½·2.40m

*) Siehe Baukunde des Architekten, 1. Band, 1. Teil, Seite 125. Verl. d. Dtsch. Bauztg., Berlin.

dem verwendeten Material, der Fugenzahl und Fugenstärke, sowie auch von der Witterung abhängig. Bögen von 1 bis 1,5 m Spannweite können schon nach 1 bis 2 Tagen, solche bis etwa 2,5 m Spannweite nach 4 bis 6 Tagen ausgerüstet werden. Jedenfalls hat man sich in jedem besonderen Falle vor dem Ausrüsten zu überzeugen, ob die Erhärtung des Mörtels genügend weit vorgeschritten ist.

Fig. 247.

Beim Wölben ist darauf zu achten, daß alle Schichten normal zur Leibungsfläche stehen, und daß die Weite der Mörtelfugen möglichst gering und durch die ganze Wölbung die gleiche ist, damit nicht etwa ungleichmäßige Setzungen einzelner Teile derselben eintreten können.

Fig. 248.

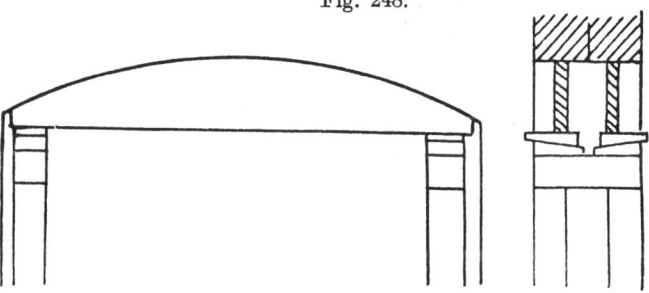

Zur Ausführung sind mindestens zwei Maurer nötig, welche an den Widerlagern beginnend, gleichmäßig nach der Mitte des Bogens mit dem Einwölben fortschreiten. Die S c h l u ß - s t e i n e s i n d g u t p a s s e n d e i n z u l e g e n , doch n i c h t m i t G e w a l t e i n z u - t r e i b e n , weil sonst die in der Nähe der Widerlager bereits begonnene Arbeit des Abbindens seitens des Mörtels unterbrochen bezw. aufgehoben wird. Die Verwendung schwacher Steine (Schiefer-, Dachstein- oder Sandsteinplatten) zur

Fig. 249.

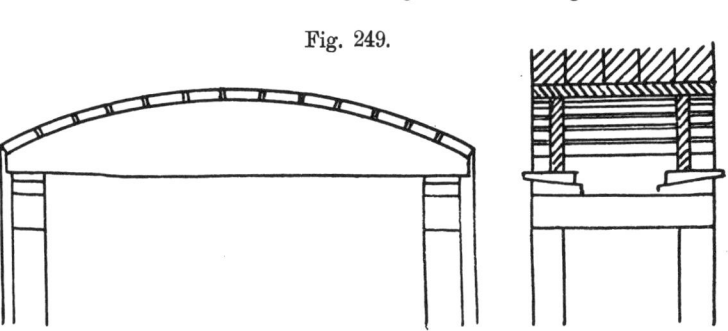

Bildung des Bogenschlusses ist durchaus verwerflich, weil hierdurch die Zahl der Fugen im Scheitel ungünstig vermehrt und ein stärkeres Setzen dieses Bogenteiles verursacht wird. Es ist deswegen anzuraten, vor dem Beginn des Einwölbens eine genaue Einteilung der Schichten auf der Schalung vorzunehmen.

Damit der Mörtel bis zur Vollendung des Bogens möglichst überall gleiche Festigkeit beziehungsweise gleichen Feuchtigkeitsgehalt behält, muß das Einwölben eines Bogens möglichst schnell und ohne wesentliche Unterbrechungen bewirkt werden. Bögen in sehr starken Mauern (über 2¹/₂ Steinstärke) erfordern zu ihrer Herstellung deswegen vier Maurer, von denen je zwei sich gegenüberstehen. Bei größeren Wölbungen ist ein mehrmaliges Wechseln des Standortes der Maurer zu empfehlen, damit die persönliche Eigenart und Gewohnheit beim Mauern tunlichst ausgeglichen wird.

Fig. 250.

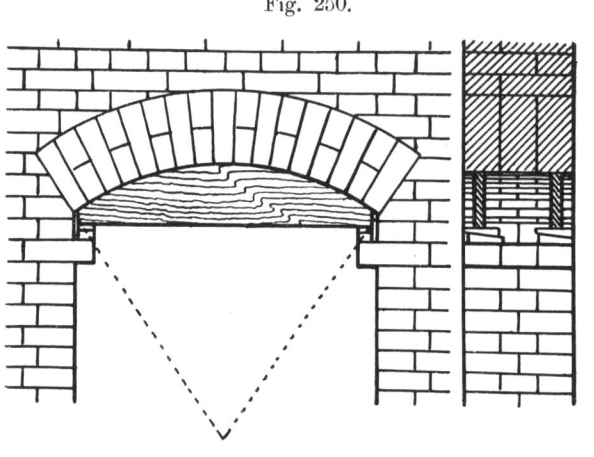

Fig. 251.

Nur bei Bögen in schwachen Mauern mit geringer Spannweite kann ausnahmsweise zugelassen werden, daß die Einwölbung durch nur einen Maurer ausgeführt wird; derselbe beginnt an dem einen Widerlager, wölbt darauf gegen das andere Widerlager und führt dann mit der nötigen Vorsicht die Schlußsteinschicht ein.

Das Annässen der Steine vor dem Vermauern ist unbedingt vorzunehmen.

Im Scheitel der Lehrbögen sind stets von vornherein einige Schallatten oder

Fig. 252.

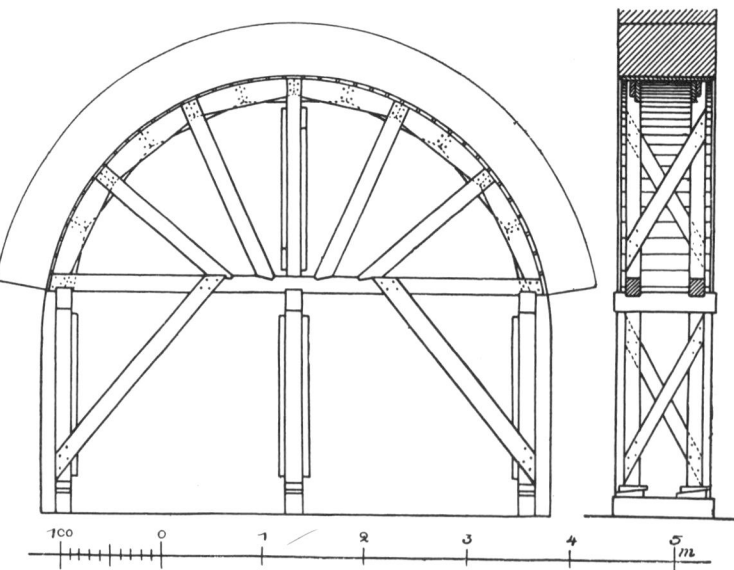

Schalbretter aufzunageln und mit Steinen zu beschweren, um ein Steigen der Bögen zu verhindern. Im übrigen wird die Einschalung entsprechend der fortschreitenden Wölbung aufgebracht.

Früher war man allgemein der Ansicht, daß ein langsam erhärtender Kalkmörtel einem rascher bindenden Zementmörtel für Wölbearbeiten vorzuziehen sei, weil dieser allen Formveränderungen des Bogens leichter zu folgen vermöchte. Nachdem aber durch viele Versuche und Beobachtungen eine genaue Kenntnis der Zug- und Druckfestigkeit des Zementmörtels gewonnen ist, hat man gerade in der Verwendung des letzteren ein Mittel, die wegen ihres verschiedenartigen Auftretens unerwünschten Formveränderungen auf ein geringstes Maß zu beschränken.

Je nach der zu erwartenden Beanspruchung des Mauerbogens auf den Quadratzentimeter seines Querschnittes verwendet man Mischungen von 1 Teil Zement, 1 Teil Kalk und 6 Teilen reinem Quarzsand oder von 1 Teil Traß, 1 Teil Kalk und 1 Teil Sand, beziehungsweise 1 Teil Zement und 2 bis 3 Teilen Sand. Die beiden ersteren Mischungsverhältnisse sind zu

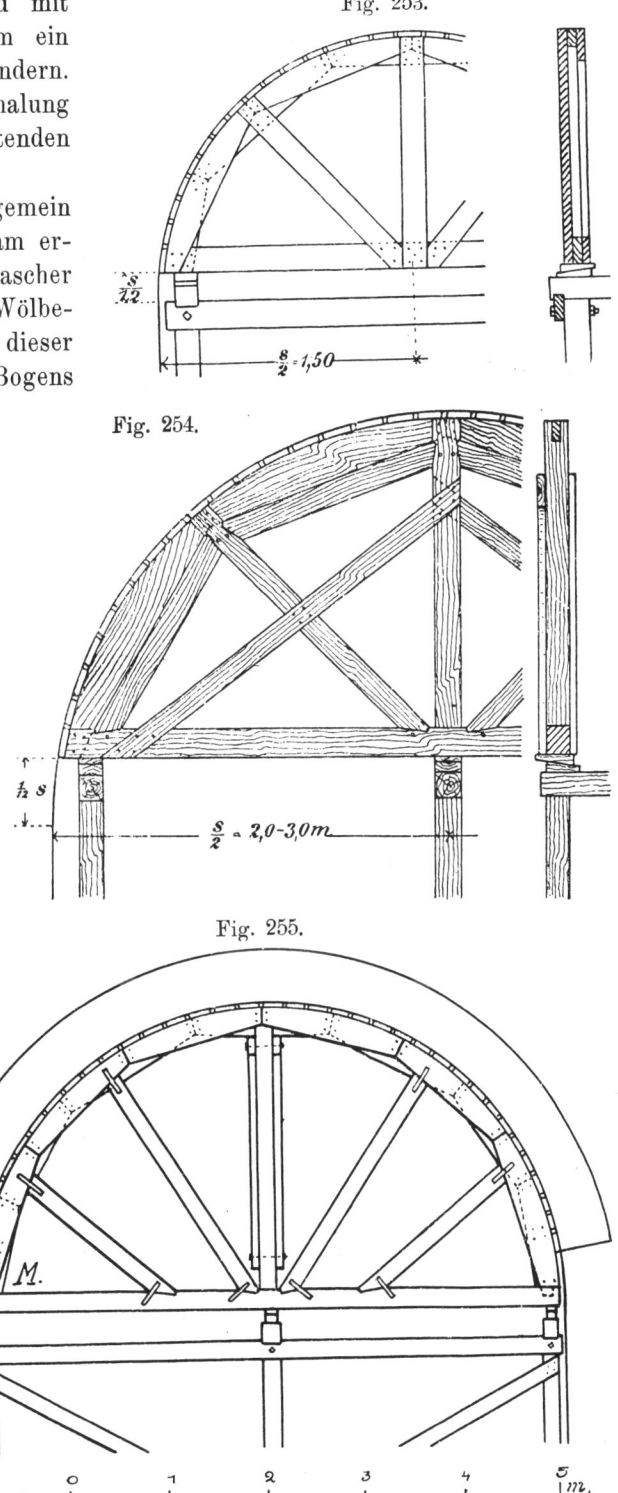

Fig. 253.

Fig. 254.

Fig. 255.

empfehlen, wenn der Druck auf 1 qcm Querschnittsfläche nicht mehr als 15 kg beträgt, das letztere Mischungsverhältnis dagegen, wenn dieser Druck 50 kg nicht überschreitet.

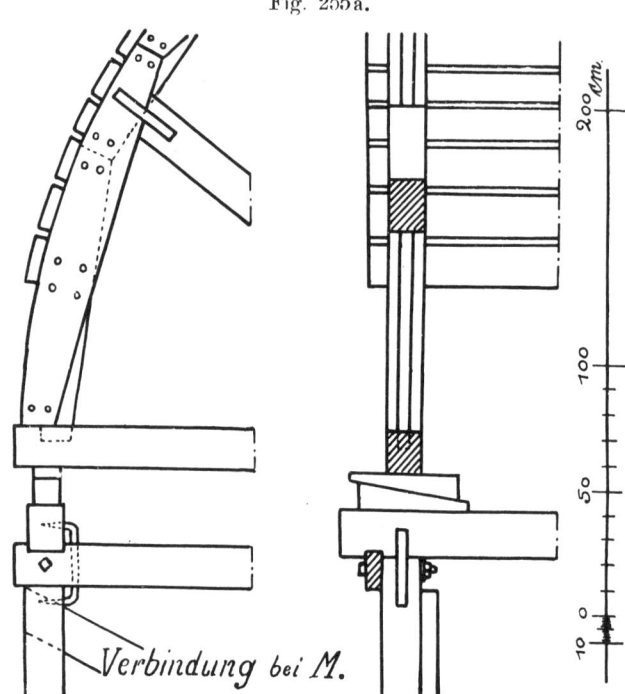

Fig. 255 a.

Nach Vollendung der Wölbung übergießt man den Bogenrücken mit dünnflüssigem Mörtel, um alle Fugen vollständig zu füllen, auch ist ein Feuchthalten der Wölbung und ein Schutz derselben gegen Sonnenstrahlen auf längere Zeit anzuraten.

Wenn stark belastete Mauerbögen im Verhältnis zum Halbmesser so hoch zu machen sind, dass die Steine oder die Fugen so stark keilförmig gemacht werden müßten, daß die ersteren an der inneren Leibung weniger als die Hälfte ihrer Stärke an der äußeren Leibung, oder die letzteren an der äußeren Leibung mehr als das Doppelte ihrer Stärke an der inneren Leibung betragen, so ist es nicht ratsam, die Bögen in der gewöhn-

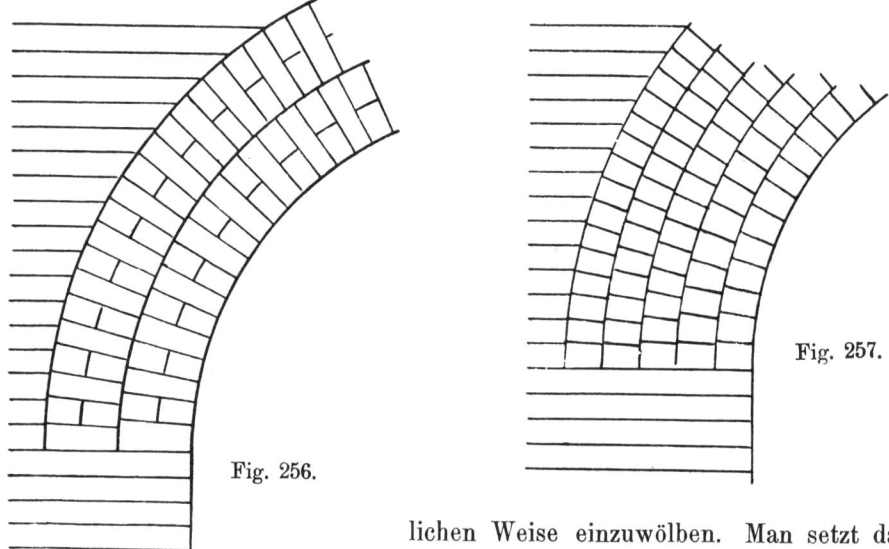

Fig. 256.

Fig. 257.

lichen Weise einzuwölben. Man setzt dann den Bogen entweder aus mehreren übereinander in Verband gewölbten R i n g e n (Fig. 256) oder aus einer Anzahl R o l l e n (Schalen oder Rouladen) zusammen (Fig. 257).

Diese Wölbungsarten sind allerdings, namentlich bei sehr starken Belastungen, nicht ohne Bedenken, weil die Anzahl der Wölbsteine und damit das Maß des Setzens in jedem nach oben hinzugefügten Ringe zunimmt. Da nun die äußeren Ringe auf den inneren ruhen, so können sie sich nicht ungehindert setzen und haben somit eine geringere Spannung als die inneren. Es erscheint mithin der Fall nicht ausgeschlossen, daß dem innersten Ring die ganze vorhandene Belastung zugeteilt wird. Um den erwähnten Uebelständen zu begegnen, verwende · man jedenfalls einen möglichst steifen, nicht schwindenden Zementmörtel. Wo das äußere Aussehen dies zuläßt, kann man auch die Anzahl der Lagerfugen dadurch annähernd gleich machen, daß man die Widerlager der Ringe in verschiedener Höhe beginnen läßt (Fig. 258), oder daß man den Bogen durch Bindersteine von Werkstücken in einzelne Bogenstücke zerlegt (Fig. 259).

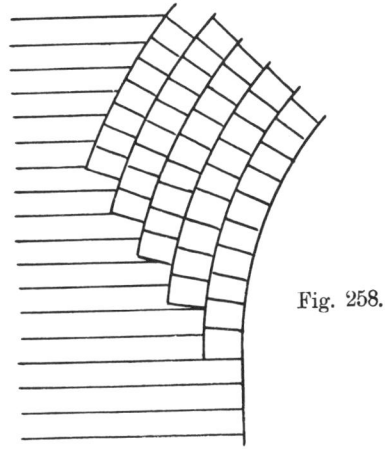

Fig. 258.

Da die Mauern in der Regel in wagerechten Schichten aufgeführt werden, so müssen in allen denjenigen Fällen, wo die Bogenlinie nicht tangentiell in die lotrechten Leibungen übergeht (also bei Flachbögen), die Steine, welche die Widerlagsfläche bilden, schräg zugehauen werden (Fig. 260). Will man dies vermeiden, so muß man zur Bildung des Widerlagers Werkstücke (Fig. 261 und 262) verwenden, deren unteres Lager um einige Zentimeter tiefer als die Kämpferlinie zu legen ist, damit hier spitzwinkelige Ecken tunlichst vermieden werden.

Zur Herabminderung der Spannweite der Bögen, sowie zur Verstärkung der Widerlager wendet man

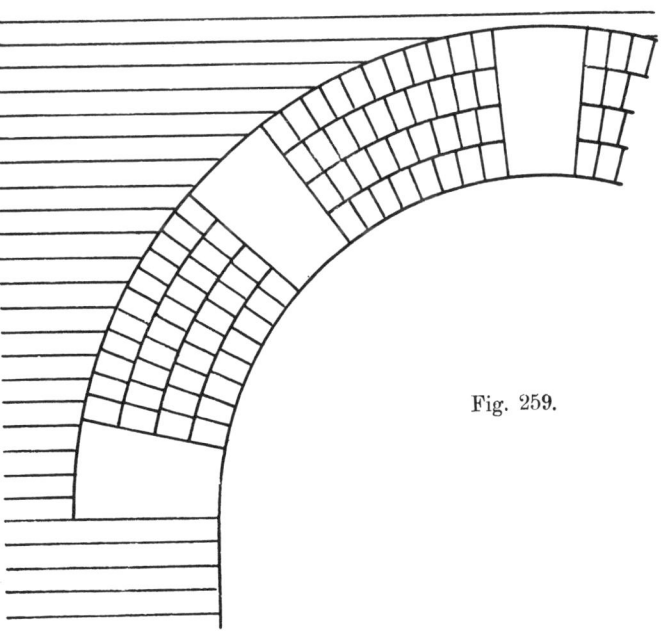

Fig. 259.

mitunter vorgekragte Widerlagssteine (Fig. 263 und 264) an, oder man kragt die einzelnen Mauerschichten bis auf eine gewisse Höhe aus (Fig. 265). Im letzteren Falle müssen die nach der Bogenlinie vorgesetzten Steine verhauen werden, und es ist deswegen diese Konstruktionsweise nur im Putzbau verwendbar. Auch für Mauerbögen, die sich gegen schwache Mauerpfeiler stützen, ist die Auskragung mittels eines Werkstückes (Fig. 266) oder durch wagerechte Mauerschichten (Fig. 267) zu empfehlen, um das Auslaufen des über den Bögen be-

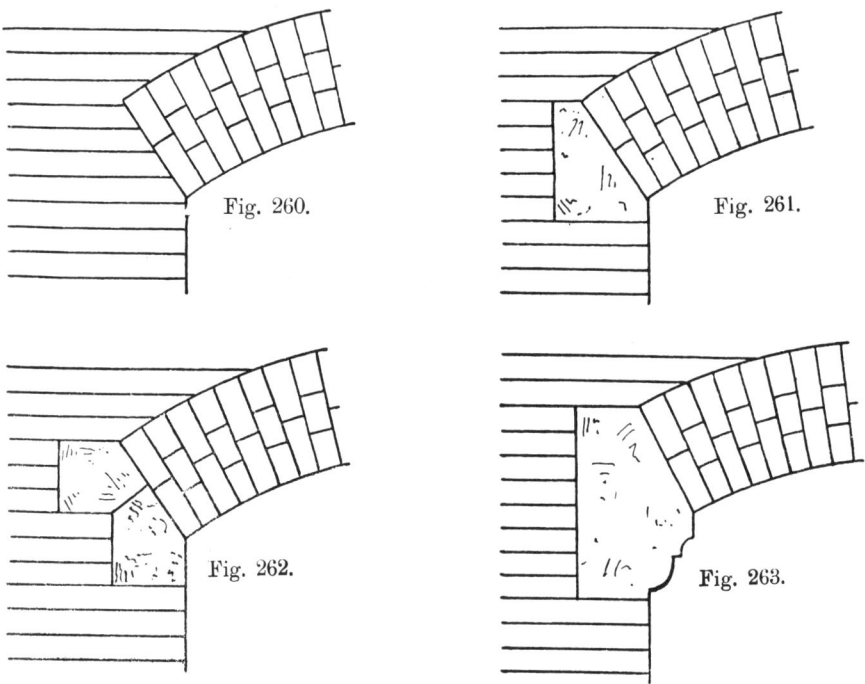

Fig. 260.

Fig. 261.

Fig. 262.

Fig. 263.

findlichen Mauerwerks in einen spitzen Keil (Fig. 268) zu umgehen. Dieser Keil birgt die Gefahr in sich, daß bei starker Belastung desselben die beiden benachbarten Bogenschenkel auseinander geschoben werden.

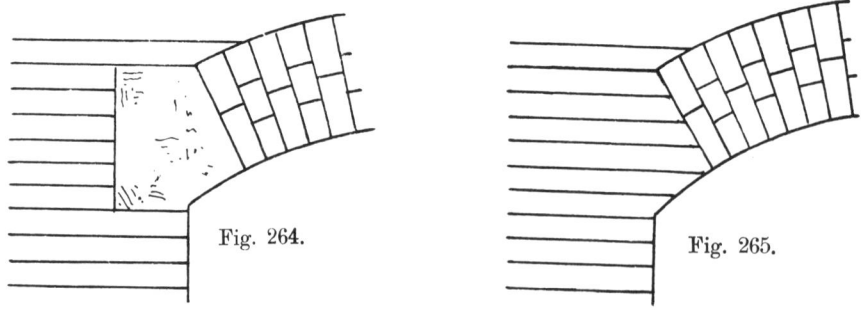

Fig. 264.

Fig. 265.

Um die mit dem tiefen Eingreifen starker Mauerbögen verbundene große Schwächung der Widerlagsmauern zu verringern, kann man das Widerlager in Absätzen (Fig. 269) anlegen.

Für alle stark belasteten und weit gespannten Bögen muß die erforderliche Scheitelstärke und die Widerlagerstärke rechnerisch oder graphisch nach den Gesetzen der Statik*) ermittelt werden. Bei gewöhnlichen Belastungen und kleineren Spannweiten, wie sie meist bei Hochbau-Ausführungen vorkommen,

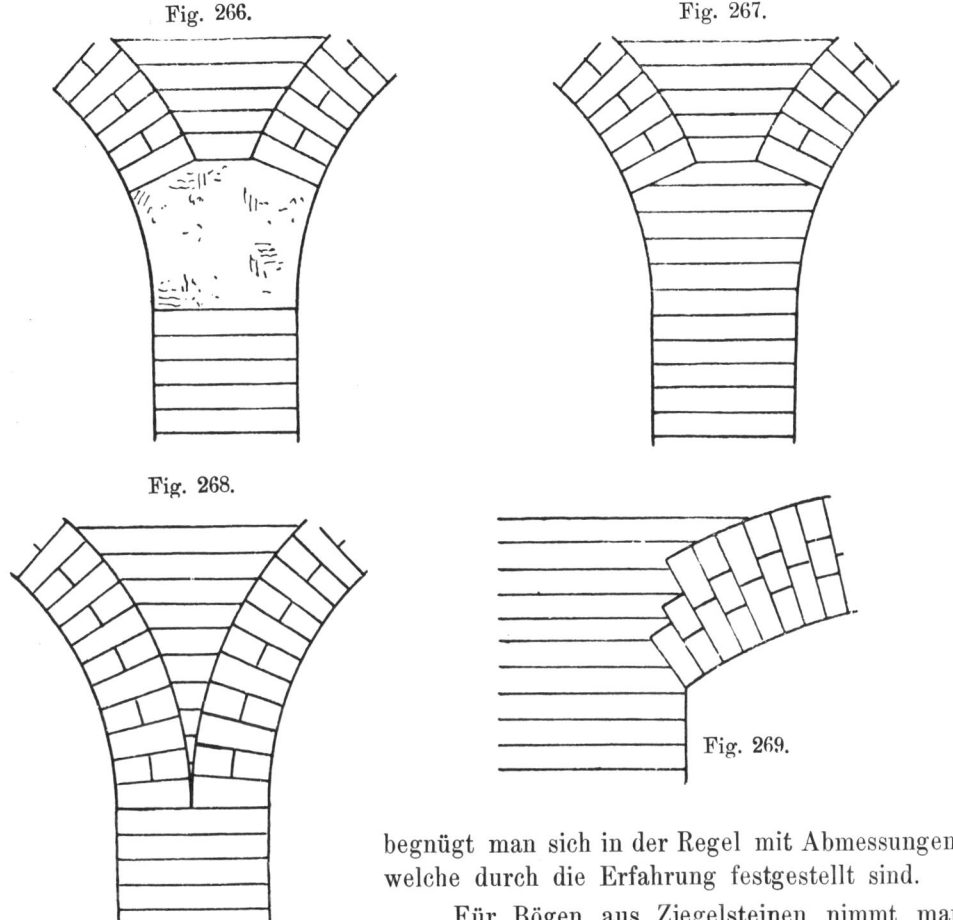

Fig. 266.

Fig. 267.

Fig. 268.

Fig. 269.

begnügt man sich in der Regel mit Abmessungen, welche durch die Erfahrung festgestellt sind.

Für Bögen aus Ziegelsteinen nimmt man gewöhnlich die folgenden Abmessungen an:

a) Für die Scheitelstärke:

Spannweite	Flachbögen von ¹/₈ bis ¹/₆ Pfeil	Halbkreisbögen	Spitzbögen
bis 1,80 m	1¹/₂ Stein	1 Stein	¹/₂ Stein
1,80 bis 3,0 m	1¹/₂ bis 2 Stein	1¹/₂ „	1 „
3,0 bis 5,5 m	2 bis 2¹/₂ „	1¹/₂ bis 2 „	1¹/₂ „
5,0 bis 8,0 m	2¹/₂ bis 3 „	2¹/₂ „	1¹/₂ bis 2 „

*) Vergl. R. Schöler, Statik und Festigkeitslehre; Band XVI dieses Handbuches. Preis brosch. 5 M, geb. 6 M. Verlag von Bernh. Friedr. Voigt in Leipzig.

b) Für die Widerlagerstärke:

für scheitrechte Bögen . . . . . $^2/_3$ der Spannweite
für Flachbögen von $^1/_6$ bis $^1/_8$ Pfeil $^1/_3$ bis $^1/_4$ „ „
für Halbkreisbögen . . . . . . $^1/_4$ bis $^1/_5$ „ „
für Spitzbögen . . . . $^1/_5$ bis $^1/_6$ „ „

Bei stark belasteten Widerlagern können die unter b) angegebenen Maße etwas verringert werden, dagegen sind sie bei sehr hohen Widerlagern entsprechend zu erhöhen. Bei einer fortgesetzten Reihe von Bögen, wo für die Mittelpfeiler der gegenseitige Druck sich aufhebt, genügt für die letzteren eine Stärke von $^2/_3$ der Endwiderlager.

Müssen aus besonderen Gründen die Widerlager so schwach ausgeführt werden, daß sie dem Seitenschub des Bogens nicht widerstehen können, so sind Anker anzubringen, welche möglichst in der Höhe der Kämpfer liegen müssen, wenn sie ihren Zweck, den Seitenschub des Bogens aufzunehmen, ganz erfüllen sollen. Da man eine freie sichtbare Lage der Anker im allgemeinen als störend empfindet, so kann eine der obigen Anforderung entsprechende Verankerung

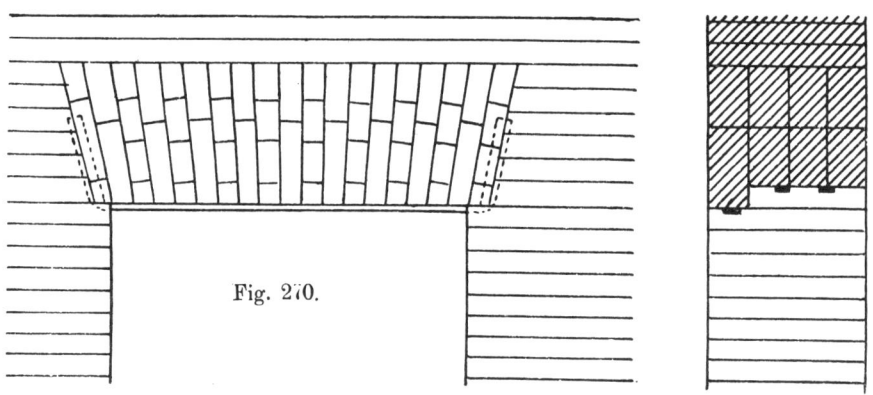

Fig. 270.

nur bei dem scheitrechten Bogen auf dessen Unterseite ausgeführt werden. Man verwendet hierzu zweckmäßig Winkeleisen, dessen einer Schenkel auf die Länge der Bogenleibung weggehauen ist, während in den seitlichen Aufbiegungen der ursprüngliche Querschnitt verbleibt (Fig. 270).

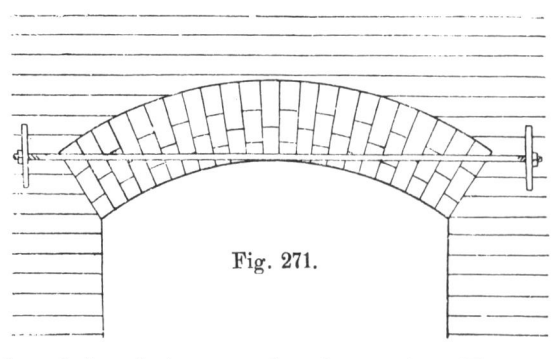

Fig. 271.

Bei Flachbögen, welche geputzt werden, wendet man zwei Anker aus Rundeisen an, die auf beiden Mauerseiten mit ihrer Stärke in den Bogen eingelassen und hinter den Widerlagern mit quer durch die Mauern reichenden Ankerplatten verschraubt werden (Fig. 271).

Bei Bögen mit größerer Pfeilhöhe (Korbbögen, Rundbögen, Spitzbögen) ordnet man in Höhe des Bogenscheitels durchgehende Anker an, welche an den

Seiten lange senkrechte Schenkel erhalten, deren untere Enden durch schräge Bänder mit den wagerechten Zugstangen zu verbinden sind (Fig. 272). Da aber durch den Seitenschub des Bogens die Zugstangen auf Durchbiegung beansprucht werden (vergl. Fig. 273), so müssen diese einen sehr kräftigen Querschnitt erhalten, und man stellt sie deswegen aus ⌞-, ⊥- oder ⊤-Eisen her.

Fig. 272.

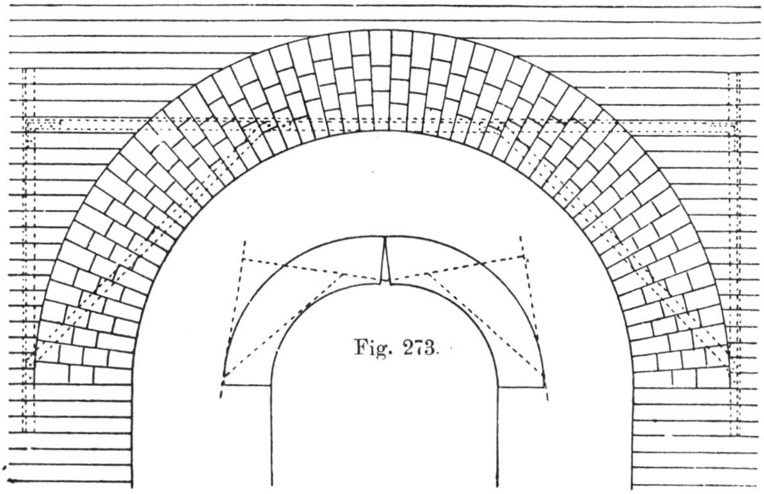

Fig. 273.

Ein derartiges Einmauern von Ankern in die Mauerbögen verursacht in der Regel eine Störung des Verbandes und bringt manche Umständlichkeiten für die Ausführung mit sich.

Zur Ueberdeckung der Oeffnungen mit

Eisenbalken

verwendet man gewöhnlich gewalzte Träger von ⊤-Form und macht nur bei sehr weiten Oeffnungen von genieteten Trägern Gebrauch.

Reicht die Tragkraft eines Trägers zur Aufnahme der Belastungen nicht aus, oder ist sein Flansch zu schmal, um dem Mauerwerk ein sicheres Auflager zu gewähren, so sind zwei oder mehrere Träger nebeneinander zu verlegen und so zu verbinden, daß die Belastung von den gekuppelten Trägern gemeinschaftlich und gleichmäßig getragen wird.

Die Querverbindungen zwischen den Trägern sind in Abständen von 1,5 bis 2,0 anzuordnen. Unbedingt erforderlich sind sie über oder dicht neben den Auflagern der Träger, ferner in unmittelbarer Nähe derjenigen Stellen, wo Einzellasten übertragen werden.

Auf die obere Flansche der Träger ist eine Mörtelschicht aufzubringen, damit ein Zerdrücken der untersten Steinschicht infolge ihrer Unebenheiten vermieden wird. Es mag hier besonders betont werden, daß überall da, wo Eisen mit Mauerwerk in Berührung kommt, nur Zementmörtel ohne jeden Kalkzusatz verwendet werden darf, weil die Gegenwart des Kalkes die Rostbildung, also die Zerstörung des Eisens, fördert.

Bei gewalzten ⊤-Trägern kann die Verkuppelung geschehen:

1. Durch Stehbolzen, das sind Schraubenbolzen, welche durch ein Gasrohr von einer Länge, die der Trägerentfernung entspricht, gesteckt

sind (Fig. 274 und 275). Dieselben bieten jedoch wenig Sicherheit gegen Schiefstellen der Träger, und es ist deswegen der Raum zwischen den Trägern mit Beton auszufüllen. Der letztere wird von oben eingebracht, nachdem der Zwischenraum der unteren Trägerflanschen durch eine Bohle verschlossen worden ist. Sollen die Träger rings-

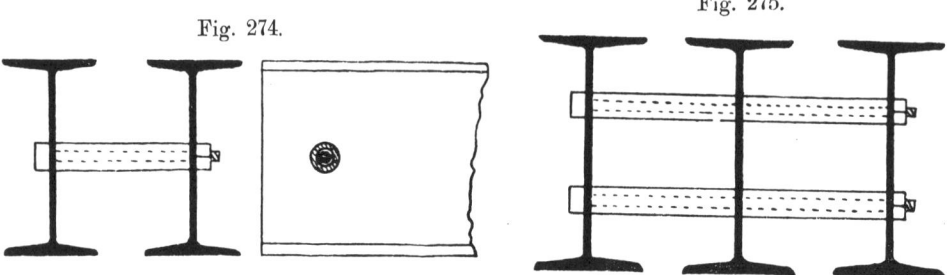

Fig. 274.

Fig. 275.

herum feuersicher umhüllt werden, so bedient man sich als Lehre eines entsprechend geformten Holzkastens, welcher mittels Flacheisenbänder an den oberen Trägerflanschen aufgehangen wird (Fig. 276). Häufig begnügt man sich auch mit einem etwa 2 cm starken Zement-

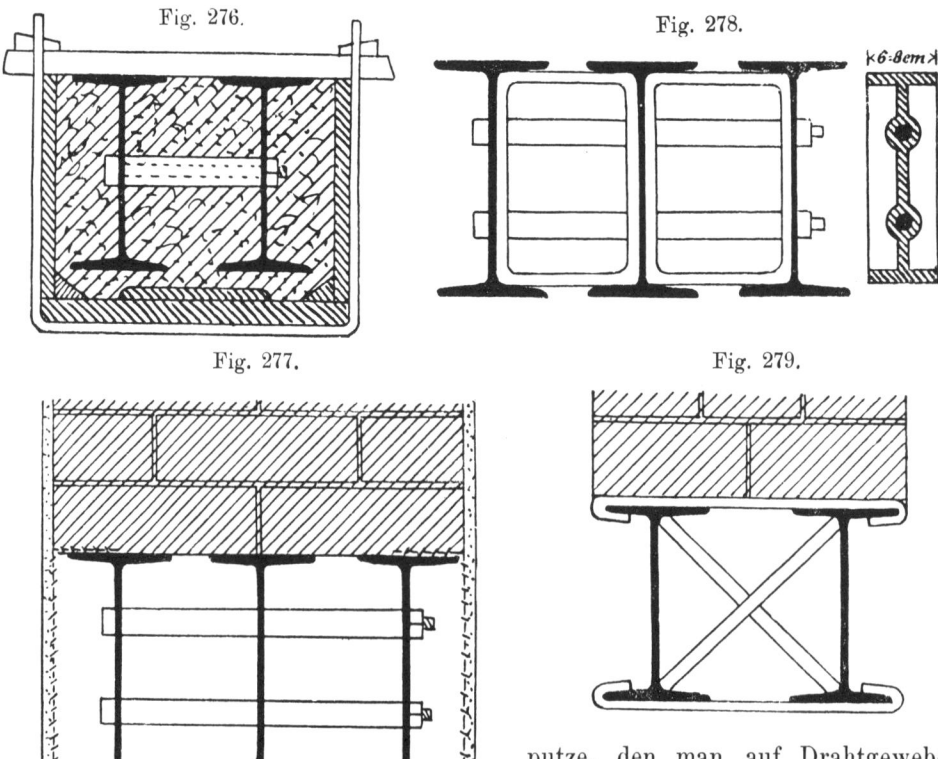

Fig. 276.

Fig. 278.

Fig. 277.

Fig. 279.

putze, den man auf Drahtgewebe aufbringt, welches um die Träger gelegt, und durch die Aufmauerung über diesen festgehalten wird (Fig. 277). An Stelle des Drahtgewebes läßt sich auch das im I. Bande dieses Handbuches (Der Zimmermann beschriebene Drahtziegel - Gewebe für den vorliegenden Zweck benutzen;

2. durch gußeiserne Steifen (Fig. 278). Dieselben geben den Trägern eine gute Versteifung, doch ist ihre Anwendbarkeit eine be-

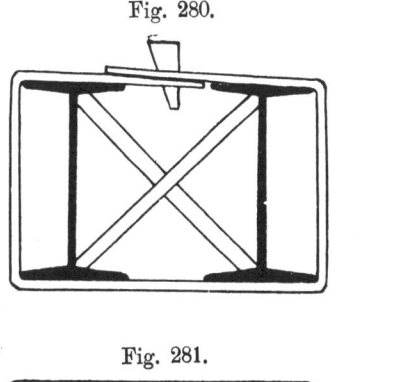

Fig. 280.

Fig. 281.

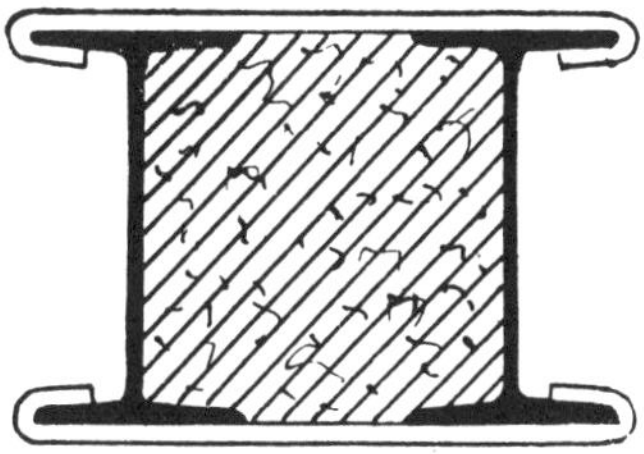

Fig. 282.

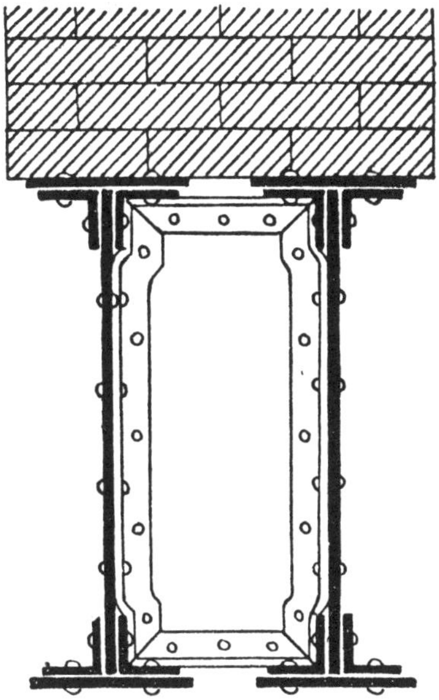

schränkte, weil sie für jeden einzelnen Fall besonders angefertigt werden müssen;

3. durch Bundklammern (Fig. 279) oder Bundringe (Fig. 280) aus Flacheisen unter Hinzufügung von zwischen die Träger eingespannten Kreuzspreizen aus Quadrateisen. Damit die Bundringe sich fest um die Träger legen, ist ein Antreiben mittels Eisenkeile vorzunehmen. Die Kreuzspreizen sind entbehrlich, wenn der Raum zwischen den Trägern mit Backsteinen ausgerollt oder mit Beton ausgefüllt wird (Fig. 281).

Bei genieteten Trägern geschieht die Verkuppelung durch Blechwände mit Winkeleisen-Umsäumung (Fig. 282),

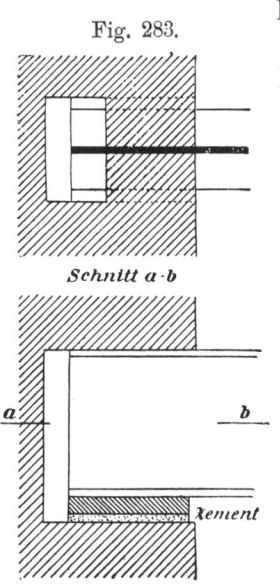

Fig. 283.

Schnitt a-b

Fig. 284.

Schnitt a-b

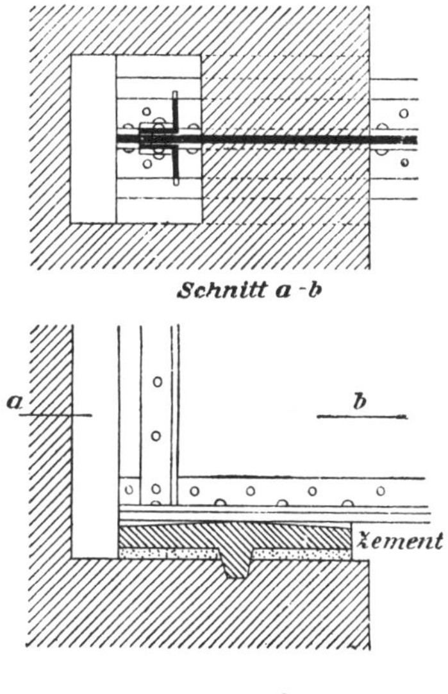

welche an den Auflagern und zwischen diesen in Abständen von 3 bis 4 m eingezogen werden.

Zur Auflagerung der gewalzten Träger auf Mauerwerk wendet man ebenflächige gußeiserne Platten und in Fällen, wo nur verhältnismäßig geringer Druck auf das Mauerwerk ausgeübt wird, Auflagersteine von festem Material und quadratischer oder rechteckiger Grundform an. Zweckmäßig werden die Auflagersteine um einige Zentimeter gegen die Mauerkante zurück-

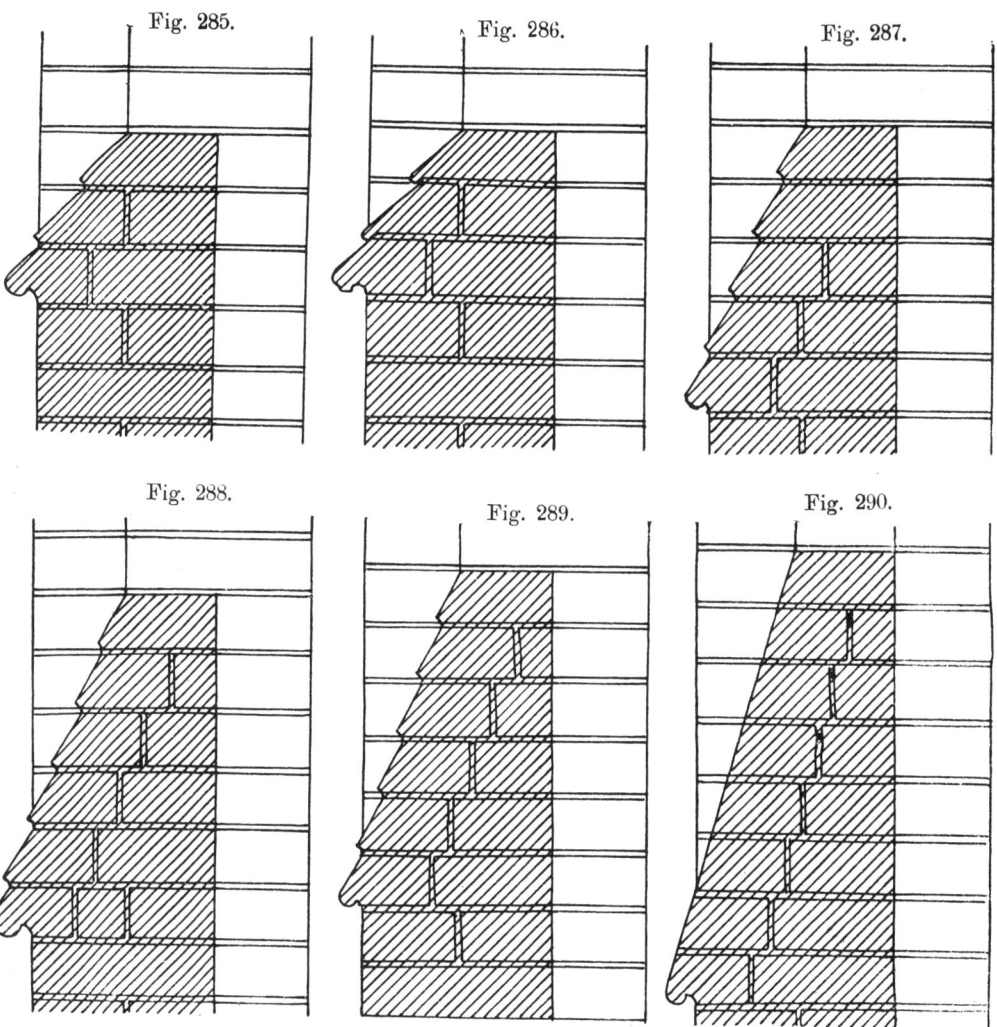

Fig. 285.   Fig. 286.   Fig. 287.

Fig. 288.   Fig. 289.   Fig. 290.

gelegt, damit die letztere keinen Druck erhält und ein Abspringen derselben vermieden wird. Gewalzte Träger können an den Auflagerstellen seitlich vollständig vermauert werden; vor den Köpfen derselben muß aber für die Wärmeausdehnung ein Spielraum verbleiben (Fig. 283), welcher mit Rücksicht auf etwaige Feuersbrünste für jedes Meter Trägerlänge 1 cm betragen soll. Bei genieteten Trägern ist in dieser Hinsicht Rücksicht auf die an den Auflagern angebrachten Versteifungswinkel zu nehmen (Fig. 284). Die Auflagerplatten werden mit oberer abgedachter Lagerfläche gegossen, um bei etwaiger Durchbiegung der Träger eine stets gleichmäßige Druckverteilung zu erzielen.

Die

untere Begrenzung von Maueröffnungen,

welche sich in Außenmauern befinden, erfordert nur bei Fenster-, Tür- und Toröffnungen besondere Konstruktionen. In allen anderen Fällen bildet das Erdreich oder der Fußboden (Pflasterung, Plattenbelag, Beton, Asphalt) den unteren Abschluß.

Bei Ausführung in Ziegelsteinen wird der untere Abschluß der Fensteröffnungen, die Sohlbank, entweder unter Verwendung gewöhnlicher Steine, welche entsprechend zugehauen sind, gebildet (Fig. 194), oder es werden besondere Formsteine, Schräg- und Nasensteine (Fig. 240 und 285 bis 291) benutzt. Die Sohlbank durch eine geneigtliegende Rollschicht von gewöhnlichen Steinen zu bilden, ist verwerflich, weil diese Steine kein gutes Auflager besitzen und außerdem die vielen Stoßfugen das Eindringen von Nässe begünstigen.

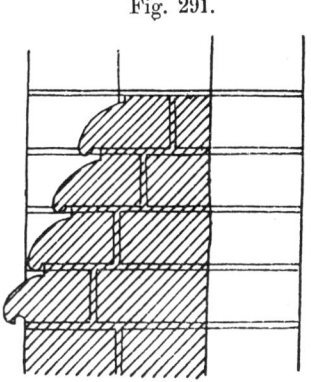

Fig. 291.

In Tür- und Toröffnungen wird stets eine Schwelle aus natürlichem, dichtem und wetterbeständigem Gestein eingelegt. Diese erhält nach außen zu eine schwach

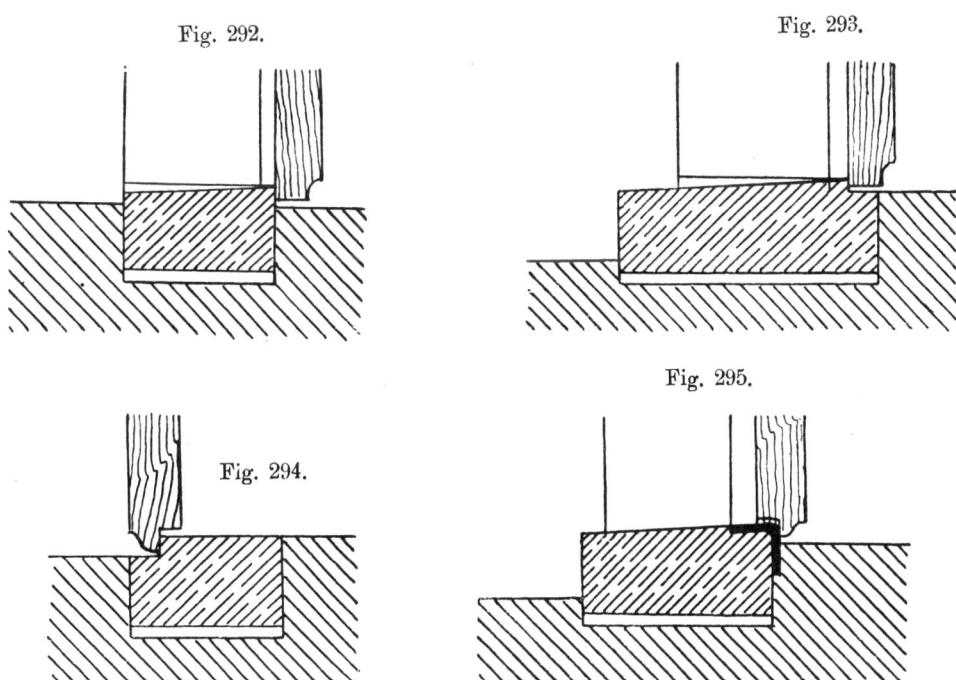

Fig. 292.

Fig. 293.

Fig. 294.

Fig. 295.

geneigte Oberfläche und dort, wo die Verschlußflügel anschlagen sollen, eine Erhöhung von 1 bis 2 cm über dem Fußboden des zu betretenden Raumes, oder bei Türen mit nach außen schlagenden Flügeln über dem vor ihnen angebrachten Bürgersteige, Plaster oder Treppenpodeste.

Die Schwelle muß an den Enden in das Leibungsmauerwerk eingreifen, damit ihre Lage eine unverschiebliche ist. Zwischen diesen Endauflagern darf die Schwelle nicht untermauert werden, weil dieselbe sonst bei der geringsten Durchbiegung zerspringen würde; es ist hier immer eine Entlastungsfuge (Fig. 292 bis 294) vorzusehen. Die Erhöhung der Schwelle zur Bildung des unteren Türanschlages, sowie eine Sicherung der Anschlagkante gegen Beschädigung kann auch dadurch erreicht werden, daß man die betreffende Kante mit einem Winkeleisen (Fig. 295) besäumt.

2. Mauern aus natürlichen Steinen.

Die natürlichen Steine kommen teils als feste in ganzen Felsen vor, welche Bruchsteine liefern, die entweder roh zum Mauerwerk verwendet oder zu Quadern verarbeitet werden, teils als lose Steine, die je nach ihrer Größe Findlinge, Gerölle oder Geschiebe heißen. Die letzteren gehörten ursprünglich geschlossenen Felsmassen an, welche durch mancherlei Naturereignisse zertrümmert und umgestaltet wurden.

Alle natürlichen Steine, welche zu Bauausführungen Verwendung finden, sollen:

1. Nicht zu den Tagsteinen gehören, d. h. nicht Teile irgend einer zu Tage liegenden Felsmasse sein, welche durch die Einwirkung von Luft und Wasser bereits mehr oder weniger verwittert sind. Bei Inbetriebnahme eines Steinbruchs sind deshalb die obersten Gesteinsschichten unter der Erdoberfläche abzuräumen und von der Verwendung zu Bauzwecken auszuschliessen;

2. frei von Bergfeuchtigkeit sein. Alle aus den Steinbrüchen gewonnenen Steine enthalten mehr oder weniger Wasser, welches sich durch die Einwirkung der Luft verlieren muss, bevor die Steine zur Herstellung trockener und gesunder Gebäude verwendet werden dürfen. Mit dem Schwinden der Bergfeuchtigkeit ist bei den meisten Gesteinen — namentlich bei den Sandsteinen — eine Zunahme ihrer Festigkeit verbunden, die erstere erleichtert daher die Bearbeitung des Steines;

3. hinreichende Druck- und Zugfestigkeit besitzen. Man erkennt diese Eigenschaft besonders an der größeren Schwere der Steine im Vergleich zu ihrem Volumen, an hellem Klang, glattem und feinkörnigem Bruch. Sichere Schlüsse lassen sich aber in jedem einzelnen Falle nur dadurch ziehen, daß in entsprechend konstruierten Maschinen Stücke der Gesteinsarten Zerreiß- und Druckproben unterworfen werden;

4. möglichst frei von fremdartigen Bestandteilen (z. B. Eisen- und Manganoxyd) sein, durch welche die Steine schnell verwittern;

5. ohne Risse und Spalten sein, da durch diese die Feuchtigkeit in das Steininnere gelangt, bei eintretendem Froste gefriert, sich ausdehnt und die Steine zersprengt;

6. nicht hygroskopisch sein, d. h. nicht die Eigenschaft besitzen, die Feuchtigkeit der Luft leicht aufzunehmen und lange festzuhalten.

Steine, welche zu Feuerungsanlagen Verwendung finden und der Einwirkung des Feuers und der Feuergase unmittelbar ausgesetzt werden sollen, müssen feuerfest sein, d. h. sie dürfen an ihrer Oberfläche nicht leicht schmelzen und keine Risse bekommen.

Die Gewinnung in den Steinbrüchen erfolgt dadurch, daß nach Erkennung der Schichtung der Gesteine in diese ein Spalt eingearbeitet wird und von diesem aus die Blöcke dann mittels eiserner Keile abgetrieben werden. Diese Keile sind entweder ganz aus Stahl oder aus Schmiedeeisen mit verstählten Enden hergestellt und erhalten eine gedrungene Form und stumpfe Schneide (Fig. 296).

Fig. 296.

Ein Absprengen der Steine mittels Pulver oder Dynamit darf nur dort stattfinden, wo es nicht auf die Abmessungen und die Form der abzutrennenden Stücke ankommt, oder wo große Massen, welche für die Verwendung als Baumaterial verworfen sind, abgehoben werden sollen.

Die zur Aufnahme des Sprengpulvers erforderlichen Bohrlöcher, deren Richtung und Tiefe durch allerlei Nebenumstände bestimmt wird, erhalten eine Weite

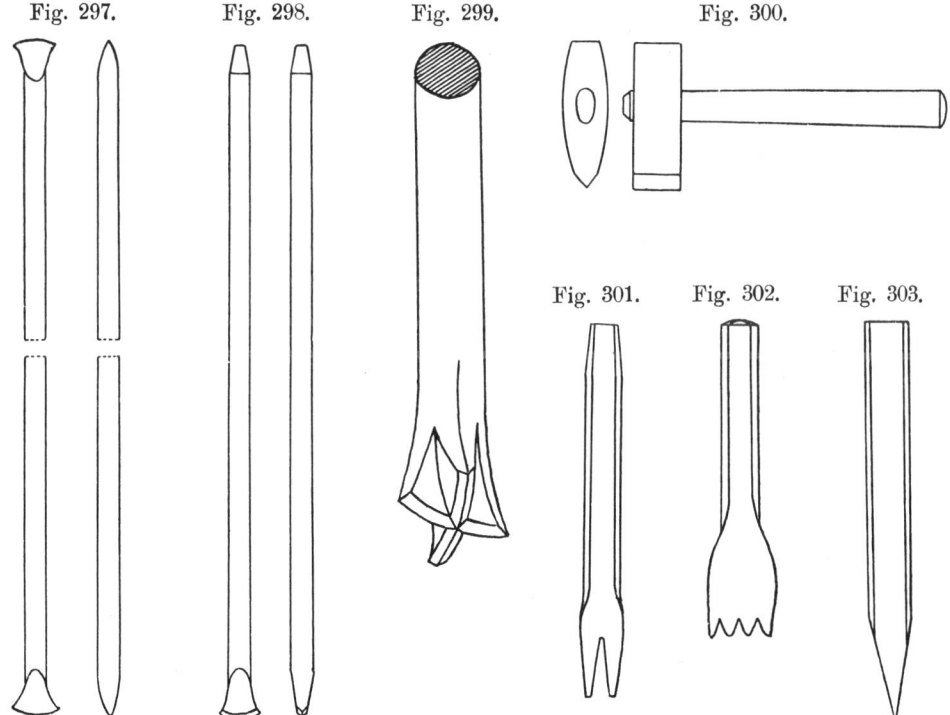

Fig. 297.   Fig. 298.   Fig. 299.   Fig. 300.

Fig. 301.   Fig. 302.   Fig. 303.

von 2,5 bis 3,5 cm. Sie werden entweder mit dem Stoßbohrer (Fig. 297) hergestellt, indem dieser hochgehoben und in das vorher mit dem Meißel etwa 10 cm tief eingearbeitete Loch eingestoßen wird, oder es wird ein mit Kopf versehener Schlagbohrer (Fig. 298) durch Hammerschläge eingetrieben. Ist das Gestein sehr hart (Granit, Syenit, Porphyr), so verwendet man den Kreuz-bohrer (Fig. 299).

Sollen die gewonnenen Bausteine einer Bearbeitung unterworfen werden, so wird ihnen die erste rohe, wegen des Verlustes bei der späteren weiteren Bearbeitung, nach allen Seiten etwa 5 cm größere als die endgültige Form schon im Bruche, wenn sie ihre Bergfeuchtigkeit noch voll besitzen, durch das Bossieren gegeben. Hierfür bedient man sich des Bossierhammers (Fig. 300) zum Abschlagen größerer vortretender Stücke, des Hundezahns (Fig. 301), des Zahneisens (Fig. 302), oder des Spitzeisens (Fig. 303) zur Beseitigung stehengebliebener Bossen und der Zweispitze (Fig. 304), welche nach dem Spitzen zur Anwendung gelangt. Die weitere Bear-

Fig. 304.

Fig. 305.

Fig. 306.

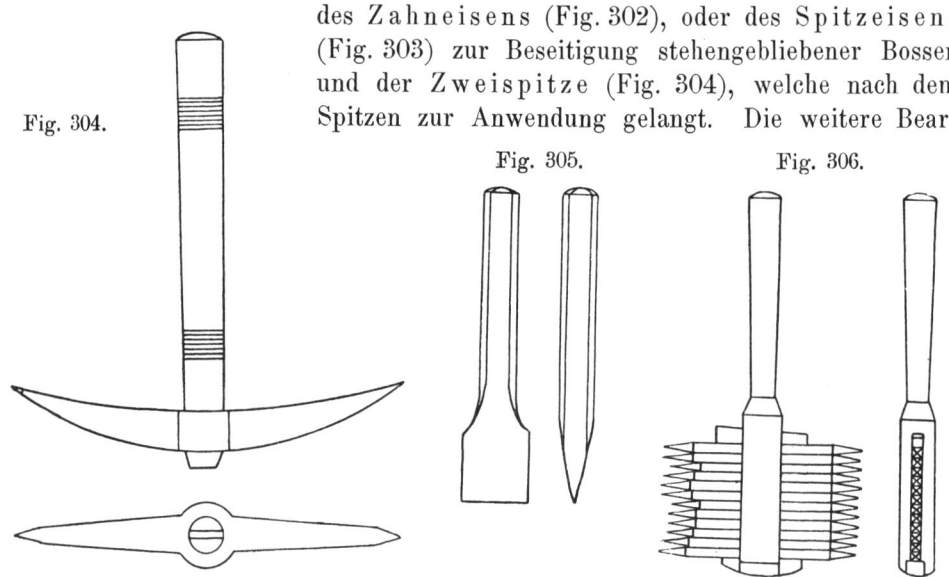

beitung erfolgt auf dem Werkplatze oder dem Bauplatze vor oder nach dem Versetzen der Steine.

Die Bearbeitung der Steine in gebrochenen oder gekrümmten Flächen geschieht nach Schablonen, Brettungen oder Lehren aus Holz, Blech oder Pappe; das Uebertragen der Umgrenzungslinien der Schablone auf den Stein nennt man das Abbretten.

Auf den Werk- oder Bauplätzen werden die Steine mit dem Schlageisen (Fig. 305) nach allen Seiten an den Ecken und Kanten mit Schlägen versehen. Weichere Steine, namentlich Sandsteine, erhalten häufig noch eine weitere sorg-fältigere Bearbeitung mit dem Kröneleisen (Fig. 306), ebenso auch Flächen, welche später scharriert werden sollen, wodurch diese ein gleichmäßig grob-gekörntes Aussehen erhalten.

Das Scharriereisen (Fig. 307) ist ein Meißel mit sehr breiter Schneide-bahn. Es wird zum Bearbeiten von Flächen verwendet, welche bereits mit dem Krönel bearbeitet sind. Mittels desselben werden alle Unebenheiten beseitigt, indem breite, einander parallele Schläge über die Fläche geführt werden, so daß diese nach Vollendung der Arbeit mit gleichmäßig breiten Rillen überzogen ist. Sehr harte Gesteine (wie Granit, Syenit) werden nicht gekrönelt oder scharriert, sondern mit dem Stockhammer (Fig. 308) grob, fein oder schleifrecht gestockt.

Bruchsteine werden, um die gröbsten Unebenheiten in den Lager- und Sichtflächen zu beseitigen, mit dem Flächhammer gefächt. Hierbei unterscheidet
man die kleine und die große Fläche. Die erstere (Fig. 309) findet Anwendung
bei der Bearbeitung sehr fester, die letztere (Fig. 310) bei der Bearbeitung
weicher Steine.

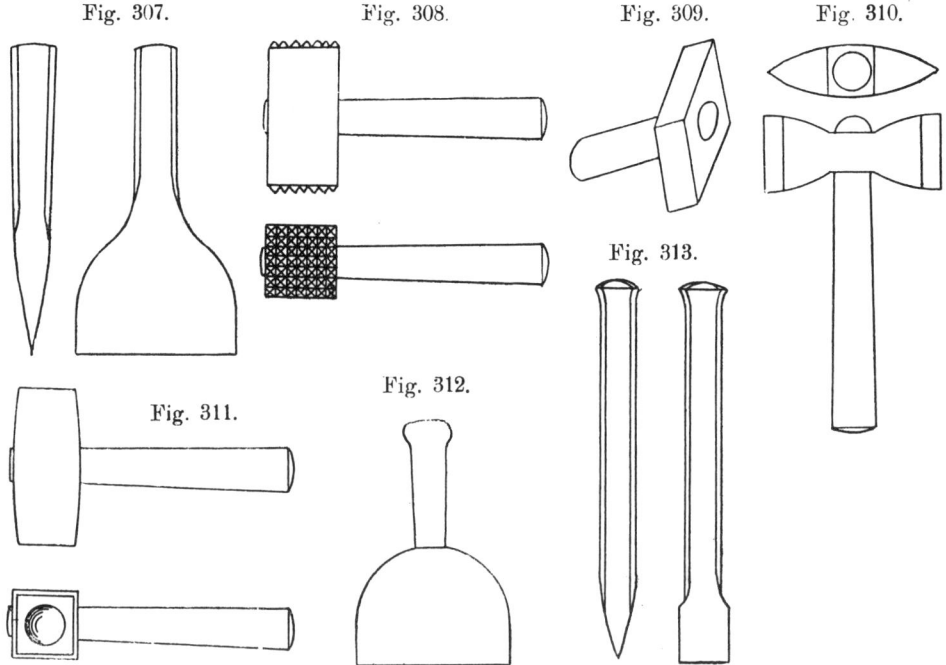

Fig. 307.   Fig. 308.   Fig. 309.   Fig. 310.

Fig. 313.

Fig. 312.

Fig. 311.

Der eiserne Schlägel oder Handfäustel (Fig. 311), dient zum Treiben
der Meißel, sowie der Spitz-, Zahn-, Beiz- und Nuteisen bei sehr festen Steinen,
der Klöpfel oder Klippel (Fig. 312), aus Hartholz bestehend, dem gleichen
Zweck bei weichen Steinen.

Das Beizeisen (Fig. 313) dient zum An- und Einbeizen, d. h. zum Ein-
hauen schmaler Falze, durch welche die abzutrennenden Stücke eines Steines
begrenzt werden, es erhält eine um so breitere Schneidebahn, je weniger hart
das Gestein ist.

Das Nuteisen (Fig. 314) wird zur Herstellung schmaler Nuten benutzt,
welche häufig zur Trennung der Hauptglieder bei Gesimsen angeordnet werden.

Zum Messen, Vorreißen und Uebertragen der Längen, Breiten und Höhen
verwendet man den Tastzirkel (Fig. 315), sowie den Stellzirkel (Fig. 316).

Zum Antragen rechter Winkel bedient man sich eines aus Eisen hergestellten rechten Winkels, während stumpfe und spitze Winkel mittels der Schmiege
(Fig. 317) abgegriffen, aufgetragen und nachgeprüft werden. Um sehr gleichmäßige und glatte Flächen zu erzielen, können diese nach dem Scharrieren
bezw. Stocken geschliffen und gegebenenfalles poliert werden.

Bei bearbeiteten Werkstücken heißt diejenige Fläche, auf welcher sie in
der Mauer gelagert werden sollen, das untere, die dieser gegenüberliegende das
obere Lager und die in den äußeren Sichtflächen der Mauer liegende Fläche

die Stirn oder das Haupt des Steines. Zur Kennzeichnung des unteren Lagers arbeitet der Steinmetz gewöhnlich das Zeichen ⌗ und für das obere Lager das Zeichen ◯ oder ⊖ ein.

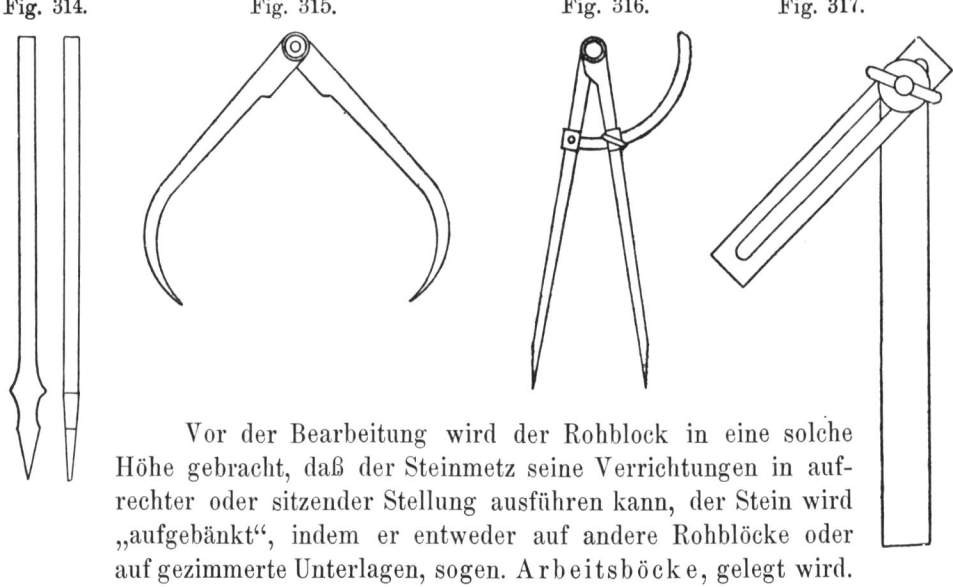

Fig. 314.   Fig. 315.   Fig. 316.   Fig. 317.

Vor der Bearbeitung wird der Rohblock in eine solche Höhe gebracht, daß der Steinmetz seine Verrichtungen in aufrechter oder sitzender Stellung ausführen kann, der Stein wird „aufgebänkt", indem er entweder auf andere Rohblöcke oder auf gezimmerte Unterlagen, sogen. Arbeitsböcke, gelegt wird.

Die gezimmerten Arbeitsböcke bestehen aus zwei Untergestellen, die durch einen aufgezapften Holm aus Eichenholz miteinander verbunden sind (Fig. 318). Die Abmessungen derselben sind sehr verschieden und abhängig von den Abmessungen der zu bearbeitenden Werkstücke; der Steinmetzmeister muß deswegen eine größere Zahl solcher Böcke auf dem Werkplatze vorhalten, damit die Steine in die geeignete Höhenlage ge-

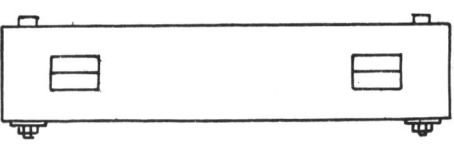

Fig. 318.

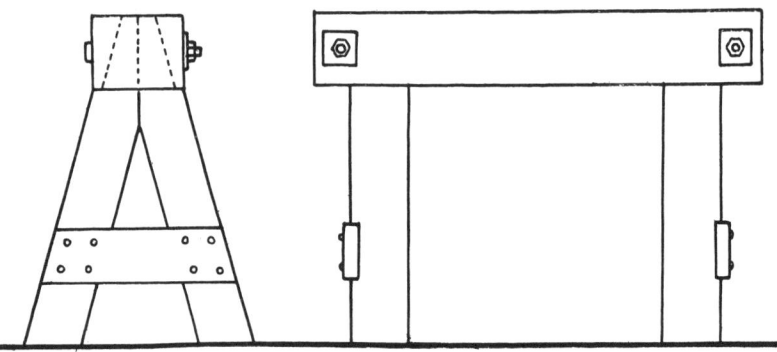

bracht werden können. Als Zwischenlagen dienen Strohbüschel, damit Reibungen der Flächen und Beschädigungen der Steinkanten verhindert werden (Fig. 319).

Nachdem ein Rohblock aufgebänkt ist, beginnt die eigentliche

Bearbeitung

desselben. Unter der Annahme, daß die erste rohe Bearbeitung, das sogen. Bossieren, bereits am Gewinnungsorte, im Steinbruche, erfolgt ist, wird auf der als die geeignetste und nach oben gebrachten Fläche des Steines, und zwar am besten an einer der Längskanten ein sogen. Schlag hergestellt. — Ein solcher besteht aus einer 2 bis 3 cm breiten ebenen Fläche, die mit dem Schlageisen (Fig. 305) so tief in die Oberfläche des Steines eingearbeitet wird, daß keine Vertiefungen bleiben (Fig. 320) und das Richtscheit der Länge und Dicke nach glatt aufliegen kann. Das Vorreißen des Schlages geschieht mittels des Richtscheites (Fig. 319), dessen Oberkante unter Zuhilfenahme der Wasserwage in eine wagerechte Lage gebracht wird.

Fig. 319.

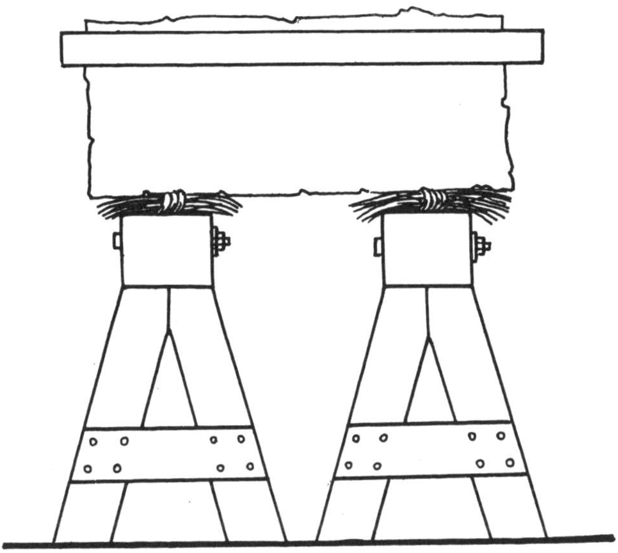

Ist der Schlag fertig, so wird an den beiden Ecken der gegenüberliegenden Kante der Oberfläche des Steines ein zweiter Schlag so angefangen, daß diese Anfänge mit dem fertigen Schlage in einer Ebene liegen. Man erreicht letzteres durch das sogen. Abfluchten, Ersehen oder Visieren (Fig. 321), indem man auf den fertigen Schlag ein langes Richtscheit stellt und

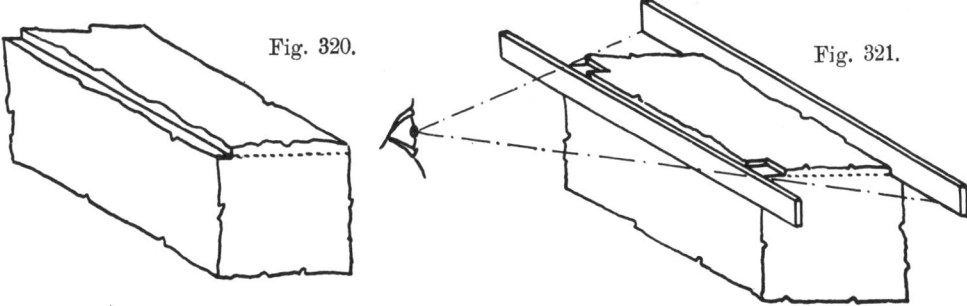

Fig. 320.

Fig. 321.

auf der gegenüberliegenden Langseite ein zweites Richtscheit so anlegt, daß die Oberkante desselben mit der Unterkante des auf den vollendeten Schlag gestellten Richtscheites in eine Ebene fällt.

Liegen beide Anfänge richtig, so wird die Oberkante des zweiten Richtscheites an dem Werkstück vorgerissen und darauf der zweite Schlag ausgeführt.

Werden jetzt an den Schmalseiten die beiden Schläge durch Linien verbunden, so können nach diesen ebenfalls zwei Schläge ausgeführt werden, die mit den beiden ersten in einer Ebene liegen (Fig. 322).

Diese vier Schläge dienen als Leitlinien, auf denen man beim weiteren Bearbeiten des oberen Lagers das Richtscheit der Breite, Länge und den Diagonalen nach gleiten läßt (Fig. 323); bei dieser Bearbeitung, der Beseitigung des zwischen den vier Schlägen befindlichen Bossens, bedient man sich des Hundezahns, des Spitzeisens und der Zweispitze, worauf eine weitere Bearbeitung mit dem Krönel und schließlich die letzte Einebnung mit dem Scharriereisen folgt.

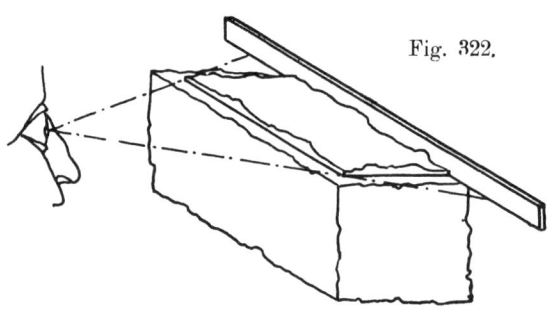

Fig. 322.

Dann wird der Steinblock umgekantet, d. h. eine an die bereits bearbeitete Fläche angrenzende Fläche nach oben gebracht und auf dieser wieder ein Schlag gefertigt, der auf der zuerst bearbeiteten Fläche senkrecht steht. Hierzu benutzt

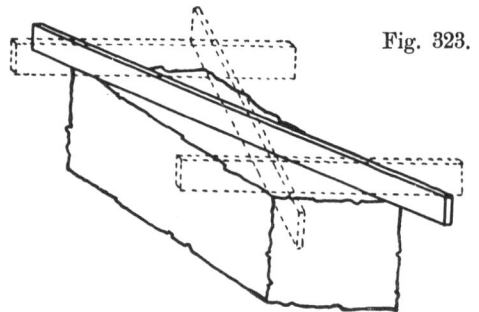

Fig. 323.

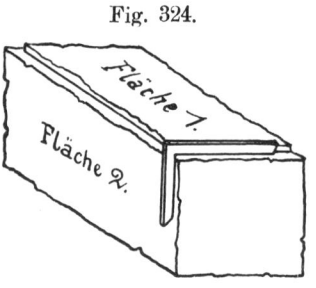

Fig. 324.

man das Winkeleisen, indem man dieses an die bearbeitete Lagerfläche anschlägt und die Linie für den neuen Schlag an dem zu bearbeitenden Haupte vorreißt (Fig. 324).

a) Mauern aus unbearbeiteten Bruchsteinen.

Sind die zur Verfügung stehenden Steine lagerhaft, d. h. haben sie zwei gegenüberliegende Bruchflächen, welche annähernd eben und parallel sind, so sind dieselben so zu legen, daß ein guter Fugenwechsel entsteht und in Abständen von höchstens 1,25 bis 1,50 m in jeder Schicht tief in die Mauer eingreifende, beziehungsweise bei schwächeren Mauern durch die ganze Mauerstärke reichende Steine, sogen. Durchbinder, so eingelegt werden, daß ein oberer immer in die Mitte zweier tiefer liegenden trifft.

Hat man Bruchsteine von gleicher Dicke, so läßt sich damit ein Mauerwerk mit annähernd horizontalen Lagerfugen herstellen, auch läßt sich leicht ein Aufeinandertreffen der Stoßfugen vermeiden. Der geübte Maurer findet auch Mittel und Wege, um einige vorkommende schwächere Steine geschickt in den

einzelnen Schichten so zu verteilen, daß zwei oder mehrere derselben aufeinander-
gesetzt, die Höhe der übrigen Schichtsteine bilden (Fig. 325). Bei den Durchbinder ist darauf zu achten,
daß dieselben keine keilige
Form (vergl. Fig. 326) besitzen, weil diese leicht Anlaß geben, daß die benachbarten Steine aus der Mauer
herausgedrängt werden.

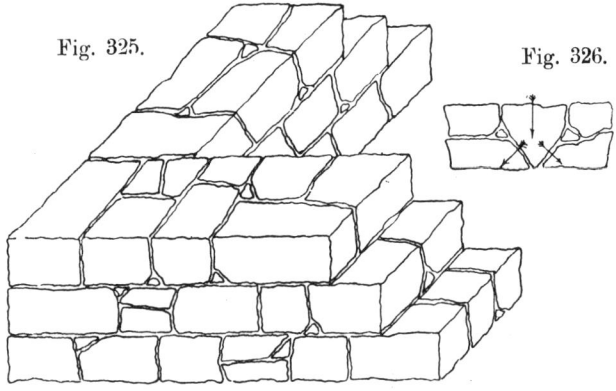

Fig. 325.

Fig. 326.

Haben die Steine sehr
ungleiche Dicke, so lassen
sich die einzelnen Schichten
nicht mehr mit horizonta-
len Lagerfugen durchführen.
Man muß sich dann darauf beschränken, der Höhe nach alle 1,0 bis 1,50 m
eine wagerechte Abgleichung der Schichten herzustellen. Die größten Steine

Fig. 327.

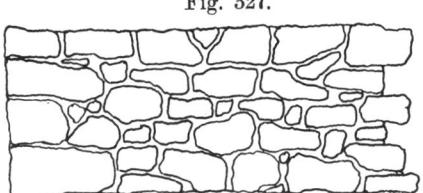

Fig. 328.

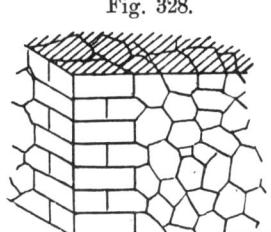

sind hierbei zur Herstellung des Eckverbandes (Fig. 327) zu verwenden. Die
Unregelmäßigkeit der Steine bedingt sehr starke Fugen, die man mit kleineren
Steinen auszuzwicken sucht. Es ist aber streng darauf
zu achten, daß die Verwendung der Zwicker möglichst vermieden wird. Zur Ausfüllung der wagerechten Fugen lassen sich mit Vorteil auch Ziegelbrocken, welche beim Zuhauen der Dreiviertelsteine
und anderer Teilsteine auf der Baustelle entstehen,
außerdem aber von den Ziegeleien meist unentgeltlich
geliefert werden, in den Mörtel hineinschlagen. Die natürlichen Steine dürfen
nicht hochkantig auf „Spalt" (sogen. Tiroler) gestellt werden, sondern müssen

Fig. 329.

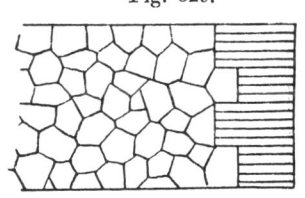

Fig. 330.

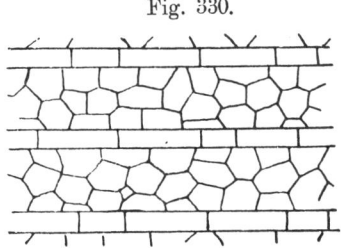

Fig. 331.

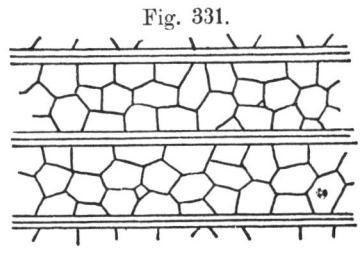

auf ihr natürliches Lager gelegt werden, weil sie sonst schnell verwittern
und nach den Schichtflächen abblättern.

Stehen keine gebrochenen Steine, sondern Feldsteine oder Findlinge zur Verfügung, so ist ein regelmäßiger Verband nicht durchführbar, und es wird nur bei sorgfältiger Auswahl der Steine möglich sein, der ersten Anforderung an jeden Steinverband, daß keine Stoßfugen aufeinander treffen, zu entsprechen. Die Steine sind dann am besten unter Verwendung von Zementmörtel so zu legen, daß möglichst viele Durchbinder vorhanden sind, auch sind die unvermeidlichen hohlen Stellen gut mit kleinen Steinen oder Ziegelbrocken zu verzwicken.

Um größere Feldsteine einigermaßen lagerhaft und verbandfähig zu machen, müssen dieselben gespalten werden. Das Spalten geschieht mittels großer eiserner Hämmer, durch Sprengen mit Pulver oder unter Verwendung eiserner Keile.

Große Findlinge (erratische Blöcke) werden gleich an Ort und Stelle gesprengt, kleinere aber auf der Baustelle zerschlagen und roh zugehauen. Mit den so gewonnenen polygonalen Stücken läßt sich ein ziemlich guter netzförmiger Verband (Cyklopenmauerwerk) erzielen. Zu den Gebäude-, Tür- und Fensterecken sind dann Werksteine (Fig. 328) oder Ziegelsteine (Fig. 329) zu verwenden, welche mit Verzahnung in das Cyklopenmauerwerk eingreifen. Zur Herbeiführung größerer Haltbarkeit, auch wohl des besseren Aussehens wegen, werden häufig in Abständen von 0,70 bis 1,0 m wagerechte Schichten von Werksteinen (Fig. 330) oder Ziegelsteinen (Fig. 331) eingelegt.

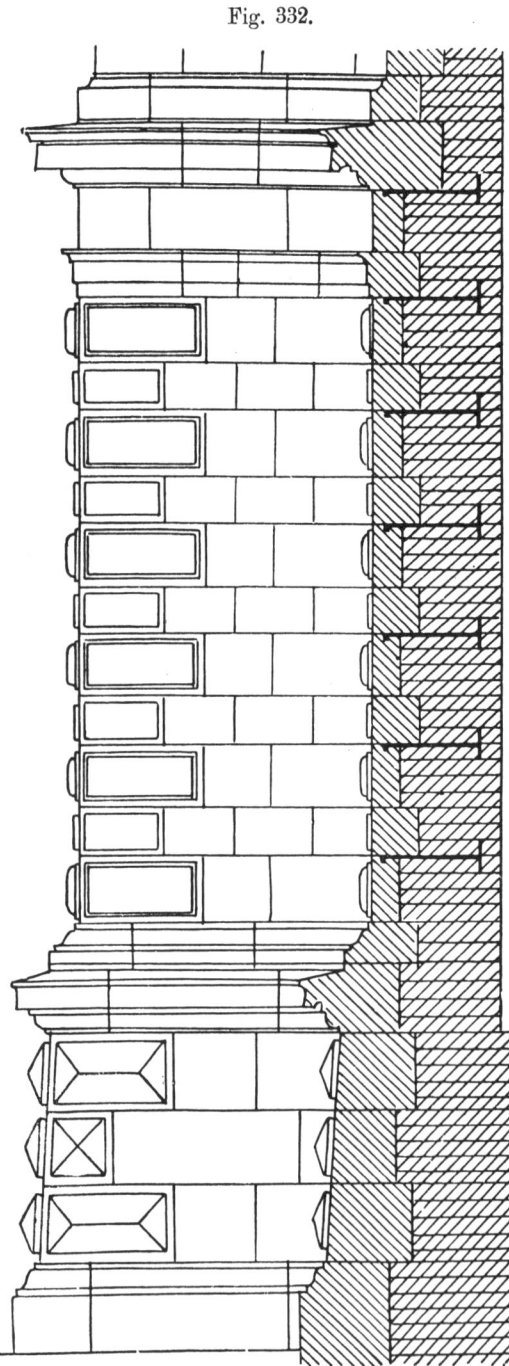

Fig. 332.

Die Stärke der Mauern aus lagerhaften Bruchsteinen ist mindestens 15 bis 20 cm und die der Mauern aus Feldsteinen mindestens 25 bis 30 cm größer anzunehmen, als die der Mauern aus Ziegelsteinen.

b) Mauern aus bearbeiteten Werkstücken.

Bei Hochbauten kommt Mauerwerk aus bearbeiteten Werksteinen (Schnittsteinen, Quadersteinen) meist nur für die Außenmauern und auch hier nur als

Fig. 333.

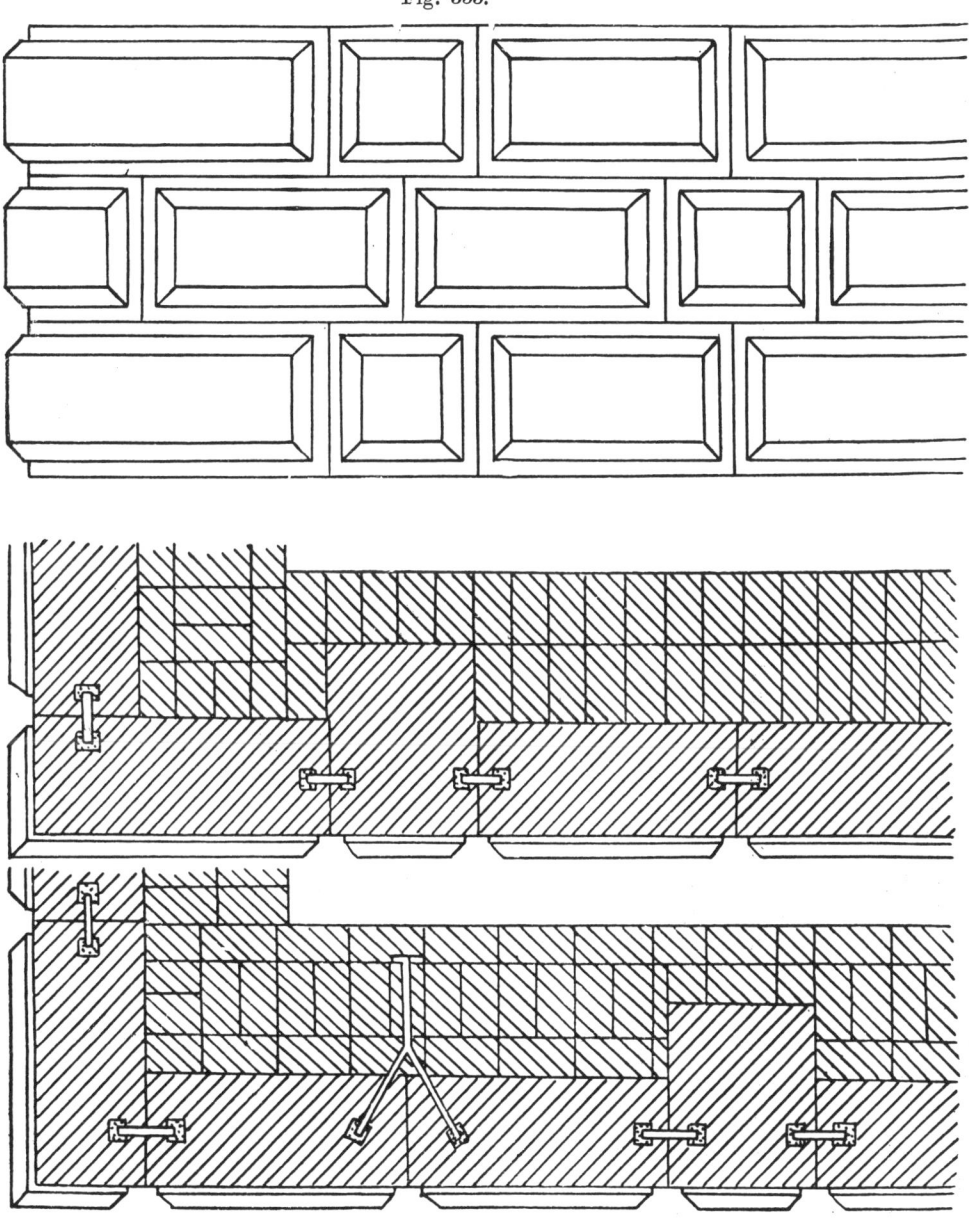

Blendmauerwerk mit Ziegelstein-Hintermauerung in Frage. Die Regeln für den Verband der Werkstücke sind im allgemeinen dieselben, wie für den der Ziegel-

steine. Entweder läßt man immer eine ganze Läuferschicht auf eine Binderschicht folgen, so daß die Hintermauerung mit Verzahnung in die Verblendung
eingreift (Fig. 332), oder man läßt in den einzelnen Schichten Läufer und Binder
derart abwechseln, daß auf alle zwei bis drei Läufer je ein Binder folgt, welcher
das Zwei- bis Dreifache seiner Höhe zur Länge erhält (Fig. 333 bis 336). Als
genügend fest betrachtet man in der Regel einen Verband, bei welchem in jeder
Schicht zwischen je zwei Bindern ein Läufer liegt (Fig. 334). Weniger gut ist
der durch Fig. 335 dargestellte Verband; es liegen hier in jeder Schicht zwei
Läufer zwischen je zwei Bindern. Die durch Fig. 336 veranschaulichte Anordnung,
bei welcher nur in jeder zweiten Schicht Binder vorkommen, setzt ein verhältnismäßig tiefes Einbinden der Werkstücke voraus.

Soll eine Mauer mit Werkstein**platten** geringer Dicke verblendet werden,
so empfiehlt sich eine Anordnung nach Fig. 337, bei welcher in jeder zweiten

Fig. 334.

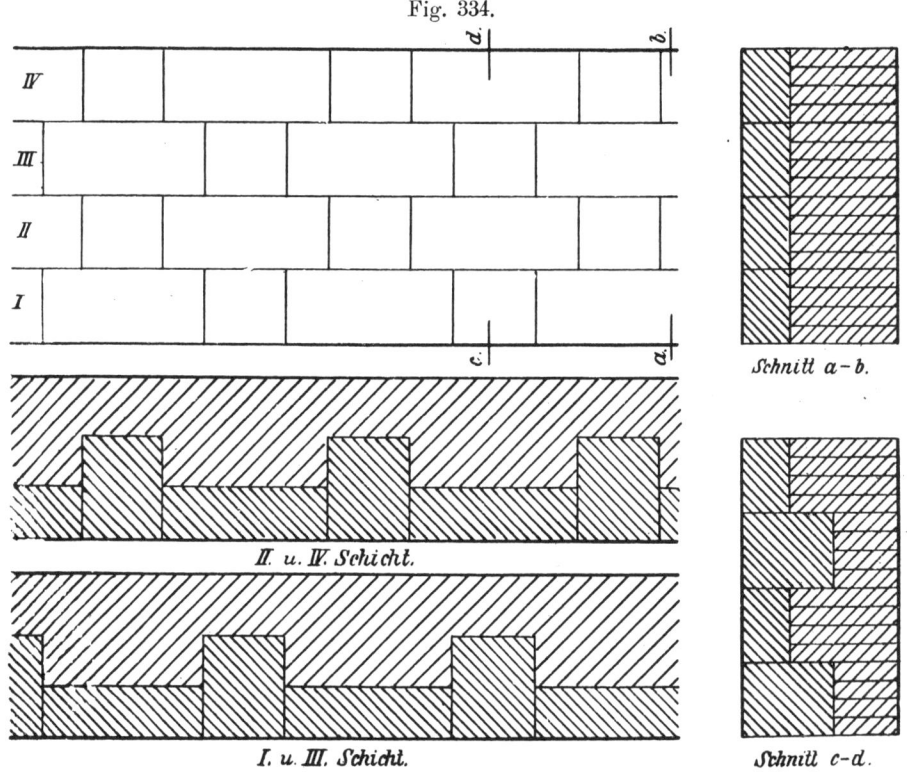

Schicht weit in die Mauer greifende Binder eingelegt sind. Zu empfehlen ist
bei den vorgeführten Anordnungen stets eine Verankerung der Werkstücke mit
der Hintermauerung, sowie eine Verklammerung derselben untereinander (vergl.
Fig. 333). Bei den Sockeln der Gebäude werden Plattenverblendungen häufig
nach Fig. 338 unter Einfügung von Blockstücken, in welche die Platten nutartig
eingelassen sind, ausgeführt. Damit das stärkere Setzen der Hintermauerung
vor sich gehen kann, ohne daß die schwachen Blendplatten den Mauerdruck
erhalten, ist über den Platten ein größerer Spielraum in der Lagerfuge zu be-

lassen. Haben die Sockel eine größere Höhe, so sind mehrere Plattenreihen übereinander anzuordnen und durch eine genügend tief eingreifende Binderschicht zu trennen.

Fig. 335.

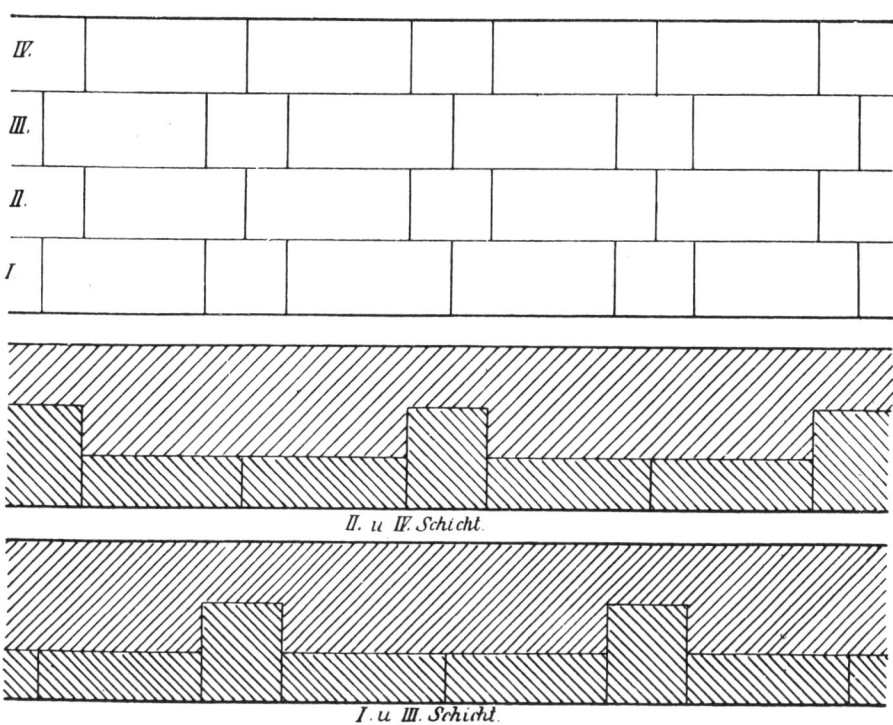

II. u IV. Schicht.

I. u III. Schicht.

Die Fugenkanten der Quader werden auf etwa 3 cm Tiefe genau gerade und eben bearbeitet, während im übrigen die Zwischenräume mit Mörtel ausgefüllt werden. Die Fugenstärke in den Sichtflächen nimmt man gewöhnlich zu 4 bis 5 mm an.

Fig. 336.

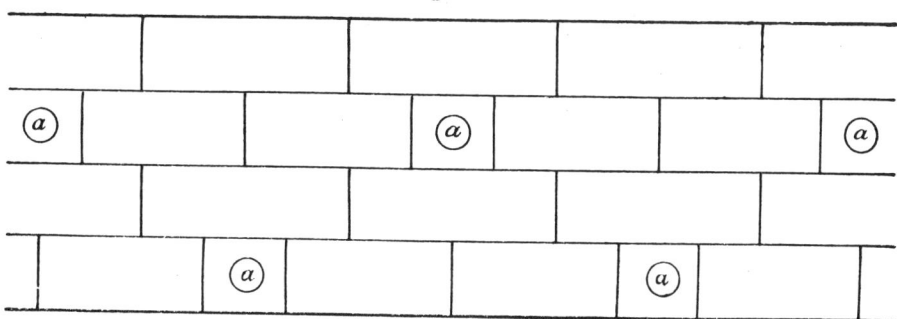

a = Binder; die übrigen Quader = Läufer.

Die Hintermauerung ist in gutem Verbande mit der Werksteinverblendung aufzuführen, und daher ist eine Hauptregel für die zu bemessende Höhe der Werksteine, daß sie immer gleich einer bestimmten Anzahl von Ziegelsteinschichten sein soll, damit die Verwendung von halben Ziegel- oder Dachsteinschichten vermieden wird. Ebenso ist zu empfehlen, die Länge der Bindersteine so zu bemessen, daß der in die Hintermauerung eingreifende Teil derselben das Mehrfache einer Ziegelsteinbreite beträgt, so daß Flickwerk mit Ziegelbrocken im Innern der Mauer vermieden wird.

Fig. 337.

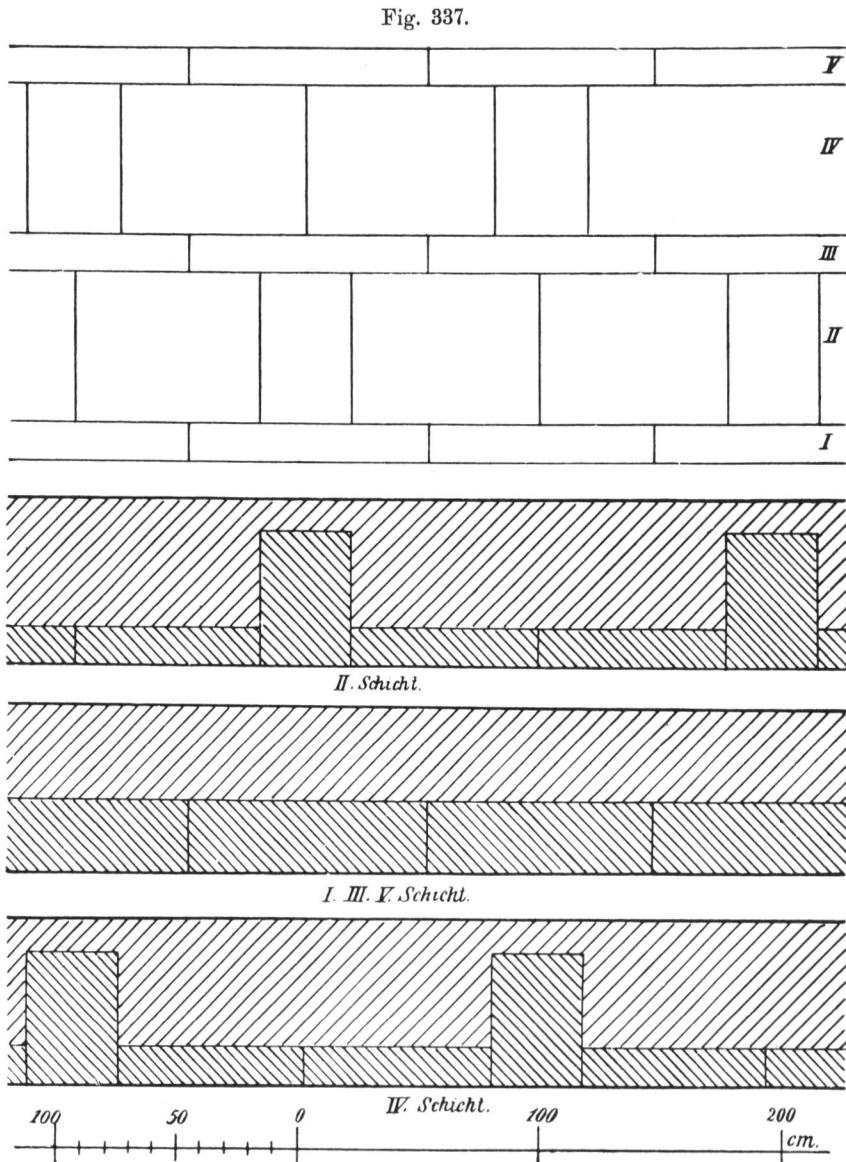

Als Bindemittel für die Hintermauerung empfiehlt sich verlängerter Zementmörtel. Vor Ausführung der Hintermauerung sind alle Werkstücke, namentlich wenn diese aus wenig dichtem Sandstein bestehen, mit heißem Asphalt an den rückseitigen und den übrigen in die Hintermauerung eingreifenden Flächen zu überziehen, damit die Hintermauerung nicht durch den die Feuchtigkeit aus der Luft leicht aufnehmenden Werkstein durchnäßt werde.

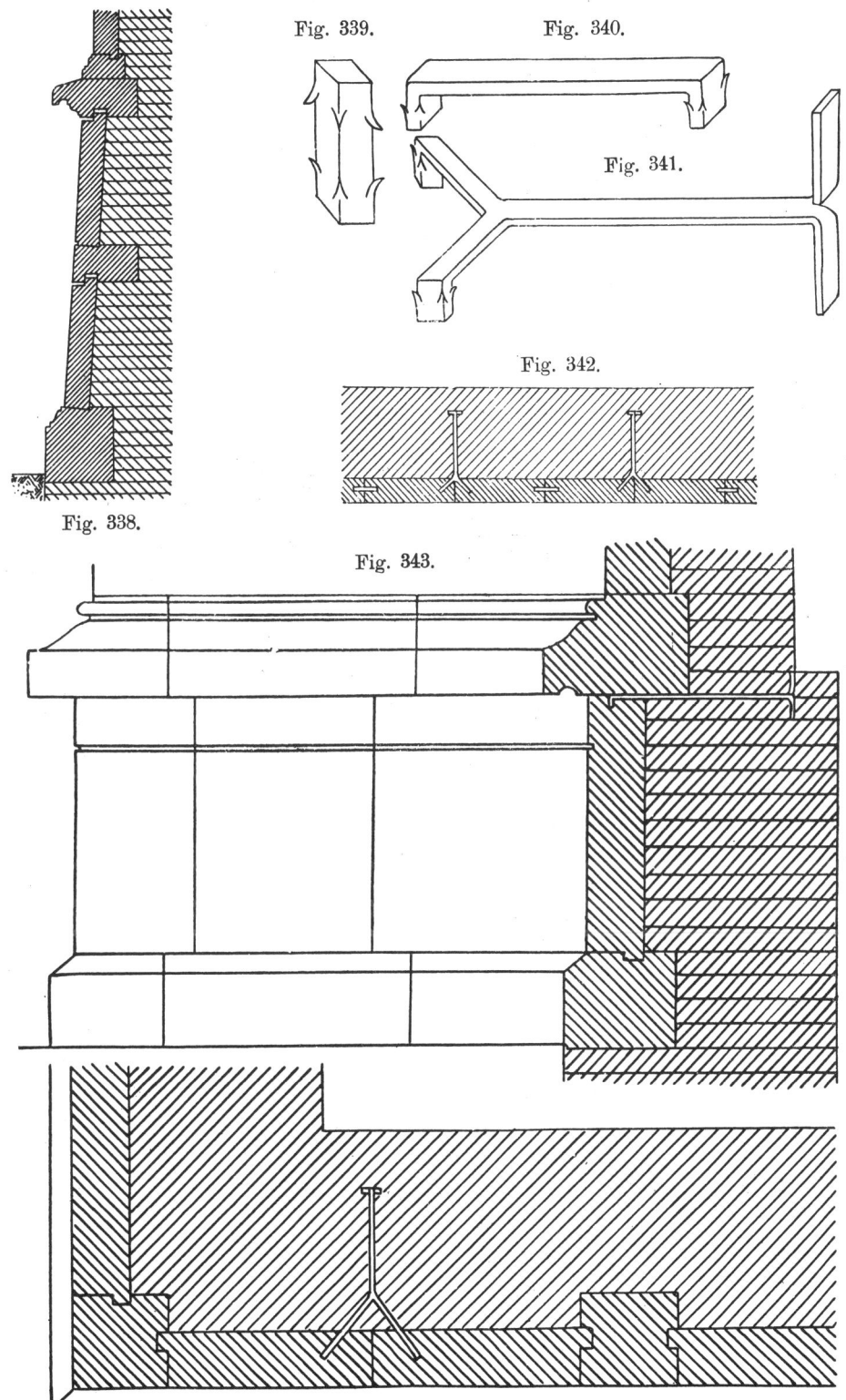

Fig. 339.

Fig. 340.

Fig. 341.

Fig. 342.

Fig. 338.

Fig. 343.

Zur Verbindung der Werksteine untereinander und mit der Hintermauerung verwendet man eiserne Dübel, Klammern und Anker, welche zum Schutz gegen Rosten verzinkt oder verbleit werden. Die 8 bis 10 cm langen Dübel (Fig. 339) werden aus 2 bis 3 cm starkem Quadrateisen, die 20 bis 25 cm langen Klammern (Fig. 340) und die 40 bis 50 cm langen Anker (Fig. 341) aus 25 bis 30 mm breitem und 8 bis 10 mm starkem Flacheisen hergestellt. Besonders bei Gebäudesockeln, welche gewöhnlich mit

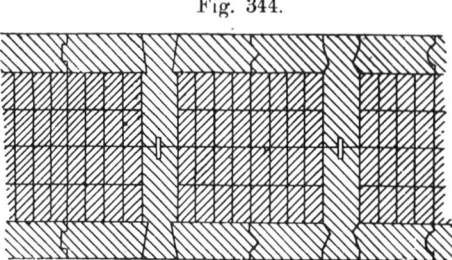

Fig. 344.

Fig. 345.

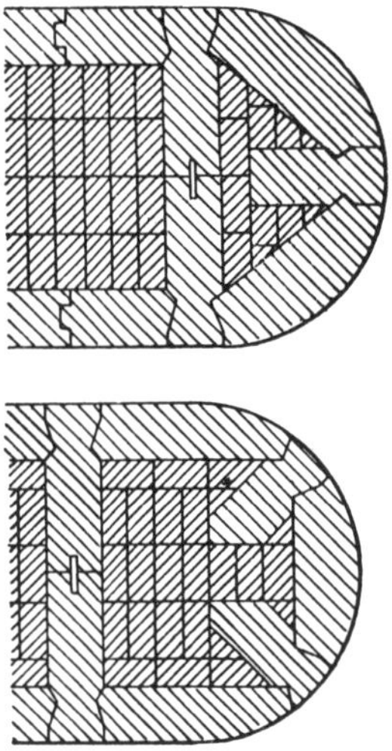

Fig. 346.

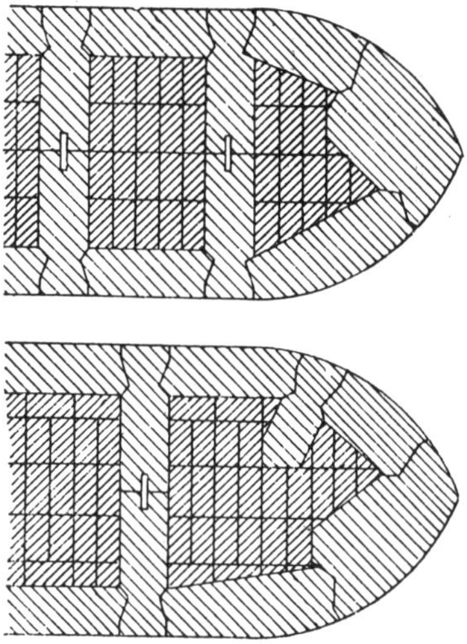

Fig. 347.

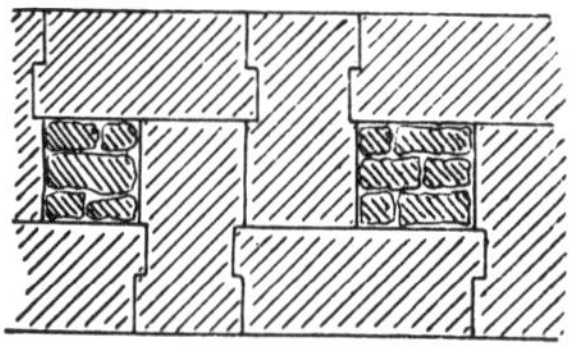

Fig. 348.

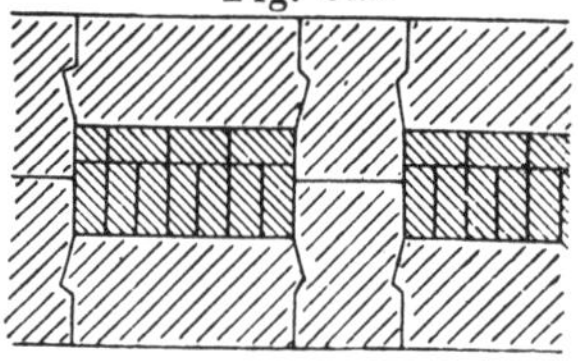

Fig. 349.

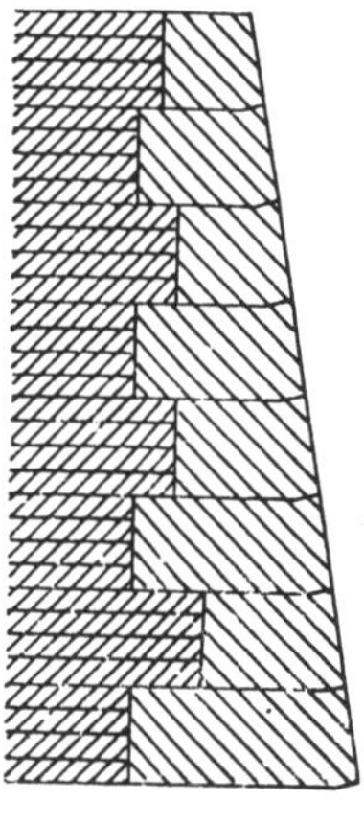

Fig. 350.

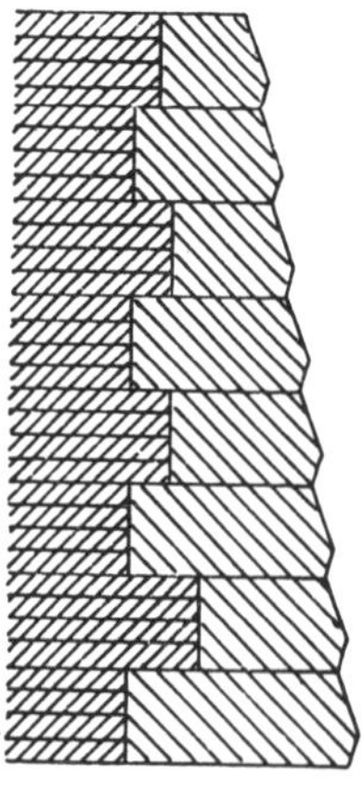

Fig. 351.

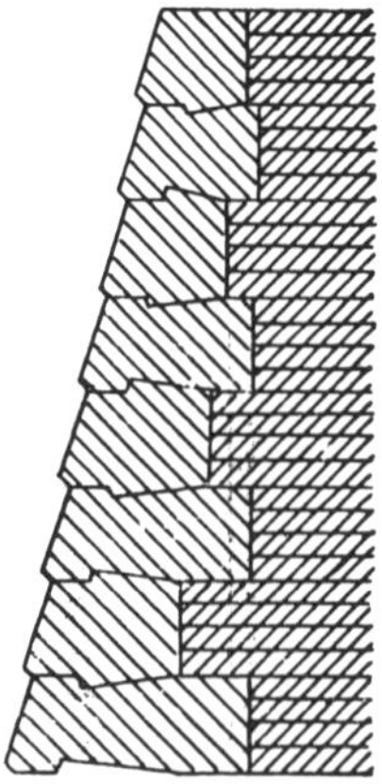

Fig. 352.

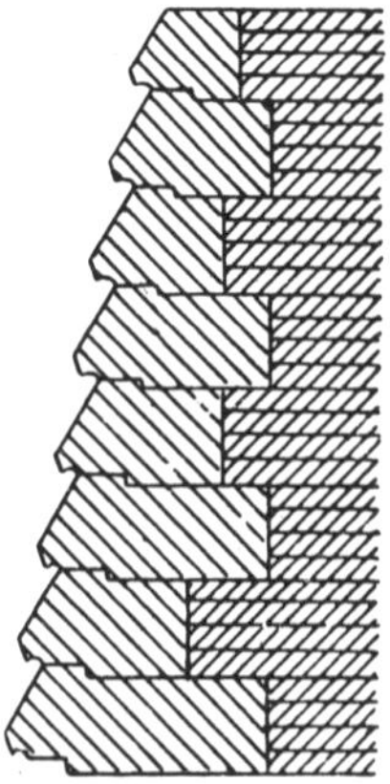

schwachen, oft nur 12 bis 15 cm starken Platten aus sehr hartem und wetterbeständigem Material (Granit, Syenit) verblendet werden, ist eine sorgfältige Verankerung beziehungsweise Verklammerung der Platten unter sich und mit der Hintermauerung unerläßlich (Fig. 342). An den Gebäudeecken sind auch in diesem Falle kräftigere Steine vorzusehen, in welche die Platten falzartig eingelassen werden können (Fig. 343).

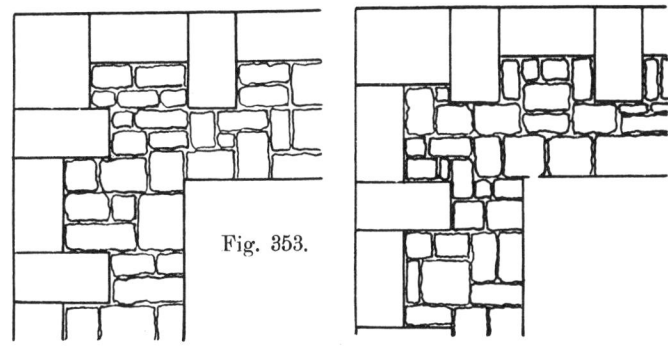

Fig. 353.

Fig. 354.

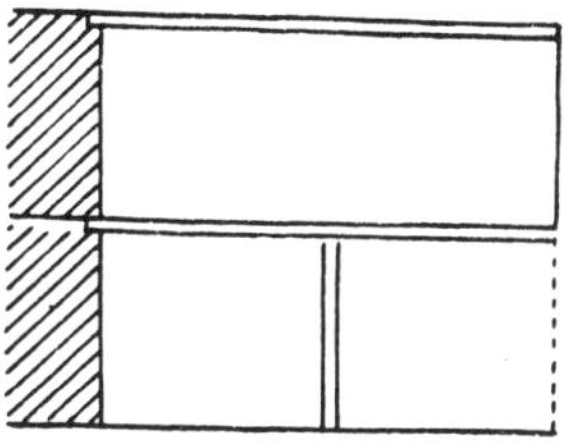

Fig. 355.

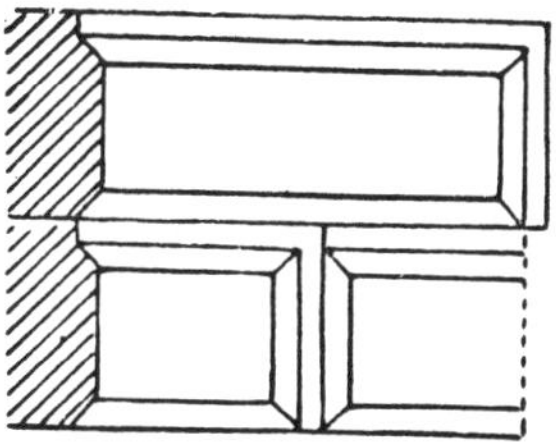

Fig. 356.

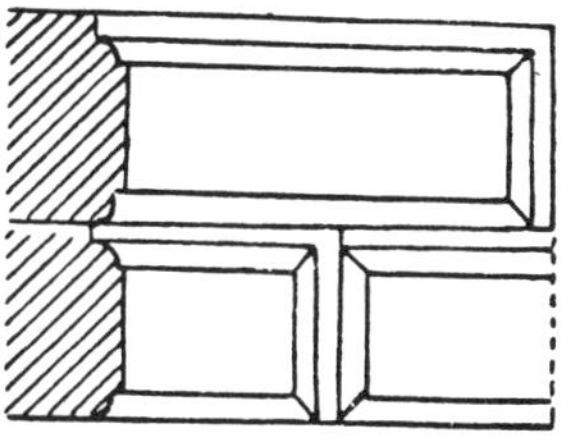

Fig. 357.

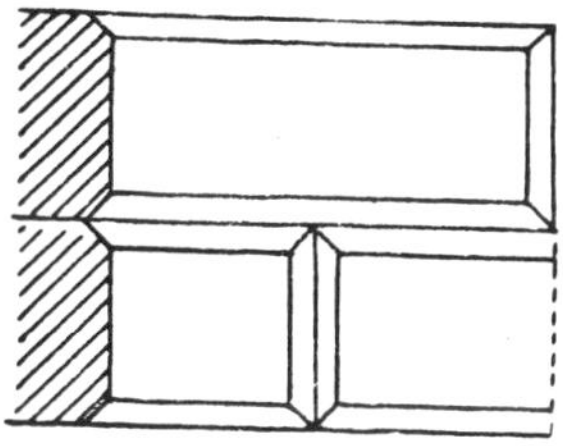

Fig. 358.

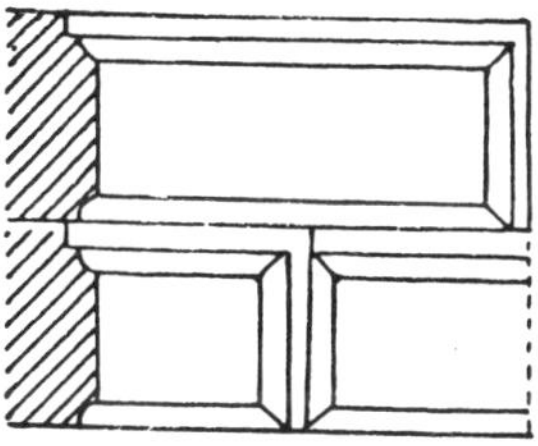

Fig. 359.

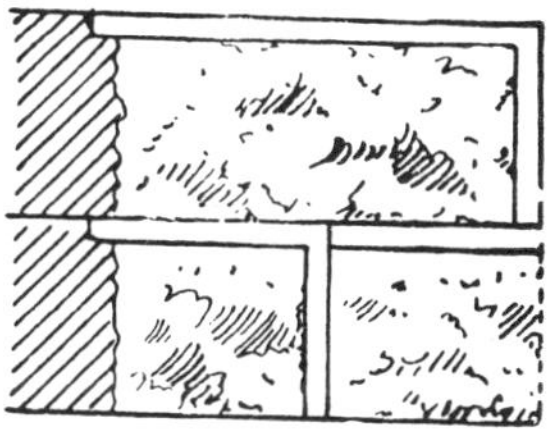

Fig. 360.

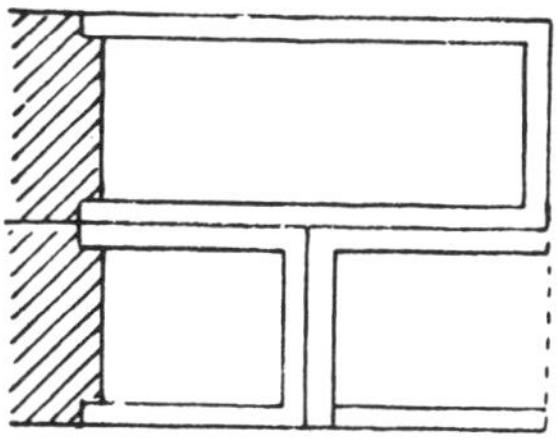

Fig. 361.

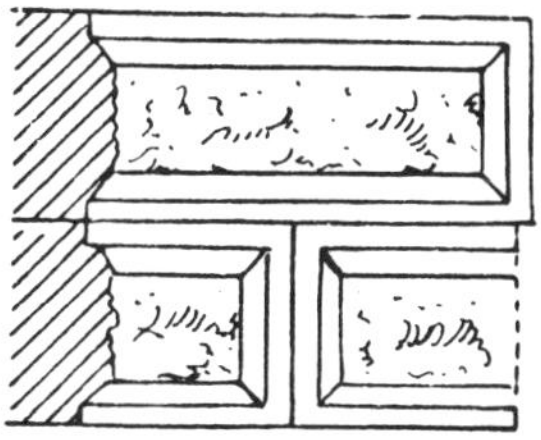

Fig. 362.

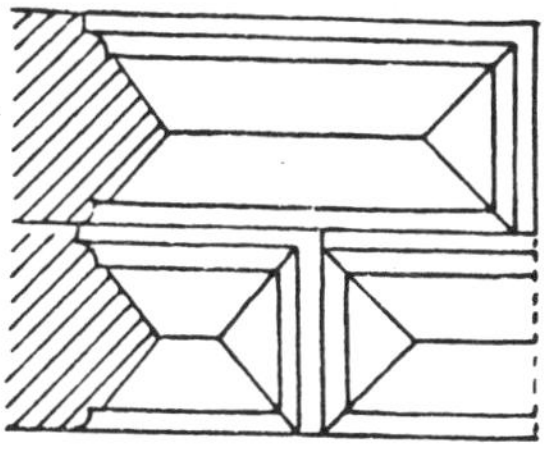

Fig. 363.

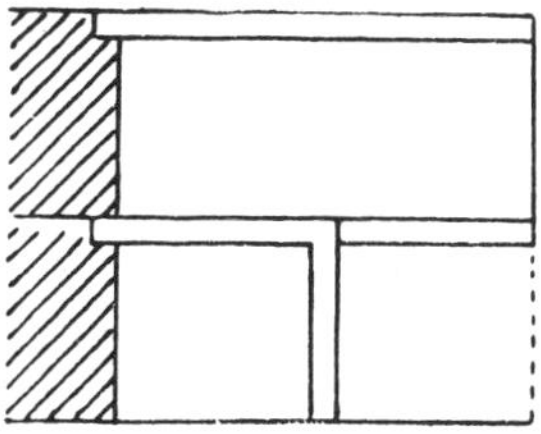

Fig. 364.

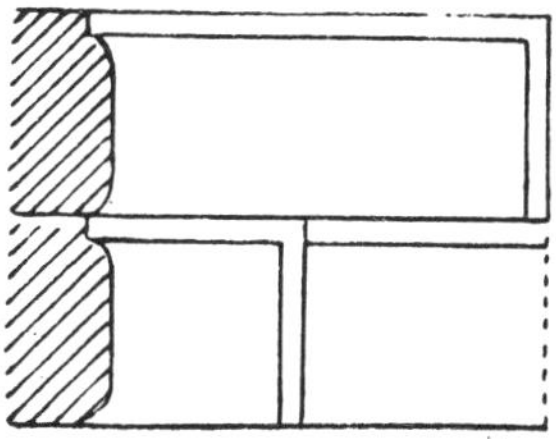

Fig. 365.

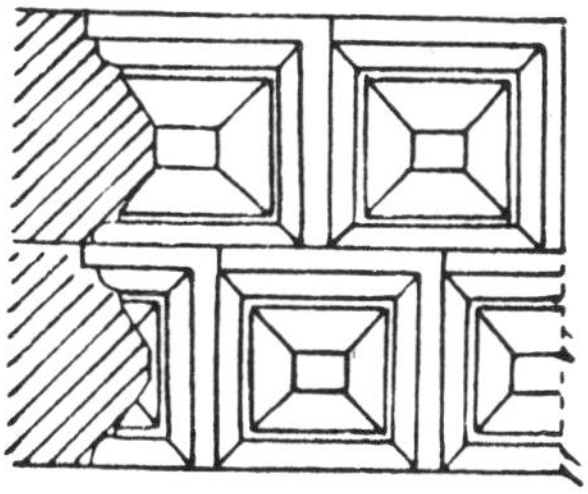

Die Eisenteile werden in den Steinen mittels Zement, Blei oder Schwefel vergossen. Wegen des Schwindens muß |das Blei nach dem Erkalten nachgestemmt werden; der Schwefel muß so weit erhitzt werden, daß er eine tiefbraune Färbung annimmt, weil er sich sonst mit dem Eisen zu Schwefeleisen verbindet, welches infolge seiner Ausdehnung die Steine zersprengt.

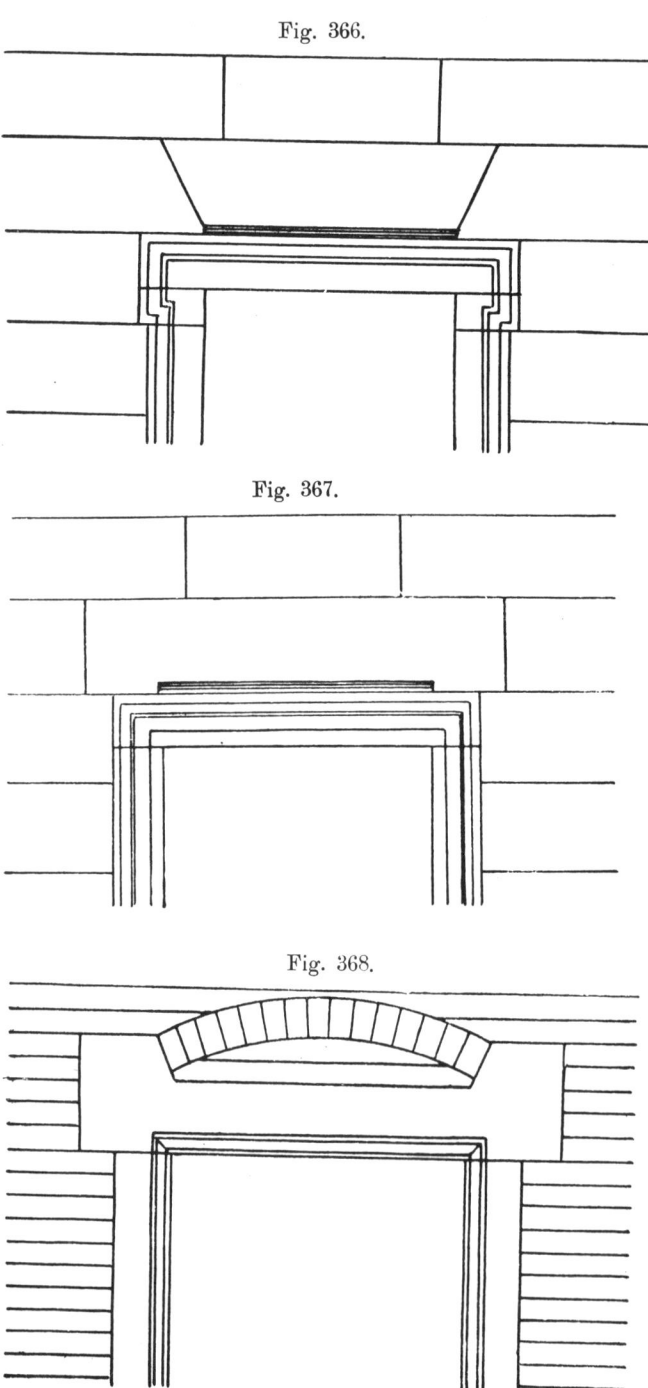

Fig. 366.

Fig. 367.

Fig. 368.

Ist ein Herausdrängen des Mauerwerks zu befürchten (z. B. bei Kai- und Böschungsmauern, Brükkenpfeilern usw.), so verankert man die Läufersteine wohl dadurch, daß man sie schwalbenschwanzartig, hakenförmig oder mit Spundung untereinander und in die Bindersteine eingreifen läßt (Fig. 344 bis 348). Spitze Winkel sind hierbei möglichst zu vermeiden, weil diese leicht Anlaß zu Beschädigungen der Kanten geben. Zur Umgehung des letzteren Uebelstandes werden auch wohl bei Mauern mit vorderer abgeböschter Fläche die Kanten der Lagerflächen (Fig. 349) oder der Stirnfläche (Fig. 350 bis 352) gebrochen, auch können die Lagerflächen haken-

Fig. 369.

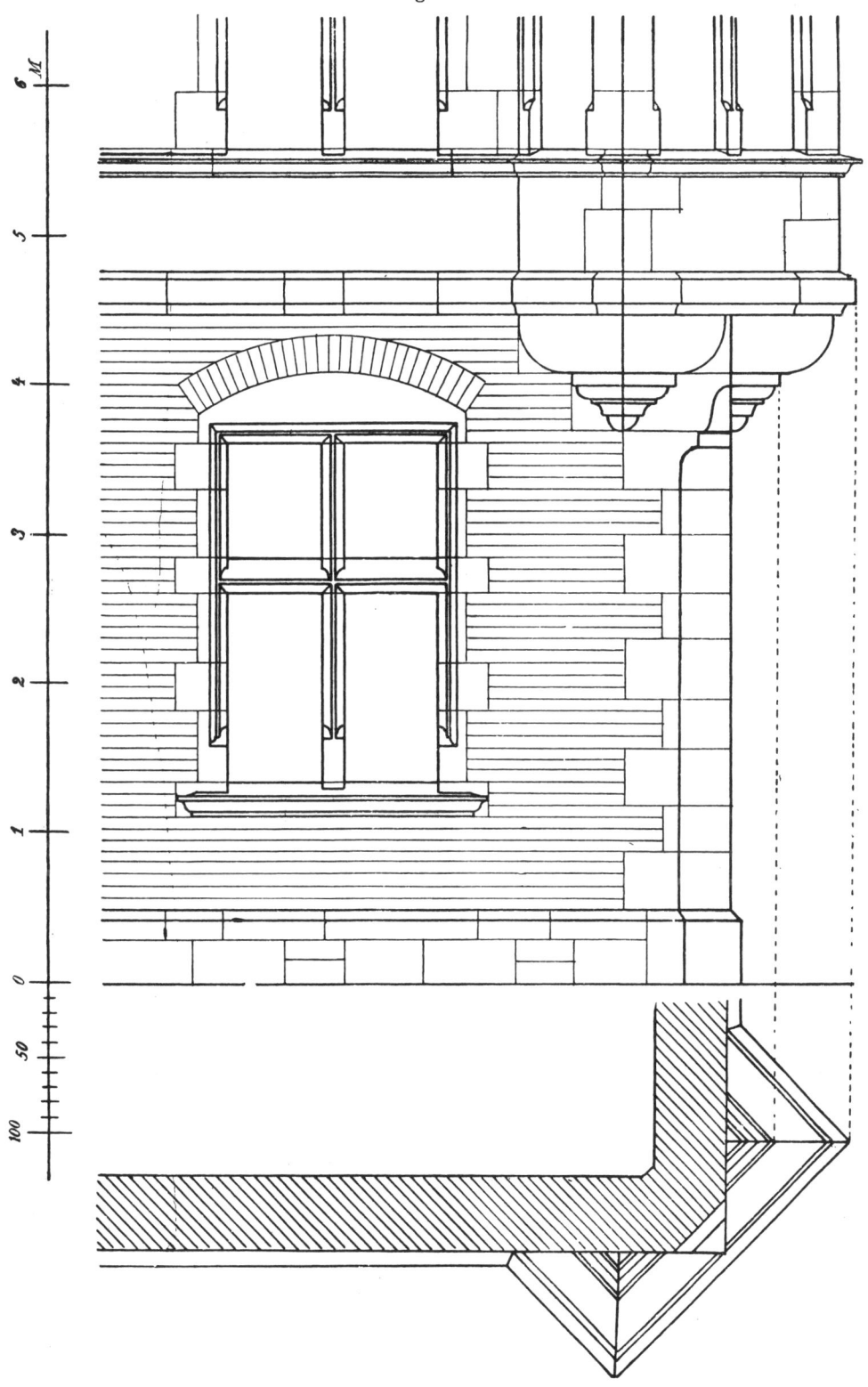

förmig nach den Fig. 351 und 352 gestaltet werden, um ein Herausschieben der Steine zu verhindern.

Soll die Hintermauerung mit Bruchsteinen hergestellt werden, so ist ebenso darauf zu achten, daß ein guter Verband zwischen Verblendung und Hinter- mauerung erzielt wird. An den Ecken sind die größten Steine (Fig. 353) anzuordnen, im übrigen aber möglichst viele Bin- dersteine zu verwenden.

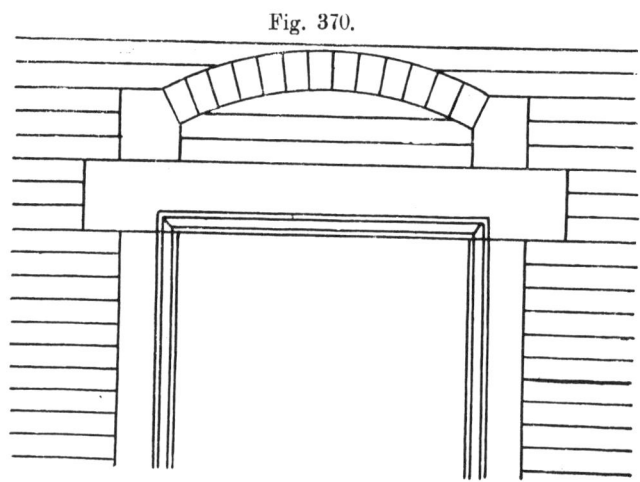

Fig. 370.

Bei reicher gestal- teter Quaderung sind die wagerechten Fugen der einzelnen Schichten am besten am oberen Rande (Fig. 354 bis 359 und 362 bis 365) der Pro- filierung und nicht in die Mitte einer geraden Platte (Fig. 360 und 361) zu legen, weil die Fuge dadurch besser gegen das Eindringen von Regen ge- schützt ist und kleine Unregelmäßigkeiten an den Fugenkanten weniger in die Erscheinung treten.

Die Ueberdeckung der Oeffnungen

kann mit Werksteinen entweder in der Form von Steinbalken oder von Bögen erfolgen. Da bei den Steinbalken die Biegungsfestigkeit verhältnismäßig gering ist, so muß man die- selben so hoch machen, daß sie der zu erwar- tenden Belastung genü- gen, oder man muß über ihnen Entlastungs - Kon- struktionen anbringen. Bei geringen Spannweiten kann die Entlastung durch eine Hohlfuge bewirkt werden, wenn darüber ein genügend hohes an- deres Werkstück folgt (Fig. 366 und 367). An- derenfalls sind Entlas- tungsbögen (Fig. 368 bis 377) oder gegeneinander sich stemmende Werkstücke, sogen. Spannschichten (Fig. 378) anzuordnen. Bei der geringen Spannweite gewöhnlicher Türen und Fenster von 1,0 bis 1,50 m genügen meist Entlastungsbögen von $\frac{1}{2}$ bis 1 Stein,

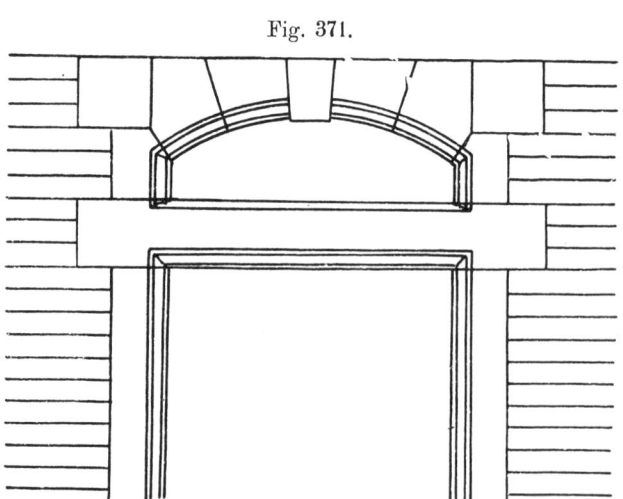

Fig. 371.

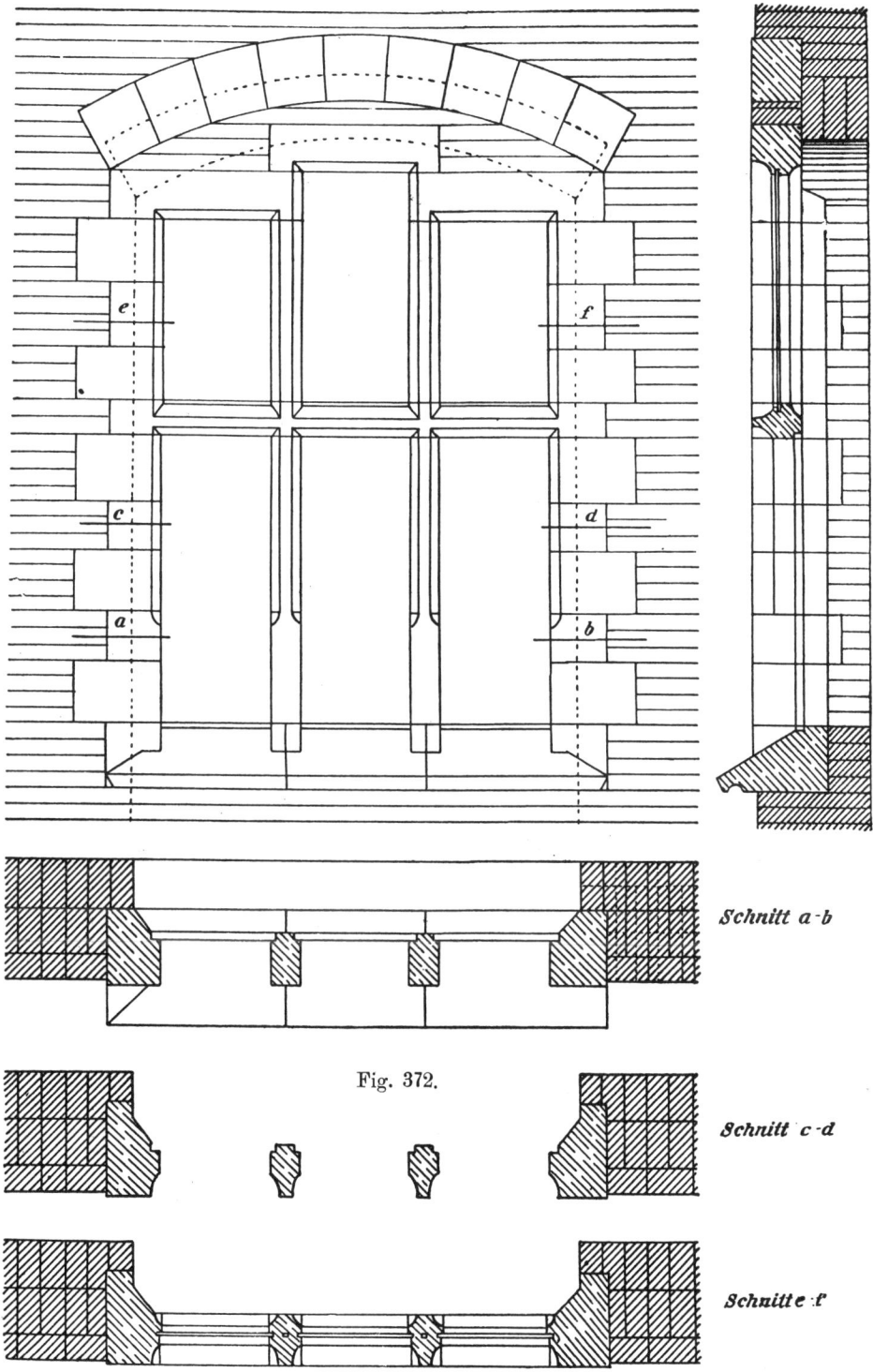

Fig. 372.

Schnitt a-b

Schnitt c-d

Schnitt e-f

wenn diese ın Ziegelsteinen ausgeführt werden; bei größeren Spannweiten muß man sie $1^1/_2$ bis $2^1/_2$ Stein stark machen.

Der Raum zwischen Entlastungsbogen und Fenstersturz ist ebenso wie derjenige der Entlastungsfugen und wie der zwischen Spannschichten und Sturz erst

Fig. 373.

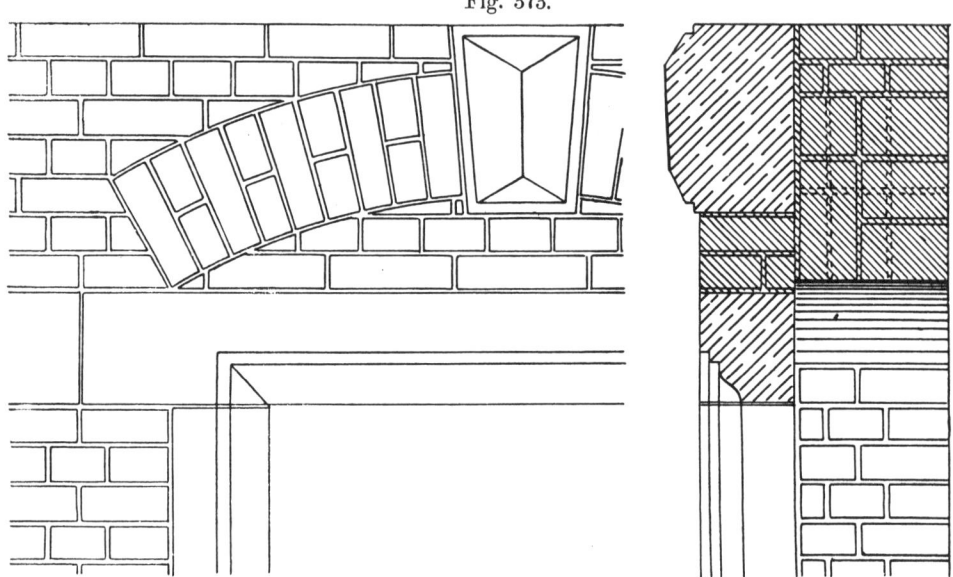

dann zu schließen, wenn das Gebäude im Rohbau vollendet ist und ein weiteres Setzen des Mauerwerks nicht mehr zu erwarten steht.

Die Ueberwölbung der Oeffnungen erfolgt, ebenso wie bei den Ueberwölbungen mit Ziegelsteinen, durch einzelne keilförmig gestaltete Steine. Hierbei

Fig. 374.

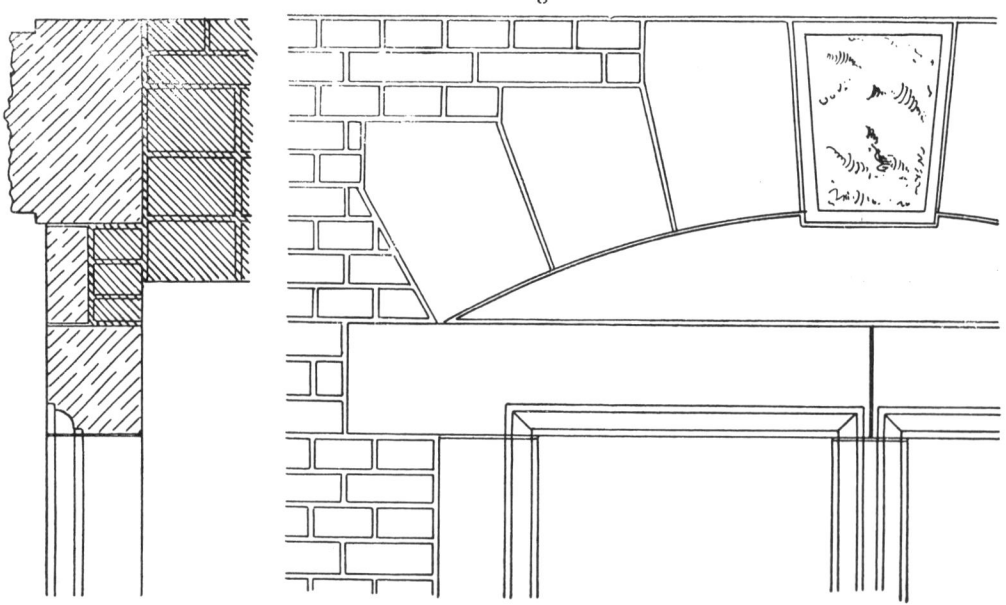

können alle die Formen Anwendung finden, welche bereits hei der Besprechung der Bögen aus Ziegelsteinen Erwähnung fanden. Scheitrechte Bögen (Fig. 379

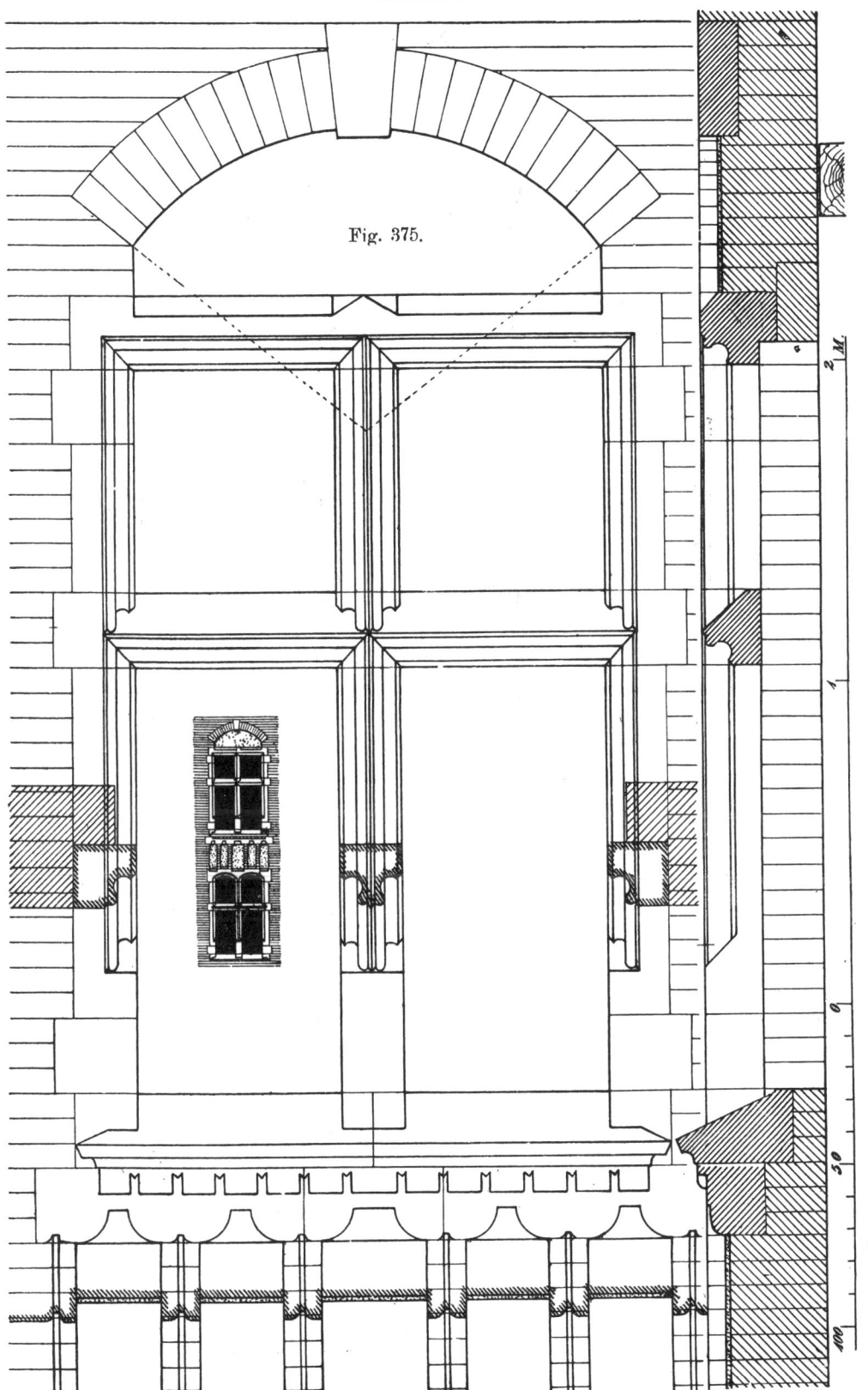

Fig. 375.

Fig. 376.

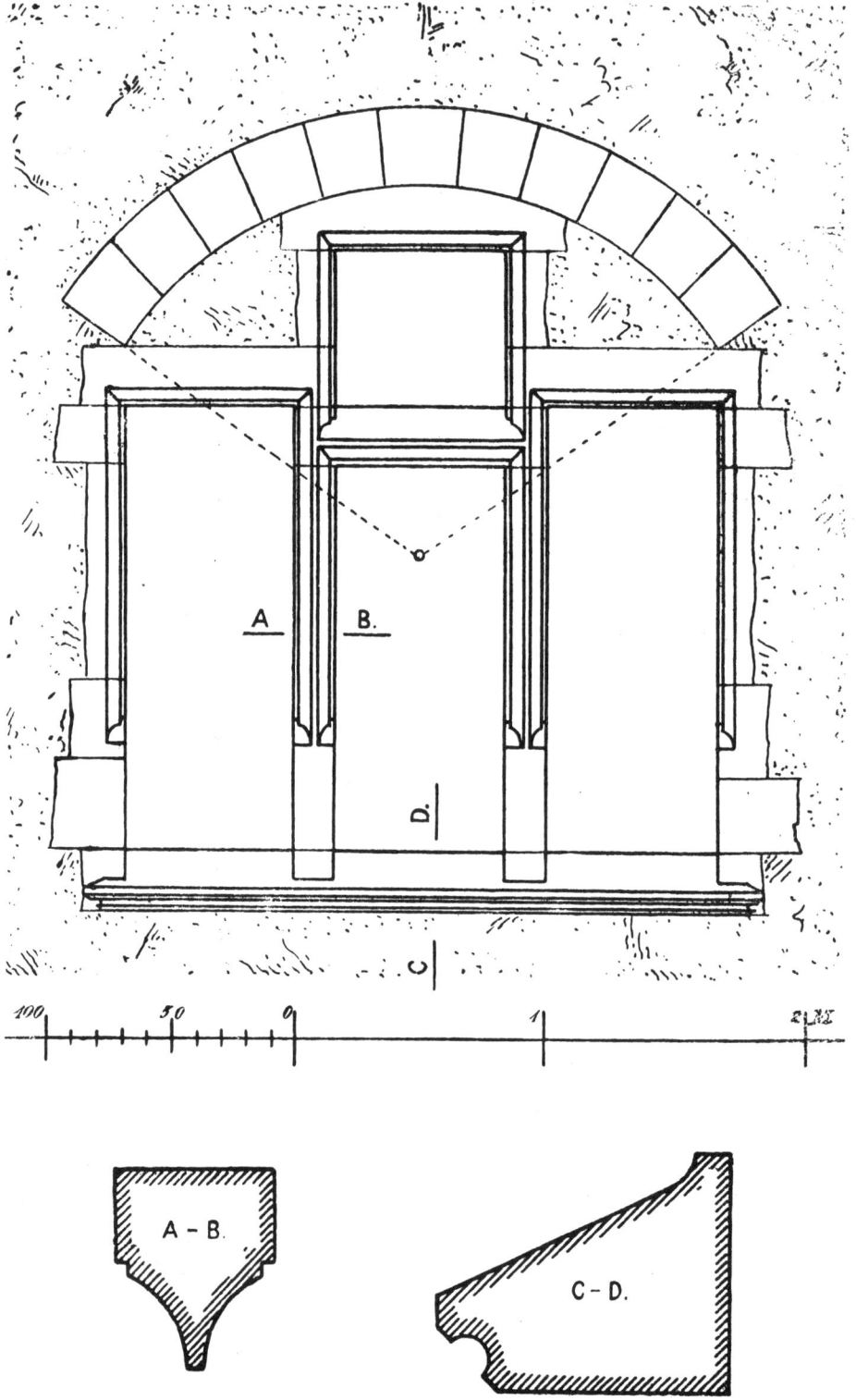

Fig. 377.

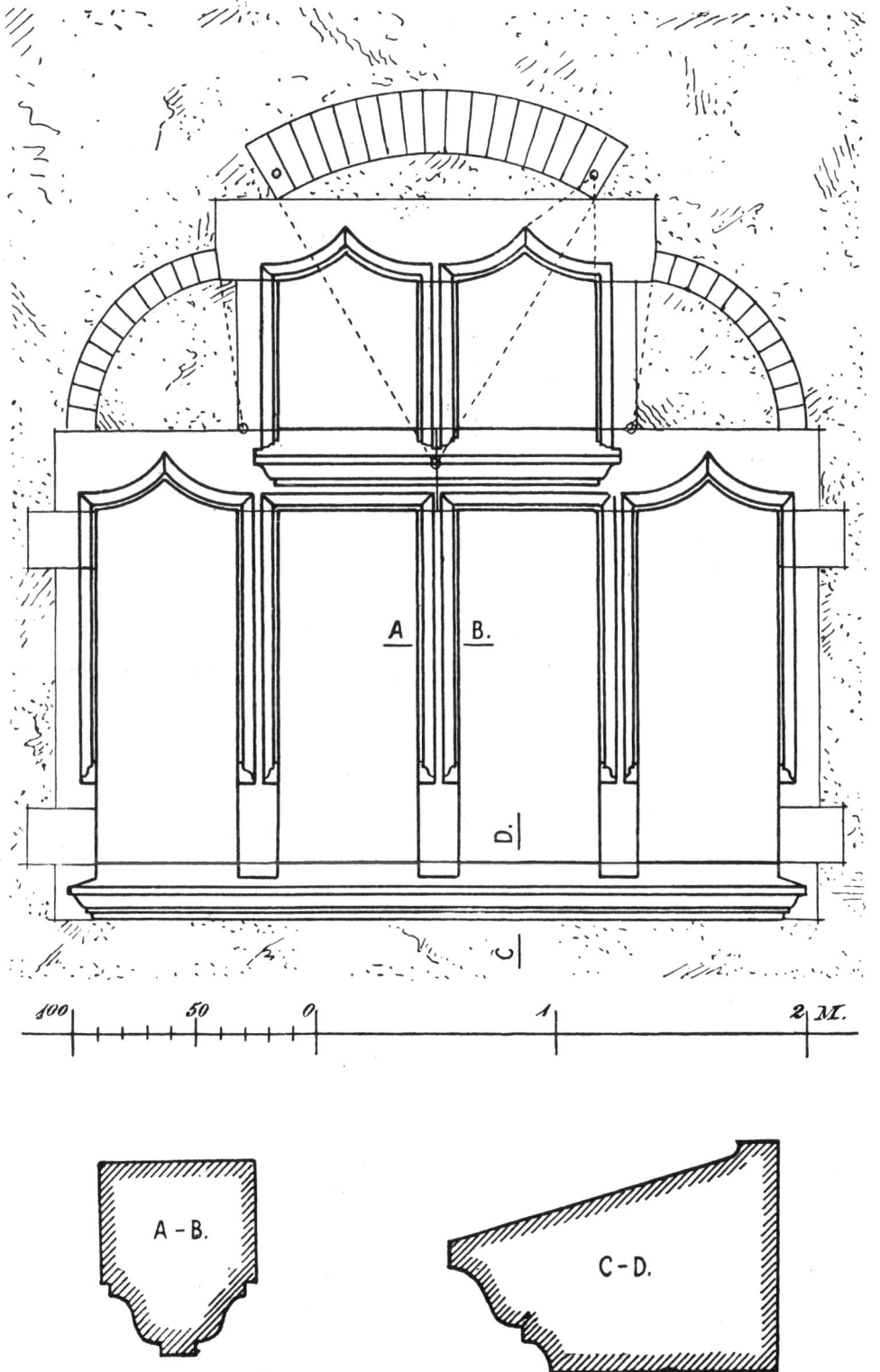

A   B.

D.

C

100   50   0   1   2 M.

A – B.

C – D.

bis 381) können an Stelle der Steinbalken treten, wenn die untere Begrenzung eine wagerechte sein soll. Bei stärker belasteten Bögen oder größeren Spannweiten kann man dadurch eine Verstärkung der scheitrechten Bögen herbeiführen, daß man die obere Leibungslinie segmentförmig oder nach dem Scheitel gerade ansteigend gestaltet (Fig. 382 und 383), oder indem man dieselben durch einen Flachbogen (Fig. 384) entlastet. Damit an den Wölbsteinen stark spitzwinklige Kanten vermieden werden, ordnet man die Kämpferfuge meist etwas tiefer als die innere Bogenlinie an und bricht auch wohl die Fugenkanten an der inneren und äußeren Bogenlinie (Fig. 385).

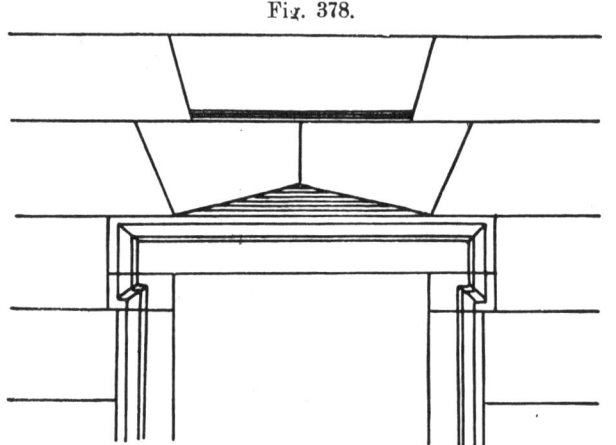

Fig. 378.

Bei Flachbögen wird nur selten die Rückenlinie konzentrisch zu der inneren Leibungslinie gestaltet, weil dann die anschließenden Mauersteine in dem unteren Lager ebenfalls nach der Rückenlinie abgearbeitet werden müssen.

Die dem Scheitel des Bogens zunächst liegende Lagerfuge der Mauerschichten muß dann wenigstens 5 cm über diesem liegen (Fig. 386), damit die hier anschließenden Steine nicht in einen spitzen Keil auslaufen. Mehr empfehlen sich die Anordnungen nach Fig. 387 bis 391, durch welche den Wölbsteinen eine solche Form

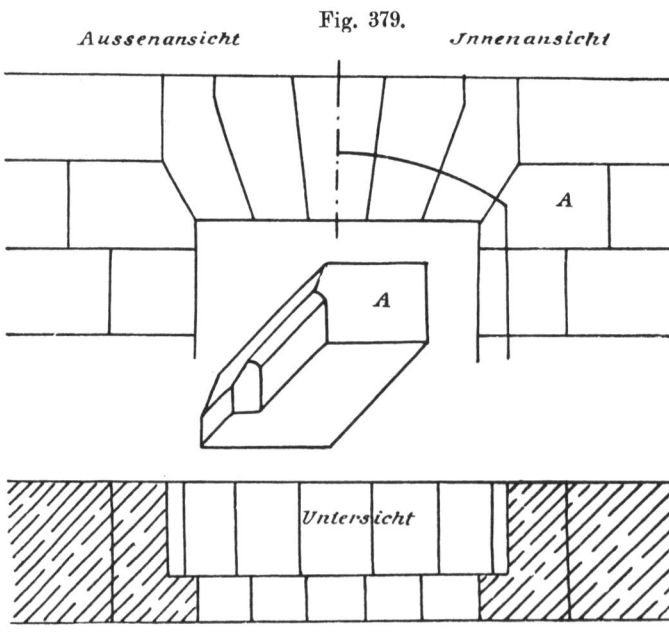

Fig. 379.

Aussenansicht   *Innenansicht*

A

A

Untersicht

gegeben ist, daß dieselben entweder in Absätzen an die wagerechten Fugen der Mauerschichten angeschlossen werden, oder alle bis zu der gleichen Lagerfuge durchgeführt sind.

Der gute Anschluß der benachbarten wagerechten Mauerschichten an die Wölbsteine wird um so schwieriger, je größer die Pfeilhöhe der Bögen im Verhältnis zu deren Spannweite ist.

Am gebräuchlichsten ist die Verwendung von im Haupt fünfeckig gestalteten Wölbsteinen, welche mit rechtwinkelig aufeinander treffenden Kanten an die Mauerschichten anschließen. Sollen die Wölbsteine gleich dick, die Wölbfugen gleich lang und die Mauerschichten gleich hoch werden, so ist das angegebene Mittel nicht durchführbar. Man verzichtet deswegen oft auf die gleiche Höhe der Mauerschichten und die gleiche Länge der Lagerfugen, indem man nach Fig. 392 den Wölbsteinen gleiche Dicke gibt und die Wölbfugen nach dem Schlußsteine hin an Länge derart zunehmen läßt, daß die Endpunkte derselben in eine Bogenlinie zu liegen kommen. Gleich hohe Mauerschichten bei gleich dicken Wölbsteinen lassen sich dadurch erzielen, daß man die dem Schlußsteine benachbarten Wölbsteine bis zu derselben Lagerfuge wie jenen selbst durchführt

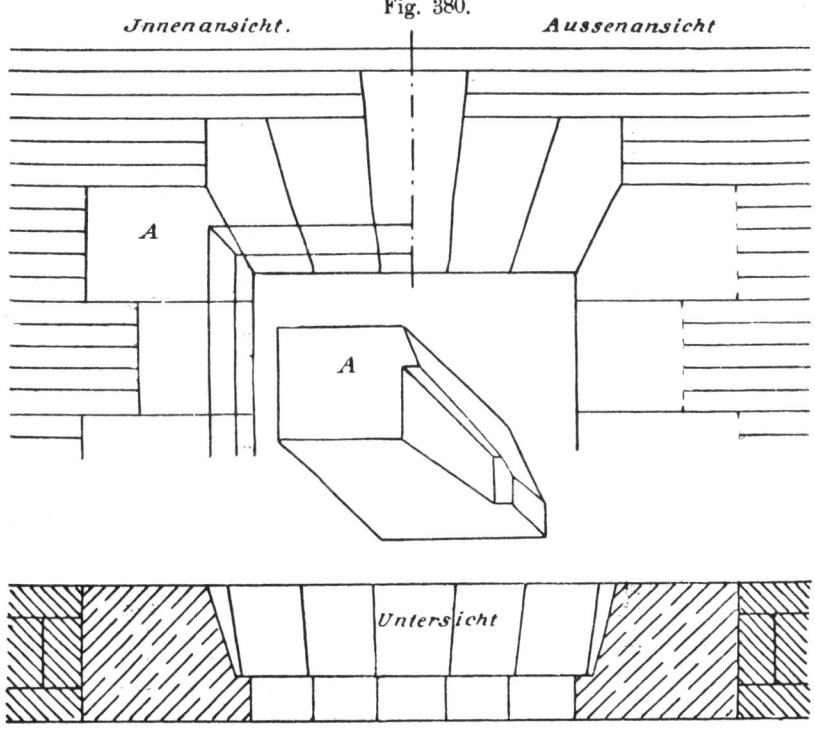

Fig. 380.

Jnnenansicht. *Aussenansicht*

A

A

Untersicht

(Fig. 393 und 394). Eine oft angewendete, in konstruktiver Hinsicht jedoch verwerfliche Anordnung ist die der Hakensteine (Fig. 395). Derartig gestaltete Wölbsteine brechen bei stärkeren Belastungen, wenn sie auch aus bestem Material gearbeitet sind, an den Stellen, wo die Lagerfugen der Mauerschichten auf die Wölbfugen treffen, leicht ab.

Soll die Bogenlinie durch eine Profilierung hervorgehoben werden, so kann diese entweder ohne Rücksicht auf die Form der Wölbsteine angearbeitet werden (Fig. 396), oder man gibt den Wölbsteinen nur die Stärke der Bogengliederung

und ordnet über diesen besondere Anschlußsteine (Fig. 397) an. Ein besseres
Aussehen erreicht man, wenn die Wölbfugen nur bei den dem Schlußsteine be-
nachbarten Steinen über die Bogengliederung hinausgeführt werden, bei den übrigen
Steinen dagegen mit jener abschneiden (Fig. 398).

Sind gegliederte Bögen von einer rechteckigen Umrahmung umgeben, so
stellt man bei nicht zu großen Abmessungen die Bogenschenkel zwischen
Kämpfer und Schlußstein mit den Zwickeln aus einem oder mehreren Stücken

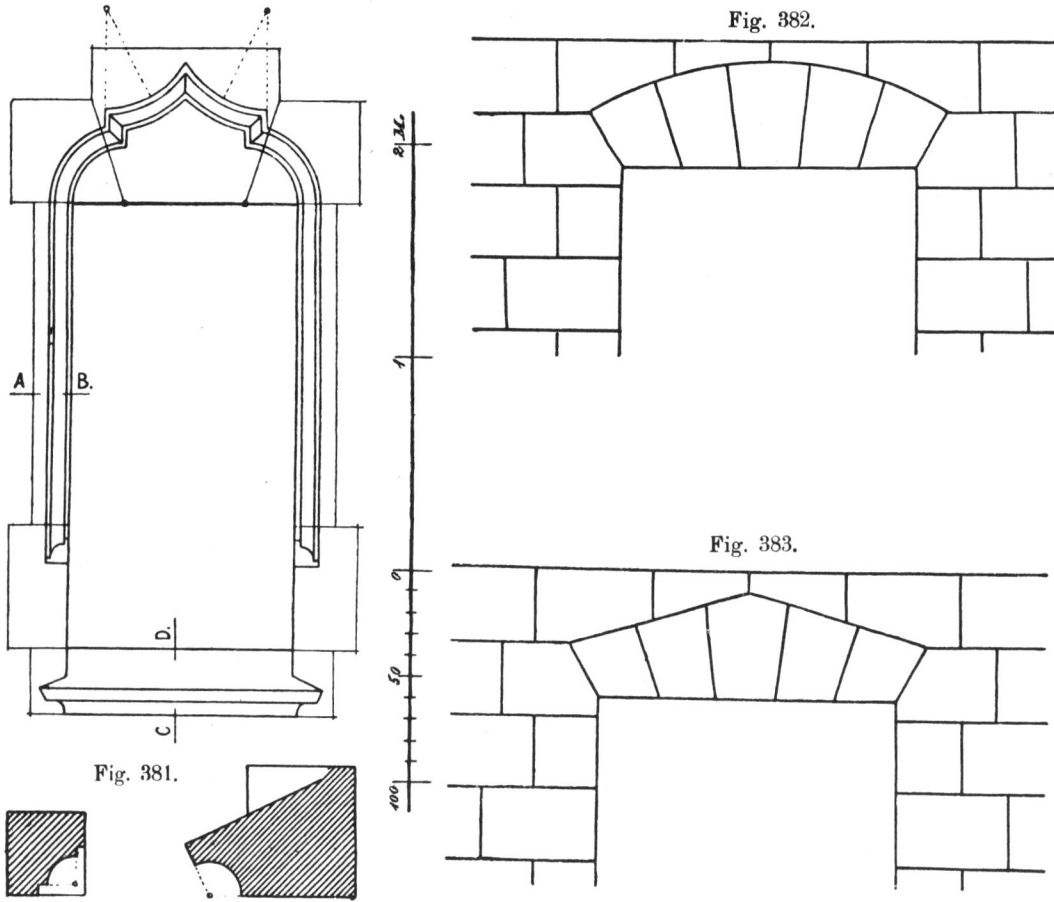

Fig. 382.

Fig. 383.

Fig. 381.

(Fig. 399 und 400) her, oder man schiebt den Zwickel oder die mittleren Teile
desselben als selbständige große Werkstücke gegen die Wölbsteine (Fig. 401
bis 403).

Die seitliche Begrenzung der Oeffnungen, das „Gewände“, stellt
entweder nur die Endigung der Mauer und des Verbandes derselben dar (vergl.
Fig. 372), oder sie tritt als selbständiger Teil der Wand auf, welcher entweder
gar nicht, oder nur durch einzelne Bindersteine, oder durch Eisenanker mit der
Mauer in Verband gebracht wird.

Lange Gewände, welche nicht tief in die Mauer eingreifen, sichert man in
ihrer Stellung meist durch Dübel, die man in die untere und obere Auflager-
fläche einläßt, häufig auch noch durch Hinzufügung von Stichankern (Fig. 404).

Auch sucht man wohl die Nachteile langer Gewände dadurch zu mildern, daß man dieselben aus mehreren Stücken bildet und zwischen diesen Binder anordnet (Fig. 405), welche in das Mauerwerk der Pfeiler eingreifen. Infolge des Setzens der Pfeiler können jedoch, namentlich bei weichem Stein, die eingreifenden Teile der Bindersteine leicht abbrechen, so daß dieselben ihren Zweck dann nicht mehr erfüllen.

Hinsichtlich der unteren Begrenzung der Tür- und Tor-Oeffnungen kann auf das bei den Maueröffnungen aus Ziegelsteinen Gesagte verwiesen werden, so daß nur erübrigt, die Anordnung und Konstruktion der Fenstersohlbänke noch näherer Betrachtung zu unterziehen.

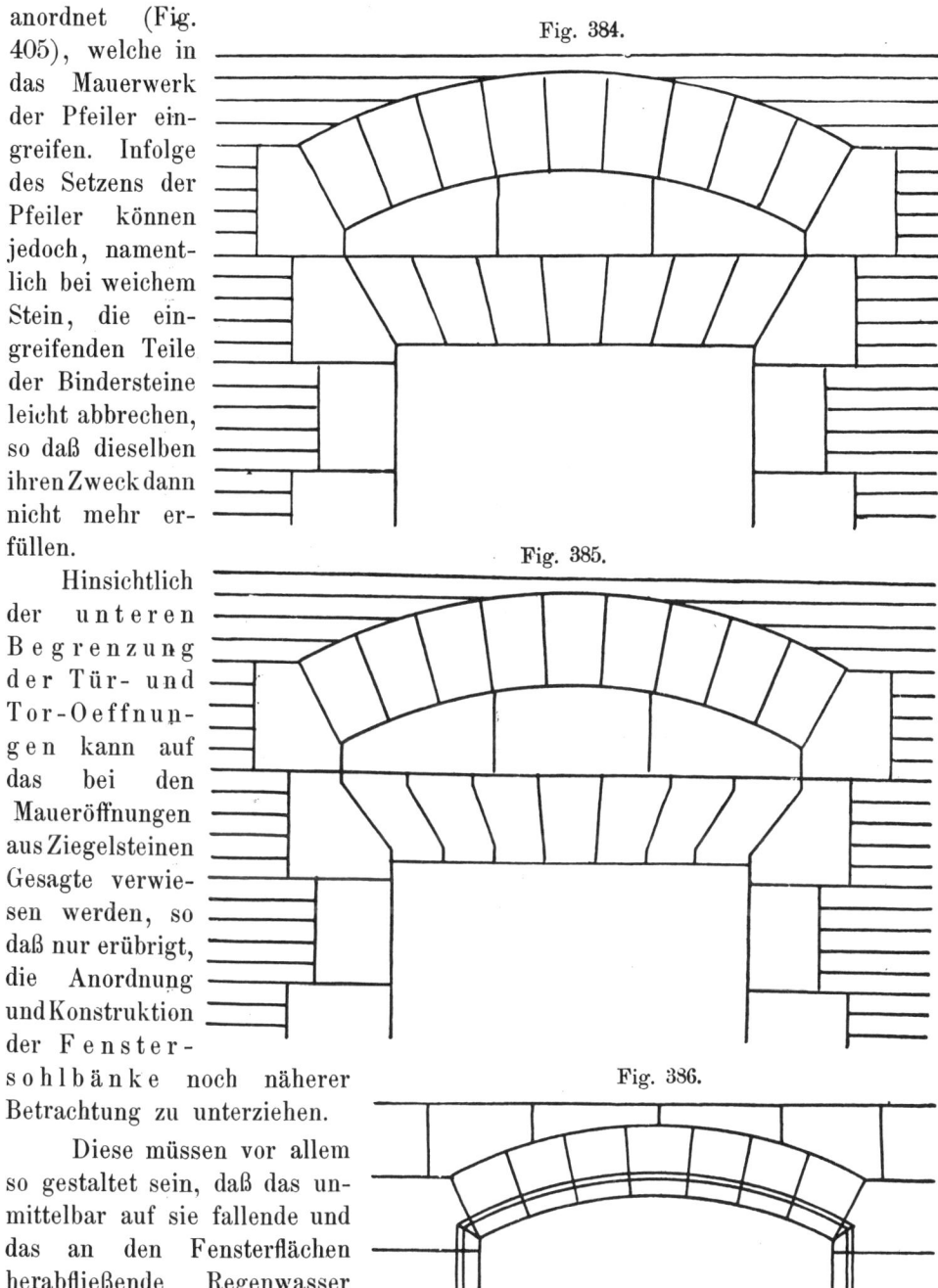

Fig. 384.

Fig. 385.

Fig. 386.

Diese müssen vor allem so gestaltet sein, daß das unmittelbar auf sie fallende und das an den Fensterflächen herabfließende Regenwasser schnell und sicher nach außen abgeführt wird und nicht durch die Fugen zwischen der Sohlbank und dem Fensterrahmen in das Gebäude-Innere eindringen kann. Die Oberfläche der Sohlbank muß deswegen, soweit

Fig. 387.

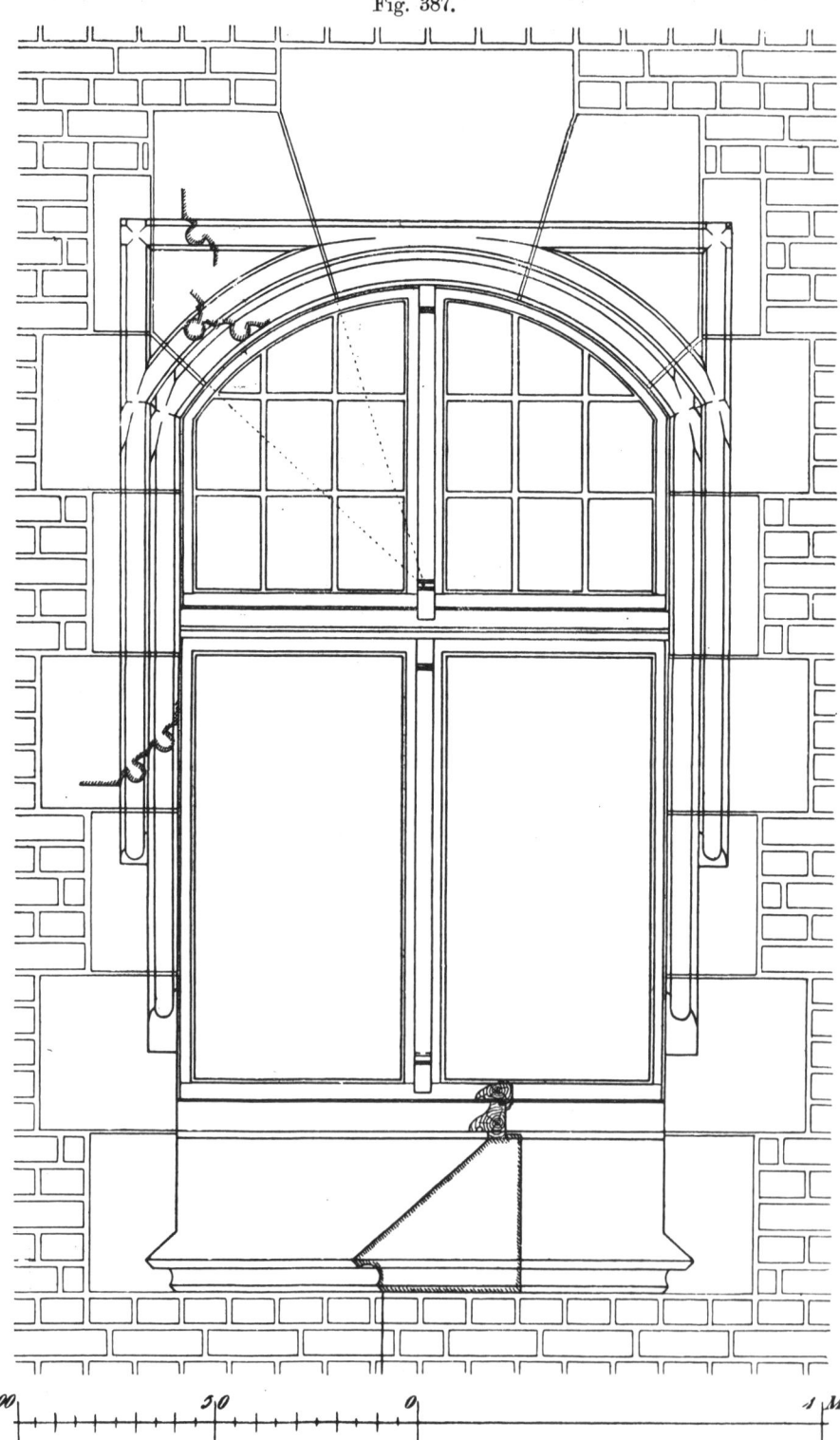

sie in der Fensteröffnung liegt, mit nach außen gerichtetem Gefälle gearbeitet
sein. Damit die unter der Sohlbank befindliche Brüstungsmauer möglichst

Fig. 388.

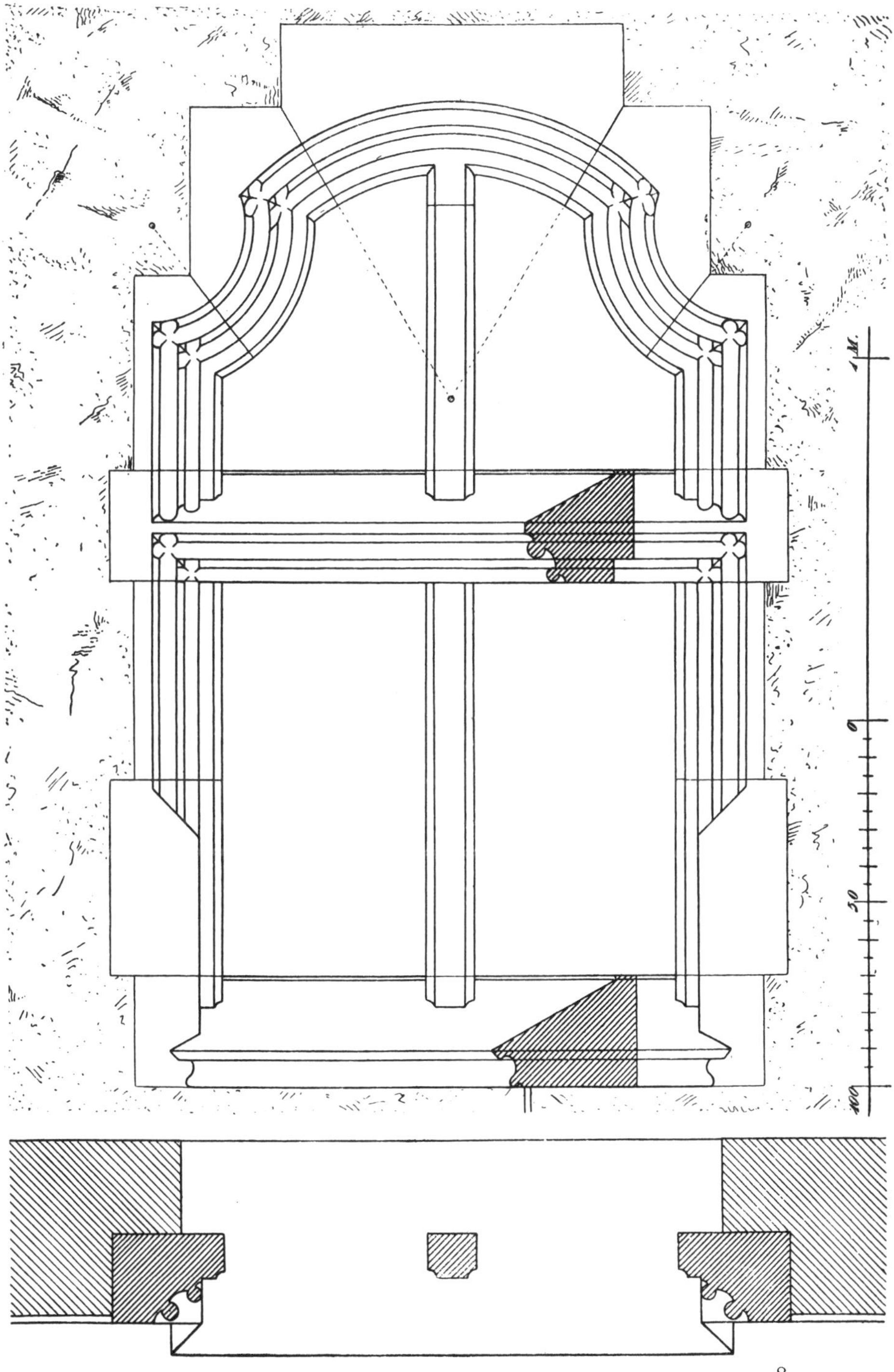

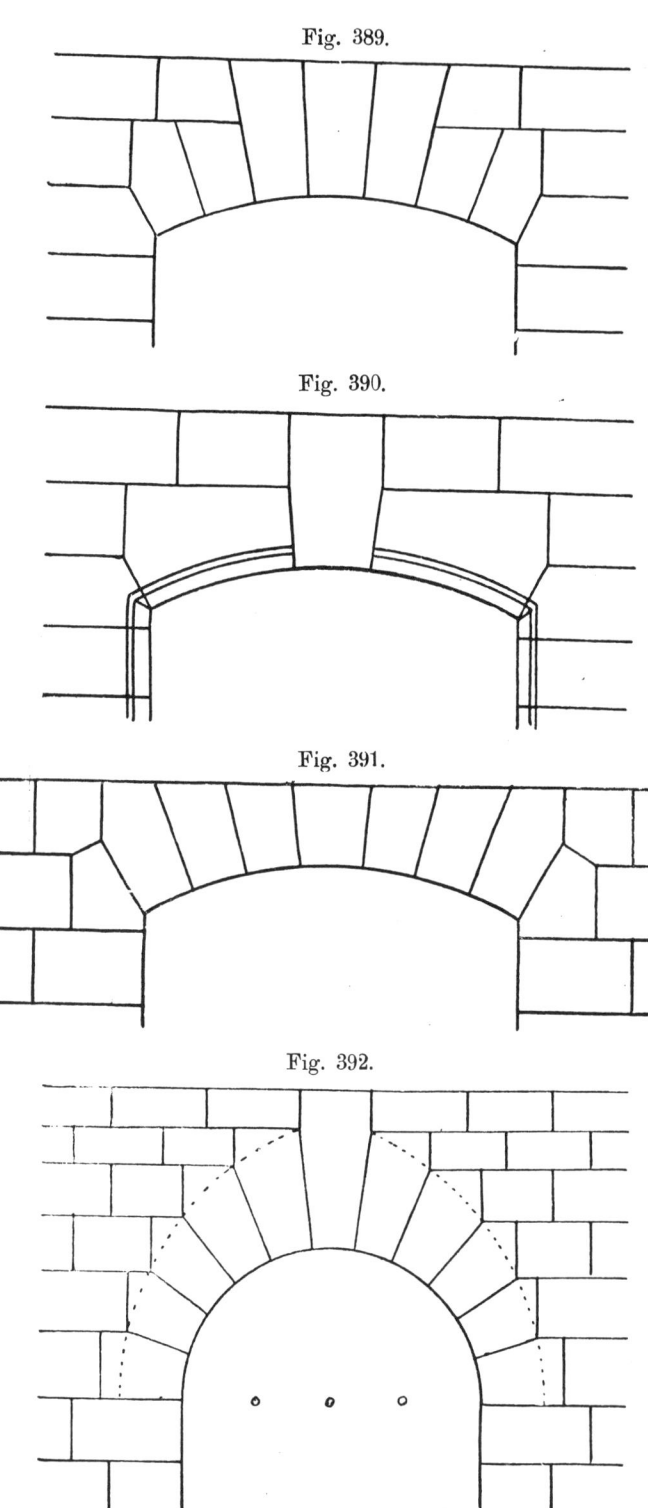

Fig. 389.

Fig. 390.

Fig. 391.

Fig. 392.

vor dem abfließenden Wasser geschützt wird, gibt man der Sohlbank meist einen mit einer Wassernase versehenen Vorsprung (Fig. 404). Dieser Vorsprung wird gewöhnlich auch seitlich von den Gewänden angeordnet, wodurch jedoch der Uebelstand hervorgerufen wird, daß das von den Kanten der Gewände herabkommende Wasser an der Brüstungsmauer weiterfließt und die Bildung von Schmutzstreifen auf derselben veranlaßt. Begegnet wird diesem Uebelstande dadurch, dass man auf der seitlichen Schräge, neben dem Gewände-Aufstande eine kegelförmige Fläche (Fig. 406) oder einen dreieckigen Keil (Fig. 407) stehen lässt.

Auf die Dichtung der Fuge zwischen Sohlbank und Fensterrahmen ist um so mehr Sorgfalt zu legen, je geringer das Gefälle des Wasserschlages ist. Zur Aufnahme des 35 bis 45 mm starken Futterrahmens wird deshalb bei Sohlbänken mit geringem Gefälle meist durch eine 1 bis 1,5 cm hohe Leiste

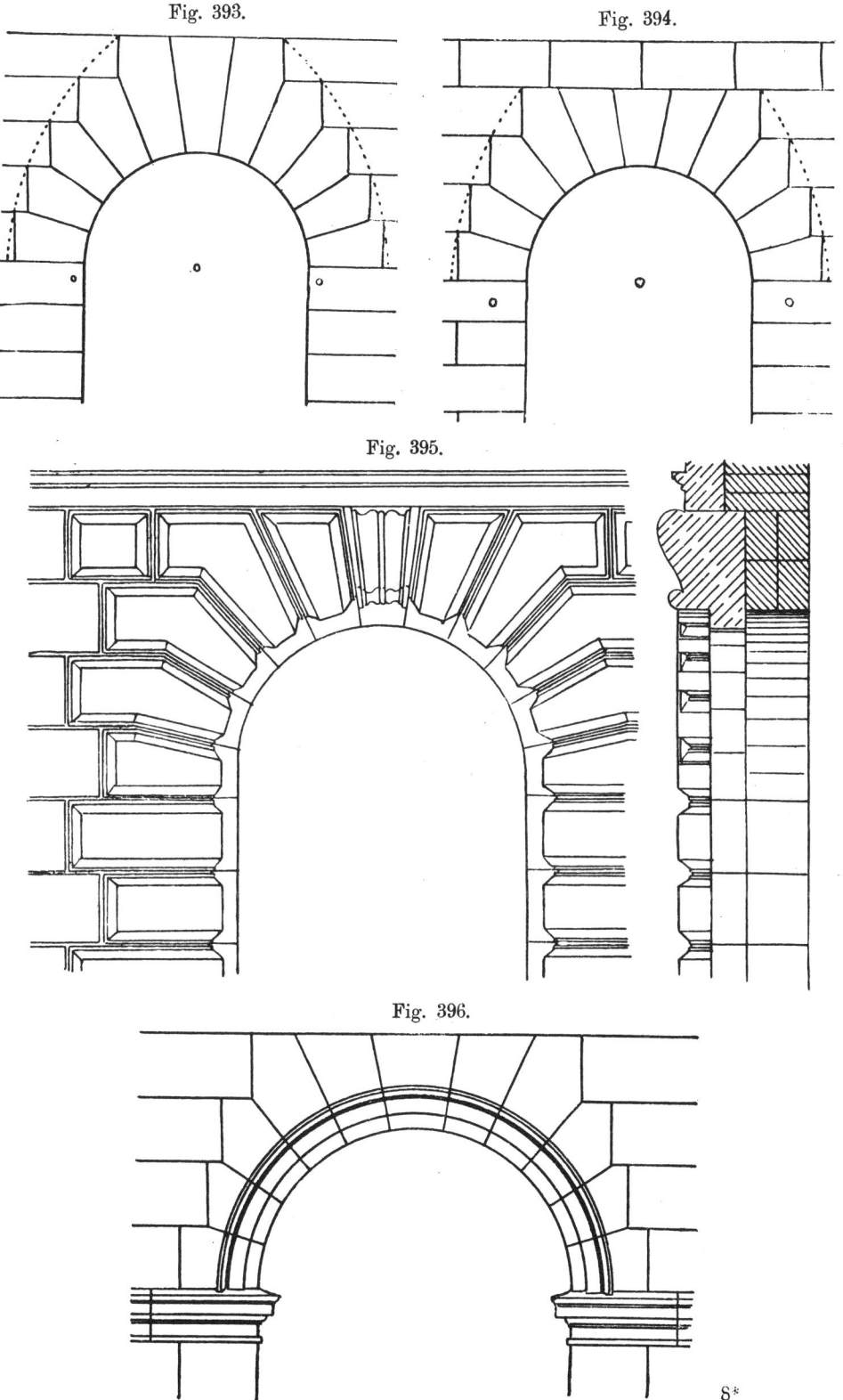

Fig. 393.

Fig. 394.

Fig. 395.

Fig. 396.

S*

ein Falz gebildet, welcher hinter dem Gewände-Aufstand auf Anschlagbreite fortzuführen ist (Figur 404 bei a).

Unterhalb der Sohlbänke ist immer eine Entlastungsfuge auf die Breite der
lichten Fensteröffnung anzuordnen, wenn dieselben aus einem Stück hergestellt

Fig. 397.

sind und von den Gewänden belastet werden. Im Mittelalter hat man den Sohlbänken meist so steile Wasserschläge (Fig. 408 und 409) gegeben, daß auch
ohne Anbringung eines Falzes zur Aufnahme des Futterrahmens ein Eindringen
des Regenwassers in das Gebäude-Innere ausgeschlossen erscheint. Es dürfte

Fig. 398.

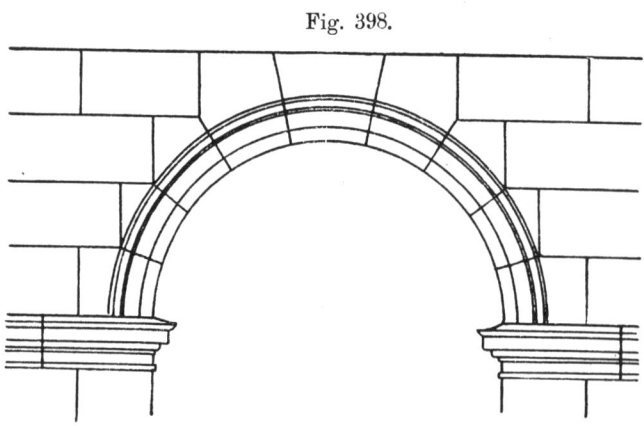

sich jedoch auch hier
immer empfehlen, das
untere wagerechte Stück
des Futterrahmens mit
Wasserschenkel zu ver-
sehen, um die Fuge
zwischen diesem und der
Sohlbank trocken zu er-
halten.

In der Praxis ist
es üblich, die einzelnen
Werkstücke in den für
die Ausführung bestimm-
ten Zeichnungen mit fort-
laufenden Nummern, sowohl in den Grundrissen (Schichtenplänen), als auch
in den Aufrissen zu versehen. Die Reihenfolge der Nummern ist hierbei so
zu wählen, daß sie der Reihenfolge entspricht, in der die Steine zur Versetzung

gelangen müssen. An Hand dieser Zeichnungen, deren Ausführung durch die Fig. 410 bis 417 und Tafel 1 und 2 zur Genüge klargelegt sein dürfte, ist dann eine Steinliste (vergl. die nachstehende Tabelle) anzufertigen, aus welcher der Steinmetz die Nummer, die Länge, Breite und Tiefe eines jeden Steines entnehmen kann, um hiernach die zur Bearbeitung bestimmten Werksteine auszuwählen.

Gegenstände	Nummer der Steine	Stückzahl	Reines Maß der Steine					Rohes Maß der Steine				
			Länge	Tiefe	Höhe	Inhalt		Länge	Tiefe	Höhe	Inhalt	
						einzeln	zus.				einzeln	zus.
			m	m	m	cbm	cbm	m	m	m	cbm	cbm
1. Sockelver-blendung	1	2	1,06	0,64	1,00	1,36		1,11	0,69	1,05	1,62	
	2	1	0,81	0,52	0,42	0,18		0,86	0,57	0,47	0,23	
	3	3	0,54	0,32	0,48	0,25		0,59	0,37	0,53	0,34	
							1,79					2,19
2. Brüstung über dem Verbau												
Eckpfeiler . . .	14	3	0,66	0,42	0,35	0,27		0,71	0,47	0,40	0,40	
Schwellenstücke	15	2	0,73	0,20	0,22	0,06		0,78	0,25	0,27	0,11	
Brüstungspfeiler	16	24	0,71	0,11	0,11	0,21		0,76	0,16	0,16	0,27	
							0,54					0,78
3. Säulen und Pfeiler												
In der Vorhalle	32	4	0,90	0,90	2,90	9,40		0,95	0,95	2,95	10,65	
	33	2	0,64	0,64	2,55	2,38		0,69	0,69	2,60	2,73	
Im Treppenhause	34	8	1,02	1,55	3,25	14,59		1,07	1,60	3,30	16,96	
	35	4	0,55	0,55	3,25	3,93		0,60	0,60	3,30	4,75	
Im Saale	36	3	0,80	0,80	3,75	7,20		0,85	0,85	3,80	8,25	
	37	40	0,20	0,20	0,70	1,12		0,25	0,25	0,75	1,88	
							38,62					45,22

usw.

Soweit man die Werksteine nicht an den Ort ihrer Bestimmung tragen oder auf untergelegten Walzen hinbefördern kann, muß man Transportwagen zur Hilfe nehmen. Das Versetzen der Werksteine durch Umkanten ist nur zu ebener Erde und auch hier nur bei leichteren Stücken möglich. Bei schwereren Stücken und in größerer Höhe müssen Hebezeuge*) in Anwendung kommen. Die gebräuchlichsten derselben sind:

---

*) Vergl. Opderbecke, Die Bauformenlehre. Zweite Auflage. Verlag von Bernh. Friedr. Voigt in Leipzig. Preis 5 M geheftet; 6 M gebunden.

1. **Das Kranztau.** Dasselbe wird namentlich für weichere Steine verwendet; man schlingt dasselbe zweimal um den Stein und hängt

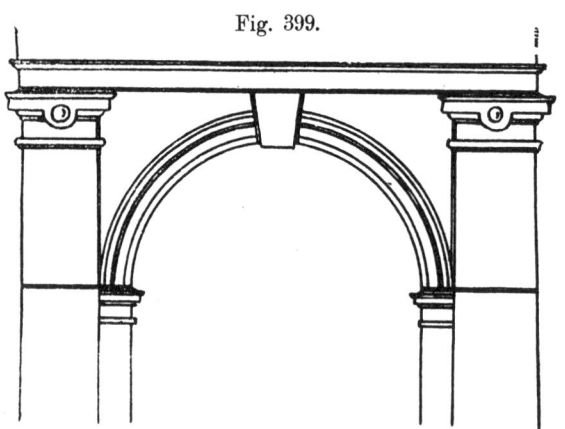

Fig. 399.

diesen an den Haken des von der Bauwinde herabhängenden Taues. Die Kanten der Steine schützt man durch untergelegte Strohbüschel oder Brettstücke (Fig. 418).

2. **Der kleine Wolf.** Er wird zum Heben von härteren Steinen benutzt und besteht entweder aus einem keilförmigen Mittelstück und zwei entsprechend geformten

Fig. 400.

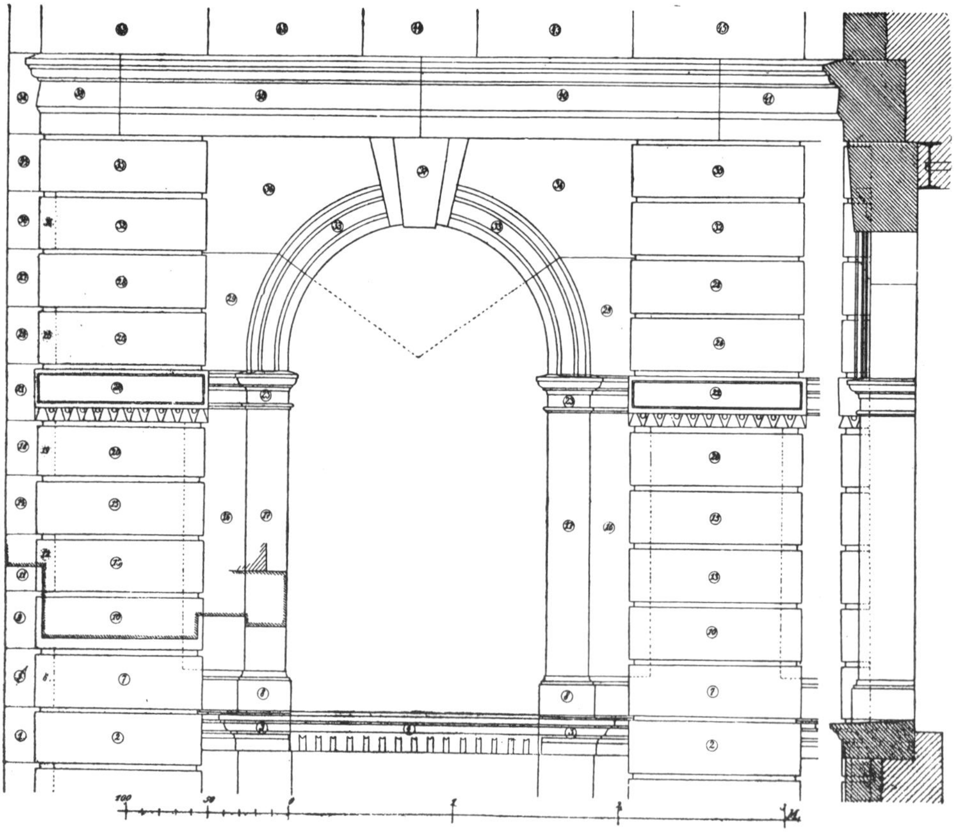

Seitenstücken (Fig. 419), oder aus einem breiteren schwalbenschwanzförmigen und einem schmalen geraden Seitenstücke (Fig. 420). Im ersteren Falle wird zuerst das Mittelstück, im zweiten Falle das

Fig. 401.

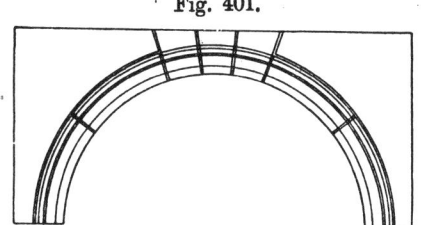

Fig. 402.

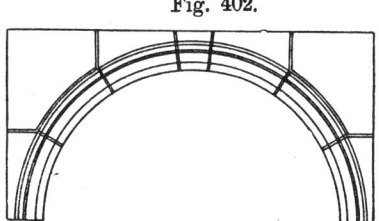

Fig. 403.

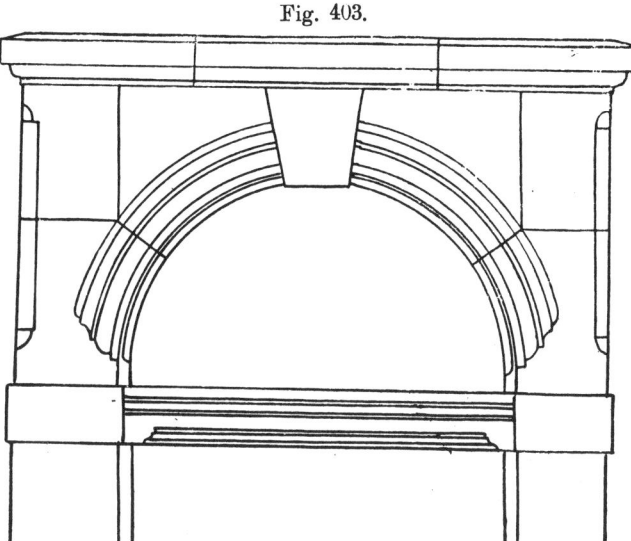

schwalbenschwanz-
förmige Seitenstück
in das in die obere
Lagerfläche des Stei-
nes eingearbeitete
Loch eingeschoben,
darauf werden die
übrigen Teile einge-
trieben. Zur Erhö-
hung der Reibung
wird trockener
scharfer Sand in
die Fugen zwischen
Eisen und Steine ge-
bracht.

3. Der große Wolf.
Er empfiehlt sich zum Heben
großer und schwerer Werk-
stücke. Das zu seiner Aufnahme konisch gearbeitete
Loch erhält eine Tiefe von
mindestens 12 cm und ist
möglichst über dem Schwerpunkte des Werkstückes anzuordnen. Nach Einbringung
der schwalbenschwanzförmigen Seitenstücke wird das
gerade Mittelstück einge-
schoben und darauf der Bü-
gel mittels des Splintbolzens
befestigt (Fig. 421). Auch
hier dient trockener Sand,
welcher in die Fugen ein-
gestreut wird, zur Ver-
mehrung der Reibung.

4. Der Steinwolf (Fig. 422).
Derselbe besteht aus einem
beweglichen Mittelstück und

Fig. 404.

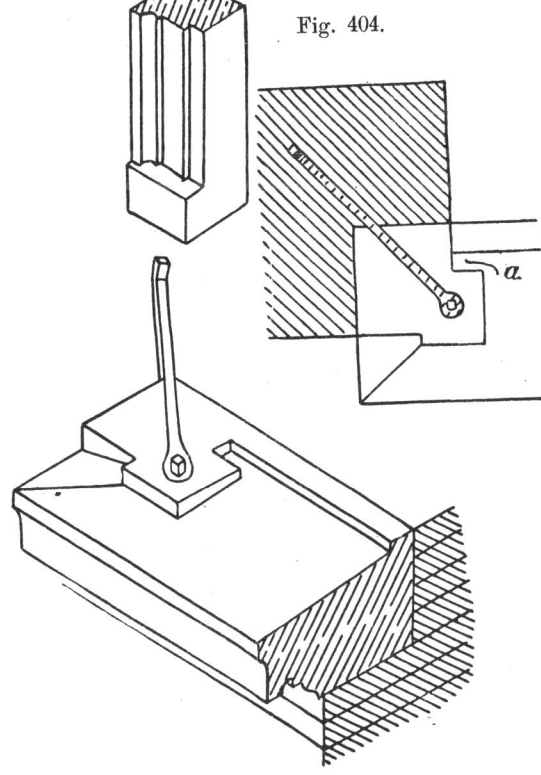

zwei am unteren Ende hakenförmig umgebogenen Seitenstücken. Alle 3 Teile werden zugleich in das in den Stein konisch eingearbeitete

Fig. 405.

Loch eingeführt. Durch das Anziehen des Mittelstückes werden die Seitenstücke auseinander gesprengt und legen sich fest gegen die Seitenwände des Steinloches.

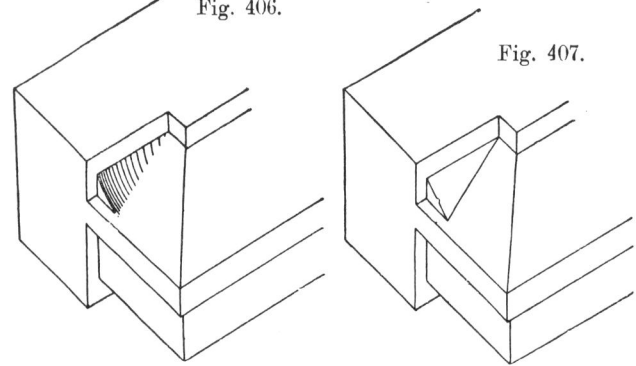

Fig. 406.

Fig. 407.

5. Der Pariser Wolf (Fig. 423). Er besteht aus nur zwei Stücken, welche beim Anziehen der Hebekette ebenfalls gegen die Seitenwände des Steinloches gepreßt werden, so daß bei weicheren Steinarten, für welche er allein in Frage kommt, die Spitzen an den unteren Enden in den Stein eindringen.

6. Die Teufelsklaue (Fig. 424). Sie faßt den Werkstein an seinen Seitenflächen mit zwei Spitzen, welche in entsprechend eingehauene Löcher eingreifen. Die Angriffspunkte der Schere dürfen aber nicht tiefer liegen, als der Schwerpunkt des Steines, weil der Stein sich sonst in der Luft drehen würde.

Größere Werksteine hebt man mit der Bauwinde, kleinere mit dem Flaschenzuge.

Sollen Werkstücke für einzelne Pfeiler von nicht über 5 m Höhe versetzt werden, so wird für das Heben und Niederlassen der Steine zweckmäßig der Hebebock, auch „Geise" genannt, verwendet. Dieser besteht aus drei oder vier Standbäumen (Fig. 425 und 426), welche am oberen Ende durch einen Eisenbolzen, an welchem zugleich der Flaschenzug befestigt wird, zusammen-

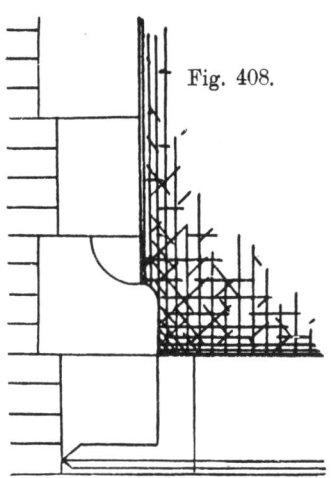

Fig. 408.

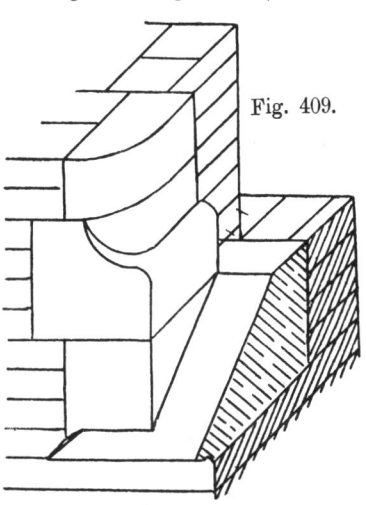

Fig. 409.

gehalten werden. Um die Standsicherheit zu erhöhen, sind die unteren Enden der Standbäume mit eisernen Schuhen versehen, deren Spitzen in das Erdreich eingreifen. Zum Heben leichterer Steine verwendet man die Geise mit drei Standbäumen (Fig. 425). An derselben wird ein Flaschenzug und an diesem das zu hebende Werkstück befestigt; hierauf wird der Stein mittels des Taues hochgezogen und vorsichtig auf das Lager niedergelassen. Das Heben schwererer Stücke geschieht mittels einer an der aus vier Standbäumen hergestellten Geise (Fig. 426) befestigten Winde.

Vor dem Niederlassen eines Werkstückes auf sein Lager legt man auf die vier Ecken des unteren, bereits versetzten Quaders mehrere Lagen kleiner Blei-, Zink- oder Teerpappen-Streifen, welche zusammen die Fugenstärke ausmachen. Dann wird das neue Werkstück langsam gesenkt und das Hebezeug erst ent-fernt, nachdem man mittels Schnur und Lot die Ueberzeugung gewonnen hat, dass der Stein die richtige Lage hat. Darauf werden die Ränder der Lagerfuge und die lotrechten Ränder der Stoßfugen mit Lehm verstrichen und dünn-flüssiger Mörtel von einer gewissen Höhe aus, also unter Druck, in die Stoß-fugen eingegossen. Da namentlich in der Lagerfuge immer mörtelleere Räume bleiben, so sucht man diese nachträglich, wenn der Mörtel so weit erhärtet ist, daß ein Herausfließen nicht mehr zu befürchten ist, dadurch zu beseitigen, daß man ein Brett in der durch Fig. 427 dargestellten Weise in der Lagerfuge be-

Fig. 410.

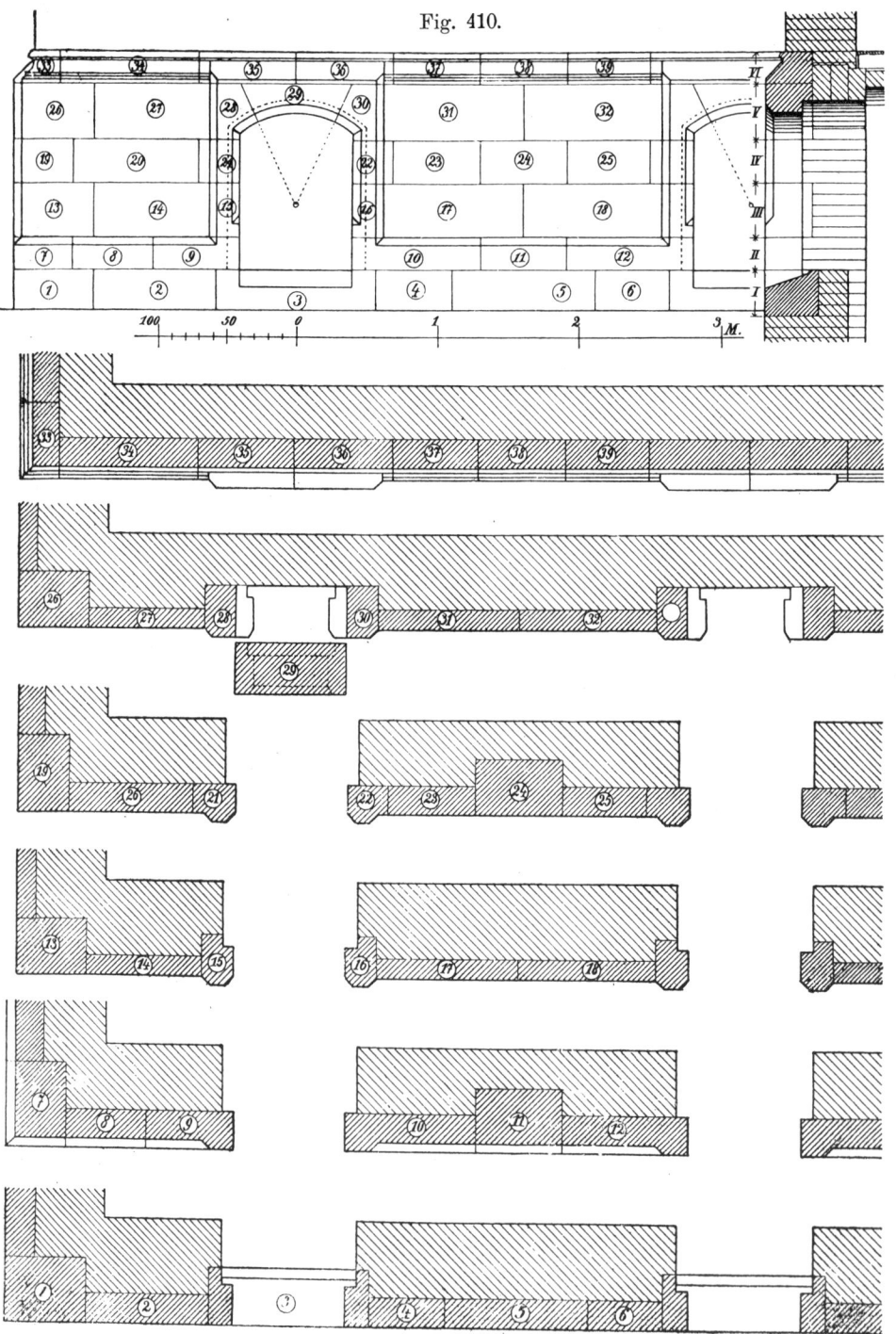

festigt, auf demselben Mörtel aufbringt und diesen mit der Mörtelsäge so lange in die Fuge einschiebt und in ihr verteilt, bis dieselbe nichts mehr aufnimmt.

Eine weit vollkommenere Ausfüllung der Fugen wird erreicht, wenn man vor dem endgültigen Versetzen die Lager- und Stoßfugenflächen der benachbarten, bereits versetzten Steine satt mit feinsandigem Mörtel überzieht und in dieses Bett den zu versetzenden Quader mittels des Hebezeuges niederläßt. Durch vorsichtiges Rammen mit hölzernen Stampfen wird so lange der Mörtel aus den Fugen getrieben, bis der Stein in der gewünschten Höhenlage liegt.

Sollen die Quader aus freier Hand versetzt werden, so legt man Holzkeile, welche gegen die Oberfläche des Mörtelbettes vorragen müssen, auf die Ecken der Lagerfläche, damit beim Umkanten des Quaders auf sein Lager der Mörtel nicht einseitig verschoben wird. Erst nachdem man sich überzeugt hat, daß der Quader richtig liegt, werden die Keile allmählich und möglichst gleichmäßig gelöst, so daß der Stein sich langsam in das Mörtelbett eindrückt.

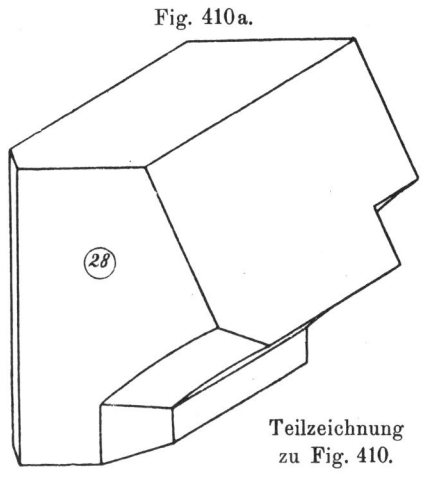

Fig. 410a.

Teilzeichnung
zu Fig. 410.

Zu dem Mörtel verwendet man am besten natürlichen hydraulischen Kalk und feinen gesiebten Sand oder eine Mischung von Ziegelmehl und Fettkalk. Zement oder Traß sind namentlich bei Sandsteinen mit Bindemittel von schwefelsaurem Kalk zu vermeiden, weil sonst chemische Verbindungen hervorgerufen werden, welche eine Zerstörung des Steines zur Folge haben. Dringend ist auch vor dem Nachfugen mit Zementmörtel zu warnen, wenn zum Versetzen gewöhnlicher Kalkmörtel verwendet wurde. Infolge der weit langsameren Erhärtung des Kalkmörtels gegenüber dem Zementmörtel können die Kanten der Quader dem Setzen des Mauerwerks nicht folgen und müssen deswegen abplatzen.

Nachdem ein Werkstück versetzt ist und seine Rückseiten mit heißem Goudron bestrichen sind, muß dasselbe für die Dauer eines Tages ohne Hintermauerung verbleiben, da dasselbe sonst leicht aus seiner Lage verrückt werden kann.

Ist eine Ecke oder eine Kante eines Quaders vor oder während des Versetzens beschädigt worden, so muß eine Ausbesserung durch das Einsetzen einer sogen. Vierung oder Führung (Fig. 428) vorgenommen werden. Das Einkitten geschieht bei hellfarbigen Steinen mit einer Mischung aus Bleiglätte und Glyzerin, dem sogen. Glyzerinkitt, bei dunkelfarbigen Steinen mit einer Auflösung von Schellack in Spiritus, nachdem die zu verbindenden Teile vorher angewärmt wurden. Die Führungen sind so anzubringen und zu gestalten, daß sie möglichst wenig in die Erscheinung treten und sich nicht loslösen können, wenn der Kitt seine Schuldigkeit nicht erfüllen sollte.

Alle gegen die Mauerflucht vortretenden Bauteile (Sohlbänke, Gesimse, Verdachungen usw.) sind alsbald nach dem Versetzen zum Schutze gegen Beschädigungen mit auf Latten genagelten Schalbrettern, mit Ziegelsteinen, welche in Lehmmörtel verlegt sind, oder durch Lehmwulste abzudecken. Damit Kalk-

oder Zementmörtel nicht auf den Wandflächen haftet und auf diesen Flecken hinterläßt, empfiehlt sich ein Anstrich derselben mit dünnflüssigem Lehmbrei.

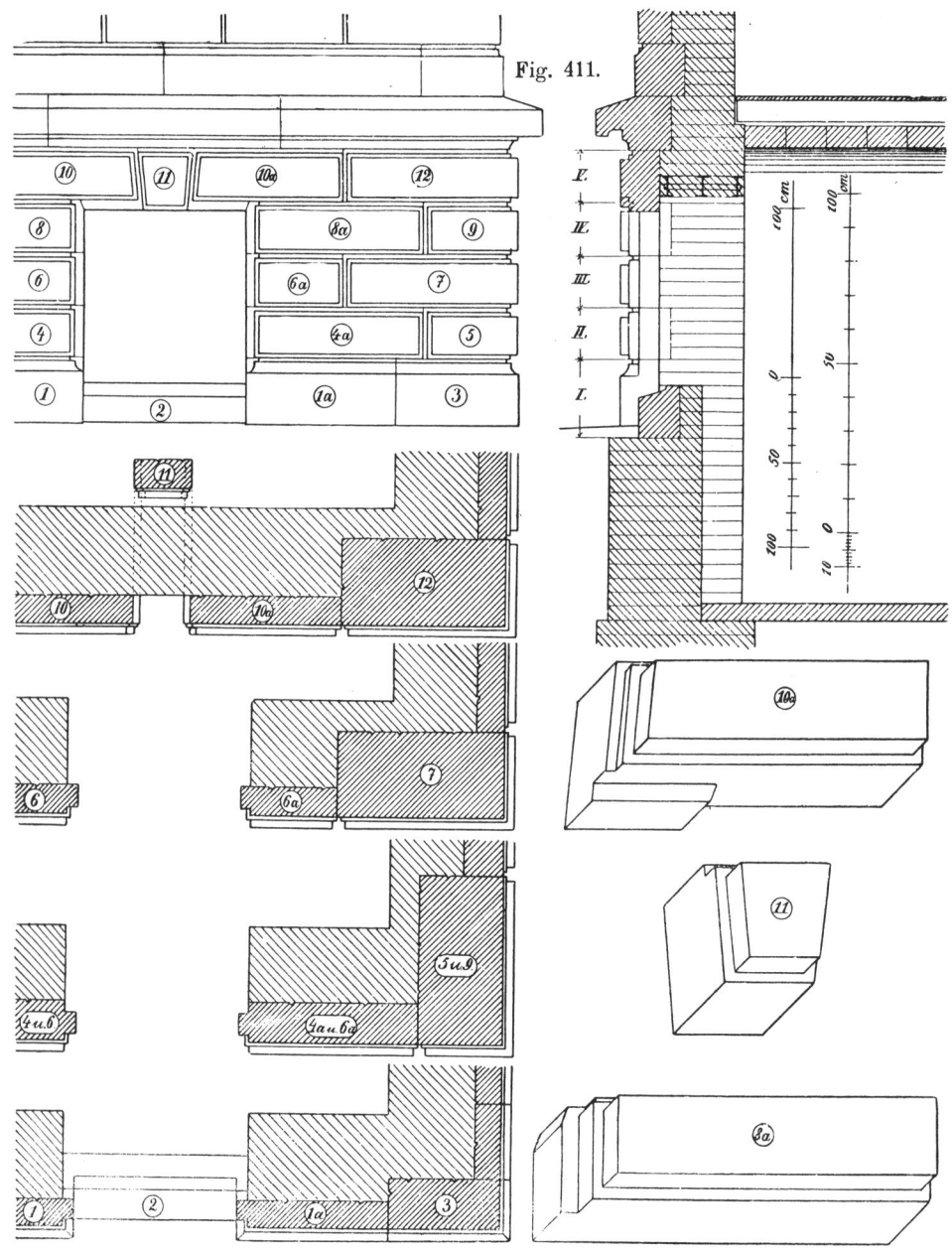

Fig. 411.

Nach Vollendung des Mauerwerks sind die Werksteinflächen durch Abwaschen mit Wasser und scharfen Bürsten oder durch Abschleifen mit feinkörnigen Sandsteinstücken zu reinigen. Sind Kalkflecke zu beseitigen, so verwendet man verdünnte Salzsäure, welche durch alsbaldiges mehrmaliges Nachwaschen mit

Fig. 412.

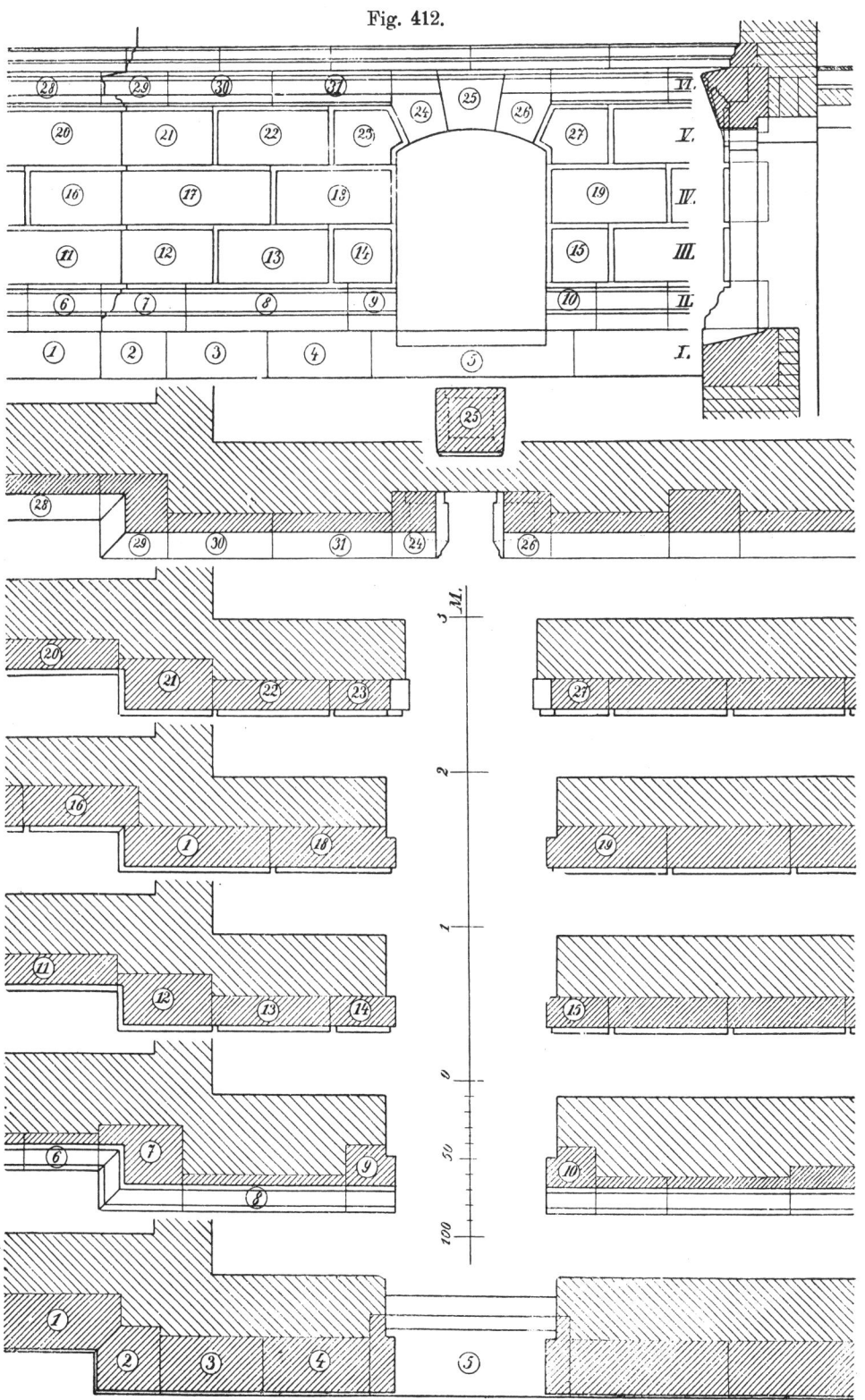

Sodalösung unschädlich gemacht wird. Selbstverständlich dürfen dann aber die Steine keine Kalk- oder Sandsteine mit kalkhaltigem Bindemittel sein.

3. Mauern aus Stampf- oder Gußmassen.

Die Stoffe, welche zur Herstellung von Mauern aus Stampf- oder Gußwerk Verwendung finden, sind Erde, Kalk mit Sand, oder Zement mit Sand oder Steinschlag, und man unterscheidet demnach Erd-Stampfbau, Kalksand-Stampfbau und Zement-Stampfbau oder Betonbau. In neuerer Zeit werden auch häufig in den Zementbeton Eiseneinlagen eingebettet, welche dazu dienen, etwa auftretende Zugspannungen aufzunehmen und unschädlich zu machen. Derartige Konstruktionen führen die Bezeichnung „Eisenbeton"*).

Der Erdstampfbau

kann nur für einfache ländliche Wirtschaftsgebäude (ausgeschlossen Stallungen) sowie bei Gebäuden für solche gewerbliche Zwecke, in denen keine Wasserdämpfe entwickelt werden, oder die Verwendung von größeren Wassermengen Anlaß zur Durchfeuchtung der Mauern gibt, in Frage kommen. Zu seiner Ausführung eignet sich besonders Lehm, doch können auch alle anderen Erdarten, mit Ausnahme von Humuserde und Sand, Verwendung finden.

Die gegrabene Masse bedarf vor ihrer Verwendung einer Vorbereitung, welche in einem mehrmaligen Durcharbeiten mit dem Spaten und dem Auslesen aller Wurzelteile und größeren Steine besteht. Kleinere Steine, etwa bis zur Größe einer Walnuß, können unbedenklich in der

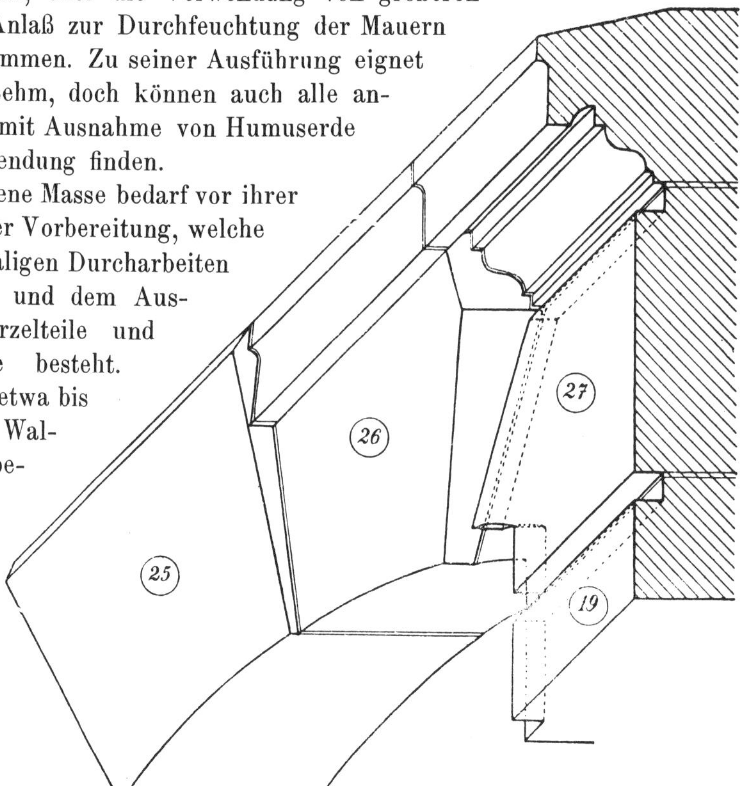

Fig. 413.

Teilzeichnung zu Fig. 412.

Erde belassen werden. Die Masse muß soviel Feuchtigkeit enthalten, daß sie sich in der Hand leicht zusammendrücken läßt, doch darf hierbei kein Wasser

---

*) Zu empfehlen: Haberstroh, Der Eisenbetonbau. Verlag von Bernh. Friedr. Voigt in Leipzig. Geh. 5 M, geb. 6 M.

in der Handfläche sichtbar werden. Zu trockene Erde ist mit der Giesskanne anzufeuchten, zu nasse muß an der Luft vor ihrer Verwendung abtrocknen, oder man stellt den erforderlichen Feuchtigkeitsgrad dadurch her, daß man Erde, welche zuviel Feuchtigkeit enthält, mit trockener vermengt. Stark sandhaltiger (magerer) Lehm oder fetter Ton sind deshalb wenig geeignet, weil Mauern aus ersterer Masse keinen genügenden Zusammenhang erhalten und solche aus fettem Ton beim Trocknen zu stark schwinden und rissig werden. Man mengt deswegen wohl beide Bodenarten miteinander, um eine geeignete Masse zu erhalten.

Fig. 414.

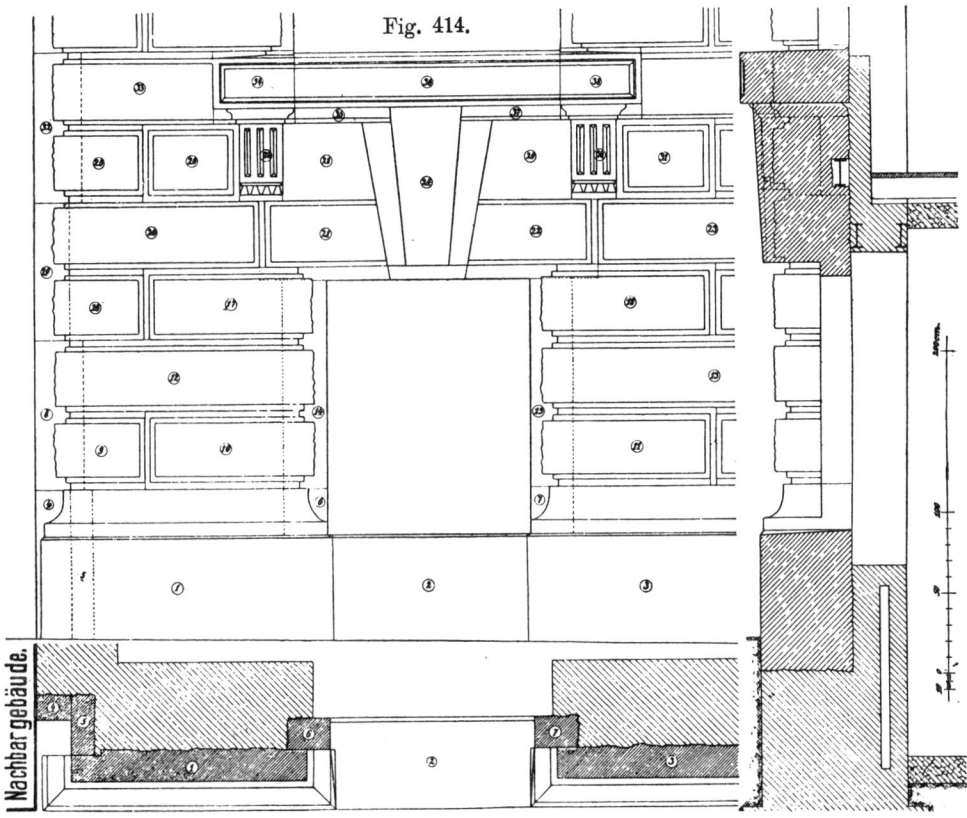

Die vorbereitete Erdmasse wird in entsprechend gestaltete Formkasten*) in Lagen von 10 bis 15 cm Dicke eingefüllt und mit einer Handramme so lange gestampft, bis diese Dicke auf etwa ihre Hälfte verringert ist. Ist der Formkasten auf seine ganze Höhe (60 bis 80 cm) vollgestampft, so wird er gelöst und in unmittelbarem Anschluß an das vollendete Mauerstück neu aufgestellt. Ist das Mauerwerk des Bauwerkes überall in dieselbe Gleiche gebracht, so stellt man den Formkasten für den neuen Höhenabschnitt über dem zuerst ausgeführten, ältesten Mauerteile auf, weil dieser sich inzwischen am meisten gesetzt haben wird. Die unteren Ränder des Formkastens rückt man hierbei so tief, daß sie den unteren Mauerteil um etwa 10 cm umfassen. Nachdem die obere Fläche

*) Vergl. Handbuch der Architektur, 2. Band, 1. Heft, Seite 118 und 119.

des fertigen unteren Mauerteiles vorsichtig angefeuchtet worden ist, wird das Einstampfen in der Weise fortgesetzt, daß man den Formkasten in der gleichen Richtung fortrückt, wie dies bei dem unteren Mauerteile geschah. Die Tür- und Fensterecken werden meist mit gebrannten Ziegelsteinen eingefaßt und überwölbt, doch hat die Erfahrung gelehrt, daß dieselben auch genügenden Halt bekommen, wenn sie ganz aus Stampfmasse hergestellt werden, besonders, wenn man die Ecken abrundet. Die Oeffnungen können auch nachträglich mit dem Beile ausgehauen oder mit der Säge ausgeschnitten werden, nachdem das

Fig. 415.

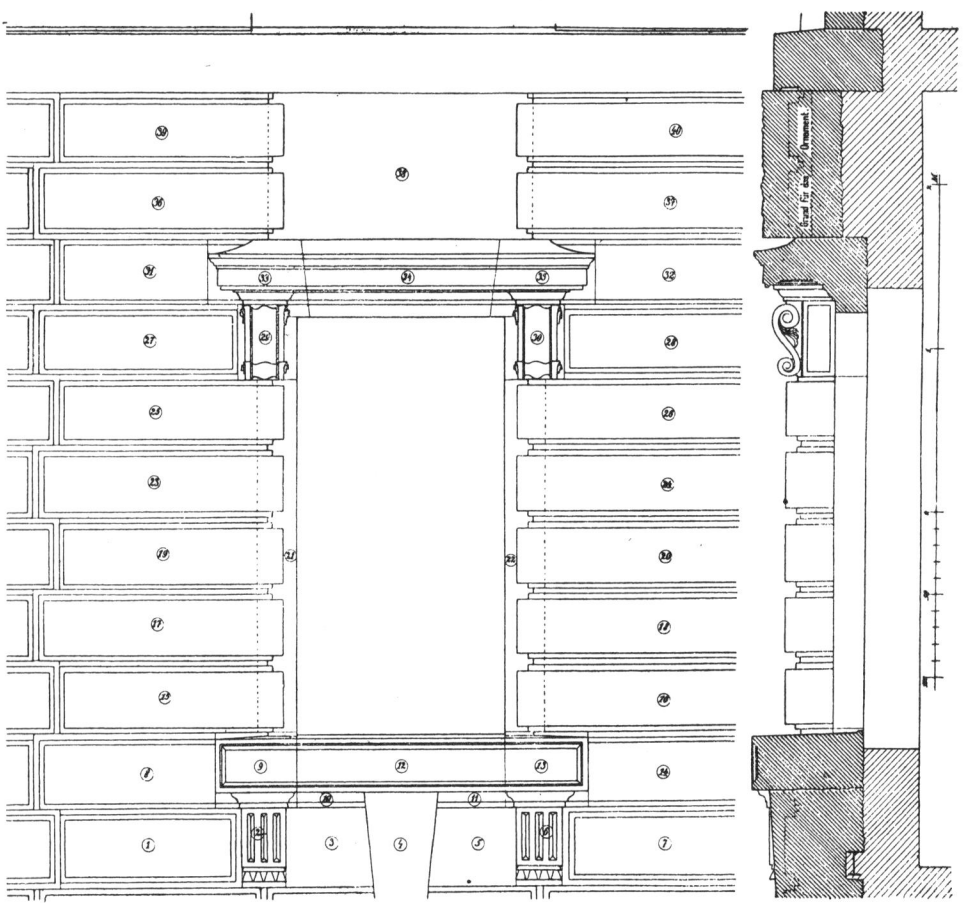

ganze Gebäude im Rohbau vollendet ist. Die Tür- und Fensterfutter werden dann im Ganzen eingesetzt und die etwaigen Unregelmäßigkeiten der Leibungen durch Nachputzen mit Lehmmörtel beseitigt.

An den Gebäudeecken stampft man häufig krumme, trockene Aeste, welche sich nach den Richtungen der beiden Mauern wechselseitig überdecken, in die Mauerschichten ein. Um einen Verband zwischen den Außen- und Innenmauern zu erzielen, empfiehlt sich das gleichzeitige Einstampfen der ersteren mit einem Teile der letzteren. Weniger gut, aber bequemer für die Ausführung, ist das

Aushauen einer dreieckigen Nut in der Außenmauer von der Breite der Innenmauer. Die letztere ist dann erst nach Fertigstellung der Außenmauer aufzu-
stampfen.

Da die Erdmauern vor allem gegen Feuchtigkeit zu schützen sind, so
müssen die Grund- und Sockelmauern auf mindestens 50 cm Höhe über Erd-

Fig. 416.

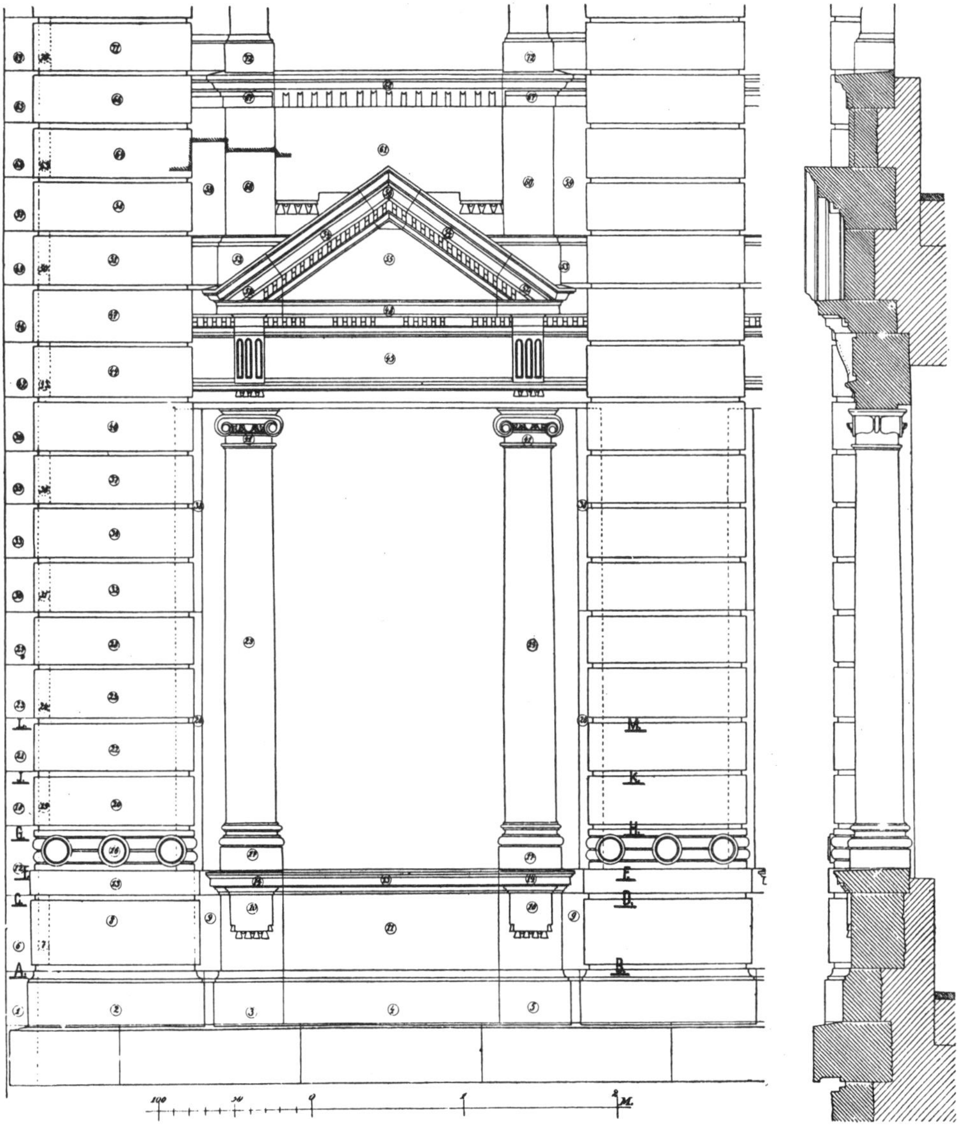

gleiche aus Bruchsteinen oder Ziegelsteinen hergestellt und mit einer Isolierschicht abgedeckt werden, auch ist ein Mörtelbewurf oder ein Behang der Außenmauern mit Teerpappe unerläßlich. Der Putz, am besten aus drei Teilen Lehm,
1 Teil Kalkbrei und 2 Teilen Sand bestehend, darf frühestens nach einem Jahr,

Fig. 416a. Teilzeichnung zu Fig. 416.

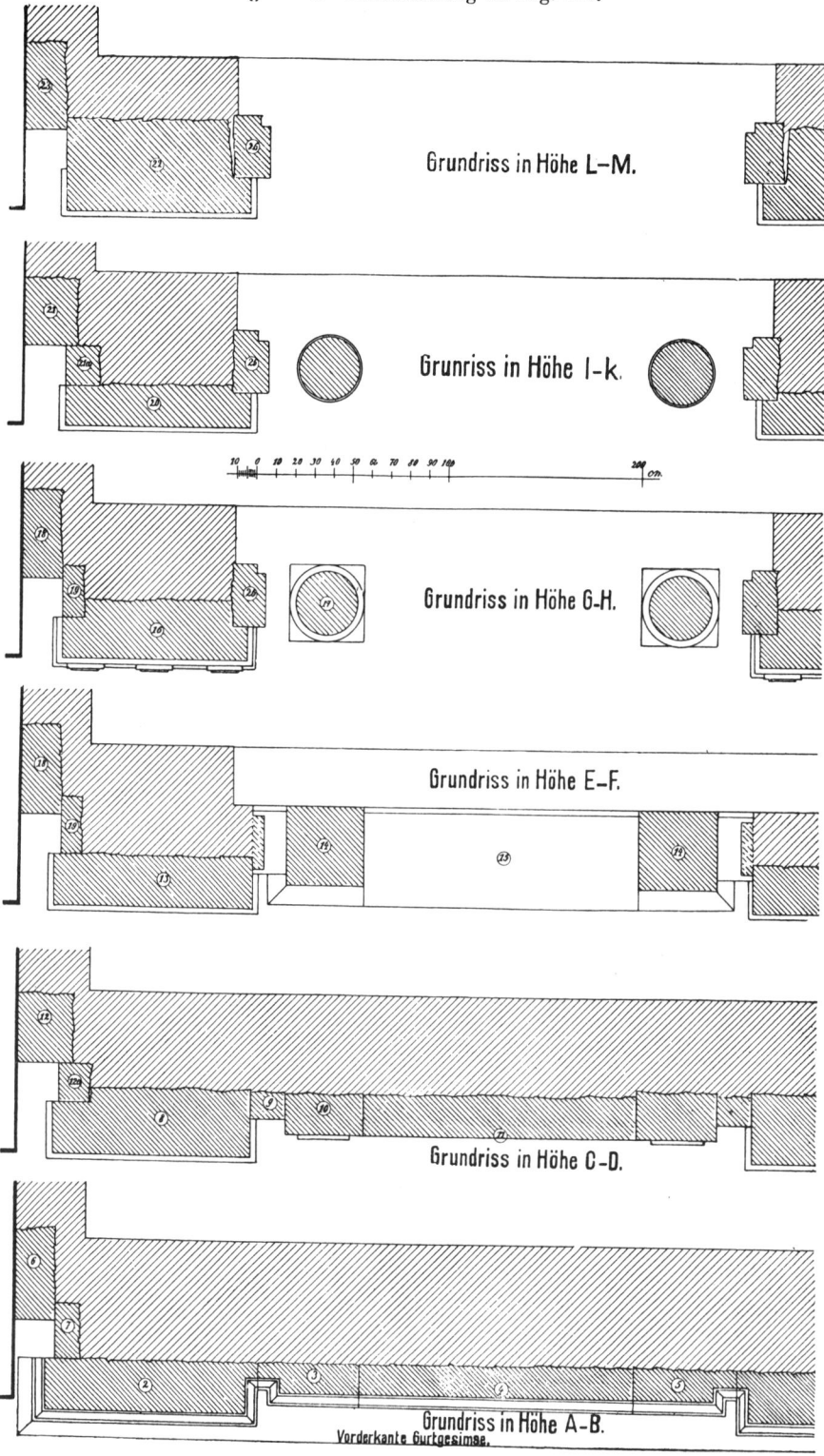

Grundriss in Höhe L—M.

Grunriss in Höhe I—k.

Grundriss in Höhe G—H.

Grundriss in Höhe E—F.

Grundriss in Höhe C—D.

Grundriss in Höhe A—B.

Vorderkante Gurtgesimse.

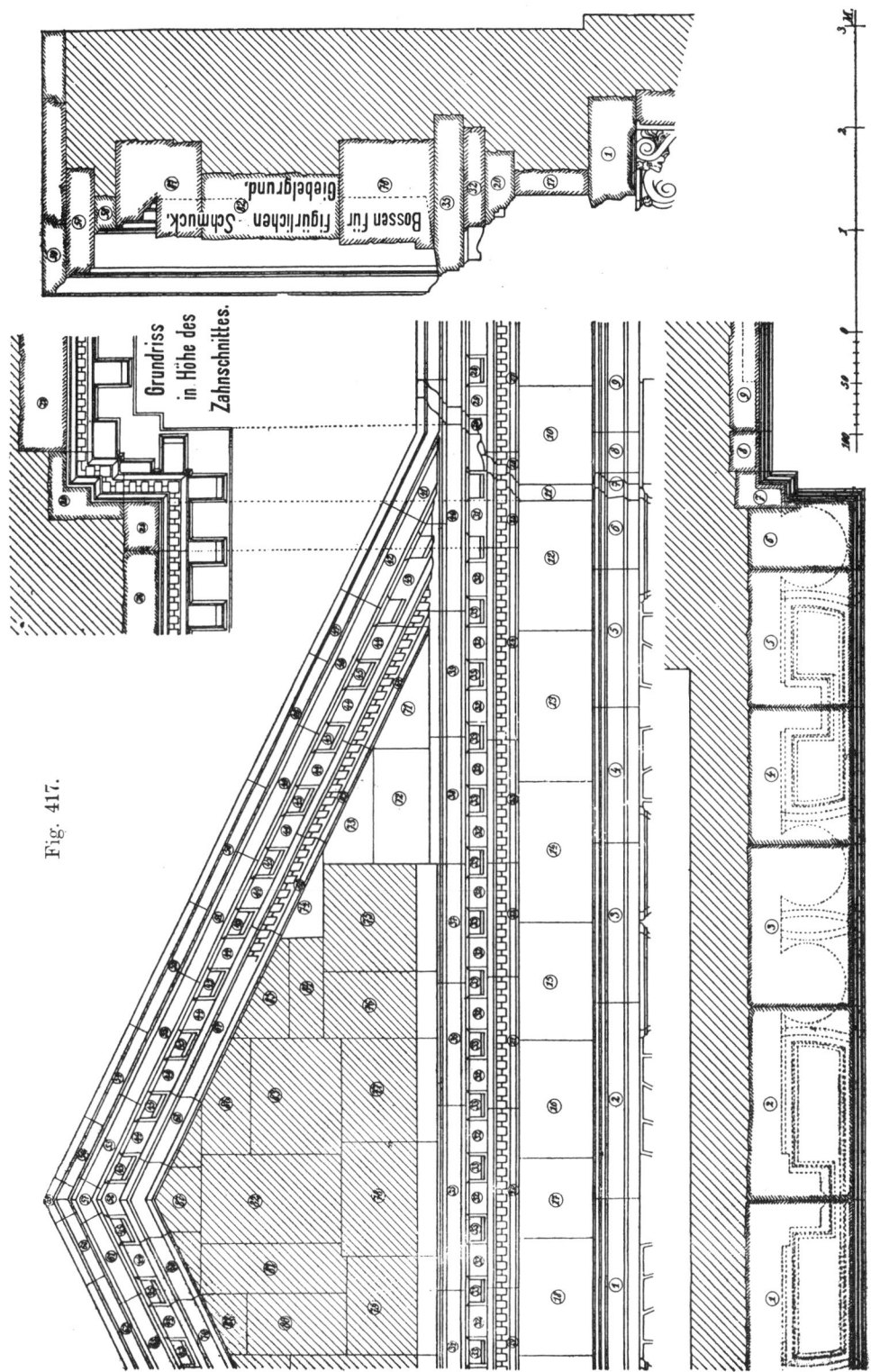

Fig. 417.

Grundriss für in Höhe des Zahnschnittes.

Bossen für figürlichen Schmuck, Giebelgrund.

also erst nach vollkommener Austrocknung der Mauern aufgebracht werden. Damit derselbe den nötigen Halt findet, werden die Mauern alsbald nach ihrer Herstellung mit etwa 1 cm tiefen hakenförmigen Vertiefungen (Schlitzen) versehen, welche einen gegenseitigen Abstand von etwa 10 cm erhalten. Zur Befestigung einer Verkleidung der Außenmauern mit Teerpappe dienen Holzdübel oder Leisten, welche in die Mauern bei deren Herstellung eingestampft werden. Weiteren Schutz der Außenmauern gegen die Einwirkungen des Schlagregens gewähren weit vorspringende Walmdächer, namentlich, wenn die Gebäude nur ebenerdig, also von geringer Höhe sind.

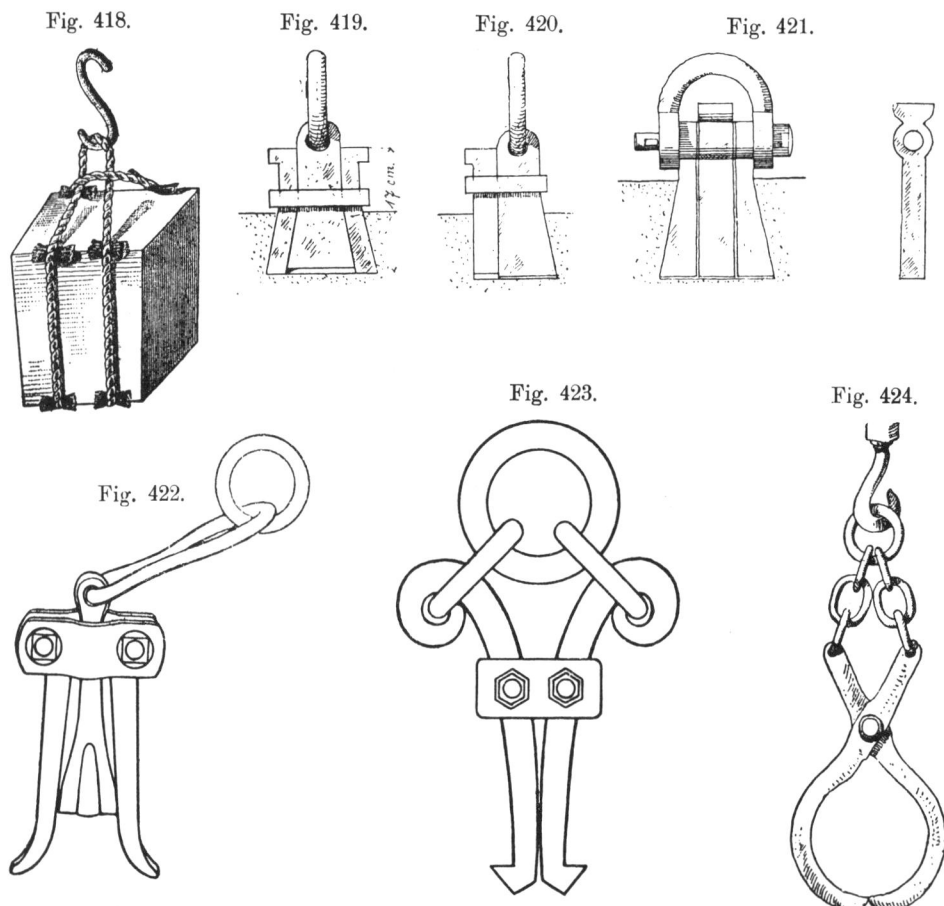

Fig. 418.   Fig. 419.   Fig. 420.   Fig. 421.

Fig. 422.   Fig. 423.   Fig. 424.

Das zur Herstellung von Mauern aus

Kalksand-Stampfmasse

verwendete Material ist ein magerer Kalkmörtel, welcher, ebenso wie die Erd-Stampfmasse, in Formkasten eingebracht und festgestampft wird. Das Mischungsverhältnis von Kalk zu Sand schwankt zwischen 1 : 8 und 1 : 12. Der Sand muß rein, scharf und von verschiedener Korngröße (jedoch höchstens bis zur Größe einer Walnuß) sein. In feuchter Lage verwendet man zu den Grund-, Keller- und Sockelmauern, in besonderen Fällen auch wohl zu dem aufgehenden

Mauerwerk, hydraulischen Kalk, in allen anderen Fällen dagegen gut gelöschten fetten Kalk.

Stets ist nur soviel Kalksandmasse zu bereiten, als an einem Tage verarbeitet werden kann, etwa übrigbleibende geringe Reste sind mit feuchten Tüchern zu überdecken, um sie gegen Austrocknen zu schützen.

Soll hydraulischer Kalk verwendet werden, so wird zunächst Wasser in die Kalkbank eingelassen, in dieses das durch trockenes Löschen gewonnene Kalkmehl geschüttet und durch fleißiges Umrühren ein dünnflüssiger Brei geschaffen, dem dann der Sand zugesetzt wird.

Fetten Kalk verwandelt man entweder durch Wasserzusatz in der Kalkbank zu Kalkmilch und setzt dieser nach und nach den Sand zu, oder man arbeitet ihn ohne Wasserzusatz in der Kalkbank tüchtig durch, vermengt ihn zunächst mit etwa drei Teilen Sand zu Mörtel und setzt diesem, unter fortwährendem Durchkneten mit der Kalkkrücke, nach und nach die weiteren Kalkteile zu.

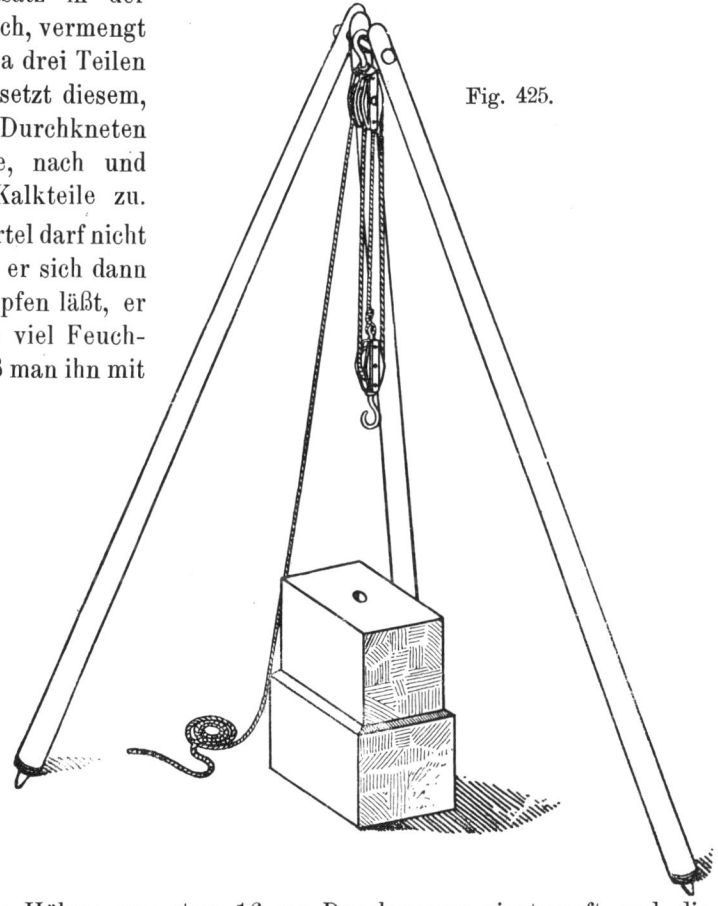

Fig. 425.

Der fertige Mörtel darf nicht zu feucht sein, weil er sich dann nicht zusammenstampfen läßt, er muß jedoch noch so viel Feuchtigkeit enthalten, daß man ihn mit der Hand leicht zusammenballen kann; er darf aber keine Spur von Nässe in der Handfläche zurücklassen.

Das Aufstampfen der Mauern geschieht, ebenso wie beim Erdstampfbau, in Formkasten mittels Handrammen (Stößer). Schornsteinröhren werden dadurch hergestellt, daß man zylindrische Hölzer von etwa 16 cm Durchmesser einstampft und dieselben nach Vollendung eines jeden Höhen-Abschnittes entsprechend höher zieht. Fenster- und Türöffnungen werden unter Benutzung kräftiger hölzerner Lehrgerüste, welche später wieder entfernt werden, eingestampft, oder man baut die lichte Oeffnung mit Ziegelsteinen zu, gleicht die oberste Schicht mit Sand bogenförmig ab, bringt eine Schalung auf und stampft auf der so gewonnenen Lehre die Oeffnung ein. Nach genügender Erhärtung der Mauer werden die Backsteine wieder beseitigt.

Ganz besondere Sorgfalt erfordern die Auswahl, Mischung und Behandlung der Materialien für Mauern, welche in

Zementsandmasse (Beton oder Grobmörtel)

ausgeführt werden sollen.

Als Bindemittel dient in der Regel der Portland-Zement, als Füllstoffe werden Sand, Kies, Steinschotter, Ziegelbrocken, Steinkohlen- oder Hochofenschlacken verwendet, und man spricht je nach der Art dieser Füllstoffe von Sand-Beton, Kies-Beton, Schlacken-Beton usw. Haben die Wandungen, wie bei Schornstein- und Entlüftungsrohren, nur geringe Stärke, so fehlen die gröberen Füllstoffe, und es wird in solchem Falle auch eine Mischung aus Zement und feinem Kiessand als Beton angesehen.

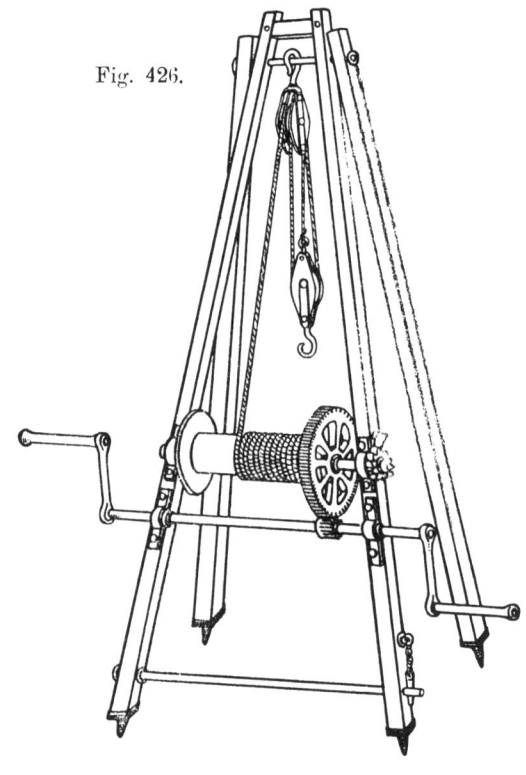

Fig. 426.

Bei der im allgemeinen nur geringen Festigkeit, welche Ziegelsteinbrocken besitzen, bei der großen Ungleichmäßigkeit der Festigkeit derselben und der leichten Verwitterungsfähigkeit, welche Ziegelsteine oft aufweisen, wird Steinschlag aus diesem Material gegen solchen aus natürlichen Steinen oder aus Kies immer nachstehen. Außerdem kann die große Porosität der Ziegelsteinbrocken insofern ungünstig wirken, als dieselben dem Mörtel in kurzer Zeit einen so bedeutenden Teil seiner Wassermenge entziehen, daß die Festigkeit desselben beeinträchtigt wird.

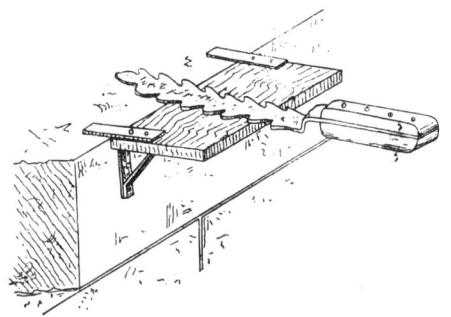

Fig. 427.

Fig. 428.

Steinschlag, aus natürlichen Steinen hergestellt, hat die Vorzüge, neben frischen und rauhen Bruchflächen scharfe Kanten und große Mannigfaltigkeit der Formen zu besitzen, welche ein gutes Anhaften des Mörtels befördern. Weiche Kalk- und Sandsteine sind ebenso zu vermeiden wie schwach gebrannte Ziegelsteine; am besten eignet sich ein Steinschlag, der von festen, wetterbeständigen und dichten Ursprungsgesteinen herrührt.

Kies besitzt im allgemeinen eine hohe Festigkeit, auch kommen in ihm alle Formen und Korngrößen vor. Die Größe der Kieselsteine richtet sich nach den Abmessungen des Betonkörpers; für stärkere Mauerkörper kommen alle Korngrößen bis 50 mm Durchmesser zur Verwendung, während für schwachwandige Hohlmauern die größte Abmessung der Steine nicht über 30 mm betragen darf. Durch Zerschlagen der größeren Steine läßt sich seine Brauchbarkeit wesentlich erhöhen, weil die Zahl der Bruchflächen vermehrt wird. Im allgemeinen ist anzunehmen, daß Kies und Steinschlag aus natürlichen Steinen gleichwertige Beton-Materialien liefern.

Steinkohlen- und Hochofenschlacken werden, da sie selbst porig sind, einen luftdurchlässigeren und weniger dichten, also auch weniger wärmeleitenden Beton liefern als Kies und Schotter aus natürlichen Steinen. Sie erscheinen deswegen für die Herstellung der aufgehenden Mauern von Wohngebäuden recht wohl brauchbar.

Im Interesse der Dichtigkeit der Betonmasse liegt es, daß möglichst alle Korngrößen in derselben vertreten sind, da hierdurch die Bildung größerer Hohlräume, welche zu ihrer Ausfüllung den kostspieligen Zement verlangen würden, verhütet wird. Gegebenenfalls wird es sich deswegen empfehlen, verschiedene Mischungen von Sand, Kies und Steinschlag vorzunehmen, für jede den Hohlraum zu ermitteln und alsdann diejenige Mischung zu wählen, welche den geringsten Hohlraum besitzt. Die notwendige Größe des Zement-Anteils ist dann gleich dem ermittelten Hohlraume der Füllstoffe zu machen, vermehrt um einen gewissen Zuschlag (den man zu etwa 15 % annehmen kann) für die Umhüllung der einzelnen Körner der Füllstoffe. Dieser Zuschlag von 15 % ist natürlich nicht für alle Korngrößen passend, weil Oberfläche und Inhalt eines Körpers nicht in gleichem Verhältnis zu- oder abnehmen, vielmehr mit dem Größerwerden eines Körpers das Verhältnis zwischen Oberfläche und Inhalt immer kleiner wird.

Die Festigkeit des Betons hängt von der Mörtelfestigkeit und letztere wieder von der Beschaffenheit des Zementes und der Füllstoffe ab, über welche man sich deshalb vorher zu vergewissern hat. Auch die Beschaffenheit des zum Anmachen verwendeten Wassers kann die Festigkeit des Betons beeinflussen. Dasselbe muß frei von erdigen und tonigen Bestandteilen, sowie von organischen Resten sein, da alle diese Stoffe die Bindekraft des Zementes schwächen. Die chemische Beschaffenheit des Wassers kann insofern von Einfluß auf die Festigkeit des Betons sein, als gewisse im Wasser enthaltene Salze das Abbinden des Zementes verzögern können. So wird beim Anmachen des Zementbetons mit hartem, namentlich gipshaltigem Wasser das Abbinden des Mörtels verlangsamt, doch erreicht derselbe eine größere Festigkeit als bei Verwendung weichen Wassers. Wird Seewasser benutzt, so wird durch das in diesem enthaltene Magnesiumsulfat und Magnesiumchlorid der Zement teilweise zersetzt, so daß dieser Teil des Zementes für die Erhärtung des Betons verloren geht und mithin die End-Festigkeit des Betons eine geringere sein wird, als bei Benutzung von Süßwasser zum Anmachen des Betons.

Weiterhin ist auch die Menge des verwendeten Wassers von Einfluß auf die Festigkeit des Betons. Im allgemeinen wird die Festigkeit um so größer, je weniger Wasser verwendet wurde, doch muß der Beton stets noch so viel Wasser enthalten, daß beim Stampfen oder Schlagen des Betons sich etwas Wasser auf der Oberfläche zeigt, wodurch erwiesen ist, daß alle Hohlräume mit Wasser angefüllt sind, also genügender Wasserzusatz gegeben worden ist. Bei stärkerem Wasserzusatz erhält man Beton von weniger dichtem Gefüge, da das überschüssige Wasser nach dem Verdunsten eine Menge Poren hinterlassen muß.

Betonmauern werden entweder in Lagen von 10 bis 30 cm in Formkasten aufgestampft oder aus regelmäßig geformten Betonsteinen wie Mauern aus natürlichen Steinen aufgemauert.

Das Mischungsverhältnis von Zement, Sand und Kies oder Steinschlag richtet sich nach dem Zweck der Betonarbeit und nach den Anforderungen, die an die Festigkeit und Wasserdichtigkeit derselben gestellt werden müssen, und es ist außerdem von der Beschaffenheit der verwendeten Materialien abhängig. Für stärkere Wände wählt man ein Verhältnis von etwa 1 Teil Zement zu 9 Teilen Beimengungen, oder 1 Teil Zement, $1\frac{1}{2}$ Teile Sand und $7\frac{1}{2}$ Teile Kies oder Steinschlag. Für schwächere Wände ist der Zementanteil entsprechend zu erhöhen, da mit dem Wachsen des Zementanteiles im Verhältnis zu den übrigen Bestandteilen die Festigkeit und Dichtigkeit des Betons zunimmt. Bei schwachen Mischungen wächst das Eigengewicht bedeutend wegen der notwendig werdenden großen Abmessungen der Konstruktionen. Den Mischungsverhältnissen nach Raumteilen entsprechen bei 1 : 2, 1 : 3, 1 : 4 und 1 : 5 etwa 650, 450, 350 und 300 kg Zement in 1 cbm gut gestampften Betons.

Daß sich übrigens bei sorgfältiger Ueberwachung der Betonbau-Arbeiten weit weniger fette Mischungen unbedenklich verwenden lassen, beweisen die vielen Ausführungen der Beton-Baugerüst-Gesellschaft zu Neumünster, für welche durchweg ein Mischungsverhältnis von 1 Teil Zement, 10 Teilen scharfem Kies und 10 Teilen Steinschlag zur Anwendung gelangte.

Bei der Bereitung des Betons auf einer sogen. Mörtelpritsche (Brettlage) wird zunächst der Sand in abgemessener Menge aufgeschüttet, darüber der Zement ausgebreitet und die Masse trocken drei- bis viermal durchgearbeitet, alsdann folgt der Wasserzusatz (mittels einer Gießkanne), jedoch nur in solcher Menge, daß das Gemenge erdfeucht, nicht schwimmend ist. Dem bei zwei- bis dreimaliger Durcharbeitung entstandenen, ziemlich trockenen Mörtel werden die Steine in abgemessener Menge zugeführt, es folgt dann wieder eine zwei- bis dreimalige Durcharbeitung der Masse soweit, daß alle Steine mit Mörtel umhüllt sind. Die Menge des Wasserzusatzes richtet sich nach dem Zweck der Arbeit, nach der verlangten Festigkeit und Dichtigkeit, nach der Temperatur und dem Feuchtigkeitsgehalt der Luft, nach der Abbindezeit des verwendeten Zementes und endlich nach der Art der Verarbeitung, ob erdfeuchter oder weicher Stampfbeton verwendet werden soll.

Für die Ausführung von Stampfbetonarbeiten sind die folgenden Regeln zu beobachten:

1. Die Betonmasse darf in die Baugrube oder die Bohlenwände nur schichtenweise und nur in solchen Stärken eingebracht werden, daß die Dicke der fertig gestampften Schichten bei erdfeuchtem Beton je nach der Beanspruchung 15 bis 20 cm, bei weichem Beton 20 bis 30 cm nicht überschreitet, da die Festigkeit mit der größeren Schichthöhe abnimmt.

2. Die einzelnen Schichten sind, wo es die Bauausführung gestattet, rechtwinkelig zu der im Bauwerk auftretenden Druckrichtung (bei Gebäudemauern also wagerecht, bei Stützmauern in geneigter Lage) einzubringen. Ist dies nicht ausführbar, so bringe man sie gleichlaufend mit der Druckrichtung ein.

3. Die einzelnen Schichten müssen in der Regel frisch auf frisch verarbeitet werden, damit ein ausreichend festes Binden derselben untereinander eintritt. Läßt sich dies nicht ermöglichen, so ist die Verbindungsfläche unmittelbar vor Aufbringung der frischen Betonmasse anzunässen und mit Stahlbesen scharf abzukehren, sowie mit dünnem Zementbrei einzuschlämmen.

Besondere Sorgfalt ist auf das Stampfen der Ecken und der Außenflächen längs der Verschalung zu verwenden. Bei erdfeuchter Betonmasse ist die Grenze des Stampfens gewöhnlich erreicht, wenn die Masse Wasser ausscheidet oder elastisch wird, oder wenn ein Zusammenpressen derselben nicht mehr zu erreichen ist. Wird weiche Betonmasse zu lange gestampft, so kann Entmischung stattfinden.

Fertig gemischte Betonmasse darf bei kühler und nasser Witterung nicht länger als 2 Stunden, bei warmer und trockener Witterung nicht länger als 1 Stunde unverarbeitet liegen bleiben; sie ist auch vor den Einflüssen der Sonne oder Regen zu schützen und vor dem Einbringen in die Verwendungsstelle nochmals umzuschaufeln. Vor jeder neuen Benutzung ist die Mörtelpritsche gut abzukehren, damit nicht bereits abgebundene alte Mörtelteile sich dem neuen Beton beimischen.

Für die Grund- und Kellermauern dienen meist die Wandungen der ausgehobenen Gräben als Lehre. Verschalungen werden nur dann angewendet, wenn dies die Bodenbeschaffenheit erforderlich macht. Die Kellerräume werden erst ausgegraben, nachdem die Kellermauern aufgestampft sind und genügende Festigkeit angenommen haben. Als Lehre für das Sockelmauerwerk und die Stockwerkwände dienen Formkasten, welche meist aus Leitständern und an diesen befestigten Formtafeln von 40 bis 70 cm Höhe bestehen. Nachdem in die Formgerüste, welche für alle Außen- und Innenmauern gleichzeitig aufzustellen sind, der Beton bis zur Höhe der Formtafeln eingestampft ist, werden diese gehoben und von neuem an den Leitständern befestigt und so fortgefahren, bis die Höhe des Stockwerkes erreicht ist. Alsdann werden die Leitständer gelöst und erforderlichenfalls für ein weiteres Stockwerk höher gerückt.

Eine einfache Konstruktion für Betonbau-Gerüste ist durch den Ingenieur Ph. Tölpe in Neumünster erfunden und demselben gesetzlich geschützt worden.

Derselbe setzt eigentümlich geformte Hohlschienen (Fig. 431 bei a) in die Außenseiten der aufzuführenden Mauer, so daß diese Schienen zunächst mit eingestampft werden. An der Vorderseite dieser Schienen, welche mit der aufzuführenden Mauer bündig liegen, befindet sich ein Schlitz. Vermittelst eines Knebels b, dessen Bart c schiefe Flächen hat und daher, indem er auf die Flächen der Schiene aufreibt, als Schraube wirkt, wird die Gerüstbohle durch eine Drehung des Knebels um 90°, also mit einem einzigen Griff, fest gegen die Schiene gepreßt. Diese Befestigung kann an jedem beliebigen Punkte der Schiene vorgenommen werden.

Indem man nun die Bohlen an dem unteren Ende der Schiene anknebelt, bilden dieselben den Fuß des Gerüstes. Zur Verankerung der Schienen dienen

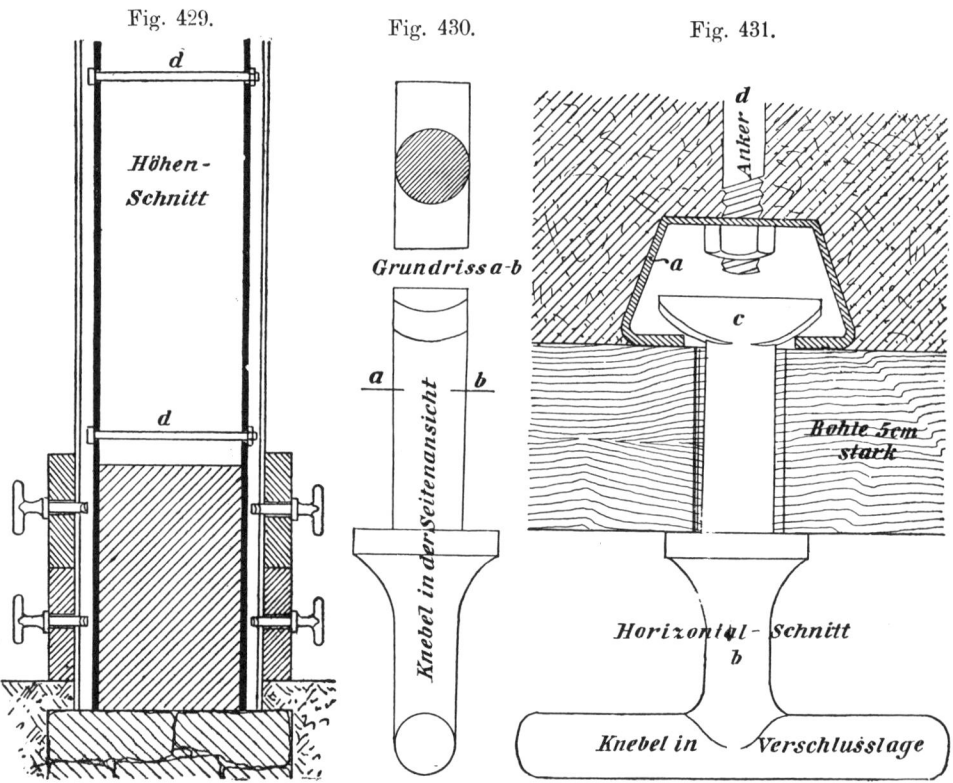

Fig. 429. Fig. 430. Fig. 431.

Höhen-Schnitt

Grundriss a-b

a   *b*

Knebel in der Seitenansicht

Anker   *d*

a

c

Bohle 5cm stark

Horizontal - Schnitt
b

Knebel in Verschlusslage

Verbindungsbolzen d (Fig. 429, 431 u. 432), welche in Abständen von etwa 1 m eingezogen werden. Nachdem man eine oder zwei Bohlen vollgestampft hat, nimmt man die untere Bohle ab und setzt sie oben wieder an usw. Man klimmt also mit zwei oder drei Bohlen zu beliebiger Höhe an den Schienen hinauf.

Es ist dabei nicht notwendig, daß die Schienen die ganze Höhe der aufzuführenden Mauer haben, dieselben können vielmehr in Längen von 1,50 bis 2 m aufeinander gesetzt werden, so daß man mit denselben Schienen, womit man die ersten 2 m hoch brachte, auch die nächsten 2 m usw. stampfen kann, indem man die Schienen in dem Mauerschlitz hochschiebt und die Verbindungsbolzen ein oder zwei Löcher höher steckt.

Zum Aussparen von Schornsteinröhren benutzt man gewöhnlich Zylinder aus starkem Eisenblech, deren Querschnitt sich durch Handhabung eines Hebels verengern läßt, so daß sie sich leicht aus der Betonmasse herausziehen und höher aufstellen lassen.

Für die Maueröffnungen werden entweder Brettformen aufgestellt, welche mit den Formgerüsten verbunden und nach dem Einstampfen der Oeffnungen wieder gelöst und beseitigt werden, oder es werden die Ecken und Ueberdeckungen aus Ziegelsteinen oder Betonquadern gebildet. Zur Befestigung von Wandvertäfelungen, der Tür- und Fensterfutter, Fußbodenleisten usw. werden zweckmäßig Holzdübel eingestampft, weil der Beton so rasch fest wird, daß er nur mit Stahlmeißeln bearbeitet werden kann.

Fig. 432.

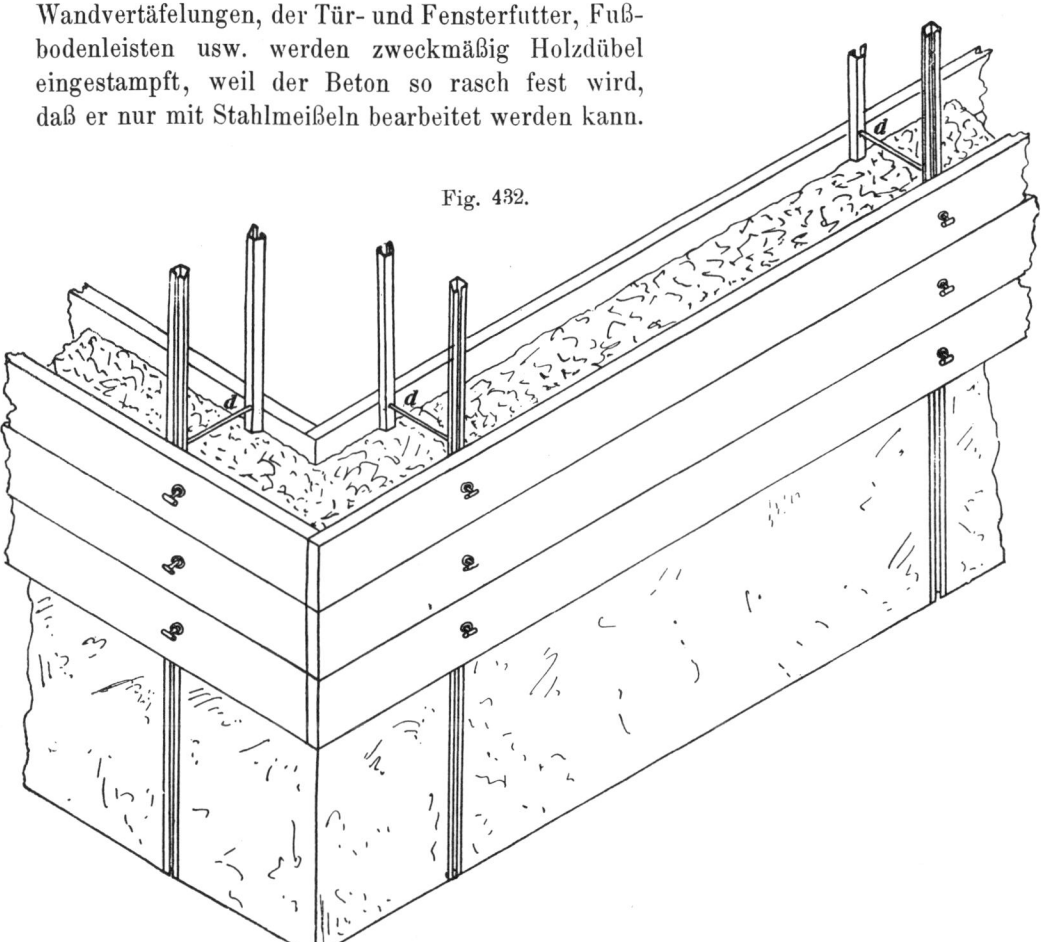

Mit Rücksicht auf die große Porosität des mageren Betons und die meist nur geringe Mauerstärke erscheint ein äußerer Zementputz als Schutz gegen das Durchschlagen der Feuchtigkeit, namentlich auf der Wetterseite, unerläßlich. Die inneren Wandflächen bedürfen dagegen, wenn sie tapeziert werden sollen, keines Verputzes.

Die günstigsten Jahreszeiten für die Ausführung von Betonbauten sind das Frühjahr und der Herbst, weil große Kälte und große Hitze für den Beton bei Beginn seiner Erhärtung gefährlich sind, während sie den bereits erhärteten Beton nicht nachteilig beeinflussen.

Eine Kostenersparnis ist beim Betonbau gegenüber dem Ziegelbau nur dann zu erwarten, wenn die Füllstoffe (Sand, Kies, Schotter u. dgl. m.) wesentlich billiger zu beschaffen sind als Ziegelsteine, weil dem als Bindemittel für die letzteren meist verwendeten Kalkmörtel beim Betonbau der teurere Zementmörtel und den beim Betonbau etwa billigeren Arbeitslöhnen die Vor- und Unterhaltung der Formgerüste gegenübersteht.

Die Feuchtigkeit und Kälte, welche in manchen Betongebäuden beobachtet wurde, dürfte auf die zu geringe Stärke der Umfassungswände oder auf die Beschaffenheit des Betons zurückzuführen sein. Ist der Beton sehr dicht und besitzt er mithin eine gute Wärmeleitungsfähigkeit, so wird sich an kalten Wintertagen in den geheizten Räumen Schwitzwasser an den Wänden niederschlagen; ist der Beton dagegen sehr porig, so dringt der Schlagregen durch schwache Mauern hindurch, und es wird mithin eine stärkere Mauer in beiden Fällen günstiger als eine schwächere wirken.

Im allgemeinen haben die Versuche, den Beton zum Aufbau der Mauern ganzer Häuser zu verwenden, bisher keinen großen Erfolg zu verzeichnen. Als Hauptgrund dieser Erscheinung muß wohl der angesehen werden, daß bei dem schlichten, wenig schönen Aussehen, welche diese Bauten zeigen, die Ausführung in Beton keine nennenswerten Ersparungen gegenüber denjenigen in Ziegelsteinen zuläßt und daß man den Vorzug der rascheren Ausführung und Austrocknung der Betonhäuser, durch die unansehnliche Färbung, sowie die meist lange andauernden Ausblühungen als aufgewogen ansieht. Aus all diesen Gründen wird für die Verwendung des Betons beim Wohnhausbau auf einen wesentlichen Umfang nicht zu rechnen sein.

Dagegen hat in neuester Zeit die Bauweise, in den Beton Eisen einzubetten, der sogen.

Eisenbetonbau

für die Herstellung sehr stark belasteter Mauerpfeiler geringen Querschnittes sowohl in den Frontmauern wie im Innern von Gebäuden (bei Geschäfts- und Lagerhäusern), sowie für die Bildung weitgespannter feuersicherer Decken, umfassendste Anwendung gefunden. Ebenso ausgedehnt ist auch seine Anwendung für durchgehende Fundamente oder Fundamentplatten unter Pfeilern und Stützen zum Zwecke der Verteilung der aufruhenden Lasten bei Erdreich von geringer Tragfähigkeit beziehungsweise bei sehr hohen Belastungen; sie kann aber auch den Zweck haben, das Grundwasser und die aufsteigende Erdfeuchtigkeit oder schädliche Bodenausdünstungen von dem Gebäude fernzuhalten.

Eine weitverzweigte Anwendung hat er schließlich auch für die Herstellung von Behältern gefunden, welche wasserundurchläßlich sein sollen und einen starken Druck (Wasser- oder Erddruck) auszuhalten haben (Wassertürme, Reservoirs, Zisternen, Abortgruben, Straßenkanäle usw.).

Für die Ausführung und Berechnung von Eisenbeton-Konstruktionen hat der Minister der öffentlichen Arbeiten in Preußen unterm 24. Mai 1907 besondere Bestimmungen erlassen, welche sowohl für die prüfenden und beaufsichtigenden Baupolizeibehörden als auch für die Unternehmer die Richtschnur abgeben. Diese

Bestimmungen sind im genauen Wortlaute im XIV. Bande*) dieses Handbuches zum Abdruck gelangt und es kann füglich hierauf verwiesen werden.

Die Eiseneinlagen, sofern sie den Zweck erfüllen sollen, die auftretenden Zugspannungen aufzunehmen, bestehen meist aus Flußeisen, doch kann auch Schweißeisen Verwendung finden; das erstere verdient wegen seiner größeren Reinheit und Gleichmäßigkeit des Gefüges, sowie seiner größeren Festigkeit den Vorzug vor dem Schweißeisen, zumal es mit diesem in der Regel gleich hoch im Preise steht. Zuweilen kommen auch weiche Stahlsorten, z. B. Streckmetall, zur Verwendung; diese haben nur dann Berechtigung, wenn der verwendete Beton eine sehr hohe Festigkeit besitzt.

Gußeisen kommt als Einlage nur in Frage als Hohlsäulen zur Unterstützung von Eisenbetondecken, die zwischen Eisenträgern eingespannt sind.

Am häufigsten bestehen die Einlagen aus Stäben mit kreisrundem Querschnitt von 5 bis 40 mm Durchmesser in gerader oder gebogener Form, wie z. B. bei den Bauweisen Monier und Hennebique. Aber auch alle anderen Querschnittsformen, wie Bandeisen, Flacheisen, Quadrateisen, Winkeleisen, ⌐-Eisen, [-Eisen und ⊤-Eisen, von den kleinsten bis zu den stärksten Profilnummern, werden angewandt. Für besondere Zwecke, wie zur Herstellung leichter, nicht unterstützter Wände (Rabitzwände), unbelasteter Gewölbe usw., dienen Drahtgewebe als Einlage, die entweder im Handel fertig in den verschiedensten Maschenweiten und Drahtstärken zu haben sind, oder die auf einem Gerüstboden hergestellt werden.

Die große Zahl der verschiedenen Bauweisen hier eingehend zu besprechen, würde zu weit führen und den Raum eines ganzen Bandes ausfüllen. Da zudem die Ausführung der Eisenarbeiten ausschließlich durch Spezialfirmen erfolgt, mithin nicht Sache des eigentlichen Maurers ist, so müssen diejenigen, welche sich hierfür besonders interessieren, auf das Studium von Spezialwerken verwiesen werden. Empfohlen wird in erster Linie das im Verlage von Bernh. Friedr. Voigt in Leipzig erschienene Werk „Der Eisenbeton im Hochbau" von H. Haberstroh.

4. Leichte Mauern aus verschiedenen Stoffen.

Eine große Verbreitung haben die nach dem Erfinder benannten Rabitz-Wände gefunden, welche außer großer, durch Versuche mehrfach nachgewiesener Feuerfestigkeit, die Eigenschaften geringer Dicke und Schwere besitzen. Sie sind deshalb sehr brauchbar zur Aufstellung auf nicht unterstützten Balken, auch eignen sie sich zur Herstellung von Kanälen und Schachten zu Heizungs- und Lüftungszwecken. Sie bestehen aus einem auf beiden Seiten mit Mörtel beworfenen, straff angespannten Gewebe aus etwa 1 mm starken, verzinkten Eisendrähten bei 2 cm Maschenweite, welches nach den Angaben des Erfinders zwischen Winkeleisen vernietet wird. Die letzteren werden an den Mauern, zwischen denen das Gewebe gespannt werden soll, mit kräftigen Haken, an den hölzernen Türzargen mit Holzschrauben befestigt (Fig. 433).

---

*) Opderbecke, Das Veranschlagen im Hochbau. Verlag von Bernh. Friedr. Voigt in Leipzig. Preis brosch. M 5.—, geb. M 6.—.

In neuerer Zeit geschieht die Befestigung des Gewebes meist an Rundeisen von 1 cm Durchmesser, welche durch Spannhaken an den Mauern, den Türzargen, den Fußboden- und Deckenbalken gehalten werden. Wegen ihrer geringen Stärke von nur 5 cm bieten die Rabitzwände auch Vorteile da, wo Schiebetüren in Wandschlitze eingeschoben werden sollen. Sind die Teile einer Tür nach verschiedenen Richtungen einzuschieben, so erhält man bei 45 mm Holzstärke und 20 mm Spielraum eine Wandstärke von $2 \times 50 + 45 + 20 = 175$ mm und, wenn

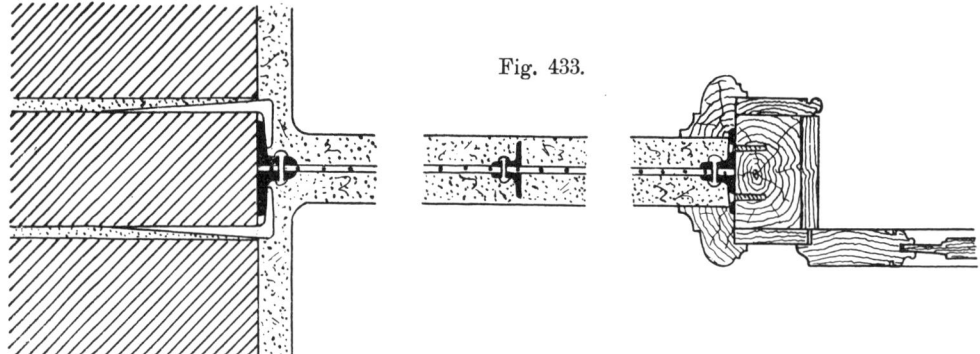

Fig. 433.

beide Teile der Tür nebeneinander eingeschoben werden sollen und als Spielraum 30 mm angenommen werden, eine Wandstärke von $2 (50 + 45) + 30 = 220$ mm.

A. Bruckner in Aachen empfiehlt Gipsplatten zur Herstellung feuersicherer freitragender Wände. Die in Größen von 62×40 oder 66×50 cm und in Stärken von 45, 62, 80 und 100 mm angefertigten Platten (Fig. 434) besitzen in ihrer Mitte einen durch die ganze Plattenhöhe gehenden Kanal a und außerdem eine Reihe Luftkanäle b, welche in ihrem oberen Teil geschlossen sind. Die Platten werden verbandmäßig übereinander aufgebaut (Figur 435) und greifen bei den wagerechten Fugen mittels Nut und Feder ineinander. Bei den lotrechten Fugen wird die Verbindung dadurch bewirkt, daß in die Kanäle c, welche durch die an den Stoßflächen befindlichen Hohlkehlen gebildet werden und die mit den mittleren Kanälen a der unteren und oberen Platten genau zusammentreffen, ein dünnflüssiger Gipsmörtel eingegossen wird. Von diesem Bindematerial tritt auch ein Teil zwischen die wagerechten Fugen und verbindet hier die Platten miteinander.

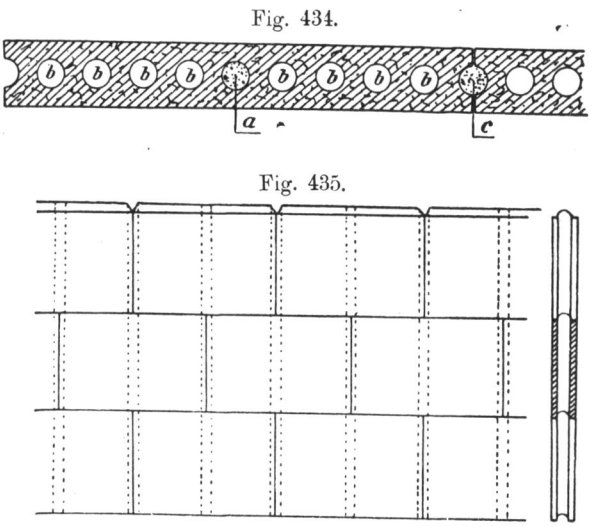

Fig. 434.

Fig. 435.

Vor dem Vergießen sind die Fugen und Kanäle gut anzufeuchten, auch sämtliche Lager und Stoßfugen auf den äußeren Wandflächen mit Mörtel zu verstreichen, um ein Ausfließen des Bindemittels zu verhindern. Damit derartige Wände gegen seitliches Verschieben gesichert sind, schlägt man an dem Fußboden und an der Decke breitköpfige Ankernägel (Fig. 436) von etwa 6 cm Länge so ein, daß sie von den Hohlkehlen der Stoßflächen überdeckt werden. Den Anschluß an verputzte Mauern kann man dadurch erreichen, daß man die Platten in den Verputz oder besser etwa 2 cm tief in eine in das Mauerwerk gehauene Nut eingreifen läßt. Zur Verbindung der Wände mit Türzargen ist die letztere ebenso wie die Platten auszukehlen und der entstehende Kanal mit Gußmasse auszufüllen (Fig. 437) oder man benutzt ⌐===⌐-förmig gebogene Ankereisen, welche an die Türzargen angeschraubt werden (Fig. 438). Da die Platten eine sehr glatte und gleichmäßige Oberfläche besitzen, so erfordern sie keinen Verputz, wenn die Wände tapeziert werden sollen.

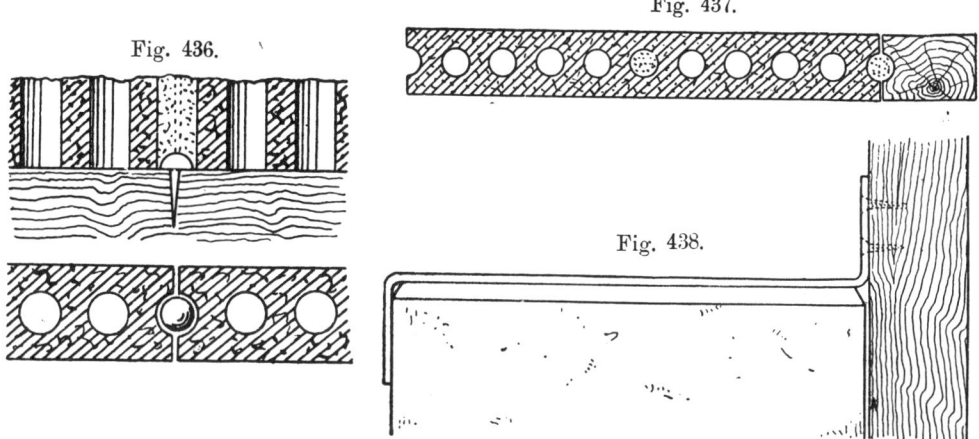

Fig. 437.

Fig. 436.

Fig. 438.

Die in den Platten befindlichen Kanäle b, welche oben geschlossen sind, um zu verhindern, daß das Bindemittel in dieselben hineinfließt, sollen das Eigengewicht vermindern und schalldämpfend wirken.

Um den besprochenen Gips-Plattenwänden eine größere Widerstandsfähigkeit zu geben, empfiehlt Bruckner neuerdings die folgende Ausführungsweise: In jeder Platte befinden sich zwei lotrechte durch die ganze Höhe derselben reichende Kanäle, welche beim verbandmäßigen Aufeinandersetzen der Platten mit den Kanälen der oberen und unteren Platten genau zusammentreffen und zwecks Herstellung guten Verbandes wie bei der in Fig. 435 veranschaulichten Wand mit Gipsmörtel vollgegossen werden. In Abständen von 1 bis 2 m werden in diese, die Wand in ganzer Höhe durchziehenden Kanäle Gasrohre eingegipst und mittels Muffen und Gewinde zwischen Fußboden und Decke verspannt. Um das Aufeinandersetzen der Platten zu erleichtern, besteht diese Rohrverspannung aus mehreren Teilen von 1 bis 1½ m Länge, welche also 2 oder 3 Platten durchdringen. Jedes Rohrstück ist an einem Ende mit einer Muffe, am anderen Ende mit einem Schraubengewinde versehen; diese Rohrstücke werden beim Aufbau der Wand aufeinander geschraubt. Die auf diese Weise verbundenen Gasrohre

Fig. 439.

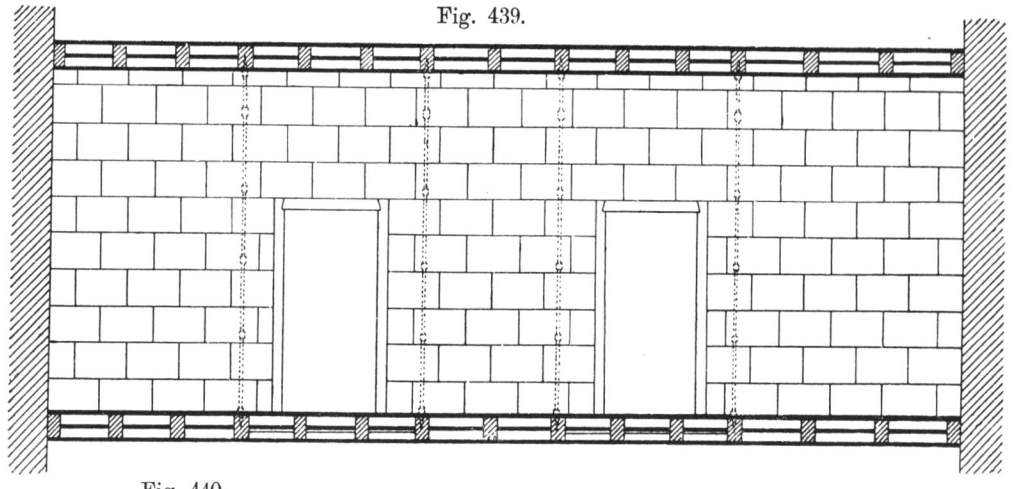

Fig. 440.

werden zwischen Holzbalken durch Holzschrauben, zwischen Eisenbalken durch Mutterschrauben befestigt und mittels eines mit Rechts- und Linksgewinde versehenen Spannschlosses fest angespannt. Die Art dieser Rohrverspannung veranschaulichen die Fig. 439 und 440.

Hierbei bezeichnet a die Holzschrauben, welche in den Fußboden- und Deckenbalken eingeschraubt werden. An der im Fußboden befestigten Schraube befindet sich ein Kopfgewinde, auf welches das mit einer Muffe versehene Gasrohr aufgeschraubt wird, dagegen ist die im Deckenbalken befestigte Schraube mit einer Muffe b versehen. Die einzelnen Rohrstücke sind mit c und das mit Rechts- und Linksgewinde versehene Spannschloß mit l bezeichnet. In dem letzteren befindet sich ein Loch, um mittels eines Dornes das Anziehen desselben bewirken zu können. Die Kanäle der obersten Schicht sind, um die Anbringung der Verspannung zu ermöglichen, entweder an einer Seite zu öffnen oder es sind die Platten an den Kanälen der Höhe nach aufzuspalten.

Die auf diese Weise zwischen Fußboden und Decke eingespannten Eisenrohre verleihen der Wand eine hohe Widerstandsfähigkeit gegen seitliche Verschiebungen sowie gegen Durchbiegen oder Ausknicken und lassen selbst bei Wänden von bedeutender Länge und Höhe das Einziehen von Zwischenpfosten und Riegelung überflüssig erscheinen, wodurch die Feuersicherheit der Wände wesentlich erhöht wird. Von besonders großem Werte ist die Rohrversteifung bei Wänden, die durch das Auf- und Zuschlagen von Türen

häufigen Erschütterungen ausgesetzt werden. In solchem Falle sind die Rohrverspannungen möglichst nahe an den Türöffnungen anzubringen.

Für den Fall, daß der Balken, über welchem die Plattenwand errichtet
werden soll, so schwach oder seine Länge so groß ist, daß trotz des geringen
Gewichtes der Wand eine Durchbiegung desselben zu befürchten steht, schlägt
B r u c k n e r Platten vor, welche in schräger Richtung durchlocht sind (Fig. 441).
Die Rohrverspannungen werden dann in
schräger Richtung so angebracht, daß die Eigen-
last der Wand auf die beiden Enden des oberen
Deckenbalkens verteilt wird (Fig. 442 und 443).

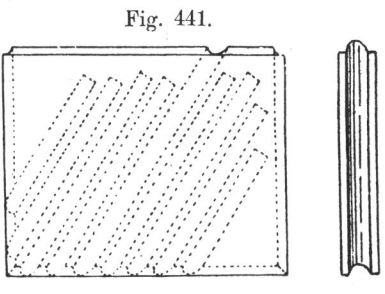

Fig. 441.

Für Außenwände und solche Innenwände,
welche mit Feuchtigkeit in Berührung kommen
können, fertigt B r u c k n e r Zementplatten von
der gleichen Form und Größe wie die Gipsplatten an. Die Außenwände werden meist
als Doppelwände so konstruiert, daß die äußere
Mauerschale aus 10 bis 15 cm starken Zementplatten, die innere Mauerschale
dagegen aus 8 bis 10 cm starken Gipsplatten gebildet wird. Zwischen den
Mauerschalen bleibt ein Hohlraum von etwa 10 cm, so daß die Stärke der

Fig. 442.

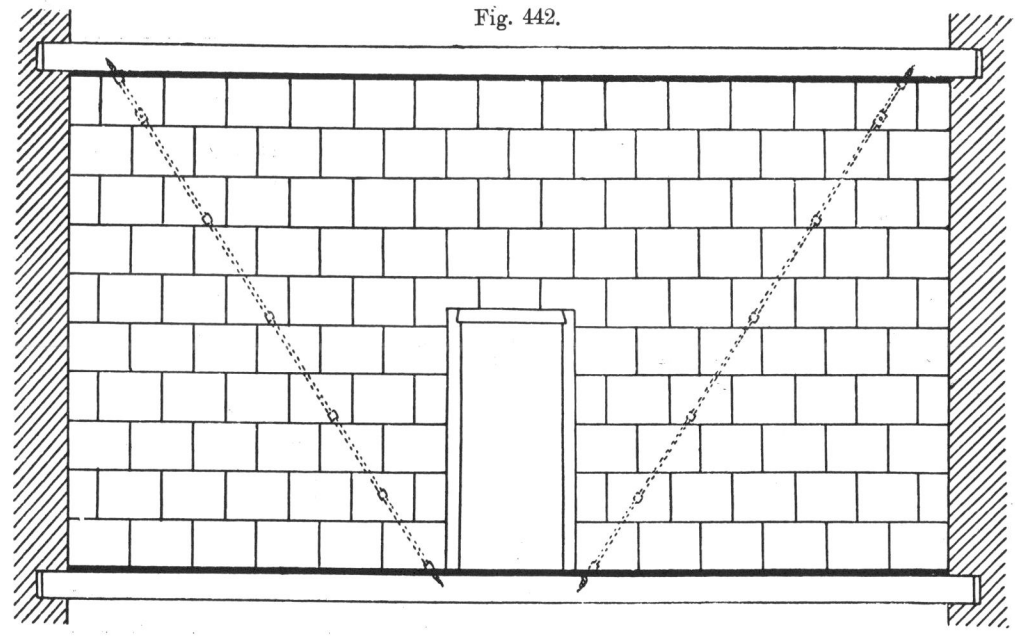

Wand 30 bis 35 cm beträgt. Die in der oben beschriebenen Weise anzubringenden
Rohrverspannungen werden unter sich mit starkem Draht oder Ankern aus Flacheisen verbunden (Fig. 444), wodurch eine feste Verknüpfung der beiden Mauerschalen erreicht wird. Aus den bei Besprechung der Ziegelmauern mit Luftschichten erörterten Gründen dürfte es sich auch hier empfehlen, den Hohlraum
unten und oben mit der Innenluft des Gebäudes in Verbindung zu setzen.

Opderbecke, Maurer. 10

Für Scheidewände zwischen Räumen, die sämtlich geheizt werden, ist eine Verbindung des Hohlraumes mit der Zimmerluft nicht anzuraten, ja geradezu verwerflich, weil Doppelwände im Innern der Gebäude nur zu dem Zwecke

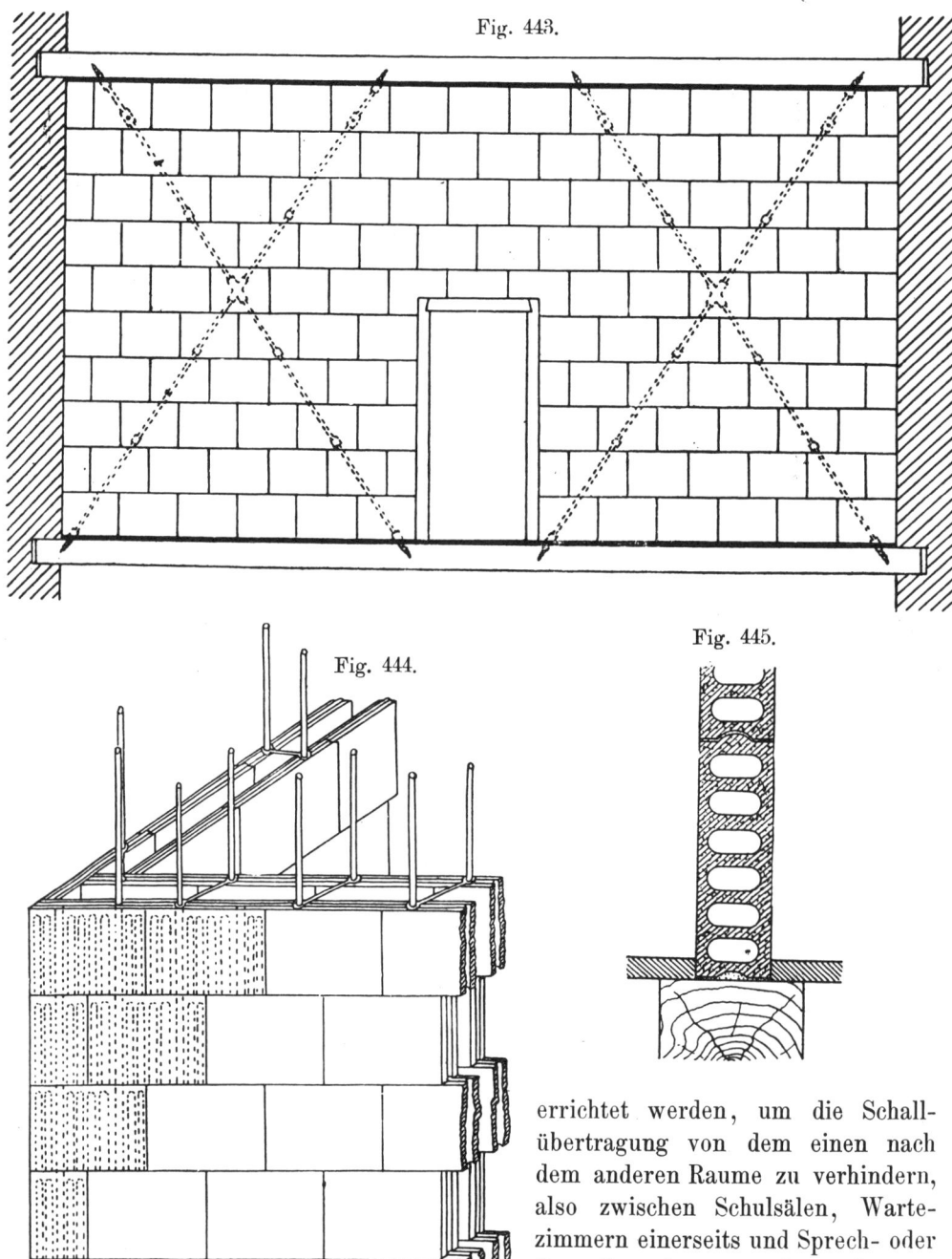

Fig. 443.

Fig. 444.

Fig. 445.

errichtet werden, um die Schallübertragung von dem einen nach dem anderen Raume zu verhindern, also zwischen Schulsälen, Wartezimmern einerseits und Sprech- oder Operationszimmern andererseits usw.

Vielfache Verwendung haben auch die von der Deutschen Zementbau-

Gesellschaft in Berlin, vormals Paul Stolte, Aktiengesellschaft, hergestellten Stegzementdielen gefunden. Dieselben werden mit länglichen Hohlräumen (Fig. 445) aus Portland-Zement und Quarzsand oder Bimssteinsand hergestellt. Die ersteren erreichen die Festigkeit bester Sandsteine und lassen sich nur schwer mit Meißel und Hammer bearbeiten; sie dienen namentlich zur Aufführung von Außenwänden. Die Bimsstein-Zementdielen lassen sich hingegen leicht zersägen, nageln und bohren und finden namentlich zu leichten Innenwänden, sowie zur Bildung der inneren Mauerschale hohler Außenwände Verwendung. Die gebräuchlichen Stärken, das Gewicht und der Preis der Dielen sind aus der nachstehenden Tabelle zu entnehmen.

Quarzsand-Zement-Dielen	Gewicht pro qm kg	Preis pro qm M	Bimsstein-Zement-dielen	Gewicht pro qm kg	Preis pro qm M
3 cm stark	60	2,50	3 cm stark	40	2,80
5 cm „	90	2,50	5 cm „	50	2,80
7 cm „	115	3,—	7 cm „	75	3,50
10 cm „	155	3,50	10 cm „	90	4,—
12 cm „	185	4,—	12 cm „	110	4,50
15 cm „	200	4,50	15 cm „	125	5,—

Von den in Deutschland zur Anwendung gelangten Zementwänden mit Eiseneinlagen verdienen die nach dem Erfinder J. Monier in Paris benannten Monier-Wände die meiste Beachtung. Ihre Konstruktion beruht auf der sich gegenseitig ergänzenden Ausnutzung der hohen Druckfestigkeit des Zementes und der großen Zugfestigkeit des Eisens.

Die Bedenken, welche sich zunächst der allgemeinen Einführung der Monier-Bauweise entgegenstellten, waren:

1. Daß das Eisen durch den naß angetragenen Zementmörtel roste;
2. daß der Zement an den Eisenflächen nicht hafte und somit mit dem Eisen nicht gemeinsam wirke;
3. daß bei Temperaturveränderungen sich das Eisen anders als der Zement bewege und ein Zersprengen des letzteren veranlasse.

Der unter 1. beregte Einwand fand seine erste Widerlegung durch eine Untersuchung, welche in Amiens mit vor Jahren zu Kanalisationszwecken verlegten Monier-Röhren angestellt wurde. Diese ergab, daß die Eisenstäbe sich noch so unversehrt, rostfrei und blau im Bruche zeigten, wie sie aus dem Walzwerke hervorgegangen waren.

Weiterhin hat Prof. Bauschinger in München an 6 Jahre alten Monier-Platten, welche in jauchigem Wasser gelegen hatten und an denen frei heraustretende Eisenstäbe vollständig durchgerostet waren, den Nachweis geführt, daß alle Eisenstäbe, welche in Zementbeton eingehüllt waren, metallisch reine, durch ein Zementhäutchen überzogene Oberflächen und unveränderte Stärke besaßen.

Hiernach dürfte erwiesen sein, daß die Zementumhüllung das Eisen dauernd gegen Rosten schützt.

Das unter 2. erhobene Bedenken ist ebenfalls, und zwar durch Belastungsproben widerlegt worden. Diese haben ergeben, daß bei gleicher Stärke, gleichem Mörtelmaterial und gleicher Spannweite eine etwa 1,50 m weit freitragende ebene Zementplatte ohne Eiseneinlage bei einer gleichmäßigen Belastung von 660 kg auf den Quadratzentimeter brach, während bei einer gleichen Platte mit Eiseneinlage der Bruch des Zementes erst bei 8000 kg auf den Quadratzentimeter eintrat, das Eisengerippe aber diese Last mit 13 mm Durchbiegung dauernd trug. Ein anderer Versuch mit gebogenen Platten von 2,65 m Spannweite, 0,26 m Pfeilhöhe und 0,05 m Stärke ergab bei der Zementkappe ohne Eiseneinlage als Bruchbelastung 1810 kg auf den Quadratzentimeter, bei der Zementkappe mit Eiseneinlage 9358 kg auf den Quadratzentimeter. Hiernach muß also ein Zusammenwirken des Eisens mit dem Zement stattfinden.

Was das unter 3. angeführte Bedenken anlangt, so haben viele amtlich vorgenommene Frost- und Feuerproben ergeben, daß weder die Zusammenziehung bei Frost in Monier-Konstruktionen Risse hervorbringt, noch daß die Einwirkung großer Hitze eine solche Veränderung bewirkt.

Zur Herstellung von Monier-Wänden wird das Eisengerippe entweder an Ort und Stelle aufgestellt und mit Zementmörtel beworfen, oder es werden in der Fabrik erzeugte Monier-Platten zum Ausmauern beziehungsweise zum Verkleiden eiserner Fachwände verwendet, oder schließlich die Wände aus Monier-Hohlsteinen aufgebaut.

Im ersteren Falle besteht das Eisengerippe aus 6 bis 10 mm starken Rundeisen, welche in wagerechter und lotrechter Richtung angeordnet und an den Kreuzungsstellen durch Draht verknüpft werden. Gewöhnlich läßt man auf eine Reihe von 8 bis 10 Drähten von 6 mm Stärke und je 7 bis 8 cm Entfernung einen stärkeren von 10 bis 12 mm Durchmesser folgen. Auch an den freien Endigungen, sowie an Richtungsänderungen der Wände sind stärkere lotrechte Stäbe von Rund-, Flach-, Winkel- oder U-Eisen einzulegen.

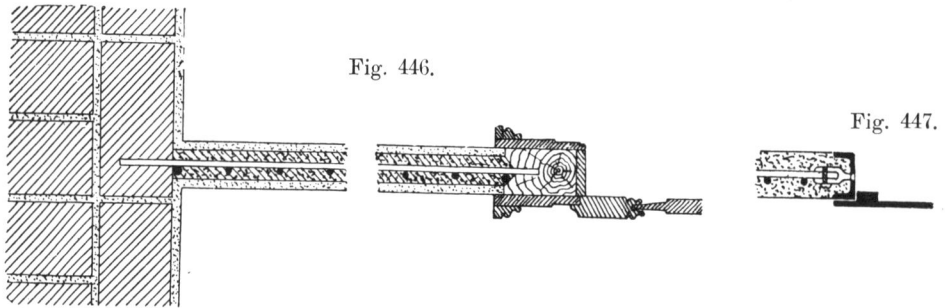

Fig. 446.

Fig. 447.

Sind Monier-Wände beiderseits von massiven Mauern begrenzt, so bemißt man die Abstände der wagerechten Stäbe am besten so, daß dieselben in die Lagerfugen des Mauerwerks eingreifen können (Fig. 446), also bei Ziegelmauerwerk auf 7,5 bis 8 cm von Mitte zu Mitte. Im anderen Falle ist ein kräftiger

Stab unmittelbar an den massiven Mauern anzubringen und durch Mauerhaken zu befestigen.

Die Holzzargen der Türen erhalten zur Aufnahme der wagerechten Stäbe einen Schlitz, zur Aufnahme der lotrechten Endstäbe und des Zementmörtel-Bewurfes eine ringsum laufende dreieckige Nute. Bei Türen in Wänden, welche vollständig feuersicher sein sollen, sowie bei Türen und Wänden in Außenwänden sind die Leibungen und Umrahmungen aus [-Eisen (Fig. 447) herzustellen. Bei reicheren Ausführungen finden die Mannstädtschen profilierten und ornamentierten Türbekleidungen*) zweckmäßige Anwendung.

Nach Vollendung des Eisengerippes erfolgt das Anwerfen des Zementmörtels gegen eine auf der einen Seite in etwa 1 cm Abstand von dem Eisengerippe aufgestellte Schalung, welche nach 3 bis 5 Tagen beseitigt werden kann. Alsdann folgt bei Scheidewänden in Räumen, in denen Wasserdämpfe (in Badezellen, Waschküchen, Siedereien usw.) erzeugt, oder in denen viel mit Wasser gearbeitet wird (in Schlachthäusern, Färbereien, Waschanstalten usw.), sowie bei allen Außenmauern ein beiderseitiger Zementmörtelputz, während bei allen Scheidewänden in trockenen Räumen ein Kalkmörtelputz genügt.

Monierplatten sind meist 35 mm dick, 0,80 bis 1,10 m hoch und 0,60 bis 0,80 m breit und haben eine Geflechteinlage von sich rechtwinkelig kreuzenden 5 mm starken Drähten. Sie werden verbandmäßig übereinander gebaut und haben ebenso wie die Brucknerschen Gipsplatten halbkreisförmig ausgenutete Stoßfugen, welche nach Einlage eines gewellten Drahtes mit Zement ausgegossen werden. Die Verwendung solcher Platten ist eine beschränkte, da sie verhältnismäßig teuer sind, zu ihrer Befestigung eines teuren Wandgerüstes aus ⊥-Eisen bedürfen und weil sie weniger feste Wände erzeugen, wie die an Ort und Stelle aus einem Stück hergestellten eigentlichen Monierwände. Sie können aber immerhin dann als Ersatz der Monierwände in Frage kommen, wenn es auf besonders schnelle Ausführung trockener Wände ankommt. Eine der bedeutendsten Ausführungen mit Monierplatten ist die der Umfassungswände des Raumes über dem Zirkus des Kristallpalastes zu Leipzig**).

Monierhohlsteine werden gewöhnlich 1 m lang, 0,60 m hoch und 0,25 m breit mit 25 mm starken lotrechten und 20 mm starken wagerechten Wandungen hergestellt. Die Eiseneinlage besteht aus einem Netze von 3 bis 4 mm starken Drähten. Zur Versteifung der Steine dienen Verstärkungsrippen von 20 mm Stärke, welche in lotrechter Richtung in der Mitte der Steine angebracht sind. Das Gewicht solcher Hohlsteine beträgt 93 kg, so daß dieselben von zwei Maurern aus freier Hand versetzt werden können. Zur Bildung der Ecken, Maueranschlüsse, Mauerkreuzungen, Schornsteinkasten usw. werden besondere Formsteine benutzt. Die Verwendung der Hohlsteine kann ebenso wie die der Monierplatten nur da in Betracht kommen, wo es sich um rasches Bauen und um die Herstellung leichter, den Schall schlecht leitender Wände handelt.

---

*) Vergl. Handbuch des Bautechnikers, Band IV, „Innerer Ausbau" von Prof. A. Opderbecke, 2. Aufl., S. 45 u. 46. Verlag von Bernh. Friedr. Voigt in Leipzig. Preis 5 M.

**) Vergl. Deutsche Bauzeitung 1888, Seite 549.

Die Deutschen Magnesit-Werke in Berlin stellen unter der Bezeichnung „Magnesit-Bauplatten" ein Baumaterial her, welches ebenso wie die Monierplatten zur Verkleidung eiserner Fachwände dient. Die Herstellungsweise dieser Platten ist Geschäftsgeheimnis, doch dürften sie im wesentlichen aus Magnesit mit Jutestoff-Einlage bestehen. Sie werden in Größen von $1{,}0 \times 1{,}0$ m und $1{,}0 \times 1{,}5$ m geliefert. Ihre Stärke beträgt für äußere Wände 20 mm, für innere Wände 12 mm. Die Befestigung der Platten geschieht mittels Holzschrauben an Holzständern, welche zwischen die Flansche der $\bot$-förmigen Eisenpfosten der Wände bezw. gegen die aus Winkeleisen gebildeten Eckpfosten geschoben und an diesen mit schwachen Schraubenbolzen befestigt werden (Fig. 448).

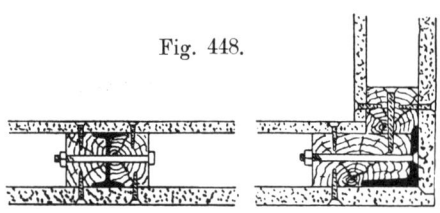

Fig. 448.

B. Schutz der Gebäudemauern und Fußböden gegen Bodenfeuchtigkeit.

Die Wahl der Konstruktionen, welche bestimmt sind, das Eindringen von Bodenfeuchtigkeit in die Mauern und Fußböden der Gebäude zu verhindern, setzt die genaue Kenntnis der Höhe des Grundwasserstandes für den in Frage kommenden Bauplatz und dessen Umgebung voraus.

Bleibt der Grundwasserstand dauernd unter der Sohle der Fundamentmauern, so kann das Vordringen der infolge der Kapillarität aufsteigenden Feuchtigkeit mit einfachen Mitteln verhindert werden.

Steigt der Grundwasserstand jedoch über den Kellerfußboden, so ist sowohl dem Eindringen des Wassers von der Seite durch die Kellermauern als auch von unten durch den Fußboden zu begegnen.

Wir haben mithin zu unterscheiden zwischen Schutzmaßregeln für einen Grundwasserspiegel, der dauernd u n t e r der Sohle der Fundamentmauern bleibt, und für einen solchen, der zeitweilig ü b e r den Kellerfußboden steigt.

a) Der Grundwasserspiegel bleibt dauernd unter der Sohle der Fundamentmauern.

Auch bei anscheinend trockenem Baugrunde sind Schutzmaßregeln gegen das Eindringen von Feuchtigkeit in die Mauern und Fußböden zu empfehlen, da der Boden nie absolut trocken ist und in seinem Feuchtigkeitsgrade nach der Jahreszeit wechselt, und weil ferner durch das in der Umgebung des Gebäudes in den Boden von oben eindringende Tagwasser den Mauern Feuchtigkeit zugeführt wird.

Die beste Sicherung wäre die Herstellung der Grund- und Kellermauern aus Baustoffen, die dem Wasser das Durchdringen nicht gestatten. Die hierfür in Frage kommenden Baustoffe sind: dichter Zementbeton, hartgebrannte Klinker, Granit, Basalt und manche andere in gutem Zement- oder Traßmörtel zu vermauernde dichte Steine. Abgesehen davon, daß diese Stoffe nicht verwendbar erscheinen, wenn es sich um Herstellung trockener Wohn- und Vorratsräume

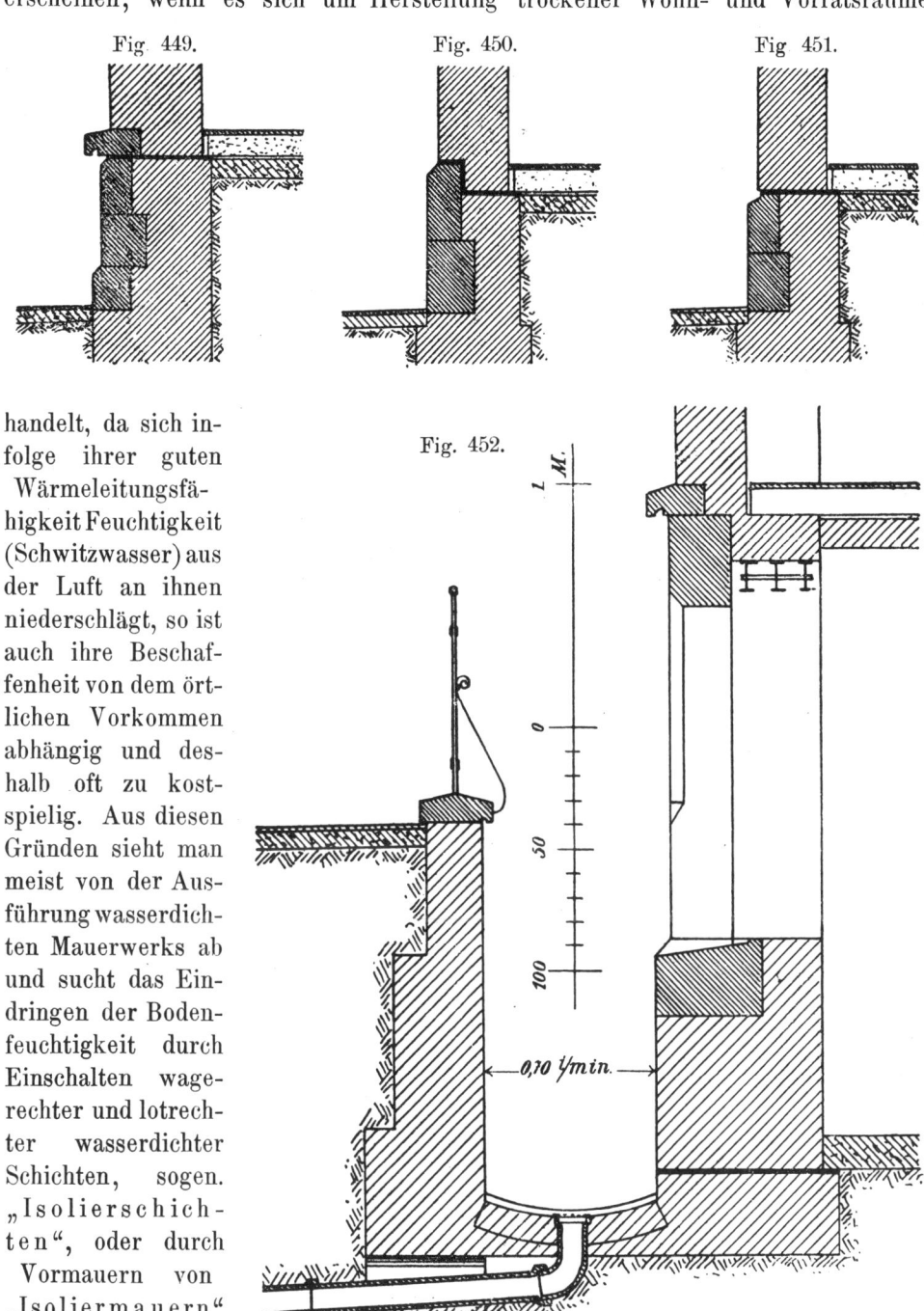

Fig 449.   Fig. 450.   Fig 451.

Fig. 452.

handelt, da sich infolge ihrer guten Wärmeleitungsfähigkeit Feuchtigkeit (Schwitzwasser) aus der Luft an ihnen niederschlägt, so ist auch ihre Beschaffenheit von dem örtlichen Vorkommen abhängig und deshalb oft zu kostspielig. Aus diesen Gründen sieht man meist von der Ausführung wasserdichten Mauerwerks ab und sucht das Eindringen der Bodenfeuchtigkeit durch Einschalten wagerechter und lotrechter wasserdichter Schichten, sogen. „Isolierschichten", oder durch Vormauern von „Isoliermauern" zu verhindern.

Zu den Isolierschichten verwendet man am häufigsten den Asphalt in einer Mischung von Goudron und Sand oder Kies. Die in Kesseln erhitzte strengflüssige Masse ist auf der trockenen und ebenen Mauerfläche 1 bis 2 cm stark aufzutragen. In neuerer Zeit sind die fabrikmäßig (B ü s s c h e r & H o f f m a n n in Eberswalde, H o p p e & R ö h m i n g in Halle a. S. u. a.) angefertigten A s p h a l t - p l a t t e n als bequemer und guter Ersatz für den Gußasphalt in Aufnahme ge- kommen. Sie bestehen aus zwei Asphaltschichten, welche eine Einlage aus zähem, langfaserigem Filz einschließen. Die meist in einer Länge von 81 cm hergestellten Platten werden mit etwa 5 cm Ueberdeckung verlegt. Bei wage- rechten Schichten ist eine besondere Dichtung der Fugen mit flüssigem Asphalt nicht erforderlich, da diese durch die Last des aufruhenden Mauerwerks bewirkt wird. Die Vorzüge der Asphaltplatten gegenüber dem Gußasphalt beruhen hauptsächlich darin, daß sie nicht an den Steinen haften und deshalb den Be- wegungen des Mauerwerks folgen können, ohne zu zerreißen und daß sie bei jeder Witterung von gewöhnlichen Maurern verlegt werden können.

Ebenso häufig wie Asphaltplatten kommen jetzt B l e i - I s o l i e r p l a t t e n (S i e b e l in Düsseldorf) zur Verwendung. Dieselben bestehen aus 0,5 mm starkem Walzblei, welches die Einlage von in Teer getränkter Pappe bildet. Das Verlegen geschieht ebenso wie das der Asphaltplatten.

Weitere Stoffe, die sich zur Bildung von Isolierschichten eignen, sind R o h - g l a s t a f e l n von 3 bis 5 mm Dicke, welche in Zementmörtel verlegt und deren Fugen mit Glasstreifen überdeckt und verkittet werden, K l i n k e r in Zement- oder Asphaltmörtel vermauert und P o r t l a n d z e m e n t, welcher in einer Stärke von 1,5 bis 2,0 cm aufzubringen ist.

Die w a g e r e c h t e n I s o l i e r s c h i c h t e n sind so zu wählen, daß oberhalb derselben den Mauern keine Bodenfeuchtigkeit mehr zugeführt werden kann. Ist ein Gebäude nicht unterkellert, so sind alle Mauern (also Außen- und Innen- mauern) in Höhe der Plinthe zu isolieren und zwar u n t e r den Lagerhölzern, wenn der Fußboden im Erdgeschosse auf solchen ruht. Die Figuren 449 bis 451 veranschaulichen hierfür einige Beispiele.

Ist das Gebäude unterkellert, so ist die seitlich an die Mauern herantretende Bodenfeuchtigkeit mit in Rechnung zu ziehen. Sie wird in manchen Fällen durch das von oben in den Boden eindringende Tagwasser erzeugt; es sind mithin Vorkehrungen zu treffen, um dieses Tagwasser von den Gebäudemauern fort und möglichst schnell nach unten zu führen. Zu empfehlen ist die Anordnung eines rings um das Gebäude laufenden, dicht an dasselbe anschließenden Traufstreifens von mindestens 60 cm Breite aus Pflastersteinen oder Beton, die Hinterfüllung der Fundament- und Kelleraußenmauern mit durchlässigem Material (reiner Sand oder Kies) und die Herstellung glatter äußerer Wandflächen mit vollem Fugenschluß.

Sollen die Kellerräume zum Aufenthalte von Menschen oder zur Lagerung von Gegenständen dienen, die einen durchaus trockenen Raum verlangen, so sind weitere Vorkehrungen zu treffen, welche entweder das Dichten der Umfassungs- mauern oder das Abhalten der Feuchtigkeit von diesen bezwecken.

Am vollkommensten wird der beabsichtigte Zweck durch Anordnung von

— Isoliergräben —

erreicht, die in einer Breite, welche das Begehen und Reinigen gestattet (min- destens 70 cm), vor den Umfassungsmauern ausgeführt werden. Sie werden

Fig. 453.

entweder nach oben offen (Fig. 452 und 453), oder, wo dies nicht zulässig ist, durch Steinplatten oder Gewölbe überdeckt (Fig. 454 und 455) hergestellt. Von dem benachbarten Erdreich sind die Gräben durch Stützmauern zu trennen (Fig. 452, 454 und 455), welche dem Erdschub ausreichenden Widerstand bieten; man kann sie aber auch, um an Material zu sparen, durch Mauerbögen (Figur 453) mit den Kellermauern verspannen, oder als lotrechte Kappengewölbe ausbilden, die ihr Widerlager in Pfeilern finden, welche ebenfalls durch Mauerbögen mit den Kellermauern verspannt sind (Fig. 456). Die letztere Anordnung führt allerdings zu Schwierigkeiten bei der Abdeckung der Mauern und bei Anbringung des für offene Isoliergräben nicht zu entbehrenden Schutzgeländers oder bei Ueberdeckung mit eisernen Rosten.

Die Abführung des in den Gräben sich sammelnden Wassers geschieht durch Rohrleitungen nach einem außerhalb des Gebäudes vorbeiführenden Kanal oder offenen Wasser-

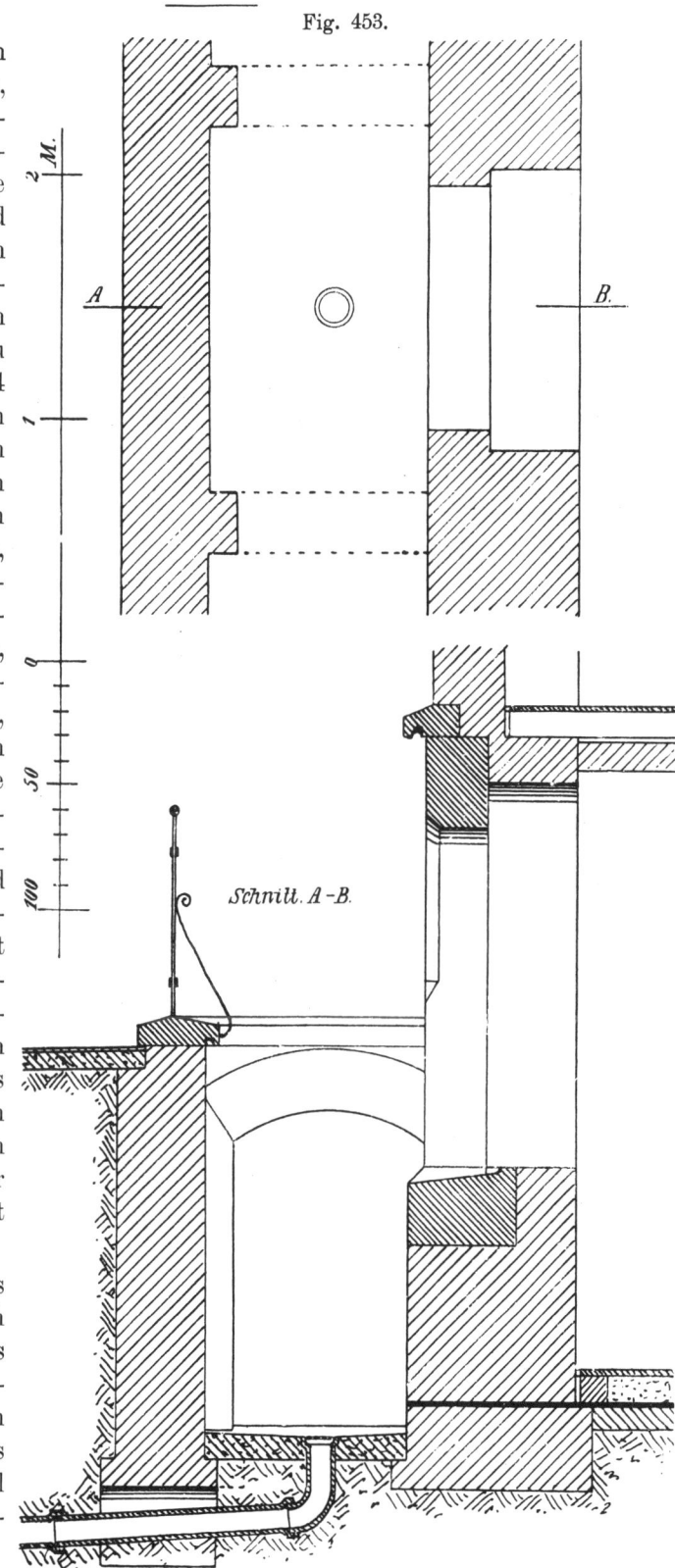

Schnitt A -B.

laufe. Gegenüber den bedeckten Isoliergräben bieten die offenen den Vorteil, daß sie leicht zu beaufsichtigen und zu reinigen sind, dagegen den Nachteil, daß Regen und Schnee ungehinderten Zutritt zu denselben haben.

In der Abdeckung der bedeckten Isoliergräben sind mehrere Einsteig-öffnungen anzubringen, um dieselben reinigen zu können. Zu letzterem Zwecke müssen die Gruben so hoch sein, daß man sie begehen oder doch mindestens in gebückter Stellung bekriechen kann, also wenigstens 1,2 m. Die in den Gräben eingeschlossene Luft muß durch zweckentsprechende Lüftungs-vorkehrungen entfernt werden, da dieselbe sonst die von der Stützmauer ausgehende Feuch-tigkeit an die Kernmauer ab-geben und diese feucht machen würde. Sie muß deshalb nicht nur oben durch Oeffnungen, welche man in den Steinplatten oder Einsteigeöffnungen an-ordnet oder durch Kanäle, welche man in den Fenster-leibungen ausmünden läßt (Fig. 457), mit der Außenluft verbunden werden, sondern man muß auch durch untere Oeffnungen für den Luft-wechsel sorgen. Wollte man nur oben in der Abdeckung Oeff-nungen anbringen, so würde ein genügender Luftwechsel, namentlich im Sommer, nicht stattfinden, da die im Hohl-raume befindliche kalte und feuchte Luft zu schwer ist, um von selbst aufsteigen zu können. Am zweckmäßigsten ist es, die Isoliergräben mit Lüftungsrohren zu verbinden, die in den Scheidemauern neben Schornsteinrohren liegen und über Dach gehen. Diese Kanäle (vergl. Fig. 457) legt man am besten um ein Geringes höher wie die wagerechte Isolierschicht der Kellermauern und diese wiederum mindestens 12 cm höher als die Sohle des Isoliergrabens, damit die auf der Sohle sich ansammelnde Feuchtigkeit nicht in den Kellermauern hochsteigen kann.

Weniger Kosten als Isoliergräben verursacht die Ausführung von

— Isoliermauern — (Fig. 457),

welche gewöhnlich in 7 cm (¹/₄ Stein) Entfernung von den Umfassungsmauern

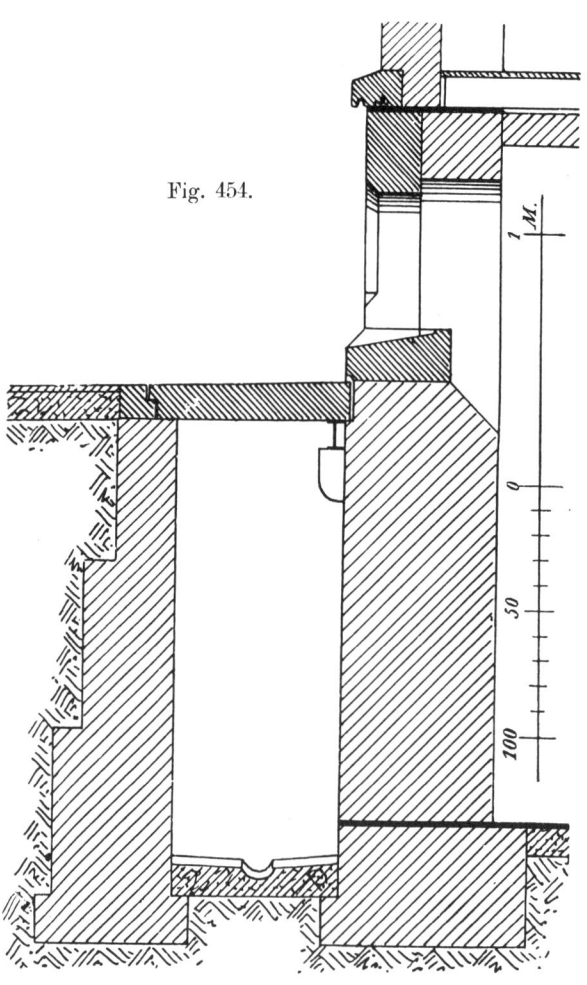

Fig. 454.

aufgeführt werden. Dieselben haben ebenfalls die Bestimmung, das Wasser am Vordringen in den Mauerwerken zu hindern und im Hohlraume zum Abfluß zu bringen. Die zur Verbindung der äußeren, meist nur ¹/₂ Stein starken Mauerschale mit den Kellermauern erforderlichen Ankersteine oder Eisenklammern (vergl. Fig. 174 bis 178 und 180) dürfen nicht zu Feuchtigkeitsleitern werden, und es sind deshalb die auf Seite 48 besprochenen Vorsichtsmaß-

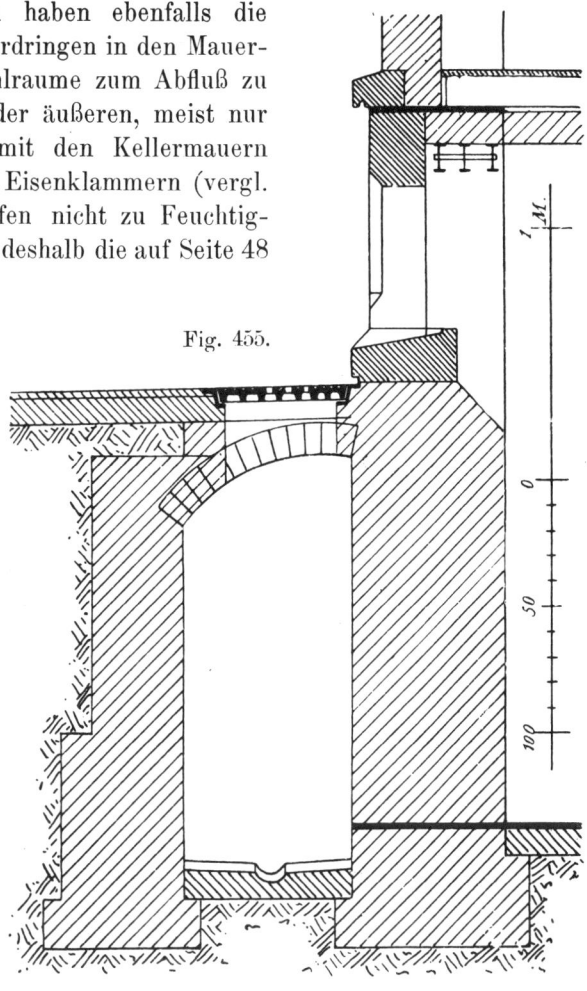

Fig. 455.

regeln zu beobachten: Der Hohlraum ist zu entwässern und in gleicher Weise wie die bedeckten Isoliergräben zu lüften. Die Isoliermauern sind auf einer Verbreiterung der Kellerfundamente zu gründen und aus hartgebrannten Steinen (Klinkern) in Zementmörtel auf die ganze Höhe des anschließenden Erdreiches aufzuführen. Die Läuferschicht ist oben durch eine Rollschicht, durch den Belag des Bürgersteiges oder durch den Sockelvorsprung des Gebäudes abzudecken.

Im allgemeinen verdienen Isoliermauern mit Hohlräumen von solch geringer

Fig. 456.

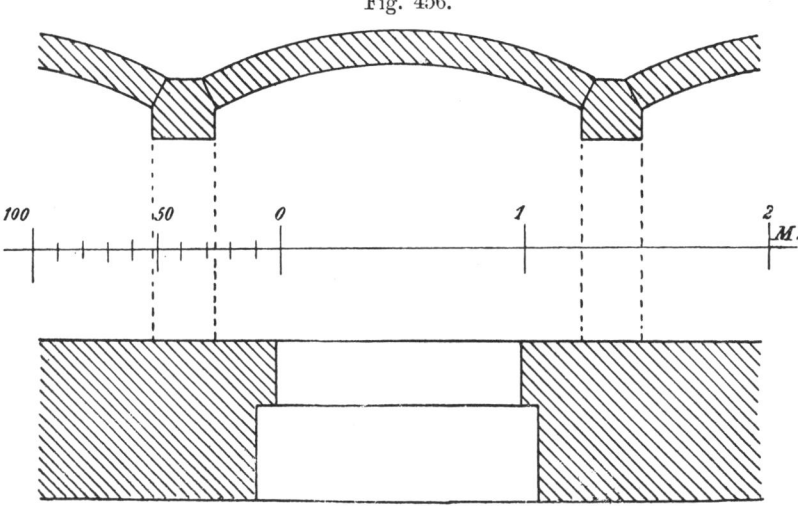

Breite nicht die Empfehlung, welche sie häufig finden, weil die Ausführung eines wirklichen Hohlraumes wegen des beim Mauern herabfallenden Mörtels mit Schwierigkeiten verbunden ist und man niemals Gewähr dafür hat, daß die Maurer die erforderliche Sorgfalt beobachten. Man sollte deshalb den Hohlraum wenigstens 12 cm (besser 25 cm) breit machen; es ist dann aber erforderlich, daß die

Fig. 457.

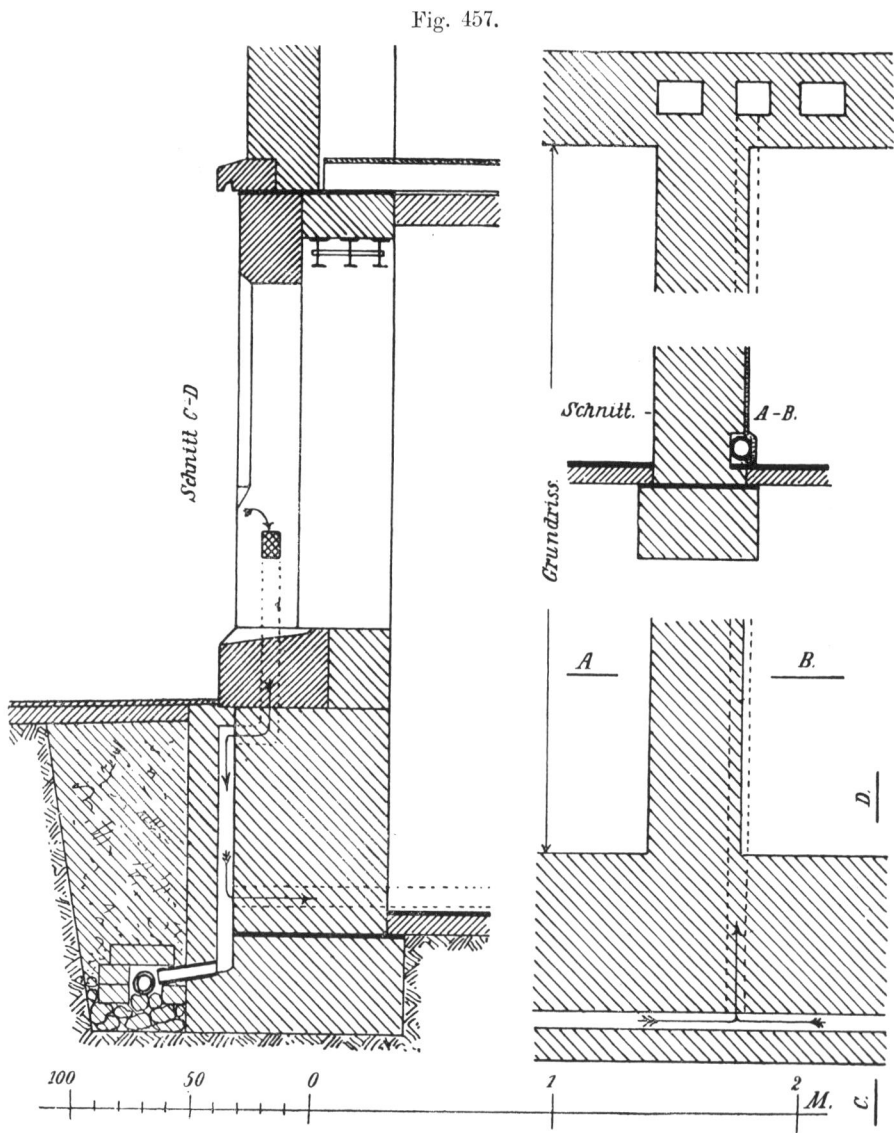

Isoliermauer eine entsprechende Stärke (mindestens 25 cm) erhält, um dem Erddruck widerstehen zu können.

Man begnügt sich deswegen häufig mit der Ausführung der Umfassungsmauern in dichtem Steinmaterial, welches mit hydraulischem Mörtel vermauert wird und fügt zur weiteren Sicherung

— lotrechte Isolierschichten —

hinzu.

Diese können sowohl auf der Außenseite, wie auf der Innenseite, als auch im Kern der Umfassungsmauern angeordnet werden.

Die billigste, aber auch am wenigsten dauerhafte lotrechte Isolierschicht ist ein Anstrich der äußeren Mauerseite mit heißem Goudron. Besser ist schon ein mehrmaliger Anstrich mit Goudron auf einem 1,0 bis 1,5 cm starken Zementputz, den man auf der Außenseite der Umfassungsmauern ausführt.

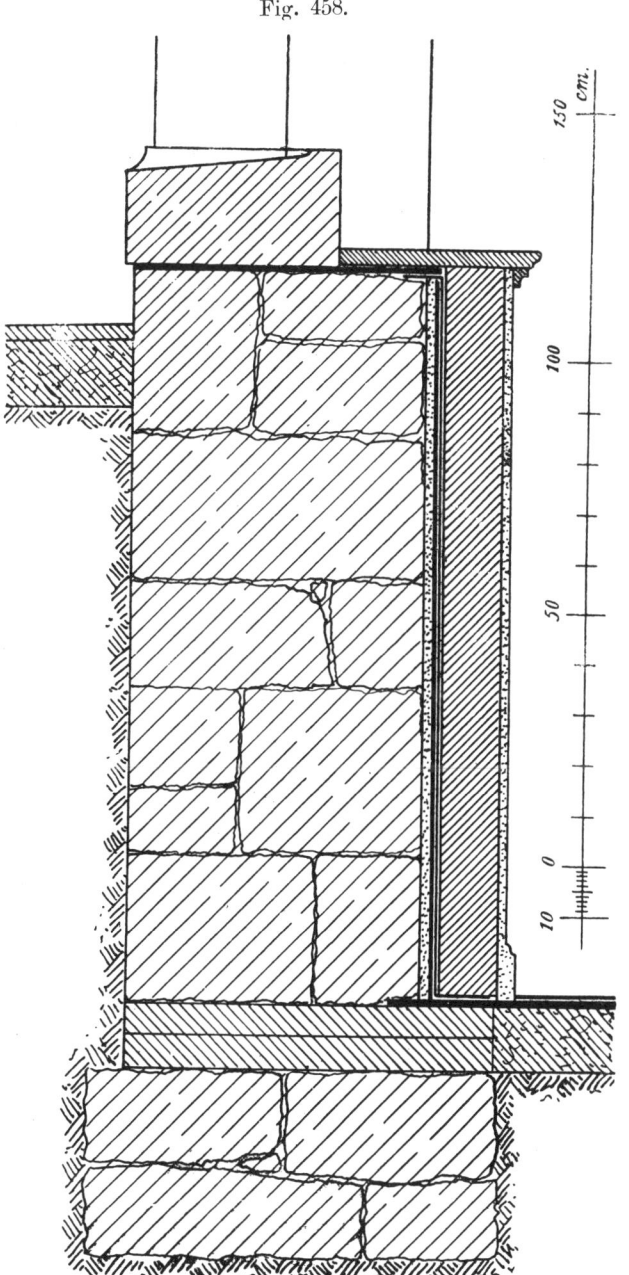

Fig. 458.

Soll die Isolierschicht auf der Innenseite der Außenmauer angebracht werden, so empfiehlt sich folgendes Verfahren:

Auf dem durch eine oder zwei Flachschichten oder eine Rollschicht wagerecht abgeglichenen Fundamente (Fig. 458) wird eine etwa 25 cm breite Lage Asphaltplatten oder Siebels Blei-Isolierplatten so aufgebracht, daß diese einerseits von dem später auszuführenden Kellermauerwerk etwa 6 cm breit überdeckt wird und andererseits eine Verbindung mit dem Asphaltestrich, welcher den Kellerfußboden bilden soll, möglich ist. Auf die aufgemauerte Außenwand wird dann von innen ein rauher Zementputz aufgebracht, dieser nach dem Austrocknen mit Goudron angestrichen und auf die noch warme und weiche Masse Dachpappe oder Asphaltplatten in lotrechten Bahnen mit etwa 10 cm breiter Ueberdeckung so geklebt, daß dieselbe unten über die Abdeckung der Fundamentgleiche und oben über den Rand des Mauerwerks greifen und hier durch eine wagerechte Asphalt-Isolierschicht überdeckt werden. Nach dem Verkleben der Fugen der Dachpappe beziehungsweise der Asphaltplatten mit Asphalt, ist die Isolierschicht durch eine ½ Stein starke Backsteinmauer zu verkleiden und diese mit Zementmörtel zu verputzen.

b) Der Grundwasserspiegel befindet sich über der Kellersohle.

Je höher das Grundwasser steigt, um so schwieriger sind die Kellerräume gegen das Eindringen desselben zu schützen. Ist der Grundwasserstand ein veränderlicher, wie dies namentlich in der Nähe von offenen Wasserläufen, die zeitweilig stark anschwellen, beobachtet wird, so können die erforderlichen Arbeiten in der trockenen Jahreszeit, wenn die Baugrube frei von Wasser ist, erledigt werden; im anderen Falle sind dieselben unter Wasser auszuführen, oder es ist das Wasser mittels einer Spundwand gegen die Baugrube abzudämmen. In jedem Falle wird man am sichersten den gewünschten Erfolg erzielen, wenn man ein von dem zu errichtenden Gebäude unabhängiges wasserdichtes Becken, eine Schüssel, schafft, deren Ränder bis über den höchsten Grundwasserstand reichen. In dieser Schüssel kann dann das Gebäude in gewöhnlicher Weise wie bei trockenem Baugrunde aufgebaut werden.

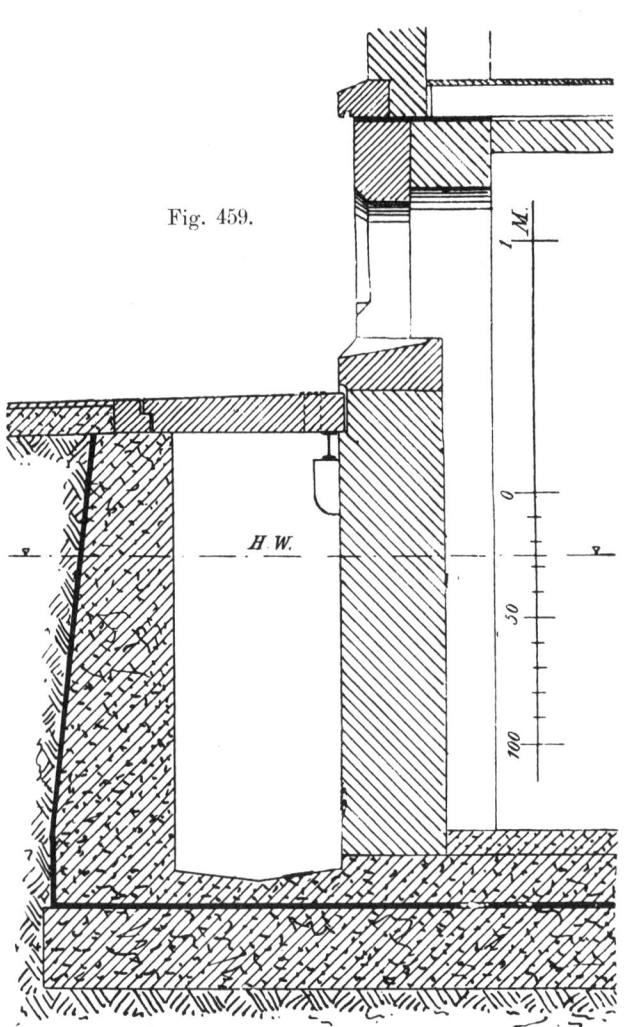

Fig. 459.

Am vorteilhaftesten für die Herstellung des Grundbeckens ist der Portlandzement, da derselbe sich auch zur Anschüttung unter Wasser verwenden läßt. Zweckmäßig ist die Einschüttung einer Asphalt-Isolierschicht, welche auf der Außenseite der Beckenwandung hochzuführen oder durch etwa 2 cm starken Zementputz zu ersetzen ist (Fig. 459). Der Raum zwischen

Beckenwandung und den Außenmauern des Gebäudes ist als bedeckter Isolier-
graben zu behandeln. In denselben darf kein Wasser eindringen, da dessen
Fortleitung wegen des hohen Grundwasserstandes nicht möglich ist; er ist aber
zu lüften. Die infolgedessen eintretende Luft wird Niederschläge an den Wänden
erzeugen, welche nur durch Verdunsten verschwinden können. Es ist deshalb
ratsam, die Sohle von beiden Seiten nach ihrer Mitte fallen zu lassen, so daß
die Ansammlung des Schwitzwassers in genügender Entfernung von dem Gebäudemauern erfolgt.

Wegen der großen Dicke, welche die Betonsohlen, namentlich bei hohem
Wasserstande, erhalten müssen, ersetzt man dieselben häufig durch umgekehrte

Fig. 460.

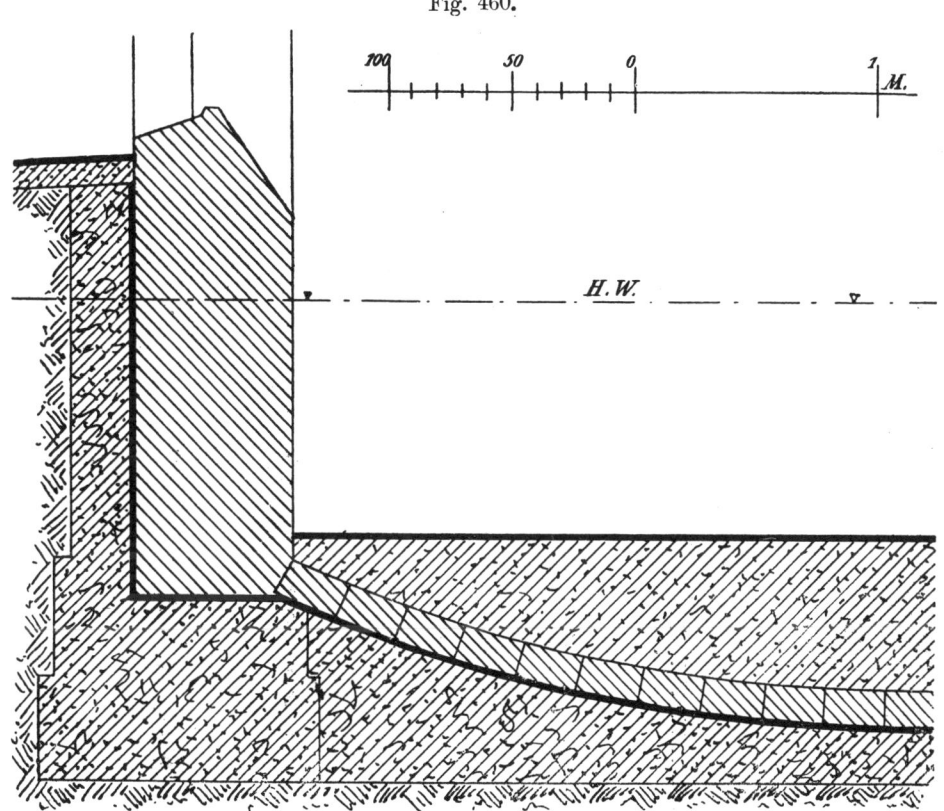

flache Kappen- oder Klostergewölbe mit $^1/_{10}$ bis $^1/_{15}$ der Spannweite als Pfeilhöhe. Sinkt der Wasserstand auch in der trockenen Jahreszeit nicht unter die
Gründungstiefe, so muß man zunächst mittels einer Betonsohle (Fig. 460 u. 461)
die trockene Baugrube herstellen. Ueber der in der Form des beabsichtigten
Gewölbes abgeglichenen Sohle wird entweder eine Isolierschicht aus Asphalt
oder Asphaltplatten und hierüber das Gewölbe aus Ziegelsteinen (Fig. 460) oder
aus Beton ausgeführt, oder man wölbt bei stärkerem Wasserdrucke in zwei Schalen
(Fig. 461) und fügt die Isolierschicht zwischen beiden Schalen ein. Bei der
Ausführung mit Ziegelsteinen wölbt man am besten in Ringschichten (die Steine

mit ihrer Länge hochkantig in der Wölblinie liegend), da dann am wenigsten preßbare Lagerfugen entstehen.

Sehr vorteilhaft, wegen der großen Widerstandsfähigkeit gegen den Wasserdruck bei verhältnismäßig geringer Dicke, sind umgekehrte Gewölbe aus Zementbeton mit Eiseneinlagen (Eisenbeton*). Der Hohlraum zwischen den mit Asphaltplatten abgedeckten Gewölbe und dem ebenfalls aus Asphalt hergestellten Kellerfußboden (Fig. 462) wird am besten mit magerem Beton geringster Mischung ausgefüllt.

Die umgekehrten Gewölbe sollen dem Wasserdruck von unten Widerstand leisten. Hört dieser Druck auf, was bei wechselndem Grundwasserstande ein-

Fig. 461.

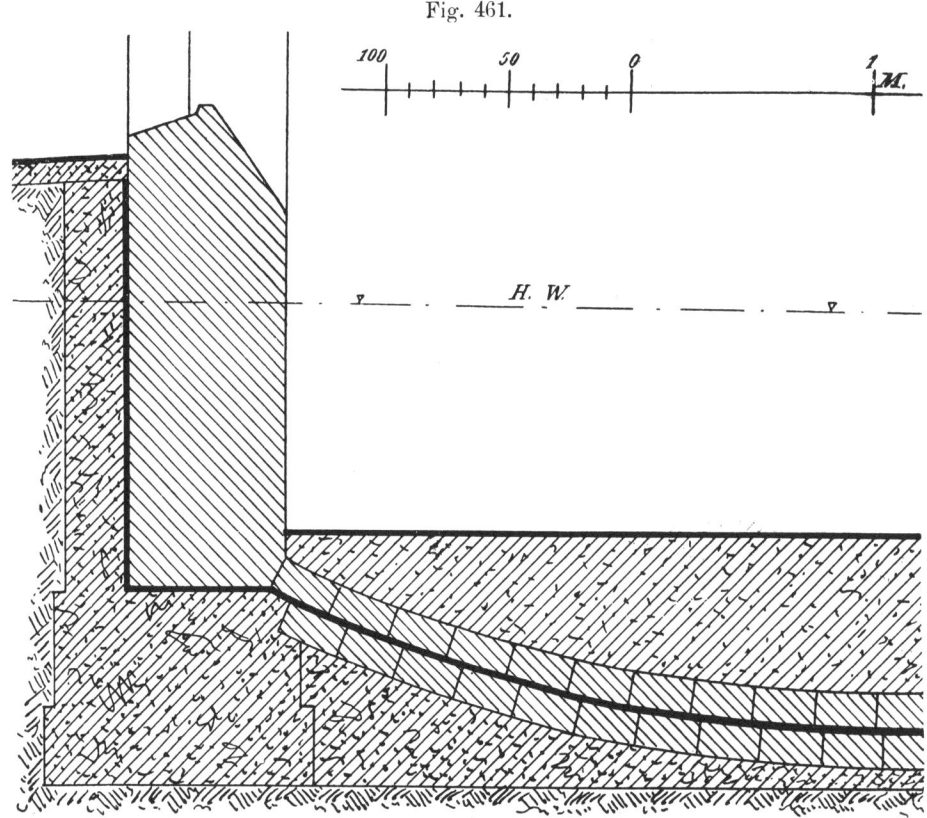

treten kann, so lasten die Gewölbe auf ihrer Unterlage und sie können sich von ihren Widerlagern lösen und dem Wasser Zutrittsstellen öffnen, wenn eine Betonsohle unter ihnen fehlt und sie unmittelbar auf preßbarem Erdreich aufruhen. Es ist deswegen anzuraten, die Gewölbe in nicht zu großen Abständen durch einzelne Betonklötze (Fig. 463 und 464) zu unterstützen. Große Bodenflächen, die sich nicht mit einer einzigen Gewölbekappe unterspannen lassen, sind durch Betonrippen oder umgekehrte Gurtbögen in kleinere Felder zu zer-

---

*) Vergl. Haberstroh, Der Eisenbeton im Hochbau. Verlag von Bernh. Friedr. Voigt in Leipzig. Geh. 5 M, geb. 6 M.

legen. In gleicher Weise sind auch die Fundamente einzelner zur Aufnahme von Gurtbögen oder Trägern dienenden Pfeiler miteinander zu verbinden (Fig. 463 und 464) und zwischen diese Verbindungskörper die Gewölbe einzuspannen.

c) Schutz der Holzfußböden in Kellerräumen gegen Bodenfeuchtigkeit.

Sollen Holzfußböden in Kellerräumen verlegt werden, so sind dieselben durch geeignete Stoffe vom Erdreich zu trennen.

Fig. 462.

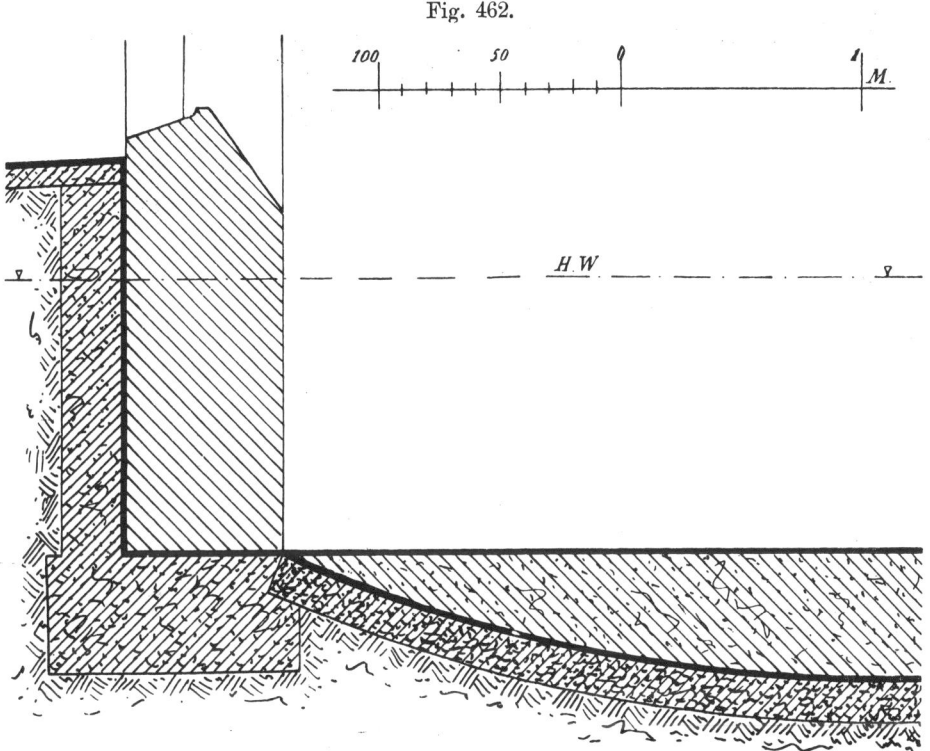

In der einfachsten Weise erreicht man dies durch einen Zementbeton, welcher mit einer Asphaltdecke (Fig. 453) versehen ist. Auf dieser können dann die Lagerhölzer unmittelbar verlegt und hierauf der Fußboden befestigt werden.

Sehr gut eignet sich auch der in Asphalt gelegte Stab- oder Fischgratfußboden (Fig. 465) aus 40 bis 60 cm langen, 25 mm starken und 8 bis 10 cm breiten Riemen von Eichenholz oder imprägniertem Buchenholz. Die an den Längskanten der Riemen hergestellten Ausfalzungen bilden zwischen je 2 Riemen schwalbenschwanzförmige Nuten, in welche der erwärmte weiche Asphalt eindringt und die Riemen festhält. Bei dem Verlegen, welches stets von besonders eingeübten Arbeitern geschehen sollte, ist darauf zu achten, daß in den einzelnen Räumen ringsum an den Wänden ein Zwischenraum von 2½ cm verbleibt, welcher später durch die Fußleisten überdeckt wird. Dieser Zwischenraum ist nötig, weil die Riemen bei Aufnahme von Feuchtigkeit sonst keinen Raum für die Ausdehnung haben, sich krümmen und werfen und einen Schub auf die Außenwände ausüben.

Fig. 463.

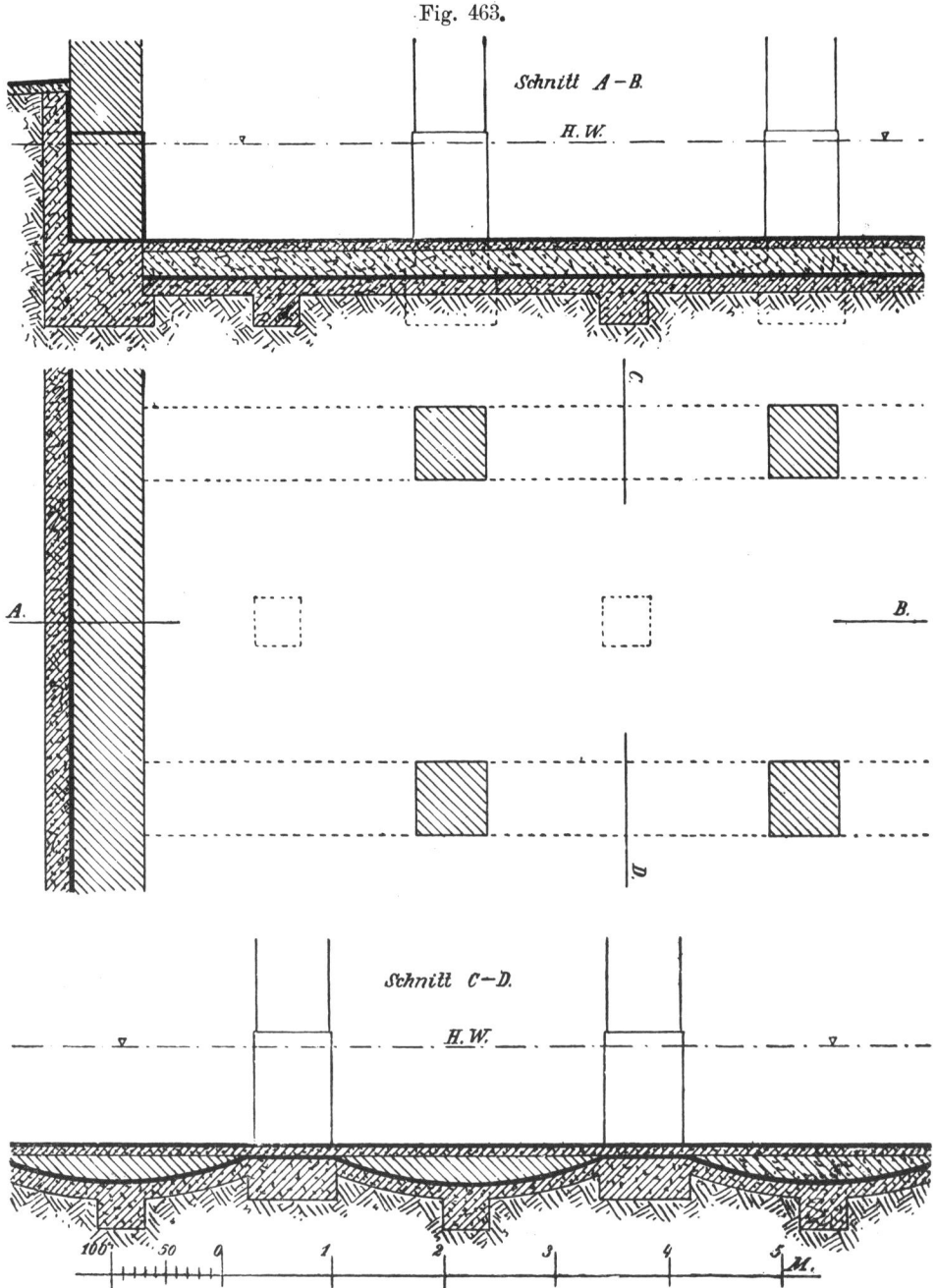

Schnitt A–B.

H. W.

C

A.   B.

D

Schnitt C–D.

H. W.

Sollen Holzfußböden hohl gelegt werden, so ist der Hohlraum durch Zuführung frischer und Abführung der feuchten Grundluft zu entlüften. Außerdem hat man dafür zu sorgen, daß die aufsteigende Feuchtigkeit von ihnen abgehalten wird. Zu diesem Zwecke mauert man Mauerpfeiler aus Klinkersteinen in Zement mörtel von etwa 1 Stein im Quadrat Grundfläche und 2 Schichten Höhe auf, überdeckt diese mit einem Stück Asphaltplatte und streckt hierüber die Lager-

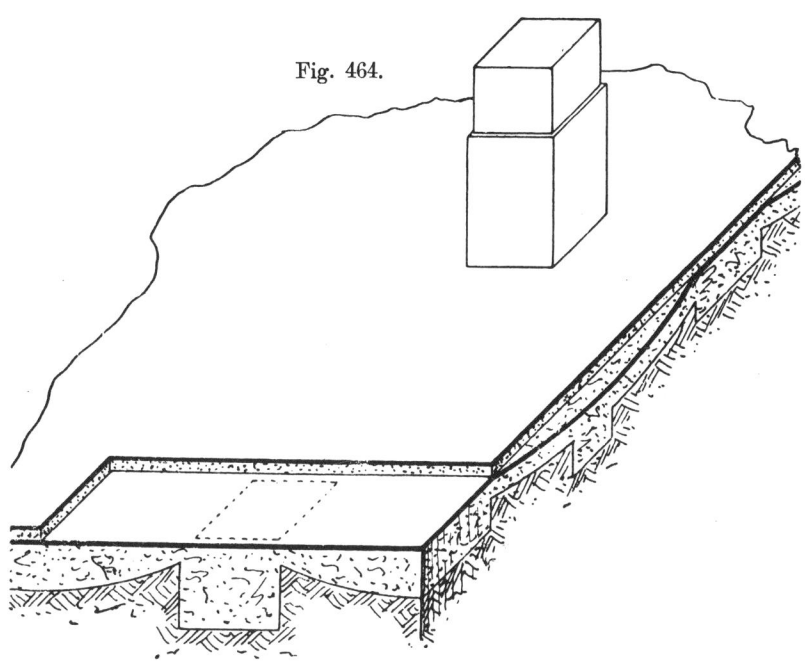

Fig. 464.

hölzer (Fig. 466). Zur Abhaltung der seitlich eindringenden Feuchtigkeit rückt man die Lagerhölzer mit den Langseiten etwa 5 cm, an den Hirnseiten etwa 3 cm von den Mauern ab und hinterkeilt die Hirnholzenden, um den Lagerhölzern eine feste Lage zu geben, mit Eichenholzkeilen, nachdem man die Wandfläche an ihnen mit einem genügend großen Stück Asphalt- oder Blei-Isolierplatte bedeckt hat (Fig. 467).

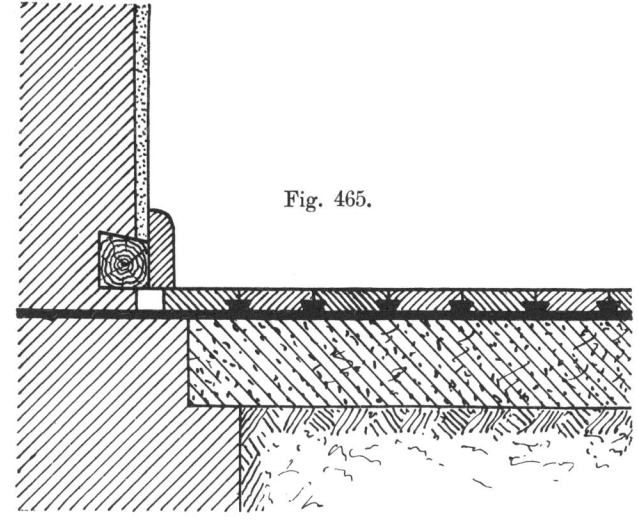

Fig. 465.

Diese hohl verlegten Holzfußböden zeigen immer den Uebelstand, daß beim Begehen derselben ein die Bewohner belästigendes Geräusch entsteht; man hat sie deswegen in neuerer Zeit häufig durch einen Linoleumbelag zu ersetzen gesucht, den man unmittelbar auf die Betonunterlage oder, wo es sich darum handelt, einen wärmeren Fußboden zu erhalten, auf eine etwa.

5 cm starke Unterlage aus Korkbeton, die ihrerseits auf etwa 8 cm starker Zementbeton-Unterlage ruht, aufklebt.

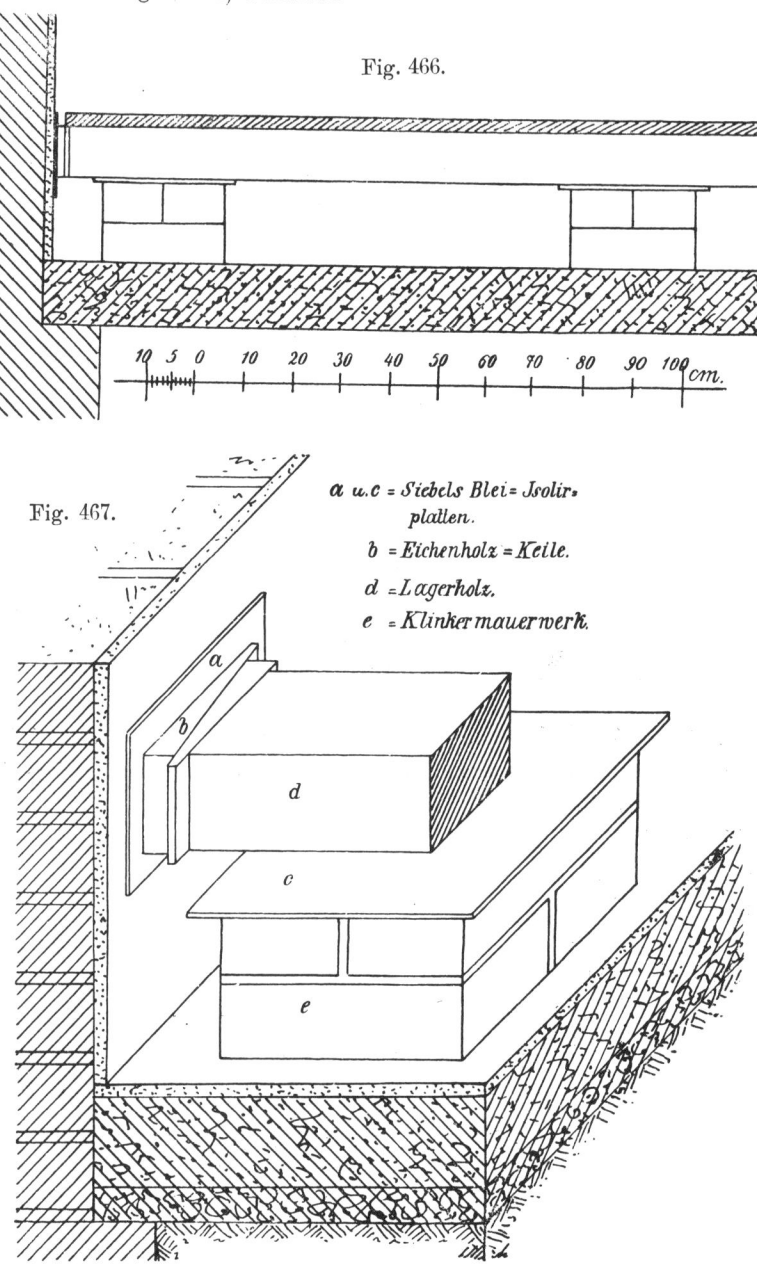

Fig. 466.

Fig. 467.

a u. c = *Siebels Blei = Isolir-platten.*
b = *Eichenholz = Keile.*
d = *Lagerholz.*
e = *Klinkermauerwerk.*

C. Decken.

In der Regel wird ein Raum nach oben durch eine Decke, seltener unmittelbar durch ein Dach begrenzt. Je nachdem die Decke einen Raum nach oben abschließt, oder denselben von einem darüber befindlichen Raum scheidet, kann man unterscheiden:

a) Decken, über denen sich kein nutzbarer Raum befindet, welche also keinen Fußboden zu tragen haben.

b) Decken, über denen ein oder mehrere nutzbare Räume vorhanden sind, welche also einen Fußboden zu tragen haben.

Da die Holzbalkendecken schon im I. Bande dieses Handbuches (O p d e r - b e c k e, Der Zimmermann) erörtert worden sind, so erübrigt noch die Besprechung der massiven Decken. Diese lassen sich hinsichtlich ihrer Konstruktion trennen in:

1. Eiserne Balkendecken mit Ausfüllung der Balkenfache durch Steine oder Mörtelkörper und Horizontaldecken ohne Balkenlage,

2. gewölbte Decken oder Gewölbe aus Ziegelsteinen und natürlichen Steinen.

1. Eiserne Balkendecken mit Ausfüllung der Deckenfelder durch Steine oder Mörtelkörper, sowie Horizontaldecken ohne Balkenlage.

Unter den Eisenbalken-Decken mit Ausfüllung der Fache durch Steine hat die häufigste Anwendung die K l e i n e s c h e D e c k e gefunden, deren Patentinhaber der Baumeister J. F. K l e i n e in Erbach a. Rh. ist. Das wesentlichste der Konstruktion ist die Herstellung einer ebenen Steinplatte mit in die Lagerfugen eingebetteten, von Auflager zu Auflager reichenden, hochkantig gestellten Flacheisen von 1 : 25 bis 2 : 35 mm Stärke unter Verwendung gewöhnlicher Ziegelsteine oder von Lochsteinen, rheinischen Schwemmsteinen oder Formsteinen in der Größe von $10 \times 12 \times 25$ cm. Die Mauerung geschieht mit flachseitig oder hochkantig gerichteten Steinen auf einer horizontalen Schalung (vergl. Taf. 3 und 4); als Bindemittel ist Zementmörtel zu verwenden.

Wird eine ebene Unteransicht gewünscht, so läßt man die Steinplatte 1 bis 2 cm unter Trägerunterkante (Fig. 468) herunterragen und schließt die unter

Fig. 468.

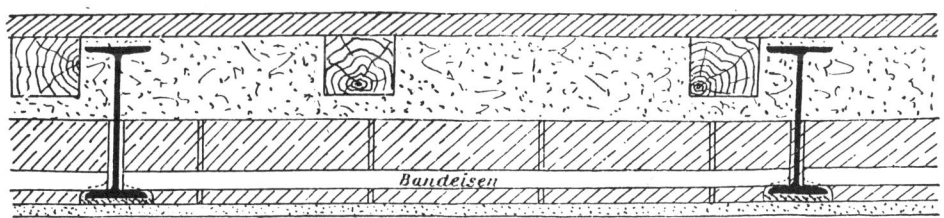

Bandeisen

dem Trägerflansch entstehende Nut mit Zementmörtel, der bekanntlich fest am Eisen haftet und ein Rosten desselben verhindert. An den Umfassungswänden des zu überwölbenden Raumes stemmt man entweder eine Nut zur Aufnahme der Deckensteine aus (Fig. 469), oder man schafft für diese dadurch ein Auflager, daß man einige Schichten auskragt (Fig. 470).

Soll die Platte aus einer Ziegelflachschicht hergestellt werden, so empfiehlt sich die Anordnung von $1/2$ Stein hohen Verstärkungsrippen in Abständen von etwa 40 cm (Fig. 471).

Für manche Benutzungszwecke (Keller-, Arbeits- und Lagerräume) wird häufig auf die ebene Unteransicht verzichtet, um eine möglichst leichte Decke zu erhalten und einen größeren Luftraum in den Räumen zu erzielen. Die Unterstützung der Deckenplatten geschieht dann durch Betonkonsolen (Fig. 472) oder Winkeleisen (Fig. 473).

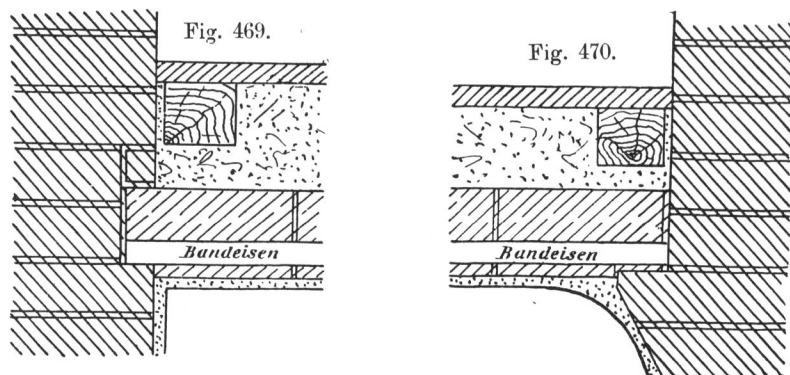

Fig. 469.

Fig. 470.

Die große Feuersicherheit der Kleineschen Decke ist durch behördlicherseits ausgeführte Brennproben wiederholt erwiesen worden. Bei den im

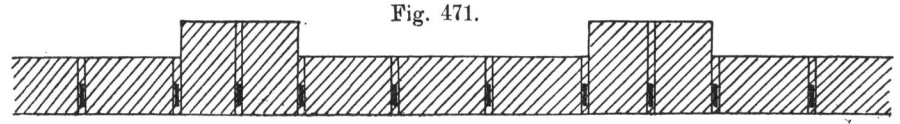

Fig. 471.

Jahre 1893 auf Veranlassung der Feuerversicherungs-Verbände von verschiedenen Deckenarten unter Leitung des Branddirektors Stude in Berlin vorgenommenen

Fig. 472.   Fig. 473.

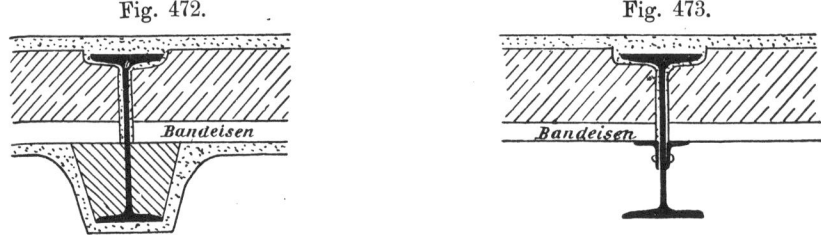

Brennproben widerstand eine mit rheinischen Schwemmsteinen hergestellte, von unten verputzte Kleinesche Decke den während 75 Minuten auf sie einwirkenden, bis 1100^0 C. gesteigerten Brandgluten und blieb nach dem Ablöschen vollständig tragfähig. Sie wurde deshalb von den Preisrichtern als durchaus feuersicher bezeichnet und der ausgesetzte Preis dem Erfinder zuerkannt.

Zur Ermittelung der Tragfähigkeit wurden seitens des Königl. Polizei-Präsidiums zu Berlin verschiedene Belastungsproben an 12 cm starken Deckenplatten vorgenommen. Eine 1,04 m weit gespannte Platte zeigte bei einer Belastung von 11300 kg/qm am ersten Tage keine Veränderung und nach 14 Tagen eine Durchbiegung von nur 2 mm, eine andere, 2,08 m weit gespannte Decke dagegen bei 4900 kg/qm Belastung am ersten Tage 8 mm und nach 14 Tagen 10 mm Durchbiegung. In der Provinzial-Irrenanstalt zu Neu-Ruppin wurden

$^1/_2$ Stein starke, mit 2,75 und 3,13 m Spannweite ausgeführte Deckenplatten nach dreiwöchiger Erhärtung einer Belastung von 2000 kg/qm unterworfen, ohne irgend welche Veränderung zu zeigen.

Die Tragfähigkeit und Sicherheit der Kleineschen Decke geht somit über die Anforderungen der Praxis weit hinaus.

Eine nahezu gleiche Verbreitung hat die Schürmannsche oder Gewölbeträger-Decke gefunden, deren Patentschutz neuerdings von dem Erfinder der Kleineschen Decke erworben ist. Sie weicht von der eigentlichen Kleineschen Decke hauptsächlich dadurch ab, daß die Eiseneinlagen nicht in jede Lagerfuge, sondern in Abständen von 3 bis 5 Steinschichten eingeschoben werden. Diese Einlagen (Fig. 474), sind so geformt, daß die schrägen Ausbauchungen als Widerlager für die benachbarten Steine dienen, die entsprechenden Vertiefungen dagegen den Mörtel aufnehmen, so daß eine innige Verdübelung der Mörtelfuge geschaffen wird und jegliche Verschiebung zwischen Stein und Eisen ausgeschlossen ist. Diese Buckelschienen werden meist in

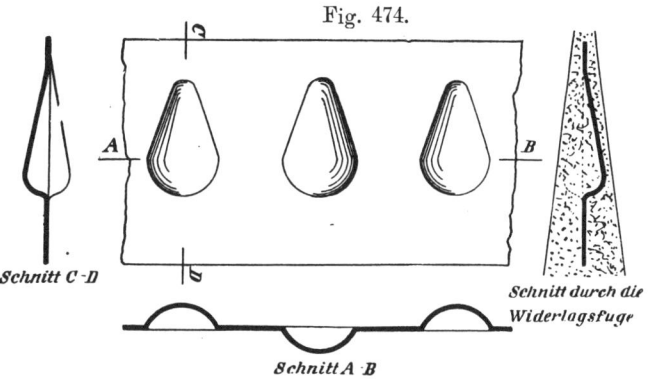

Fig. 474.

Schnitt C-D

Schnitt durch die Widerlagsfuge

Schnitt A-B

60 mm Höhe und $1^1/_4$ mm Stärke aus bestem Qualitätseisen gewalzt und besitzen nach amtlichen Zerreißversuchen eine durchschnittliche Festigkeit von 5300 kg/qcm.

Für die Ausführung der Decke ist ebenso wie bei der Kleineschen Decke eine Unterschalung erforderlich, welche meist so angebracht wird, daß zwischen derselben und den unteren Trägerflanschen ein Spielraum von etwa 1 cm verbleibt. Dieser Spielraum wird dadurch erreicht, daß zwischen Schalung und Trägerflansch eine Leiste von 1 cm Stärke eingelegt wird.

Die erste Steinschicht wird an das schräg angehauene Widerlager der Mauer gelegt, erhält also eine etwas geneigte Lage. Die folgende Schicht wird senkrecht auf die Schalung gesetzt, die dritte wieder schräg, dem Widerlager der alsdann einzulegenden Buckelschiene entsprechend, so daß also zwischen den einzelnen Steinschichten keilförmige Fugen entstehen (Fig. 475) und die zwischen zwei Buckelschienen liegenden Deckenfelder wie flach gekrümmte Gewölbekappen erscheinen (Taf. 5 und 6), deren Seitenschub in gleicher Richtung mit den Hauptträgern wirkt, aber bei der geringen Spannweite der Kappen so klein ist, daß eine Verstärkung oder Verankerung der Widerlagsmauern nicht erforderlich ist. Alsdann wird gegen das andere Widerlager der Wellblechschiene die erste Steinschicht der zweiten Kappe wieder schräg verlegt und auf diese Weise mit der Wölbung bis zum völligen Schluß des Deckenfeldes fortgefahren. Das Vermauern der Steine geschieht am besten in der aus Fig. 476 ersichtlichen Reihenfolge, damit die an den Buckelschienen liegenden Steine in ihrer geneigten Lage verbleiben.

Nachdem ein Gewölbefeld vollständig geschlossen ist, wird dünnflüssiger Mörtel über dasselbe gegossen und mit dem Besen verteilt, um die Fugen gehörig auszufüllen. Bei kleineren Spannweiten (weniger als 1,20 m) kann die Schalung nach 2 bis 3 Tagen beseitigt werden, wobei allerdings zu berücksichtigen ist, daß das Abbinden des Mörtels durch trockene Witterung beschleunigt, durch feuchte Witterung verlangsamt wird.

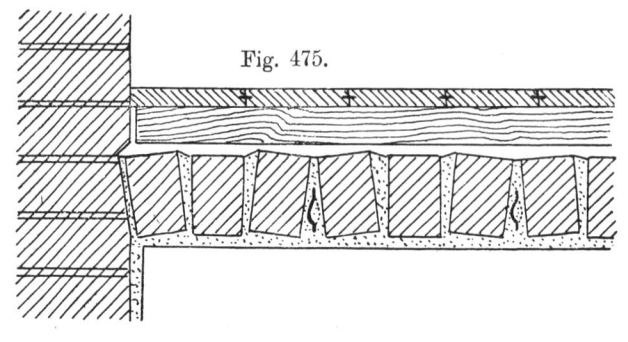

Fig. 475.

Die Schalbretter werden entweder parallel zu den Deckenträgern verlegt und dann zweckmäßig auf hochkantig gelegte, an den unteren Trägerflanschen befestigte Flacheisen (Taf. 3 und 4) gelagert, oder man ordnet die Schalbretter in entgegengesetzter Richtung an. Im letzteren Falle bedient man sich mit Vorteil der durch Fig. 477 dargestellten Rüsteisen, welche aus 40 mm breitem und 8 mm starkem Flacheisen hergestellt und so gebogen sind, daß die beiden Enden 12 cm voneinander abstehen. Die Regelung der Höhe, in der das Rüstholz liegen muß, geschieht durch Eintreiben eines Holzkeiles zwischen den oberen Trägerflansch und das über diesem eingeschobene Steckeisen. Den gleichen Zweck erfüllen auch die durch Fig. 478 dargestellten Rüsteisen. Diese sind aus $\frac{40}{40}$ mm Flacheisen hergestellt und haben am unteren Ende längliche Schlitze, durch welche hochkantige Flacheisen geschoben werden. Auf diese wird unterhalb der Träger ein Brettstück von der Stärke der Schalung aufgelegt, dann ein Steckeisen durch das erste Loch über dem oberen Trägerflansch

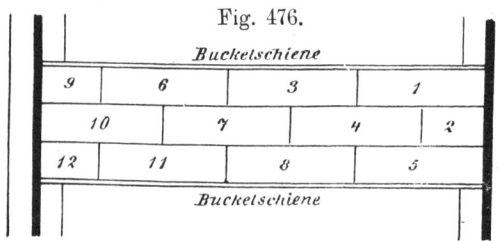

Fig. 476.

Buckelschiene

9	*6*	*3*	*1*
10	*7*	*4*	*2*
12	*11*	*8*	*5*

Buckelschiene

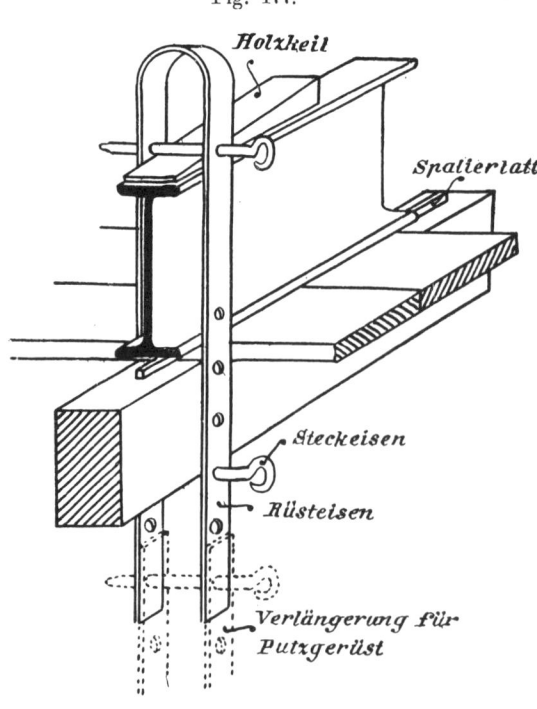

Fig. 477.

Holzkeil

Spalierlatte.

Steckeisen

Rüsteisen

Verlängerung für Putzgerüst

geschoben und die Flacheisen durch Eintreiben eines Keiles b zwischen Steck-eisen und oberen Trägerflansch fest angezogen. Hierauf wird die Schalung auf den Flacheisen verlegt. Das Ausrüsten geschieht durch einfaches Lösen der Keile. Die Schalung ist für Spannweiten bis 1,20 m mindestens 25 mm, bei größeren Spannweiten wenigstens 30 bis 35 mm stark zu wählen, um ein

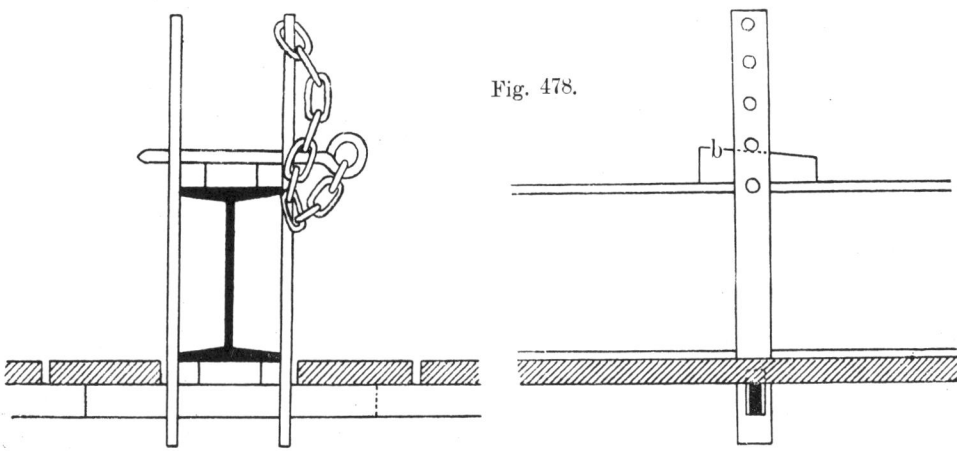

Fig. 478.

Durchbiegen derselben und somit auch der Decke während der Arbeit zu ver-hindern.

Eine bequeme und billige Einschalung wagerechter Decken ermöglichen auch die vom Stadtbaumeister Hillbrecht in Husum erdachten anziehbaren Ver-schalungshalter* (Fig. 479). Dieselben werden in Abständen von 1,50 m mit dem Haken a über den oberen Trägerflansch geschoben und hier-auf in den am unteren Ende des Bolzens b befindlichen Haken c zwei Schalbretter auf die hohe Kante als durchlaufende Träger der eigent-lichen Schalung eingelegt. Die Rich-tung dieser Bohlenträger kann parallel oder senkrecht zur Träger-richtung gewählt werden, je nach-dem der Haken des Bolzens senk-recht oder parallel zur Trägerrich-tung gedreht wird. Alsdann werden die Schalbretter eingeschoben und durch Anziehen des Bolzens mittels des Schlüssels d fest gegen den unteren Trägerflansch gepreßt. Die Ausschalung erfolgt durch lang-sames Zurückdrehen des Schlüssels d.

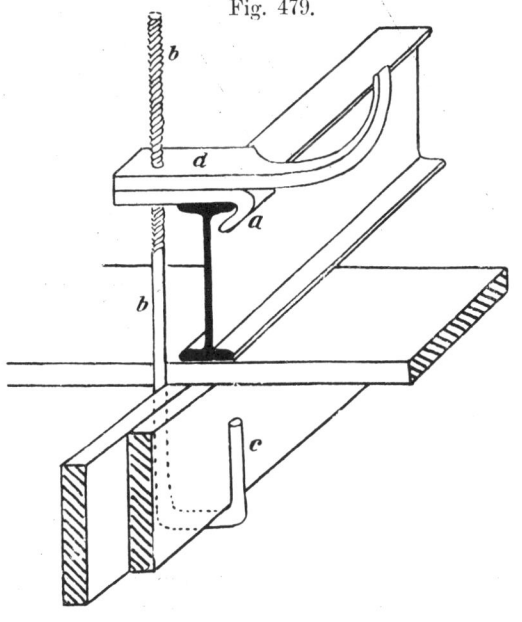

Fig. 479.

*) Vergl. Baugewerkszeitung 1899, Seite 1624.

Die zulässigen Spannweiten für Schürmannsche Gewölbeträger-Decken sind aus der nachstehenden Tabelle zu entnehmen:

Bei Verlegung der Schienen in jede	Bei Verwendung von **flachseitig** vermauerten Schwemmsteinen, Format 25 × 12 × 10 cm in Wohngebäuden	Bei Verwendung von Steinen, Format 25 × 12 × 10 cm, **hochkantig** vermauert				Bei Verwendung von Voll- oder Lochsteinen, Format 25 × 12 × 6,5 cm **hochkantig** vermauert	
		in Wohngebäuden		in Fabriken usw.			
		Lochsteine	Schwemmsteine	Lochsteine	Schwemmsteine	in Wohngebäuden	in Fabriken usw.
3. Fuge	1,00 m	1,80 m	1,50 m	1,60 m	1,20 m	2,20 m	1,85 m
4. „	—	1,40 m	1,20 m	1,20 m	—	1,85 m	1,60 m
5. „	—	—	—	—	—	1,50 m	1,30 m

Bis zu einer Stützweite der Buckelschienen von 1,50 m empfiehlt sich eine Mörtelmischung von 1 Teil Zement, 1 Teil Kalk und 5 Teilen Sand; bei größerer Stützweite eine Mischung von 1 Teil Zement und 3 Teilen Sand.

Unter den zahlreichen Deckenkonstruktionen aus gebrannten durchlochten Steinen besonderer Form dürften die verbreitetste Anwendung die Förstersche Massivdecke und die Horizontaldecke nach System Monier gefunden haben.

Erfinder der ersteren ist Stadtbaumeister Otto Förster in Wernigerode. Er verwendet Lochsteine von 25 cm Länge, 12 cm Breite und 10 bis 13 cm Höhe, welche hakenförmige Widerlager aufweisen (Fig. 480).

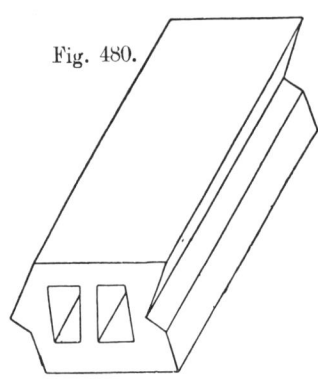

Fig. 480.

Dieselben werden auf einer Brettschalung mit ihren Langseiten rechtwinkelig gegen die Richtung der Träger im Läuferverbande mit verlängertem Zementmörtel verlegt (Fig. 481). Sollen die unteren Trägerflansche verkleidet werden, so sind die hier aufruhenden Steine auszuklinken. Die am Träger verbleibende Nut ist mit Zement auszuwerfen oder mit einem Drahtgewebe in der Weise zu verkleiden, daß dieses nicht am Träger, sondern durch Nagelung in den Fugen der Deckenfelder befestigt wird (Fig. 482). Hierdurch wird erreicht, daß der Träger sich bewegen kann, ohne daß im Deckenputz Risse entstehen. Eine weit bessere, aber teurere Umhüllung der Trägerflansche wird durch Anwendung besonderer Formsteine (Fig. 483) erreicht. Die Auflagerung an den Mauern kann nach Fig. 484 in einer ausgestemmten Nut oder nach Fig. 485 auf ausgekragten Schichten erfolgen.

Hinsichtlich der Tragfähigkeit der Försterschen Decke gibt ein Protokoll der Polizeiverwaltung zu Frankfurt a. O. über eine am 6. August 1897 vorgenommene Belastungsprobe Aufschluß. Eine Kappe von 1,20 m Stützweite, mit 10 cm starken Lochsteinen in Kalk-Zementmörtel ausgeführt, wurde 3½ Tage nach ihrer Vollendung mit 2125 kg/qm belastet. Obgleich die Kappe ohne Verankerung hergestellt war, zeigte sich nirgends eine Veränderung, selbst der

Träger blieb nach der freien Seite hin vollständig unverändert, auch waren Risse in dem glatten Deckenputze an der Unterseite der Kappe nicht wahrzunehmen.

Die Horizontaldecke wird durch das Zementbau-Geschäft von M. Czarnikow & Komp. in Berlin ausgeführt. Die porösen Lochsteine werden, im Gegensatze zu der Försterschen Konstruktionsweise, parallel zur Trägerrichtung auf ⌐-Eisen gelagert (Fig. 486), so daß eine Unterschalung der Decke entbehrt werden kann. Die Steine werden in drei verschiedenen Stärken — 8, 10 und 12 cm —

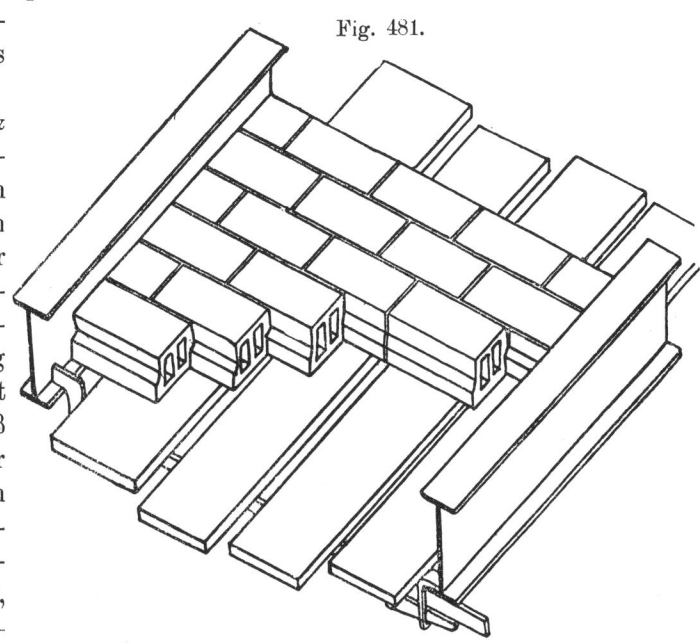

Fig. 481.

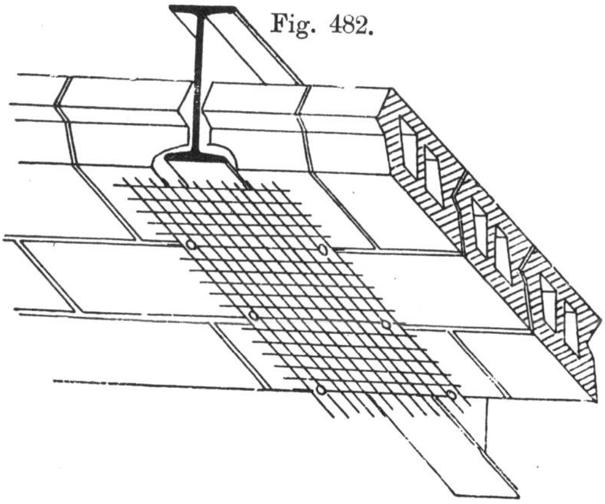

Fig. 482.

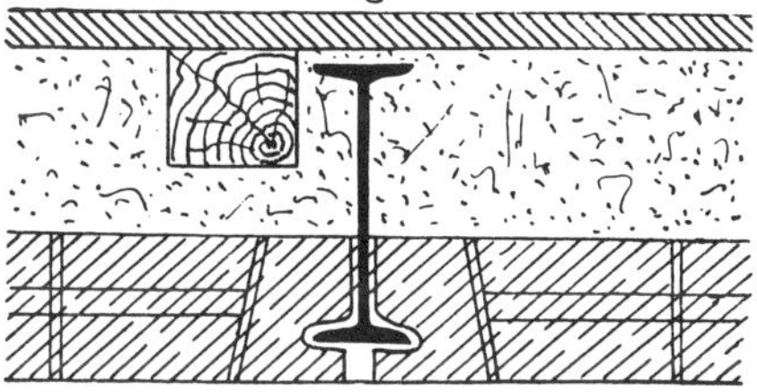

Fig. 483.

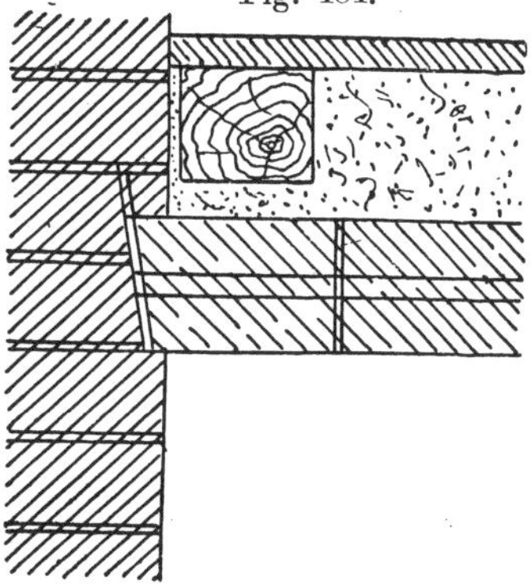

Fig. 484.

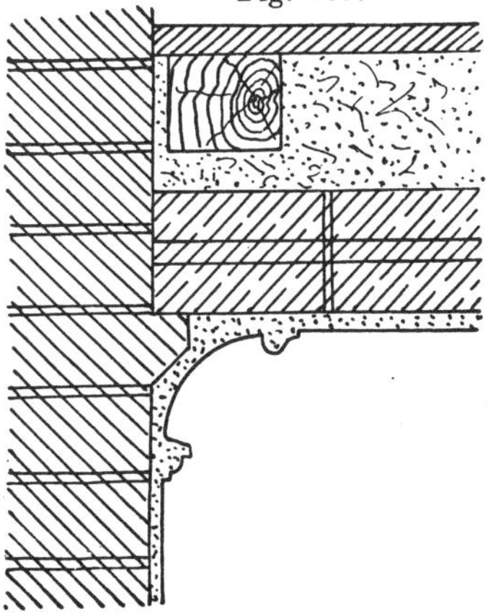

Fig. 485.

geliefert. Die Tragfähigkeit der Decke ist durch eine auf Veranlassung des Königl. Polizei-Präsidiums in Berlin vorgenommene Probebelastung nachgewiesen. Bei dieser wurde eine mit 8 cm starken Steinen ausgeführte Decke von 1,50 m Stützweite innerhalb 4 Tagen nach und nach mit Eisen und Steinen beschwert. Der Zusammenbruch erfolgte nach einer Belastung mit 11 400 kg/qm. Es zeigte sich, daß die zur Auflagerung der Steine verwendeten ⌐-Eisen durch Biegung aus ihren Widerlagern abgerutscht waren; irgend welchen Seitenschub hatte die Decke nicht ausgeübt.

Dem Bestreben, durch innige Verbindung von Stein, Zement und Eisen eine zusammenhängende Deckenplatte zu schaffen, welche auf die Umfassungs- mauern nicht wie die Gewölbe, seitlichen Schub, sondern nur einen senkrechten Druck ausüben, be- gegneten wir bereits bei der Kleineschen, Schürmannschen

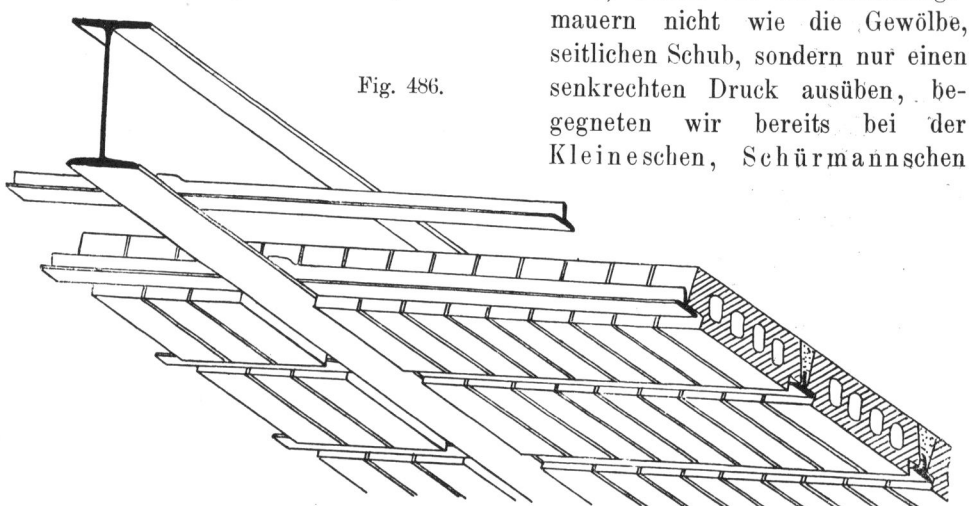

Fig. 486.

und Monierdecke. Immerhin waren aber die Spannweiten, welche sich für diese Deckensysteme ermöglichen lassen, verhältnismäßig geringe. Diesen Uebel- stand beseitigen die neuen Hohlstein-Decken von Bremer in Halle a. S. und von Cracoanu in Berlin, indem sie gestatten, die einzelnen Räume in den weit- aus meisten Fällen mit einer einzigen Platte ohne Verwendung eiserner Träger zu überspannen.

Beide Deckensysteme beruhen auf dem gleichen Prinzip, die Zugspannungen, welche in dem unteren Teile der aus Hohlsteinen und Zementmörtel hergestellten Platte auftreten, durch eingelegte Rundeisenstäbe aufzunehmen und unschädlich zu machen.

Bremer verwendet Steine von 25 cm Länge und 16,5 cm Breite und gibt denselben, je nach den Abmessungen der herzustellenden Deckenplatte, eine Stärke von 65, 90, 120, 150, 185 und 215 mm. Die Steine sind so geformt (Fig. 487 bis 492), daß die obere Drahtlage in den Längsfugen auf einem Vorsprung der Steine ruht; die Höhenlage der unteren Drahtlage wird durch untergeschobene Holzklötzchen bestimmt. Die Art des Verlegens der Steine ist durch die Fig. 493 und 494 veranschaulicht. Die Plattengrößen, welche Bremer unter Voraus- setzung von 250 kg Nutzlast per qm mit seinen Hohlsteinen ausführt, betragen:

bei Verwendung von 215 mm hohen Steinen 5,25 · 9,0 m,
„ „ „ 185 mm „ „ 5,0 · 8,5 m,

bei Verwendung von 150 mm hohen Steinen 4,0 · 8,0 m,

„ „ „ 120 mm „ „ 3,5 · 5,0 m,

„ „ „ 90 mm „ „ 2,5 · 5,0 m,

„ „ „ 65 mm „ „ 2,0 · 3,0 m.

Cracoanu verwendet Steine rechteckigen Formates von 25 cm Länge und Breite und 154 cm (2 Ziegelschichten) Höhe (Fig. 495). Die Herstellung der Deckenplatten ist bei beiden Systemen nahezu gleich. Nachdem die erste Steinreihe trocken auf der Arbeitsschalung versetzt ist, wird der erste Querdraht

Fig. 487 bis 492.

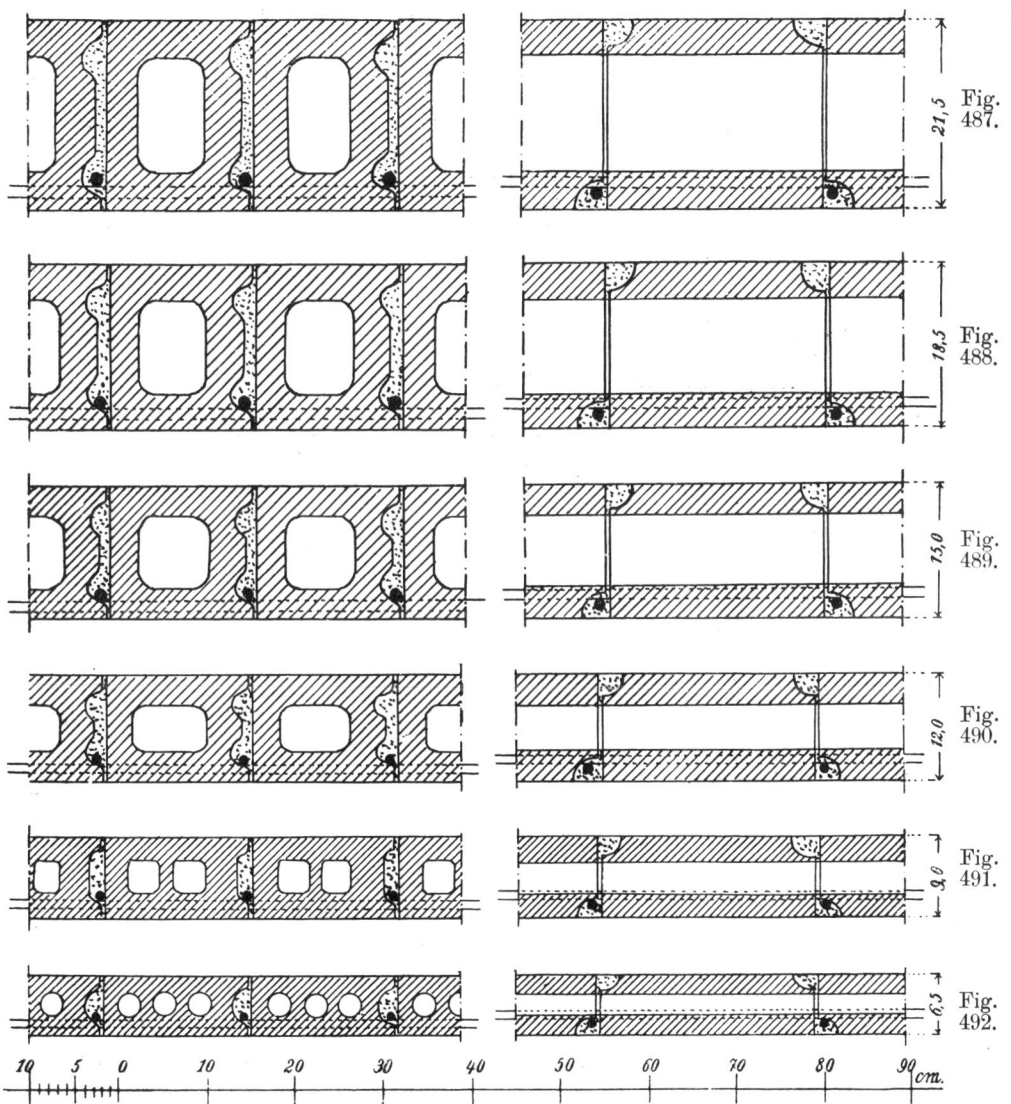

Fig. 487.

Fig. 488.

Fig. 489.

Fig. 490.

Fig. 491.

Fig. 492.

(Fig. 496, 500 und 501) auf den Unterlagsklötzchen verlegt und darauf die zweite so versetzt, daß die Hohlräume derselben in die Richtung derjenigen der ersten Steinreihe zu liegen kommen. Bei der Cracoanuschen Decke werden sodann Papp- oder Blechrollen (Fig. 498) von der vorderen Seite der zweiten Steinreihe in die Hohlräume, welche so weit sind, daß ein Arbeiter bequem mit der Hand hineinfahren kann, gesteckt und zwar so tief, daß sie die Hohlräume

Fig. 493.

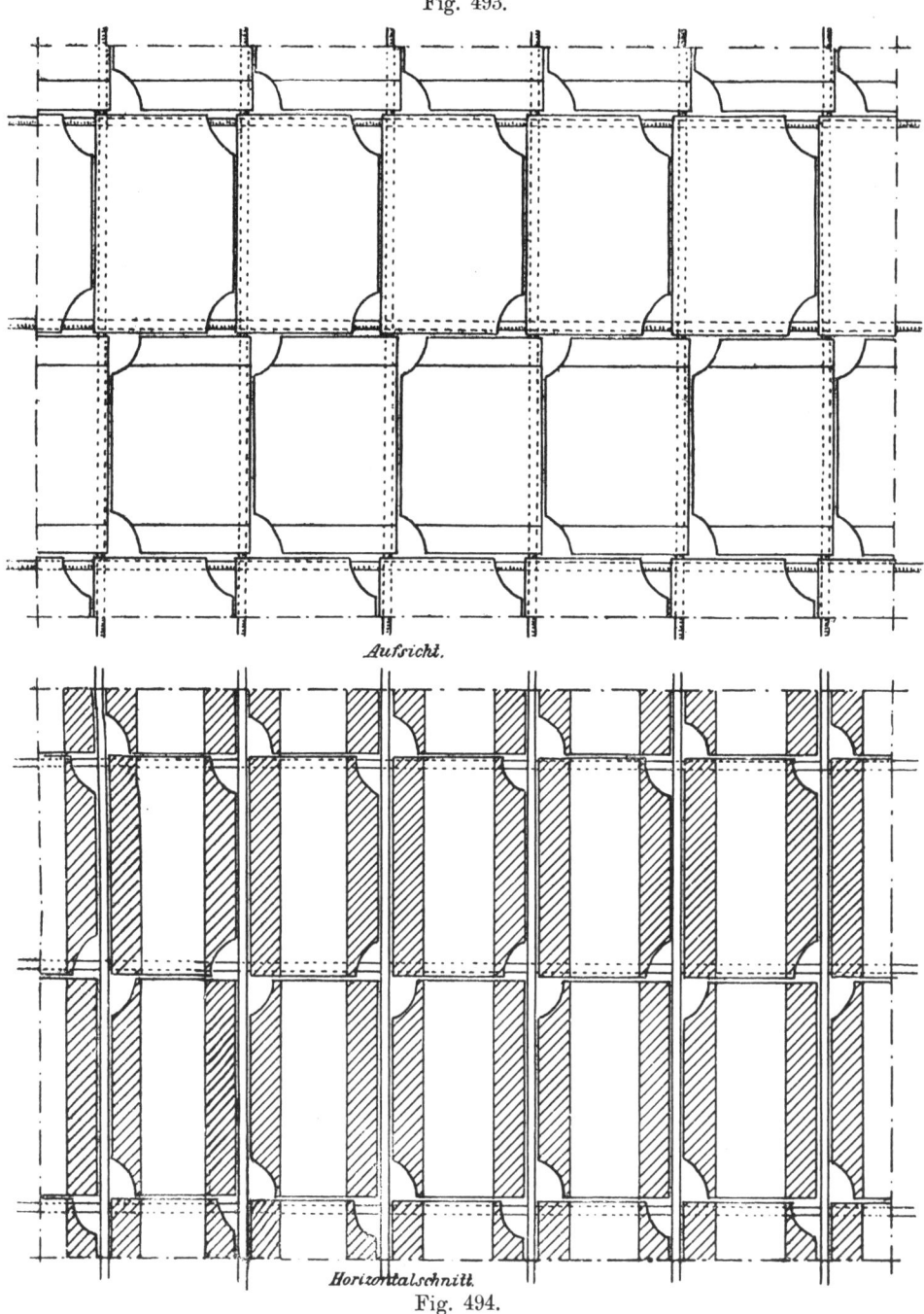

Aufsicht.

Horizontalschnitt.

Fig. 494.

der beiden Steinreihen miteinander verbinden. Infolge der der Pappe und dem Blech innewohnenden Elastizität nehmen die eingeschobenen Rollen, nachdem sie eingebracht sind, von selbst die Form der Hohlräume an und schließen diese gegen die Querfugen ab. Darauf wird der zweite Querdraht in gleicher Weise wie der erste verlegt und die dritte Steinreihe versetzt, worauf wieder die Hohlräume der zweiten und dritten Steinreihe durch Papp- oder Zinkrollen miteinander verbunden werden usw.

Ist die ganze Deckenfläche auf diese Weise fertiggestellt, so werden die Längsdrähte in die Längsfugen eingelegt und dann die Decke auf einmal mit flüssigem Zementmörtel von einem Mischungsverhältnis gleich 1 : 2 bis 1 : 3 vergossen. Nach Verlauf von 6 bis 8 Tagen kann die Arbeitsschalung entfernt und die Decke begangen werden. Soll der Fußboden durch Linoleumbelag gebildet werden, so wird die Decke mit einer 2 bis 3 cm starken Zementschicht abgeglichen, während Holzfußboden in der üblichen Weise auf Lagerhölzern, die in Sandschüttung oder magerem Schlackenbeton eingebettet sind, befestigt wird.

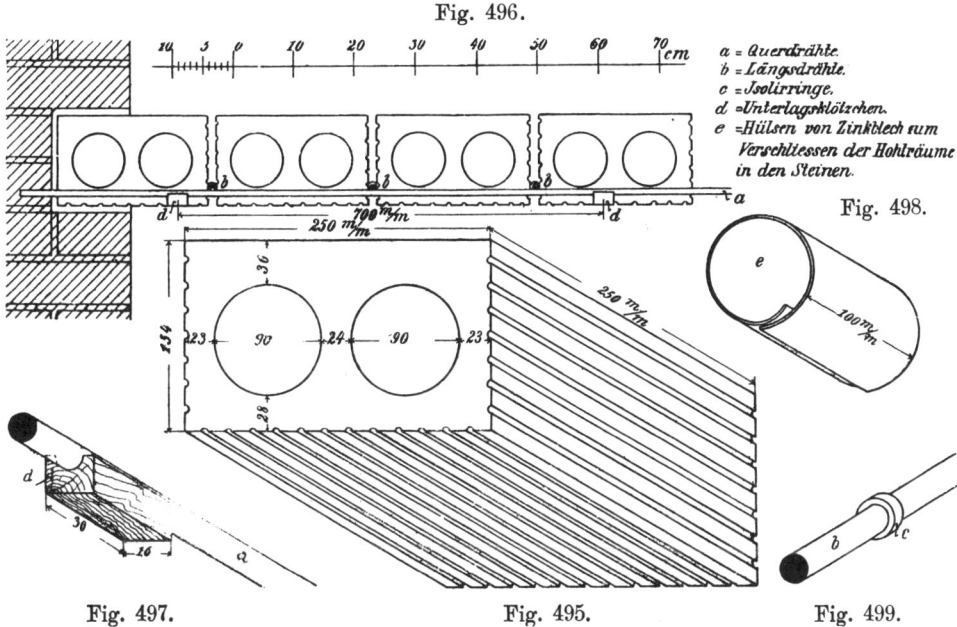

Fig. 496.

Fig. 498.

Fig. 497.　　　　　　　　Fig. 495.　　　　　　　　Fig. 499.

Die eingelegten Drähte, welche einen Durchmesser von rund 1 cm erhalten, können nur dann ihren Zweck erfüllen, d. h. nur dann die in den unteren Schichten des Deckenquerschnittes auftretenden Zugspannungen aufnehmen, wenn sie mit den anderen Konstruktionsteilen der Decke, den Steinen und dem Mörtel, zu einem einheitlichen Körper verbunden sind, denn diese Drähte wirken nicht als Träger, sondern sie sind nur ein Teil der Deckenplatte, die nur die Zugspannungen aufzunehmen haben. Es ist mithin darauf zu achten, daß die Eiseneinlage überall vom Bindemittel umhüllt ist; im anderen Falle wird sie auch bei einer Belastung der Decke, welche ein Zerreißen des Eisens nicht verursachen kann, doch aus den Fugen herausgezogen und kann dann leicht den Einsturz der Decke herbeiführen. Die Drähte sind deswegen sowohl von der Arbeitsschalung, als auch von den benachbarten Steinen zu isolieren, was Cracoanu durch die bereits erwähnten Unterlagsklötzchen (Fig. 497) in den Quer-

Fig. 500.

Aufsicht.

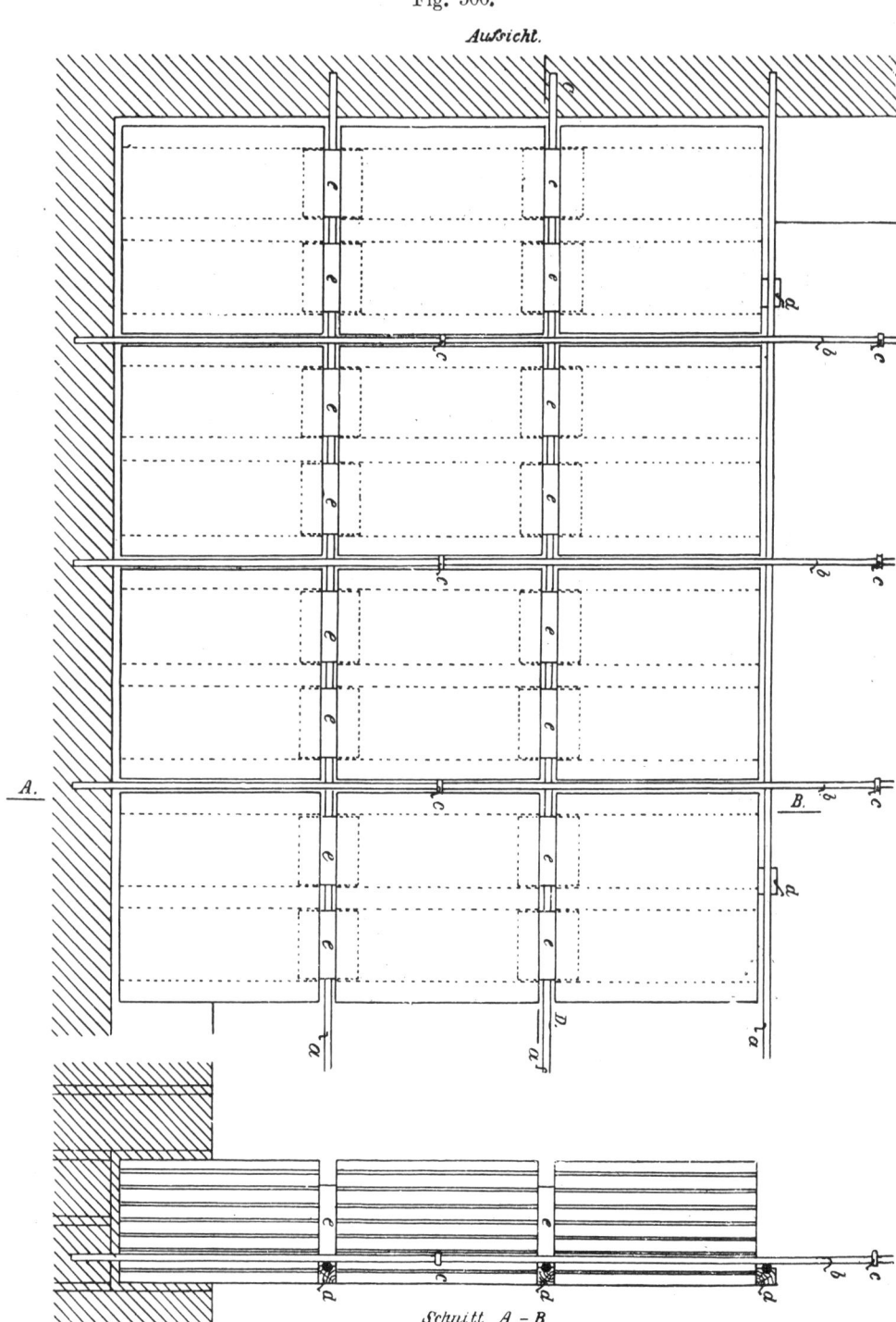

Schnitt A — B

Fig. 501.

fugen als auch durch angereihte Eisenringe (Fig. 499) in den Längsfugen zu erreichen sucht.

Das Ergebnis der Probeblastung einer Bremerschen Decke, welche am 2. August 1902 in Dessau im Beisein von Vertretern der städtischen Baupolizei-Behörde stattfand, war folgendes: Die mit Steinen von 12 cm Höhe über einem Raume von 4,0 · 6,75 m Größe ausgeführte Deckenplatte wurde in der Mitte auf 2,0 × 3,0 m Fläche mit 10000 kg belastet. Die beobachtete Durchbiegung betrug 10 mm, und es nahm die Decke nach Entfernung dieser Belastung ihre ursprüngliche wagerechte Lage wieder ein.

Beide Deckensysteme dürften für die Ueberdeckung großer Räume, deren Umfassungswände genügende Stärke besitzen, große Vorteile bieten, also namentlich bei Sälen, Unterrichtsräumen, Stallungen, Speichern usw. zur Anwendung gelangen. Die Patente sind in jüngster Zeit von Heinrich Westphal, Spezial-Baugeschäft in Berlin SW., erworben worden. Derselbe führt nur noch das System Cracoanu (D. R. P. 167313) aus.

Zur Herstellung von Mörtelkörpern für die Ausfüllung von Deckenfeldern wird vornehmlich Portland-Zement verwendet. Dieser, mit Sand, Kies oder Steinschlag gemischt, wird entweder an Ort und Stelle in feuchtem Zustande in die Balkenfache eingestampft und so die eigentliche Betondecke gebildet, oder er dient zur Herstellung von Deckenplatten, welche in trockenem Zustande von den meisten Zementbau-Geschäften zu beziehen sind.

Da die Druckfestigkeit des Zementes eine sehr große, die Zugfestigkeit dagegen eine geringe ist, so wird einer bogenförmigen Betondecke der Vorzug vor einer ebenen zu geben sein. Gebräuchliche Mischungsverhältnisse sind: 1 Teil Zement, 2 Teile Sand, 3 bis 4 Teile Kies oder Steinschlag für die Kappen und 1 Teil Zement, 10 Teile Kohlenschlacken oder 1 Teil Kalk und 8 Teile Kohlenschlacken für die Zwickel.

Soll die Decke mit einem Holzfußboden abgedeckt werden, so können schwalbenschwanzförmig zugeschnittene Lagerhölzer in den Boden eingebettet werden, auf welchen die Fußbodenbretter später vernagelt werden (Fig. 502).

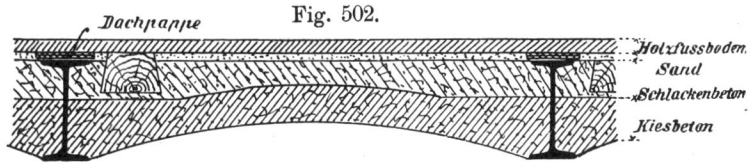
Fig. 502.
Dachpappe — *Holzfussboden*, *Sand*, *Schlackenbeton*, *Kiesbeton*

Für die Befestigung von Parkett-Fußböden schlägt der Architekt Ludolff in Hannover die folgende Ausführungsweise vor: Nach Vollendung der Beton-decke wird die Ausfüllung der Deckenfelder bis zur Oberkante der Träger mit magerem Schlackenbeton bewirkt und, nachdem dieser etwas angezogen hat, ein Jutestoff mit 5 cm langen geschmiedeten Nägeln aufgenagelt. Auf diesem Belag wird der Blindboden mit dem bereits im I. Bande dieses Handbuches (Opderbecke, Der Zimmermann, 4. Auflage) erwähnten Klebemittel aus Kalk und Käse und darauf der Parkettboden durch Nagelung befestigt.

Wird der Fußboden durch einen über dem Beton ausgeführten Zementestrich gebildet, so sind die Träger so tief zu legen, daß der obere Trägerflansch
mindestens 6 cm hoch von dem Beton überdeckt wird, weil sonst infolge der
Erschütterungen der Träger die Entstehung von Haarrissen über und neben den
Flanschen nicht zu vermeiden sind. Aus diesem Grunde empfiehlt sich auch,
den Estrich mit sich kreuzenden Einkerbungen zu versehen, so daß etwaige Haar-
risse in die Vertiefungen zu liegen kommen.

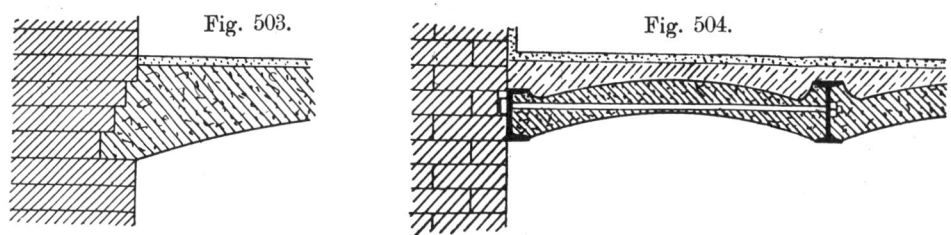

Fig. 503.   Fig. 504.

Sollen Betonkappen zwischen massiven Mauern eingespannt werden, so
gestaltet man die Widerlager zweckmäßig nach Fig. 503. Betonkappen an der

Fig. 505.

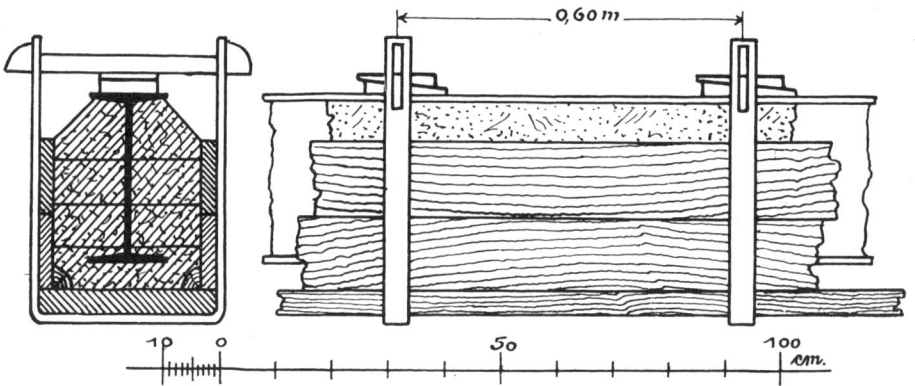

einen Seite auf einen Eisenträger, an der anderen auf eine Mauer zu stützen,
ist nicht ratsam, weil im Scheitel leicht Risse entstehen. Es ist dann unmittel-

Fig. 506.

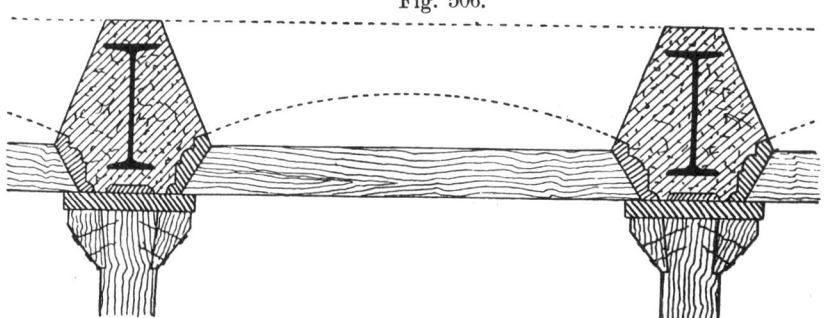

bar neben die Mauer ein ⌐-förmiger Träger zu verlegen, welcher mit dem
nächsten Träger zu verankern ist, falls die Mauer die nötige Stärke zur Aufnahme des Seitenschubs nicht besitzt (Fig. 504).

Zur Einhüllung der Deckenträger in Betonmasse bedient man sich besonderer Formkästen aus Bohlen, welche nach Fig. 505 mittels eiserner Rüsteisen an den Trägern aufgehangen, oder nach Fig. 506 durch Pfosten gestützt und durch Spreizen gegenseitig verspannt werden können. Das Einstampfen der Deckenfelder erfolgt erst nach völliger Erhärtung der Widerlager in der durch Fig. 507 dargestellten Weise.

Fig. 507.

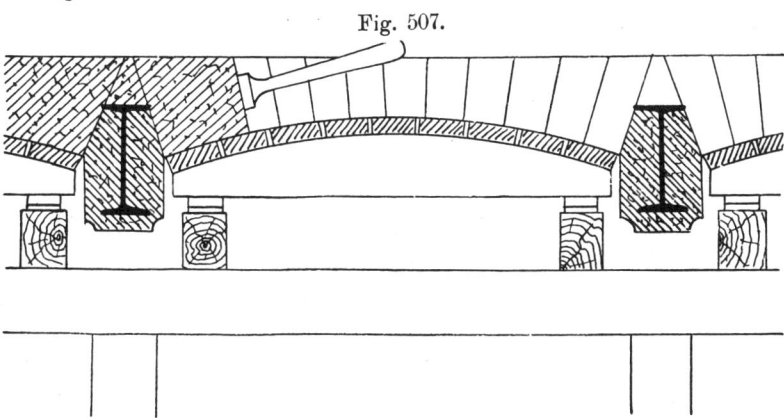

Die Figuren 508 bis 512 veranschaulichen Betonkappen, welche im Bahnhofsgebäude zu Erfurt mit einem Mischungsverhältnisse von 1 Teil Zement und

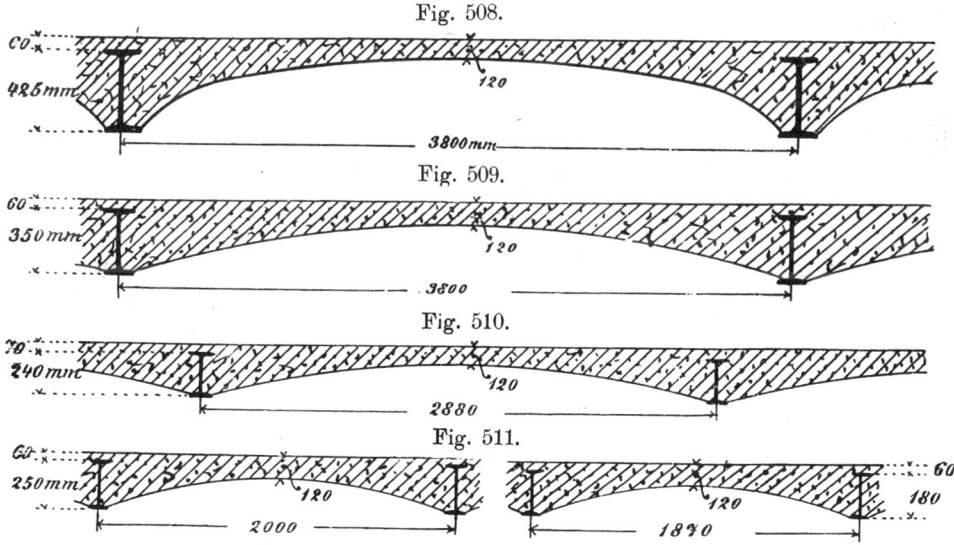

Fig. 508.

Fig. 509.

Fig. 510.

Fig. 511.

8 Teilen Kiessand zur Ausführung gelangten. Ueber Belastungsproben, welchen diese Decken unterworfen wurden, berichtet die Deutsche Bauzeitung, Jahrgang 1899, Seite 491, ausführlich. Hier sei nur mitgeteilt, daß eine 2,20 m weit gespannte, im Scheitel 11 cm starke Betondecke mit 2850 kg/qm belastet wurde, und selbst als neben der Belastungsstelle Schläge

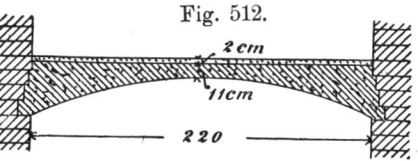

Fig. 512.

mit einem schweren Hammer auf die Decke geführt wurden, unbeschädigt blieb.

Bei Betondecken mit ebener Unteransicht ruht ein im Querschnitt rechteckiger Betonkörper auf den unteren Trägerflanschen. Sie üben keinerlei Seitenschub auf die Träger aus, sind aber weniger widerstandsfähig gegen Durchbiegung als bogenförmige Betonkappen und müssen mithin größere Stärke erhalten.

In den Werkstätten des Frankfurter Zentralbahnhofes sind ebene Betondecken mit nur 8 cm Stärke bei 0,80 bis 0,90 m Spannweite aus 1 Teil Zement und 7 Teilen Kohlenschlacken ausgeführt worden, welche nach 4 Tagen ausgerüstet wurden.

Sollen Betonplatten einen unteren Verputz erhalten, so umkleidet man die untere Trägerflansche mit Draht- oder Drahtziegelgewebe, oder man bettet in den um etwa 1 cm gegen den Trägerflansch vortretenden Beton Holzklötzchen in je 20 cm Entfernung ein und befestigt an diesen Rohrgewebe (Fig. 513). Architekt Ludolff schlägt vor, an der Unterseite der Decke vor deren Einrüstung starke Drähte auszuspannen, welche durch Umbiegen an den unteren Trägerflanschen befestigt werden (Fig. 514) und dem nach Ausführung der Deckenplatte auszuführenden Verputz guten Halt geben.

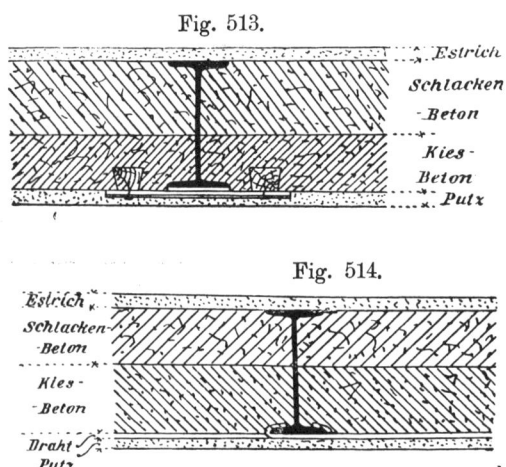

Fig. 513.

Fig. 514.

In Fabriken, Lagerräumen usw., wo es weniger darauf ankommt, schallundurchlässige als feuersichere Decken zu schaffen, können durch Verwendung von Monierplatten sehr leichte Decken hergestellt werden. Die den Fußboden bildenden 4 bis 7 cm starken Platten besitzen eine Drahtgittereinlage etwa im unteren Viertel ihrer Höhe und werden auf den oberen Träger-

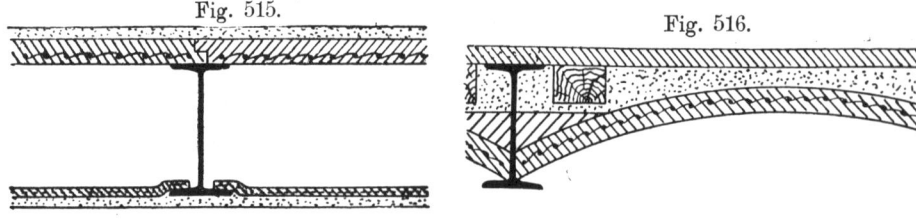

Fig. 515.

Fig. 516.

flanschen verlegt. Zur Aufnahme des Deckenputzes dienen 1,5 cm starke Platten, welche mit den seitlichen aufgekrümmten Rändern auf den unteren Trägerflanschen ruhen (Fig. 515). Die Enden des in der Mitte der Platten befindlichen Drahtgewebes ragen etwa 10 cm weit aus den Platten hervor und werden nach dem Verlegen der letzteren unter den Trägerflanschen verflochten, um dem Putz den nötigen Halt zu bieten. Die Schallübertragung wird wesentlich vermindert, wenn gekrümmte Monierplatten bogenförmig zwischen die Träger gespannt und mit einem Füllmaterial überdeckt werden (Fig. 516).

Große Verbreitung hat, trotz ihres kurzen Bestehens, eine von dem Direktor Koenen der Aktien-Gesellschaft für Beton- und Monierbau in Berlin im Jahre 1897 erfundene Deckenkonstruktion erfahren. Diese mit dem Namen „Koenensche Voutenplatte" belegte Konstruktion ist eine an den Auflagern eingespannte Zementplatte mit Eiseneinlagen. Die letzteren werden so in den Mörtelkörper eingebettet, daß für gleichförmig verteilte Belastung eine Platte von annähernd gleichem Widerstande gegen Durchbiegung entsteht. Diese Absicht hat Koenen dadurch erreicht, daß er die Eiseneinlagen am Auflager, wo die Biegungsmomente ihre größten Werte erreichen, nahe der Oberkante einbettet, sie dagegen in der Plattenmitte, wo die Zugspannungen in der unteren Plattenhälfte auftreten, der Unterkante der Platte nähert. Ruht die Platte zwischen Eisenträgern (Fig. 517), so werden die Enden der Eiseneinlagen um die oberen

Fig. 517.

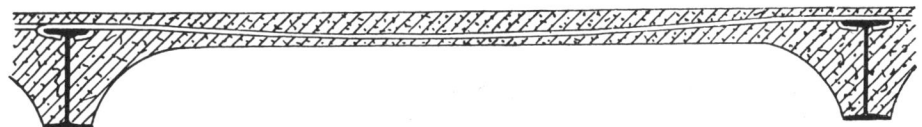

Trägerflanschen hakenartig umgebogen; diese Verbindung ist vermöge der hohen Adhäsionsfestigkeit, die zwischen Eisen und Zementmörtel wirkt, unnachgiebig. Wo die Platte zwischen Mauern angeordnet wird, muß die Funktion der Eisenbalken durch flach gelegte Eisen (Fig. 518) ersetzt werden. Die Eiseneinlage besteht

Fig. 518.

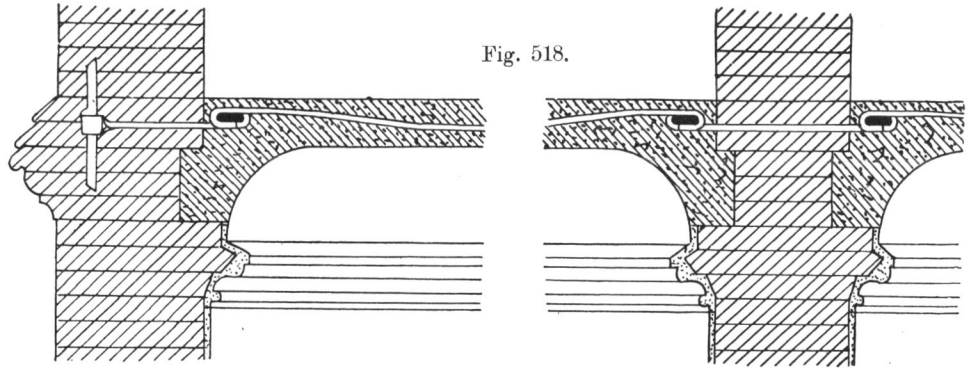

gewöhnlich aus 10 mm starken Rundeisen mit 6 cm Abstand von Mitte zu Mitte. Die große Tragfähigkeit der Decke, welche durch amtliche Belastungsproben wiederholt erwiesen worden ist, gestattet Ausführungen bis 6 m Spannweite bei einer Stärke von nur 10 cm in der Plattenmitte.

Ein durch Drahtgewebe armierter Estrich zur Ueberdeckung eiserner Träger (auch von Holzbalken) wird von der Terrast-Baugesellschaft in Berlin unter dem Namen „Terrast" empfohlen. Verzinktes Drahtgewebe von 1,2 mm Drahtstärke und 25 mm Maschenweite wird über die Träger ausgebreitet und an der einen Mauer mit Putzhaken befestigt. Darauf wird das Gewebe in dem ersten Deckenfelde nach unten gedrückt und, nachdem es um $^1/_{10}$ der Fachbreite durchhängt, mit Bindedraht an dem ersten Träger befestigt. Alsdann wird das Gewebe im zweiten Felde durchgedrückt und an dem zweiten Träger befestigt und so fortgefahren, bis die ganze Raumbreite in gleicher Weise überdeckt ist. Die nächste Bahn des Gewebes überdeckt die vorherige um etwa 5 cm.

Ist das Drahtnetz über den ganzen Raum gespannt, so werden über den Trägerflanschen Papierstreifen und darüber, sowie über das ganze Drahtnetz, eine zweite Lage starkes Rollenpapier ausgebreitet, wobei darauf zu achten ist, daß das Papier überall dicht auf dem Drahtnetz aufliegt. Nun wird ein zweites Drahtgewebe in der gleichen Weise wie das erste ausgebreitet und an den Mauern und Trägern befestigt, jedoch so, daß in der Mitte etwa 1 cm Spielraum zwischen den Drahtnetzen verbleibt. Vor dem Auftragen der Estrichmasse, welche aus 1 Teil Zement und 7 Teilen Sand, oder 1 Teil Zement, 5 Teilen Sand und 3 Teilen Koksasche besteht, ist das Papier mit einer Gießkanne anzufeuchten, damit es sich innig an das untere Drahtnetz anschmiegt.

Fig. 519.

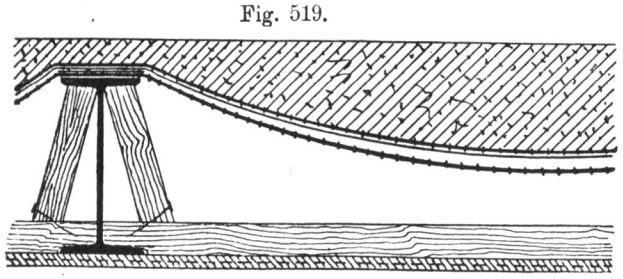

Die Estrichmasse wird in mehreren Lagen aufgetragen und mit der Schaufel oder Kelle so weit angedrückt, daß nirgends Hohlräume verbleiben. Nachdem so viel Masse eingebracht ist, daß die oberen Trägerflanschen etwa 4 cm hoch überdeckt sind, wird die ganze Fläche mit einer Mörtelmischung von 1 Teil Zement und 3 Teilen Sand abgezogen und mit dem Reibebrett geglättet, so daß eine durchaus ebene Fläche entsteht. Zur Herstellung einer ebenen Deckenunterfläche können Latten mit etwa 20 cm gegenseitigem Abstande auf die unteren Trägerflanschen gelegt und an diesen ein Rohr- oder Drahtziegelgewebe zur Aufnahme des Verputzes befestigt werden. Damit die Latten sich nicht heben können, sind zwischen diesen und den oberen Trägerflanschen schräg gestellte Lattenstücke einzutreiben und durch Nagelung an den Deckenlatten zu befestigen (Fig. 519).

Fig. 520.

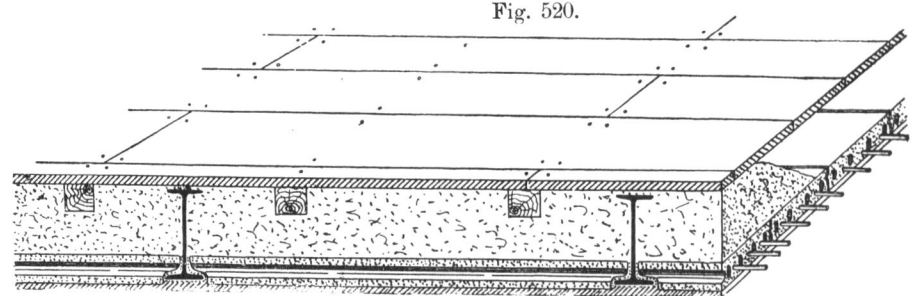

Fertige Deckenplatten liefert die Deutsche Zementbau-Gesellschaft, vormals Paul Stolte in Berlin unter der Bezeichnung „Stoltes Stegzementdielen" in Längen von 1 bis 4 m und Stärken von 7 bis 40 cm. Dieselben sind der

Länge nach von Hohlräumen durchzogen, deren Höhe das 2 bis 2½fache ihrer Breite beträgt, so daß zwischen denselben ⊥-förmige Stege entstehen. Zur Erhöhung der Tragfähigkeit sind in die untere Hälfte dieser Stege Bandeisen eingebettet.

Für Trägerentfernungen bis 1,40 m werden in Wohngebäuden 7 bis 8 cm starke Dielen, darüber hinaus (bis 1,80 m Trägerabstand) 10 cm starke Dielen verwendet (Fig. 520). Die Ausführung geschieht in folgender Weise:

Zuerst werden die unteren Flanschen der Träger mit einem Drahtgewebe umhüllt, damit der Deckenputz an denselben gut haftet. Alsdann wird mit dem Verlegen der Dielen an einer Wandseite begonnen und hier eine keilförmig gestaltete Diele eingebracht und auf den unteren Trägerflanschen gelagert. Die weiteren Dielen haben rhomboidische Form; sie werden an den anschließenden Stoßflächen mit Zementmörtel bestrichen und darauf dicht zusammengeschoben (Fig. 521). Nachdem alle Felder des betreffenden Raumes geschlossen

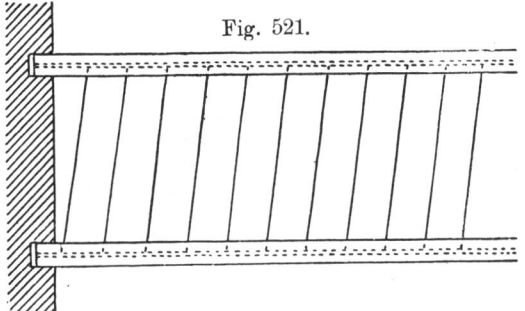

Fig. 521.

sind, werden die Fugen, sowohl an den Trägern, wie zwischen den Dielen, mit dünnflüssigem Zementmörtel eingeschlemmt. Sobald der Mörtel abgebunden hat, wird die Aufschüttung eingebracht, in welche die Fußbodenlager eingebettet werden.

Für Fabrik- und Lagergebäude, in denen die einzelnen Stockwerke feuersicher abgeschlossen sein müssen, kann man, unter Weglassung der Ausfüllung der Deckenfelder mit Füllmaterial, nach Fig. 522 eine leichte Decke dadurch schaffen, daß die Dielen auf einer entsprechend geformten Umhüllung der Träger

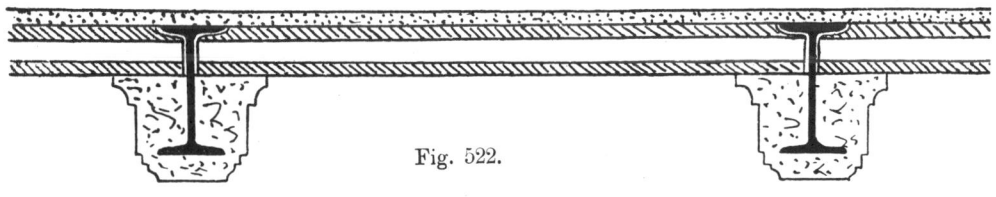

Fig. 522.

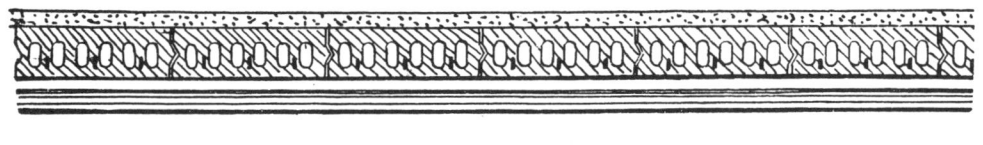

aus Zementbeton gelagert werden. Der Fußboden wird dann meist durch einen 2 cm starken Zementestrich gebildet und kann gegebenenfalls mit Linoleum belegt werden.

Bei sehr schweren Belastungen (in Durchfahrten usw.) werden Dielen von solcher Stärke verwendet, daß sie die ganze Deckenhöhe ausfüllen (Fig. 523).

Die Herstellung der Dielen geschieht unter Verwendung von Portland-Zement und Quarzsand oder Bimssand. Quarzsand-Zementdielen erreichen die Festigkeit natürlicher Sandsteine und lassen sich nur schwer mit dem Stahlmeißel und Hammer bearbeiten, doch ist ein Aufspalten derselben, vermöge der

Fig. 523.

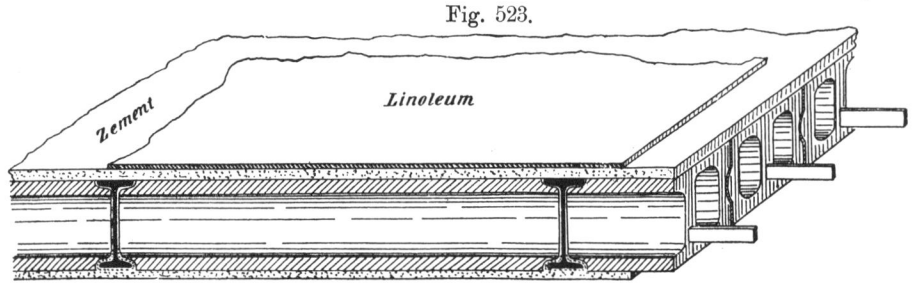

in ihnen angeordneten Hohlräume, der Länge und Höhe nach leicht zu erzielen. Bimsstein-Zementdielen lassen sich nageln, bohren und zersägen und sind deswegen den Zementdielen dann vorzuziehen, wenn an der Deckenunterfläche Stuckverzierungen angeschraubt werden sollen.

Gewölbte Decken oder Gewölbe.

Ein Gewölbe entsteht durch eine solche Zusammenfügung einzelner Steine, daß diese sich mit ihren Seitenflächen gegenseitig und in ihrer Gesamtheit gegen andere Maurerkörper (Widerlags- oder Stützmauern, Gurtbögen, Rippenbögen) in der Weise stützen, daß sie den Raum zwischen diesen Mauerkörpern frei schwebend überdecken. Meist besitzen sie die Fähigkeit, außer der eigenen noch fremde Lasten (Füllmaterial, Fußbodenlast und Nutzlast) mit Sicherheit zu tragen.

Die Bezeichnungen der einzelnen Teile eines Gewölbes sind übereinstimmend mit denjenigen der Bögen (vergl. Seite 55). Hinzuzufügen ist nur, daß Begrenzungsmauern eines mit einem Gewölbe überdeckten Raumes, welche keine Widerlagsmauern sind, als Schild- oder Stirnmauern bezeichnet werden.

Im Hochbau werden natürliche Steine fast nur zu den Rippen- und Gurtbögen der Kreuz- und Sterngewölbe und nur äußerst selten zur Ausführung ganzer Gewölbe verwendet, weil sie wegen ihrer großen Schwere sehr starke Widerlagsmauern erheischen und außerdem das an und für sich teuere Material und die zeitraubende Bearbeitung der einzelnen Wölbsteine bedeutende Kosten verursachen. Häufigere Anwendungen finden Werksteine zur Bildung der Gewölbeanfänger in solchem Falle, wo das Wölben mit künstlichen Steinen kleinen Formates an dieser Stelle Schwierigkeiten verursacht. Aus diesen Gründen sollen sich die nachstehenden Betrachtungen in erster Linie auf Gewölbe aus künstlichen Steinen und vornehmlich aus Ziegelsteinen erstrecken.

Für Wölbungen aus künstlichen Steinen wählt man möglichst leichtes Material, Lochsteine, poröse Steine und Schwemmsteine, für unbelastete Gewölbe auch wohl Korksteine.

Der Form nach unterscheidet man die folgenden Gewölbearten:

a) Tonnengewölbe;

b) Kappengewölbe oder preußische Kappen;

c) Klostergewölbe mit den Nebenformen Mulden- und Spiegelgewölbe;

d) Kuppelgewölbe mit den Nebenformen Hängekuppeln, ellipsoidische Gewölbe, böhmische Kappengewölbe;

e) Kreuzgewölbe mit der Nebenform Stern- oder Netzgewölbe;

f) Fächer- oder Trichtergewölbe (normännische oder angelsächsische Gewölbe).

a) Tonnengewölbe.

Die Leibungsfläche eines Tonnengewölbes kann man sich so entstanden denken, daß eine stetig gekrümmte Linie, die „Erzeugende", sich auf einer geraden oder gekrümmten Linie, der „Leitlinie", fortbewegt.

Als Erzeugende wählt man meist einen Halbkreis, seltener eine halbe Ellipse, einen Korbbogen oder Spitzbogen. Parabeln oder Kettenlinien können ebenfalls als Erzeugende verwendet werden, wenn sie auch, streng genommen, kein eigentliches Tonnengewölbe erzeugen können, da als Kennzeichen eines solchen gilt, daß eine in einem Kämpferpunkte an das Gewölbe gelegte Tangentialebene eine lotrechte Lage hat. Obgleich durch die Wahl solcher Gewölbeprofile sich die größte Tragfähigkeit der Gewölbe bei geringstem Materialaufwande erreichen läßt, so haben sie dennoch wenig Anwendung im Hochbau gefunden, hauptsächlich wohl deshalb, weil sie ein wenig schönes Aussehen besitzen.

Ist die Leitlinie eine gerade wagerechte Linie, so ergibt sich das gerade Tonnengewölbe, ist sie dagegen eine gerade ansteigende Linie, so entsteht das steigende Tonnengewölbe, welches namentlich unter Treppenläufen Anwendung findet. Wählt man als Leitlinie eine geschlossene stetig gekrümmte Linie (Kreis, Ellipse), so erhält man ein ringförmiges Tonnengewölbe oder Ringgewölbe. Ist die Leitlinie endlich eine Schraubenlinie, so entsteht das schraubenförmige Tonnengewölbe oder Schneckengewölbe, welches besonders zur Unterstützung der Stufen von Wendeltreppen Verwendung findet.

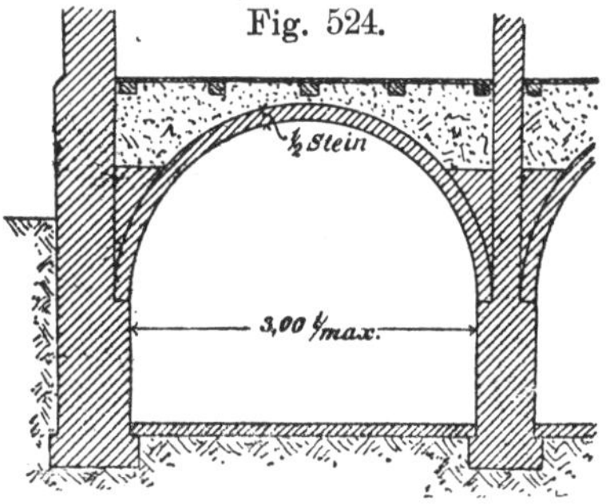

Für die Ausführung der Tonnengewölbe ist die Aufstellung eines mit Brettern oder Latten verschalten Lehrgerüstes erforderlich. Die Einwölbung geschieht auf den Kuf, d. h. die Lagerfugen laufen parallel zu den Widerlagern, die Stoßfugen wechseln verbandmäßig ab und verlaufen parallel zu den Stirnmauern.

Fig. 524.

Ist die Höhe der Widerlagsmauern nicht größer als 3 m, so gibt man denselben etwa ¹/₅ der Spannweite zur Stärke, wenn das Gewölbeprofil ein Halbkreis ist. Wird als Gewölbeprofil ein gedrückter Bogen von ¹/₃ bis ¹/₄ der Spannweite als Pfeilhöhe gewählt, so ist die Widerlagsstärke gleich $^1/_4$ der Spannweite, bei Wölbungen mit geringerer Pfeilhöhe gleich $^2/_7$ der Spannweite zu machen.

Sind die Widerlagsmauern über 3 m hoch, so sind die angegebenen Stärken um $^1/_8$ bis $^1/_6$ größer anzunehmen.

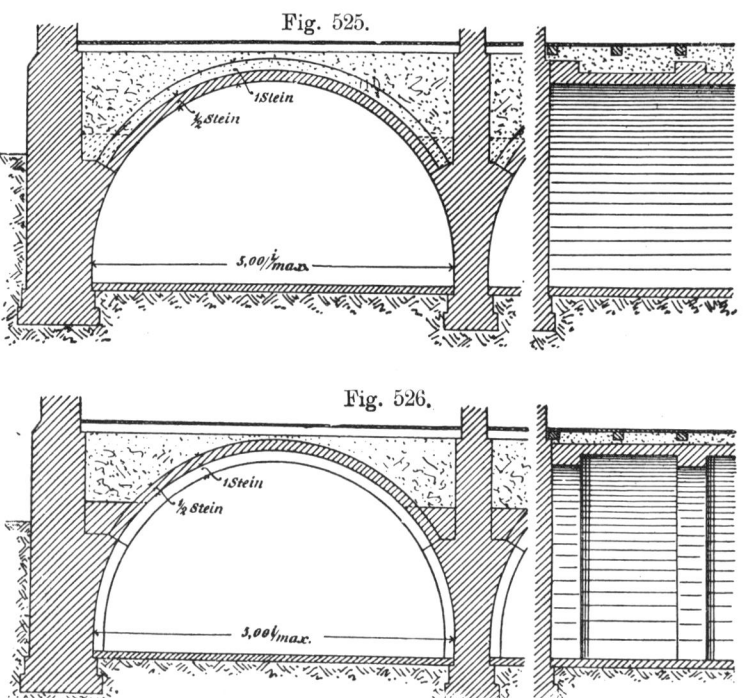

Fig. 525.

Fig. 526.

Tonnengewölbe von halbkreisförmigem oder elliptischem Querschnitte in Wohngebäuden, welche keine andere als die Fußbodenlast aufzunehmen haben, werden bis zu 3 m Spannweite durchweg in $^1/_2$ Steinstärke (Fig. 524), bis 5 m Spannweite in $^1/_2$ Steinstärke mit Verstärkungsgurten in 1,5 bis 2 m Entfernungen, welche $1^1/_2$ Stein breit und 1 Stein hoch gemacht werden, ausgeführt (Fig. 525 und 526). Diese Verstärkungsgurte sind im Verbande mit dem Gewölbe herzustellen und können entweder nach oben (Fig. 527) oder nach unten (Fig. 528) um $^1/_2$ Stein gegen die Gewölbefläche vortreten.

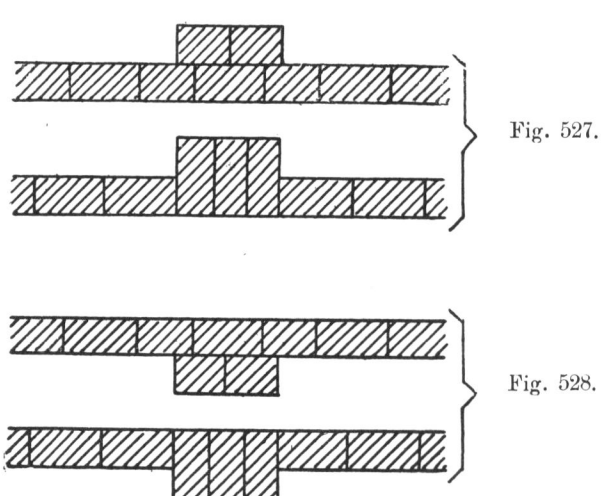

Fig. 527.

Fig. 528.

Gewölbe von 5 bis 6 m Spannweite macht man durchweg 1 Stein stark (Fig. 529) und fügt bei Gewölben bis 7 m Spannweite Verstärkungsgurte in einer Breite und Höhe gleich $1^1/_2$ Steinlänge hinzu (Fig. 530 und 531).

Bei noch größeren Spannweiten läßt man die Gewölbestärke nach dem Widerlager derart zunehmen, daß sie hier bei einer Spannweite bis 9 m $1^1/_2$ Steinlänge (Fig. 532) und bei einer solchen von 10 m 2 Steinlängen beträgt.

Auch hier empfiehlt sich die Anordnung von Verstärkungsgurten, welche im Verbande mit dem Gewölbe stehen (Fig. 533).

Zieht man durch den Mittelpunkt des halbkreisförmigenProfiles eines Tonnengewölbes eine Linie, welche mit einer durch den gleichen Punkt geführten Wagerechten einen Winkel von 30° einschließt, so geht diese annähernd durch die sogen. „Bruchfuge" des Gewölbes, welche erfahrungsgemäß bei etwaigem Einsturz des Gewölbes die zunächst gefährdete Stelle ist. Um ein Heben dieser Stelle infolge des auf den Gewölbescheitel wirkenden und sich nach den Widerlagern fortpflanzenden Drukkes zu verhindern, ist dieselbe zu belasten. Es geschieht dies durch ein Ausfüllen der Gewölbezwickel mit Mauerwerk oder Beton bis mindestens auf $^2/_3$ der Rückenhöhe. Diese Hintermauerung ist nicht im Verbande mit den Widerlagsmauern auszuführen, um sie unabhängig von dem Setzen der letzteren zu machen.

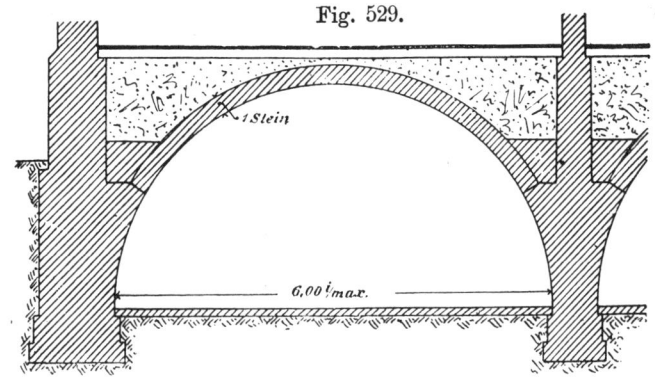

Fig. 529.

Fig. 530.

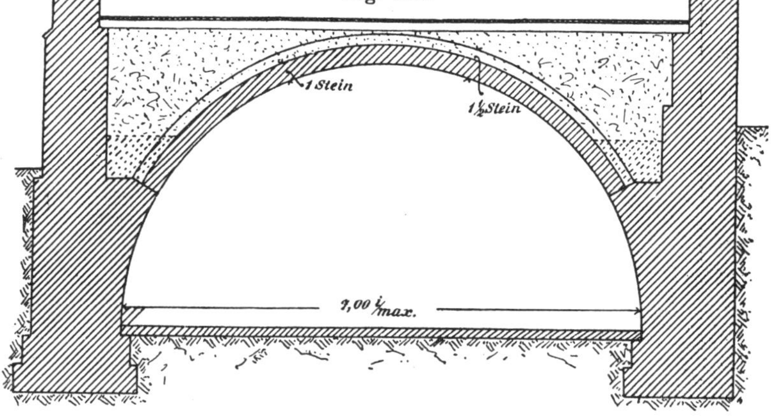

Fig. 531.

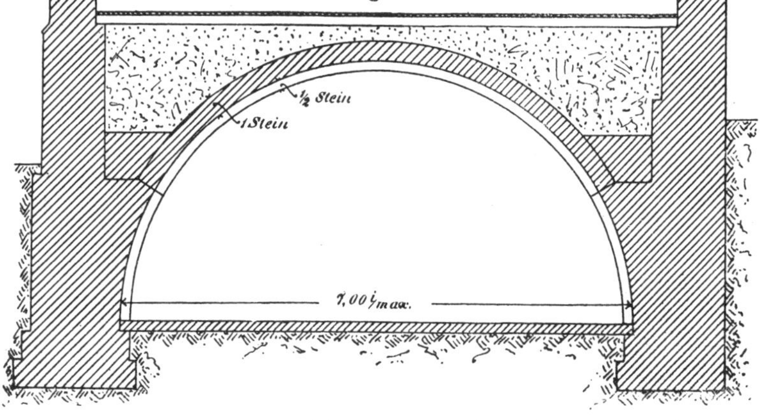

Die Widerlager lassen sich verstärken, wenn man die Leibung etwa bis zur Höhe der Bruchfugen durch horizontale, überkragende Schichten bildet und

Fig. 532.

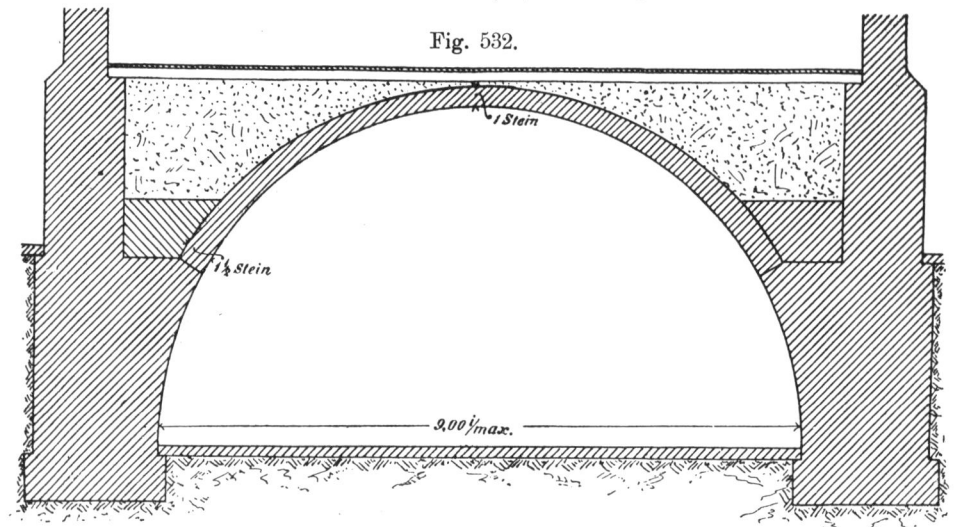

erst hierüber mit dem Wölben beginnt (Fig. 534). Hierdurch wird der Schwerpunkt der Widerlagsmauern mehr nach innen gerückt und die Spannweite, also auch der Schub des Gewölbes, verringert. Diese Auskragungen der Widerlager müssen natürlich gleichzeitig mit den Widerlagsmauern unter Verwendung einer dem unteren Teile des Gewölbeprofiles entsprechenden Schablone ausgeführt werden. Soll die innere Gewölbeleibung später verputzt werden, so ist ein Verhauen der vorgekragten Schichten nicht erforderlich (Fig. 535); im anderen Falle sind Formsteine zu verwenden (Fig. 536).

Treten zwei Tonnengewölbe gegen eine gemeinschaftliche Widerlagsmauer, so sind die Gewölbeanfänge stets bis zur Bruchfuge in wagerechten Schichten auszuführen (Fig. 537), weil sonst der im Gewölbezirkel vorhandene keilförmige Mauerkörper

Fig. 533.

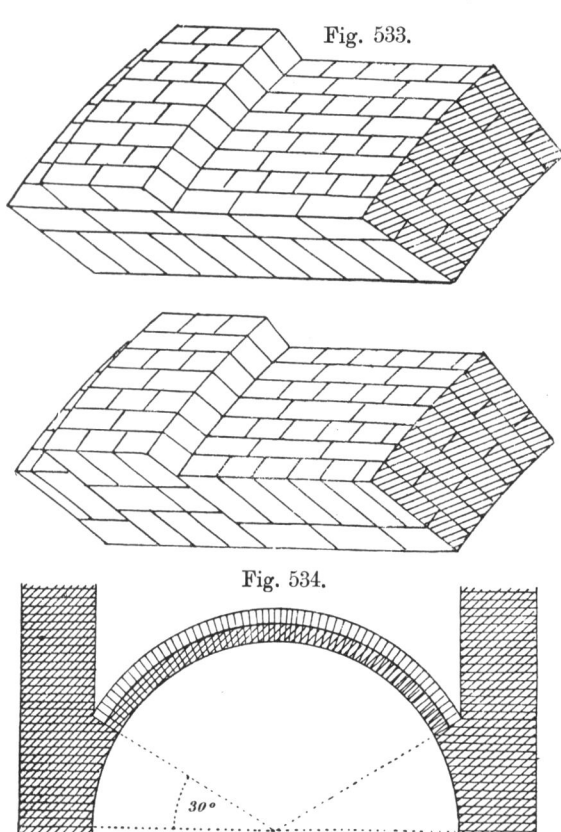

Fig. 534.

(Fig. 538) durch die obere Belastung ein Auseinandertreiben der Gewölbe anstrebt.

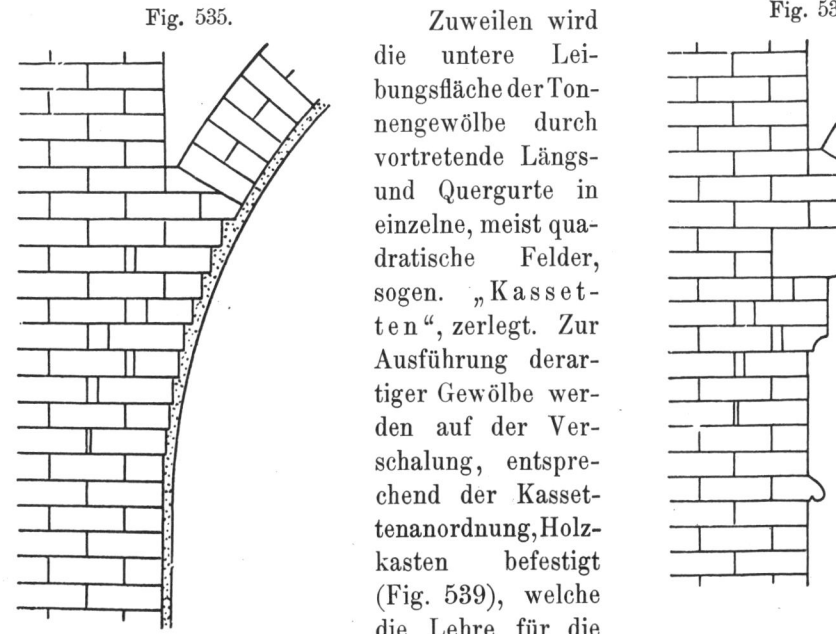

Fig. 535.

Fig. 536.

Zuweilen wird die untere Leibungsfläche der Tonnengewölbe durch vortretende Längs- und Quergurte in einzelne, meist quadratische Felder, sogen. „Kassetten", zerlegt. Zur Ausführung derartiger Gewölbe werden auf der Verschalung, entsprechend der Kassettenanordnung, Holzkasten befestigt (Fig. 539), welche die Lehre für die Mauerung bilden. Die vorspringenden Seitenflächen dieser Holzkasten müssen nach oben zu etwas abgeschrägt werden, damit sie sich beim Ausrüsten des

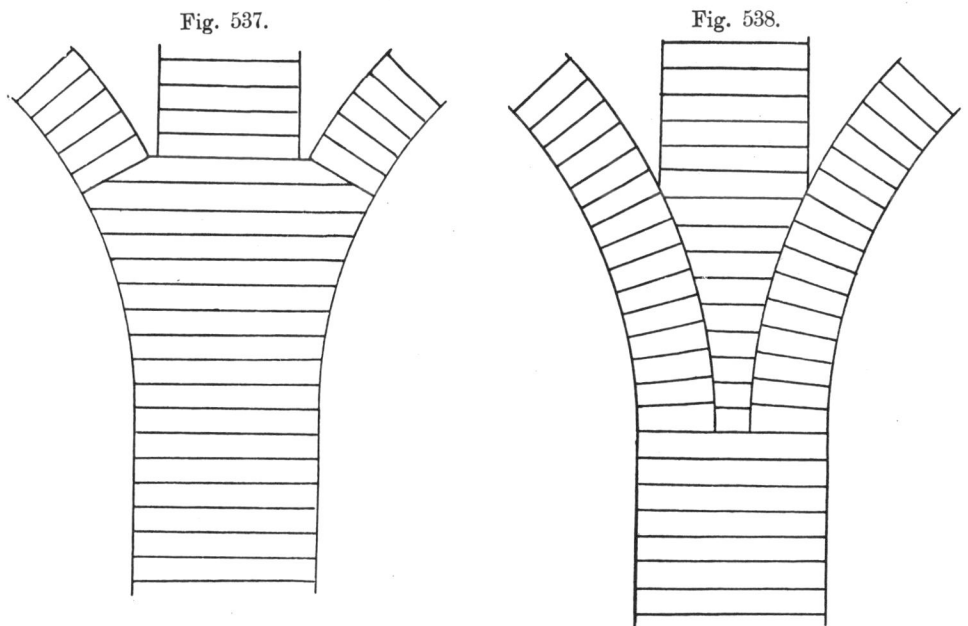

Fig. 537.

Fig. 538.

Gewölbes nicht festklemmen. Die Querrippen sind im Verbande mit der oberen Gewölbeschale, wie dies durch Fig. 533 veranschaulicht ist, auf Kuf zu wölben, während die Längsrippen als scheitrechte Bögen so auszuführen sind, daß sie die Querrippen gegeneinander verspannen (Fig. 540). Mit der Wölbung kann auch hier in der Kämpferlinie begonnen werden (Fig. 541), oder es kann der untere Teil bis zur Höhe der Bruchfuge durch wagerechte Auskragung hergestellt werden (Fig. 542).

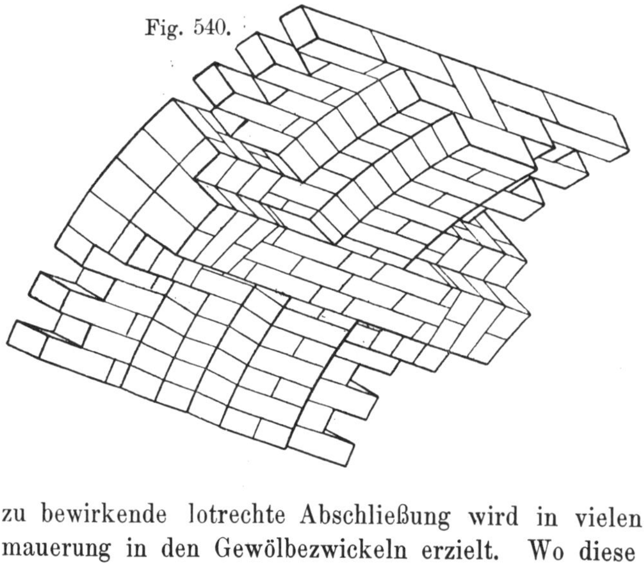

Da die Stirnmauern der Tonnengewölbe häufig nicht für die Anlage von Fenstern benutzt werden können, so sind diese Oeffnungen dann in den Widerlagsmauern des Gewölbes anzubringen. Bei beschränkter Konstruktionshöhe wird die obere Abdeckung der Fenster in den meisten Fällen weit über dem Gewölbefuß liegen, und es muß deshalb das Gewölbe auf die Breite der Fenster unterbrochen werden. Als Widerlager für das Gewölbe auf die Breite dieser Ausschnitte sind selbständige Mauerbögen, „Gewölbekränze", in das Hauptgewölbe selbst einzufügen, gegen welche sich auch die den oberen Abschluß der zwischen ihnen und den Fenstern bildenden Gewölbekappen, die sogen. „Stichkappen", stützen. Die an den Seiten, den „Ohren", einer Stichkappenöffnung zu bewirkende lotrechte Abschließung wird in vielen Fällen durch die Hintermauerung in den Gewölbezwickeln erzielt. Wo diese Hintermauerung die Oeff-

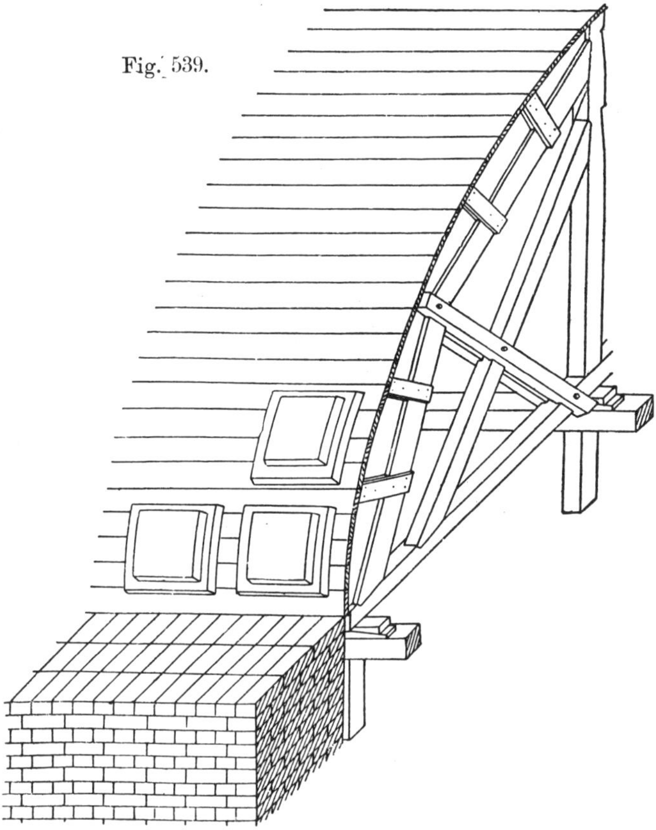

Fig. 539.

Fig. 540.

nung des Ohres nicht vollständig schließt, sind über derselben 1 bis 1¹/₂ Stein starke Wangenmauern aufzuführen, welche der Stichkappe gleichzeitig das erforderliche Widerlager bieten (Fig. 543).

Fig. 541.   Fig. 542.

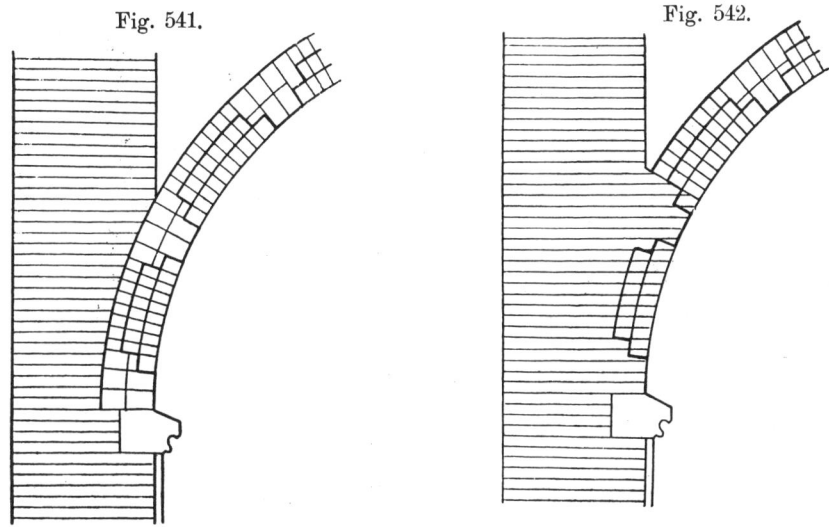

Die in der Wölbfläche liegende Stärke des Kranzes wird bei größeren Gewölben gleich 1 Stein, bei kleineren gleich ¹/₂ Stein angenommen und gleichzeitig mit dem Hauptgewölbe gemauert, wobei auf der Schalung die Durchdringungslinien vorgezeichnet sind.

Fig. 543.

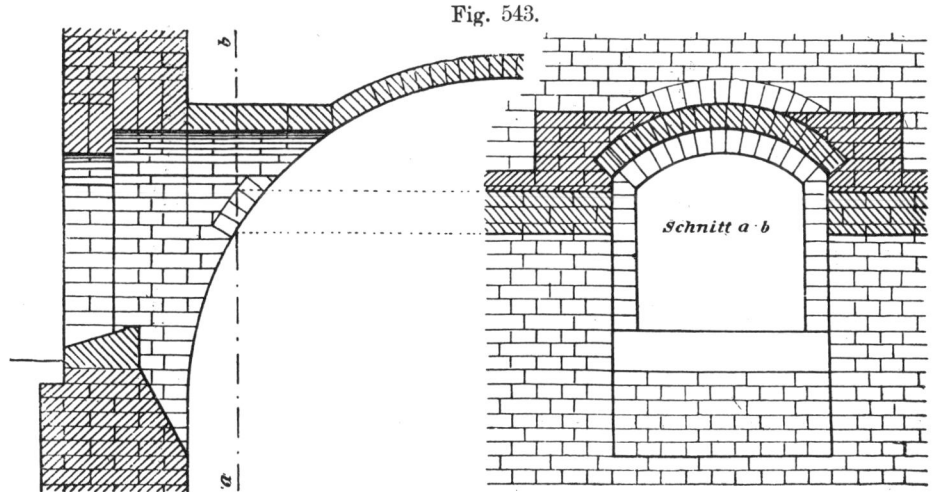

Schnitt a·b

Die Leibungsflächen der Stichkappen gehören meist Zylinder- oder Kegelflächen, seltener einer Kugelfläche an. In den ersteren Fällen kann die Achse eine wagerechte (Fig. 544 und 545) oder geneigte gerade Linie (Fig. 546 und 547) sein.

Die Ausmittelung der inneren Durchdringungslinie bereitet keine Schwierigkeit, wenn man bedenkt, daß lotrecht geführte Schnittebenen sowohl die Zylinder-

und Kegelflächen (Fig. 544 bis 547), als auch die Kugelflächen (Fig. 548) in Kreislinien schneiden, deren Mittelpunkte in den Achsen der betreffenden Flächen liegen und daß die Schnittpunkte von je zwei zusammengehörigen Kreislinien beiden Gewölbeflächen angehören und mithin in der Durchdringungslinie liegen müssen.

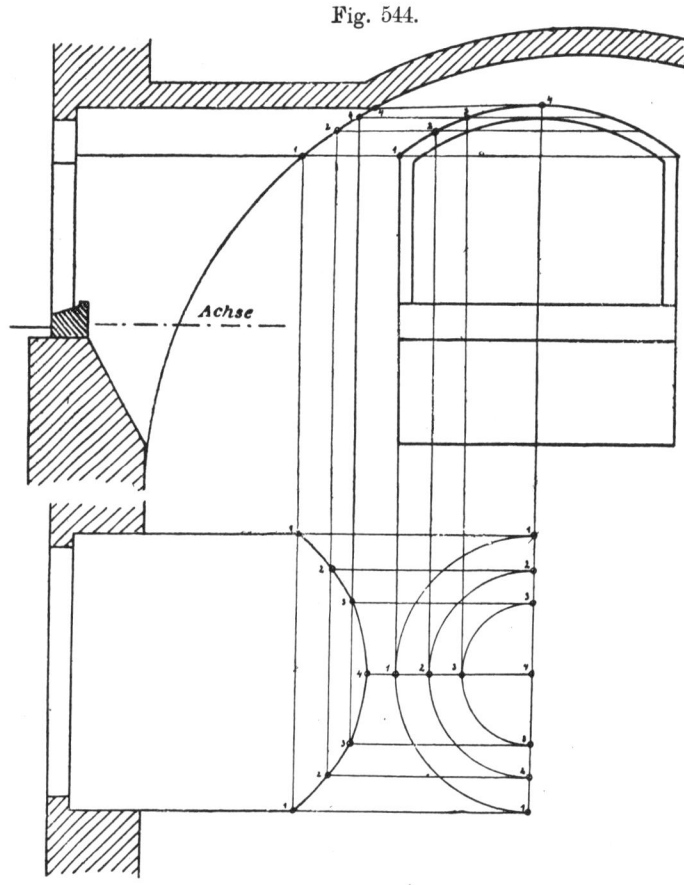

Fig. 544.

Größere Aufmerksamkeit beansprucht die Ausmittelung des Kranzes und die Projektion der äußeren Kranzlinie in Grundriß und Aufriß. Obgleich nun die korrekte graphische Darstellung dieser Teile mit der Konstruktion und Ausführung der Wölbungen unmittelbar nichts zu tun hat und dieselbe mit größerem Rechte in einem Lehrbuche der darstellenden Geometrie*) zu erörtern wäre, sei diese dennoch, des besseren Verständnisses hinsichtlich Lage und Form des Kranzes wegen, an einem auf den Tafeln 7 und 8 dargestellten Beispiele durchgeführt. Die hier gewählte Stichkappe gehört einer Zylinderfläche an, deren Achse von innen nach außen ansteigt.

Als Leitlinie der Stichkappe ist ein Kreisbogen mit dem Halbmesser r (Fig. 1) gewählt, dessen Mittelpunkt m in der wagerechten Ebene WW und in der lotrechten Ebene LL liegt. Als Erzeugende sei die parallel zur Zylinderachse vom Scheitel der Leitlinie bis zu der inneren Leibungslinie des Tonnengewölbes geführte Gerade 2,2 angesehen. Die Erzeugende des Rückens der Stichkappe ergibt sich, wenn man in einem Abstande gleich ¹/₂ Steinstärke eine Parallele 5,5 zu 2,2 zieht. Der Scheitel der Stichkappe trifft demnach in der Richtung 2,5 gegen den Scheitel des Kranzes und es läßt sich der Querschnitt des letzteren dadurch bestimmen, daß man die in der inneren Leibungsfläche des Tonnengewölbes liegende Stärke bei größeren Gewölben gleich 1 Steinlänge, bei

---

*) Vergl. Opderbecke, Die angewandte darstellende Geometrie für Hochbau- und Steinmetztechniker. Verlag von Bernh. Friedr. Voigt in Leipzig.

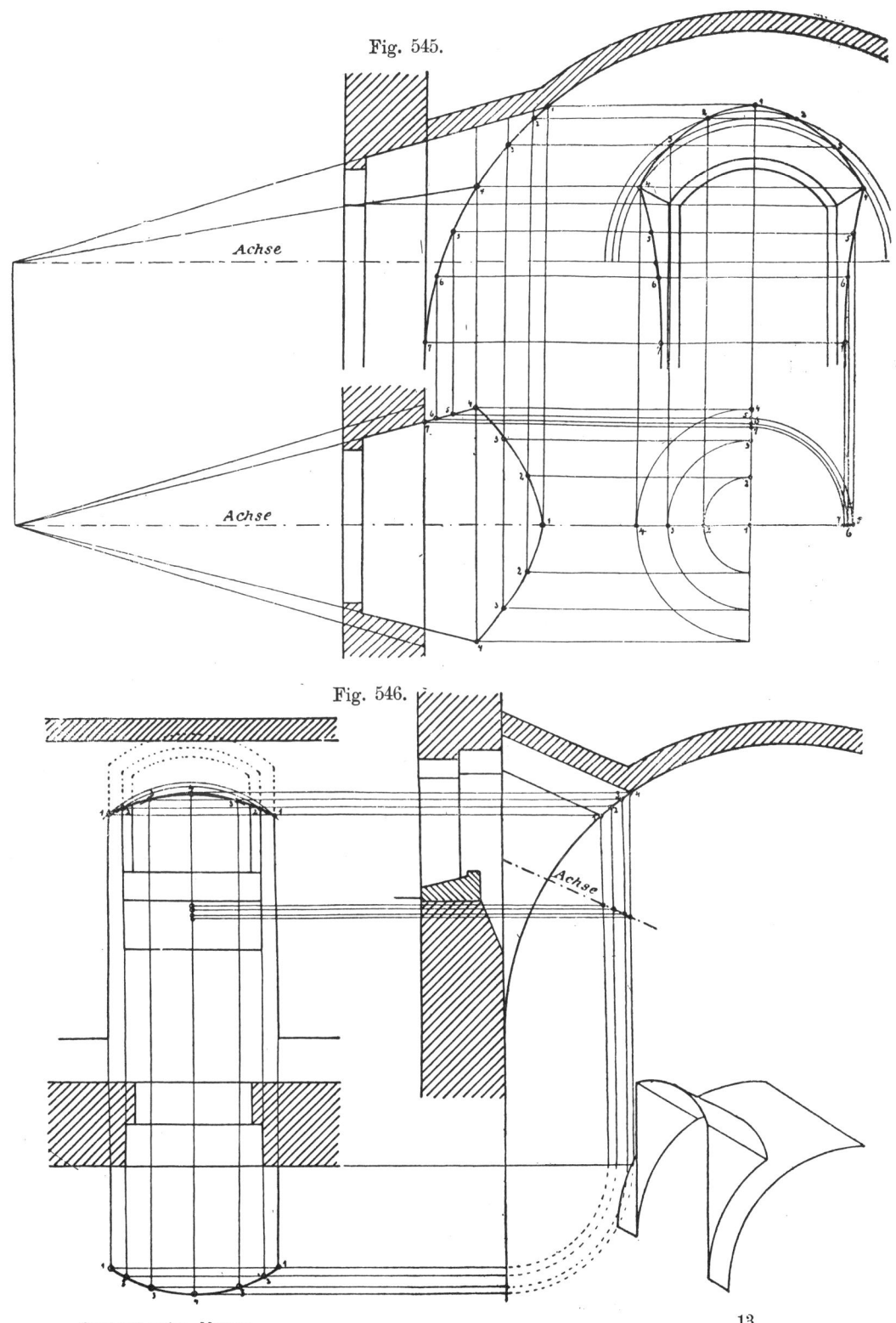

Fig. 545.

Achse

Achse

Fig. 546.

Achse

kleineren gleich ½ Steinlänge macht und die den Kranz nach oben begrenzende Lagerfuge 8,13 nach dem Mittelpunkte M des Tonnengewölbes richtet.

Zur Ausmittelung des Gewölbekranzes bedient man sich mit Vorteil einer Hilfsfigur, welche den Aufriß der Stichkappe auf einer lotrechten Ebene CD,

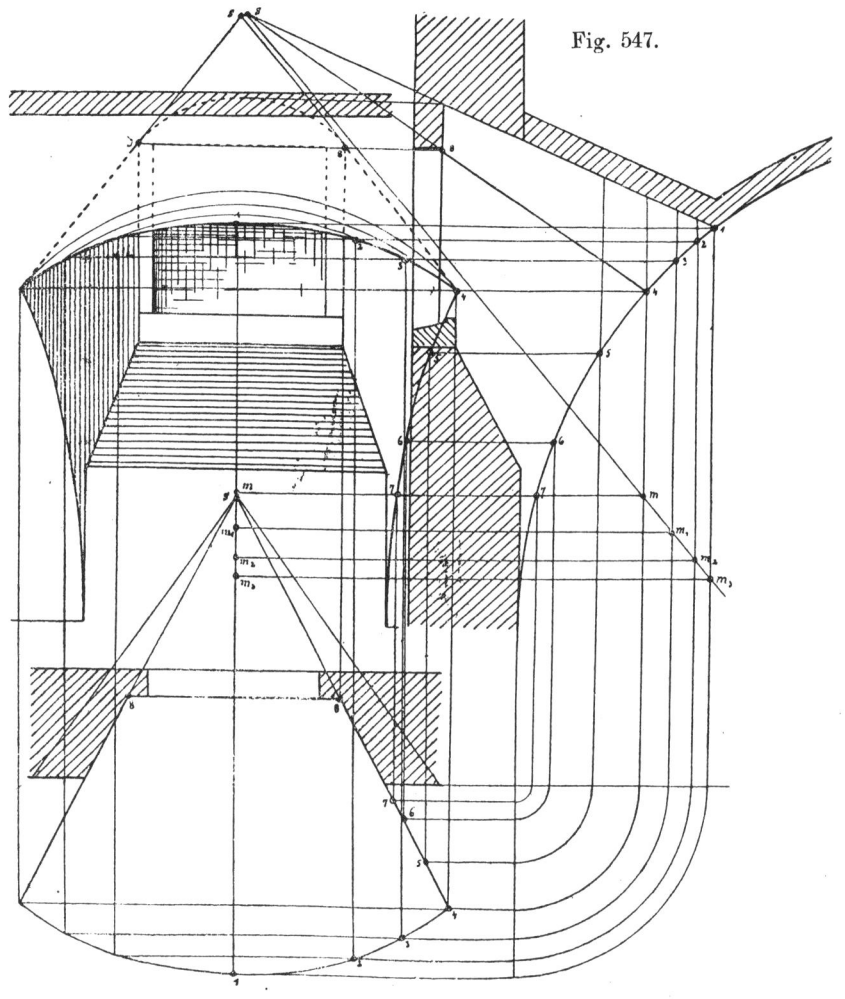

Fig. 547.

jedoch unter Fortlassung des Hauptgewölbes, zur Darstellung bringt. Diese Hilfskonstruktion ist durch Fig. 3 veranschaulicht und es sind die mit m 2 und m 5 beschriebenen Kreisbögen die Leitlinien der inneren und äußeren Leibung der Stichkappe, während der mit m 8 beschriebene Kreisbogen die Leitlinie einer für den Rücken des Kranzes angenommenen Zylinderfläche, deren Erzeugende die Gerade 8,8 (Fig. 1) ist, darstellt.

Die Begrenzungslinien des Kranzes, welche als Durchdringungslinien dieser drei Zylinderflächen mit der unteren und oberen Leibungsfläche des Tonnengewölbes auftreten, lassen sich dann in den drei hier gewählten Projektionen dadurch ermitteln, daß man für jede Zylinderfläche eine beliebige Anzahl Erzeugende annimmt und die Durchgangspunkte dieser Linien mit der betreffenden Leibungsfläche des Tonnengewölbes bestimmt.

Für die innere Leibung der Stichkappe sind als Erzeugende die Kämpfer-linie 0,0, die Scheitellinie 2,2 und eine zwischen diesen liegende Linie 1,1 ge-wählt. Durch folgerichtige Uebertragung dieser Linien in die Fig. 3 und 2 er-geben sich hier die Durchgangspunkte 0, 1 und 2 und durch Verbindung der-selben miteinander die Projektionen der inneren Durchdringungslinie.

Der in der Hilfskonstruktion der Fig. 3 mit m 5 beschriebene Kreisbogen zeigt, daß die Kämpferlinie des Rückens der Stichkappe in der Höhe des Punktes 3 liegt, und man erhält die Lage dieser Kämpfer-linie in Fig. 1 durch einfache Uebertragung als eine parallel zur Scheitellinie 5,5 verlaufende Er-zeugende 3,3. Diese, sowie die Scheitellinie 5,5 und eine zwi-schen ihnen lie-gende Erzeu-gende 4,4 aus Fig. 1 nach Fig. 3 und Fig. 2 über-tragen, ergibt die Durchgangs-punkte 3, 4 und 5 und durch deren folgerich-tige Verbindung die Projektionen der Linie, in wel-cher der Rücken der Stichkappe gegen den Kranz anschneidet.

Fig. 548.

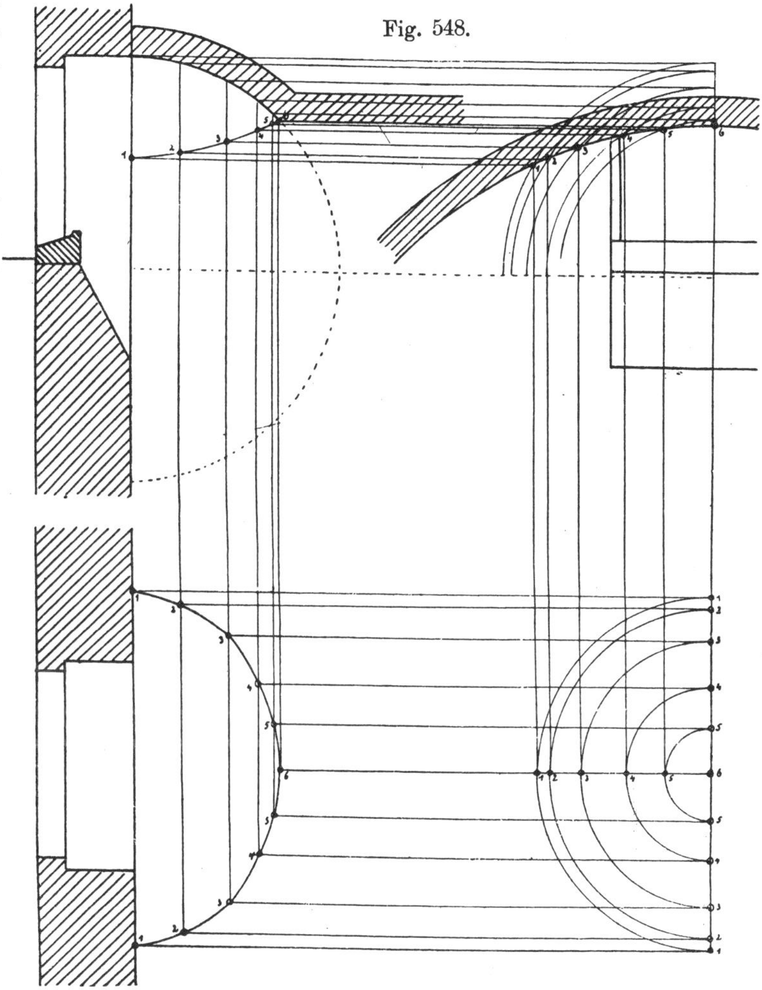

Bedenkt man weiter, daß nach der mit m 8 in Fig. 3 beschriebenen Kreis-bogenlinie die Kämpferlinien der für den Kranz angenommenen Zylinderfläche in der Höhenlage des Punktes 6 liegen und überträgt man diesen Punkt nach Fig. 1, so ist hier durch die zur Scheitellinie parallel gezogene Linie 6,6 die Projektion der Kämpferlinie dargestellt. Durch Uebertragung der Erzeugenden 8,8, 7,7 und 6,6 nach Fig. 3 und Fig. 2 entstehen dann die Projektionen 6, 7, 8 der in der oberen Leibung des Tonnengewölbes liegenden Rückenlinie des Kranzes.

13*

Um nun die in der inneren Leibung des Tonnengewölbes liegende Rückenlinie des Kranzbogens auszutragen, überlege man, daß die Lagerfugen des Kranzes

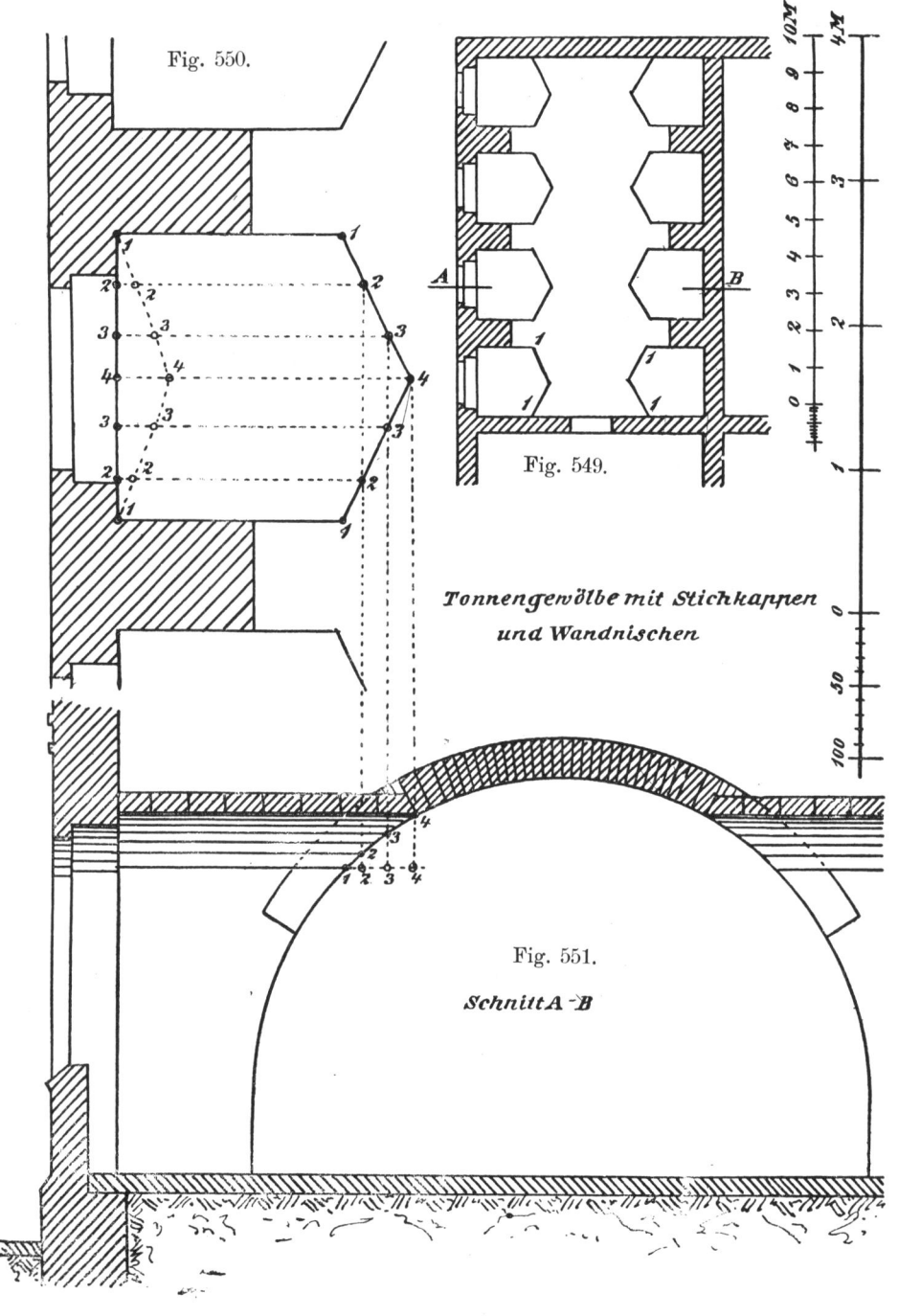

Fig. 550.

Fig. 549.

Tonnengewölbe mit Stichkappen
und Wandnischen

Fig. 551.

Schnitt A-B

vom Gewölberücken nach dem Mittelpunkt M des Tonnengewölbes und nach dem
Mittelpunkte m der für den Kranz angenommenen Zylinderfläche laufen müssen.

Es ist mithin die Richtung der Kämpferfugen in Fig. 3 durch die Linie m 6 und in Fig. 1 durch die Linie M 6 bestimmt und es stellt sich eine durch den in der inneren Leibung liegenden Punkt 9 der Kämpferfuge gedachte Erzeugende in Fig. 1 in der Linie 9,9 dar. Dem in der lotrechten Hilfsebene L L liegenden Endpunkte 9 dieser Erzeugenden entspricht dann der in Fig. 3 in der Kämpferfuge liegende Punkt 9 und es projiziert sich mithin die Kämpferfugenfläche in Fig. 3 und Fig. 2 in den Figuren 0,9—9,6—6,3—3,0. Eine in der Richtung m 10 angenommene Lagerfugenfläche wird sich aus gleichen Gründen in den Fig. 3 und 2 durch die Projektionen 12,10—10,10—10,11—11,12 darstellen, während die Projektionen des Scheitelpunktes 13 in die Projektionen der Zylinderachse fallen müssen. Durch Verbindung der Punkte 9, 10 und 13 mit einander entsteht die Rückenlinie des inneren Kranzbogens, welche sich nunmehr, ebenso wie die innere Durchdringungslinie, ohne Mühe in den durch Fig. 4 veranschaulichten Längenschnitt A—B übertragen läßt.

In dem durch Fig. 5 in isometrischer Darstellung wiedergegebenen Bilde der ganzen Anordnung ist der Deutlichkeit wegen die als Widerlager der Stichkappe dienende Aufmauerung auf der einen Seite fortgelassen.

Durch Anordnung von Stichkappen läßt sich die für größere Tonnengewölbe erforderliche große Widerlagsmasse bedeutend herabmindern, wenn man die Widerlager in einzelne kräftige Pfeiler mit dazwischen liegenden Nischen auflöst. Ein Beispiel für eine derartige Anordnung ist auf Tafel 9 zur Darstellung gebracht.

Das eigentliche Widerlager des Hauptgewölbes bilden die nur 38 cm breiten gegen die Längswände des Raumes um 1,04 m vortretenden Pfeiler. Die von diesen Pfeilern und den Quermauern seitlich begrenzten Nischen sind mit geraden Stichkappen überdeckt, welche sich gegen im Hauptgewölbe liegende Gewölbekränze legen.

Die unteren Durchdringungslinien der Stichkappen mit dem Hauptgewölbe sind im Grundriß als gerade Linien angenommen und es ist somit die Wölblinie der Stichkappen von der Wölblinie des Hauptgewölbes abhängig gemacht. Man findet dieselbe in einfacher Weise durch die Annahme von wagerechten Erzeugenden etwa in den Höhenlagen 1, 2, 3 und 4, welche in gleicher Höhe in der Durchdringungslinie zusammentreffen müssen. Durch Uebertragung der Höhenlote ab, cd, ef, gh nach $a_1 b_1$, $c_1 g_1$, $e_1 f_1$, $g_1 h_1$ und durch Verbindung der Endpunkte b_1, g_1, f_1 und h_1 durch eine stetig gekrümmte Linie ist die Wölblinie bestimmt.

Sollen die Kämpferlinien der Stichkappen höher liegen als die Kämpferlinien des Hauptgewölbes und gleichzeitig die Durchdringungslinien der zusammenstoßenden Leibungsflächen im Grundrisse gerade Linien sein, so ist die Richtung dieser Linien und die Lage ihrer Anfangspunkte 1 (Fig. 549 bis 551) durch die Wölblinie des Hauptgewölbes und die angenommene Pfeilhöhe 4—4 der Stichkappe festgelegt. Die Form der Wölblinie der Stichkappen ergibt sich dann durch folgerichtige Uebertragung der beliebig zu wählenden Höhenlote 2—2, 3—3 und 4—4 aus dem Querschnitte in den Grundriß.

b) Kappengewölbe (preußische Kappen).

Die Wölblinie der Kappengewölbe ist ein flacher Kreisbogen, dessen Pfeil-höhe $\frac{1}{7}$ bis $\frac{1}{12}$ der Spannweite beträgt, seine Leibungsfläche der Teil der halben Oberfläche eines geraden Kreiszylinders.

Im Hochbau finden am häufigsten Wölblinien Verwendung, welche als Kreisbögen mit einem Halbmesser gleich der Spannweite des auszuführenden Gewölbes beschrieben werden. Das Verhältnis der Pfeilhöhe zur Spannweite ist bei derartigen Wölblinien annähernd $\frac{1}{8}$.

Gutes Wölbmaterial und gewöhnliche mitttlere Belastungen vorausgesetzt, wie solche durch Beschüttung, Fußboden und Nutzlast in Wohngebäuden vor-kommen, wählt man die Gewölbestärke für Spannweiten bis zu 2,5 m gleich $\frac{1}{2}$ Steinlänge, bis 3 m gleich $\frac{1}{2}$ Steinlänge mit 1 Stein hohen und $1\frac{1}{2}$ Stein breiten Verstärkungsgurten in Entfernungen von 1,5 bis 2 m, bis 4 m gleich $\frac{1}{2}$ Steinlänge im Scheitel und 1 Steinlänge am Widerlager, oder durchweg 1 Steinlänge. Größere Spannweiten sucht man zu vermeiden, indem man die Räume durch Gurtbögen (Tafel 10 und 11 rechte Seite und Tafel 12 und 13) oder Eisenträger (Tafel 10 und 11 linke Seite und Tafel 14 und 15) teilt, welche als Widerlager der Kappen dienen. Die Widerlagsstärke nimmt man unter gleichen Belastungsverhältnissen zu $\frac{1}{4}$ der Spannweite, jedoch nicht unter $1\frac{1}{2}$ Steinlänge an.

Die Wölblinie der Gurtbögen wird am zweckmäßigsten als Parabel gewählt, deren Pfeilhöhe mindestens gleich der halben Spannweite ist. Ebenso findet bei Hochbauten der Flachbogen, der gedrückte oder überhöhte Korbbogen, der Halb-kreis, der Knickbogen und die gedrückte oder überhöhte Ellipse Verwendung.

Wird ein Flachbogen als Wölblinie genommen, so ist die Pfeilhöhe gleich $\frac{1}{3}$ bis $\frac{1}{4}$ der Spannweite zu machen, wenn der Gurtbogen außer seiner Haupt-

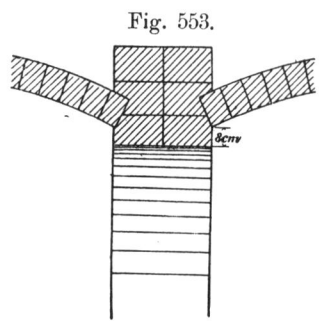

Fig. 553.

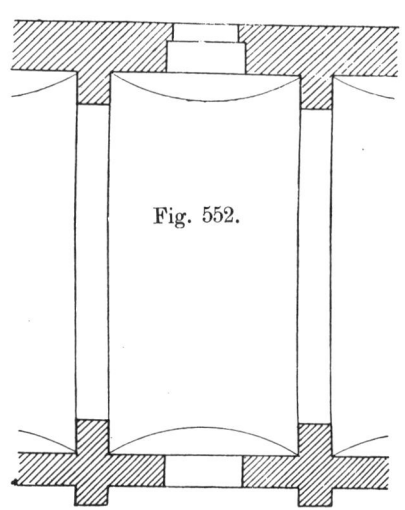

Fig. 552.

aufgabe, die Kappengewölbe zu stützen, auch die Bestimmung hat, als Tragebogen für Scheidemauern oberer Geschosse zu dienen. Fällt diese letztere Bestimmung fort, so genügt eine Pfeilhöhe gleich $\frac{1}{6}$ der Spannweite. Die Widerlagsstärke ist im ersteren Falle gleich $\frac{1}{3}$, im letzteren Falle gleich $\frac{1}{5}$ der Spannweite an-zunehmen.

Die Breite und Höhe der Gurtbögen ist mindestens gleich $1\frac{1}{2}$, besser gleich zwei Steinlängen zu machen. Eine geringere Breite ist deshalb verwerflich, weil bei ungleicher Belastung der angrenzenden Kappen der Gurtbogen verdreht werden kann.

Die Einteilung der Gurtbögen ist möglichst so einzurichten, daß sie auf die Mitte der Fensterpfeiler treffen (Fig. 552), damit Stichkappen-Konstruktionen vermieden werden. Zur Herstellung der Wilager der Kappen am Gurtbogen wird letzterer gleich bei der Aufmauerung mit einem Falz (Fig. 553) versehen, dessen Unterkante mindestens 8 cm über dem Scheitel des Gurtbogens liegt

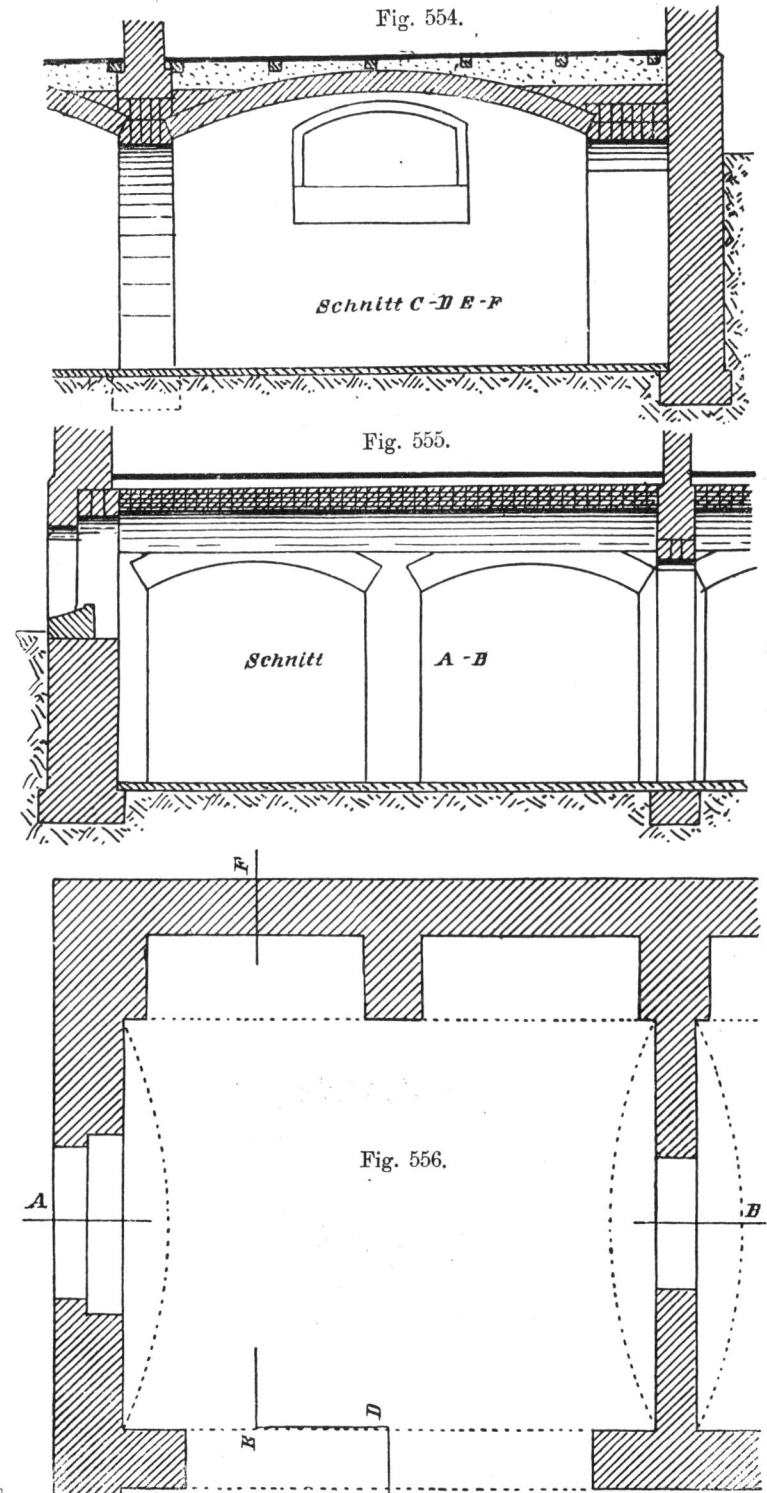

Fig. 554.

Schnitt C-D E-F

Fig. 555.

Schnitt   *A-B*

Fig. 556.

(vergl. auch Fig. 6 auf Tafel 12 und 13). Ein nachträgliches Ausstemmen der Widerlager ist wegen der Erschütterungen des Bogens unzulässig.

Soll die Stärke einer Gewölbekappe vom Scheitel nach den Widerlagsmauern zunehmen, so muß diese Zunahme stetig und nicht in schroffen Absätzen von ¹/₄ oder ¹/₂ Steinlängen geschehen, weil sonst leicht Senkungen des mittleren Gewölbeteiles eintreten, welche schon oft, trotz der Verwendung guten Materials, den Einsturz von Gewölben verursacht haben.

Bei Ausführungen in Ziegelsteinen kann die Stetigkeit der Zunahme nur durch ein entsprechendes Verhauen der Steine am Gewölberücken herbeigeführt werden. Wo nicht zwingende Gründe (beschränkte Konstruktionshöhen) vorliegen, sollte man deshalb wegen der geringeren Arbeit den Gewölbekappen vom Widerlager bis zum Scheitel gleiche Stärke geben.

Um die Spannweiten der Kappen zu verringern, kann man die äußere Widerlagsmauer durch nach innen vorspringende Pfeiler verstärken (Fig. 554 bis 556) und diese unterhalb des Gewölbewiderlagers durch Mauerbögen verbinden.

Werden statt der Gurtbögen eiserne Träger als Widerlager für die Kappen verwendet, so erfolgt der Anschluß der Wölbung an die Träger durch Rollschichten (Fig. 557), durch keilförmig zugehauene Steine (Fig. 558) oder durch eine Betonschicht (Fig. 559).

Fig. 557.

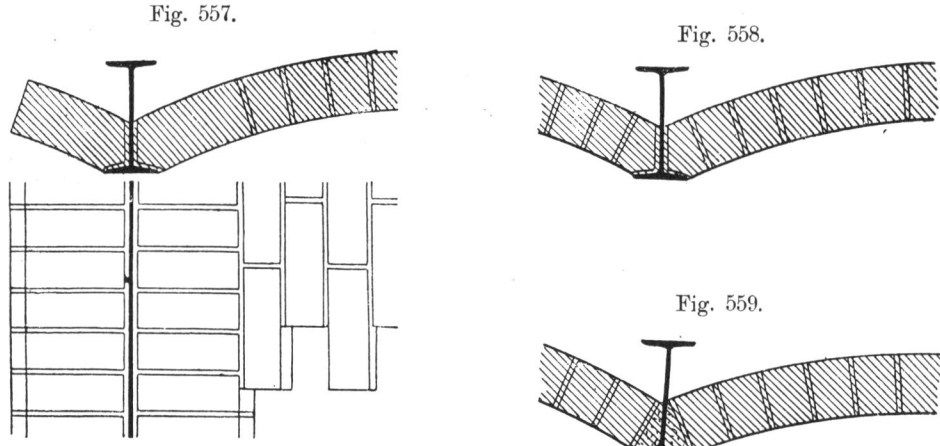

Fig. 558.

Fig. 559.

Die Träger dürfen niemals unmittelbar auf Ziegelmauerwerk gelagert werden, sondern müssen entweder gußeiserne Lagerplatten oder Auflagersteine aus festem Werkstein als Unterlage erhalten, damit der Druck auf eine größere Fläche des Ziegelmauerwerks übertragen wird. Die Länge der aufliegenden Trägerenden nehme man mindestens gleich der Trägerhöhe, besser gleich der anderthalbfachen Trägerhöhe, an.

Beispiele für die Ueberwölbung mit Kappen zwischen eisernen Trägern sind auf den Tafeln 10 und 11 und auf den Tafeln 14 und 15 veranschaulicht.

Die Einwölbung der Kappen kann erfolgen:

    1. Auf Kuf. Hierbei laufen die Lagerfugen parallel zu den Widerlagsmauern, die verbandmäßig wechselnden Stoßfugen parallel zu den Stirnmauern (vergl. Tafel 12 und 13, Fig. 1 bei A).

2. **Auf Schwalbenschwanz.** Die Wölbung wird in den vier Ecken des zu überdeckenden Raumes derart begonnen, daß die Lagerfugen unter 45° gegen die Achse des Gewölbes gerichtet sind. Es entstehen dadurch nebeneinanderliegende Wölbstreifen, deren Breite gleich der Ziegelsteindicke (6,5 cm) ist und welche ihre Widerlager sowohl an den Widerlagsmauern, als auch an den Stirnmauern und auch an den Seitenflächen der benachbarten Wölbstreifen finden. Der Zusammenstoß der von den Ecken ausgehenden Schichten findet schließlich in der Scheitellinie der Kappe und in der normal zur Gewölbeachse gerichteten Mittellinie des Raumes statt. Bei diesen Zusammenstößen tritt leicht der Fall ein, daß bei Durchführung regelmäßigen Verbandes einzelne Stoßfugen mit Lagerfugen zusammentreffen. Eine Umgehung dieses Uebelstandes ist nur dadurch möglich, daß man durch Verhauen einzelner Steine die Stoßfugen am Zusammenschlusse um soviel verrückt, daß hier ein Fugenwechsel um etwa ¼ Steinlänge stattfindet (vergl. die Fugen a bis i bei Fig. 560).

Fig. 560.

Da bei dieser Einwölbungsart ein Teil des Gewölbeschubes auf die Stirnmauern übertragen wird, so ist dieselbe besonders bei weit gespannten Kappen zwischen schwachen Mauern, sowie zwischen Gurtbögen oder eisernen Trägern zu empfehlen. Ein weiterer Vorteil dieser Wölbungsart besteht darin, daß dieselbe „aus freier Hand", d. h. ohne Einschalung mit Hilfe von Lehrbögen an den Wänden und in der Richtung der die Winkel an den Ecken des Raumes halbierenden Linien oder der Diagonalen ausgeführt werden kann und daß keine durchgehende Bruchfuge im Gewölbe vorhanden ist.

Da die einzelnen Wölbschichten entweder normal zu den Diagonalbogenlinien des Gewölbes oder normal auf denjenigen Bogenlinien stehen, die sich durch die Schnitte lotrechter, die Winkel an den Ecken des Raumes halbierender Ebenen mit dem Gewölbe ergeben, so erscheinen die Lagerfugen im Grundrisse und Aufrisse nicht als gerade Linien, wie in der schematischen Darstellung der Fig. 560

angenommen, sondern sie müssen sich als Projektionen von Teilen geneigt stehender Ellipsen, mithin als gekrümmte Linien, zeigen.

Die Art und Weise der Ermittelung dieser Fugenprojektionen ist auf Tafel 12 und 13 in Fig. 1 bei B im Grundrisse und in Fig. 5 im Aufrisse dargestellt. Die diagonale, elliptische Bogenlinie ac^1 wird am einfachsten aus der Stirnlinie ab durch Vergatterung bestimmt und kann ohne wesentlichen Fehler durch ein Kreisbogenstück ersetzt werden. Die Lagerfugen-Ebenen müssen dann normal zu dieser Bogenlinie stehen, also nach dem Mittelpunkte derselben gerichtet sein. Da die Lagerfugen des Gewölbeteiles $abcd$ entweder durch die Widerlagslinie ad und die Stirnlinie ab, oder durch die Widerlagslinie ad und die Scheitellinie bc, oder schließlich durch die Scheitellinie bc und die normal zur Gewölbeachse gerichtete Mittellinie dc des Raumes begrenzt werden, so sind diese Linien sämtlich auf die Ebene des in den Grundriß umgeklappten Diagonalschnittes projiziert worden. Es wird dann beispielsweise eine durch 1 des Diagonalbogens gehende Lagerfuge von der Stirnlinie ab und der Widerlagslinie ad, eine solche an der Stelle 4 des Diagonalbogens dagegen von der Scheitellinie bc und der Widerlagslinie ad begrenzt sein. Durch folgerichtige Projektion der Punkte 1, 2, 3 beziehungsweise 4, 5, 6 aus dem Diagonalschnitte in den Grundriß erhält man in (1), (2), (3) und (4), (5), (6) Punkte der Horizontalprojektion dieser Lagerfugen. Nimmt man jetzt einige horizontale Mantellinien I an, so lassen sich beliebig viele weitere Punkte der Lagerfugen durch Uebertragung der Schnittpunkte dieser Mantellinien mit den Lagerfugen-Ebenen aus dem Diagonalschnitte in den Grundriß ermitteln. — Die Uebertragung der elliptischen Lagerfugenkanten aus dem Grundrisse nach dem Aufrisse (Fig. 5) bietet keine Schwierigkeiten, wenn man in letzteren als Hilfslinien die Projektionen des Diagonalbogens und der Mantellinien einträgt.

Fig. 561.

Da bei diesem Verbande sämtliche Umfassungsmauern Gewölbeschub aufzunehmen haben, so ist auch für die Stirnmauern ein Widerlagsfalz für die hier antretenden Wölbstreifen vorzusehen.

Eine andere Anordnung der Einwölbung auf Schwalbenschwanz, welche sich namentlich für Gewölbe eignet, deren innere Leibung nicht abgeputzt werden soll, veranschaulicht Fig. 561. Hierbei werden zunächst in der Mitte des Gewölbes auf der Schalung vier ganze Steine (1) rechtwinkelig gegeneinander und unter 45° gegen die Achse des Gewölbes zusammengepaßt und darauf nach allen Seiten immer ein ganzer Stein (2) mit einem Dreiviertelstein (3) auf die aus der Figur ersichtliche Weise zusammengefügt, bis die Umfassungsmauern erreicht sind. Die Diagonalschichten werden alsdann mit ganzen Steinen geschlossen, indem man bei den Steinen 2 und 3 beginnt und die Schichten nach den Umfassungsmauern hin vollendet.

3. In Ringschichten. Hierbei laufen die Stoßfugen parallel zu den Stirnmauern, während die Lagerfugen verbandsmäßig abwechseln. Die einzelnen Schichten werden als Rollschichten ausgeführt, so daß das Gewölbe aus vielen voneinander unabhängigen Bogenringen besteht, deren Breite gleich der Ziegelsteindicke ist. Die Wölbung wird an den Stirnmauern begonnen, so daß die Ausführung in der Richtung der Gewölbeachse fortschreitet und der Schluß des Gewölbes in der senkrecht gegen die Widerlager gerichteten Mittellinie des Raumes erfolgt. Da jede Schicht einen in sich haltbaren Bogen bildet, so verzichtet man bei dieser Wölbungsart auf eine Einschalung und verwendet für die Ausführung der Kappen sogen. „Rutschbögen". Diese bestehen aus einem oben nach der Wölblinie geschlossenen Kasten (Tafel 12 und 13, Fig. 4), welcher höchstens 60 cm breit sein darf, damit die vor dem Rutschbogen stehenden Arbeiter bequem bis an die hintere Kante desselben reichen können. Zur Unterstützung des Kastens dienen zwei an den Widerlagsmauern oder den Eisenträgern befestigte Langhölzer, auf welchen Doppelkeile gelagert sind, um ein bequemes Vorrücken des Rutschbogens zu ermöglichen, sobald ein Gewölbeteil über demselben vollendet ist. Damit die Schichten bei etwaigem unvorsichtigen Vorrücken des Rutschbogens nicht nach vorne umklappen, legt man dieselben zweckmäßig in schwach geneigten Ebenen an. Zur Herstellung der geneigten Ebenen zunächst der Stirnmauer werden am besten Kufschichten verwendet (vergl. Fig. 1 bei C auf Tafel 12 und 13). Ebenso verwendet man auch Kufschichten zur gegenseitigen Verspannung der Ringschichten an der Schlußstelle des Gewölbes.

Geübte Maurer verzichten gewöhnlich auf Verwendung des Rutschbogenkästens; sie benutzen einen einfachen Lehrbogen, den sie in etwas geneigter Lage (Fig. 562 bis 564) auf Keile stellen. Damit derselbe nicht gegen die zuletzt ausgeführte Schicht umkippt, wird ein hakenförmig gestaltetes Holz a, der „Knecht", auch „Pferdchen" oder „Kuh" genannt, derart im Scheitel des Bogens aufgehangen, daß sein längerer Schenkel sich gegen die bereits vollendete Schicht anlehnt. Jetzt setzt der Maurer die Steine an den Widerlagern bis zum Schluß-

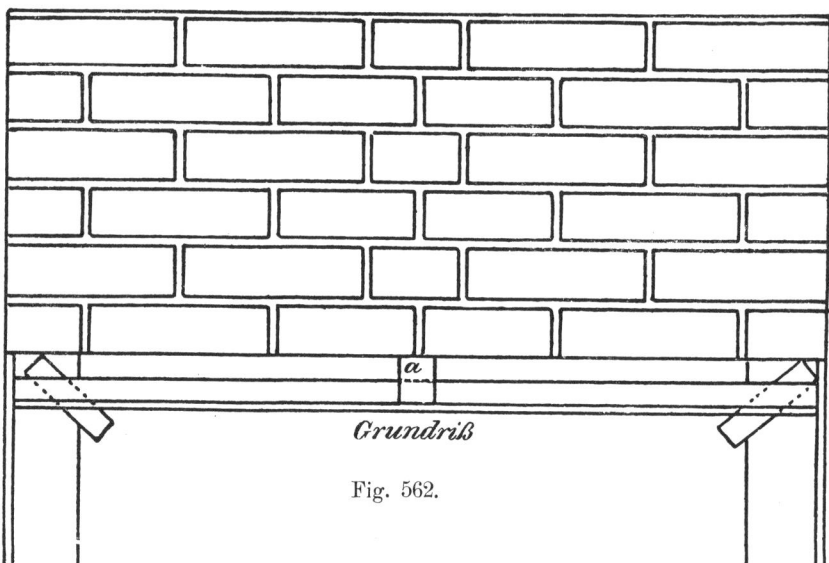

a
Grundriß

Fig. 562.

Fig. 563.

a
Querschnitt
a
Längenschnitt

Fig. 564.

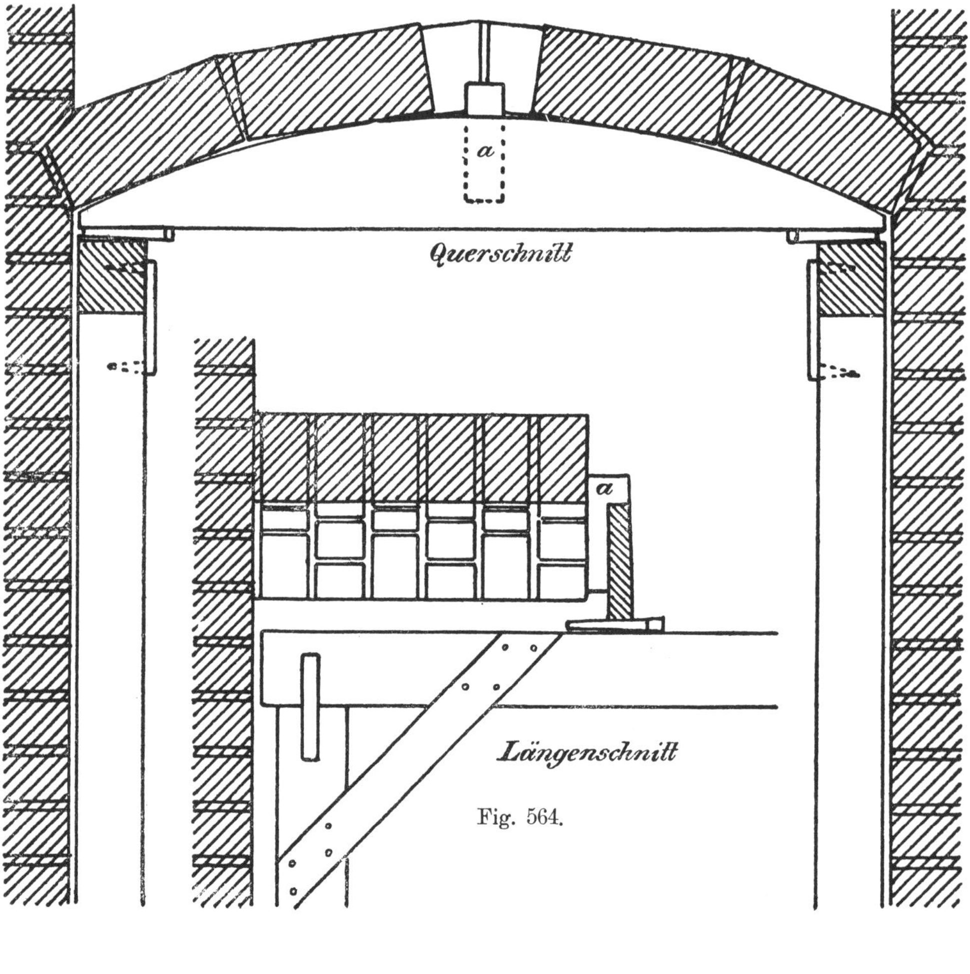

stein, entfernt dann den Knecht und fügt den Schlußstein ein. Die Keile schiebt er zwischen den auf Stützen ruhenden seitlichen Führungshölzern und dem Lehrbogen in schräger Richtung ein, um dieselben nach Vollendung jeder Ringschicht leicht lösen zu können. Hierbei beginnen die Maurer meist an einer Stirnmauer und führen das Wölben in der beschriebenen Weise bis auf etwa 14 cm von der gegenüberliegenden Stirnmauer durch. Der verbleibende Raum wird dann von oben mittels einer Rollschicht geschlossen.

Um den Horizontalschub der Kappen möglichst unschädlich zu machen, empfiehlt M o l l e r eine Wölbung in Ringschichten derart, daß die einzelnen Schichten bis zu ihrer Scheitelhöhe in Verband mit der Hintermauerung gebracht werden, so daß der Gewölberücken eine ebene horizontale Fläche bildet. Die einzelnen Schichten sind hierbei abwechselnd Strecker- und Läuferschichten (Fig. 565 und 566) und die Hintermauerung der Läuferschichten wird aus hochkantig gestellten Steinen in horizontalen Schichten hergestellt. Da

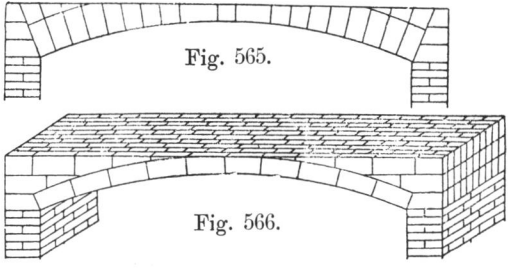

Fig. 565.

Fig. 566.

die Steine nebeneinander liegender Schichten sich mit den Breitseiten berühren und außerdem durch Mörtel verbunden sind, so ist der durch die Adhäsion bewirkte Widerstand größer als das Gewicht der Steine und es kann mithin eine von zwei Läuferschichten begrenzte Streckerschicht nicht zwischen den ersteren herunterrutschen. Ein solches Gewölbe ist somit als eine Platte anzusehen, welche nur senkrecht auf die Widerlagsmauern drückt. Hiernach erklärt sich, daß ½ Stein starke Gewölbe von 3 m Spannweite und 0,4 m Pfeilhöhe, welche M o l l e r über nur 1 Stein starken Widerlagsmauern ausführte, die erforderliche Tragfähigkeit besitzen. Da die Hintermauerung in die Widerlagsmauern hineinreichen muß, so ist diese Wölbungsart nur dortanzuwenden, wo die Widerlager gleichzeitig mit der Wölbung ausgeführt werden können, also

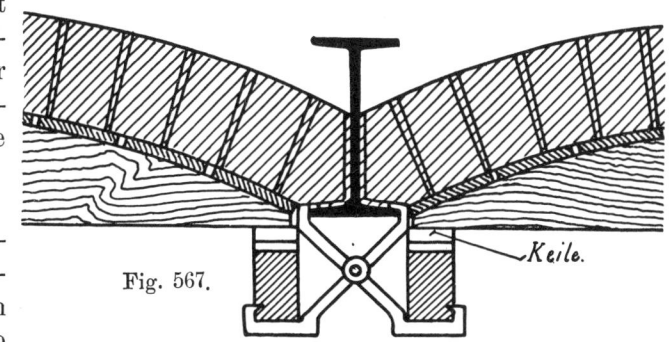

Fig. 567.

Keile.

nicht über den Rücken des Gewölbes weitergeführt werden sollen. Gewöhnlich wird diese Wölbweise als „M o l l e r s c h e W ö l b u n g s a r t" bezeichnet.

Die Rüstungen, auf welchen die Kufmauerung und die von der Gewölbemitte ausgehende Schwalbenschwanzwölbung ausgeführt werden, bestehen aus Wölbscheiben, welche aus 30 bis 40 mm starken Bohlen hergestellt und in Entfernungen von 1,0 bis 1,3 m über Bockgerüsten auf Holzkeilen gelagert, oder

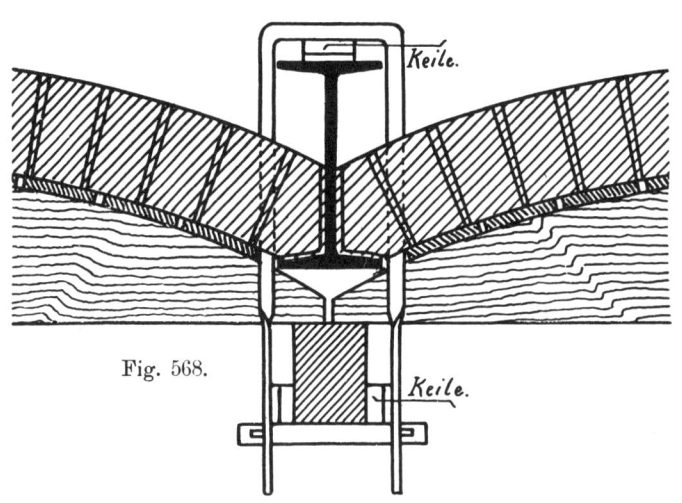

Fig. 568.

bei Wölbungen zwischen Eisenträgern an letzteren aufgehangen werden können. Da die Form und Konstruktion der Lehrbögen für Gewölbe sich in nichts von solchen für Mauerbögen unterscheidet, so kann auf das über die letzteren auf den Seiten 67 bis 71 Gesagte verwiesen werden. Finden Gerüste zur Unterstützung der Lehrbögen Anwendung, so sind diese gut abzuspreizen, damit ihre lotrechte Lage während der Wölbearbeit und bis zum Ausrüsten gesichert ist. Bei größeren Spannweiten ist auch ein gegenseitiges Abspreizen der einzelnen Lehrbögen zu empfehlen. Ein Beispiel für die Stellung der Wölbscheiben und deren Unterlagerung durch Keile auf dem Lehrgerüst mit dessen Abspreizungen veranschaulichen die Figuren 1, 2 und 3 auf den Tafeln 12 und 13 durch Grundriß und Schnittzeichnungen.

Um an Rüstmaterial zu sparen, werden in neuerer Zeit vielfach sogen. „Rüsthalter" aus Eisen verwendet, die entweder an den unteren Trägerflansch angehangen (Fig. 567) oder über den oberen Trägerflansch geschoben werden (Fig. 568).

c) Klostergewölbe mit den Nebenformen Mulden- und Spiegelgewölbe.

Denkt man sich ein Tonnengewölbe über quadratischem Raume durch zwei lotrechte Diagonalschnitte in vier Teile zerlegt, so sind je zwei gegenüberliegende Teile der Form nach gleich. Die beiden an den Widerlagern liegenden, in Fig. 569 und 570 mit A bezeichneten Teile, werden Walme oder Wangen, die an den Stirnmauern liegenden, mit B bezeichneten Teile, Kappen genannt.

Die ersteren besitzen eine wagerechte Widerlagslinie und einen Scheitelpunkt, die letzteren eine Scheitellinie und zwei Widerlagspunkte. Setzt man drei oder mehr Wangen mit den durch die Diagonalebenen entstandenen Schnittflächen zusammen, so entsteht ein Klostergewölbe. Die Zahl der einzelnen zusammengefügten Walmflächen entspricht dann der Seitenzahl der Grundrißform, so daß die letztere ein Dreieck, Quadrat, Rechteck, ein regelmäßiges oder unregelmäßiges Vieleck sein kann.

Die Schnittlinien der Walmflächen sind ebene Kurven, welche sich in der Grundrißprojektion als gerade Linien darstellen, die von den Ecken der Grund-

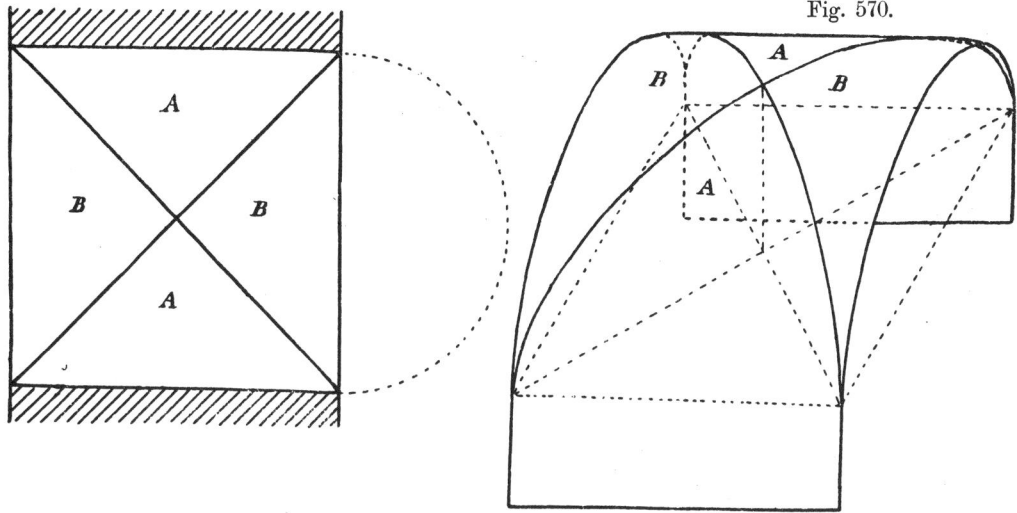

Fig. 569.

Fig. 570.

figur nach dem Schwerpunkte derselben gerichtet sind. Dieselben werden als Kehllinien bezeichnet, weil der Zusammentritt der Walmflächen in der Unteransicht des Gewölbes als Kehle erscheint.

Die Leitlinie der Walmflächen ist meist ein Viertelkreis, doch kann dieselbe auch ebensogut ein Flachbogen, ein Spitzbogen, ein elliptischer Bogen, ein Parabelbogen usw. sein. Der tiefste Punkt der Leitlinie liegt in der Kämpferebene des Gewölbes, während ihr höchster Punkt mit dem Scheitelpunkt des Gewölbes zusammenfällt.

Ist die Grundrißfigur ein ungleichseitiges Dreieck, ein Rechteck oder ein unregelmäßiges Vieleck, so ist zunächst

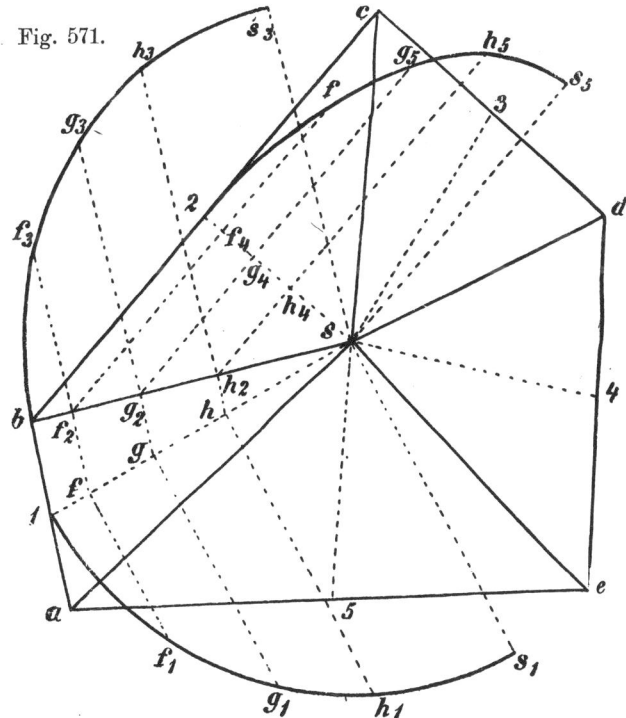

Fig. 571.

die Leitlinie für eine Wangenfläche anzunehmen, von welcher dann sowohl die Leitlinien, als auch die sämtlichen Schnittlinien aller übrigen Walmflächen abhängig sind.

Zur weiteren Erläuterung diene der durch Fig. 571 dargestellte unregelmäßig gestaltete fünfeckige Raum a b c d e, welcher mit einem Klostergewölbe

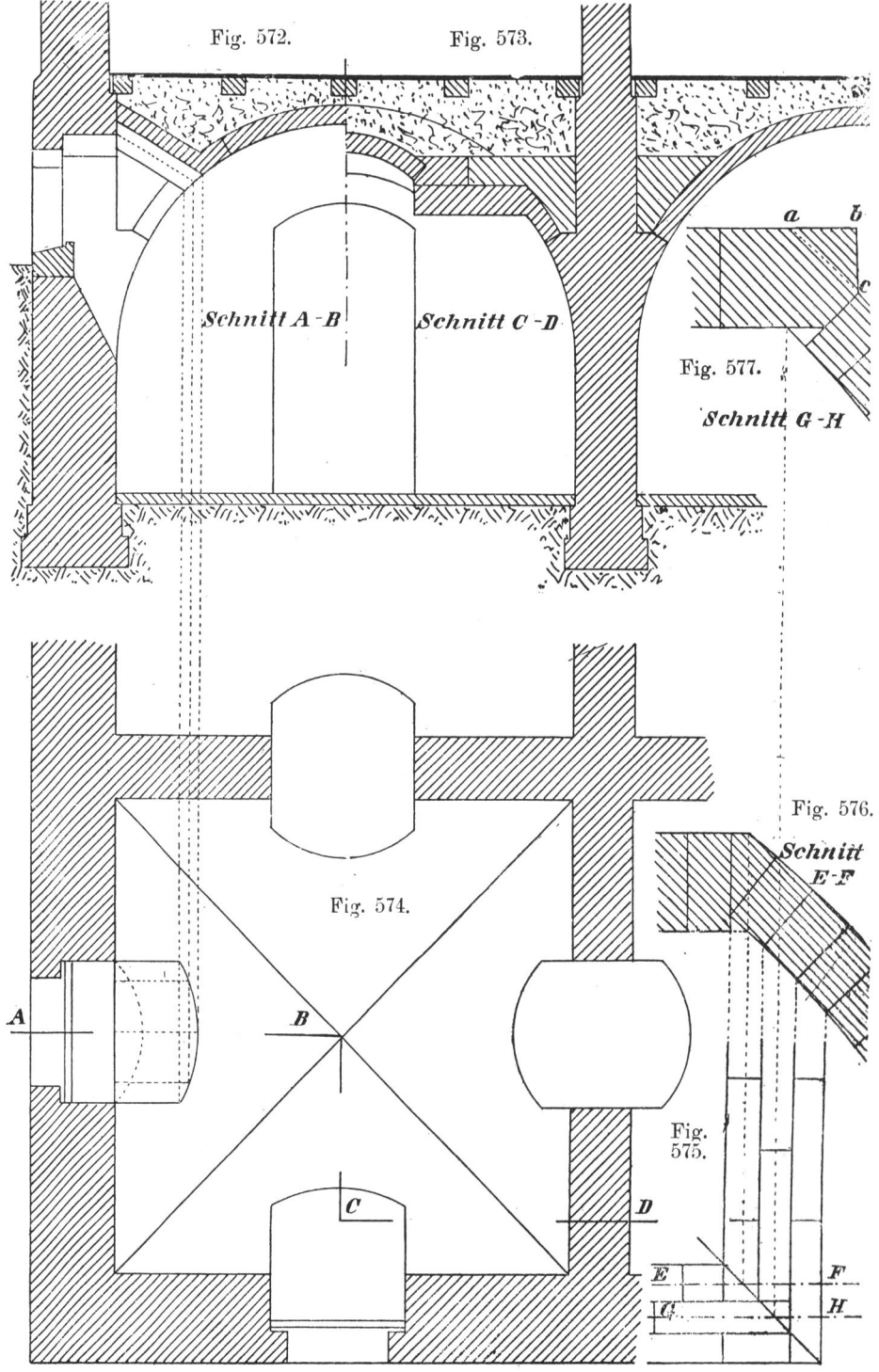

Fig. 572.   Fig. 573.

Schnitt A-B   *Schnitt C-D*

Fig. 577.

Schnitt G-H

Fig. 576.

Schnitt E-F

Fig. 574.

Fig. 575.

A   B   C   D

E   F   G   H

a   b   c

zu überspannen ist. Der Scheitelpunkt liege lotrecht über dem Schwerpunkte s der Grundrißfigur. Die Kehllinien stellen sich dann im Grundriß als gerade Linien dar, welche von s nach den Ecken des Raumes verlaufen, während die Horizontalprojektionen der Leitlinien für die Wangen in die Richtung der geradlinigen Verbindungslinien des Schwerpunktes s mit den Halbierungspunkten 1, 2, 3, 4, 5 der Seiten zusammenfallen.

Nimmt man jetzt die Leitlinie für irgend eine Wange (hier für die Wange a b s ein Halbkreis) an und bedenkt, daß die Kämpferlinien a b, b c, c d, d e und e a in einer Horizontalebene liegen und daß alle Schnitte durch das Gewölbe parallel zu dieser Horizontalebene die Wangen in Linien treffen müssen, welche parallel zu den Kämpferlinien verlaufen, so wird sich beispielsweise die Form der Kehllinie b s dadurch ergeben, daß man die Lote

$$f_2\,f_3 \;= f\,f_1$$
$$g_2\,g_3 \;= g\,g_1$$
$$h_2\,h_3 \;= h\,h_1$$
$$s\,s_3 \;= s\,s_1$$

macht und die Punkte b, f_3, g_3, h_3 und s_3 durch eine stetig gekrümmte Kurve miteinander verbindet. Aus dem gleichen Grunde müssen die Lote der Leitlinie s—2 die gleiche Länge haben, wie die zugehörigen Lote der Leitlinie s—1, also

$$f_4\,f \;= f\,f_1$$
$$g_4\,g_5 \;= g\,g_4 \quad \text{usw. sein.}$$

Die Bestimmung der weiteren Kehl- und Leitlinien hat in analoger Weise zu erfolgen.

Ebensogut nun, wie die Gestalt eines Klostergewölbes auf Grund einer angenommenen Leitlinie bestimmt ist, kann auch durch die Annahme einer Kehllinie die Form der übrigen Kehllinien und der Leitlinien der Wangen abgeleitet werden.

Da die Walmflächen von den Umfangsseiten der Grundfigur aus beginnen und jede derselben als der Teil eines Tonnengewölbes anzusehen ist, so sind sämtliche Umfassungsmauern des Raumes Widerlagsmauern.

Durch die Fig. 572 bis 574 ist ein Klostergewölbe über quadratischem Raume in Grundriß und zwei Schnittzeichnungen dargestellt, dessen Leitlinie als Halbkreis angenommen wurde. Da die Kämpferlinien unterhalb des das Gebäude umgebenden Geländes liegen, so ist eine Beleuchtung des Raumes durch Fenster nur unter Anordnung von Stichkappen möglich. Der Höhenschnitt C—D (Fig. 573) zeigt, wie die Aufmauerung über dem Hauptgewölbe zur Bildung der Widerlager für die Stichkappen zu erfolgen hat. Die Einwölbung solcher Gewölbe erfolgt meist auf Kuf, wobei darauf zu achten ist, daß in den Kehllinien die Steine abwechselnd von der einen in die andere Wange übergreifen (Fig. 575). Zu diesem Zwecke sind die Kehlsteine der einen Wange derart zu hauen, daß sie sich an die Lagerfuge des in gleicher Höhe liegenden Kehlsteines der anderen Wange anschmiegen (Fig. 576), wobei in der Leibungsfläche kleine Zwickel offen bleiben.

Dann haut man den folgenden Kehlstein der zweiten Wange wieder so zu, daß er sich an die um eine Schicht tiefer liegende Lagerfuge der ersten Wange

anpaßt (Fig. 577), wobei der Kehlstein mit einer Ecke (a b c) über die Rücken-
fläche der ersten Wange hervorragt.

Die an der Kehle in den Leibungsflächen fehlenden kleinen pyramidenförmigen
Zwickel werden beim Verputz des Gewölbes mit Mörtel ausgeworfen. Sollen die
Gewölbeflächen keinen Verputz erhalten, so sind besonders
geformte Kehlsteine (Fig. 578 und 579) zu verwenden, deren
Herstellung allerdings mit Schwierigkeiten verknüpft ist, weil
jeder Stein eine etwas andere Form erheischt.

Die Einwölbung auf Kuf erfordert ein Lehrgerüst mit
voller Einschalung. Die Lehrbögen sind jedoch in anderer
Weise aufzustellen, als bei dem Tonnengewölbe. Bei regelmäßiger Grundrißform wird der eine Diagonalbogen als ganzer,
für sich bestehender Lehrbogen aufgestellt, während die übrigen
Diagonalbögen aus zwei Hälften bestehen. Der Kreuzungspunkt
der Diagonalbögen ist durch einen kräftigen Pfosten, den sogen.
Mönch oder Mäkler, zu unterstützen. Je nach der Spannweite des Gewölbes
sind weitere Zwischenbögen a in senkrechter Richtung gegen die Umfassungswände entweder nach Fig. 580 oder nach Fig. 581 oder endlich nach Fig. 582
aufzustellen, deren Zahl so zu bestimmen ist, daß die freie Länge der 25 bis
40 mm starken Schalbretter nicht mehr als 1,0 bis 1,5 m beträgt. Die Auflagerung der sämtlichen Lehrbögen an den Endpunkten ihrer Schwelle geschieht
in der gleichen Weise wie bei den Tonnengewölben auf Doppelkeilen; diese
werden durch Pfosten gestützt, welche auf Langschwellen ruhen.

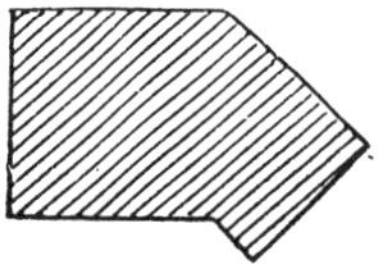

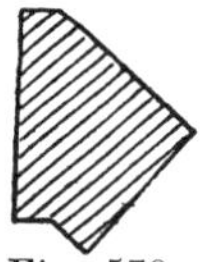

Fig. 578.

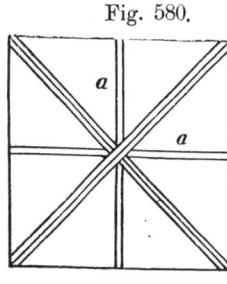

Fig. 579.

Fig. 580.

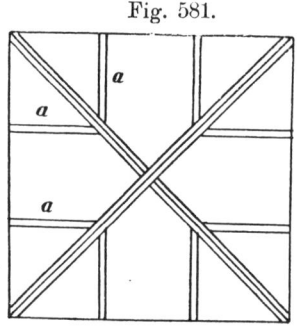

Fig. 581.

Fig. 582.

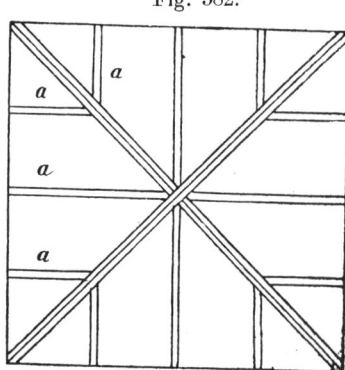

Klostergewölbe, deren Querschnitt ein Segmentbogen ist, werden in der
Regel auf Schwalbenschwanz eingewölbt. Bei Gewölben mit halbkreisförmigem
oder spitzbogigem Querschnitte ist diese Wölbungsart nicht gut anwendbar, da
die an den Gewölbeschenkeln liegenden Schichten stark keilförmig werden. In
diesen Fällen empfiehlt sich die Anordnung selbständiger Diagonalgurte von
1 bis 1½ Steinbreite und Höhe, gegen welche die Gewölbewangen stumpf antreten.

Durch die Fig. 583 bis 586 ist die Einwölbung eines halbkreisförmigen
Klostergewölbes auf Schwalbenschwanz zwischen Diagonalgurten von 1½ Steinbreite zur Darstellung gebracht.

Zur Bestimmung der Lagerfugenkanten der Gewölbewange ist in Fig. 583 ein Schnitt in der Richtung der Kehllinie geführt, welche sich durch Vergatterung aus dem als Viertelkreis angenommenen Gewölbeprofil ergibt und sich als Viertelellipse darstellt, deren große Achse gleich der halben Diagonalen a s und

deren kleine Achse gleich dem Radius s h des Gewölbeprofiles ist. Die Lagerfugenebenen des Diagonalgurtes und der Gewölbewangen ergeben sich dann als gerade Linien, welche normal zu der Ellipsenkrümmung stehen. Zur Ermittelung dieser Lagerfugen schlage man mit der halben großen Achse a s um den Endpunkt h der kleinen Achse einen Kreisbogen, welcher die große Achse in den Brennpunkten B und B₁ schneidet. Alsdann trage man, von a aus beginnend, auf der Kehllinie die Schichtenbreiten gleich

Fig. 583.

Fig. 584.

Fig. 586.

Fig. 585.

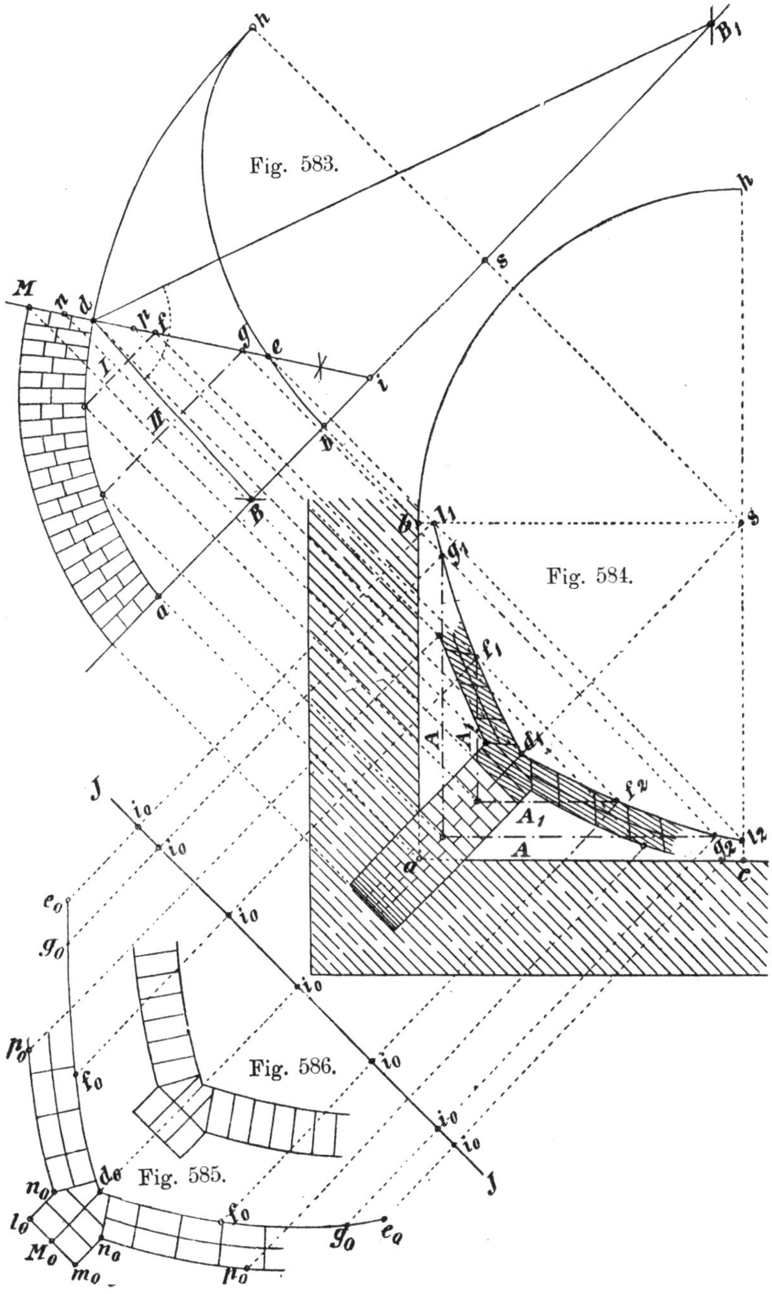

rund 7,5 cm auf, verbinde die Teilpunkte mit den Brennpunkten und halbiere die von diesen Strahlen eingeschlossenen Winkel. Diese Halbierungslinien geben dann die Richtung der Lagerfugenebenen an. Da nun die Lagerfugen der Gewölbewangen zwischen der Kehllinie und den Widerlagslinien a b und a c bezw. den Mittellinien b s und c s (Fig. 584) verlaufen müssen, so ist die Projektion der letzteren Linien in Fig. 583 ebenfalls zur Darstellung gebracht worden.

Eine beliebige Normalebene M wird dann eine Lagerfugenkante ergeben, welche in der Fig. 583 von dem in der Kehllinie liegenden Punkte d bis zu dem in den Mittellinien liegenden Punkte e reicht. Die Horizontalprojektion der Endpunkte dieser Fugenkante ergibt sich dann in d_1 und l_1 beziehungsweise l_2.

Fig. 587.

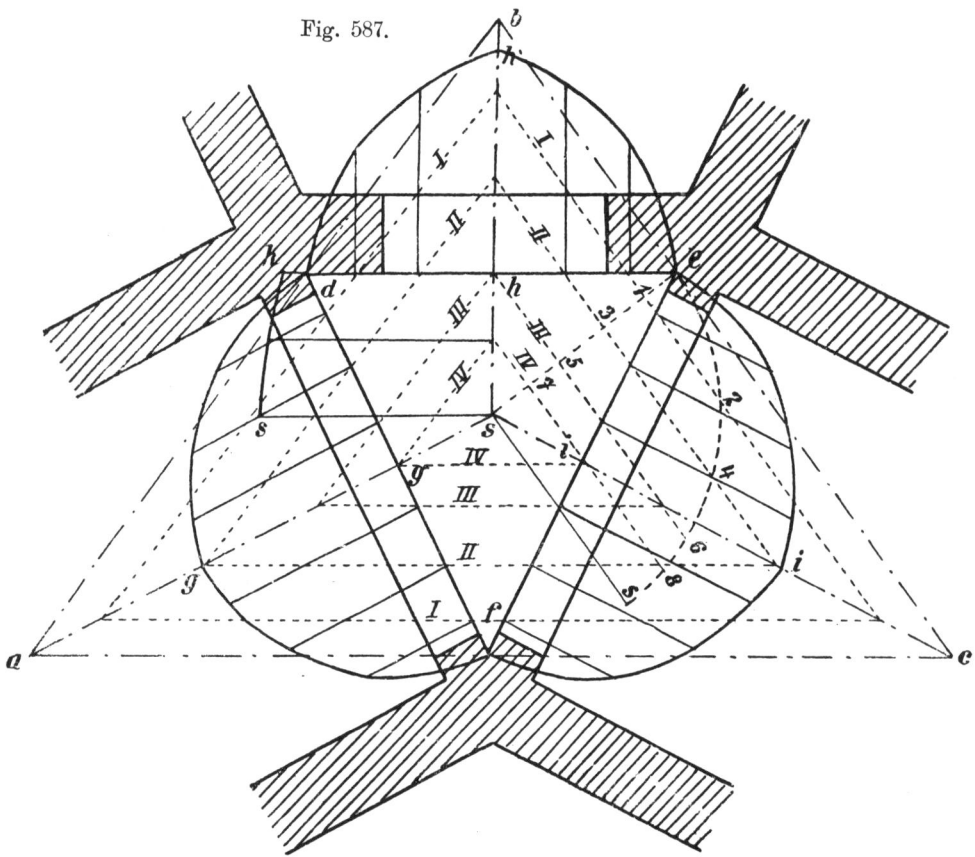

Zur Festlegung weiterer Punkte denke man sich zwischen d und e Horizontalebenen I, II usw. gelegt, welche d e in den Punkten f, g ... und die Gewölbewangen in wagerechten Linien schneiden, deren Horizontalprojektionen die zu den Kämpferlinien parallelen Linien A, A_1 ... sind. Durch einfache Projektion der Punkte f, g ... aus Fig. 583 nach Fig. 584 ergeben sich dann in f_1 und g_1 ... sowie in f_2 und g_2 ... weitere Punkte der Lagerfugenkante im Grundrisse.

Die wirkliche Gestalt dieser Lagerfugenkante erhält man durch einfache Umklappung um eine Achse J J in Fig. 585, wobei

$i_0 e_0 = i e$ in Fig. 583, $i_0 f_0 = i f$ in Fig. 583,
$i_0 g_0 = i g$ in Fig. 583, $i_0 d_0 = i d$ in Fig. 583

sein muss.

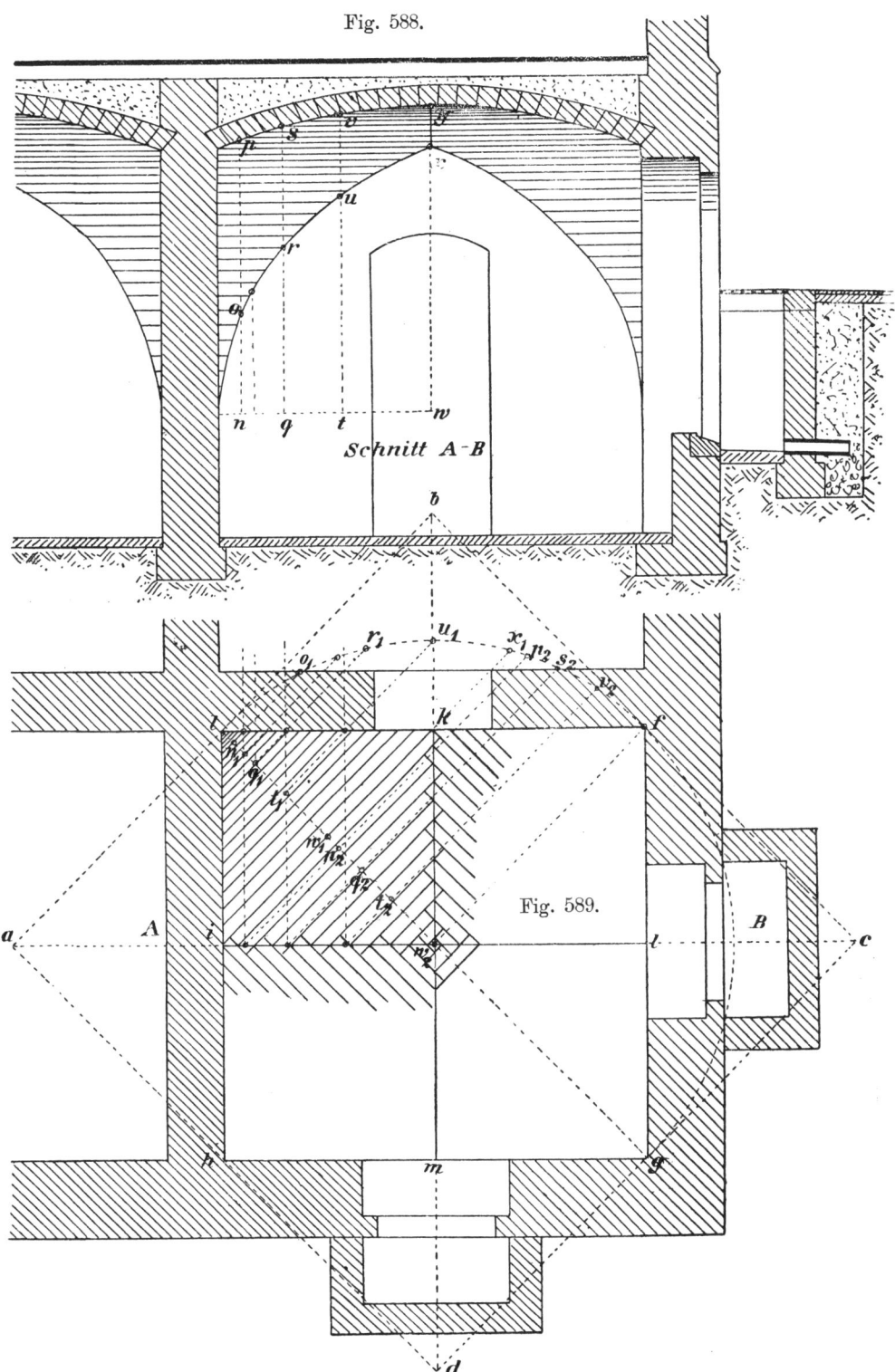

Fig. 588.

Schnitt A-B

Fig. 589.

Trägt man jetzt in der Richtung von $i_0 d_0$ die Strecke $d_0 M_0 = d M$ an, errichtet in M_0 gegen $M_0 d_0$ eine Senkrechte, trägt auf dieser die Hälfte der Bogenbreite nach beiden Seiten von M_0 aus ab und zieht durch die Endpunkte l_0 und m_0 Parallele zu $M_0 d_0$, so ergeben sich die Anfallspunkte n_0 der Rückenlinien der Wangen gegen den Gurtbogen dadurch, daß man die Stärke der Gewölbewangen (hier 1 Stein) normal zu den inneren Fugenkanten $e_0 d_0$ anträgt und die Rückenlinie $p_0 n_0$ parallel zu der Innenkante verzeichnet. Ueberträgt man weiterhin beliebige Punkte der Rückenlinie, z. B. n_0 und p_0 nach n und p der Lagerfugenebene $i M$ in Fig. 583, so erhält man wieder durch einfache Projektion die Rückenlinie im Grundrisse. Nach Eintragung der Stoßfugen in Fig. 585 kann deren Uebertragung in den Grundriß ohne weiteres erfolgen. Eine zweite Schicht des Gurtbogens und der Gewölbewangen ist durch Fig. 586 veranschaulicht.

Das Bemühen, in den Umfassungsmauern eines mit einem Klostergewölbe überdeckten Raumes, über die Kämpferlinie hinausgehend, Fenster- oder Türöffnungen anzubringen, ohne Stichkappen anwenden zu müssen, hat zur Bildung von Klostergewölben geführt, deren Leibungsflächen nicht wie bei dem eigentlichen Klostergewölbe von den Umfassungsmauern in wagerechten Kämpferlinien, sondern in Bogenlinien geschnitten werden und deren tiefste Punkte in der Kämpferebene liegen.

Diese Gewölbeformen kann man sich dadurch entstanden denken, daß man in einen eingebildeten, mit einem gewöhnlichen Klostergewölbe überdeckt gedachten Raum einen zweiten kleineren Raum eingebaut annimmt, dessen Ecken in die Seiten des ersteren Raumes hineinfallen. Die Schnittlinien der Umfangsseiten des eingebauten Raumes mit dem Ursprungsgewölbe bilden dann die Stirnlinien des neuen Gewölbes. Derartige Gewölbe bezeichnet man als „offene" oder „über Eck stehende Klostergewölbe", auch wohl als „Klostergewölbe mit Abstumpfungen".

Durch Fig. 587 ist ein solches Gewölbe über einem dreieckigen Raume veranschaulicht. Das Dreieck a b c sei der Grundriß des mit einem gewöhnlichen

Fig. 590.

Fig. 591.

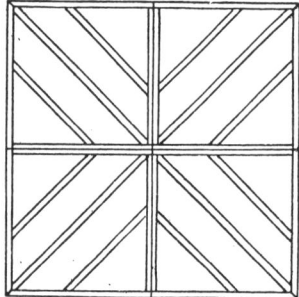

Klostergewölbe überdeckten Raumes; die Grundrißprojektion s des Scheitelpunktes des Gewölbes liege in dem Schnittpunkte der Halbierungslinien der Winkel an den Ecken und es seien die Kehllinien a s, b s und c s zugleich Lote gegen die Seiten des eingebauten Raumes d e f, welche in g h und i diese Seiten halbieren. Es ist dann s der Schwerpunkt des Raumes d e f.

Nimmt man jetzt als Leitlinie der Wange c b s über e s eine stetig gekrümmte Linie, hier einen Viertelkreis an, so können mit Hilfe von Erzeugenden I, II usw. in leichter und aus der Zeichnung zu ersehender Weise die Stirnlinien d h e, e i f, f g d, sowie auch die Gratlinien h s, i s und g s mit Hilfe der Höhenlote 1—2, 3—4, 4—5 usw. der Leitlinie e s bestimmt werden.

Soll ein offenes Klostergewölbe über einem quadratischen Raume ausgeführt werden, so sind die Seiten dieses Raumes unter 45° gegen die Seiten des mit eiuem gewöhnlichen Klostergewölbe überspannt angenommenen Raumes gerichtet und zugleich Verbindungslinien der Halbierungspunkte der Seiten des letzteren Raumes. In Fig. 589 sei a b c d der angenommene mit einem gewöhnlichen Klostergewölbe überdeckte Raum, dessen Leitlinie der Halbkreis über l g und l f g h der mit einem offenen Klostergewölbe zu überdeckende Raum. Um den Schnitt in der Richtung A—B darzustellen, bedenke man, daß alle Schnittebenen,

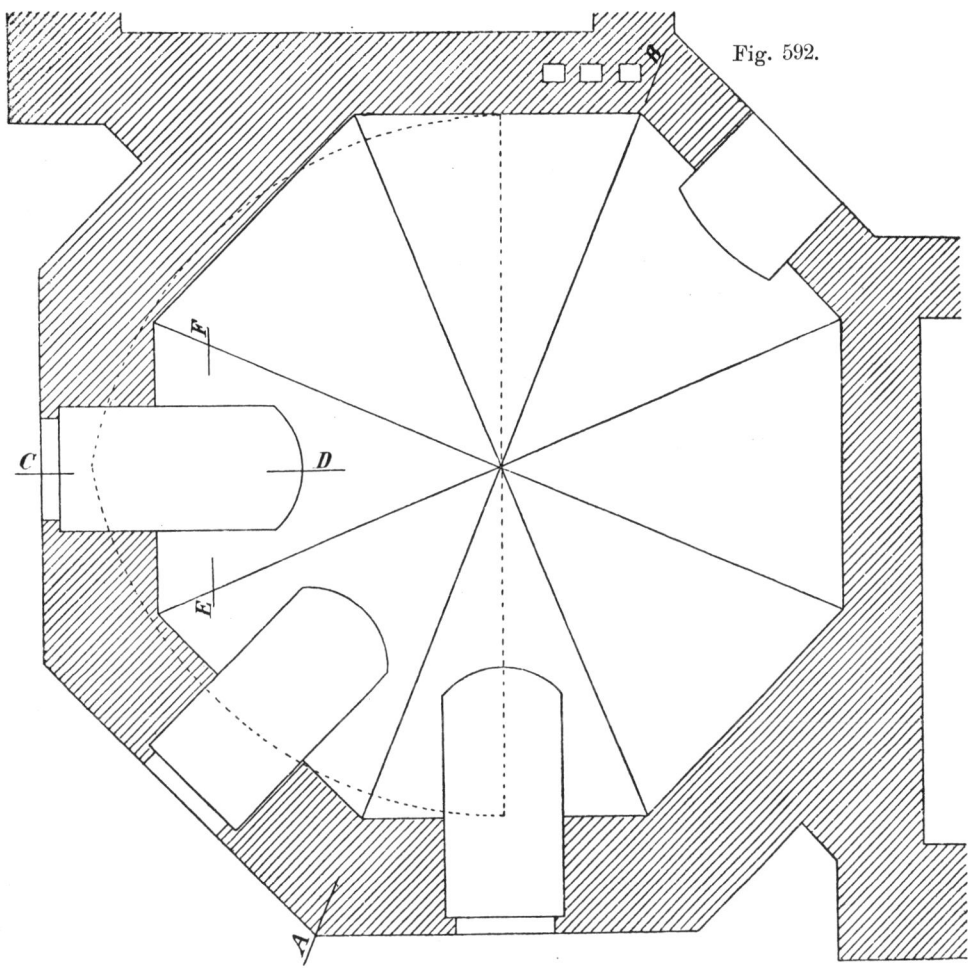

Fig. 592.

welche parallel zu den Kämpferlinien des Raumes a b c d geführt werden, das Gewölbe in wagerechten Linien schneiden müssen und daß aus diesem Grunde

$$n\,o = n_1\,o_1 \qquad\qquad n\,p = n_2\,p_2$$
$$q\,r = q_1\,r_1 \qquad\qquad q\,s = q_2\,s_2$$
$$\text{und}$$
$$t\,u = t_1\,u_1 \qquad\qquad t\,v = t_2\,v_2$$
$$w\,x = w_1\,x_1 \qquad\qquad w\,y = w_2\,f \text{ sein müssen.}$$

Die Einwölbung eines derartigen Gewölbes geschieht am besten auf Kuf, wie in Fig. 589 angedeutet. Die Lehrbögen sind dann, je nach der Spannweite, entweder in der durch Fig. 590 oder 591 veranschaulichten Weise aufzustellen.

Durch die Figuren 592 und 593 ist ein Klostergewölbe über regelmäßig achteckigem Raume wiedergegeben, dessen Leitlinie ein Spitzbogen ist. Solche Gewölbe werden als Haubengewölbe oder Walmkuppeln bezeichnet.

Fig. 593.

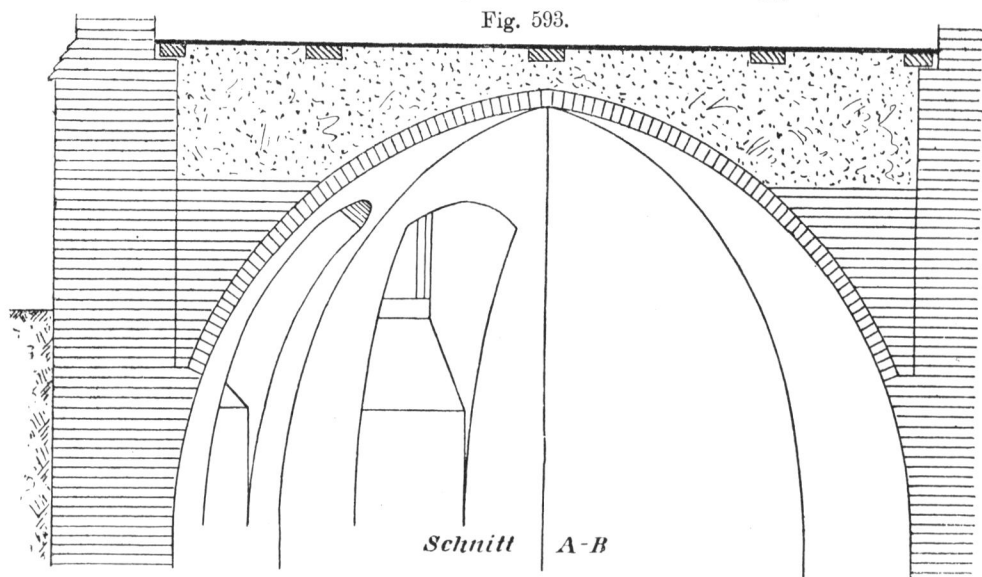

Schnitt A-B

Zur Ueberdeckung der hochliegenden Lichtöffnungen sind Stichkappen verwendet, welche weit in das Hauptgewölbe eindringen.

Die Figuren 594 und 595 zeigen die Konstruktion und Verbindung dieser Stichkappen mit dem Hauptgewölbe in Quer- und Längsschnitt. Derartige Stichkappen oder Lünetten können für sämtliche Gewölbewangen angeordnet werden, wenn auch für einzelne Wangen gar keine Oeffnungen vorgesehen sind. Es wird hierdurch ein viel freieres und leichteres Aussehen hervorgerufen, als solches bei einem Klostergewölbe ohne Stichkappen der Fall ist.

In besonderen Fällen lassen sich auch mit Vorteil abgestumpfte Wangen mit Wölbflächen nicht abgestumpfter Wangen verbinden. Die Fig. 596 bis 598 zeigen eine derartige Anordnung für einen rechteckigen Raum.

Fig. 594.

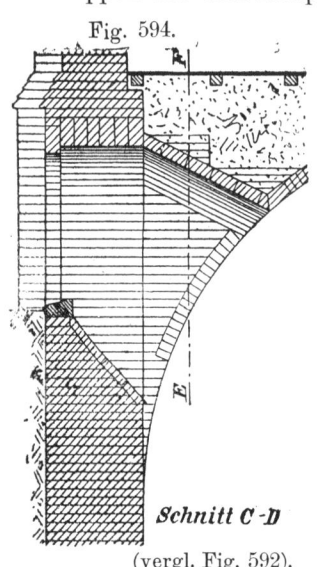

Schnitt C-D

(vergl. Fig. 592).

Fig. 595.

Schnitt E-F

(vergl. Fig. 592 u. 594).

x_1

t_1

v_1

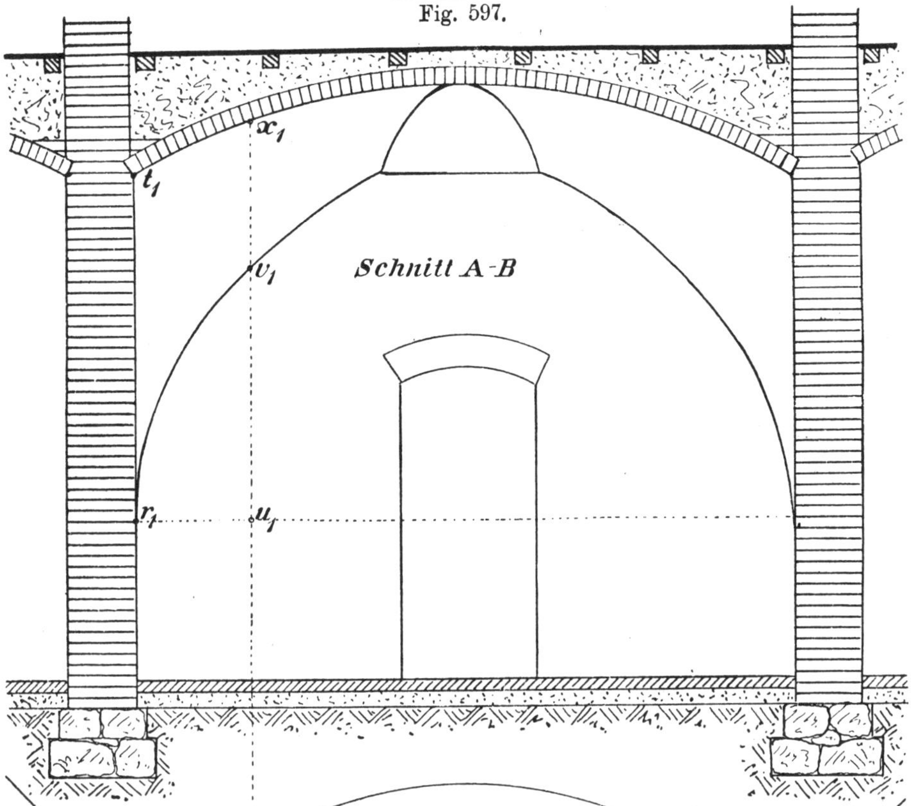

Schnitt A-B

r_1 u_1

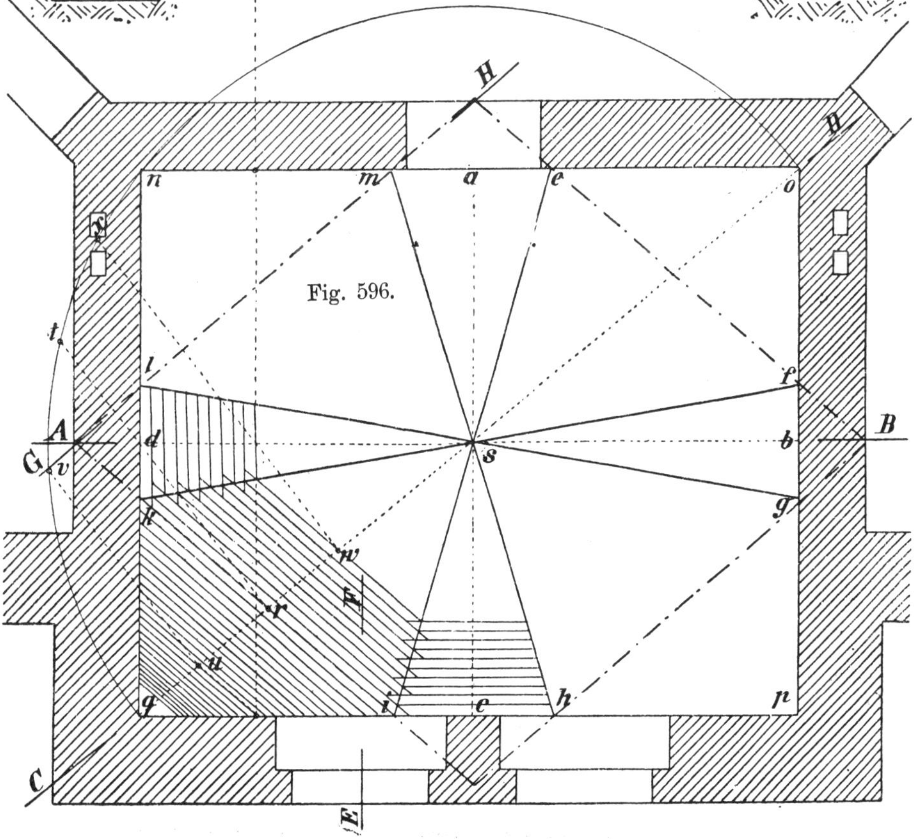

H

D

n   m   a   e   o

Fig. 596.

t

l r

A

G v d

b

s

g

w

r F

u

q i e h p

B

C

E

Zieht man durch den Schwerpunkt s der Grundrißfigur in symmetrischer Anordnung zu den Mittellinien a c und b d gerade Linien, m h, e i, f k und g l, so können diese als Grundrißprojektionen von Kehllinien des zu schaffenden Gewölbes angesehen werden. Betrachtet man nun die Gewölbeteile, welche an den Ecken des Raumes liegen, also n m s l, e o f s, g p h s und i g k s als abgestumpfte

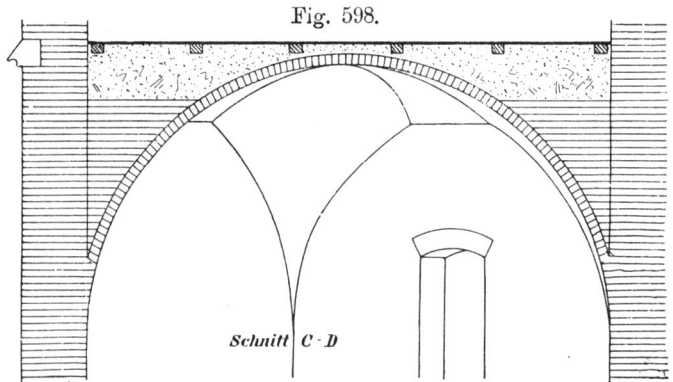

Fig. 598.

Schnitt C - D

Klostergewölbe und die übrigen Teile m e s, f g s, h i s und k l s als gewöhnliche Gewölbewangen mit wagerechten Kämpferlinien, nimmt als Leitlinie für die abgestumpften Klostergewölbe eine stetig gekrümmte Linie (hier einen Halbkreis) an, deren Grundrißprojektion mit der Diagonalen des Raumes zusammenfällt und setzt schließlich voraus, daß alle parallel zu den Linien e f, g h, i k und l m geführten Schnittebenen die abgestumpften Wangen in wagerechten Linien schneiden, so ist durch diese Annahmen die Form des Gewölbes bestimmt. Beispielsweise muß dann in Fig. 597

$$r_1 t_1 = r t \quad \text{in Fig. 596}$$
$$u_1 v_1 = u v \quad \text{„ „ „}$$
$$u_1 x_1 = w x \quad \text{„ „ „}$$

sein. Die Darstellung der in den Figuren 598 bis 600 wiedergegebenen weiteren Gewölbeschnitte wird hiernach keine Schwierigkeiten mehr bereiten.

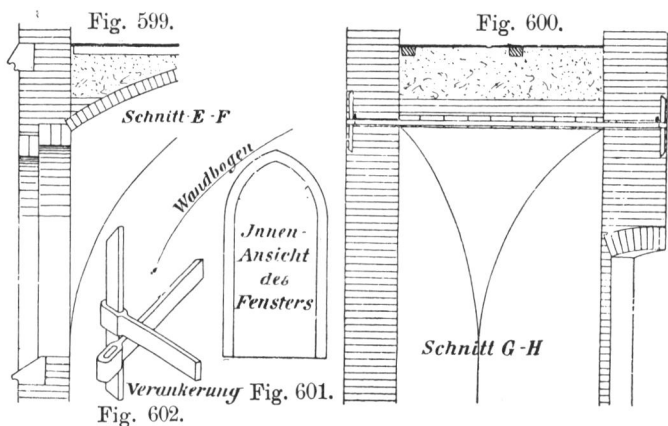

Fig. 599.

Schnitt E - F

Wandbogen

Jnnen-Ansicht des Fensters

Schnitt G - H

Verankerung Fig. 601.

Fig. 602.

Sind die Umfassungsmauern des zu überwölbenden Raumes von geringer Stärke bei bedeutender Höhe, so kann man eine Versteifung derselben durch Eisenanker (Fig. 602) erzielen, welche in der Richtung der in Fig. 596 punktiert dargestellten Linien eingelegt werden. Die Richtung der Kehllinien wählt man dann zweckmäßig so, daß sie dort gegen die Umfassungsmauern stoßen, wo die Anker diese durchdringen, da die letzteren dann in die wagerechten Lagerfugen e f, g h, i k und l m (vergl. Fig. 596 und 600) zu liegen kommen. Die Einwölbung dieser Gewölbe erfolgt am besten auf Kuf.

Stichkappen lassen sich auch dadurch vermeiden, daß man einzelne Gewölbeteile mit sphärischen Gewölbekappen überdeckt, wobei die sämtlichen Ge-

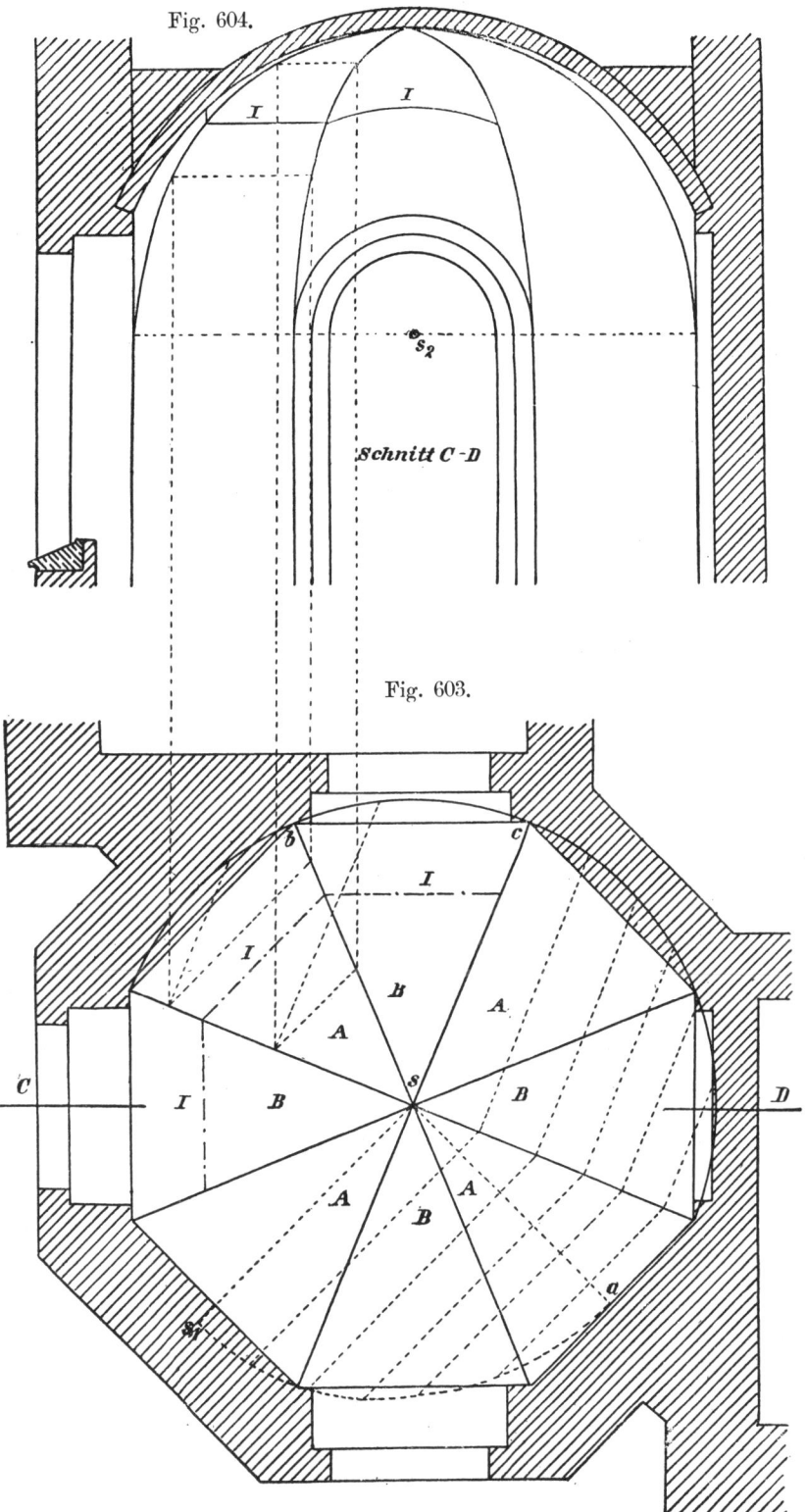

Fig. 604.

Schnitt C-D

Fig. 603.

wölbeflächen von Kehllinien abhängig gemacht werden, welche als Kreisbogen gestaltet sind.

Als Beispiel für eine derartige Gestaltung sei zunächst ein Gewölbe über regelmäßig achtseitigem Raume gewählt, bei welchem Gewölbewangen A (vergl. Fig. 603) mit Kugelkappen B abwechseln. Die Kehllinien sind hier als Viertelkreise angenommen, aus denen sich die Leitlinie a s_1 durch einfache Vergatterung als Viertelellipse ergibt. Setzt man voraus, daß der Mittelpunkt der die Gewölbeteile B bildenden Kugel mit dem Schwerpunkte s der Grundrißfigur zusammenfällt, so deckt sich ein Schnitt, den man durch diesen Mittelpunkt führt, in seiner Umklappung im Grundrisse mit der als Viertelkreis angenommenen Kehllinie und ebenso muß jeder andere durch den Mittelpunkt s geführte Schnitt, also auch der Höhenschnitt C D (Fig. 604), einen Kreisbogen erzeugen, welcher den gleichen Halbmesser wie die Kehllinien besitzt. Die Stirnlinien der Kugelkappen erscheinen dann als Halbkreise, deren Durchmesser gleich der Längenausdehnung b c der Stirnmauern ist. Denkt man sich an irgend einer Stelle, z. B. bei l, lotrechte Ebenen, so schneiden diese die Wangen in wagerechten, die Kugelkappen dagegen in Kreissegmenten, deren Mittelpunkte in der Kämpferebene liegen. Die Bestimmung der Projektionen der Kehllinien im Aufriß ist durch die Zeichnung selbst erklärt.

Ebenso wie eine einzelne Gewölbewange in ihrer Gesamtheit als Kugelkappe gestaltet werden kann, liegt auch die Möglichkeit vor, nur einen Teil derselben als Kugelkappe einzufügen. In den Fig. 605 und 606 ist diese Lösung für ein Gewölbe über quadratischem Raume gegeben.

Die symmetrisch zu den Mittellinien a b und c d (Fig. 606) gelegenen Schnittlinien der Kugelkappen mit den Wangen des Klostergewölbes sind im Grundrisse die Linien e s, f s, g s usw. Als wirkliche Gestalt dieser Linien sei der im Grundrisse über e s gezeichnete Viertelkreis gewählt, aus welchem sich die Kehllinie n s_1 durch einfache Vergatterung bestimmt. Die Scheitellinie der Kugelkappen muß sich dann wieder aus gleichem Grunde, wie bei dem vorigen Beispiele, als Kreisbogenlinie ergeben, deren Halbmesser gleich dem der Schnittlinien e s usw. ist und ebenso müssen auch die Stirnlinien wieder Halbkreise sein, deren Durchmesser gleich der Länge der Linien e f, g h usw. ist.

Die Widerlagsstärke eines Klostergewölbes kann etwa gleich $3/4$ der Stärke des Widerlagers eines Tonnengewölbes von gleicher Leitlinie, Gewölbstärke und Belastung angenommen werden. Dieses Ergebnis ist von Rondelet durch vielfache Versuche an Modellen festgestellt worden. Da die Gewölbewangen vermöge ihrer verschieden großen Spannweiten, welche an den Kämpferpunkten der Kehllinien gleich Null sind und von hier nach den Mitten der Widerlagsmauern stetig zunehmen, so wird die Widerlagsstärke in jedem Punkte der Umfassungsmauern streng genommen ein anderes Maß darstellen und die äußeren Begrenzungslinien der Widerlagsmauern müßten deswegen als gekrümmte Linien erscheinen.

Für die praktische Ausführung eignet sich jedoch ein derartig geformter Widerlagskörper nicht und man setzt deswegen an Stelle desselben einen Mauerkörper rechteckigen Querschnittes, dessen Stärke, wie oben angegeben, $3/4$ der für Tonnengewölbe erforderlichen Widerlagsstärke beträgt.

Die Gewölbestärke könnte ebenso von den Kämpferpunkten der Kehllinien nach dem Gewölbescheitel stetig abnehmen, doch stehen dieser Anordnung gleiche praktische Bedenken entgegen, wie einer ungleich großen Widerlagsstärke und man gibt deswegen den Wangen durchweg die gleiche Stärke wie den Tonnengewölben mit gleicher Leitlinie und gleicher Belastung.

Fügt man in ein Tonnengewölbe über langgestrecktem Raume an den Schmalseiten Gewölbewangen ein, deren Leitlinie ebenso geformt ist, wie die des Tonnengewölbes, so entsteht ein

Muldengewölbe.

Die Anfallspunkte der Kehllinien der Stirnwalme sind dann stets die Endpunkte der Scheitellinie des

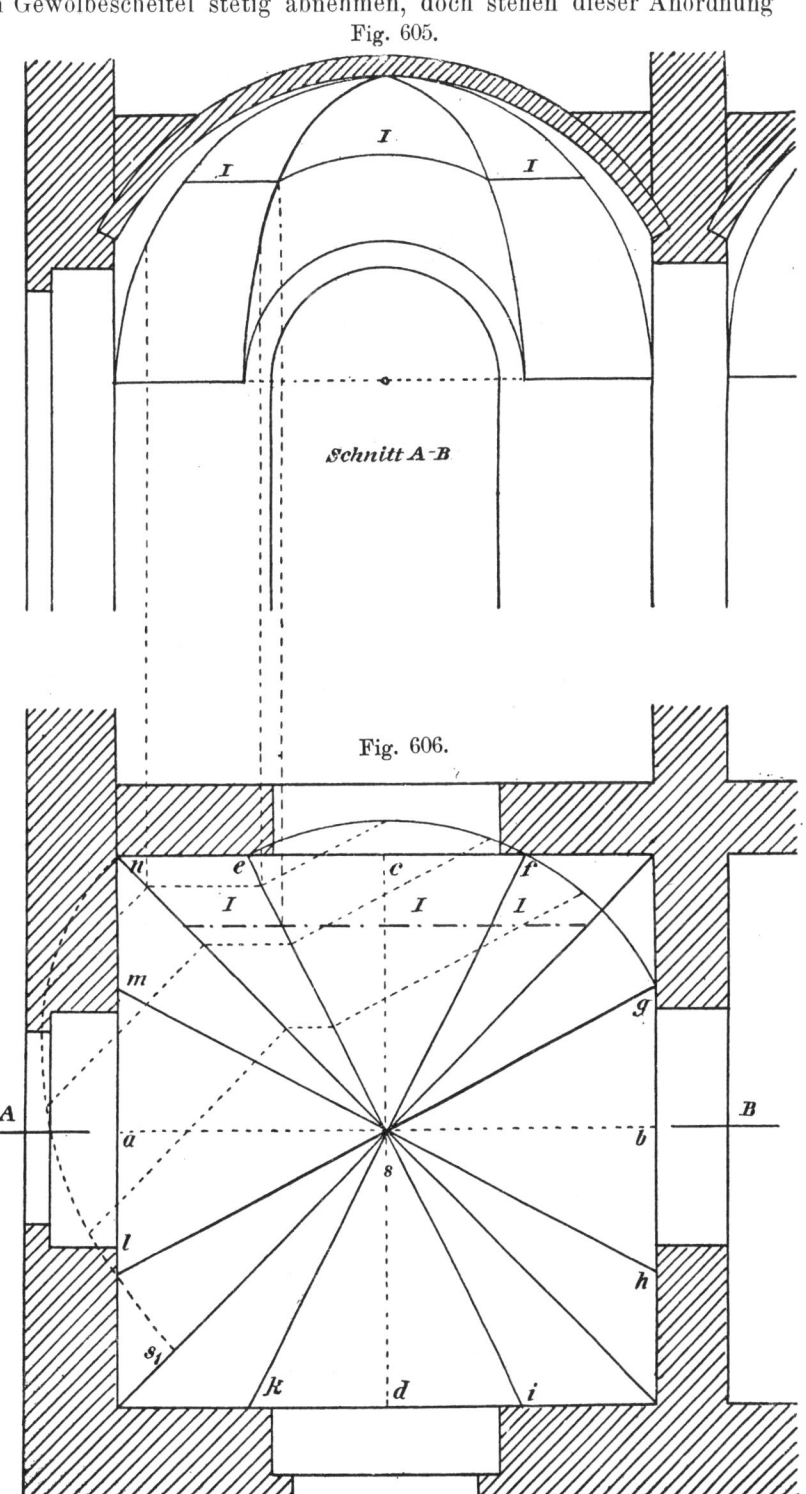

Fig. 605.

Schnitt A-B

Fig. 606.

Tonnengewölbes, gleichviel, ob die Stirnseiten rechtwinkelig oder schiefwinkelig zu den Langseiten des zu überwölbenden Raumes stehen, und die wagerechten Projektionen der Kehllinien fallen zusammen mit den Halbierungslinien der Winkel an den Ecken des Raumes (Fig. 607).

Hinsichtlich der Ausmittelung der Kehllinien, der Einfügung von Stichkappen, der Einrüstung und Einwölbung, sowie der Gewölbe- und Widerlagsstärke gilt genau dasselbe, was beim einfachen Klostergewölbe und beim Tonnengewölbe an früherer Stelle gesagt worden ist.

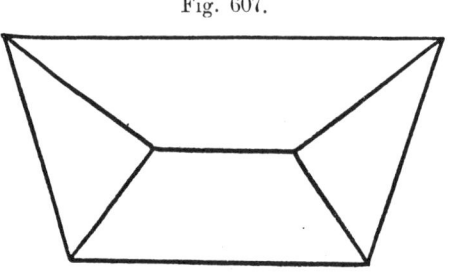

Fig. 607.

Fig. 609.

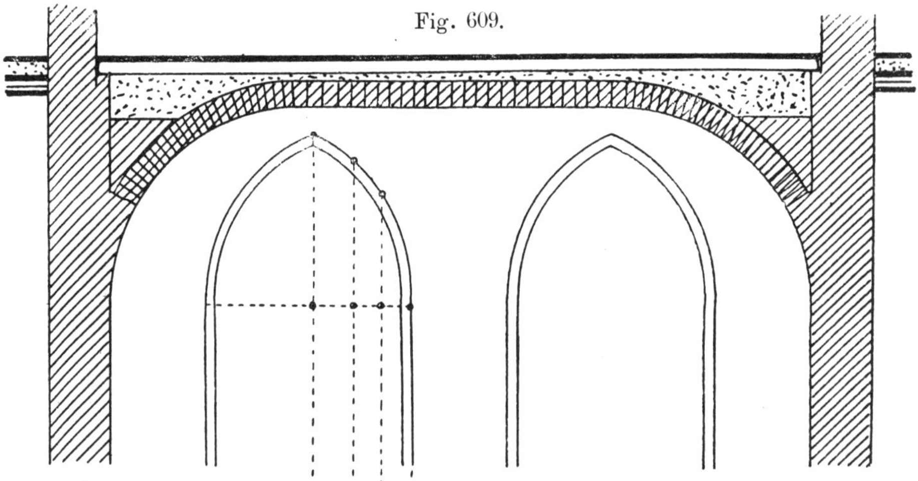

Fig. 608.

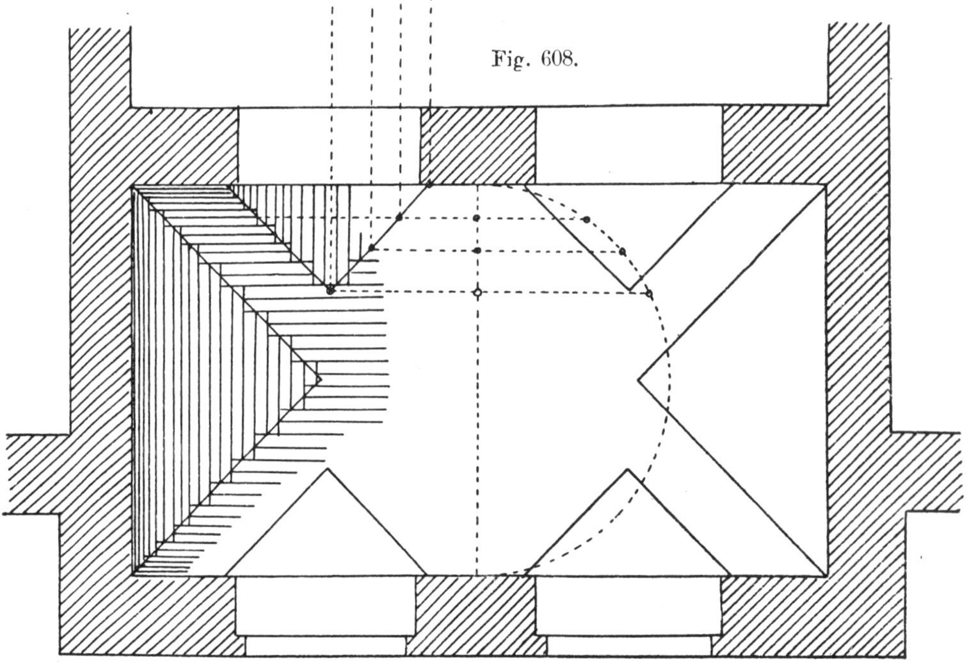

Die Figuren 608 und 609 veranschaulichen ein Muldengewölbe über rechteckigem Raume, in welches von den Langseiten ausgehende Stichkappen eindringen.

Denkt man sich ein Klostergewölbe durch eine wagerechte, zwischen der
Kämpferebene und dem Scheitelpunkte befindliche Ebene geschnitten und den
oberen abgeschnittenen Teil durch ein scheitrechtes Gewölbe ersetzt, so entsteht ein

S p i e g e l g e w ö l b e.

Der Gewölbeschub desselben ist, wenn auch eine besondere Beschwerung
des Spiegels durch Stützlast vermieden wird, sehr bedeutend, so daß die Widerlagsmauern ent-
weder eine sehr
große Stärke oder
eine kräftige Ver-
ankerung, etwa nach
Fig. 610, erhalten
müssen.

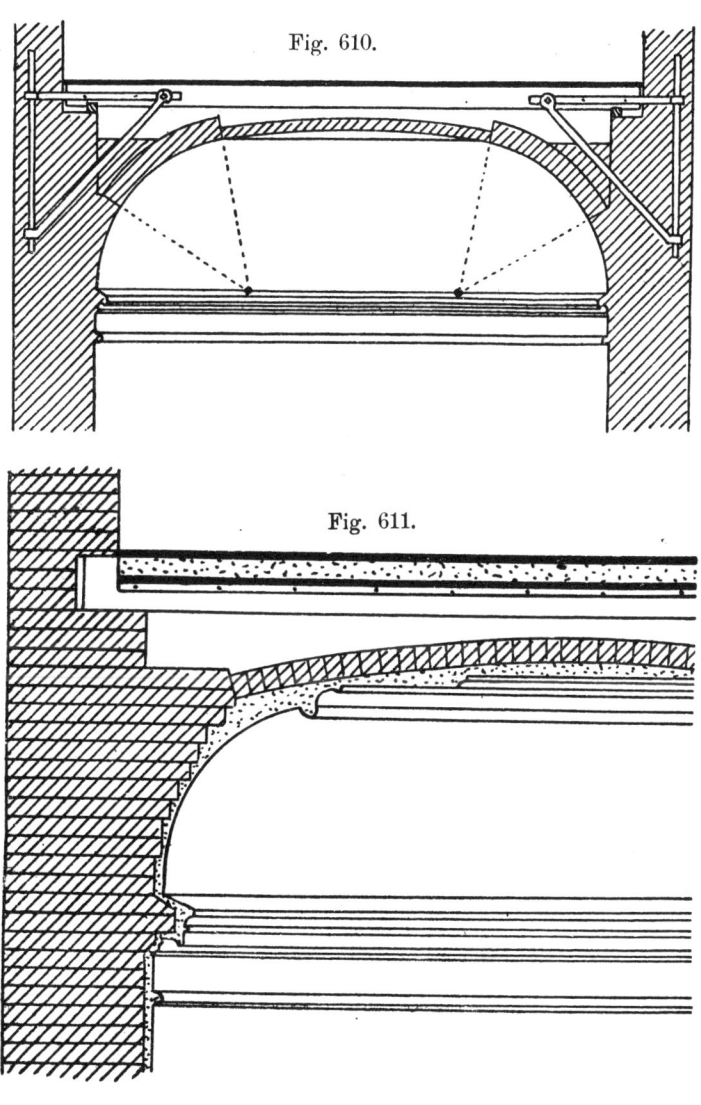

Soll das Ge-
wölbe verputzt wer-
den, so kann man
den unteren Teil
desselben auch wohl
ganz durch horizon-
tale Auskragung der
Schichten nach Fig.
611 herstellen. Der
Spiegel wird dann
als flachgekrümmte
Kappe zwischen die
oberen Schichten
der Auskragung ein-
gespannt.

Größere Spie-
gelgewölbe über
Treppenhäusern
oder Sälen werden
in neuerer Zeit
meist unter Anwen-
dung eines eisernen
Tragegerippes aus-
geführt, welches
den einzelnen Ge-
wölbeteilen als Wi-
derlager dient.

Ein Beispiel hierfür geben die Figuren 612 bis 614.

Gleichlaufend mit den Begrenzungslinien des Spiegels werden gewalzte
I-Träger a (bei sehr großen Spannweiten genietete Träger) von Umfassungs-

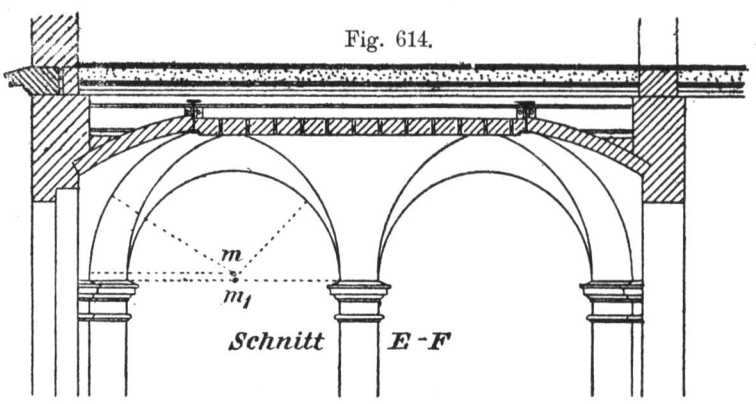

Fig. 614.

Schnitt **E - F**

Fig. 613.

Schnitt
A - B - C - D

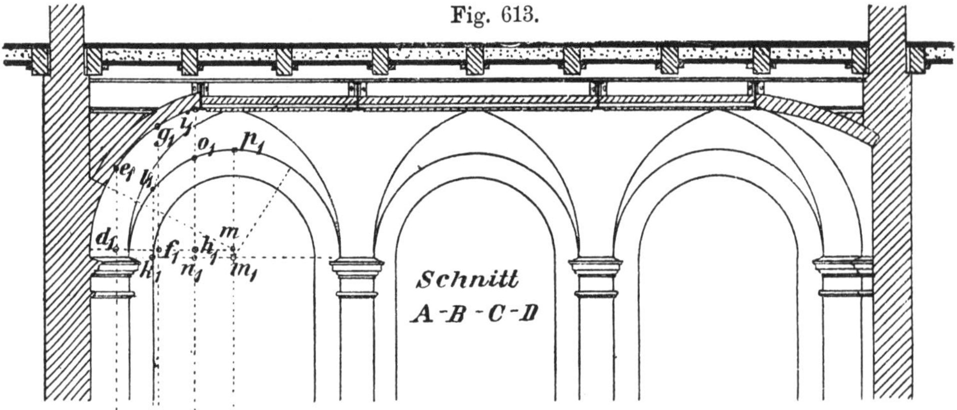

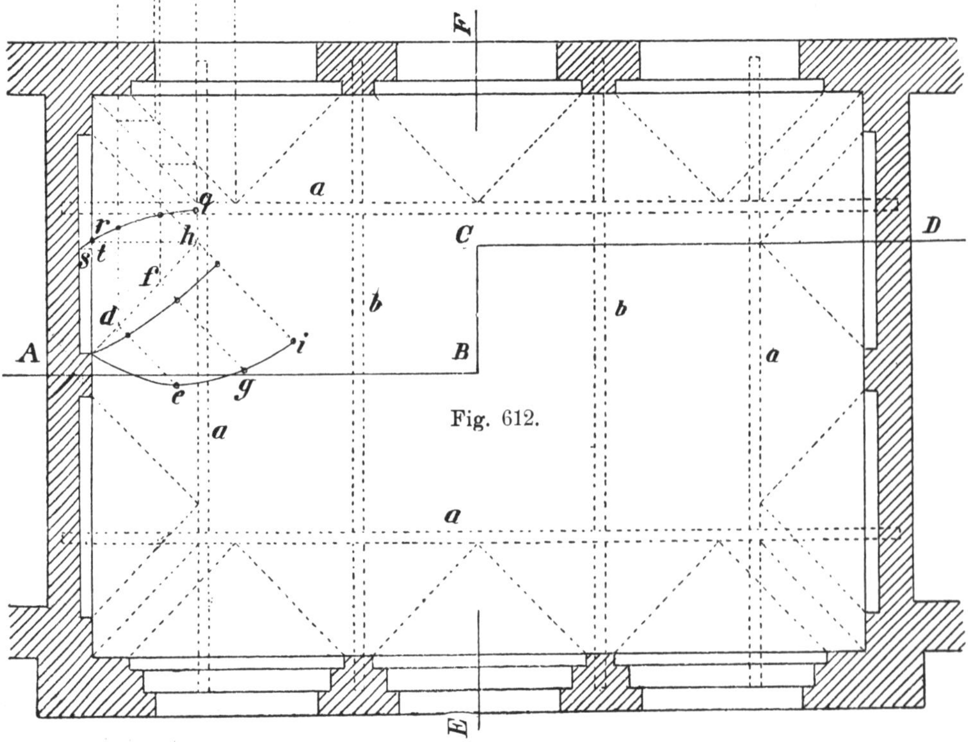

Fig. 612.

mauer zu Umfassungsmauer verlegt, welche an den Kreuzungsstellen durch Winkeleisen und Nietung verbunden werden. Eine Teilung des Spiegels in kleinere Felder wird durch Querträger b erreicht, welche mit den Längsträgern ebenfalls durch Winkeleisen und Nietung verbunden werden. Der Spiegel wird entweder durch flache Kappen oder besser durch Kleinesche Deckenplatten mit Bandeiseneinlagen unter Verwendung von Schwemmsteinen geschlossen, da diese keinen Seitenschub ausüben.

Ein sehr leichtes und reiches Aussehen erhalten die Spiegelgewölbe, wenn eine Auflösung der unteren Gewölbewangen in Lünetten und Walme vorgenommen wird. Durch eine entsprechende Bemalung der Gewölbeflächen kann die Wirkung der Decke eine weitere Steigerung erfahren, welche den höchsten Anforderungen zu entsprechen vermag.

Im vorliegenden Falle sind Stichkappen gewählt, deren Durchdringungslinien mit den Gewölbewangen in der Grundrißprojektion sich als gerade Linien darstellen, welche unter 45 ^{0} gegen die Umfassungsmauern gerichtet sind. Die Leitlinie der Gewölbewangen ist als Spitzbogenlinie angenommen, deren Mittelpunkt in m (Fig. 613) liegt, die Stirnlinie der Stichkappen dagegen als Halbkreis. Aus dieser Annahme folgt, daß die Durchdringungslinien elliptische Bogen sind, welche sich aus den Höhenloten

$$d\,e = d_1\,e_1$$
$$f\,g = f_1\,g_1$$
$$h\,i = h_1\,i_1$$

ableiten und daß die Scheitellinien der Stichkappen gekrümmte Linien sein müssen, deren wirkliche Gestalt durch Subtraktion der Höhenlote $k_1\,l_1$, $n_1\,o_1$ und $m_1\,p_1$ (Fig. 613) der Stirnlinie der Stichkappen von den zugehörigen Loten $d\,e$, $f\,g$ und $h\,i$ (Fig. 612) der Durchdringungslinie erhalten wird. Um in der Leibung der Stichkappe keinen Knick zu erhalten, ist anzuraten, die Richtung, welche durch die Scheitellinie gegeben ist, auch für die Wandnische beizubehalten, also die Scheitellinie $q\,r$ über r hinaus bis s fortzuführen. Hierdurch werden natürlich auch die Kämpferlinien, welche der Scheitellinie parallel sind, dieselbe Richtung erhalten und dadurch der Mittelpunkt m_1 der Stirnlinien um das Stück $m_1\,m = r\,t$ tiefer liegen als die Kämpferpunkte der Durchdringungslinien.

d) Kuppelgewölbe mit den Nebenformen Hängekuppeln, Ellipsoidisches Gewölbe und Böhmisches Kappengewölbe.

Die Leibungsfläche eines Kuppelgewölbes kann man sich dadurch entstanden denken, daß eine gesetzmäßig gebildete ebene Kurve um eine in ihrer Ebene liegende lotrechte Achse so gedreht wird, daß die Kurve während der Drehung die konkave Seite der Achse zuwendet. Jeder Punkt der Kurve muß hiernach während der Drehung einen Kreis beschreiben, welcher in einer wagerechten Ebene liegt und aus gleichen Gründen muß der Grundriß der Leibungsfläche ebenfalls ein Kreis sein.

Ist die erzeugende Kurve ein Viertelkreis, so entsteht eine Halbkugelfläche. Ein solches Gewölbe bezeichnet man als Kugelgewölbe. Da jedoch ein derartiges Gewölbe von unten gesehen, wie ein gedrücktes Ellipsoid erscheint, so gibt man dem erzeugenden Viertelkreise entweder eine lotrechte Verlängerung über den Kämpferpunkt nach unten, oder man wählt eine überhöhte Ellipse oder einen Spitzbogen als Erzeugende.

Die Einwölbung geschieht meist in Ringschichten. Die Lagerfugen bilden hierbei den Teil eines Kegelmantels, dessen Spitze bei einer halbkugelförmigen Kuppel im Mittelpunkte der Halbkugel, bei Kuppeln mit elliptischem oder mit spitzbogigem Querschnitt in einem Punkte der lotrechten Achse liegt und zwar für jede Schicht in einem anderen Punkte. Die Stoßfugenflächen gehören lotrechten Meridianebenen an, so daß jeder Wölbstein eine doppelt - keilförmige Gestalt erhält.

Die Leibungsflächen der Kuppelgewölbe werden vielfach durch die schon beim Tonnengewölbe erwähnten Kassetten gegliedert. In der Nähe des Gewölbescheitels, im sogen. Nabel oder Spiegel des Gewölbes, läßt

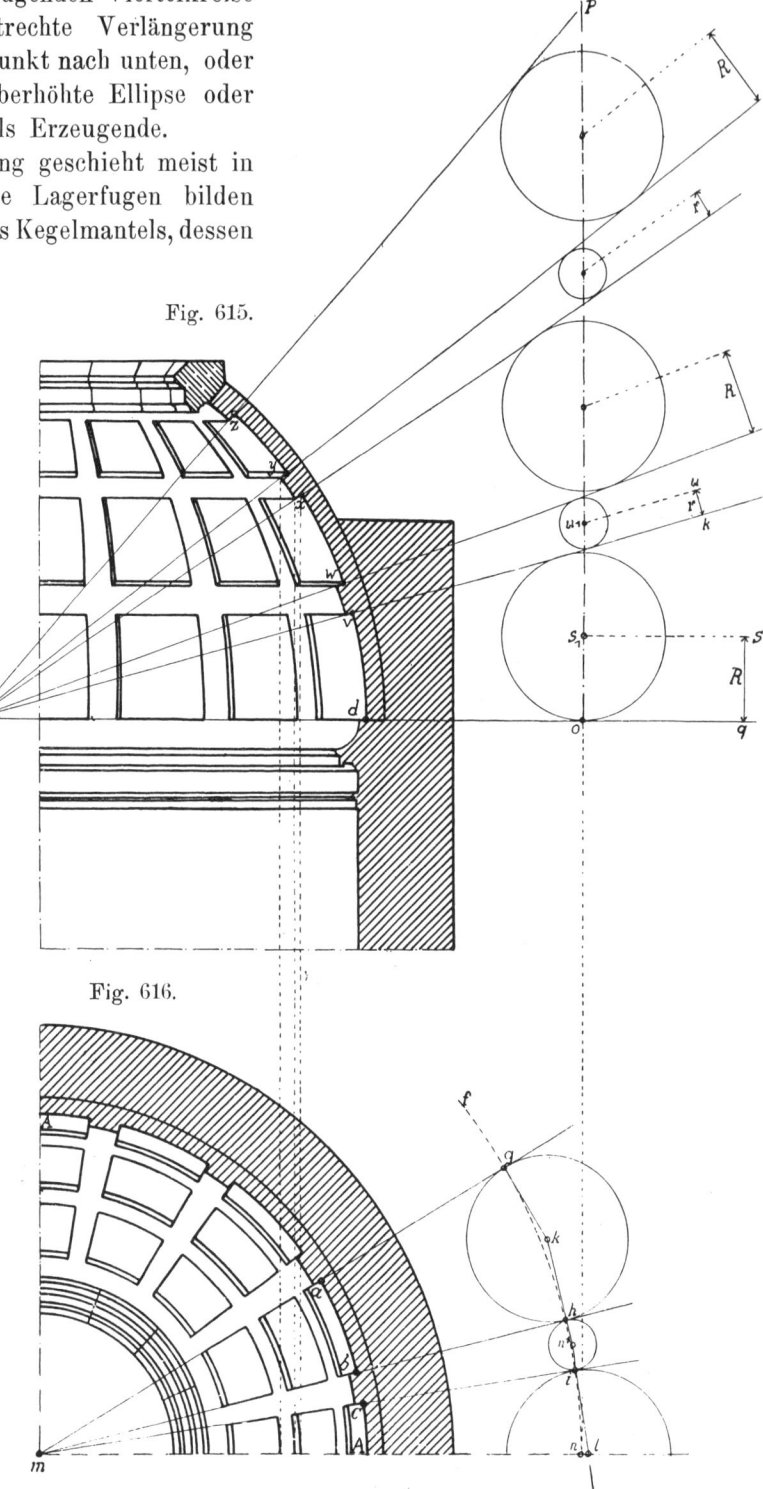

Fig. 615.

Fig. 616.

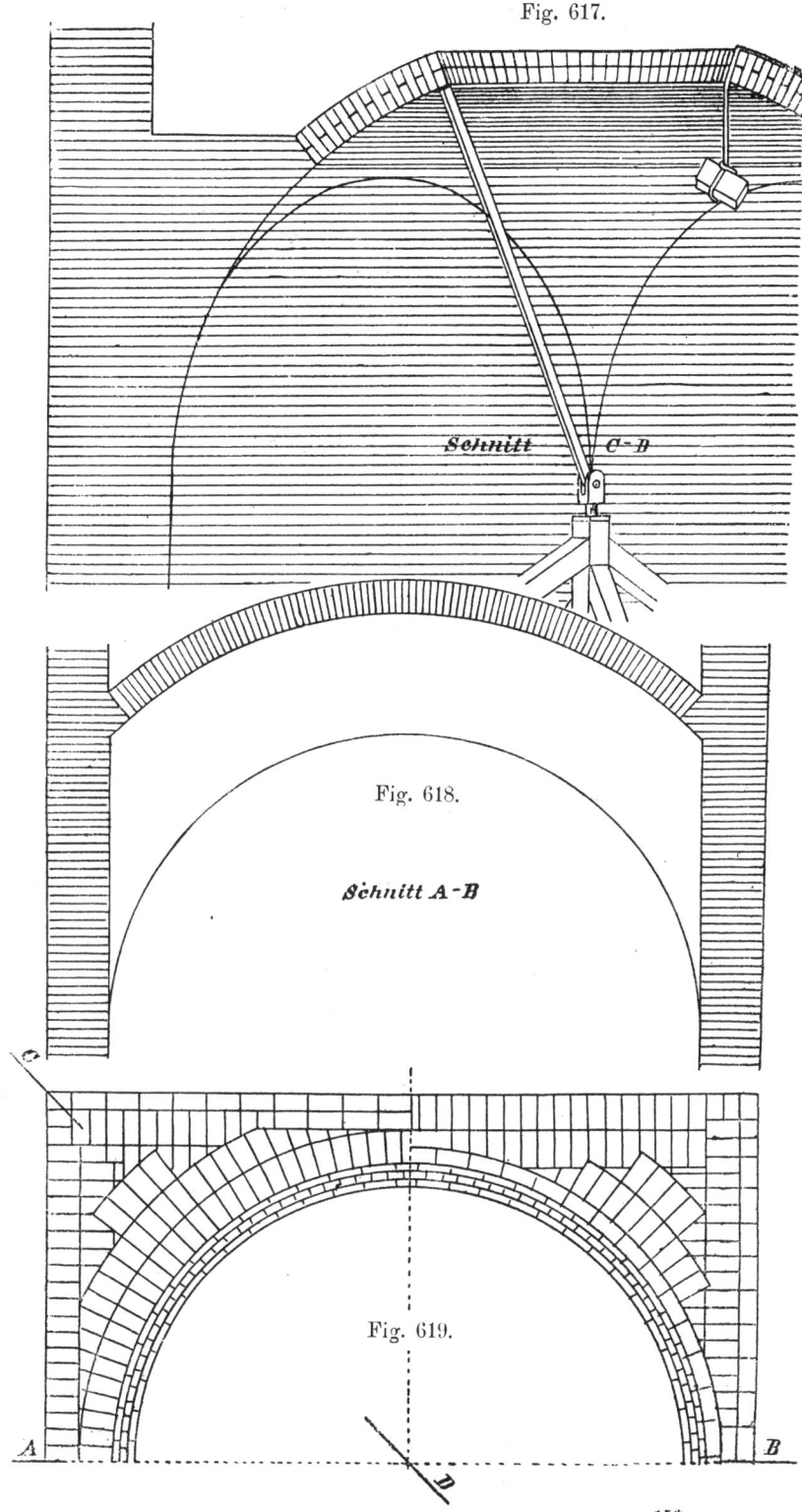

Fig. 617.

Schnitt C-D

Fig. 618.

Schnitt A-B

Fig. 619.

mandiehier zu klein erscheinenden Kassetten meistens fehlen und schmückt diesen Teil dann auf andere Weise durch Stuck oder Bemalung.

DieAusmittelung der Kassetten und der dieselben trennenden Stege kann nach Figur 615 und 616 auf folgende Weise vorgenommen werden:

Auf dem Kreise A A (Fig. 616), welcher der Oberkante d des Kassettensokkels (Fig. 615) entspricht, wird die Teilung der unteren Kassettenreihe und der Kassettenstege vorgenommen. Die Meridianschnitte m a, m b, m c usw. (Fig. 616) bestimmen dann die Richtung der Stege in der Grundrißprojektion. Zur Festlegung der Aufrisse der Kassetten und Stege auf der Leibungsfläche der Kuppel, deren Erzeugende als ein aus m_1 beschriebener Kreisbogen angenommen ist, beschreibt man im Grundrisse mit einem beliebigen Halbmesser m f um m den Kreisbogen l f und verlängert die Strahlen m a, m b, m c usw. bis zu ihrem Schnitte mit diesem Kreisbogen. Senkrechte, von diesen Schnittpunkten g, h, i usf. gegen die Strahlen gerichtet, ergeben in ihren Schnitten k, l, n^1 die Mittelpunkte von Kreisen, welche die Strahlen berühren und zugleich in k g, l h und n i die Halbmesser R und r dieser Kreise. Alsdann wird in der Meridianebene m_1 o (Fig. 615) die Länge m_1 o $=$ m l aufgetragen und schließlich in o auf m_1 o das Lot o p errichtet.

Durch die Oberkante d des Kassettensockels wird hierauf der Strahl m_1 d gezogen und an beliebiger Stelle der Verlängerung desselben ein Lot q s $=$ R errichtet. Zieht man durch den Endpunkt s dieses Lotes die Parallele m_1 q, so trifft dieselbe die Linie o p im Punkte s_1. Der um s_1 mit R beschriebene Kreis ist dann maßgebend für die Höhe der ersten Kassettenreihe, und es muß m_1 q eine Tangente an diesem Kreis sein, welche mit einer zweiten von m_1 an den Kreis gezogenen Tangente m_1 k auf der Erzeugenden die Höhe d v der ersten Kassettenreihe bestimmt.

Die nun folgende Steghöhe wird in analoger Weise dadurch festgelegt, daß in einem beliebigen Punkte der Tangente m_1 o das Lot k u $=$ r errichtet und durch den Endpunkt u dieses Lotes die Parallele zu m_1 k bis zum Schnittpunkte u_1 mit o p gezogen wird; u_1 ist dann Mittelpunkt eines mit r zu schlagenden Kreises. Eine von m_1 an diesen Kreis gezogene Tangente schneidet die gesuchte Steghöhe o w auf der Erzeugenden der Kuppel ab.

Fährt man in der Bestimmung aller folgenden Kassetten und Steghöhen in gleicher Weise fort, so erhält man der Reihe nach die weiteren Punkte x, y und z auf der Kuppelerzeugenden. Die Festlegung der Quer- und Längsstege und hiermit die Gestaltung sämtlicher Kassetten im Grundrisse ergibt sich dann durch einfache Projektion der Punkte d, o, w usw. auf die Linie m l und unter Beobachtung des Umstandes, daß die Querstege zentral, die Längsstege dagegen konzentrisch verlaufen müssen. Aus dem Grundrisse ist dann ebenso der Aufriß der Kassettenteilung ohne Schwierigkeit abzuleiten.

Ebenso wie über zylindrischem Unterbau kann man die Kuppelgewölbe auch über quadratischem, sowie über jedem anderen regelmäßigen Vielecke konstruieren, in welchem Falle der Uebergang aus dem Vier- oder Vieleck in ringförmige Widerlager durch besondere Gewölbeteile, die Gewölbezwickel oder Pendentifs bewirkt wird. Diese Gewölbe führen die Bezeichnung

Hänge- oder Stutzkuppeln.

Durch die Figuren 617 bis 619 ist eine Hängekuppel wiedergegeben, bei welcher die Zwickel durch wagerecht vorgekragte Schichten mit zentral gerichteten Stoßfugen gebildet sind. Durch ein derartiges Auskragen der Zwickel wird das Bestreben hervorgerufen, daß die Schichten sich nach dem Innern des Raumes senken wollen. Da diese Zwickel aber das Widerlager für die obere Kalotte des Kugelgewölbes bilden, und das Gewicht dieser Kugel nach außen drängt, so wird wegen der geringeren Schwere der Kalotte, gegenüber der des Zwickelmauerwerks, die Resultierende aus den nach innen und außen wirkenden Kräften jedenfalls nicht nach außen gerichtet sein. Ein Ausweichen nach innen ist aber nicht zu befürchten, weil jede Schicht einen voll geschlossenen Ring bildet, und es wird mithin auf die Umfassungsmauern bei derartig ausgeführten Gewölben kein Seitenschub, sondern nur ein lotrechter Druck ausgeübt werden.

Eine isometrische An-sicht des Ueberganges aus dem Viereck in die Kreis-form der Kalotte veran-schaulicht Fig. 620.

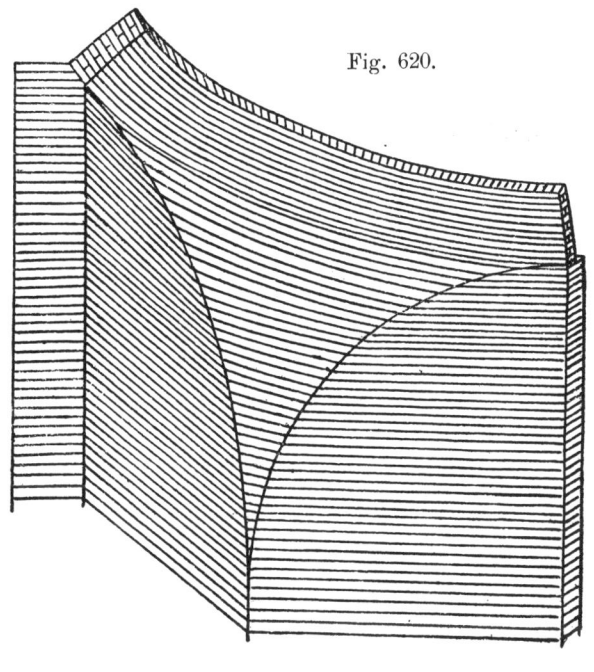

Fig. 620.

Gehört die Leibung der Kuppel einer Kugel-fläche an, so benutzt man beim Wölben eine sogen. Leier (Fig. 617). Diese, aus einer etwa 5 cm star-ken runden Holzleiste von der Länge des Gewölbe-halbmessers bestehend, ist an ihrem unteren Ende ge-nau im Mittelpunkte des Gewölbes mittels eines nach jeder Richtung drehbaren Gelenkes auf dem Kopfe eines gut verspreizten Bock-gerüstes befestigt. Die im Innern des Gewölbes stehenden Maurer schieben die Steine bis an die Spitze der Leier, um die innere Kugelfläche, sowie die Richtung der Lager- und Stoßflächen der Wölbsteine genau herzustellen.

Sind beim Einwölben mehrere Arbeiter beschäftigt, so kann von jedem derselben statt der Leier eine an dem Kugelgelenke des Bockgerüstes befestigte Schnur oder besser ein schwaches Drahtseil von der genauen Länge des Gewölbe-halbmessers als Richtschnur für die Lager- und Stoßfugen benutzt werden. Bei Kuppelgewölben, für deren Erzeugende der Mittelpunkt außerhalb der lotrechten Gewölbeachse liegt, wird an Stelle der Leier oder Schnüre ein um die lotrechte Gewölbeachse drehbarer Lehrbogen benutzt.

Um die dem Scheitel des Gewölbes naheliegenden Steine, deren Lagerflächen immer mehr eine lotrechte Lage annehmen, vor dem Abrutschen aus dem Mörtel-bett zu sichern, hält man sie mit einer Schnur fest, welche um einen in eine tiefer liegende Fuge des Gewölberückens eingetriebenen Nagel gewickelt und durch einen am anderen Ende befestigten, in den Gewölberaum herabhängenden Ziegelstein angespannt ist. Da jede Schicht der Teil eines Kegels mit nach dem

Gewölbemittelpunkt gerichteter Spitze, also gewissermaßen ein nach unten gerichteter Keil ist, so kann nie ein Stein abrutschen, sobald ein Ring vollständig
geschlossen ist. Aus diesem Grunde kann mit dem Einwölben in jeder beliebigen
Höhenlage aufgehört werden, und man benutzt diese Möglichkeit häufig dazu,

Fig. 621.

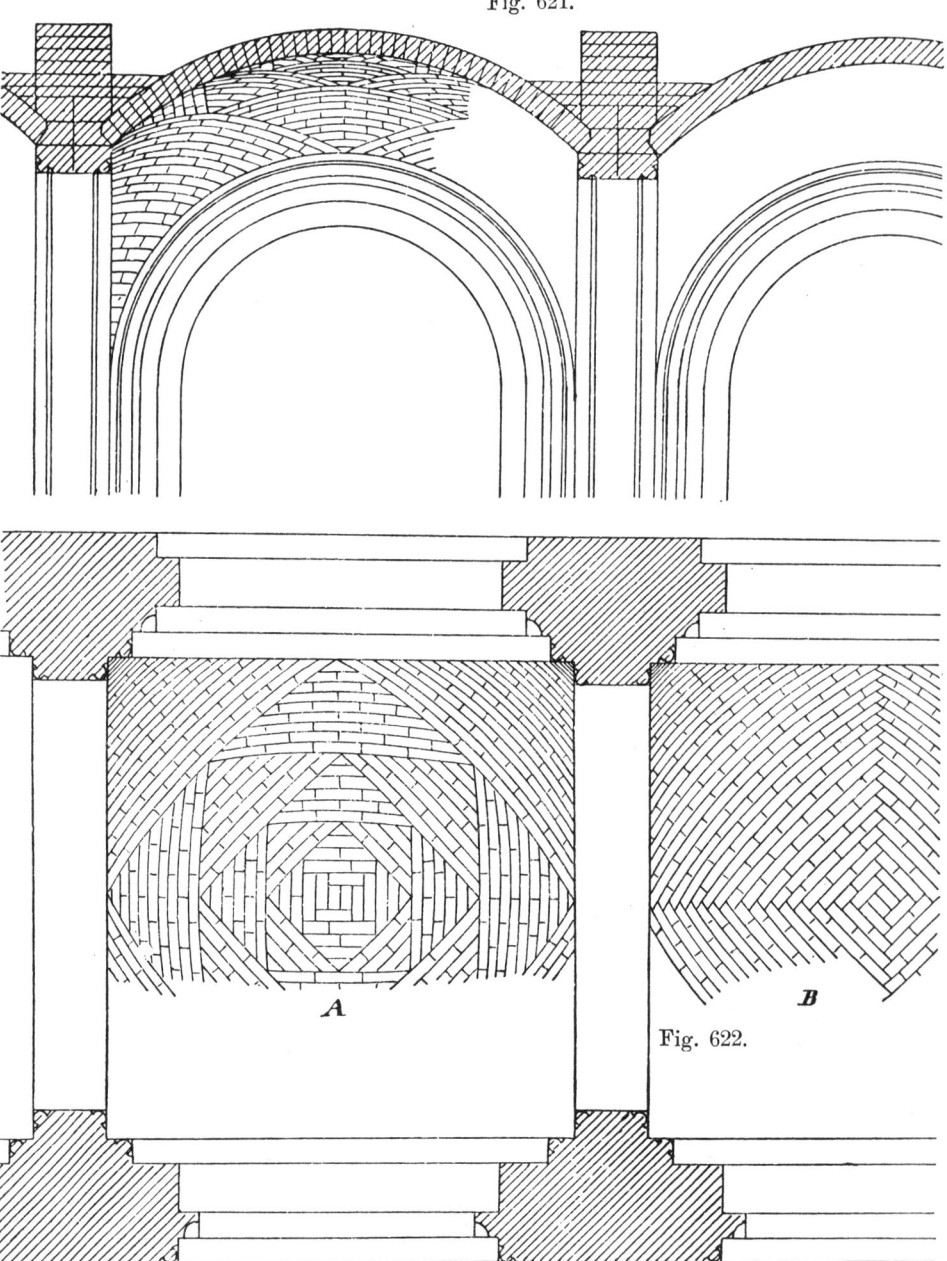

A   B

Fig. 622.

um eine Scheitelöffnung [zum Zwecke der Lichteinführung in den überwölbten
Raum von oben zu belassen. Diese Oeffnung wird durch einen gemauerten Kranz

oder mittels Werkstein eingefaßt. Häufig ist über diesem Kranze eine zylindrische Aufmauerung, eine sogen. Laterne (vergl. A bei Fig. 627) vorhanden,

Fig. 623.

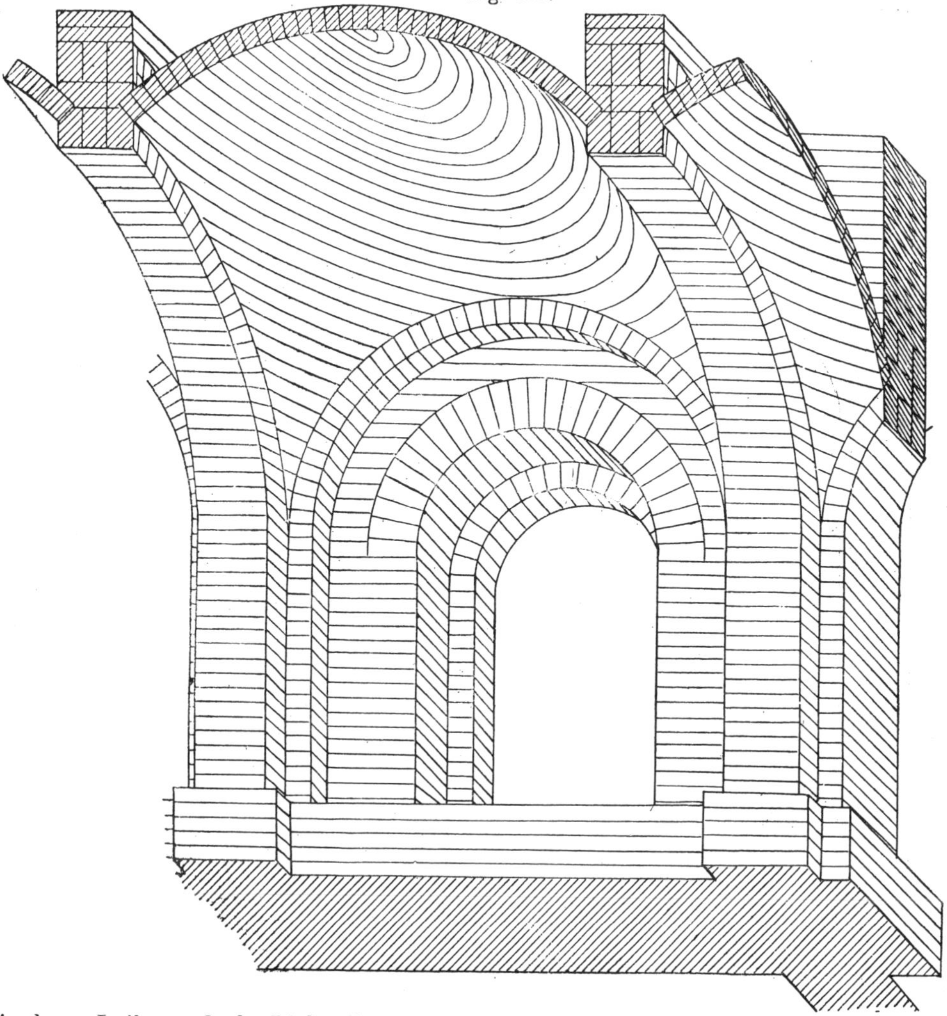

in deren Leibungsfläche Lichtöffnungen angebracht sind. Dieser Aufbau kann ebenfalls durch eine Kuppel, oder in anderer Weise überdeckt werden.

Die Fig. 621 und 622 zeigen eine Hängekuppel in Grundriss und Querschnitt, bei welcher die Zwickel und die Kalotte in schwalbenschwanzförmigen Schichten gemauert sind. Bei A (Fig. 622) sind die Schichten abwechselnd normal auf den Diagonalbogen und den Scheitelbogen angenommen. Hierdurch wird eine reiche dekorative Wirkung hervorgerufen, und es eignet sich deswegen diese Wölbungsart vornehmlich für Gewölbe, die unverputzt bleiben sollen.

Fig. 624.

Werden die Kuppeln in Ringschichten gemauert (Fig. 623), so bereitet der Schluß des Gewölbes wegen der hier starken Krümmung der Schichten Schwierig-

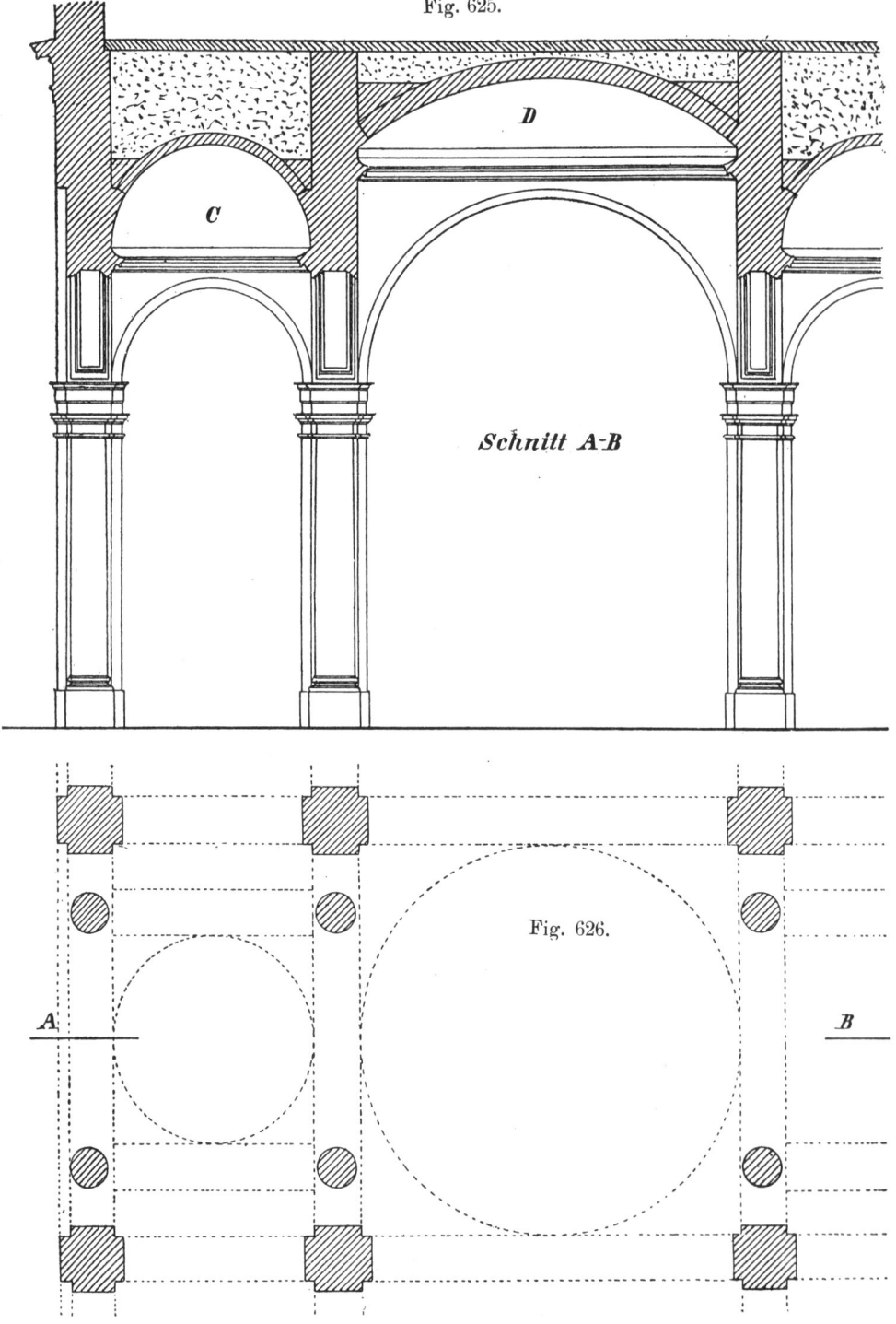

Fig. 625.

Schnitt A-B

Fig. 626.

keiten. Man hilft sich dann dadurch, daß man in solcher Höhe, wo das Wölben in Ringschichten sich nicht mehr gut durchführen läßt, einen ½ Stein breiten Kranz einwölbt und den Schluß des Gewölbes durch Schwalbenschwanzschichten bewirkt (Fig. 624).

Wird oberhalb der Gewölbezwickel eine volle Halbkugel aufgesetzt, so entsteht die byzantinische Kuppel (Fig. 625 bei C). Wählt man als Erzeugende der Leibungsfläche der Oberkuppel einen Flachbogen, so entsteht eine Flachkuppel (Fig. 625 bei D).

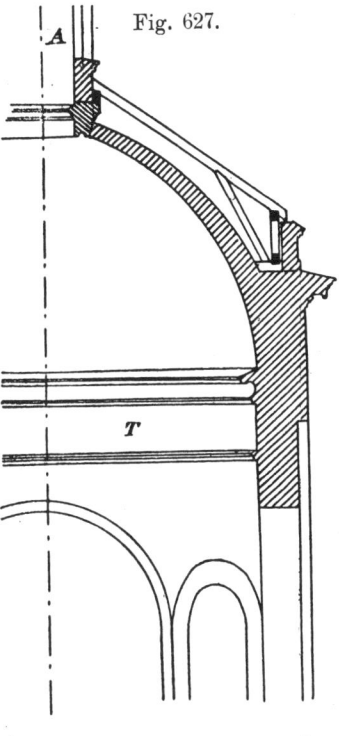

Fig. 627.

Fügt man zwischen dem unteren, die Gewölbezwickel enthaltenden Teile der Hängekuppel und der Oberkuppel einen lotrechten zylindrischen Mauerkörper, Trommel oder Tambour genannt, (Fig. 627 bei T) ein, welcher als Leitlinie den Grundkreis G (Fig. 628) zugewiesen erhält, so entsteht die Hängekuppel mit Tambour, die man auch wohl als Renaissancekuppel bezeichnet.

Die Höhe dieses Tambours kann, der architektonischen Durchbildung der ganzen Anlage gemäß, sehr verschieden ausfallen. Häufig dient er zur Aufnahme von Oeffnungen zur Einführung von Tageslicht in den Kuppelraum.

Zur Vermeidung des in eine Schneide auslaufenden Ansatzes der Eckzwickel bei Hängekuppeln über quadratischem Raume, wird als Anfänger dieser Zwickel zweckmäßig ein größerer, der Form des Zwickelanfanges nachgestalteter Quader versetzt, welcher dem ersten Backsteinringe als Auflager dient, oder man stumpft die Ecke durch eine unter 45 ⁰ gegen die Umfangsseiten des Raumes gerichtete Mauer ab. Als Leitlinie der Kuppel wählt man dann zweckmäßig einen Kreis, welcher durch die Ecken des nunmehr achtseitigen Raumes geht (vergl. H bei Fig. 628).

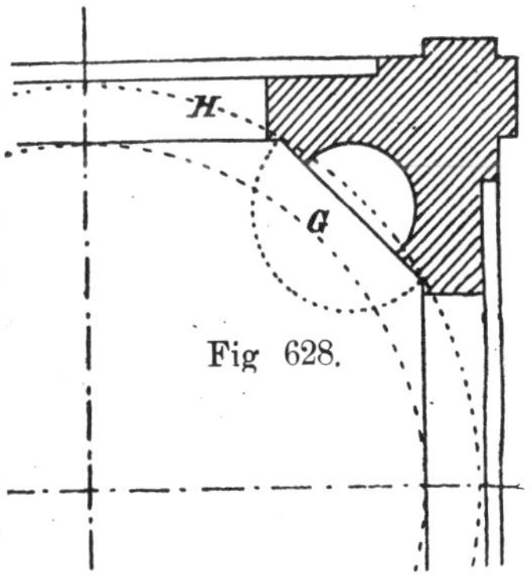

Fig 628.

Ordnet man über einem rechteckigen Raume eine Hängekuppel an, deren Leibung einer Kugelfläche angehört, so erhält man Schildbogen von verschiedener Höhe. Um dieses zu vermeiden, kann man an Stelle der Kugelfläche ein Ellipsoid verwenden und erhält so das

elliptische Gewölbe,

welches durch Drehung einer Ellipse um ihre große Achse entstanden gedacht werden kann. Während dieser Drehung wird sich jeder Punkt der Ellipse auf einem Kreise bewegen müssen, dessen Halbmesser gleich dem lotrechten Abstande des Punktes von der großen Achse ist, und es werden mithin Schnitt-

Fig. 629.

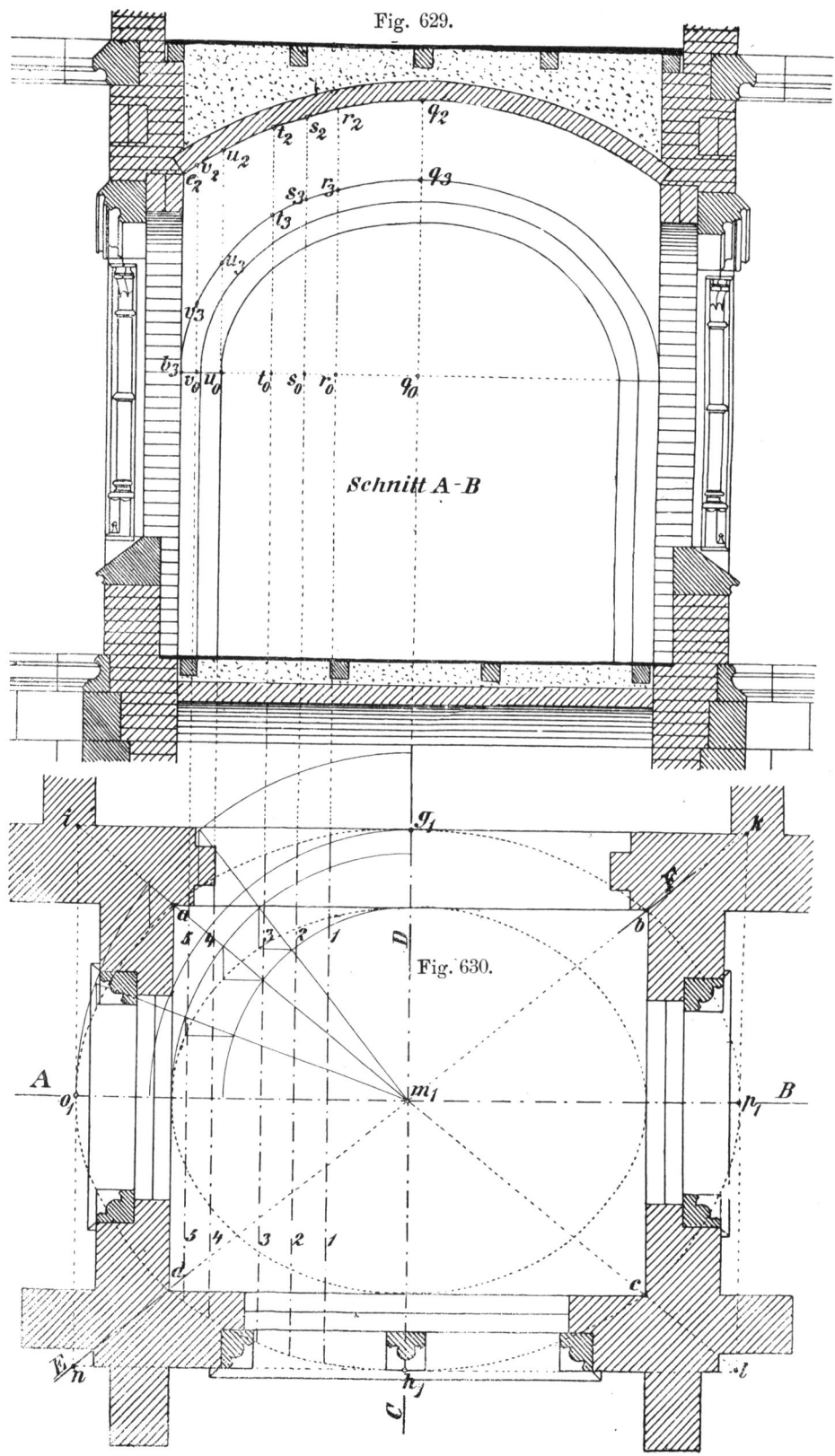

Schnitt A-B

Fig. 630.

ebenen, in senkrechter Richtung gegen die große Achse geführt, die Gewölbeleibung in Halbkreisen schneiden, deren Kämpferpunkte und Mittelpunkte in der Kämpferebene des Gewölbes liegen. Die Lagerfugenkanten der einzelnen Schichten sind dann Ellipsen, welche durch Schnitte wagerechter Ebenen mit der Gewölbeleibung erhalten werden. Eine solche Ebene, durch die Kämpferpunkte a b c d des Gewölbes (Fig. 630) gelegt, wird mithin eine Ellipse ergeben, welche dem Grundriß des Raumes umgeschrieben ist. Zur Bestimmung dieser Ellipse zeichne man zunächst in Fig. 632 den Querschnitt durch das Gewölbe in der Richtung der kleinen Achse C D (Fig. 630). Der Schildbogen a d erscheint dann als Halbkreis geschlagen mit $\frac{a\,d}{2}$ um den in der Kämpferebene liegenden Mittelpunkt m.

Der Scheitelpunkt c des Schildbogens gibt zugleich die Höhenlage des Scheitelpunktes f für den Schildbogen der Langseite an, und es ist also m f der Radius des kreisbogenförmigen Gewölbeschnittes C—D. Vervollständigt man diesen Kreisbogen bis zu seinem Schnitte mit der Kämpferebene, so gibt m g die Länge der halben kleinen Achse der gesuchten Ellipse an. Uebertragt man diese Länge in den Grundriß (Fig. 630) nach $m_1\,g_1$ und $m_1\,h_1$, zieht durch die Endpunkte g_1 und h_1 Parallele zu den Seiten a b und c d, bis die Diagonalen des Raumes in i, k, l und n getroffen werden, und ebenso durch diese Schnittpunkte Parallele zu a d und b c, so begrenzen die letzteren auf der in m_1 gegen $g_1\,h_1$ errichteten Senkrechten die große Achse $o_1\,p_1$ der Ellipse. Die Zeichnung der letzteren selbst kann dann auf bekannte Weise unter Zuhilfenahme von Kreisen erfolgen, welche um m_1 mit der halben kleinen und der halben großen Achse geschlagen werden.

Um nun den Längenschnitt A—B oder irgend einen anderen Höhenschnitt darzustellen, verwendet man mit Vorteil lotrechte Hilfsebenen 1, 2 u. s. f., welche senkrecht zur großen Achse stehen. Diese schneiden die Gewölbeleibung in Halbkreisen, die Scheitellinie in den Punkten q, r, s, t u. s. f. und die Schildmauern in den Punkten f, r_1, s_1, t_1 u. s. f. — Durch Uebertragung der Höhenlote

$$m\,e = b_3\,e_2 \qquad\qquad\qquad a\,v_1 = v_0\,v_3$$
$$m\,v = v_0\,v_2 \qquad \text{beziehungsweise} \qquad a\,u_1 = u_0\,u_3$$
$$m\,u = u_0\,u_2 \text{ usw.} \qquad\qquad\qquad a\,t_1 = t_0\,t_3 \text{ usw.}$$

aus Fig. 632 nach Fig. 629 und durch Verbindung der Endpunkte e_2, v_2, u_2 usw. beziehungsweise e_3, v_3, u_3 usw. mittels stetig gekrümmter Linien erhält man die Gestaltung der Scheitellinie und des Schildbogens der Langseite des Raumes. Auf analoge Weise kann jeder beliebige andere Punkt der Gewölbeleibung festgelegt werden, und es wird somit auch die Darstellung des Schnittes E—F (Fig. 631) keine weiteren Schwierigkeiten bereiten.

Die Lagerfugenflächen der Ringschichten bilden windschiefe Flächen, welche durch gerade Linien erzeugt werden, die in jeden Punkte der elliptischen Lagerfugenkante normal zur Leibung der Kuppel stehen und deswegen verschiedene Neigung zur Kämpferebene haben. Durch entsprechende stärkere oder schwächere Gestaltung der Mörtelfuge kann das Windschiefe der Lagerflächen ohne besonderen Nachteil für die Güte der Ausführung ausgeglichen werden.

Für die Bestimmung der Gewölbestärke der Kuppelgewölbe können die folgenden empirischen Regeln der vorzunehmenden statischen Untersuchung zugrunde gelegt werden:

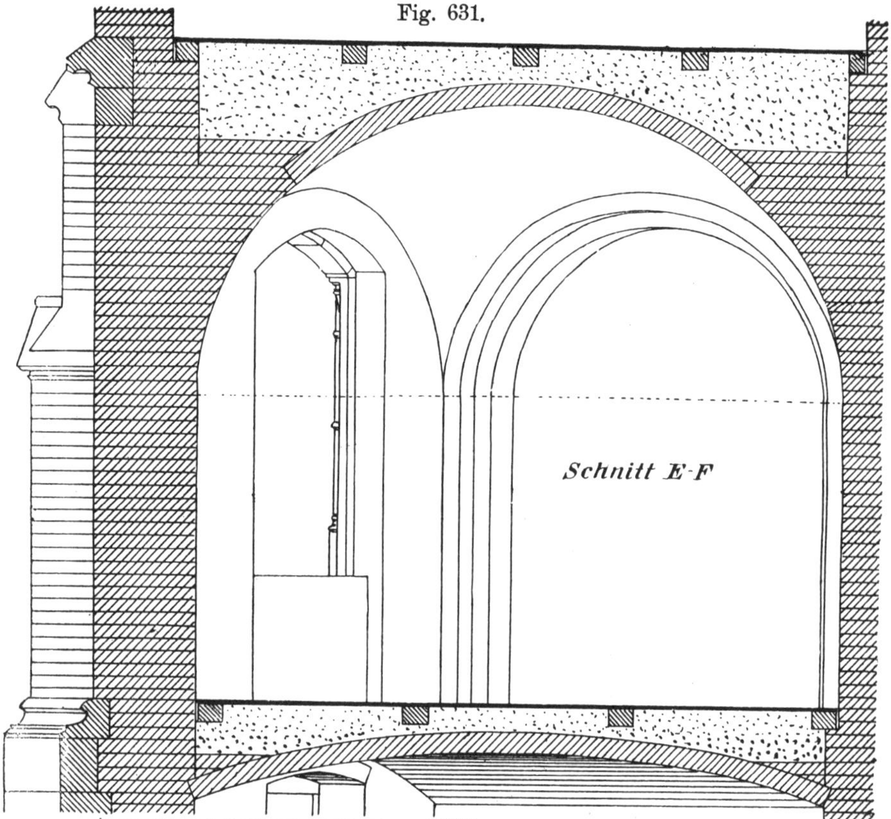

Fig. 631.

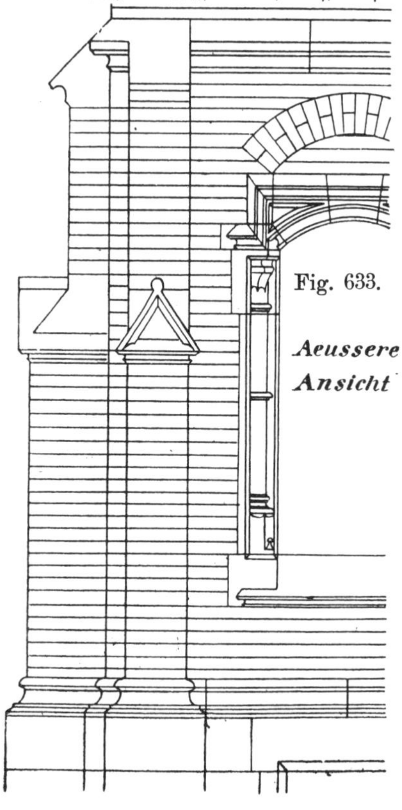

Schnitt E-F

Fig. 633.

Aeussere
Ansicht

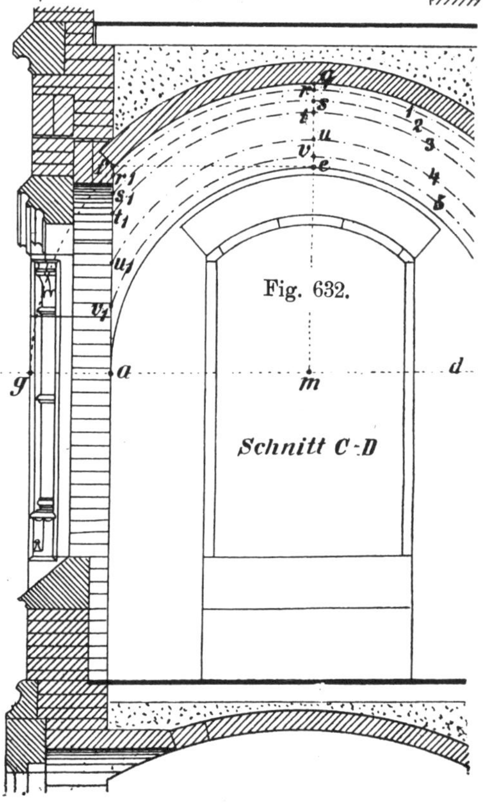

Fig. 632.

Schnitt C-D

Spannweite	Gewölbstärke	
	im Scheitel	am Kämpfer
bis 4 m	$^1/_2$ Stein	$^1/_2$ Stein
bis 6 „	1 „	1 „
bis 8 „	1 „	$1\,^1/_2$ „

Die Ermittelung der Widerlagsstärke hat ebenfalls durch Stabilitäts-Untersuchung in jedem besonderen Falle zu geschehen.

Nach Rondelet sollen die Widerlager halb so stark wie die des Tonnengewölbes, also gleich $^1/_8$ der Spannweite sein.

Nimmt man an, daß über einem beliebig gestalteten Raume ein Kugelgewölbe ausgeführt sei, dessen größter, in wagerechter Ebene liegender Kugelkreis nicht, wie bei der Hängekuppel, durch die Ecken der Grundrißfigur geht, sondern ganz außerhalb dieser Figur liegt, so erhält man das

böhmische Kappengewölbe,

welches in Oesterreich Platzelgewölbe genannt wird. Die Stirnbogen erscheinen dann als Flachbogen. Hierdurch wird die Anlage von größeren Tür-, Gurtbogen- oder Fensteröffnungen wesentlich erleichtert, und es eignet sich deswegen dieses Gewölbe besonders für Räume, welche einen möglichst großen Luftraum erhalten und freien Verkehr mit angrenzenden Räumen gestatten sollen. Die Pfeilhöhe des Gewölbes wird zu $^1/_8$ bis $^1/_{12}$, meistens zu $^1/_{10}$ der Länge der größten Diagonale der Grundrißfigur des zu überwölbenden Raumes angenommen.

Handelt es sich um die Ueberwölbung quadratischer oder rechteckiger Räume, so nimmt man den Mittelpunkt der Kugel, deren Oberfläche die Gewölbeleibung bildet, lotrecht unter oder über dem Schwerpunkte der Grundrißfigur an. Die Kämpferpunkte des Gewölbes werden dann alle in einer wagerechten Ebene liegen und jede lotrechte Ebene, welche durch den Schwerpunkt gelegt wird, schneidet daher auch den Mittelpunkt der Kugel und die Kugeloberfläche in einem größten Kreise. In Fig. 635 ist ein solcher Schnitt in der Richtung der Diagonalen b d in der Umklappung dargestellt, wobei die Pfeilhöhe des Bogenstückes b d annähernd gleich $\dfrac{b\,d}{8}$ gewählt ist. Da der Grundriß des zu überwölbenden Raumes ein Quadrat ist, so müssen die vier Widerlagsbogen einander gleich gestaltet sein. Die Form derselben kann mittels größter Kugelkreise, deren Ebenen lotrecht zu den Widerlagsmauern stehen, bestimmt werden. In Fig. 635 ist ein solcher in der Richtung e f angenommen. Denkt man sich denselben um e gedreht, bis e f in die Richtung von e b, also f nach g gelangt, so muß sich das Bogenstück von e bis f mit dem Stück s h des Diagonalbogens decken, weil beide Bogen Stücke von größten Kugelkreisen sind. Hieraus folgt, daß der Punkt f des Wandbogens um das Stück g h über dem Kämpferpunkte b liegen muß. Trägt man daher dieses Stück in f lotrecht gegen b c gleich f i an, so muß der in der Grundrißebene umgeklappte Wandbogen durch i gehen.

Da ferner die Kämpferpunkte alle in gleicher Höhe liegen, so ist der Wandbogen als Kreisbogenlinie zu zeichnen, welche durch die Punkte b, i und c geht.

Ein Höhenschnitt, in der Richtung A—B geführt, schneidet die Leibungsfläche wiederum in einem größten Kreise, und es muß demnach der Radius m k,

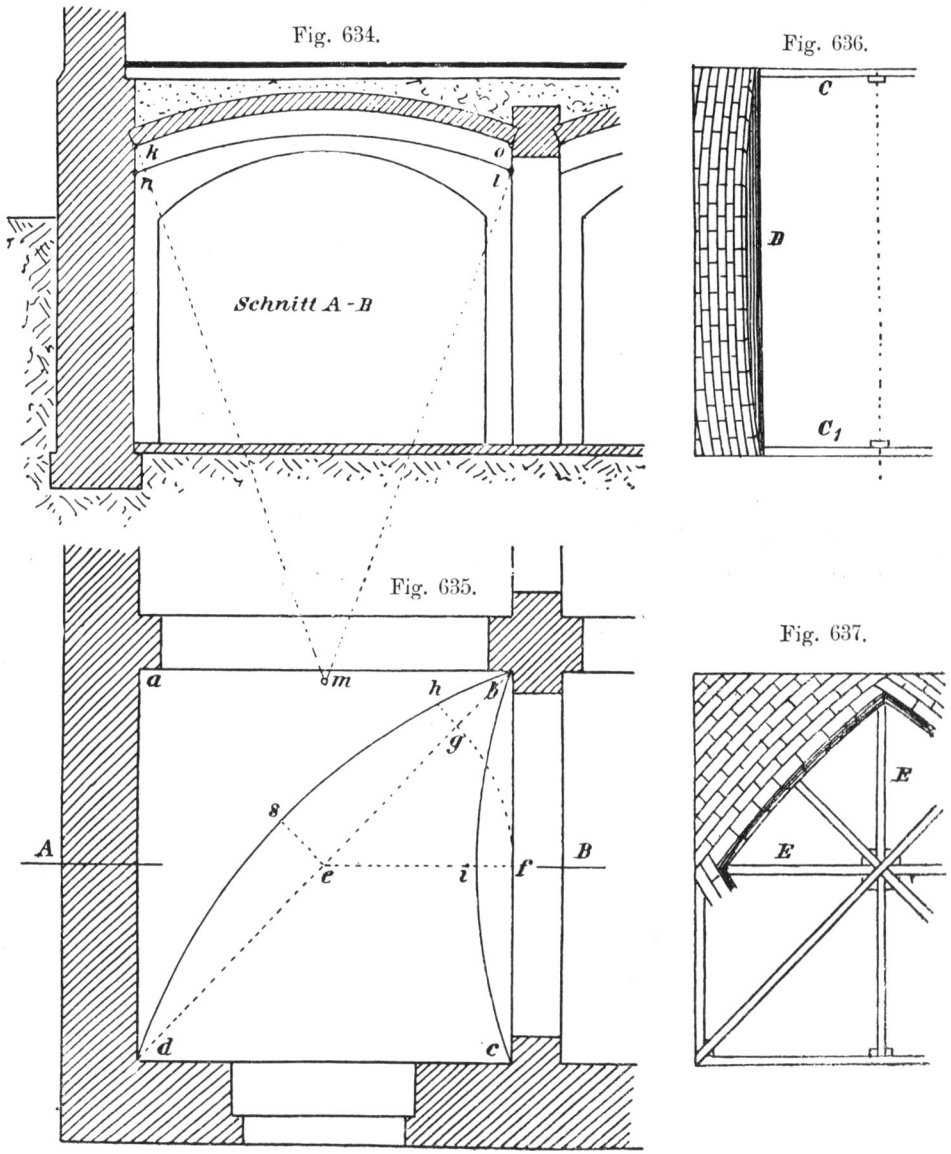

Fig. 634.

Schnitt A - B

Fig. 636.

Fig. 635.

Fig. 637.

mit welchem die innere Gewölbeleibung in Fig. 634 geschlagen ist, gleich dem
Radius des Diagonalbogens sein. Da ferner die Wandebene a b parallel zu der
Schnittebene A B verläuft, so wird durch beide Ebenen die Kugelfläche in kon-
zentrischen Kreisen geschnitten, und es muß mithin der Wandbogen l n in Fig. 634
aus demselben Mittelpunkte m wie der Schnittbogen k o und mit einem Halbmesser gleich dem des in Fig. 635 dargestellten Wandbogens geschlagen werden.

Die Einwölbung geschieht entweder in ringförmigen Schichten oder auf Rutschbogen oder auf den Schwalbenschwanz.

Die erstere Art kommt nur selten und ausschließlich über regelmäßig vielseitigen oder kreisrunden Räumen zur Anwendung, weil es schwierig ist, über andersgestalteten Räumen die Ringform herzustellen, ehe die Schichten volle Ringe bilden.

Bei der Einwölbung auf Rutschbogen sowohl, als auch bei der auf Schwalbenschwanz liegen alle Lagerfugen in Ebenen, welche durch den Kugelmittelpunkt gehen. Im ersteren Falle bildet jede Schicht einen Bogen, dessen Rückenbreite gleich einer Steindicke $+$ Fuge und dessen Krümmung ein Teil des größten Kugelkreises ist. Im Grundrisse müssen sich deswegen die Lagerfugenkanten als Teile von Ellipsen darstellen. Bei der Ausführung dieser Wölbungsart werden, nachdem die Widerlagsflächen nach der Form der Wandbogen ausgehauen sind, die Lehrbogen C und C_1 (Fig. 636) der Langseiten des Raumes aufgestellt und befestigt. Auf diese Lehrbogen wird der nach der Krümmung eines größten Kreises zugeschnittene Rutschbogen D für jede Schicht normal zur Krümmung des Lehrbogens aufgestellt und die Schicht eingewölbt. Nachdem eine Schicht geschlossen ist, wird der auf zwei Keilen ruhende Rutschbogen gelöst und für die nächste Schicht aufgestellt. Damit der für die Schlußschicht bleibende Raum an den Widerlagern nicht enger als am Gewölbescheitel wird, ist streng darauf zu achten, daß alle Schichten genau lotrecht zur Krümmung der Wandbogen gerichtet sind. Ist gegen diese Regel verstoßen worden, so muß der Schluß des Gewölbes durch Schichten bewirkt werden, welche rechtwinkelig zu den übrigen stehen.

Die Einwölbung auf Schwalbenschwanz (Fig. 637) geschieht ebenfalls ohne Schalung aus freier Hand, was dadurch möglich ist, daß jede Schicht einen Bogen bildet, welcher sich gegen die benachbarte Schicht anlehnt und deshalb keiner weiteren Stütze bedarf. Als Lehre für die Form des Gewölbes dienen Lehrbögen, welche an den Wandseiten und in der Richtung der Diagonalen aufgestellt werden. Bei größeren Gewölben sind noch weitere Zwischenbögen E erforderlich.

Ueber Grundrissen, welche die Form eines regelmäßigen Vielecks haben, läßt sich eine wirkungsvolle Anlage böhmischer Kappengewölbe durch das Zusammentreten von Kappen erzielen, welche strahlenförmig von einem im Schwerpunkte der Grundrißfigur aufgestellten Pfeiler abzweigen. Erhöht wird die Wirkung, wenn man die einzelnen Kappen, wie dies bei Fig. 638 angenommen ist, durch nach unten vortretende Rippen trennt. Den Scheitel der Gewölbekappen legt man wieder lotrecht über den Schwerpunkt der Grundrißdreiecke und bestimmt die Pfeilhöhe $s\,S$ etwa gleich $1/4$ der halben Spannweite $s\,a$. Der Mittelpunkt m wird auf bekannte Weise gefunden, und es ist $m\,a$ gleichzeitig Halbmesser eines größten Kugelkreises, weil die Schnittebene $a\,m_3$ den Mittelpunkt der Kugel trifft. Ein solcher größter Grundkreis ist mit $a\,m_3$ um s im Grundrisse verzeichnet und wird von der Stirnseite $b\,c$ in d und e getroffen. Die Strecke $d\,e$ ist mithin Durchmesser des von der Wandfläche aus der Kugelfläche geschnittenen Kreises und demnach in $c_1\,d_1$ der Stirnbogen an der Wand $c\,b$

gefunden. Verlängert man jetzt die Seiten a c und a b bis zur Peripherie des Grundkreises, so muß wieder f g = f h = a m_1 = i k = i l = a m_2 sein. Hiermit sind alle für die Gestaltung der Kappengewölbe erforderlichen Grundlagen geschaffen.

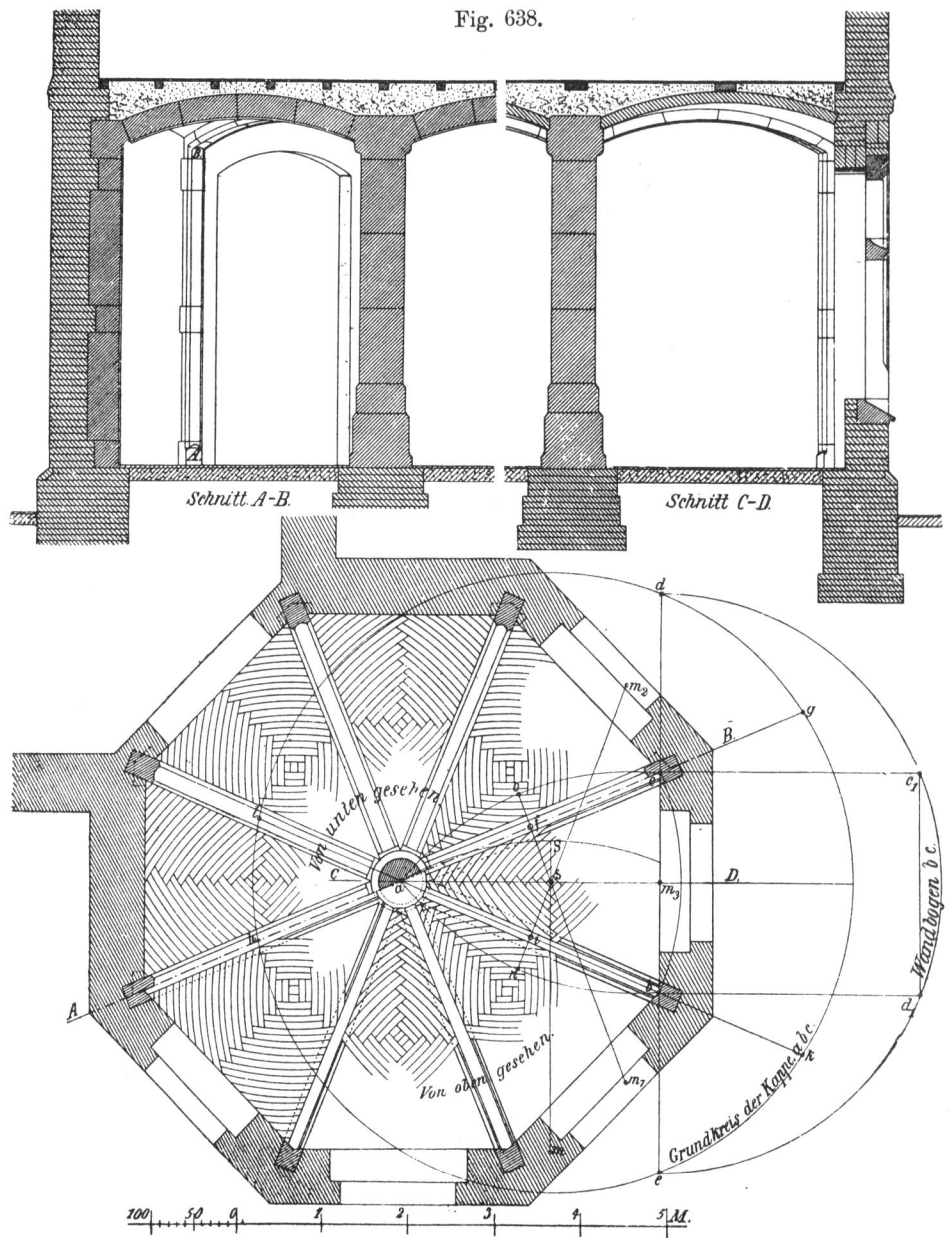

Fig. 638.

Die Figuren 639 und 640 veranschaulichen den Anfängerstein für die Rippen an ihrem Zusammenschnitte über der Säule, Fig. 641 den Anfängerstein einer Rippe an der Widerlagsmauer, Fig. 642 den Fuß einer Wandlisene und Fig. 643 den in das Achteck übergeführten Säulenfuß.

Die Austragung dieser Stücke ist bei genauer Betrachtung der Darstellungen leicht verständlich. Es sei nur darauf hingewiesen, daß zur richtigen Wiedergabe des gemeinschaftlichen Anfängersteines der Rippen zunächst das Normalprofil

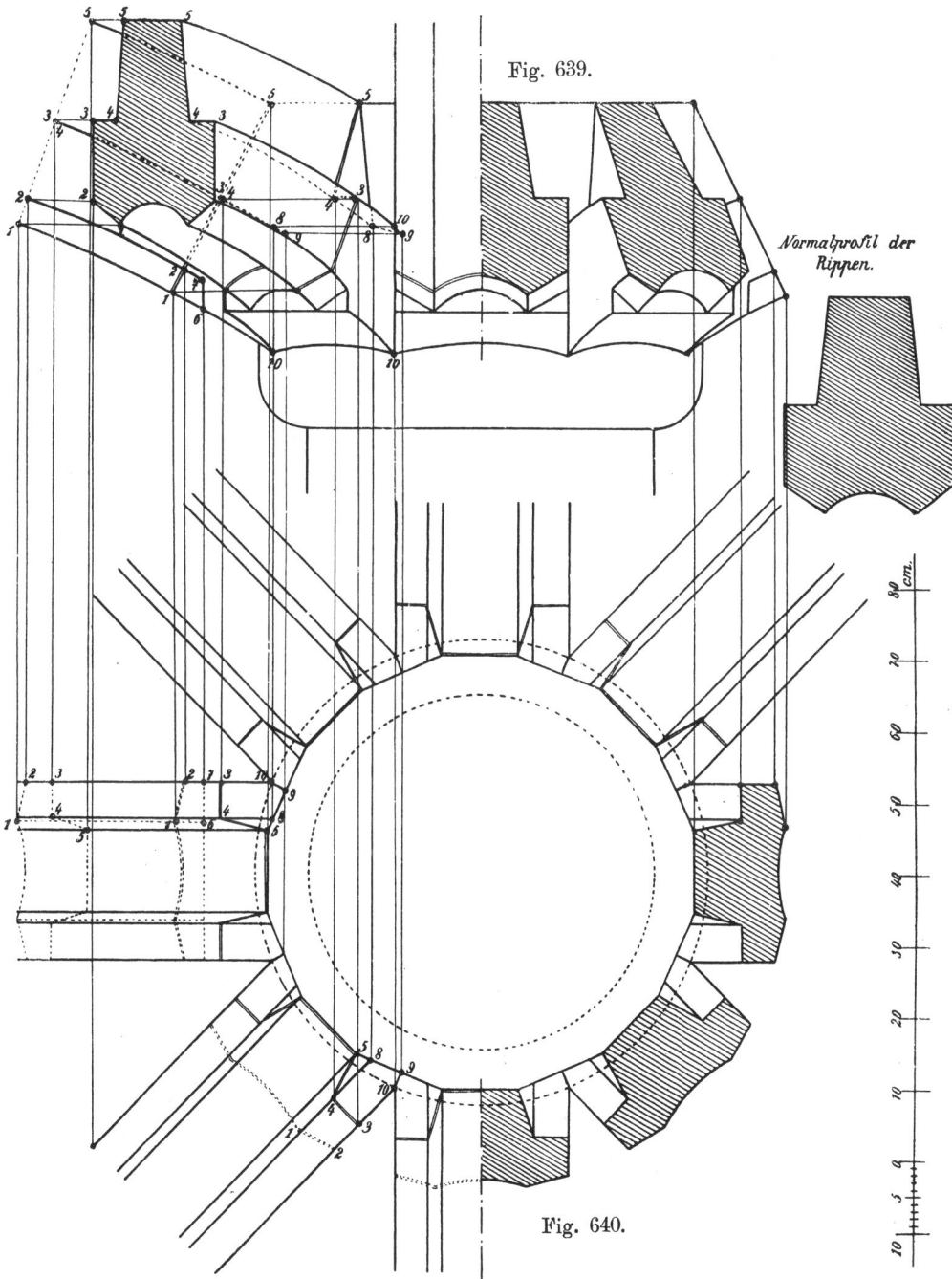

Fig. 639.

Normalprofil der Rippen.

Fig. 640.

zu bestimmen ist. Dieses ist dann in den Grundriß (Fig. 640) so zu übertragen, daß sich die Außenkanten auf der Peripherie des oberen Säulenkopfes treffen. Im

Aufrisse (Fig. 639) sind jetzt mit dem durch Fig. 638 festgelegten Halbmesser der Rippenbögen die parallel zur Aufrißebene verlaufenden Rippen zu verzeichnen und auf ihnen die Fuge anzugeben, welche den Anfänger begrenzen soll. Durch einfache Uebertragung der Punkte 1 bis 10 in den Grundriß und von hier zurück in den Aufriß für jede Rippe ergeben sich die richtigen Projektionen ohne weiteres.

Ist der Grundriß eines böhmischen Kappengewölbes ein unregelmäßiges Vieleck, so werden die Fußpunkte der Wandbogen in verschiedener Höhe liegen, sofern die Gewölbeleibung der Teil einer Kugelfläche ist.

Sollen dagegen die Eckpunkte des Gewölbes, des besseren Aussehens wegen, alle in einer wagerechten Ebene liegen, so kann die Gewölbeleibung keine Kugelfläche, sondern nur eine kugelförmige Fläche sein. Ein Beispiel für ein derartiges Gewölbe veranschaulichen die Figuren 644 bis 650. Den Scheitelpunkt des Gewölbes nimmt man in der Regel senkrecht über dem Schwerpunkte s der

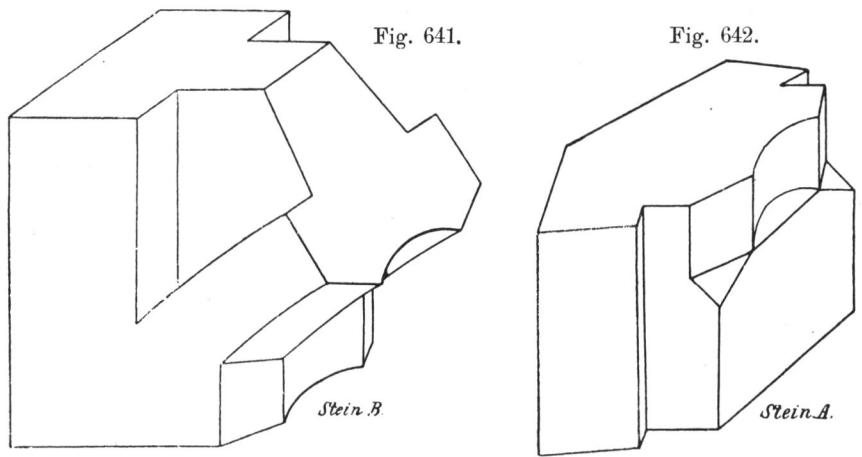

Fig. 641. Fig. 642.

Stein B. *Stein A.*

Grundrißfigur an. Nimmt derselbe aber eine solche Lage an, dass der Längenunterschied der von s nach den Ecken a, b, c, d, e gezogenen Geraden ein bedeutender wird, so verlegt man ihn zur Ausgleichung dieser Längenunterschiede in entsprechender Weise. Sodann wählt man für irgend eine Seite, z. B. a b, einen flachen Kreisbogen mit der Pfeilhöhe $i k = \dfrac{a b}{5}$ bis $\dfrac{a b}{4}$ und macht die Pfeilhöhen der übrigen Wandbögen proportional der ersteren. Zu diesem Zweck überträgt man $\dfrac{a b}{2}$ nach m l (Fig. 645) und errichtet in einem Endpunkte, hier in m, eine Lotrechte, auf welcher man die Pfeilhöhe $i k = m w$ absticht. Trägt man jetzt der Reihe nach die halben Längen der übrigen Grundrißseiten von m aus auf m l ab, verbindet l mit w und zieht durch die Teilpunkte o, p, q und r Parallele zu l w, so schneiden diese auf m w die Pfeilhöhen $m r_1$, $m q_1$ usw. für die übrigen Wandbögen ab. Von besonderer Bedeutung für die Gestaltung der Leibungsfläche ist die Wahl der durch den Scheitel irgend eines Wandbogens und den Scheitel des Gewölbes gehenden Wölblinie. Zweckmäßig wählt man hierfür eine Kreisbogenlinie, welche von dem Scheitel des Wandbogens nach dem

Gewölbescheitel ansteigt. Im vorliegenden Falle sei die Linie $f_1 s_1$ (Fig. 646) als Wölblinie zwischen dem Scheitel des Wandbogens a e und dem Gewölbescheitel angenommen. Die Linie f s ist als in der Kämpferebene liegend angenommen und mithin $f f_1 =$ der Pfeilhöhe des Wandbogens a e, während $s s_1$ eine Länge besitzen muß, welche größer als die Pfeilhöhe des größten Wandbogens ist. Die Fig. 647 und 648 stellen die auf gleiche Weise ermittelten Wölblinien in den Richtungen h s und g s der Grundrißfigur dar.

Für die Ausführung des Gewölbes ist ferner die Kenntnis der Gestalt der Wölblinien von den Ecken des Raumes nach dem Gewölbescheitel von Wichtigkeit, da in diesen Richtungen Lehrbögen aufzustellen sind. Zur Festlegung dieser Wölblinien benutzt man lotrechte Hilfsebenen I, II, III, IV usw., welche parallel zu den Umfassungsmauern verlaufen. Die Schnitte dieser Hilfsebenen mit der Gewölbeleibung können als Kreisbogen angenommen werden, deren Mittelpunkte in Linien liegen, welche in den Schnittpunkten der Hilfsebenen mit den Wölblinien f s, g s usw. lotrecht stehen. Die Ebene I schneidet mithin die Gewölbeleibung in Kreisbögen, deren Punkte 2 und 4 durch die

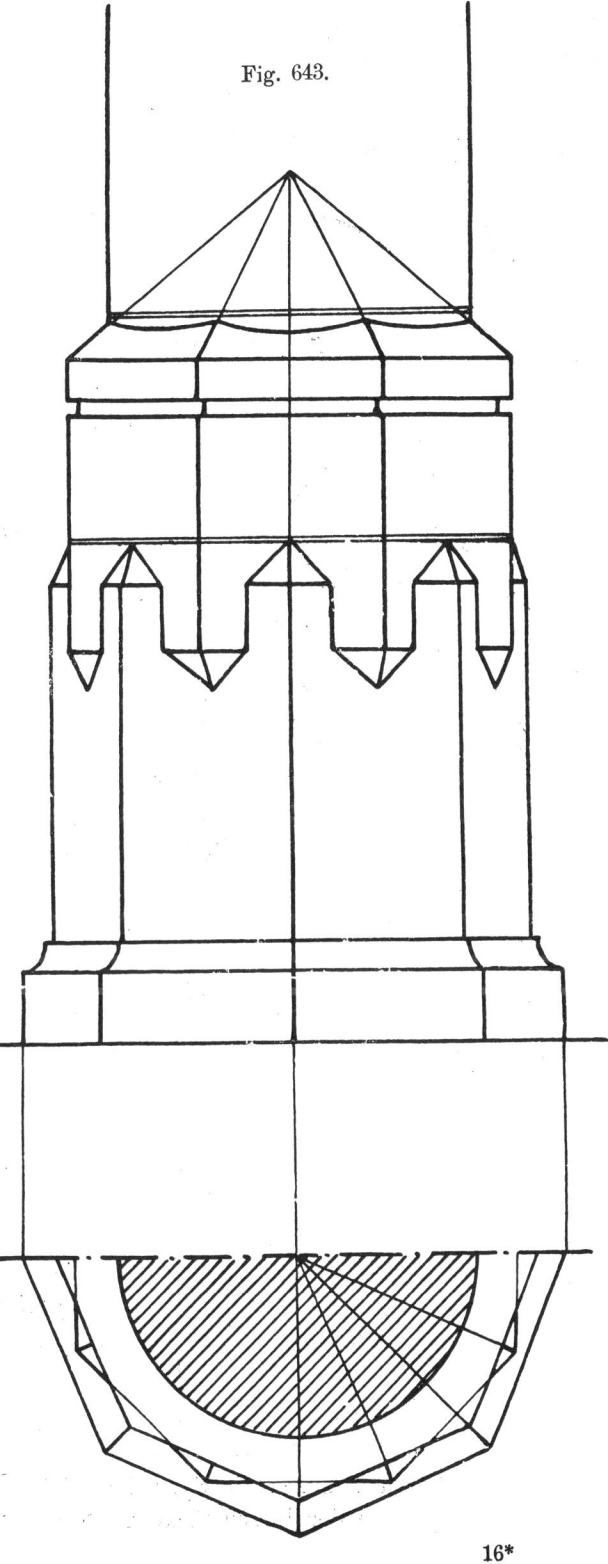

Fig. 643.

Wandbogen e d und a b festgelegt sind, und deren Punkt 3 durch die Wölblinie f s bestimmt ist. Zieht man die Sehnen 2—3 und 3—4, errichtet gegen dieselben in ihren Halbierungspunkten Senkrechte, so sind die Schnittpunkte der

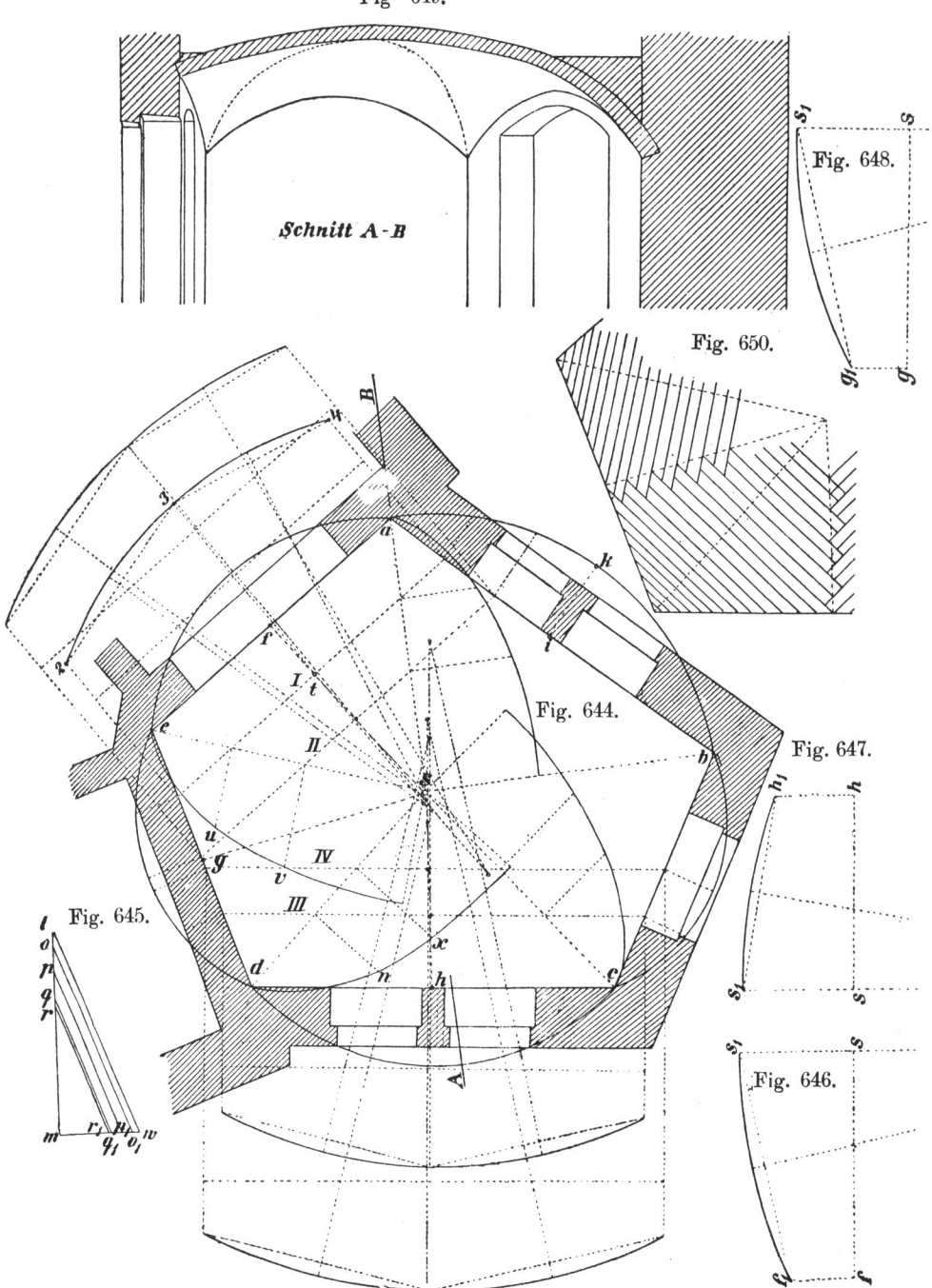

Fig 649.

Fig. 648.

Fig. 650.

Schnitt A-B

Fig. 644.

Fig. 647.

Fig. 645.

Fig. 646.

letzteren mit der in t gegen die Spur der Hilfsebene I errichteten Senkrechten t—3 die Mittelpunkte der Bogenstücke 2—3 und 3—4. Auf gleiche Weise ergeben sich die Schnitte weiterer Ebenen II, III, IV u. s. f. mit der Gewölbeleibung und aus diesen dann ohne weiteres Punkte u, v, w usw. der Wölblinien von den Ecken nach dem Gewölbescheitel.

Durch Fig. 649 ist ein Höhenschnitt durch das Gewölbe in der Richtung A—B und durch Fig. 650 die Einwölbung eines Gewölbeteiles auf den Schwalbenschwanz in schematischer Weise veranschaulicht worden.

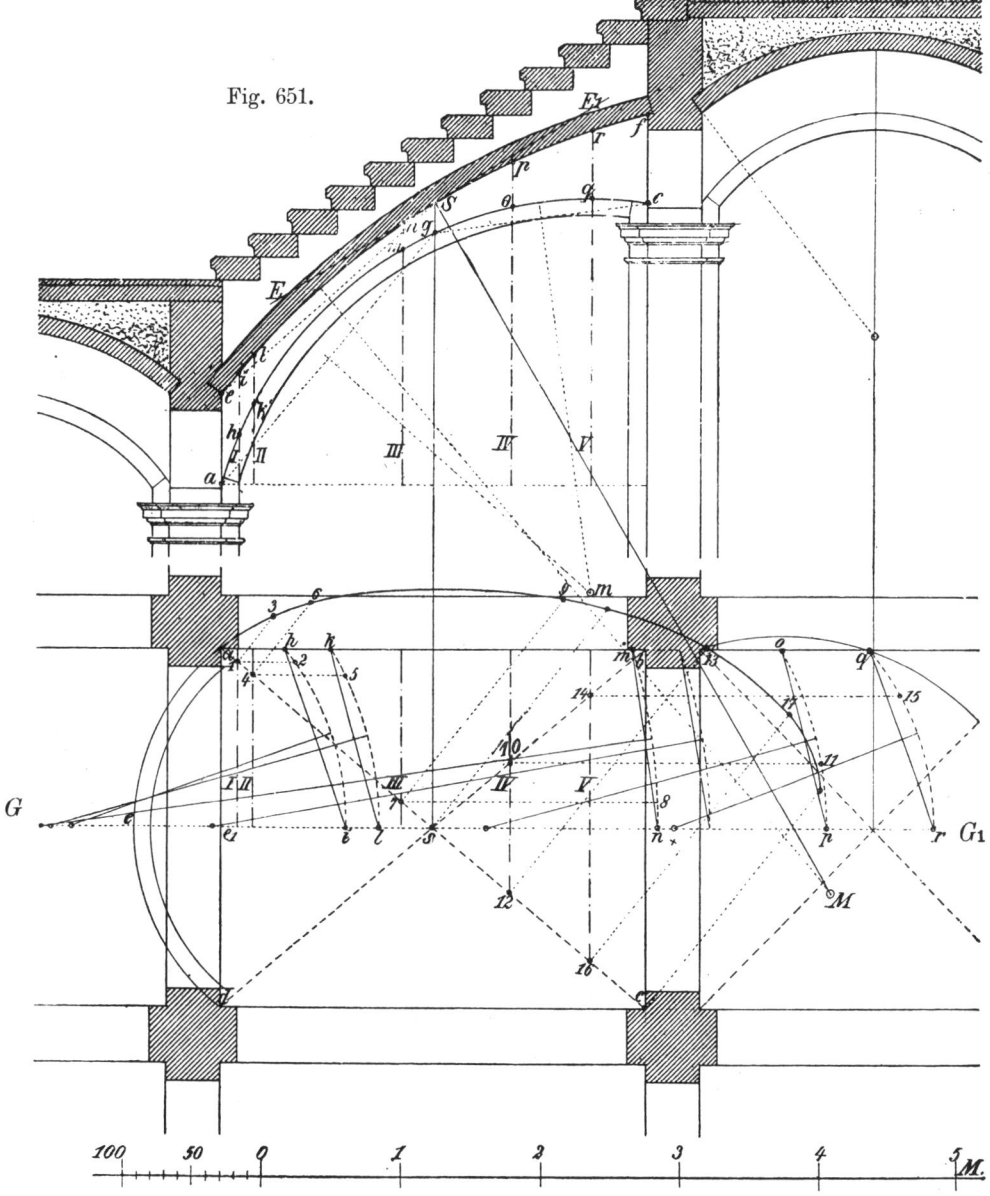

Fig. 651.

Bei ansteigenden böhmischen Kappengewölben (Fig. 651) kann die Gewölbeleibung ebenfalls keine Kugelfläche, sondern nur eine kugelförmige Fläche sein. Den Scheitelpunkt S des Gewölbes nimmt man senkrecht über dem Schnittpunkte s der Diagonalen im Grundriß an. Durch diesen zieht man eine

Linie E E₁, deren Richtung der Steigungslinie, im vorliegenden Falle also der Steigung des Treppenlaufes, entspricht. Nimmt man jetzt den Stirnbogen der Wandseite a d (Grundriß) als Flachbogen a e d an und ebenso die Höhenlage des Scheitelpunktes e im Höhenschnitt, errichtet auf e S im Halbierungspunkte und ebenso in S auf E E₁ eine Senkrechte, so ist der Schnitt M der Mittelpunkt für den durch e und S gehenden Kreisbogen e S f, und es muß jetzt f Scheitelpunkt des Stirnbogens der Wandseite b c sein. Ueberträgt man nun die Fußpunkte der Stirnbogen in den Höhenschnitt, indem man e a = e e₁ = f c macht und wählt auf der Lotlinie S s die Höhe S g derart, daß g um ein Geringes tiefer als c fällt, so ist durch die drei Punkte a, g, c der ansteigende Stirnbogen zu legen, dessen Mittelpunkt sich auf bekannte Weise in M ergibt.

Die Einwölbung solcher Gewölbe geschieht am besten in Schwalbenschwanz-schichten. Es sind dann Lehrbogen an den Stirnmauern und in der Richtung der Diagonalen des Grundrisses aufzustellen. Die Form der letzteren ermittelt man mit Hilfe von Lotebenen, welche parallel zu den Stirnbogen der Seiten a d und b c geführt werden. Diese Hilfsebenen I, II, III, IV, V usw. schneiden die Gewölbeleibung in Kreisbogen, von welchen je zwei Punkte (h und i, k und l, m und n, o und p, q und r) durch den Höhenschnitt gegeben sind. Legt man diese Punkte in den Grundriß nieder und errichtet in den Halbierungspunkten ihrer Verbindungslinien Lote, so sind die Schnitte dieser Lote mit der Längsachse G G₁ des Gewölberaumes die Mittelpunkte der Kreisbogen, in welchen die Gewölbe-leibung von den Lotebenen geschnitten wird. Für den Diagonalbogen, welcher ebenfalls in den Grundriß niedergelegt ist, muß dann sein:

$$1 - 3 = 1 - 2,$$
$$4 - 6 = 4 - 5,$$
$$7 - 9 = 7 - 8,$$
$$12 - 13 = 10 - 11,$$
$$14 - 15 = 16 - 17 \text{ usw.}$$

Eine andere Gestaltung der Leibungsfläche des ansteigenden böhmischen Kappengewölbes erhält man, wenn man den Stirnbogen der schmalen Rechteck-seite, sich parallel bleibend und lotrecht stehend, an den beiden steigenden Stirn-bogen der langen Rechteckseiten fortführt. Derartige Gewölbe eignen sich be-sonders für Einwölbung auf Rutschbögen. Sollen dieselben auf einem Lehrgerüst eingewölbt werden, so ist die Form der Diagonalbogen zu ermitteln. Dieselbe ergibt sich nach Fig. 652, wenn man berücksichtigt, daß

$$1 - 1 = (2 - 2) + (3 - 3),$$
$$4 - 4 = (5 - 5) + (6 - 6),$$
$$7 - 7 = (8 - 8) + (9 - 9) \text{ usw. sein muß.}$$

Bei einer Pfeilhöhe von mindestens $1/_{10}$ der größten Diagonalen der Grund-rißfigur ist die Gewölbestärke, Ausführung in Ziegelsteinen vorausgesetzt, zu 12 cm anzunehmen. Bei größerer Spannweite, welche aber selten 7 m über-schreitet, wird die Pfeilhöhe zweckmäßig zu mindestens $1/_8$ der Diagonalen an-genommen und die Gewölbstärke am Scheitel auf $1/_2$ Stein, am Widerlager auf 1 Stein, oder besser durchgehend auf 1 Stein bemessen.

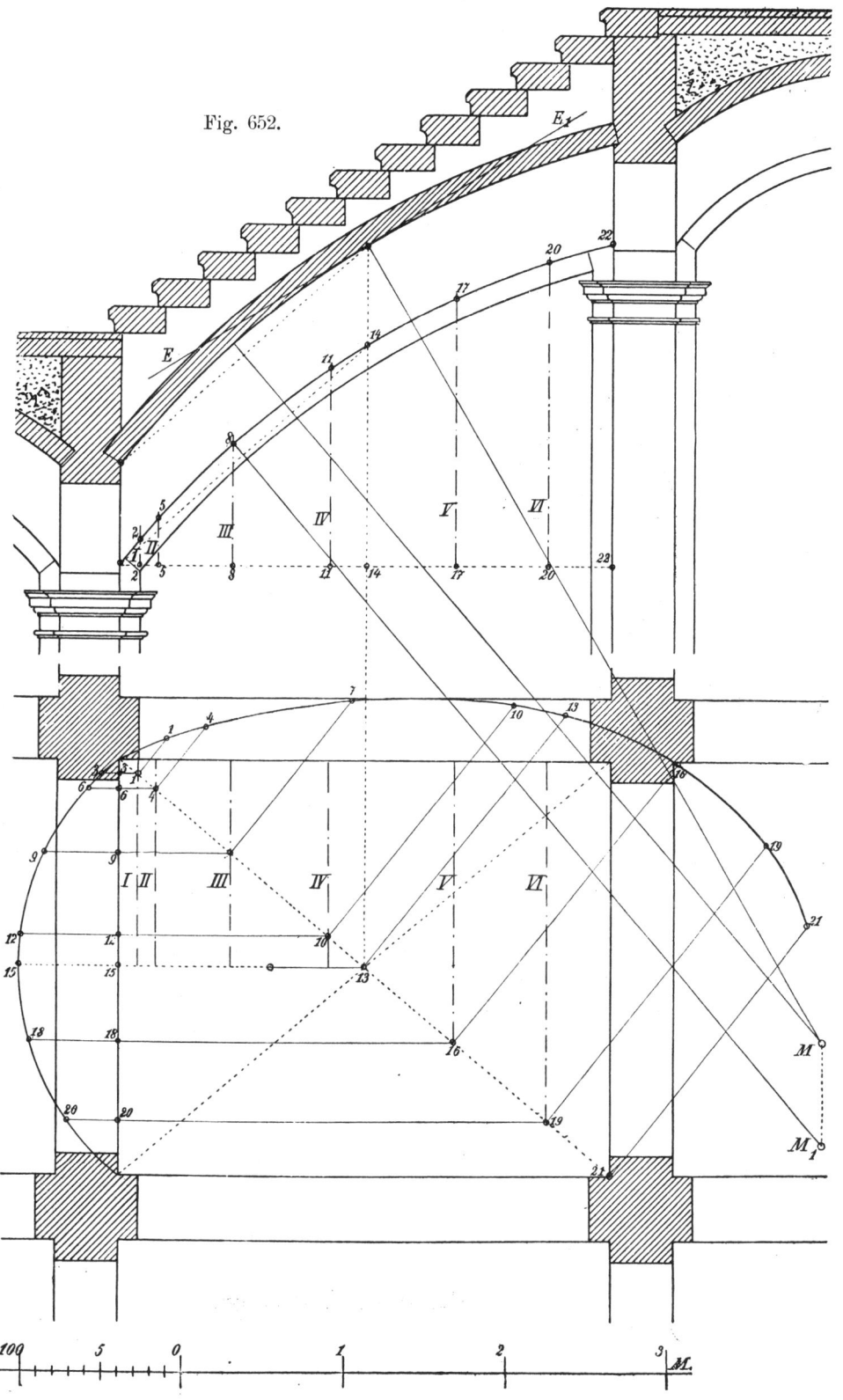

Fig. 652.

Die Widerlagsstärke nimmt man zu $^1/_5$ bis $^1/_4$ der größten Spannweite des Gewölbes an, nie aber unter 2$^1/_2$ Steinlängen. Liegen mehrere, vollständig gleichartig gestaltete böhmische Kappengewölbe nebeneinander, so genügt für die trennenden Mauern oder Gurtbögen meist eine Stärke von 1$^1/_2$ bis 2 Steinlängen.

e) Kreuzgewölbe mit den Nebenformen Stern- und Netzgewölbe.

Treffen zwei verschieden breite rechteckige, mit Tonnengewölben überdeckte Räume quer aufeinander, so schiebt sich die Tonne des weniger breiten in die des breiteren Raumes hinein, und es entsteht das unter dem Abschnitte a) bereits besprochene Tonnengewölbe mit Stichkappen. Haben die beiden Räume dagegen gleiche Breite, und ist die Leitlinie für beide Gewölbe die gleiche, so entsteht durch den Zusammenschnitt derselben die gekreuzte Tonne oder das Kreuzgewölbe (Fig. 653).

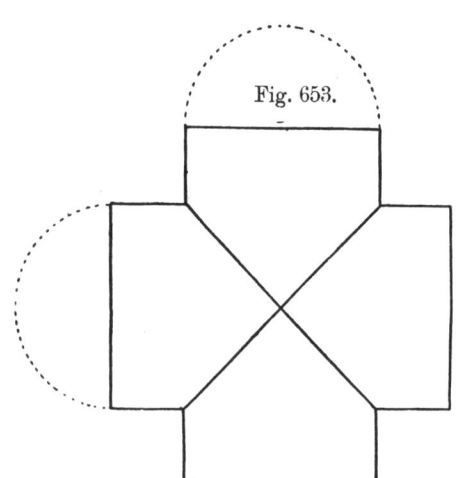

Fig. 653.

Die Durchdringungslinien der Tonnen bezeichnet man als Gratlinien, weil die Tonnen in diesen Linien in nach unten vortretender scharfer Kante, einem Grate, zusammenstoßen. Dieselben sind Kurven einfacher Krümmung, deren Grundrißprojektionen als gerade Linien erscheinen, mit alleiniger Ausnahme der Gratlinien von Kreuzgewölben über ringförmigem Grundriß.

Alle Mauern eines Raumes, welcher mit einem Kreuzgewölbe überspannt ist, sind Stirn- oder Schildmauern, da der Gewölbeschub nach den Gratlinien gerichtet ist und in diesen nach den Ecken des Raumes überfließt. Der gewaltige Vorteil des Kreuzgewölbes gegenüber den unter a bis f dieses Abschnittes besprochenen Gewölbearten besteht somit darin, daß es sein Gewicht auf einzelne, die Ecken des überwölbten Raumes bildenden Stützpunkte überträgt, und daß also die Aufhebung des Seitenschubes, sei dies durch Strebepfeiler, Strebebogen oder Eisenanker, wesentlich vereinfacht und erleichtert wird. Es eignet sich deswegen das Kreuzgewölbe besonders zur Ueberdeckung hoher Räume, weil die Widerlager nnd Schildmauern weit weniger Material erfordern, als dies bei anderen Gewölbearten der Fall ist. Ein weiterer Vorzug des Kreuzgewölbes gegenüber den genannten Gewölben besteht in der Möglichkeit, dem überdeckten Raume besser und einfacher das Tageslicht zuführen zu können, da die Fenster ohne Rücksicht auf die Höhenlage der Kämpferpunkte, nahezu bis zur Höhe der Schildbogenscheitel geführt werden können, ohne daß man gezwungen ist, Stichkappen anzuordnen.

Die durch den Schnitt der Schildmauern mit dem Gewölbe entstehenden Bogenlinien nennt man Schildbogen-, Wand- oder Randlinien und den Teil eines Kreuzgewölbes, welcher durch eine Randlinie und den von den Kämpferpunkten dieser Randlinie ausgehenden Gratlinien begrenzt wird, bezeichnet man als Gewölbekappe.

Randlinien und Gratlinien können die Form eines Halbkreises, eines Spitzbogens, einer Ellipse, eines Flachbogens oder irgend einer anderen gesetzmäßig
gebildeten ebenen Kurve haben. Hierbei ist es jedoch keineswegs erforderlich, daß
die Form der Randlinien von der Form der Gratlinien abhängig gemacht wird,
und es können beispielsweise die Gratlinien als Halbkreise, die Randlinien als
Spitzbogen gewählt werden. Haben die Rand- und Gratlinien die Form von
Flachbogen, so bezeichnet man das Gewölbe im besonderen als Kreuzkappe.

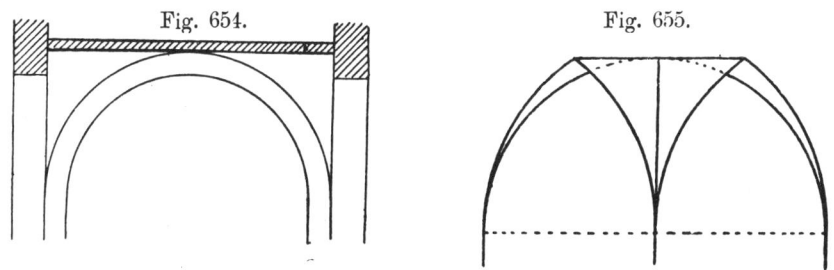

Fig. 654. Fig. 655.

Der Schnitt durch ein Kreuzgewölbe von dem Scheitel einer Randlinie nach
dem Gewölbescheitel, also in der Richtung der Scheitellinie einer Gewölbekappe

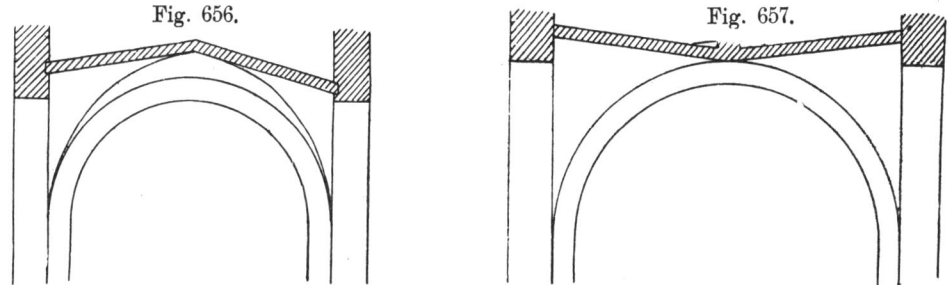

Fig. 656. Fig. 657.

geführt, kann eine wagerechte Linie (Fig. 654 und 655), eine gerade ansteigende
(Fig. 656), eine gerade fallende (Fig. 657), oder eine flachbogig gestaltete Linie

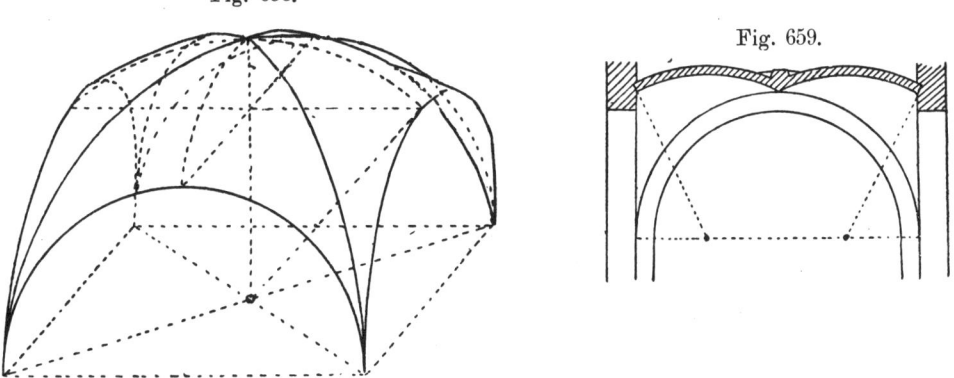

Fig. 658. Fig. 659.

sein, und man spricht demnach von Kreuzgewölben ohne Stich, von solchen mit
geradem Stich, mit fallendem Scheitel und mit Bogenstich. Die Kappen der
Kreuzgewölbe ohne Stich, mit geradem Stich oder mit geraden fallenden Scheitel-

linien gehören zylindrischen Flächen, die der Gewölbe mit Bogenstich entweder Kugelflächen oder kugelförmigen (sphäroidischen) Flächen an, sie sind „gebust“.

Bei Bogenstich ist zu unterscheiden, ob die Scheitellinie als regelmäßige Kreisbogenlinie gestaltet ist, deren Mittelpunkt in dem vom Gewölbescheitel gegen die Kämpferebene gefällten Lote liegt (Fig. 658), oder ob dieselbe für jede Kappe aus einem anderen Mittelpunkte geschlagen ist, so daß am Gewölbescheitel ein Knick in der Scheitellinie entsteht (Fig. 659).

Man unterscheidet ferner einfache und mehrteilige Kreuzgewölbe. Bei den ersteren ist die Zahl der Gewölbekappen gleich der Zahl der Seiten der Grundrißfigur, während bei den mehrteiligen Gewölben die Zahl der Kappenfelder durch Anordnung weiterer, zwischen die Schild- und Gratbögen eingespannten Bögen beliebig vermehrt werden kann. Die wagerechten Projektionen der Schnittlinien der Gewölbekappen bilden dann stern- oder netzartige Figuren miteinander, und man bezeichnet deswegen derartige Gewölbe als Netz- oder auch als Sterngewölbe.

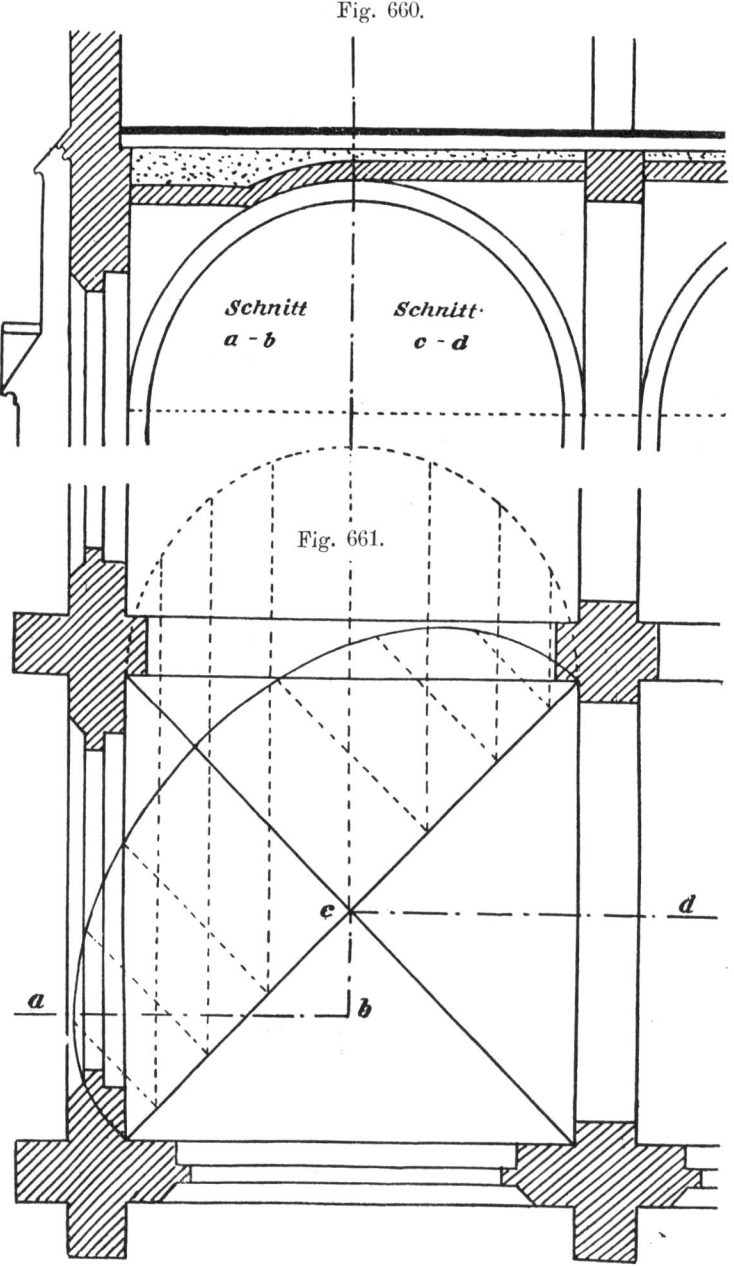

Fig. 660.

Schnitt a - b

Schnitt c - d

Fig. 661.

Die hauptsächlichsten Formen. der einfachen Kreuzgewölbe sind:

α) Kreuzgewölbe mit wagerechten Scheitellinien und gleich-
hohen Rand- und Diagonalbögen.

Die Ausführung derartiger Gewölbe geschieht auf einem vollständig ein-
geschalten Lehrgerüste mittels Kuf- oder Schwalbenschwanzschichten. Die
Fig. 660 bis 662 ver-
anschaulichen ein sol-
ches Gewölbe über
quadratischem Raume
nebst dessen Einrü-
stung.

Bei kleineren Ge-
wölben, bis etwa 4 m
Spannweite kann die
Einschalung auch in
der durch Fig. 663
dargestellten Weise er-
folgen. Hierbei wer-

Fig. 662.

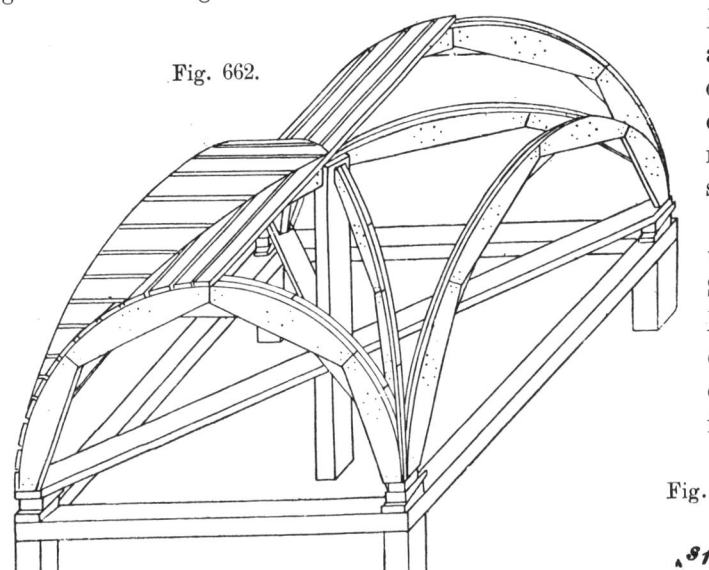

den für die Schildbogen vier Lehrbogen aufgestellt, von denen zwei
gegenüberliegende das Auflager für
die vollständige Schalung eines Tonnengewölbes bilden. Auf diese
Schalung lassen sich die Gratlinien

Fig. 663.

Fig. 664.

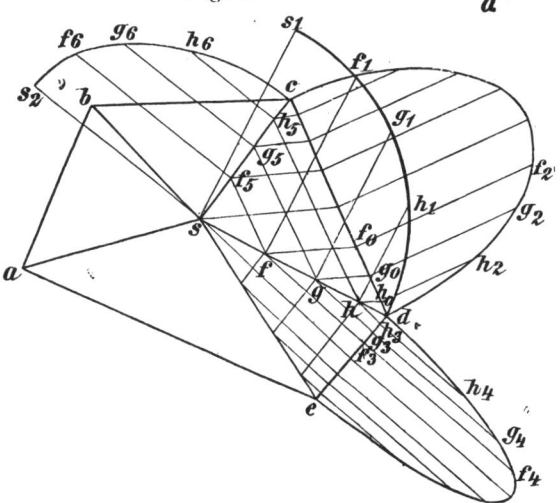

durch mit Rötel gefärbte Schnüre
vorreißen. Diese Schnüre, in s s¹
angedeutet, werden nach a a¹
herabgeleitet, so daß sie auf der
Schalung des Tonnengewölbes
die Gratlinien bestimmen. Alsdann erfolgt die weitere Einschalung von den entgegenge-
setzten Schildbogen aus, wobei
die Schalbretter nach den Gratlinien mit der erforderlichen Abkantung bearbeitet werden müssen. Beträgt der Abstand zweier

gegenüberliegender Schildbogen mehr als 2 m, so wird zur besseren Unterstützung der Schalung noch ein Lehrbogen in der Mitte zwischen den Schildbogen aufgestellt. Ebenso kann auch die über der tonnenförmigen Schalung für

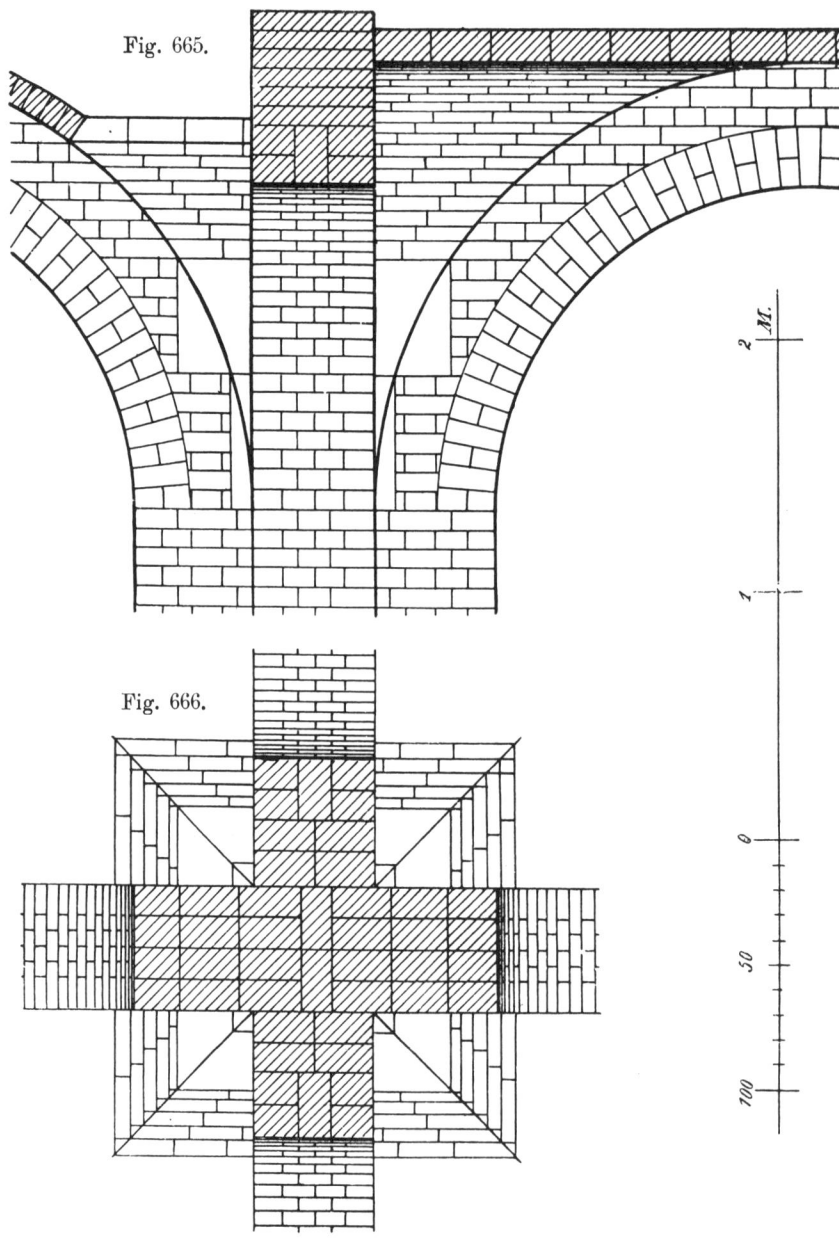

Fig. 665.

Fig. 666.

die dritte und vierte Gewölbekappe aufgesattelte Schalung nach Erfordernis durch
Zwischenlehrbögen unterstützt werden, welche ihr Lager auf der ersten Haupt-
schalung finden.

Soll ein solches Gewölbe über einem unregelmäßigen vielseitigen Raum
ausgeführt werden, so nimmt man den Gewölbescheitel zweckmäßig so an, daß

seine wagerechte Projektion mit dem Schwerpunkte der Grundrißfigur zusammenfällt. In Fig. 664 sei der Schwerpunkt des Fünfeckes a b c d e in s gefunden.
Es sind dann die geraden Verbindungslinien der Ecken des Raumes mit s die
wagerechten Projektionen der Gratlinien. Zur Festlegung der Gewölbeform ist
entweder die Annahme einer Randlinie oder einer Gratlinie erforderlich, von
welcher alle weiteren Rand- oder Gratlinien abhängig zu machen sind. Im vorliegenden Falle sei die Gratlinie über d s als Viertelkreis d s_1 vorausgesetzt.

Fig. 667.   Fig. 668.

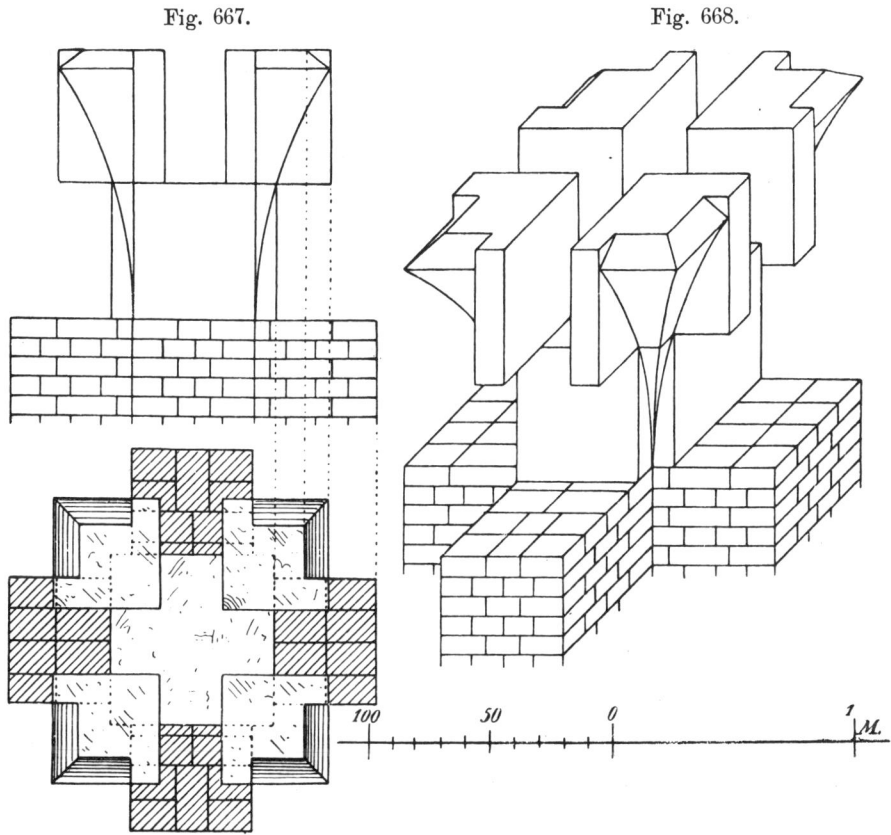

Da die Scheitellinien wagerechte Linien sein sollen, und die Kappen zylindrischen
Flächen angehören, so erzeugen auch alle parallel zu den Scheitellinien geführten
Schnittebenen in den Kappenflächen wagerechte Linien, und es müssen somit
beispielsweise die Höhen

$$f_0\,f_2 \;=\; f\,f_1 \;=\; f_3\,f_4$$
$$g_0\,g_2 = g\,g_1 = g_3\,g_4$$
$$h_0\,h_2 = h\,h_1 = h_3\,h_4$$

sein. Die Form der Randlinien über c d und e d wird mithin erhalten, wenn
man die Endpunkte d, h_2, g_2, f_2 beziehungsweise d, h_4, g_4, f_4 usw. durch eine
stetig gekrümmte Kurve miteinander verbindet. Auf dem gleichen Wege sind
die weiteren Randlinien und ebenso auch die Gratlinien zu ermitteln.

    Bei geringer Spannweite können die Kreuzgewölbe ohne Stich, sofern sie
mäßig belastet sind, auf Kuf ohne besonderen Gratbogen, häufig sogar ohne Grat-

verstärkung, ausgeführt werden. Die Lagerfugen der Kappen laufen dann in ihrer wagerechten Projektion parallel mit den Gewölbeachsen; sie sind in den einzelnen Schichten auf Verband zu ordnen und am Grat gegenseitig zu überbinden, so daß die Gratlinie keine Fuge bildet. Der Gewölbeanfang wird durch Auskragung in wagerechten Schichten hergestellt, oder es werden Anfänger aus Werkstein nach Fig. 666 bis 668 angeordnet.

β) Kreuzgewölbe mit geradem Stich und gleich hohen Rand- und Diagonalbogen.

Sollen diese Gewölbe in Kufschichten eingewölbt werden, so sind sowohl für die Gratbogen als auch für die Kappen besondere Lehrbogen aufzustellen, auf welchen die Schalung befestigt wird. Nach Fig. 669 ist in der Richtung der Gratlinie b d ein ganzer Lehrbogen aufgestellt. Der Lehrbogen des anderen Grates besteht aus zwei Hälften, welche sich gegen den ersteren Lehrbogen setzen und an demselben durch dreieckige Leisten befestigt werden. Ebenso wie bei dem Klostergewölbe ist diese Kreuzungsstelle der Gratlehrbogen durch einen Mönch zu unterstützen. Für die Kappen sind Schildlehrbogen und bei größerer Spannweite derselben Zwischenlehrbogen in Abständen von 1,0 bis 1,5 m aufzustellen. Dieses Bogensystem nimmt dann die Schalbretter oder Schallatten auf. Soll ein solches Gewölbe auf Schwalbenschwanz eingewölbt werden, so kann, geschickte Maurer vorausgesetzt, die Einschalung ganz fehlen. Es sind dann an den Schildmauern beziehungsweise den Gurtbogen gleich bei deren

Fig. 669.

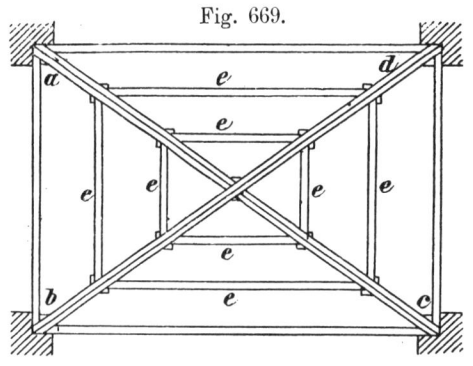

Fig. 670.

Fig. 671.

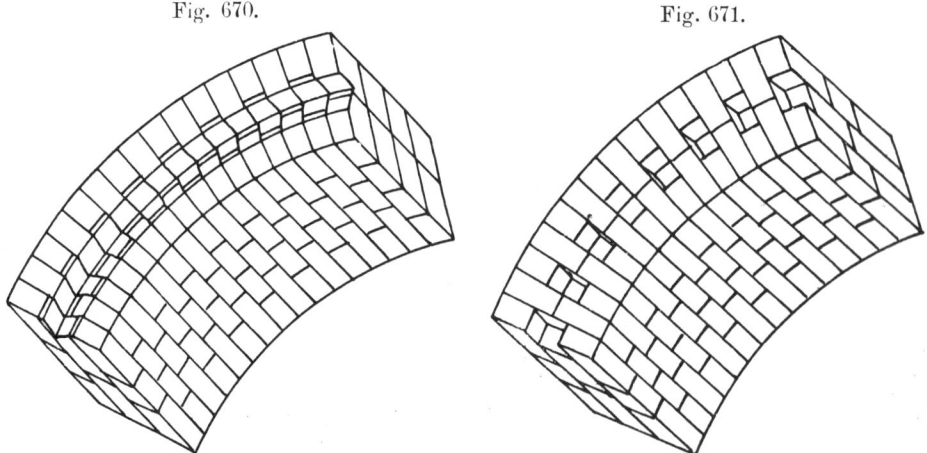

Aufmauerung die Widerlagsflächen für die Kappen vorzusehen (Fig. 670) oder es ist, wie bei Fig. 671, Verzahnung anzuordnen. Als weitere Lehre für die Einwölbung aus freier Hand sind Lehrbogen in der Richtung der Gratlinien aufzustellen. Zuweilen benutzt man noch ein Scheitelbrett, dessen Oberkante nach der Form der Scheitellinie zugeschnitten ist. Ueber diesem Brett, welches in geeigneter Weise zu unterstützen ist, müssen sich dann die ineinander greifenden Schichten der Schwalbenschwanzwölbung stoßen.

Bei allen größeren Kappengewölben werden die Gratbogen stärker als die Kappen ausgeführt. Dieselben können mit den Kappen in Verband oder als selbständige Mauerkörper hergestellt werden, gegen welche die Kappen stumpf anstoßen. Das Einspannen der Kappen geschieht im letzteren Falle erst nach Vollendung der Gratbögen. Treten die Gratbögen nicht nur nach oben, sondern auch nach unten gegen die Leibung der Kappen vor, so bezeichnet man sie als Rippen. Dieselben werden aus profilierten Ziegelsteinen, häufiger noch aus Werksteinen hergestellt, welche sich meist in ihrem Zusammenschnitt am Gewölbescheitel gegen einen entsprechend geformten Schlußstein legen.

Durch die Figuren 672 bis 676 ist ein Kreuzgewölbe über quadratischem Raume mit geradem Stich dargestellt, dessen 1 Stein hohe Grate im Verbande mit den auf Schwalbenschwanz gewölbten Kappen stehen. Als Widerlager sind runde Säulen und über diesen Gewölbeanfänger aus Werkstein angenommen.

Zur Austragung der Lagerfugenkanten in der Grundrißprojektion zeichne man den Diagonalschnitt, Fig. 674. Die Gratlinie $a s^1$ erhält man durch Vergatterung aus der Schildbogenlinie $a_0 s_2$ (Fig. 673) unter Berücksichtigung des Gewölbestiches $s_3 s_0$, so daß beispielsweise

$$s\, s_1 = s_0\, s_2 \quad \text{und}$$
$$b\, b_1 = b_0\, b_2$$

sein muß. Dieselbe erscheint dann als halbe Ellipse, deren halbe große Achse $a\, m$ gefunden wird, indem man auf $s\, s_1$ von s aus die Strecke $s\, o$ gleich der Stichhöhe $s_0\, s_3$ (Fig. 673) anträgt und gegen die durch a und o gezogene Achsenrichtung von s_1 aus ein Lot $s_1\, m$ fällt. Dieses Lot bildet dann zugleich die kleine Achse. Schlägt man jetzt um s_1 mit der halben großen Achse einen Kreisbogen, so schneidet dieser die große Achse in den Brennpunkten B und B_1 der Ellipse. Da die Lagerfugenebenen der Wölbschichten normal zur Krümmung der Gratlinie stehen müssen, so erhält man deren Richtung, wenn man die auf der Gratlinie aufgeteilten Fugenkanten mit den Brennpunkten verbindet und den Winkel, welchen diese Strahlen einschließen, halbiert. In Fig. 674 ist eine solche Lagerfugenebene an der Stelle N bestimmt. Da die Lagerfugen sich zwischen den Gratlinien und den Schildbogenlinien bezw. zwischen den Gratlinien und Scheitellinien erstrecken müssen, so sind die Projektionen dieser Linien in Fig. 674 durch $a\, n\, s$ und $n\, s_1$ dargestellt. Die in der Ebene N liegende Lagerfuge reicht dann von p bis r, und es sind die Grundrißprojektionen dieser Endpunkte durch einfache Lotung in p_1 und r_1 gefunden. Bedenkt man, daß alle parallel zu den Scheitellinien verlaufenden lotrechten Schnittebenen durch die Gewölbekappen in der Grundrißprojektion Linien ergeben müssen, welche parallel zu den Grundrißprojektionen der Scheitellinien gerichtet sind, so können mit Hilfe solcher Schnitte beliebig viele zwischen q und r liegende Punkte der Fuge im Grundrisse ermittelt werden. In Fig. 674 ist ein solcher Schnitt von t nach u parallel zu $n\, s_1$ geführt, dessen Grundrißprojektionen die Linien $t_1\, u_1$ ergeben. Der

Schnittpunkt v dieses Schnittes mit der Fuge q r projiziert sich dann im Grundrisse nach v₁ und es muß demnach die Fugenkante von r₁ durch v₁ nach p₁
geführt werden.

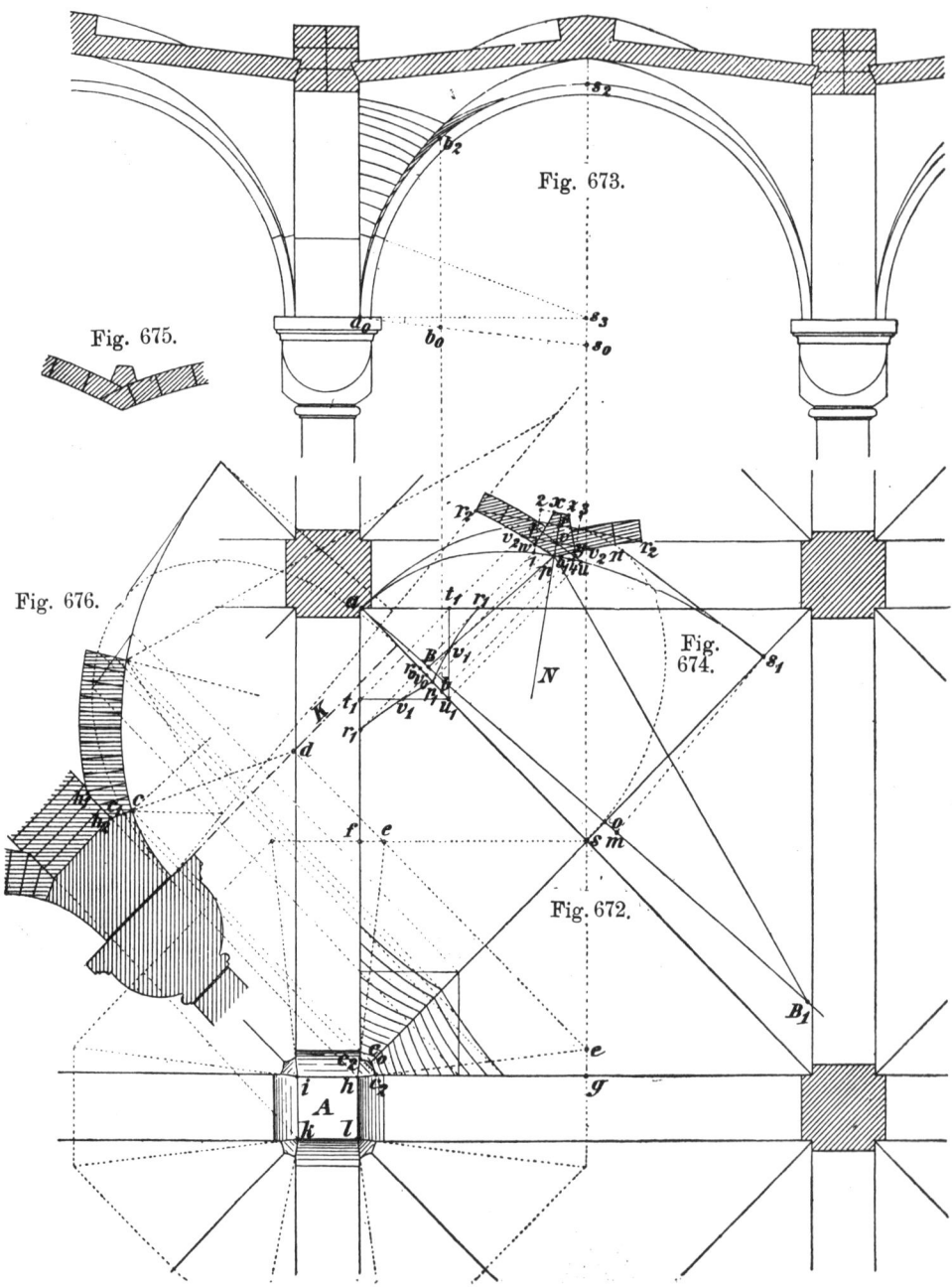

Fig. 673.

Fig. 675.

Fig. 676.

Fig. 674.

Fig. 672.

Um die wirkliche Gestalt der Schichten zu erhalten, ist die Umklappung
derselben darzustellen, wobei v v₂ senkrecht auf p r und gleich v₀ v₁ und r r₂
senkrecht auf p r und gleich r₀ r₁ sein muß. Durch Antragung der Gewölbe-

stärke, gleich ½ Stein, erhält man die Rückenlinie des Gewölbes. Trägt man jetzt zur Festlegung des Querschnittes des Gratbogens (der hier 1 Stein breit und 1 Stein hoch angenommen ist) das Quadrat 1, 2, 3, 4 von der Seitenlänge gleich 1 Stein so an, daß die Seiten 2,3 und 1,4 senkrecht gegen die Fuge p r gerichtet sind und von dieser halbiert werden, und zieht man in den Schnittpunkten der Seiten 1,2 und 3,4 mit den Fugenkanten p r_2 die Normalen w x und y z, so ergibt sich in w x z y p die Form des Gratquerschnittes. Da die Grate mit den Kappen in Verband ausgeführt werden sollen, so müssen natürlich die Fugen auch im Grate verbandmäßig wechseln, und es würde mithin eine an die Fuge N angrenzende Schicht nach Fig. 675 zu gestalten sein.

Diese Gewölbe erhalten, besonders wenn sie auf schwachen Säulen oder Pfeilern aufsitzen, am besten Hausteinanfänger, die in ihrer oberen Begrenzung normale Lagerebenen zur Aufnahme der Kappen und Gurtbogen erhalten. In den Figuren 672 (bei A) und 676 ist die Austragung eines solchen Anfängers vorgenommen. Nimmt man an, daß in dem Diagonalschnitte (Fig. 676) der Anfänger bis zu der Fuge c reichen soll, und bestimmt man die Richtung dieser Fuge auf gleiche Weise, wie dies in Fig. 674 hinsichtlich der Fuge N geschehen ist, so muß diese von der Gratlinie bis zu der Schildbogenlinie, also von c bis c_1 reichen. Die Grundrißprojektion dieser Fuge ergibt sich auf demselben Wege, welcher in Fig. 674 bei der Fuge p r eingeschlagen wurde und erscheint als die Linie $c_0 c_2$.

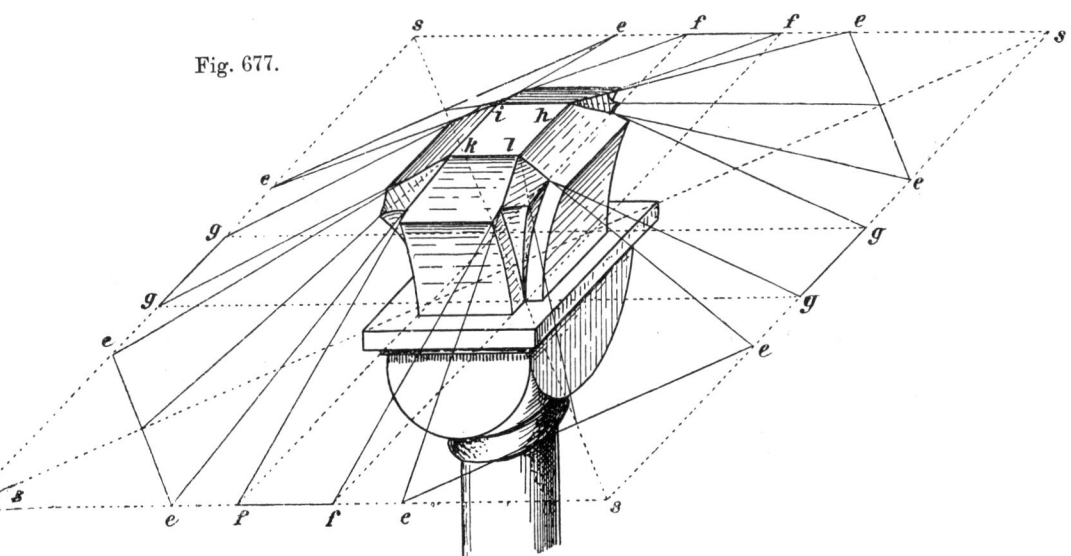

Fig. 677.

Verlängert man in Fig. 676 die Fugenebene c c_1 bis zu ihrem Schnitte d mit der Kämpferebene K, so ist die Grundrißspur dieser Ebene durch die gegen die Gratlinie senkrecht gerichtete Linie d e bestimmt. Für den von den Scheitellinien f s und g s begrenzten Gewölbeteil ist die Länge dieser Spur in e e gegeben, und es müssen die von e nach den Anfallspunkten c_2 der Lagerfugenkanten gehenden Linien die seitlichen Begrenzungen der Lagerfläche für die Kappe ergeben, die letztere mithin die Form $c_0 c_2 h_2$ annehmen. Durch Wiederholung dieser Ausmittelung für die übrigen, an den Pfeiler angrenzenden Gewölbekappen bestimmen sich die weiteren Kappenlagerflächen, während die Lagerflächen der Gurtbogen in den durch h, i, k und l geführten wagerechten Linien endigen müssen. Da die Gratbogen Teile der Kappen sind, so müssen sie in den Punkten h, i, k und l ihren Anfang nehmen und finden somit in $h_1 h_2$ (Fig. 676) ihren lotrechten Abschluß an den Widerlagern der Gurtbogen.

Die isometrische Darstellung einer Widerlagsstütze mit dem auf ihr ruhenden Anfängerstein veranschaulicht Fig. 677.

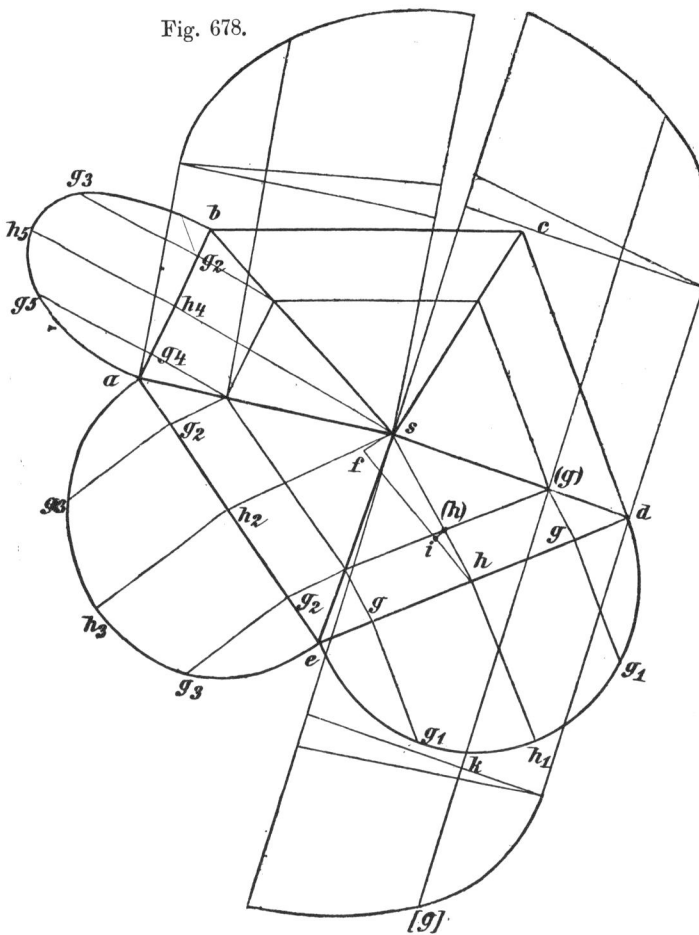

Fig. 678.

Bei einem Gewölbe über unregelmäßigem, vielseitigem Raume ist, ebenso wie bei dem durch Fig. 667 vorgeführten Fall, zunächst die Form einer Rand- oder Gratlinie, sowie die Stechung einer Gewölbekappe festzulegen. In Fig. 678 sei die Randlinie über e d als Halbkreis und die Stechung der Kappe e d s = s f angenommen. Die Randlinien der übrigen Kappen bestimmen sich dann ebenso wie bei Fig. 667 aus der gegebenen Randlinie durch Vergatterung und es muß mithin

$$g\,g_1 = g_2\,g_3 = g_4\,g_5$$
$$h\,h_1 = h_2\,h_3 = h_4\,h_5 \text{ usw. sein.}$$

Berücksichtigt man weiterhin, daß die Kappenflächen erzeugt werden können, indem man die Randlinien derart parallel zu den Wandseiten verschiebt, daß ihre Scheitelpunkte auf den Scheitellinien und ihre Schenkel auf den Gratlinien gleiten, so müssen sich alle Punkte der Randlinien während dieser Bewegung gleichmäßig heben. Gelangt also der Scheitel der Randlinie über e d von h nach (h), so muß der Punkt g in der Lage (g) um ein gleiches Stück wie h, mithin um (h) i gestiegen sein und es ergibt sich mithin ein Punkt [g] der Gratlinie durch Antragung der Höhe k [g] = g g_1 + (h) i. Nach diesem wird die Bestimmung

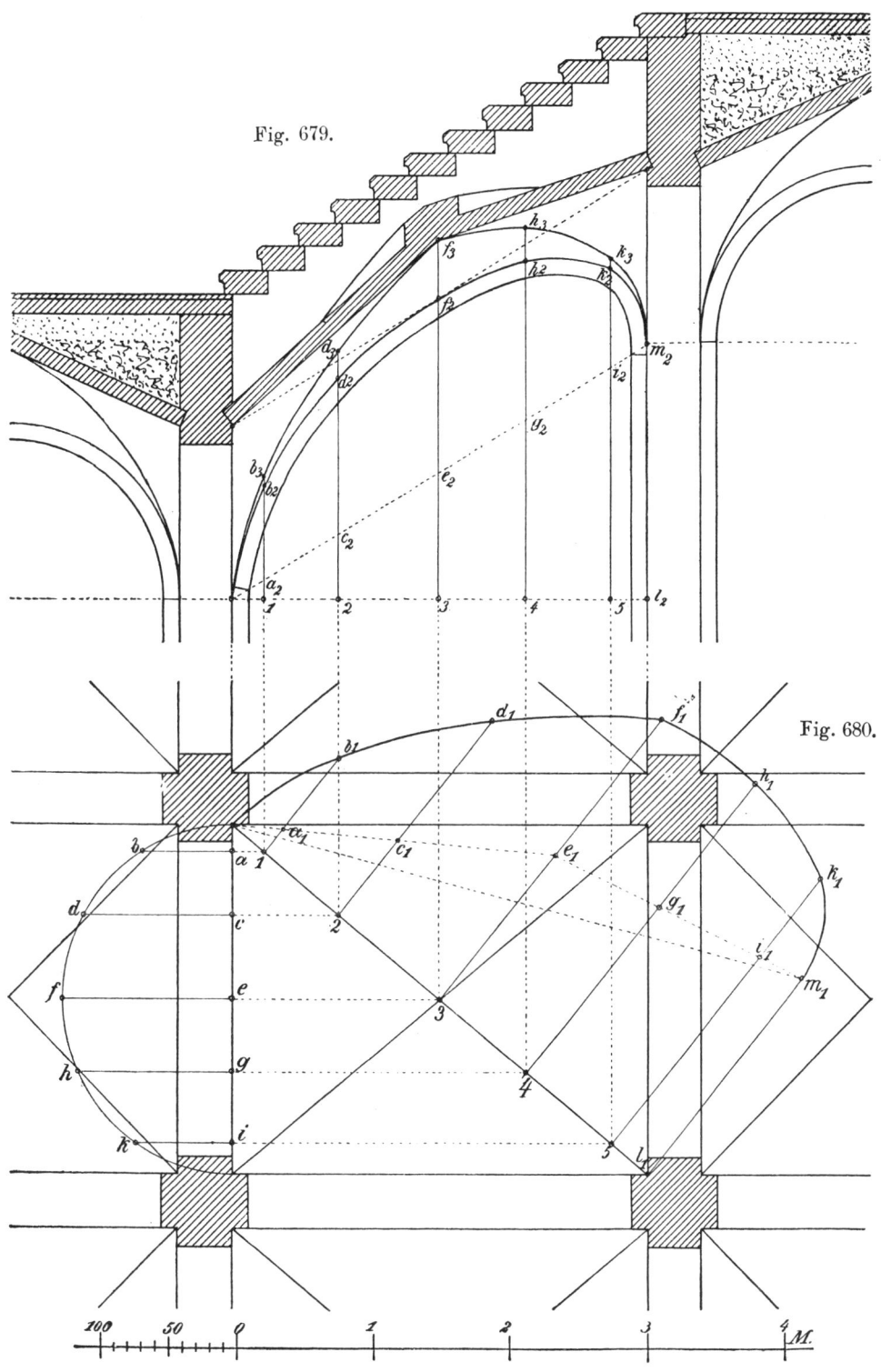

Fig. 679.

Fig. 680.

weiterer Punkte der Gratlinien und danach die Verzeichnung der Form derselben keine Schwierigkeiten mehr bereiten können.

Gibt man den Stirn- und Gratlinien die Form eines Flachbogens, so treten die Grate mit um so geringerer Ausprägung vor den Wölbflächen auf, je flacher der Bogen und je geringer die Stechungshöhe angenommen wurde. Aus diesem Grunde führt man die Kreuzkappengewölbe, gleichviel, ob die Kämpferpunkte in einer wagerechten oder in einer schiefen Ebene liegen, meist mit sphärischen Wölbflächen aus. Hinsichtlich derselben sei auf den Abschnitt δ (gebuste Kreuzgewölbe) Seite 261 u. s. f. verwiesen.

Sollen **steigende Kreuzgewölbe** mit gerader Stechung ausgeführt werden, so wählt man für die Randbogen an den Schmalseiten des meist rechteckigen Raumes gewöhnlich Halbkreisform. Bei dem durch Fig. 679 und 680 dargestellten Beispiele sei die Stichhöhe mit $f_2 f_3$ angenommen. Nachdem die Steigungslinie (hier parallel zur Ansteigung des Treppenlaufes) bestimmt ist, muß sein:

Für den Gratbogen:

$$1\,b_1 \text{ (Fig. 679)} = 1\,a_1 + a\,b = 1\,b_3 \text{ in Fig. 680}$$
$$2\,d_1 \quad \text{,,} \quad = 2\,c_1 + c\,d = 2\,d_3 \quad \text{,,} \quad \text{,,}$$
$$3\,f_1 \quad \text{,,} \quad = 3\,e_1 + e\,f = 3\,f_3 \quad \text{,,} \quad \text{,,}$$
$$4\,h_1 \quad \text{,,} \quad = 4\,g_1 + g\,h = 4\,h_3 \quad \text{,,} \quad \text{,,}$$
$$5\,k_1 \quad \text{,,} \quad = 5\,i_1 + i\,k = 5\,k_3 \quad \text{,,} \quad \text{,,}$$
$$l_1\,m_1 \quad \text{,,} \quad = l_2\,m_2 \qquad \qquad \text{,,} \quad \text{,,}$$

Fig. 681.

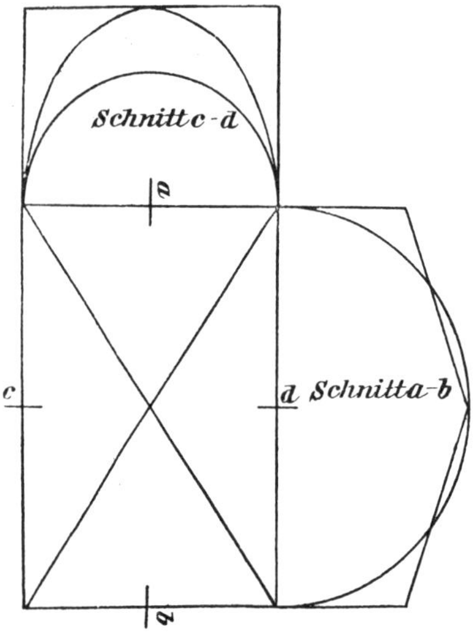

Für den Randbogen an der steigenden Wandseite:

$$1\,b_2 = 1\,a_2 + a\,b$$
$$2\,d_2 = 2\,c_2 + c\,d$$
$$3\,f_2 = 3\,e_2 + e\,f$$
$$4\,h_2 = 4\,g_2 + g\,h$$
$$5\,k_2 = 5\,i_2 + i\,k$$

Hiermit ist die Gewölbeform in allen Teilen festgelegt.

γ) **Kreuzgewölbe mit Bogenstich.**

Die Scheitellinien zweier gegenüberliegender Kappen bilden einen regelmäßigen Kreisbogen, dessen Mittelpunkt in dem vom Gewölbescheitel auf die Kämpferebene gefällten Lote liegt.

Nach den unter 1 und 2 besprochenen Konstruktionen ergeben sich bei rechteckigen Grundrissen und ebenso bei unregelmäßigen Vielecken an den meisten Wandseiten elliptische Randlinien, welche wenig schön wirken. Gibt man, zur Umgehung des beregten Uebelstandes, allen Wandbogen Halbkreisform, so müssen die schmalen Kappen eine sehr bedeutende Stechung erhalten, und es werden in vielen Fällen die Scheitellinien der schmalen Kappen (Fig. 681, Schnitt a—b) gegen den Gewölbescheitel hin unter der Gratlinie liegen, so daß die Kappe in diesem Teile muldenartig herabhängt, wie aus der Aufrißzeichnung (Fig. 682) deutlich hervorgeht. Die Beseitigung dieser unschön wirkenden und konstruktiv bedenklichen Mulde ist dadurch möglich, daß man statt des geraden Stiches einen Bogenstich annimmt. Die Leibungsflächen der Kappen gehören dann nicht mehr zylindrischen, sondern kuppelartig gebauchten Flächen an, sie sind gebust. Wählt man für die Schildbogenlinien und die Gratlinien Halbkreise und für die Scheitellinien Kreisbogen, deren Halbmesser gleich dem der Gratlinien ist, so gehören die Kappenleibungen einer Kugelfläche an; es entsteht dann überhaupt kein Kreuzgewölbe, sondern eine Stutzkuppel. Es ist mithin nötig, um ein Kreuzgewölbe zu erhalten, die Kappen so stark zu busen, daß sie außerhalb der Kugelfläche liegen, also den Mittelpunkt der Scheitellinien oberhalb der Kämpferebene anzuordnen.

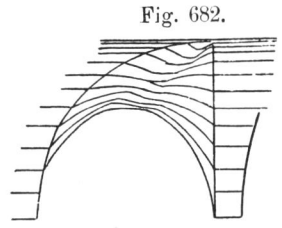

Fig. 682.

Durch Fig. 683 ist ein solches Gewölbe über rechteckigem Raume veranschaulicht, wobei als Stich für die Kappen der Langseiten der Flachbogen e s_1 f angenommen wurde. Die Gratlinien ergeben sich auf gleiche Weise durch Vergatterung, wie dies bei dem durch Fig. 678 dargestellten Gewölbe mit gerader Stechung des näheren erläutert ist, während die Scheitellinie der Kappen für die Schmalseiten durch Subtraktion der Höhen der Randlinie über a b von den Höhen der Gratlinie gefunden wird. Je stärker man die Busung der Kappenflächen macht, um so schärfer werden sich die vortretenden Grate abheben, um so mehr wird also auch der Charakter des Kreuzgewölbes in die Erscheinung treten müssen.

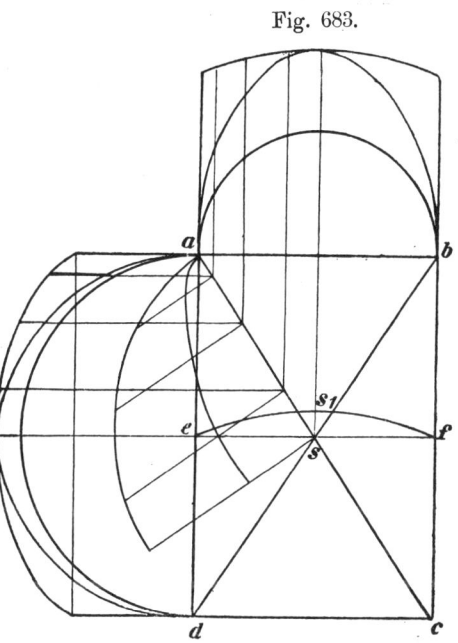

Fig. 683.

Die Einwölbung dieser Gewölbe geschieht in der Regel aus freier Hand auf Schwalbenschwanz, wobei die Lagerfugenebenen senkrecht zur Krümmung der Gratlinien stehen und mithin zentral, d. h. nach dem Mittelpunkte derselben verlaufen, sofern dieselben, wie bei dem durch die Figuren 684 bis 686 durch den Grundriß, Querschnitt und Diagonalschnitt wiedergegebenen Gewölbe, als Halbkreise angenommen sind.

δ) Die gebusten Kreuzgewölbe.

Wenn auch die Leibungen der unter γ besprochenen Kreuzgewölbe kugelförmigen Flächen angehören, also gebust sind, so versteht man doch in der Regel unter gebusten Kappen solche, deren flachbogig gekrümmte Scheitellinien für jede Kappe aus einem anderen Mittelpunkte geschlagen sind. Hierbei lassen sich die folgenden Fälle unterscheiden:

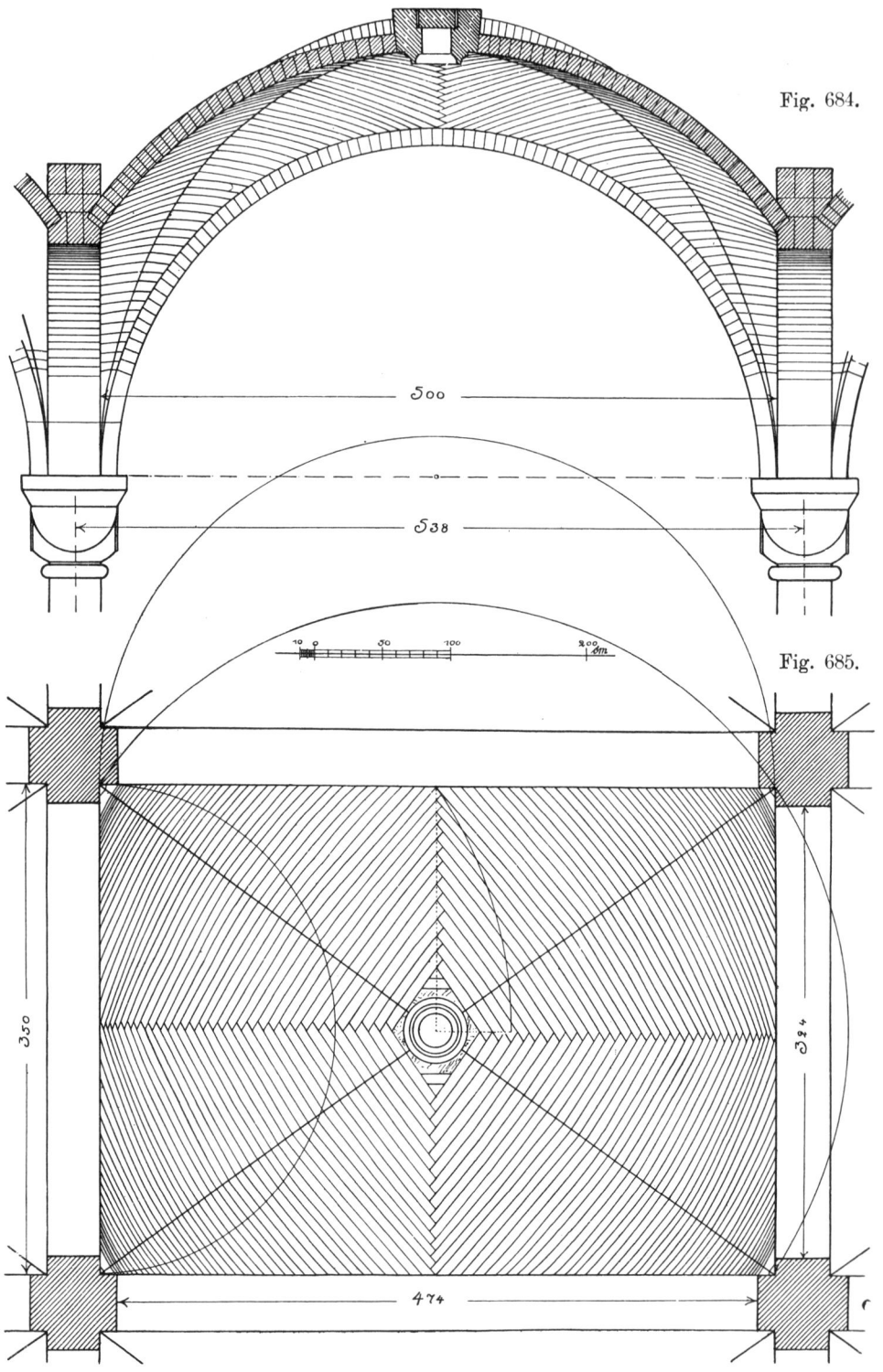

Fig. 684.

500

538

Fig. 685.

350

474

a) die Scheitel der Grat- und Randlinien liegen in gleicher Höhe;

b) die Scheitel der Gratlinien liegen höher, als die Scheitel der Randlinien;

c) die Scheitel der Gratlinien liegen tiefer, als die Scheitel der Randlinien.

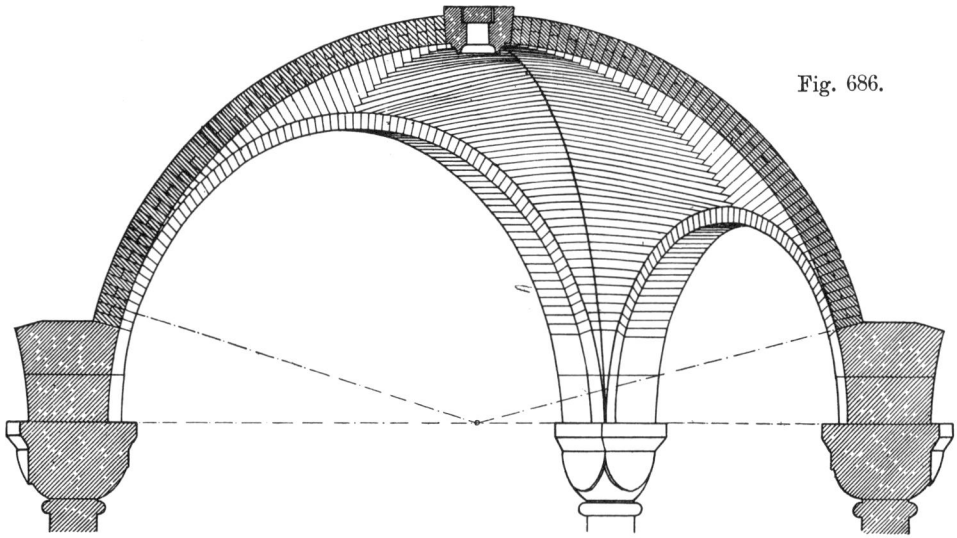

Fig. 686.

Den Randlinien gibt man meist die Form von Spitzbogen, während für die
Gratlinien entweder ein Halbkreis oder ein Spitzbogen gewählt wird.

Sind die anstoßenden Seiten eines rechteckigen Grundrisses sehr verschieden lang,
und sollen die Randlinien gleiche Scheitelhöhe
erhalten, so muß man die Schildbögen der
kürzeren Seiten s t e l z e n, weil diese sonst
eine unschöne lanzettförmige Gestalt annehmen.
Ist z. B. in Fig. 687 der Schildbogen b e c der
größeren Rechteckseite gegeben, und soll der
Schildbogen über a b mit dem ersteren gleiche
Scheitelhöhe haben, so zeichnet man den Spitzbogen g h f wie man ihn wünscht und verlängert die Schenkel desselben senkrecht nach
unten bis nach a und b. Es sind dann a g
und b f die Stelzen.

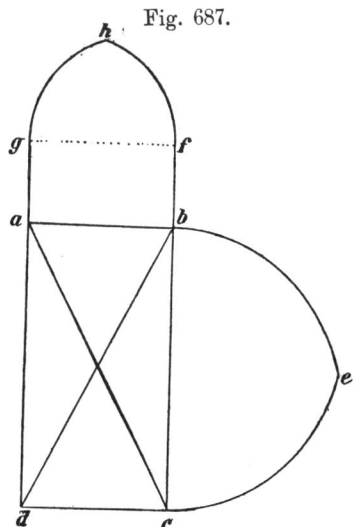

Fig. 687.

Wird bei der Verwendung von Spitzbögen für die Schildbogen und Gratbogen von
einer Stelzung der Schildbogen an den kürze-
ren Grundrißseiten Abstand genommen, so lassen sich die Kappen aus Flächen
zusammensetzen, welche reinen Kugelflächen angehören. Ist z. B. in Fig. 688
der Schildbogen über a d als ein aus den Mittelpunkten m_1 und m_2 geschlagener
Spitzbogen a e d angenommen, so muß der Mittelpunkt einer den Bogen d e her-
vorrufenden Kugelfläche an einer beliebigen Stelle des in m_1 auf a d errichteten

Lotes liegen. Es sei als solcher der Punkt M gewählt. Dann muß ein größter Kugelkreis durch den Eckpunkt d gehen, also mit dem Halbmesser M d um M geschlagen werden. Nimmt

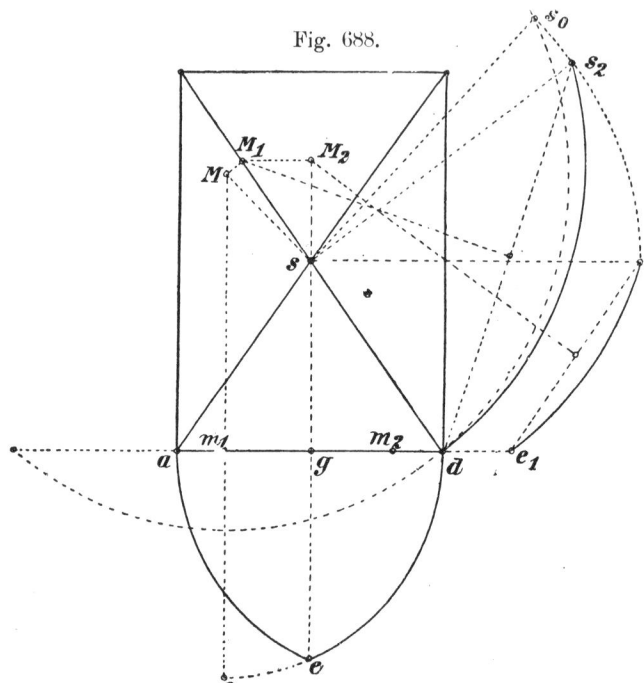

Fig. 688.

man jetzt einen Schnitt in der Richtung M s an, so wird die Kugelfläche wieder in einem größten Kreise geschnitten, und es muß mithin die Höhenlage des Gewölbescheitels über dem Kämpferpunkte d gleich dem in s gegen M s errichteten Lote $s s^0$ sein. Da der Gewölbescheitel senkrecht über s liegen muß, so wird er durch Umklappung in den Grundriß erhalten, wenn man das in s gegen s d errichtete Lot $s s_2$ $= s s_0$ macht. Der Mittelpunkt der Gratlinie muß aus begreiflichen Gründen in die Richtung von d s und in der im Halbierungspunkte der Sehne $d s_2$ errichteten Lotrechten, mithin in M_1 liegen. Dieser Mittelpunkt wird auch auf einfache Weise dadurch erhalten, daß man von M gegen d s das Lot $M M_1$ fällt. **Würde man also umgekehrt von vornherein den Mittelpunkt für den Gratbogen d s willkürlich in M_1 annehmen, so würde der Mittelpunkt M der Kugelfläche der Schnittpunkt der Senkrechten in m_1 gegen a d und der Senkrechten in M_1 gegen d s sein müssen.** Die Scheitellinie g s hat nach dieser Gratlinie und nach der Schildbogenlinie die Höhenlagen $s s_2$ beziehungsweise g e über dem Kämpferpunkte d. Bei der Umklappung in den Grundriß nehmen diese Höhenlote eine gegen s g senkrechte Lage an und müssen die Längen $s s_1 = s s_2$ und $g e_1 = g e$ haben. Der Mittelpunkt M_2 der Scheitellinie wird auf analoge Weise wie der Mittelpunkt der Gratlinie dadurch

Fig. 689.

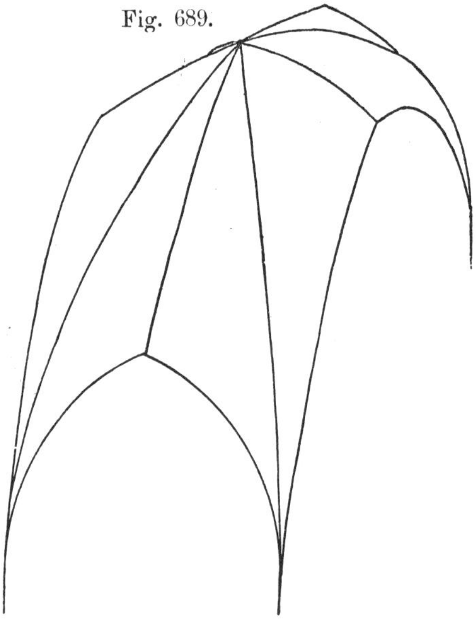

erhalten, daß man im Halbierungspunkte der Sehne $e_1 s_1$ eine Senkrechte errichtet und diese zum Schnitte mit der über s hinaus verlängerten Grundrißprojektion g s der Scheitellinie bringt oder **indem man von M_1 eine Senkrechte gegen g s fällt.**

Fig. 689 veranschaulicht das isometrische Bild dieses Gewölbes.

Wählt man für die Rand- und Kreuzbogen flache Kreisbogen oder flache Spitzbogen (Knickbogen), so entsteht

das Kreuzkappengewölbe oder das flache Kreuzgewölbe.

Die Leibungen der Kappen können wiederum Kugelflächen angehören. Für das rechteckige Gewölbefeld (Fig. 690) ist die Gratlinie als flacher Kreisbogen mit dem Mittelpunkt M, dem Halbmesser M a und der Pfeilhöhe s S angenommen. Die durch M parallel zur Kämpferebene gelegte Mittelpunktsebene heiße die Grundebene. In dieser Grundebene müssen auch die Mittelpunkte der Rand- und Scheitellinien der Kappen liegen: es muß also sein:

$$h\,i = k\,l = M_4\,m = M_1\,n = M\,s.$$

Der Randbogen an der schmalen Rechteckseite a d sei ein flacher Spitzbogen, dessen Pfeilhöhe kleiner als die Pfeilhöhe s S des Diagonalbogens sein möge. Die Mittelpunkte in der Grundebene seien M_0 und M_2. Als Randbogen der langen Rechteckseite sei ein flacher Spitzbogen gewählt, dessen Pfeilhöhe i S gleich der des Diagonalbogens ist. Die Mittelpunkte M_3 und M_5 in der Grundebene ergeben sich dann auf bekannte Weise.

Errichtet man nunmehr in M_2 ein Lot gegen die zugehörige Grundebene, so schneidet dieses das in M gegen die Grundebene des Diagonalbogens errichtete Lot im Punkte 1. Dieser Punkt ist die wagerechte Projektion des Mittelpunktes der Kugelfläche für die Leibungen der Kappe a s d. Ein mit 1a um 1 beschriebener Kreis stellt dann den Horizontalschnitt durch die Kugelfläche in Höhe der Kämpferebene dar. Verlängert man jetzt die Scheitellinie s d im Grundrisse bis zum Schnitt g mit der Peripherie des um 1 beschriebenen Kreises, errichtet in 1 gegen s d ein Lot und macht n $M_1 = M\,s$, so ist M_1 der Mittelpunkt und M_1 g der Radius der Scheitellinie D S.

Errichtet man ferner in M_3 gegen die zugehörige Grundebene ein Lot, so schneidet dieses die Kugelachse M S im Punkte 2, welcher dann die wagerechte Projektion des Mittelpunktes der Kugelfläche für die Leibung der Kappe a c d ist. Der mit 2a um 2 beschriebene Kreis gehört dann dieser Kugelfläche an und liegt in Höhe der Kämpferebene. Der Mittelpunkt M_4, aus welchem die Scheitellinie S C mit dem Radius $M_4\,S = M_4\,f$ zu verzeichnen ist, ergibt sich auf gleiche Weise wie der Mittelpunkt M_1 für die Kappe a s d.

Nach diesen Ausmittelungen sind die Kugelflächen aller Kappenstücke des Gewölbes festgelegt, und es können die Schnittzeichnungen nunmehr ohne weiteres ausgeführt werden.

Zur weiteren Erläuterung der vorstehenden Ausführungen ist in Fig. 691 ein isometrisches Bild der Kappen a S D und A S C mit den in Höhe der Kämpferebene liegenden Parallelkreisen, den in Höhe der Grundebene liegenden größten

Kugelkreisen und den bis zu der Grundebene verlängerten Rand-, Diagonal- und Scheitellinien wiedergegeben.

Erhalten die Schildbogen Stelzung, während die Gratbogen nicht gestelzt sind, so liegen die Mittelpunkte, aus denen diese Linien gezeichnet sind, in verschiedenen Ebenen, und es können die Leibungen der Kappen nicht mehr reinen Kugelflächen angehören. Die Abweichung von der Kugelfläche wird dann mit der Größe der Stelzung wachsen. Bei dem Kreuzgewölbe über dem

Fig. 690.

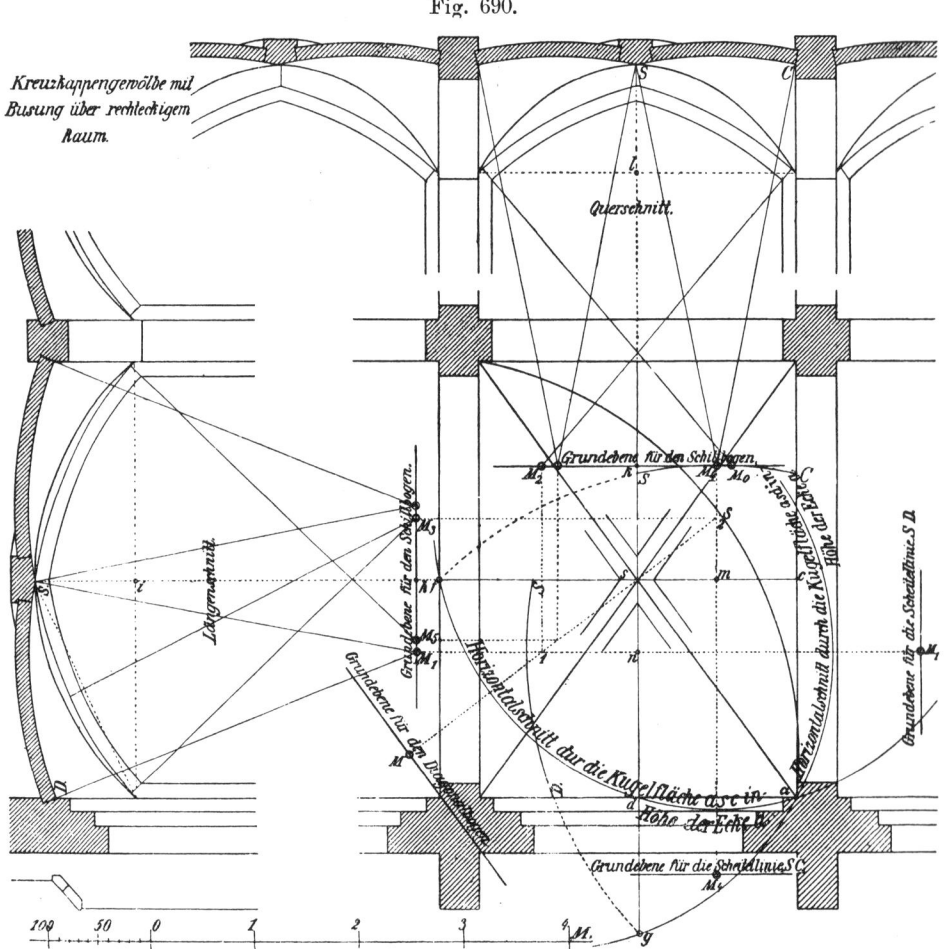

rechteckigen Raume a b c d (Fig. 692) ist angenommen, daß die Scheitelpunkte der Schildbogenlinien gleiche Höhenlage mit dem Gewölbescheitel haben, und daß die Schildbogenlinien über a d bezw. b c und die Gratlinien keine Stelzung erhalten sollen. Für den Schildbogen über a b ist eine Stelzung $af = af_1 = af_2$ vorausgesetzt und der Bogen selbst als Spitzbogen aus den Mittelpunkten m und m_1 geschlagen. Die beliebig zu wählende Scheitellinie der Kappe $a s_0 b$ sei der in Fig. 693 aus o geschlagene Flachbogen $s_2 g_2$.

Nimmt man die Erzeugende der Kappenfläche $a s_0 b$ als Kreisbogen an, dessen Halbmesser gleich dem Halbmesser m g der Schildbogenlinie über a b ist,

und setzt ferner voraus, daß dieselbe sich parallel zu a b so fortbewegt, daß
sie auf der Gratlinie a s_1 gleitet, während ihr höchster Punkt in der Scheitellinie verbleibt, so wird sich diese Erzeugende in den Lagen I, II und III im
Aufrisse (Fig. 693) in den Linien h i, k l und n p projizieren. Da diese Linien
eine zu der Schildbogenlinie parallele Lage besitzen, so müssen sie in der Projektion auf die in Fig. 692 niedergelegte Schildbogenebene in ihrer wirklichen
Gestalt erscheinen, mithin als Kreisbögen, welche mit dem Halbmesser m g des

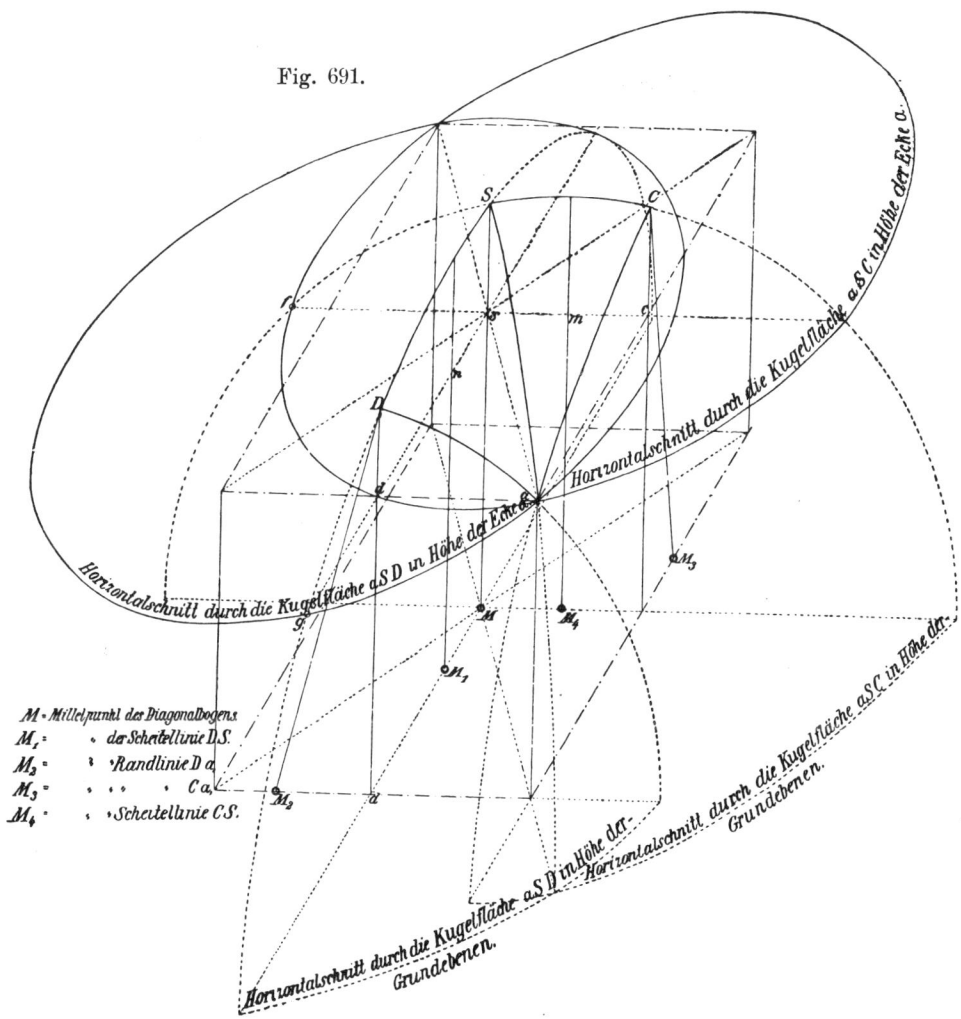

Fig. 691.

M · Mittelpunkt des Diagonalbogens
M_1 · „ · der Scheitellinie D S.
M_2 · „ · „Randlinie D a
M_3 · „ · „ „ · C a
M_4 · „ · „Scheitellinie C S.

Schildbogens geschlagen werden. Ueberträgt man daher die Höhenlage der Endpunkte h, i, k, l usw. aus Fig. 693 folgerichtig nach Fig. 692 und bedenkt, daß
diese Endpunkte in der Scheitellinie beziehungsweise in der Gratlinie liegen,
so sind dieselben in i_0, l_0, p_0 beziehungsweise h_0, k_0 und n_0 gefunden. Schlägt
man dann mit dem Halbmesser m g aus den zusammengehörigen Endpunkten,
also aus i_0 und h_0, l_0 und k_0, p_0 und n_0, Kreisbögen, so sind die Schnittpunkte

r, s und t derselben die Mittelpunkte für die Erzeugende in den Lagen I, II und III.

Zur weiteren Festlegung der Gestalt der Kappenfläche können wagerechte Ebenen G, 1, 2 und 3 dienen, welche man in der Höhe des Schildbogenscheitels g

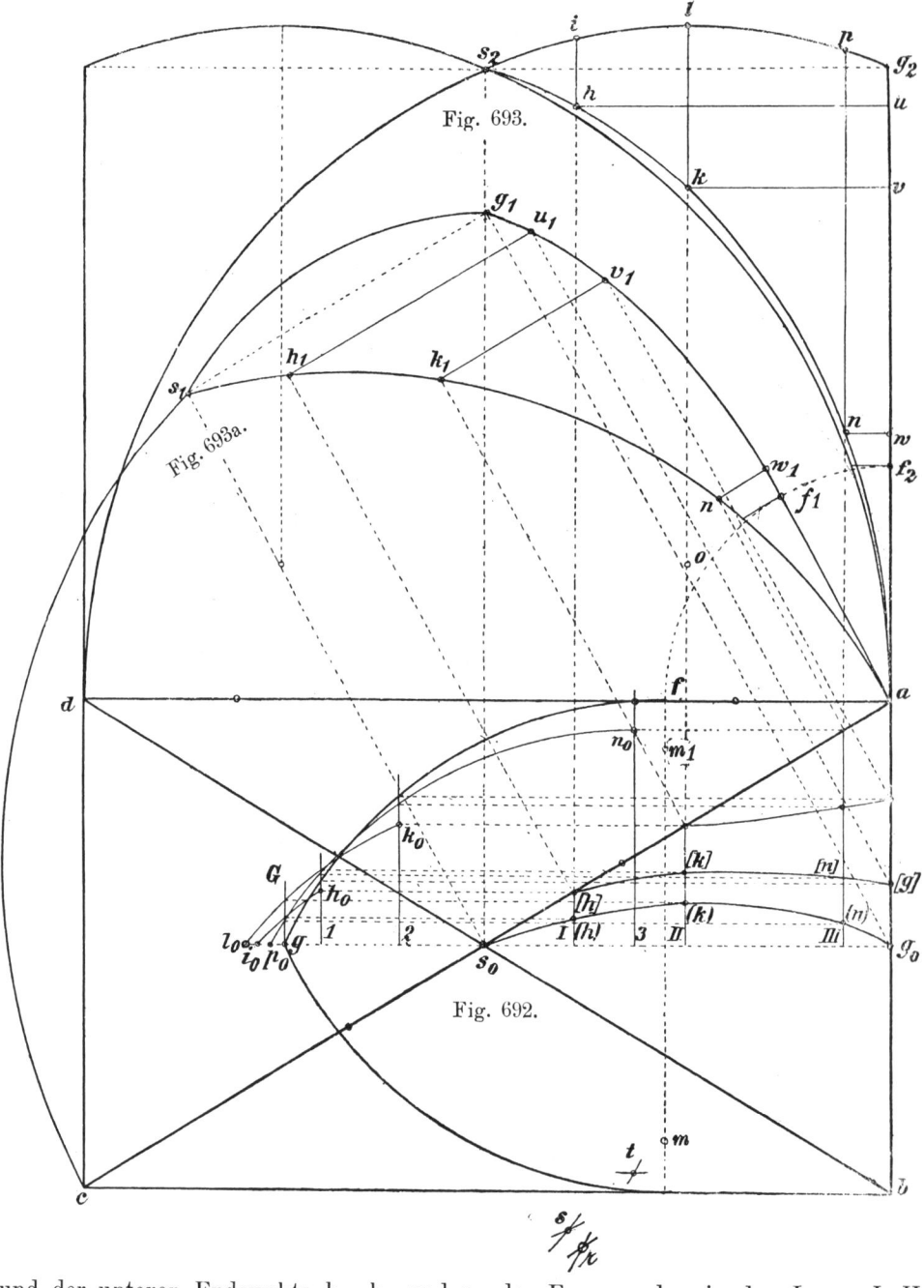

Fig. 693.

Fig. 693a.

Fig. 692.

und der unteren Endpunkte h_0, k_0 und n_0 der Erzeugenden in den Lagen I, II und III annimmt. Die Durchgangspunkte der Erzeugenden mit diesen Ebenen

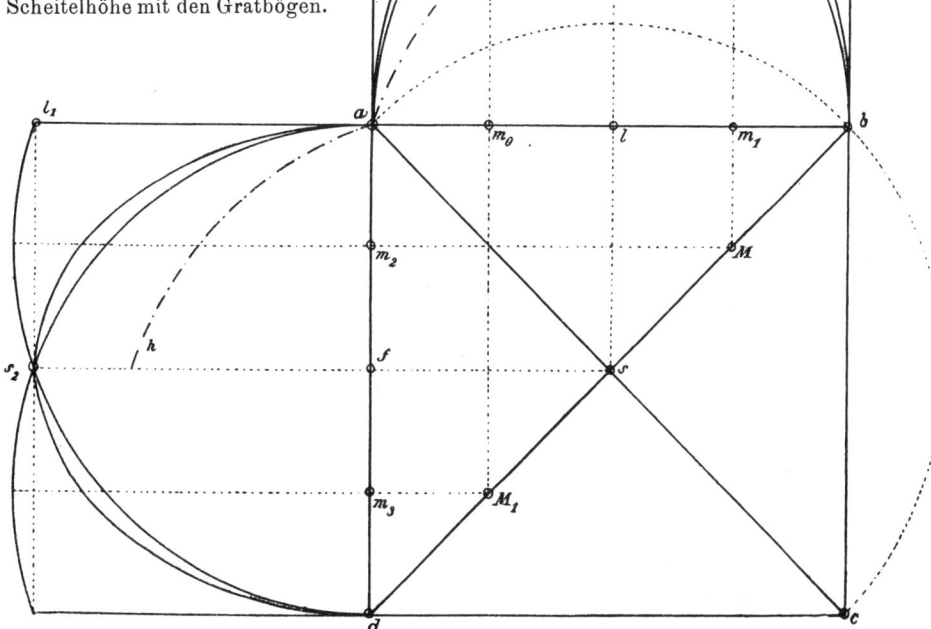

Fig. 694.

Kreuzgewölbe über quadratischem Raum.

Die Gratbögen sind Halbkreise, die Schildbögen haben gleiche Scheitelhöhe mit den Gratbögen.

gehören dann Wölblinien an, welche in diesen Ebenen liegen, und es werden die Grundrißprojektionen dieser Durchgangspunkte durch einfache Uebertragung, und die Projektionen der Linien selbst durch folgerichtige Verbindung der Projektionspunkte gefunden. Dieselben stellen sich mithin durch die Kurven s_0 (h) (k) (n) g_0, [h] [k] [n] [g] usw. dar. In den Aufrißprojektionen Fig. 692 und 693 erscheinen diese Wölblinien als gerade parallel zu a d beziehungsweise a s_0 geführte Linien $s_2 g_2$, h u usw., beziehungsweise $s_1 g_1$, h_1 u usw.

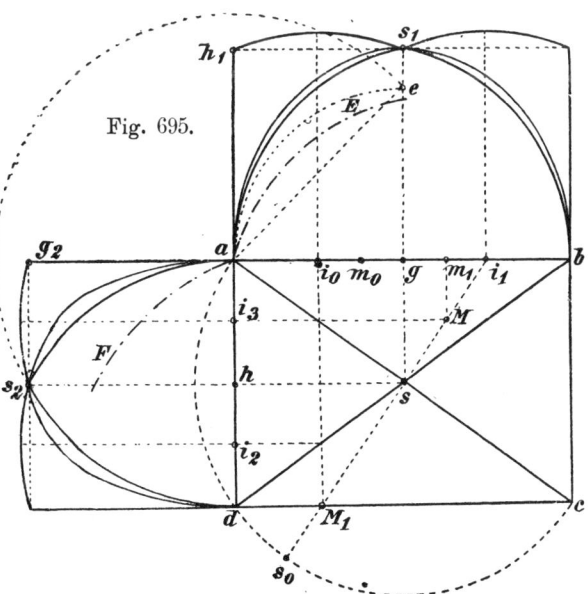

Fig. 695.

Da die Form der Kappenfläche durch die Projektionen der Erzeugenden in deren verschiedenen Lagen und der in wagerechten Ebenen liegenden Schnittlinien, sowie der Grat- und Schildbogenlinien vollständig bestimmt ist, so lassen sich auch die einzelnen, meist in Normalebenen zum Gratbogen liegenden Wölbschichten leicht durch ihre Projektionen darstellen.

Ist bei quadratischem Grundrisse der Gratbogen als Halbkreis gewählt, und sollen die Scheitel der Schildbogen gleiche Höhe mit dem Gewölbescheitel erhalten, so können die zwischen den halben Gratbogen liegenden Kappen reine Kugelflächen als Leibung erhalten. Die Schildbogen müssen dann Spitzbogenform annehmen, deren Mittelpunkte auf bekannte Weise ermittelt werden. Es seien dieselben in Fig. 694 in m_0 und m_1 beziehungsweise m_2 und m_3 festgelegt. Dann ergibt sich der Mittelpunkt M der Kugelfläche für den Kappenteil a e s auf Grund der in Fig. 688 gegebenen Entwickelungen als Schnitt des Lotes in m_1 auf a b und des Lotes in s auf a c, und der um M mit M a beschriebene Kreis a g ist ein größter Kreis dieser Kugelfläche. Auf gleiche Weise erhält man M_1 als Mittelpunkt der Kugelfläche des Kappenteiles a f s. Da die Scheitel der Schildbogen und der Gratbogen in gleicher Höhe liegen, und die Mittelpunkte der in der Kugelfläche liegenden Scheitellinien in der Kämpferebene des Gewölbes liegen müssen, so werden die letzteren als Schnitte der Lote in den Halbierungspunkten der geradlinigen Verbindungslinien $s_1 f_1$, $s_2 e_1$ usw. der Scheitelpunkte mit den Kämpferlinien a b, a d usw. erhalten.

Diese Mittelpunkte fallen im vorliegenden Falle mit den Mittelpunkten für die Schildbogen zusammen.

Bei dem durch Fig. 695 wiedergegebenen Gewölbe über rechteckigem Grundriß sei die Gratlinie wiederum ein Halbkreis. Sollen die Scheitel der spitzbogig zu gestaltenden Randlinien gleiche Höhe mit dem Gewölbescheitel erhalten, so werden die Mittelpunkte der Randlinien auf bekannte Weise in m_0 und m_1 beziehungsweise in a und d gefunden. Die Mittelpunkte der Randlinien über den Schmalseiten des Raumes fallen also mit den Ecken der Grundrißfigur zusammen. Dieser Fall tritt bei rechteckigem Grundriß immer dann ein, wenn die Gratlinie ein Halbkreis ist, und die Länge der Schmalseite gleich der Hypotenuse a e eines rechtwinkeligen und gleichschenkeligen Dreiecks gemacht wird, dessen Katheten a g und g e gleich der halben Langseite a b sind. Sollen die Leibungen der Kappen Kugelflächen angehören, so wird der Mittelpunkt M der die Kappenfläche a s g bildenden Kugel als Schnitt der Senkrechten in s gegen a s und in m_1 gegen a b und der Mittelpunkt M_1 der die Kappenfläche a s h bildenden Kugel als Schnitt der Senkrechten in s gegen a s und in d gegen a d gefunden. Da die Mittelpunkte für die Scheitellinien in der Kämpferebene liegen müssen, so liegen sie dort, wo die von M und M_1 gegen die Kämpferlinien a d und a b gefällten Lote diese Linien treffen, also in i_3 und i_0.

Soll der Scheitel des Gewölbes höher liegen, als die Scheitel der Randlinien, so gelten nach Annahme der Form der Gratlinien für das Austragen der Randlinien die gleichen Grundsätze, sowohl für quadratische, als auch für rechteckige Grundrisse.

Damit die Bogenansätze am Kämpfer gleichartig auslaufen, empfiehlt es sich, die Rand- und Gratlinien mit gleichem Halbmesser zu schlagen. Hierdurch wird die Ausführung der Gewölbeanfänger erleichtert und bei gegliederten Rippen ein regelmäßiges Loslösen der einzelnen Gliederungen am Anfängersteine ermöglicht.

In Fig. 696 sind deshalb die Halbmesser $a\,e_1$, $b\,e$, $a\,f_1$ und $d\,f$ der Randlinien ebenso lang, wie der Halbmesser $s\,a$ der halbkreisförmigen Gratlinie gewählt. Will man den Kappen reine Kugelflächen zur Leibung geben, welche von den Rand- und Gratlinien abhängig sind, so ist der Mittelpunkt m_1 der Kugelfläche für das Kappenstück $a\,g\,s$ als Schnitt der Lote in s auf $a\,c$ und in e_1

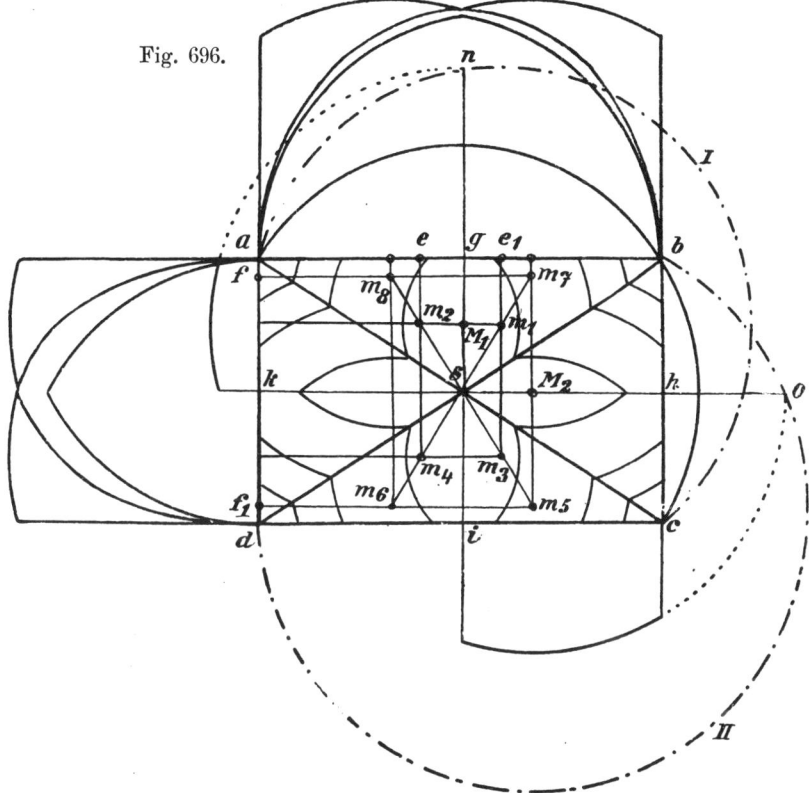

Fig. 696.

auf $a\,b$ gefunden. Der größte Kreis dieser Kugelfläche hat den Halbmesser $m_1\,a$ und ist in der Linie I verzeichnet. In gleicher Weise wie m_1 werden die Mittelpunkte m_2, m_3 und m_4 der Kugelflächen für die Kappenteile $b\,g\,s$, $d\,i\,s$ und $c\,i\,s$ und ebenso auch die Mittelpunkte m_5, m_6, m_7 und m_8 der Kugelflächen für die an den Schmalseiten des Raumes angrenzenden Kappenteile ermittelt.

Nimmt man jetzt lotrechte Schnittebenen in der Richtung der Scheitellinien $s\,g$ und $s\,h$ an, so wird der größte Kreis I der Kappenfläche $a\,g\,s$ in n und der größte Kreis II der Kappenfläche $b\,h\,s$ in o geschnitten. Die Mittelpunkte der Scheitellinien müssen sowohl in diesen Schnittebenen, als auch in Ebenen liegen, welche durch m_1 und m_5 lotrecht gegen die Ebenen der Scheitellinien geführt werden. Es ergeben sich somit als Halbmesser der Scheitellinien die Stücke $M_1\,n$ und $M_2\,o$. Nach diesen Ermittelungen wird die Darstellung des Quer- und Längenschnittes keine Schwierigkeiten mehr bieten. Legt man durch

das Gewölbe wagerechte Schnittebenen, so erzeugen diese auf den Leibungsflächen
Kreisbogen als Schnittlinien, deren Grundrißprojektionen für die einzelnen Kugelflächen aus den Mittelpunkten m_1 bis m_8 zu beschreiben sind. Man ersieht aus
diesen Linien, daß die Kappen in scharfen Gratlinien zusammenstoßen.

Ist über einem unregelmäßigen Grundrisse ein busiges Kreuzgewölbe auszuführen, dessen Scheitel, wie im vorhergehenden Falle, höher liegen soll als die

Fig. 697.

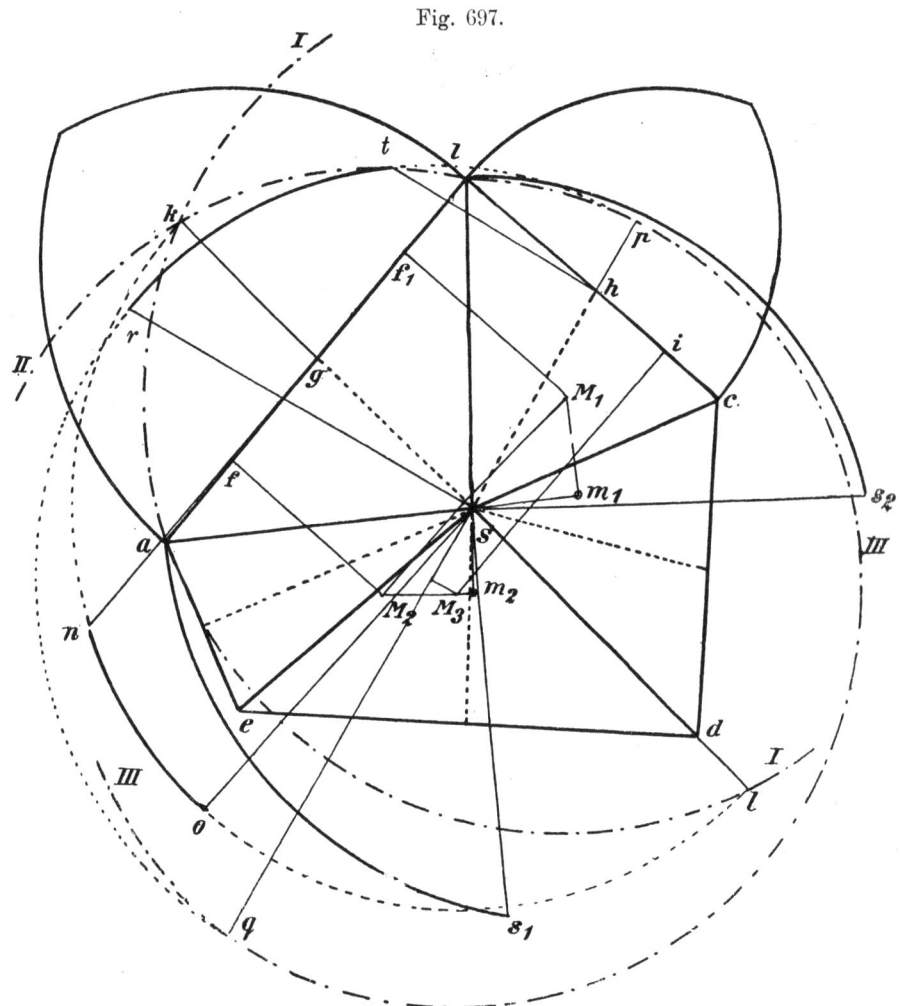

Scheitel der Randlinien, so kann man zunächst die Form irgend einer Gratlinie
als Spitzbogen mit einem beliebigen Halbmesser zeichnen. Die Form der übrigen,
ebenfalls spitzbogig zu gestaltenden Gratlinien sind dann von der Scheitelhöhe
der angenommenen Gratlinie abhängig.

In Fig. 697 sei $a s_1$ die über $a s$ angenommene mit $m_1 a$ beschriebene Gratlinie. Der Mittelpunkt m_2 für die Gratlinie über $l s$ wird dann gefunden, indem
man auf dem in s gegen $s 1$ errichteten Lote $s s_2 = s s_1$ anträgt, s_2 mit l verbindet, im Halbierungspunkte dieser Linie ein Lot errichtet und den Schnitt

dieses Lotes mit der über s hinaus verlängerten l s herbeiführt. Die Randlinien
können dann mit beliebigen Halbmessern geschlagen werden, doch empfiehlt es

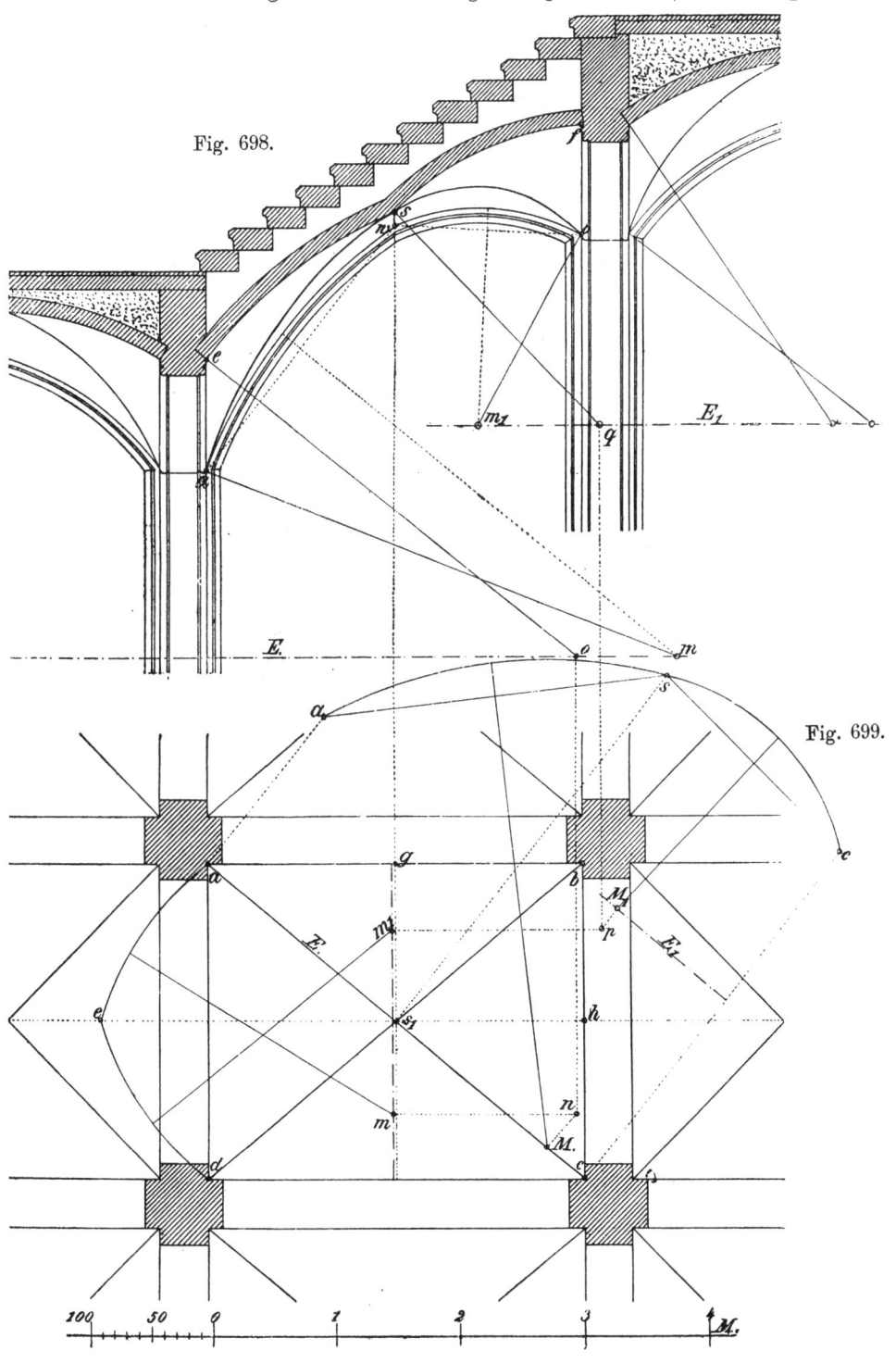

Fig. 698.

Fig. 699.

sich, um nicht allzu abweichende Verhältnisse in der Form derselben zu erhalten, die Halbmesser nach dem Verhältnis der Seitenlängen der Grundrißfigur zu ermitteln. Selbstverständlich müssen mit Rücksicht auf die bereits erwähnte Voraussetzung die Scheitelhöhen der Randlinien geringer sein, als die Scheitelhöhen der Gratlinien.

Sollen nun die einzelnen Kappenstücke Kugelflächen angehören, so wird auf gleiche Weise, wie dies bei den vorhergehenden Gewölben wiederholt erläutert wurde, der Punkt M_1 als Mittelpunkt der Kugelfläche a g s mit dem größten Kreise I, der Punkt M_2 als Mittelpunkt der Kugelfläche b g s mit dem größten Kreise II und der Punkt M_3 als Mittelpunkt der Kugelfläche b s h mit dem größten Kreise III gefunden. Die Mittelpunkte und größten Kreise der übrigen Kugelflächen können auf gleiche Weise festgelegt werden. Eine lotrechte Schnittebene, in der Richtung der Scheitellinie s g geführt, trifft die Kugelfläche über I und II in einem Halbkreise, dessen Durchmesser k l ist, und es ist somit in dem Teile n o dieses Halbkreises die Scheitellinie über g s ermittelt. Ebenso trifft auch eine durch s h gerichtete Lotebene die Kugelfläche über III in einem Halbkreise, dessen Durchmesser p q ist, und es ist mithin in dem Teile r t dieses Halbkreises die Scheitellinie über s h gefunden. Das hier beschriebene Verfahren ist in gleicher Weise für die übrigen Kappen anzuwenden.

Namentlich unter Treppenläufen kommen zuweilen „steigende Kreuzgewölbe" vor, deren Kämpferebene eine sich nach der Treppensteigung richtende geneigte Lage hat. Meist werden dieselben, um an Konstruktionshöhe zu sparen, als Kreuzkappengewölbe konstruiert. Die Kreuzbogen und die Randbogen über den ansteigenden Seitenlinien bestehen dann aus Kreisbogen, deren Mittelpunkte in zwei übereinander liegenden Grundebenen liegen. Die Fig. 698 und 699 veranschaulichen ein solches Gewölbe über rechteckigem Raume. Das Austragen der Bogen und der von ihnen begrenzten Kappenstücke kann in folgender Weise vorgenommen werden:

Nachdem die Randbogen der Schmalseiten als Knickbogen mit den Mittelpunkten m und m_1 verzeichnet und die Höhenlage der Grundebenen E und E_1 sowie des Scheitelpunktes s angenommen ist, kann der Kreuzbogen mit seinen Schenkeln a s und c s in die Grundrißebene (Fig. 699) niedergelegt werden. Die Mittelpunkte M und M_1, aus welchen die Schenkel zu verzeichnen sind, ergeben sich auf bekannte Weise, wenn man in den Halbierungspunkten der Sehnen a s und s c Lote errichtet und diese bis zu dem Schnitte mit der zugehörigen Grundebene E bezw. E_1 verlängert. Auf gleiche Weise findet man die Mittelpunkte m und m_1 für den Randbogen der ansteigenden Seitenlinie, nachdem man die Kämpferpunkte a und b in den Höhenschnitt (Fig. 698) übertragen und die Höhenlage des Scheitelpunktes w derart angenommen hat, daß derselbe um ein geringes höher als b zu liegen kommt.

Die Kappenflächen können Kugelflächen sein, und es muß dann der Mittelpunkt der Kappenfläche a g s_1, welche sich über der Grundebene E erhebt, der Schnitt der in M gegen die Spur E und der in m gegen m m_1 errichteten Senkrechten, mithin n sein. Ueberträgt man diesen Mittelpunkt in den Höhenschnitt nach o in E, so muß sein Abstand von dem Scheitelpunkt e der Schmalseite

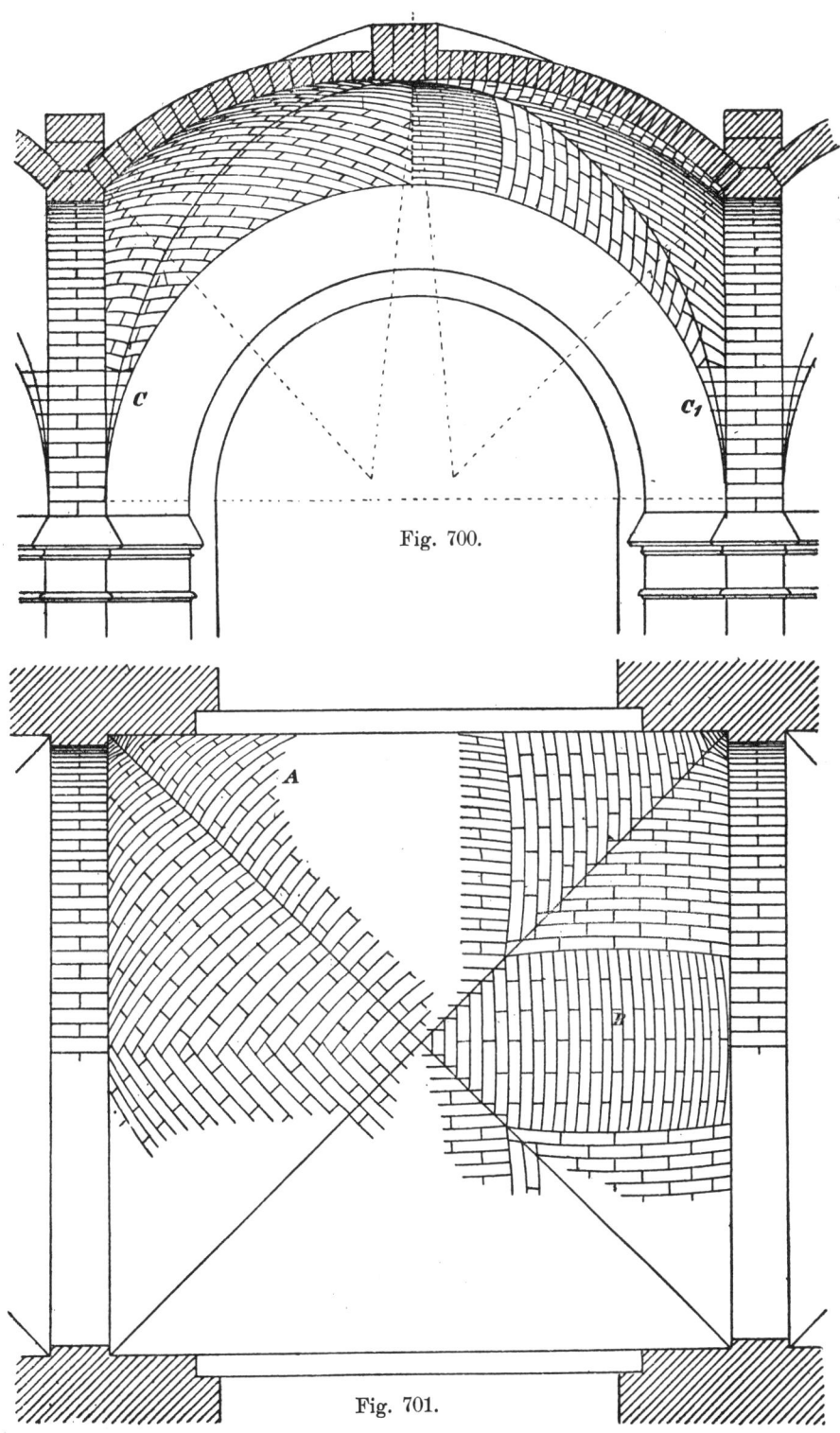

Fig. 700.

Fig. 701.

der Halbmesser für die Scheitellinie e s sein. Ebenso ergibt sich p als Mittel-punkt der Kugelfläche c h s₁, welche sich über der Grundebene E₁ erhebt und demzufolge auch q als Mittelpunkt der Scheitellinie f s.

Busige Kreuzgewölbe werden meist aus freier Hand auf Schwalbenschwanz (Fig. 701 bei A) eingewölbt und erhalten entweder Gratverstärkungen von min-destens 1 Stein Breite, die um ½ Stein gegen den Rücken der Kappen vortreten und mit den Kappen in Verband stehen (Fig. 700), oder die Kappen werden zwischen selbständige Schild- und Gratbögen, die nach oben und unten gegen die Kappen vorspringen und dann Rippen genannt werden, eingespannt. Werden bei weitgespannten Gewölben einzelne Schichten der Schwalbenschwanzwölbung länger als 1,80 m, so ist deren Ausführung aus freier Hand unbequem. Man kann dann die Einwölbung auch mit abwechselnden Kuf- und Ringschichten aus-führen, wie dies in Fig. 701 bei B zur Darstellung gebracht ist. Den Gewölbe-anfang stellt man durch wagerechte Schichtenauskragung (Fig. 700 bei C und C₁) her, wenn man nicht vorzieht, diesen Teil durch einen Werksteinanfänger zu bilden (vergl. Fig. 677, 685 und 686).

Bei den **Rippengewölben** erhalten die gegen die Kappenflächen vor-tretenden Gurt-, Schild- und Gratbögen meist eine mehr oder weniger reiche Gliederung. Dieselben können sowohl aus gebrannten Formstei-nen, als auch aus Werksteinen herge-stellt werden. Meist wird im Scheitel dieser Gewölbe ein **Schluß-ring** oder ein **Schluß-stein** angeordnet, ge-gen welchen die Grat-rippen anschneiden. Bei Verwendung von Backsteinen müssen sowohl die Gratrippen

Fig. 702.

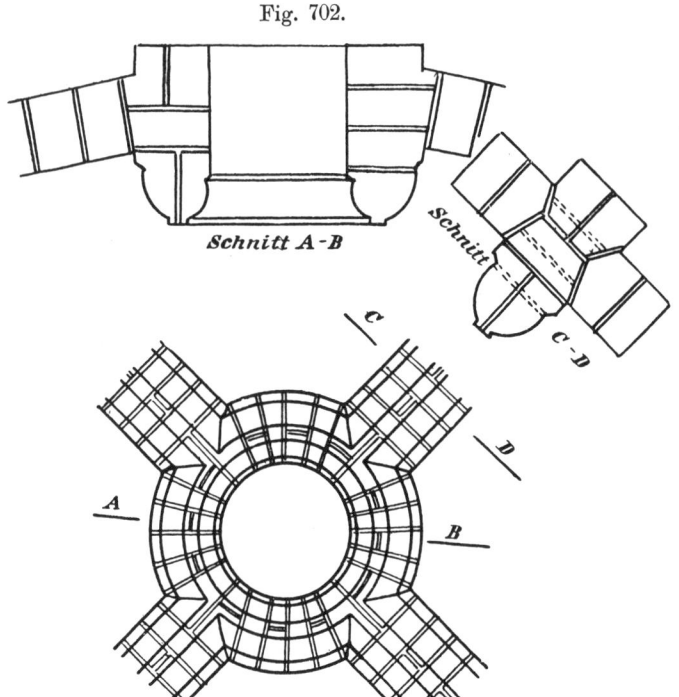

Schnitt A-B

Schnitt C-D

Fig. 703.

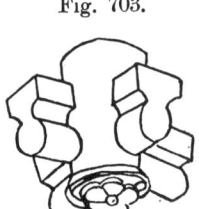

als auch der Schlußring aus einzelnen Steinen zusammengesetzt werden (Fig. 702). Nur bei kleineren Gewölben, deren Kappen in ½ Stein Stärke ausgeführt werden, können die Steine der Gratrippen aus einem Stück geformt werden. Werden die Gratrippen aus Werkstein gebildet, so ist ein kurzes Stück derselben an den Schlußstein anzuarbeiten (Fig. 703).

Die Widerlagsflächen für die Kappen an den Gratrippen können entweder nach Fig. 704 lotrechte, oder nach den Fig. 705 und 706 schräge und schließlich nach Fig. 707 schwalbenschwanzförmige Ansätze sein. Die letztere Form eignet sich namentlich dann, wenn die Kappenschichten von unten nach oben gegen die Gratrippen antreten.

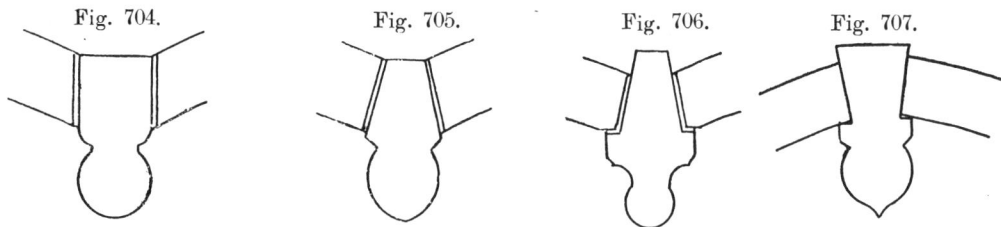

Fig. 704.   Fig. 705.   Fig. 706.   Fig. 707.

Auf den Tafeln 16 und 17 ist ein Rippengewölbe über einem Raume, welcher an der linksseitigen Schmalseite durch drei Seiten eines regelmäßigen Achteckes abgeschlossen ist, zur Darstellung gebracht. Die Teilung dieses Raumes ist so vorgenommen, daß fünf Seiten des Achtecks voll erscheinen, während der übrige Teil der Langseite mit der Schmalseite ein Rechteck bildet, welches von dem polygonalen Raume durch einen Gurtbogen getrennt ist. Ueber dem rechteckigen Raume ist ein vierteiliges, über dem polygonalen Raume ein sechsteiliges Kreuzgewölbe angeordnet, die Kappen dieser Gewölbe werden durch Rippen getragen. Aus den Ecken des Raumes steigen Diagonalrippen auf, die sich zugleich mit den vortretenden Schildbogenrippen und bei W (Fig. 1) auch zugleich mit dem Gurtbogen entwickeln müssen. Da die einzelnen Rippen, Schildbogen und Gurtbogen eine gewisse Stärke haben müssen, so kann der Knotenpunkt der Mittellinien nicht auf der inneren Mauerkante liegen, sondern muß so weit nach außen gerückt werden, daß die um die Mittellinien konstruierten Bogenprofile sich im Anfänger entwickeln können. Ist das Anfängerprofil festgelegt, so klappt man die Bogenprofile in die Grundrißebene (Fig. 1) nieder und bestimmt die Höhenlage der Scheitelpunkte, indem man je nach Bedürfnis die Bögen an den Schmalseiten stelzt. Mit Hilfe der gefundenen Bögen lassen sich dann die Höhenschnitte (Fig. 2 und 3) leicht ableiten. Die Einwölbung wird freihändig auf Schwalbenschwanz ausgeführt, indem man den einzelnen Schichten einen Stich von $1/10$ bis $1/12$ der größten lichten Weite (hier $1/10$ a x in Fig. 4) gibt. Die Lage der Fugenkanten im Grundriß und Aufriß werden auf bekannte Weise mit Hilfe eines Diagonalschnittes (Fig. 4) bestimmt. Es sei hier auf das bei Besprechung der Fig. 672 bis 676 gesagte verwiesen.

Auf den Tafeln 18 und 19 ist in Fig. 1 der Grundriß des aus Fig. 1 der Tafeln 16 und 17 entnommenen Knotenpunktes in doppeltem Maßstabe dargestellt. Die Grat-, Schild- und Gurtbogen sind in die Grundrißebene niedergelegt und die Fugen zwischen den einzelnen Werkstücken eingezeichnet. Diesen Fugen gibt man so lange eine wagerechte Lage, bis der Winkel, welchen die Wagerechte mit der Bogenlinie bildet, so spitz wird, daß ein Abstoßen der Kanten zu befürchten ist. Von hier aus gibt man den Fugen eine nach den Mittelpunkten der Bogen gerichtete Lage. Da am Anfänger die Profile der Schild-, Grat- und Gurtbogen sich noch nicht voll entwickeln können, also ineinander verwachsen sind, so werden die Anfängersteine für alle Bögen so lange aus einem gemeinsamen Werkstück gebildet, bis sich die Bogen voneinander getrennt haben. Für die Herstellung der Anfängersteine hat man zunächst die Grundrißschablonen (Fig. 7, 8 und 9) aus dem Grundrisse unter Fortlassung der Profilierung zu ermitteln, indem man die Lagerfugenkanten der Anfängersteine A, B und C in den Grundriß projiziert. Nachdem die Lagerflächen der Anfängersteine mit Hilfe dieser Schablonen in ihrer rohen Form bearbeitet sind, legt man an die Seiten der Steine die Bogenschablonen an und setzt nach diesen die weitere Bearbeitung fort. Erst hierauf werden die eigentlichen Profilschablonen auf die Lagerflächen gelegt und mit Hilfe derselben die Bearbeitung der Steine vollendet. Die Fig. 2, 3 und 5 veranschaulichen die Anfängersteine, Fig. 5 zeigt den ersten Bogenstein des Gurtbogens und Fig. 6 den Schlußstein des Gewölbes in isometrischer Ansicht.

Die Tafeln 20 und 21 zeigen einen Gewölbeanfänger, welcher in die Widerlagsmauer eingebunden ist. Die Halbmesser der Gurt- und Gratbogen sollen im vorliegenden Falle einander gleich sein. Der Anfänger soll aus einem Werkstück bestehen, welches bis zur Trennung der Rippen hinaufreicht. Es handelt sich also darum, die Höhe und die obere Fläche dieses Werkstückes auszutragen.

Nachdem die sich auf einen Kragstein oder ein Kapitäl setzende Unterfläche der stark zusammengeschobenen Glieder der Rippen im Grundriß (Fig. 1) gezeichnet ist, wird die Seitenansicht der Gurtrippe (Fig. 2) gezeichnet, deren innerer Bogen und deren Rücken als Kreisbogen aus dem Mittelpunkte M mit dem angenommenen Radius zu schlagen ist. Der Punkt, an dem die Rippen sich trennen, ist im Grundriß mit 4 bezeichnet worden. In demselben wird ein Lot errichtet, welches den Bogenrücken im Aufriß ebenfalls im Punkte 4 schneidet. Zieht man durch diesen Punkt eine Fuge nach dem Mittelpunkte M und verlängert diese über den Bogenrücken hinaus um die der Rippenstärke entsprechende Breite des oberen Rückenansatzes, so ist die Höhe des Werkstückes gefunden. Die Aufrißfläche der oberen Fuge ist dann durch Herunterloten im Grundrisse zu projizieren, sie stellt sich hier als das langgezogene Profil a b c d 4 dar. Da die Kreuzrippen im vorliegenden Falle gleiche Krümmung mit der Gurtrippe haben, so sind ihre oberen Fugenflächen ebenso gestaltet, wie die der Gurtrippen, und es können mithin die Grundrisse dieser Flächen einfach durch Uebertragung der entsprechenden Punkte der Gurtrippe gefunden werden.

Nimmt man an, daß die Schildbogenlinie mit demselben Halbmesser geschlagen ist wie die drei Rippen, so wird, während die Kreuzrippenkante von 5 nach 4 (Fig. 1) vorgerückt ist, der Schildbogen um ein gleiches Stück von 5 nach e gerückt sein. Es ist demnach die Linie 4 bis e zu ziehen, welche in der Kappenfläche liegt.

Legt man jetzt um die äußeren Punkte des Anfängers im Grundriß ein Rechteck und läßt dieses um das Maß der beabsichtigten Einbindung in die Mauer eingreifen, so ist hierdurch und durch die ermittelte Höhe des Anfängers die Größe des Werksteines festgelegt, aus dem der Anfänger hergestellt wird.

Zwecks weiterer Veranschaulichung ist durch Fig. 2 noch der Aufriß und durch Fig. 5 das isometrische Bild des Anfängers dargestellt.

Zuweilen werden die Rippenprofile in der unteren Lagerfläche so weit zusammengedrängt, daß ihre Mittellinien aus ein und demselben in der Wandfläche liegenden Punkte hervortreten, so daß also die Unterstützung der unteren Lagerfläche durch einen Kragstein oder ein Kapitäl nicht mehr nötig ist. Eine andere Lösung ist die, daß jede der drei Rippen für sich aus der Wand herauswächst, so daß die Punkte, in denen sie die Mauerfläche treffen, nebeneinander liegen. Es würde aber zu weit führen, diese und weitere Möglichkeiten, an dieser Stelle einer eingehenden Erörterung zu unterwerfen, es dürfte dies mehr Aufgabe einer Abhandlung über darstellende Geometrie*) sein.

Die **Stärke der Gewölbekappen** nimmt man bis 6 m Spannweite zu $\frac{1}{2}$ Stein, darüber hinaus zu 1 Stein an.

Zylindrische Kreuzgewölbe bis zu 3,5 m Spannweite erhalten, wenn sie unbelastet bleiben, meist weder einen selbständigen Gratbogen, noch eine Gratverstärkung. Bei einer Spannweite bis 4 m gibt man dem **Gratbogen** mindestens 1 Stein, bei einer Spannweite bis 9 m hingegen $1\frac{1}{2}$ bis 2 Stein Breite und Höhe. Werden bei Backsteinkappen bis etwa 6 m Spannweite **Gratverstärkungen** angeordnet, welche mit dem Mauerwerk der Kappen in Verband stehen, so ist diese Verstärkung in ihrer Breite und Höhe mindestens gleich 1 Stein zu wählen. Gratbogen aus Werkstein sollten bei Gewölben bis 6 m Spannweite nicht unter 20 cm Breite und 25 bis 30 cm Höhe, bei größeren Gewölben aber mindestens 30 cm Breite und 40 cm Höhe erhalten.

Die **Widerlagsstärke** an den Ecken des Raumes betrage in der Richtung der Gratlinie $\frac{1}{6}$ bis $\frac{1}{4}$ der Spannweite des Gratbogens, wobei die Breite des Widerlagskörpers sich zu seiner Länge wie 1 : 1 oder 2 : 3 verhalten soll. Uebersteigt die Höhe des Widerlagers von der Fußfläche bis zur Kämpferebene 3 m, so ist die Stärke der Widerlager um etwa $\frac{1}{10}$ der Widerlagshöhe zu vergrößern.

Die **busigen Kappen** der gotischen Kreuzgewölbe bleiben meist unbelastet und können dann bis 10 m Spannweite in $\frac{1}{2}$ Steinstärke ausgeführt werden.

Für die **Abmessungen der Gratrippen** gotischer Kreuzgewölbe lassen sich empirische Regeln nicht aufstellen, da diese sich meist nach den gewählten Profilierungen richten müssen und weil die statische Untersuchung häufig so geringe Querschnittsmaße ergibt, daß diese für die Ausführung der gewünschten Profile nicht ausreichen. Bei kleineren Gewölben ragen die Rippen meist nicht über den Kappenrücken vor, besitzen also keinen Rückenansatz; sie erhalten dann etwa 10 cm Breite und 15 bis 20 cm Höhe. Bei Gewölben bis etwa 10 m Diagonallänge und Rippen aus Werkstein schwankt die Breite zwischen 15 und 25 cm bei einer Höhe von 25 bis 35 cm einschließlich des Rückenansatzes; bei Rippen aus Backsteinen wählt man in solchem Falle eine Höhe und Breite gleich 1 bis $1\frac{1}{2}$ Stein.

Die **Widerlagsstärke** gotischer Kreuzgewölbe läßt sich ebenfalls nicht auf Grund empirischer Regeln festlegen, da die Widerlagshöhe und die Form dieser Gewölbe in jedem besonderen Falle eine verschiedene sein wird. Es muß

---

*) Vergl. **Opderbecke**, Die angewandte darstellende Geometrie für Hochbau- und Steinmetztechniker. Preis 6 M 75 Pfg. Verlag von **Bernh. Friedr. Voigt** in Leipzig.

deswegen für solche Gewölbc stets eine statische Untersuchung der Bestimmung der Widerlagsstärke vorangehen.

Zerlegt man die Gewölbekappen eines einfachen gotischen Kreuzgewölbes, welches nur Rand- und Gratbogen besitzt, durch Zwischenbogen, so entsteht das

mehrteilige Kreuzgewölbe,

welches auch die Bezeichnungen Sterngewölbe und Netzgewölbe führt, je nachdem die Figuren, welche die Rippen miteinander bilden, die Sternform besitzen oder netzartig verknüpft erscheinen. Einige Beispiele für die Grundrißanordnungen dieser Gewölbe veranschaulichen die Figuren 708 bis 713. Ebenso verschiedenartig wie die Anordnung der Rippen können auch die zwischen diesen vorhandenen Kappenfelder gestaltet werden. Meist gehören die Leibungen der Kappen Kugelflächen oder kugelförmigen Flächen, seltener Walmflächen, an, welche mit Stichkappen oder Schildern durchsetzt sind. Die Rippen unterscheiden sich ihrer Stellung und Bedeutung nach in Kreuz- oder Hauptrippen, Scheitelrippen, Schildbogen- oder Wandrippen, Quer- oder Gurtrippen und Nebenrippen.

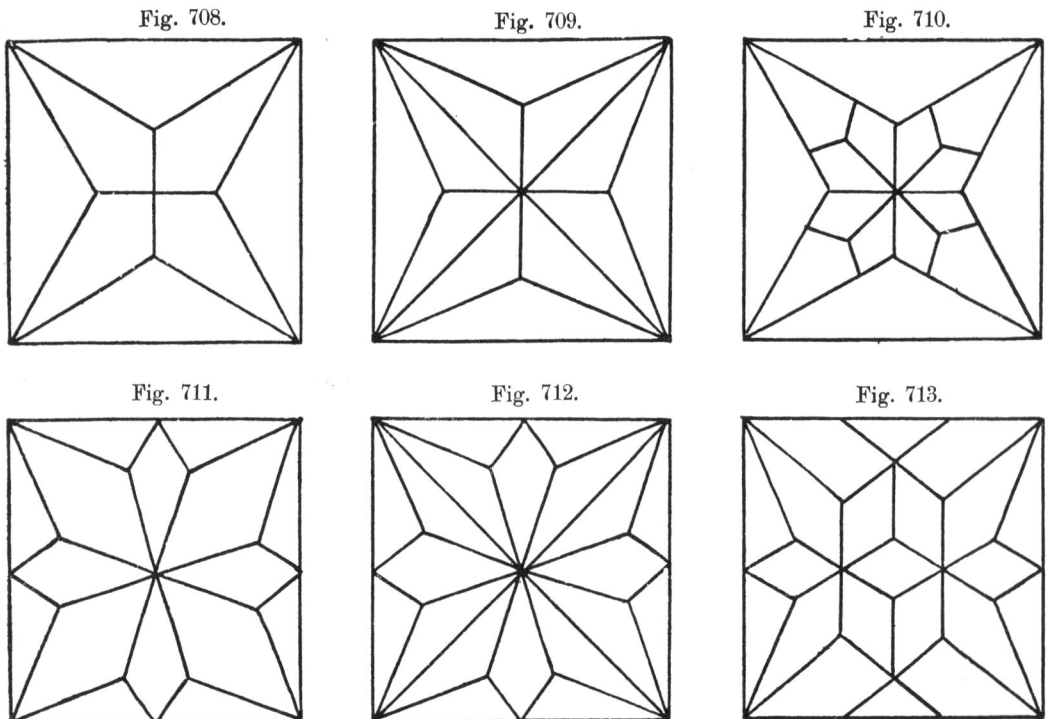

Fig. 708.
Fig. 709.
Fig. 710.

Fig. 711.
Fig. 712.
Fig. 713.

Soll ein Sterngewölbe über einem quadratischen Raume errichtet werden, so können die Bogen aller Gewölberippen als Kreisbogen mit gleichem Halbmesser konstruiert werden. In Fig. 714 sei der Diagonalbogen als flacher Spitzbogen aus den Mittelpunkten i und i_1 beschrieben.

Schlägt man jetzt mit $d\,i_1$ um d einen Kreisbogen und verlängert die Rippenlinie $d\,h$ bis zum Schnitte k mit diesem Kreisbogen, so erhält man die Form des Rippenbogens $d\,s_2$ als Kreisbogenlinie beschrieben um k mit $k\,d$, und ebenso muß l Mittelpunkt der mit dem Halbmesser l d zu verzeichnenden Randlinie d s₃ sein. Sollen nun die Leibungen der einzelnen Kappenfelder Kugelflächen angehören, so muß der Mittelpunkt M_1 für die Leibungsfläche d h s in dem Schnitte der Lote von k gegen d k und von i₁ gegen d i₁ und der Mittelpunkt M_2 für die Leibungsfläche d h n in dem Schnitte der Lote von k gegen d k und von l gegen d l liegen. Die aus M_1 und M_2 beschriebenen größten Kreise der Kugelflächen sind dann I und II. Legt man eine lotrechte Schnittebene durch die Scheitellinien s h und h n, so wird die Kugelfläche über I in einem Halbkreise geschnitten, dessen Durchmesser o p ist und die Kugelfläche II in einem Halbkreise, dessen Durch-

Fig. 715.

messer q r ist. Die Mittelpunkte t und u dieser Halbkreise liegen dann in den Loten von M_1 und M_2 gegen n s, und die Halbmesser der Scheitellinien s h und h n sind mithin gleich t o beziehungsweise gleich u q. Da die Mittelpunkte dieser Scheitellinien und die aller Rippenbogen in der Kämpferebene a₁ b₁ liegen müssen, so ist die Darstellung des Querschnittes (Fig. 715) ohne weitere Schwierigkeiten möglich.

Auch bei rechteckiger Grundrißform kann unter Beibehaltung des gleichen Halbmessers für alle Rippenbogen die Form des Gewölbes bestimmt werden. Da jedoch dann bei den langgestreckten rechteckigen Grundrißformen die Randbogen und auch die übrigen Bogen eine meist ungünstige Form annehmen, so sieht man besser von der Gestaltung

Fig. 714.

solcher oder ähnlicher Gewölbe nach festem Halbmesser ab.

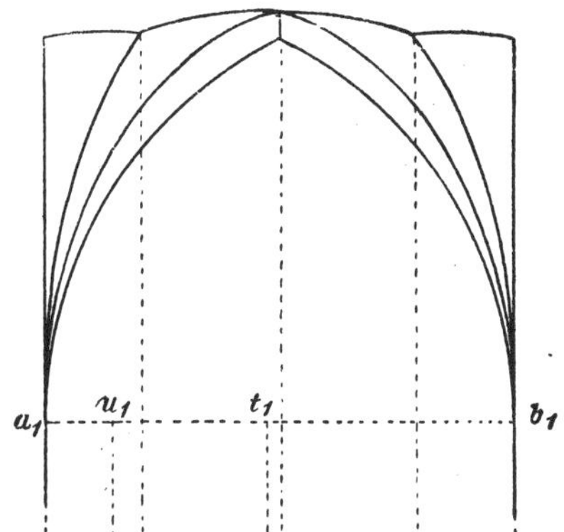

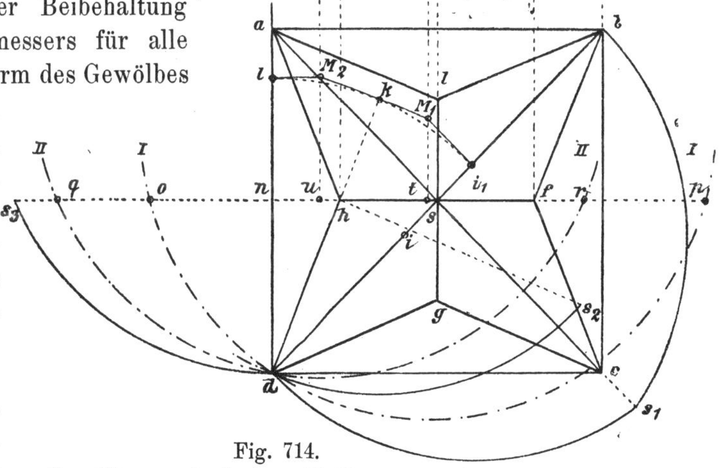

Sollen die Kappenflächen Teile von Kugelflächen sein, so kann man in Fig. 716 den Punkt e, aus welchem der Gratbogen d s₁ über s d mit e d beschrieben ist, als Mittelpunkt der Kappenflächen s h d und s i d betrachten. Fällt man jetzt von e gegen d h und d i die Lote e k und e l, sowie von k ein Lot k m gegen d c und von l ein Lot l n gegen a d, so können k, l, m und n als Mittelpunkte der Rippenlinien d h₁ über d h, d i₁ über d i, sowie der Schildbogenlinien d o₁ über d o und d p₁ über d p angesehen werden. Es sind dann zugleich k und l Mittelpunkte der Kappenflächen d h o und d i p. Zum Austragen der Scheitellinie über s i dient die Kappenfläche s d i, deren größter Kreis sich mit der Gratlinie d s₁ deckt. Dieser wird von einer durch i s geführten Lotebene in u und u₁ geschnitten, und es ist mithin u u₁ der Durchmesser des Halbkreises,

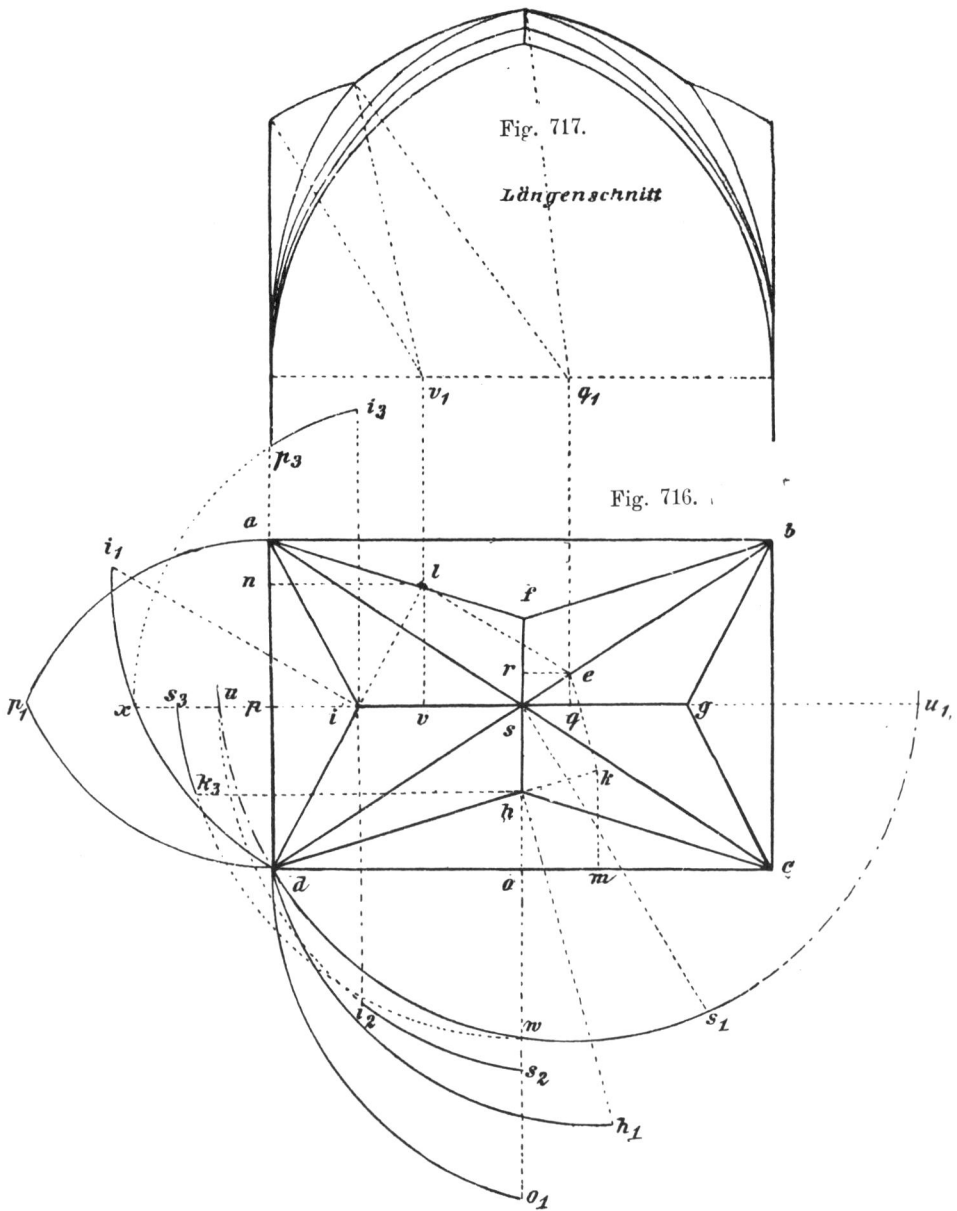

Fig. 717.

Längenschnitt

Fig. 716.

in welchem die Kugelfläche der Kappe d i s geschnitten wird. Der Mittelpunkt dieses Halbkreises liegt dort, wo u u₁ von dem aus e gegen u u₁ gefällten Lote getroffen wird, also in q. Die Scheitellinie i₂ s₂ ist demnach ein Kreisbogen, beschrieben um q mit q u. Die Mittelpunkte r der Scheitellinie über h s und v der Scheitellinie über p i sind auf gleiche Weise wie q zu ermitteln, und ebenso ergeben sich auch die Halbmesser dieser Scheitellinien in r w und v x. Nach diesen Ermittelungen ist die Darstellung der Höhenschnitte ohne weiteres möglich.

Die Ausführung der Sterngewölbe erfolgt meist aus freier Hand durch Schwalbenschwanzwölbung. In der Richtung der Haupt- und Nebenrippen können entweder Gratverstärkungen im Verbande mit den Kappen oder selbständige Rippenkörper angeordnet werden, welche nach unten gegen die Kappenleibungen vortreten und hier mehr oder weniger reiche Profilierungen erhalten. In beiden

Fig. 718.

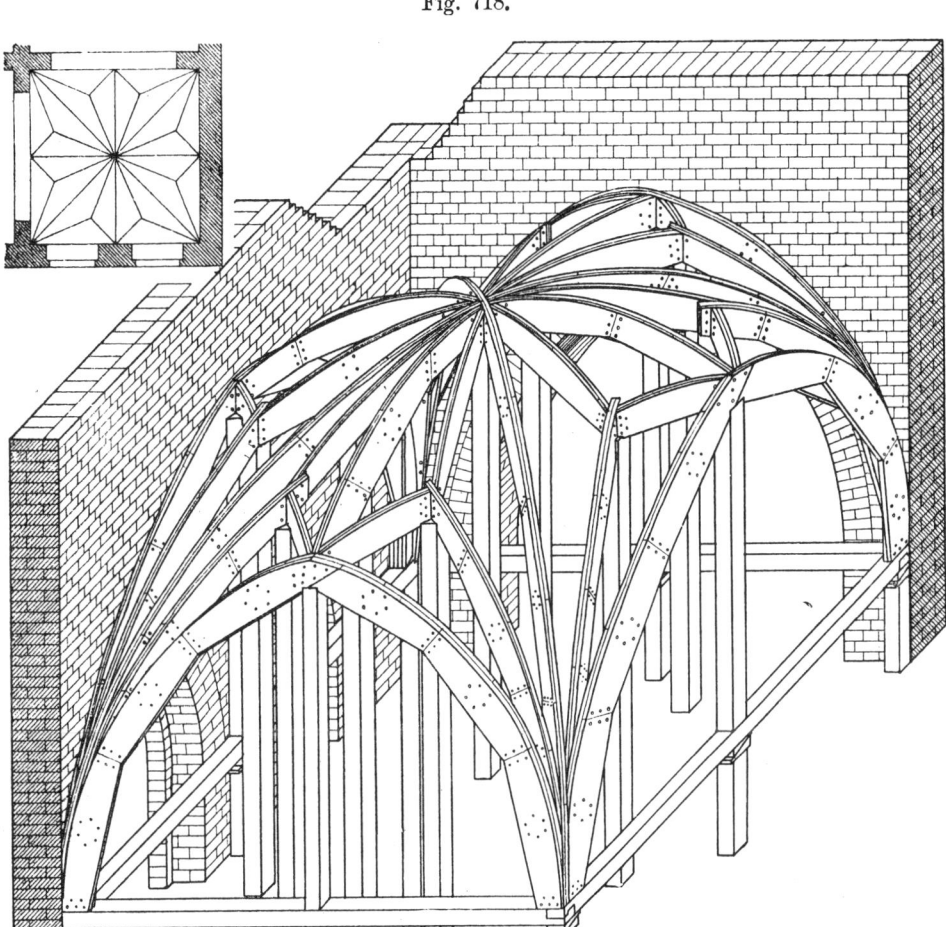

Fällen sind alle Rippen durch Lehrbögen zu unterstützen, welche meist aus einer doppelten Lage von Bohlen hergestellt werden. Ein Beispiel hierfür veranschaulicht Fig. 718 unter Zugrundelegung eines 24 teiligen Gewölbes.

Auf den Tafeln 22 und 23 ist ein Sterngewölbe über quadratischem Raume zur Darstellung gebracht.

Durch Fig. 1 und 2 ist das System der Konstruktion des Gewölbes in Grund- und Aufriß dargestellt.

Der Ausgangs- oder Prinzipalbogen ist als Spitzbogen aus dem Mittelpunkte e beschrieben, während die übrigen Rippenlinien auf gleiche Weise, wie dies bei Fig. 714 erläutert wurde, bestimmt sind.

Für die Austragung der Gewölberippen ist ebenso, wie dies für den Anfängerstein (Tafel 20 und 21) geschah, zunächst das Rippenprofil festzulegen und auf Grund desselben die Einzeichnung der Rippen im Grundrisse (Fig. 1) vorzunehmen. Die einzelnen Rippen sind dann wieder in die Grundrißebene umzuklappen und die Fugen zwischen den einzelnen Werkstücken einzuzeichnen. Diesen Fugen kann man eine wagerechte Lage geben, solange der Winkel, welchen die Wagerechte mit der Bogenlinie bildet, nicht so spitz wird, daß ein Abstoßen der Kanten zu befürchten ist.

Sobald jedoch die Rippen vollständig frei aus der Wand heraustreten, gibt man den Fugen eine nach dem Mittelpunkte der Bogenlinie gerichtete Lage. Im Aufrisse (Fig. 2) erfolgt die Verzeichnung der Rippen auf gleiche Weise, wie dies bei dem Kreuzgewölbe (Tafel 16 und 17) erläutert wurde. Die Mittelpunkte M_1 und M_2 für die Gewölbekappen, sowie die Mittelpunkte t_1 und u_1 für die Scheitellinien ergeben sich ebenso, wie dies bei Fig. 714 entwickelt wurde.

f) Fächer- oder Trichtergewölbe,

Das Fächergewölbe, auch Trichter- oder Strahlengewölbe, Normännisches oder Angelsächsisches Gewölbe genannt, besitzt als Leibungsfläche eine Umdrehungsfläche. Diese wird durch Drehung einer ebenen Kurve um eine lotrechte Achse, welche Tangente an einem Endpunkte der Kurve ist, erzeugt. Die Erzeugende ist meist ein Viertelkreis oder ein halber Spitzbogen, seltener eine elliptische Linie oder ein Korbbogen. Gewöhnlich sind die Leibungsflächen durch vortretende gegliederte Rippen in viele schmale Gewölbefelder, die sogen. „Fächer" oder Gewölbefache, zerlegt, und die derart gegliederten Gewölbekörper werden von Stützen getragen, deren Querschnitt ein Kreis oder ein regelmäßiges Vieleck ist, auch wohl, durch Hinzufügung rechteckiger oder geschwungener Vorlagen, die Kreuzform annimmt. Die Zahl der von einer Stütze ausgehenden Rippen kann eine beliebige sein, doch wählt man diese meist so, daß sich die gegen die Gewölbefache vortretenden Teile der Rippen schon am Kämpfer, oder doch in geringer Höhe über diesem, voll entwickeln können. Handelt es sich um die Ueberdeckung kleinerer Räume mit Fächergewölben, so treten die Stützen als Mauervorlagen auf. Ist dagegen ein Raum von ausgedehnter Grundfläche mit Fächergewölben zu überspannen, so ist durch Pfeilerstellungen der Raum in einzelne quadratische oder rechteckige Abteilungen von möglichst gleichen Abmessungen zu zerlegen.

Die Rippen der einzelnen Gewölbefelder läßt man nach oben entweder sternartig zusammentreten oder gegen wagerecht liegende kreisförmige Abschlußrippen anschneiden. Ein Fächergewölbe der ersteren Art veranschaulichen die Fig. 719 und 720, ein solches der letzteren Art die Fig. 721 und 722.

Als Erzeugende der Umdrehungsfläche des Rippensystems ist in Fig. 719 der um b beschriebene Schenkel a s eines in der Richtung a c stehenden Spitzbogens gewählt. Die Einteilung der Rippen ist so bewirkt, daß die von diesen begrenzten Winkel in der Grundrißprojektion einander gleich sind. Die Bogen-

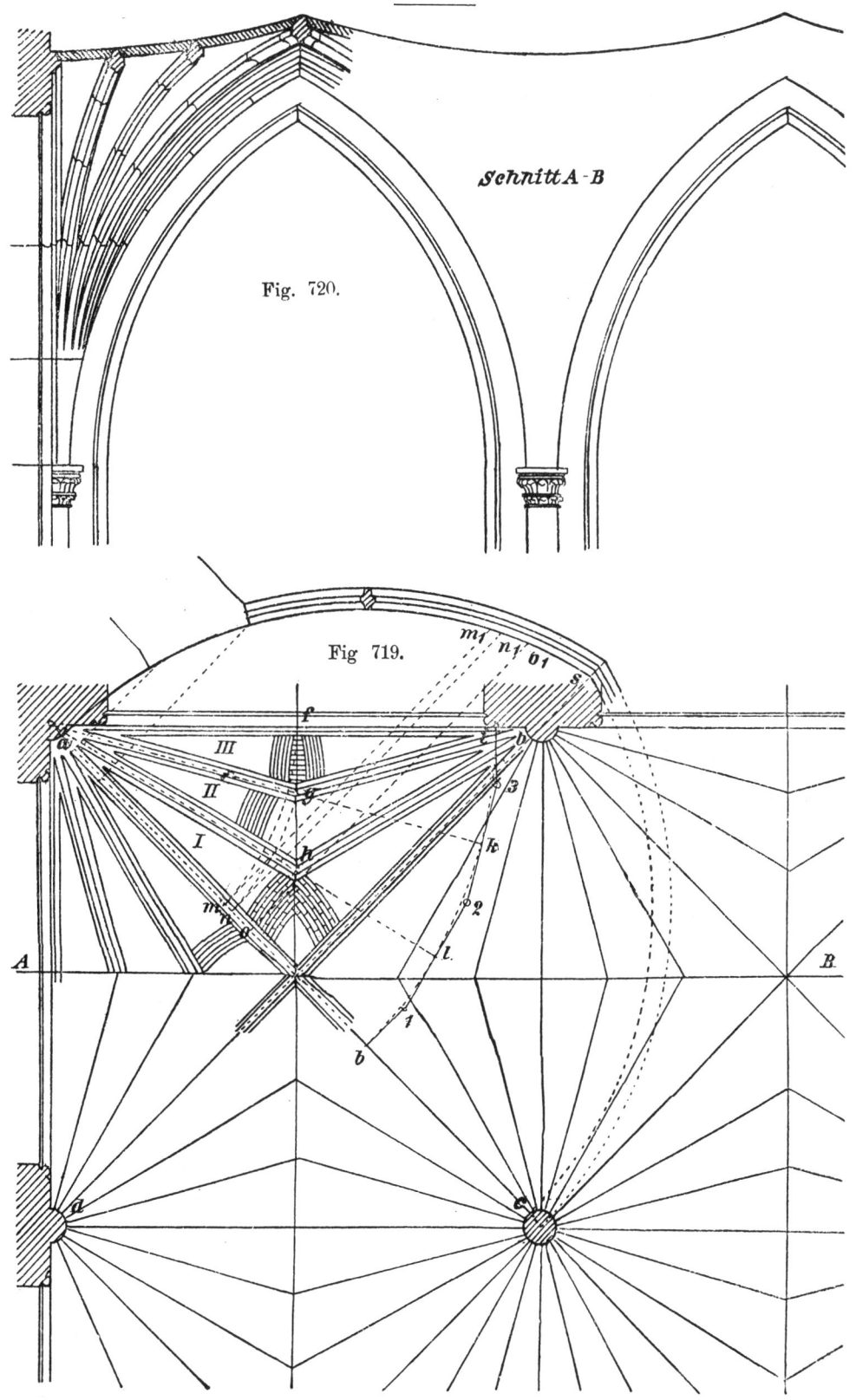

Schnitt A - B

Fig. 720.

Fig 719.

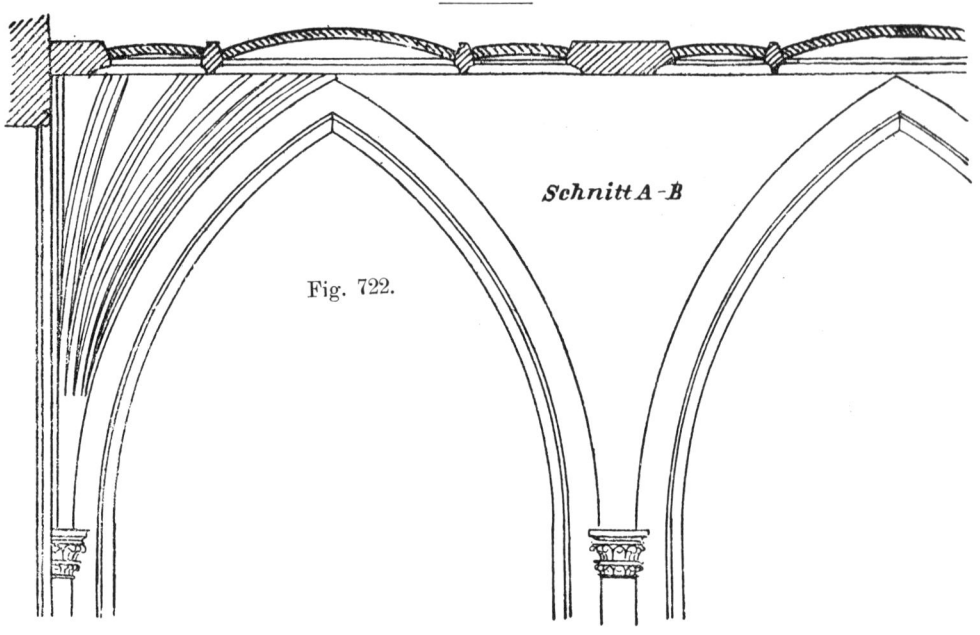

Schnitt A-B

Fig. 722.

Fig. 721.

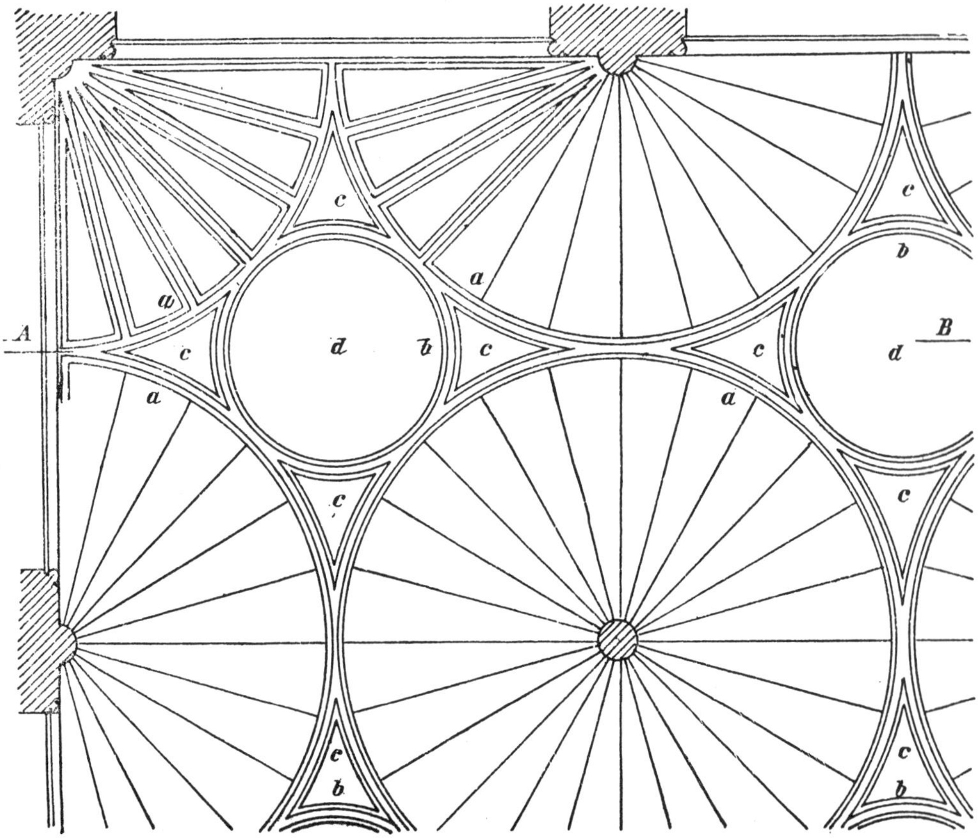

linien a f, a g und a h müssen dann Kreisbogen sein, welche alle mit dem unveränderlichen Halbmesser a b aus i, k und l beschrieben werden können, und die Höhenlage der Scheitelpunkte dieser Kreisbogen ist gleich m m_1 und o o_1.

Unter Benutzung dieser, sowie einiger weiterer Höhenlote der Rippen ist die Darstellung der Schnittzeichnung A—B (Fig. 720) leicht zu bewirken.

Die zwischen den Rippen liegenden Kappenfelder können mit Busung als Kugelflächen eingewölbt werden. Die in b auf a b, in l auf a l, in k auf a k und in i auf a i errichteten Lote bestimmen in ihren Schnitten 1, 2 und 3 die Kugelmittelpunkte der Kappen I, II und III, und es erscheinen mithin die Lagerfugen dieser Kappen in der Grundrißprojektion als Kreisbogen, welche aus 1, 2 und 3 beschrieben werden.

Sollen die Scheitelpunkte aller Rippen gleiche Höhenlage über der Kämpferebene haben, so sind dieselben durch horizontal liegende Abschluß- und Kranzrippen a und b (Fig. 721) zu verspannen. Die Einwölbung der zwischen den Fächerrippen liegenden Kappenfelder kann wiederum nach Kugelflächen stattfinden. Die Zwickel c können durch Steinplatten, durch flache böhmische Kappen oder durch Klostergewölbe geschlossen werden, während die Kreisflächen d gewöhnlich durch eine flache Kuppel (Fig. 722) überdeckt werden.

D. Die Konstruktion und das Verankern weitausladender Gesimse.

An Orten, wo die Beschaffung von Werksteinen mit unverhältnismäßig hohen Kosten verbunden ist, wird häufig die Hausteinarchitektur in Putz nachgeahmt. Diese Konstruktionsweise kann allerdings vom künstlerischen Standpunkte aus nicht gebilligt werden, da sie eine Scheinarchitektur schafft. Dennoch erscheint es nicht unangebracht, die einschlägigen Konstruktionen hier einer Besprechung zu unterziehen, da der in der Praxis stehende Techniker leider nur zu oft gezwungen ist, dieselben auszuführen.

Haben die Gesimse nur geringe Ausladung gegen die Gebäudeflucht, so werden sie durch Vorkragen der einzelnen, der Umrißlinie des Gesimses entsprechend zugehauenen Ziegelschichten aufgemauert oder mittels Steinplatten hergestellt, die in den Flächen, welche verputzt werden sollen, rauh zu spitzen sind, damit der Putz an ihnen haftet.

Reichen bei größeren Ausladungen die gewöhnlichen Backsteinlängen nicht aus, so lassen sich mit Vorteil Dachsteine (Biberschwänze) verwenden, die in 2 bis 3 Lagen mit wechselndem Stoß verlegt und an ihrem hinteren Ende mit Vollsteinen übermauert werden. Erst nach genügender Erhärtung des Mörtels sind die Dachsteinschichten in dem gegen die Mauerflucht vortretenden Teile mit möglichst leichtem Material (Lochsteine, Schwemmsteine) zu belasten; auch empfiehlt sich ein Abstützen derselben durch schwache Holzstreben bis zum vollständigen Abbinden des Mörtels.

Bei noch größeren Ausladungen muß die Unterstützung durch Eisen erfolgen. Es kann dies nach Fig. 723 in der Weise geschehen, daß wagerechte

Fig. 723.

Unterstützung ausladender Gesimse mittels Flach- und Quadrateisen.

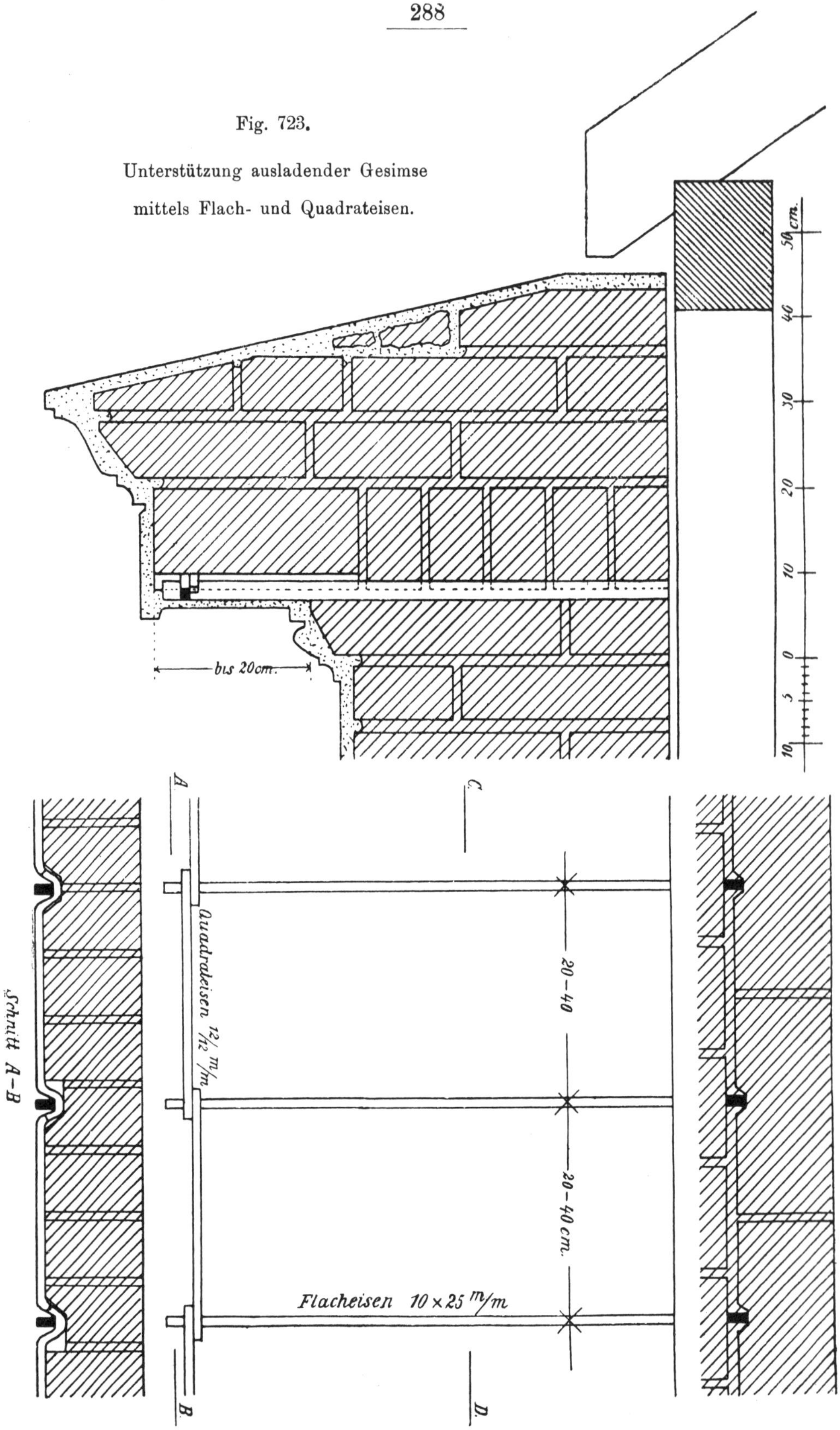
cm.
50
40
30
20
10
0
5
10
bis 20cm.
A
B
C.
D.
Quadrateisen 12/12 m/m
20–40
20–40 cm.
Flacheisen 10 × 25 m/m
Schnitt A–B
Schnitt C–D.

Eisenstäbe quadratischen oder rechteckigen Querschnittes in Abständen von 20 bis 40 cm senkrecht zur Mauerflucht eingelegt werden. Ueber das freie Ende dieses Eisenrostes können wiederum Eisenstäbe gestreckt werden, welche die äußere Unterstützung einer stark ausladenden Rollschicht bilden. Die innere Unterstützung findet diese Rollschicht auf den nur 5 bis 8 cm ausladenden Schichten der Unterglieder des Gesimses. Oberhalb des Mauerkernes ist der

Fig. 724.

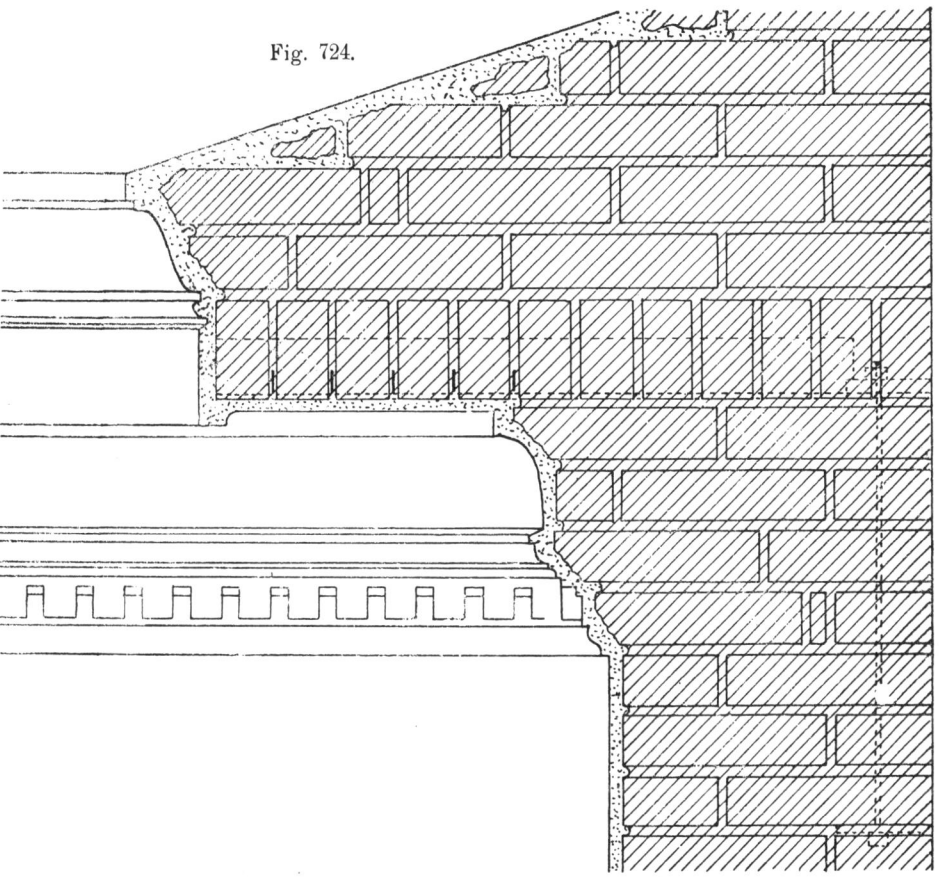

Eisenrost durch eine Rollschicht, deren Stoßfugen parallel zur Mauerflucht verlaufen, zu belasten und diese wiederum durch eine Aufmauerung in Flachschichten bis zur Oberkante der Gesimsabdeckung. Als Mörtel ist in solchen Fällen stets reiner Zementmörtel zu verwenden, da dieser fest an den eingelegten Eisen haftet und dieselben gegen Rosten schützt, während Kalkmörtel das Rosten und damit die Zerstörung der Eisenteile befördert.

Ist die Ausladung eines Gesimses im Verhältnis zur Mauerstärke zu groß, beziehungsweise die innere Belastung des auskragenden Eisenrostes gering, so steht ein Ueberkippen der Aufmauerung oder ein Bersten nach einer lotrechten Längsfuge zu befürchten. In solchem Falle müssen die tragenden Eisenteile entweder mit den Dachkonstruktionen oder mit tiefer liegenden Schichten des Mauerwerks fest verbunden werden. Das Verankern mit der Dachkonstruktion ist jedoch nur zulässig, wenn diese aus Eisen hergestellt ist; bei Holzdächern ist dasselbe immer bedenklich, da bei einem Brande leicht ein Einsturz des Gesimses erfolgen kann.

Zu den auskragenden Eisen verwendet man mit Vorliebe ⊥-Träger von etwa 60 bis 80 mm Steghöhe (Fig. 724 und 725), welche in Entfernungen von 50 bis 90 cm zu verlegen sind. Zwischen dieselben können, soweit sie gegen die Mauerflucht vorkragen, Kleinesche oder Schürmannsche Gewölbekappen eingespannt werden, während der Teil des Eisenrostes oberhalb des Mauerkernes in gleicher Weise zu belasten ist, wie dies bei dem durch Fig. 723 dargestellten Gesimse beschrieben wurde.

Die Verankerung der ⊥-Träger mit dem Mauerwerk kann durch Rundeisenanker erfolgen, welche nahe der hinteren Mauerkante einzulegen sind.

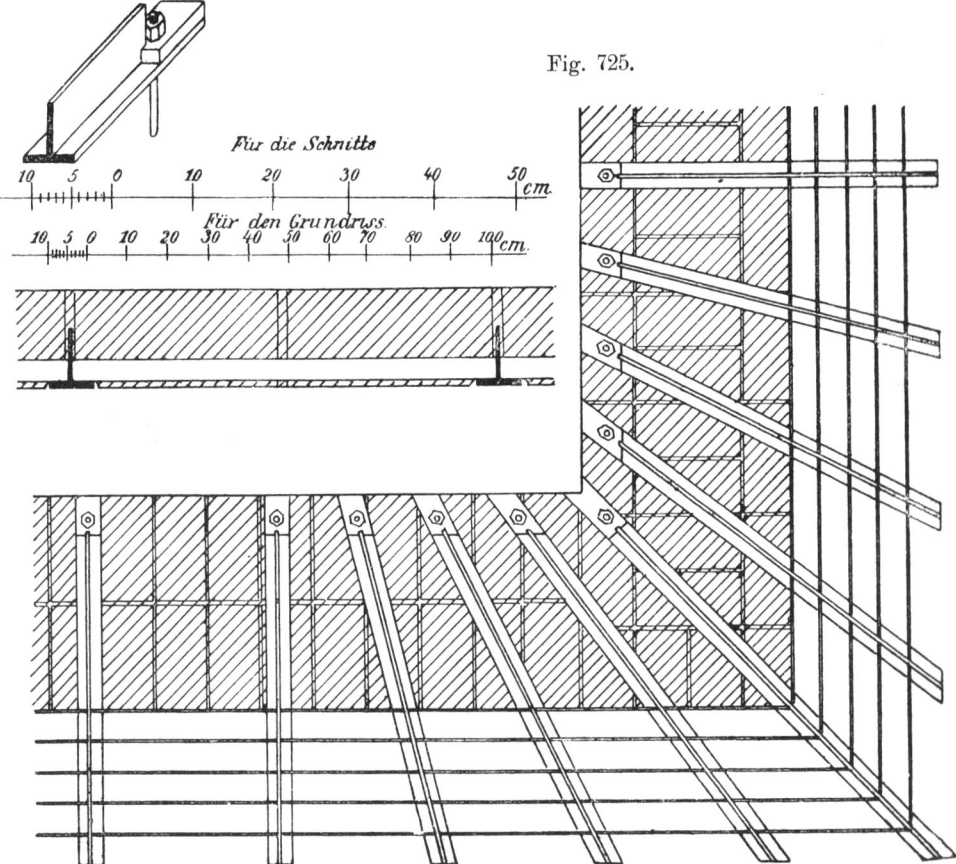

Fig. 725.

Kommen an den Gesimsen Eckbildungen vor, so sind hier die auskragenden Eisenstäbe schief zur Mauerflucht anzuordnen, etwa wie dies durch Fig. 725 veranschaulicht ist.

Sollen unter der ausladenden Hängeplatte eines Gesimses weit vortretende Konsolen angebracht werden, so sind diese entweder mittels Eisen an den Trägern zu befestigen, oder sie sind über vorgekragte Biberschwänze, wie dies durch die Fig. 726 bis 731 vorgeführt ist, zu schieben.

Die Konstruktion der Werksteingesimse ist so lange eine einfache, als

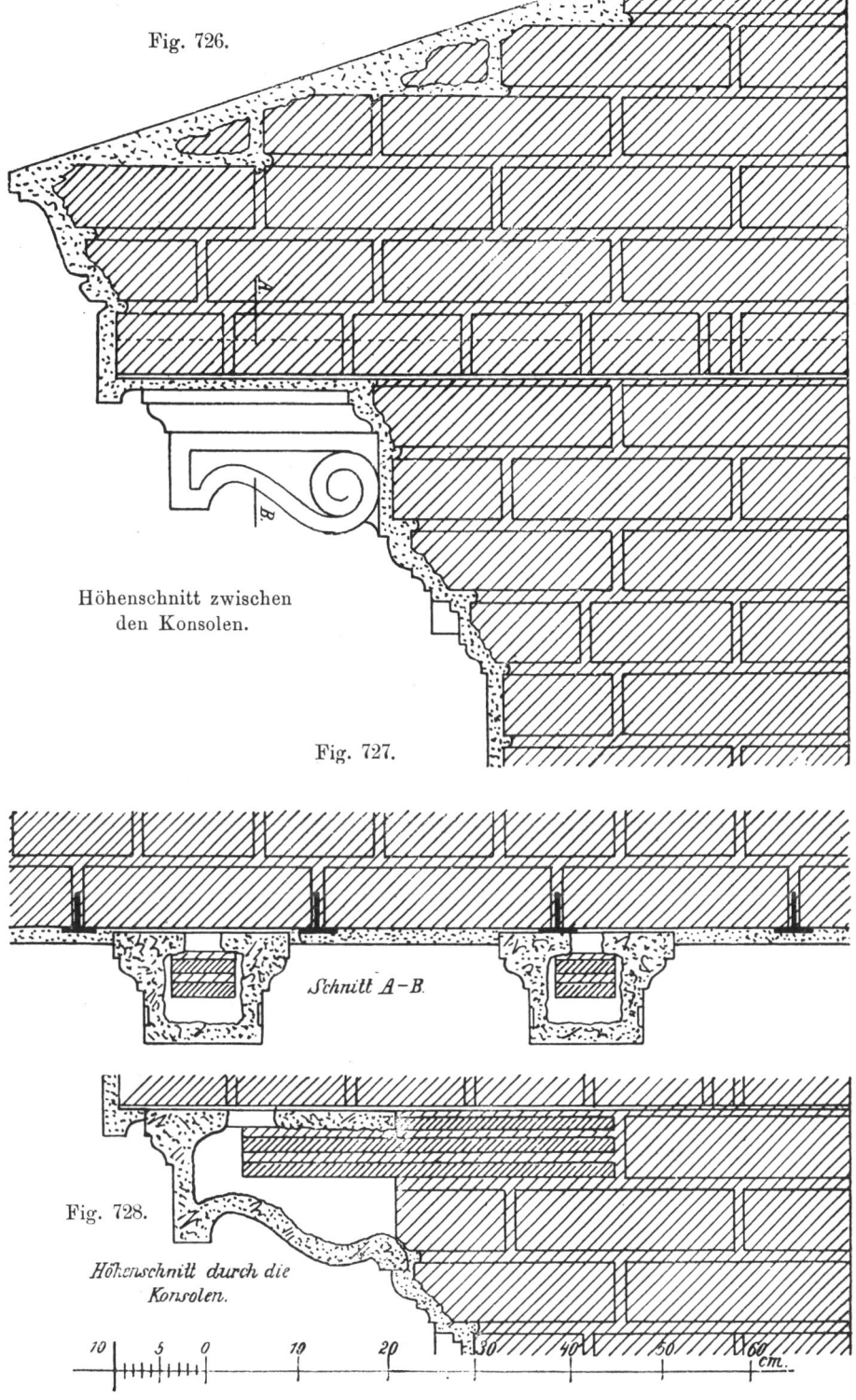

Fig. 726.

Höhenschnitt zwischen
den Konsolen.

Fig. 727.

Schnitt A—B.

Fig. 728.

Höhenschnitt durch die
Konsolen.

10 5 0   10   20   30   40   50   60
                                                cm.

genügend große Steine zur Verfügung stehen, um durch entsprechend tiefes Einbinden oder durch hinreichende Uebermauerung ein Kippen der Gesimse zu verhindern. Hierbei muß jedoch außer der Last des ausladenden Gesimsteiles die
zufällige Belastung durch Arbeiter (Dachdecker, Klempner) berücksichtigt werden.
Nach Ermittelung dieser Lasten ist deren Schwerpunkt zu ermitteln, welcher,
namentlich bei weichen Werksteinen, noch in das mittlere Drittel des aufgehenden Mauerwerks zu liegen kommen muß. Rückt der Schwerpunkt weiter nach

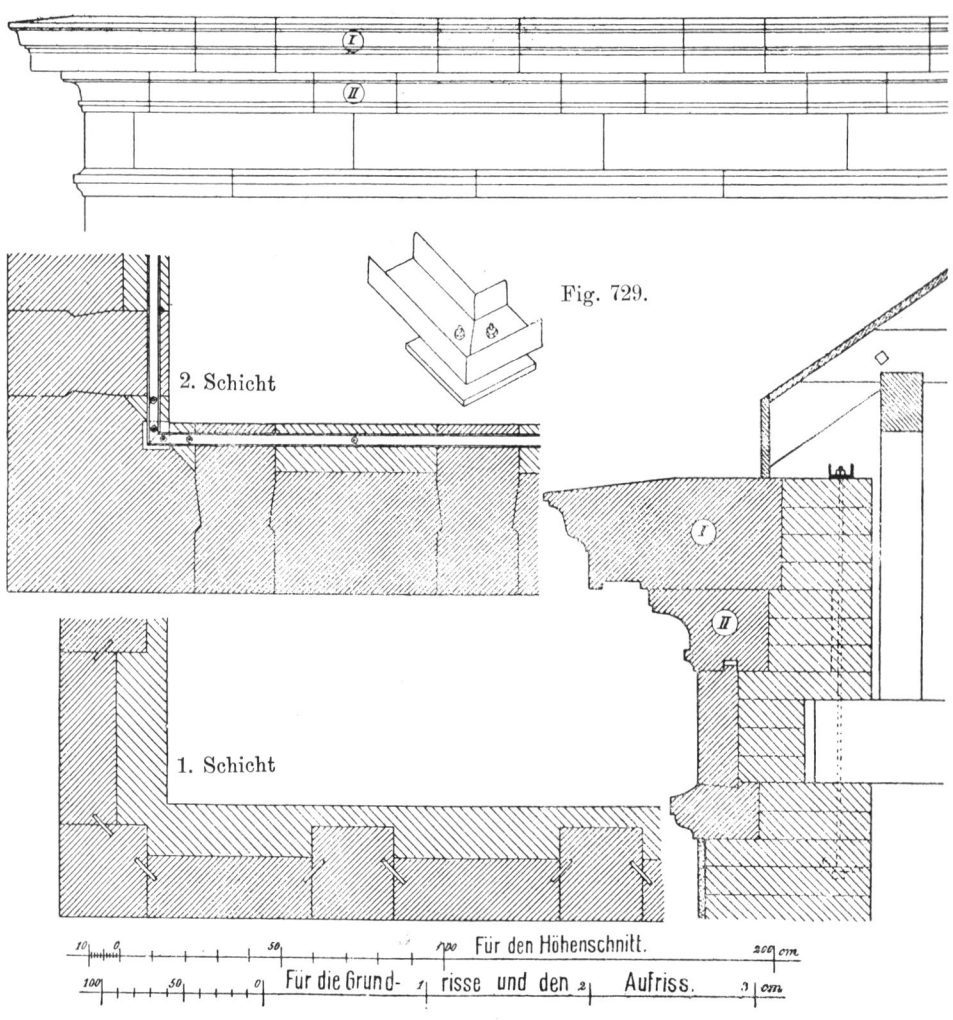

Fig. 729.

2. Schicht

1. Schicht

Für den Höhenschnitt.

Für die Grund- risse und den Aufriss.

außen, so können starke Kantenpressungen entstehen, welche ein Brechen der
Steine veranlassen. In allen Fällen, in denen eine sichere ausreichende Unterstützung des Schwerpunktes durch die Kernmauern nicht zu erreichen ist, muß
das Gleichgewicht durch eiserne Verankerungen hergestellt werden.

Ist die Ausladung des Gesimses eine verhältnismäßig geringe, so kann
dennoch an Material gespart werden, wenn man die Gesimsstücke als Läufer
und Binder herstellt und die Binder mit dem Mauerkern verankert. Die aus

Rundeisen zu bildenden, in Abständen von 1,0 bis 2,0 m anzuordnenden Anker können an ihrem oberen Ende durch ⊏-Eisen und Schraubenmuttern gehalten werden, wie dies Fig. 729 zeigt.

Bei Konsolengesimsen kann man die Verankerung in der Weise ausführen, daß man die Konsolsteine durch die ganze Mauerstärke binden läßt, über diese schwache ⊥-Träger von etwa 80 mm Höhe streckt und dieselben mit dem Kern durch Doppelanker nach Fig. 730 fest verbindet.

Eine ähnliche Konstruktionsweise zeigt Fig. 731. Auch hier binden die Konsolsteine durch die ganze Mauer und werden an ihrem hinteren Ende durch

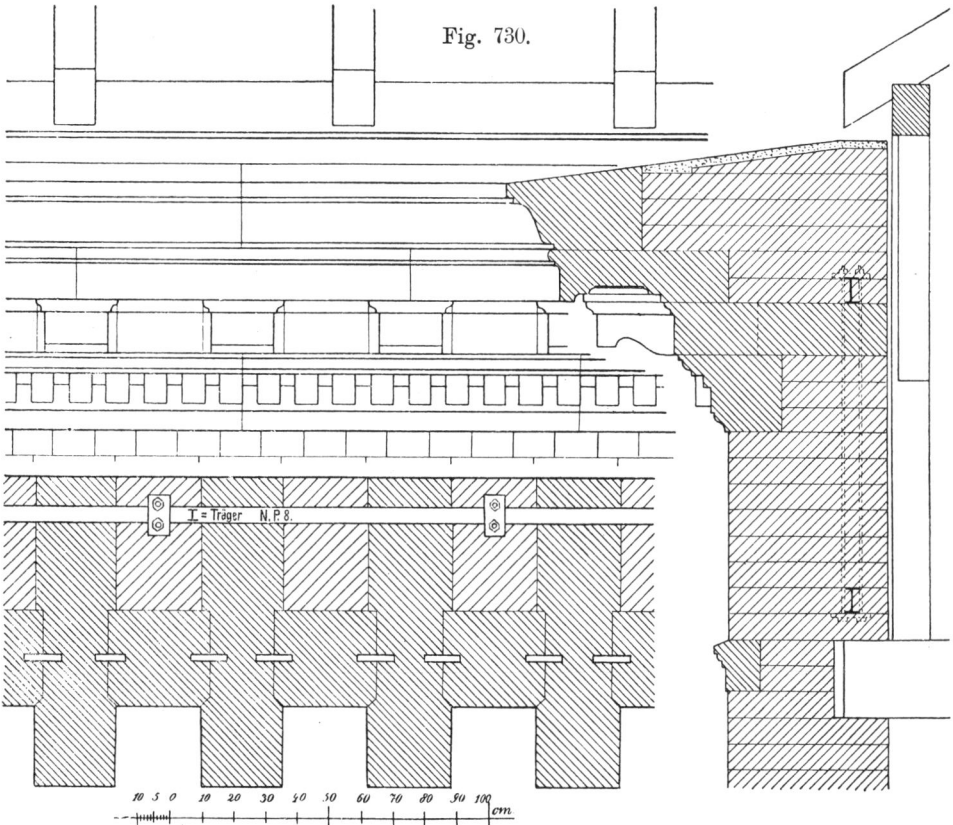

Fig. 730.

Rundeisenanker gehalten, welche am oberen Ende in Flacheisen umgeschmiedet und mit etwa 60 mm breiten Schlaufen verschraubt sind. Durch diese Schlaufen sind ⊥-Träger gesteckt, deren Länge dem Abstande der Anker (1,50 bis 2,0 m) entspricht. Der Stoß dieser Träger kann durch aufgelegte Flacheisen mittels Verschraubung gesichert werden. Am unteren Ende der mit Schraubengewinde versehenen Anker sind Ankerplatten eingelegt und hier Oeffnungen im Mauerwerk belassen, um die Anker nach dem Verlegen der ⊥-Träger mittels Schraubenmuttern fest anziehen zu können. Diese Oeffnungen sind erst zu schließen, nachdem das Gesimse fertig verlegt ist.

Will man die Konsolsteine, was bei sehr kostbarem Material in Frage kommen kann, nicht durch die ganze Mauerstärke reichen lassen, so kann eine

Fig. 731.

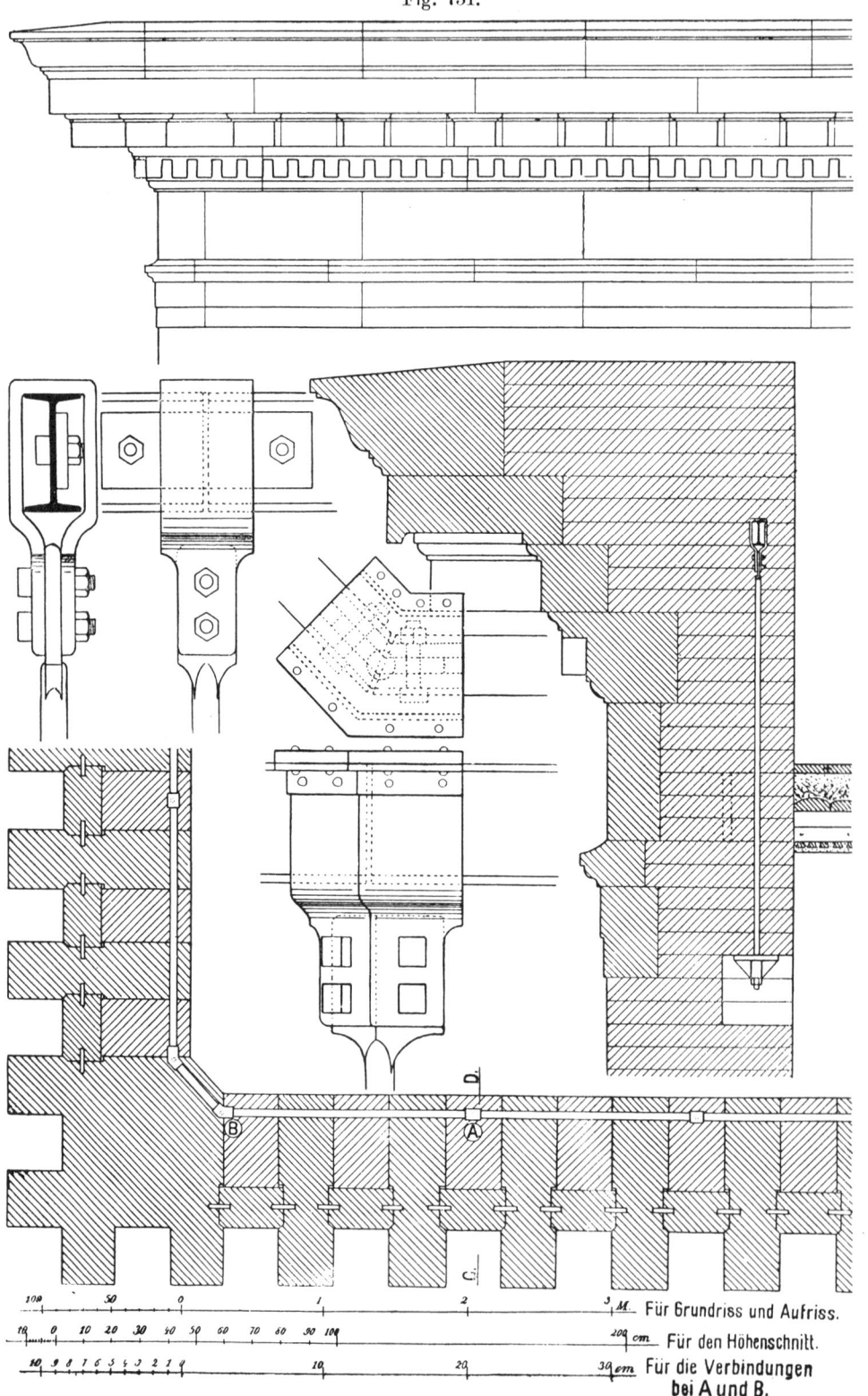

100   50   0   1   2   3 M. Für Grundriss und Aufriss.

10 0 10 20 30 40 50 60 70 80 90 100   200 cm Für den Höhenschnitt.

10 9 8 7 6 5 4 3 2 1 0   10   20   30 cm Für die Verbindungen
bei A und B.

Konstruktion nach Fig. 732 gewählt werden. Hierbei sind die Konsolstücke, welche nur etwa bis auf halbe Mauerstärke einbinden, mit ihrem hinteren Ende in ⊥-Träger eingeschoben. Ueber diese sind ⊥-Eisen so gestreckt, daß deren

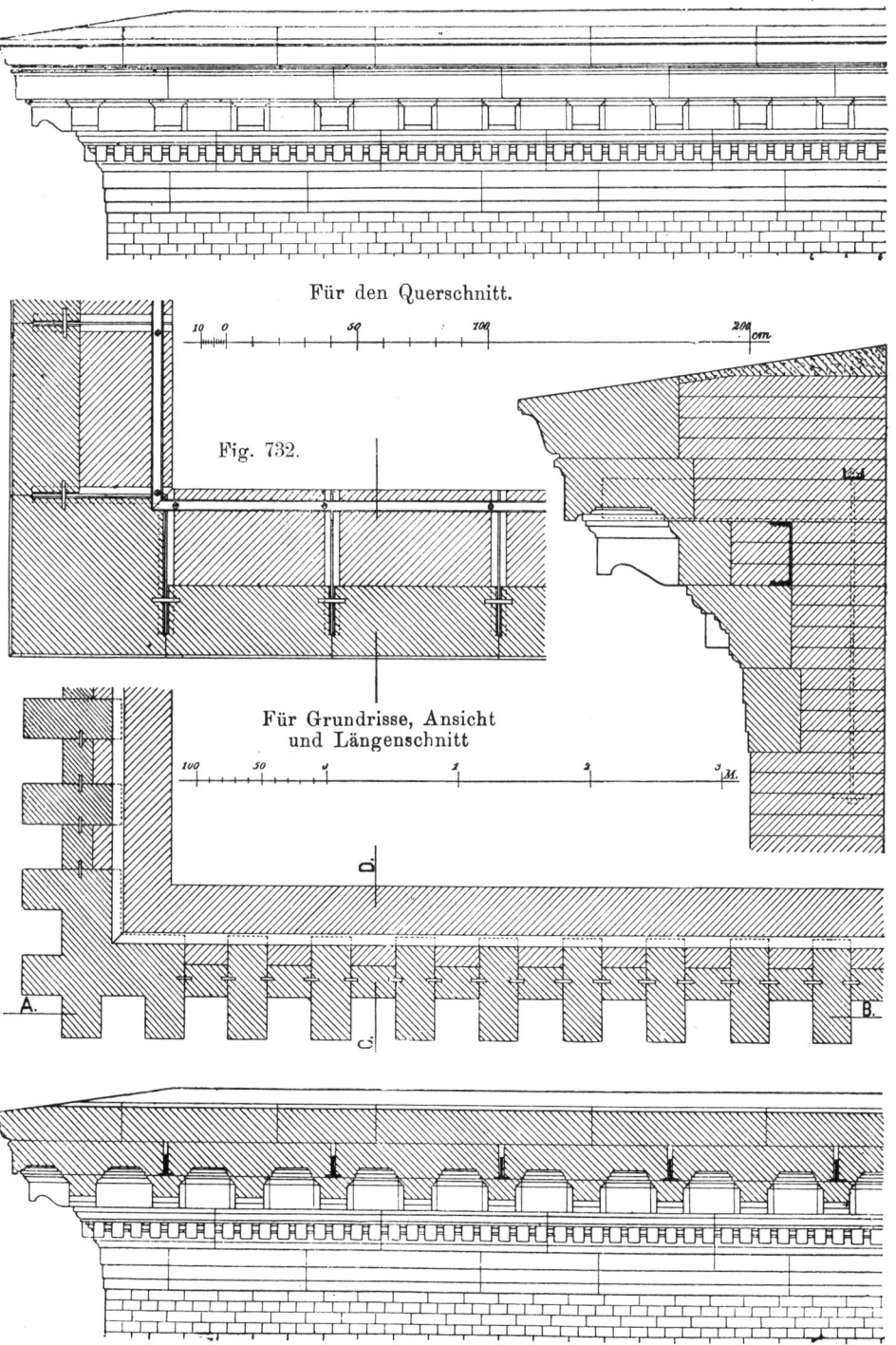

Für den Querschnitt.

Fig. 732.

Für Grundrisse, Ansicht
und Längenschnitt

Abstand genau dem Abstande entspricht, der durch die Mittellinie jeder dritten Konsole gegeben ist. Die über die Konsolsteine gestreckten Werkstücke, welche die Hängeplatte bilden, sind über diese ⌐-Eisen derart geschoben, daß der Steg mit einer Stoßfuge zusammenfällt. ⌐-Eisen, welche am hinteren Ende über die ⌐-Eisen gelegt sind, verhindern in Verbindung mit langen Rundeisenankern ein Kippen des vorgekragten Eisenrostes und damit selbstverständlich auch des ausladenden Gesimsteiles.

E. Fußböden.

Die massiven Fußböden bestehen entweder aus natürlichen oder künstlichen Steinen oder aus Stampf- oder Gußmasse, „Estrich" genannt.

Die natürlichen Steine werden, je nach ihrer Form und Größe, zu Plattenbelägen, Pflasterungen, Mosaikplatten oder als Zusatz zu Beton verwendet.

Künstliche Steine für Fußbodenbelag werden aus den verschiedenartigsten Baustoffen (aus Ton, Zement mit und ohne Zusatz von natürlichen Steinen, Glasmasse, Asphalt usw.) gefertigt. Größe, Form und Oberfläche ist ebenfalls eine äußerst mannigfache und richtet sich sowohl nach dem vorliegenden Material, als auch nach den Anforderungen, welche an die Güte des auszuführenden Fußbodens gestellt werden. Gewöhnlich ist die Stärke im Verhältnis zur Größe eine geringe, die Steine haben Plattenform und werden als „Fliesen" bezeichnet. Für untergeordnete Zwecke kommen auch wohl Ziegelsteine zur Anwendung.

Als Hauptmaterial für Fußböden aus Guß- oder Stampfmasse dient Lehm, Kalk, Gips, Zement und Asphalt, und man spricht demzufolge von Lehm-, Kalk-, Gips-, Zement- und Asphaltestrich.

Meist sollen die Fußböden eine wagerechte Abgleichung des Erdreiches oder der Gebäudedecken bewirken und verlangen deshalb eine feste, keiner Veränderung unterworfene Unterlage, das sogen. „Bett". Für gewisse Zwecke (Abdeckung der Balkone, Loggien und offenen Hallen) können an Stelle der wagerechten Oberfläche schwach geneigte, nach bestimmten Gesetzen hergestellte Flächen treten, die aber meist eben sind.

Alle massiven Fußböden sind als feuersicher anzusehen; manche derselben können auch gleichzeitig den Zweck erfüllen, das Eindringen von Feuchtigkeit von unten oder oben zu verhindern.

1. Fußböden aus natürlichen Steinen.

Zur Herstellung von Straßen, zur Befestigung von Hofflächen, Zufahrten, von Fußböden in Stallungen, Remisen usw., sowie zur Herstellung von offenen Rinnen zur Ableitung von Regen- und Schmutzwasser werden vielfach Pflastersteine verwendet. Damit die Steine sich möglichst wenig und gleichmäßig in das Erdreich eindrücken, müssen dieselben eine parallelepipedische Form besitzen und für ein und dieselbe Pflasterung auf gleichartigem Grunde eine gleiche Größe haben. Unregelmäßig gestaltete Feldsteine, welche meist die Form abgestumpfter Pyramiden oder von Kegeln aufweisen, sind deswegen nur zur Befestigung einstweiliger Zufuhrwege oder von Hofflächen, die verhältnismäßig nur wenig befahren werden, zulässig.

Der Grad der Bearbeitung an Pflastersteinen ist ein sehr verschiedener; meist beschränkt man sich darauf, die Oberfläche annähernd eben herzustellen, während Unter- und Seitenflächen nur oberflächlich bearbeitet werden. Das beste Pflaster wird mit W ü r f e l s t e i n e n, bei denen alle sechs Begrenzungsflächen einer ziemlich genauen Bearbeitung unterworfen sind, hergestellt.

Für die Ausführung guter und haltbarer Pflasterungen ist neben der Größe und Form der Steine die gute B e f e s t i g u n g d e s G r u n d e s von Wichtigkeit, für welche meist entweder scharfer, grobkörniger Sand, oder eine Packlage aus Steinbrocken mit Abgleichung durch Kies oder Schotter Verwendung findet. Neuerdings wird auch wohl die Unterbettung der Pflasterung in stark befahrenen Straßen durch eine 20 cm starke Betonschicht bewirkt.

Sind alle oder wenigstens zwei gegenüberliegende Seiten der Steine so bearbeitet, daß sie einander annähernd parallel und eben sind, so werden dieselben, nach ihrer Breite sortiert, in R e i h e n so nebeneinander versetzt, daß die Stoßfugen Verband halten. Hierbei können die Reihen entweder parallel (Fig. 733) oder unter einem beliebigen Winkel (Fig. 734) gegen die Seiten der

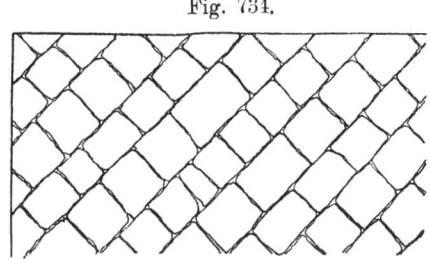

Fig. 733.　　　　　　　　　　　　　　　Fig. 734.

zu pflasternden Fläche verlaufen. Stehen keine bearbeiteten Steine zur Verfügung, so sieht man von einem regelmäßigen Verbande ab und setzt die Steine mit den Seitenflächen möglichst dicht aneinander. Derartiges Fig. 735. Pflaster wird als M o s a i k p f l a s t e r bezeichnet (Fig. 735); es findet ausschließlich Anwendung bei Fußwegen. Hat man verschieden gefärbte Steine, so läßt sich durch geschickte Verteilung derselben eine mannigfache Musterung herstellen. Als Schablonen dienen Bandeisen, welche nach der Auspflasterung wieder entfernt werden.

Bei Reihenpflaster werden die Steine mit möglichst engen Fugen gesetzt und diese dann mit Sand ausgefüllt, welcher mit Wasser einzuspülen ist. Um das Eindringen von Regenwasser und eine Durchfeuchtung des Untergrundes zu verhüten, spült man die Fugen oft mittels der Hochdruckwasserleitung auf halbe Höhe aus und gießt den oberen Teil derselben mit Zementmörtel oder heißem Asphalt aus. Letztere Ausführungsweise empfiehlt sich auch besonders für Stallpflasterungen und Pflasterungen auf Droschkenhalteplätzen, um zu verhüten, daß die Jauche in das Erdreich eindringt und dadurch in der heißen Jahreszeit üblen Geruch verbreitet.

Die in das Sandbett gesetzten Steine werden mit dem Hammer eingetrieben, doch nur so weit, daß sie noch etwa 4 bis 5 cm über die beabsichtigte Höhenlage hervorragen. Den festen Schluß und seine genaue Höhenlage erhält ein Pflaster erst durch das Abrammen mittels Handrammen von 12 bis 15 kg Gewicht. Die Fußfläche der Rammen darf nicht größer als die Oberfläche eines Steines sein, damit jeder Stein für sich gerammt werden kann. Das Einrammen auf die gewünschte Höhenlage muß in zwei oder drei Abschnitten erfolgen. Bei dem ersten Rammen ist das Pflaster gut feucht zu halten, auch darf noch kein Sand in die Fugen eingebracht sein, damit die Steine recht nahe aneinander schließen. Erst bei dem zweiten und dritten Rammen bringt man eine Lage feinen Kieses oder feiner gesiebter Steinsplitter auf, welche auch nach vollendetem Abrammen nicht entfernt wird, damit die Fugen durch den Verkehr selbst gefüllt werden.

Jede Pflasterung muß mit Gefälle nach einer oder mehreren Seiten ausgeführt werden, um das Regenwasser zum Abfluß zu bringen. Dieses Gefälle muß um so stärker sein, je weniger eben und glatt die Oberfläche des Pflasters ist; es wechselt etwa zwischen 1 : 200 und 1 : 400. Die Fortleitung des Wassers geschieht in Rinnen, welche gepflastert oder aus besonderen Werksteinen gefertigt werden.

Die festesten und dauerhaftesten Pflastersteine werden aus Basalt gewonnen, doch haben dieselben die unerwünschte Eigenschaft, daß ihre Oberfläche bei starkem Verkehr bald glatt und dann namentlich für die Pferde gefährlich wird. Sehr gute Pflastersteine werden auch aus Granit, Syenit, Gneis und festen Kalk- und Sandsteinen gewonnen. Namentlich die letzteren bieten den Vorteil, daß ihre Oberflächen nicht glatt werden.

Zur Fußbodenbildung im Innern der Gebäude (in Dielen, Vorplätzen, Gängen, Küchen, Vorratskammern und Aborten) finden namentlich Platten aus geschichteten oder schiefrigen Gesteinen, aus Tonschiefer, Sand- und Kalkstein mit Vorteil Verwendung.

Hauptbezugsquellen für Schieferplatten sind Caub a. Rhein, Nuttlar (Westfalen) und Lehesten in Thüringen, für Hamburg, Bremen und Lübeck auch die englischen Schieferbrüche. Sandsteinplatten werden namentlich aus den Brüchen des Wesergebirges (Karlshafen, Holzminden, Stadtoldendorf und Oeynhausen) bezogen und kommen „naturglatt", „halbgeschliffen" und „fein geschliffen" in den Handel. Die besten Kalksteinplatten liefern die Solnhofener Brüche in Bayern, sowie die Brüche auf der Insel Oeland (Schweden). Für bessere Fußböden wird in ausgedehntem Maße Marmor in den verschiedensten Färbungen aus schlesischen, rheinischen und westfälischen, sowie auch aus ausländischen, namentlich belgischen und italienischen Brüchen, verwendet.

Für das Freie sind die weniger geschichteten Steinarten, insbesondere Basaltlava, Granit, Syenit, Porphyr und Diorit vorzuziehen.

Plattenbeläge im Freien sind auf einer Packung aus Steinschotter oder Ziegelbrocken von etwa 30 cm Dicke, auf welche eine 3 bis 5 cm starke Sandschicht, sowie ein Mörtelbett aufgebracht ist, zu verlegen.

Nach dem Verlegen sind die Stoßfugen der Platten mit dünnflüssigem Zementmörtel zu vergießen. Die Größe und Dicke der Platten ist eine sehr verschiedene und einerseits von der Gesteinart, andererseits von der Beschaffenheit der Unterlage abhängig. Je minderwertiger und ungleichartiger die letztere ist, um so kleiner sind die Platten zu wählen, damit Brüche vermieden werden.

Plattenbeläge für das Innere von Gebäuden können in Sandbettung verlegt werden, wenn ihre Stärke mindestens 4 cm beträgt. Schwächere Platten erhalten eine Unterlage von Ziegelsteinen oder fest gestampften und mit Kalkmörtel übergossenen Ziegelbrocken, auch wohl eine Betonschicht von 6 bis 8 cm Stärke. Das Verlegen geschieht in einem Mörtelbett aus Fettkalk mit Gipszusatz oder aus hydraulischem Mörtel; Zementmörtel ist nicht zu empfehlen, weil die Kanten der Platten (besonders bei Marmor) durch Eindringen von färbenden Bestandteilen des Zementes verunziert werden.

An den Fundorten der für diese Zwecke geeigneten Platten, sowie in deren unmittelbarer Umgebung werden die Platten meist ohne weitere Bearbeitung, also wie sie aus dem Steinbruche kommen, als sogen. „rauher Belag" verlegt. Für die Versendung auf größere Entfernungen erfahren die Platten jedoch in der Regel eine mehr oder weniger sorgfältige Bearbeitung an den Kanten und an der Oberfläche. Die Form dieser Platten ist fast immer das Quadrat mit einer Seitenlänge von 25 bis 70 cm bei einer Dicke von $2^1/_2$ bis 6 cm. Das Verlegen geschieht so, daß die Stoßfugen parallel oder unter 45° gegen die Wände

Fig. 736.

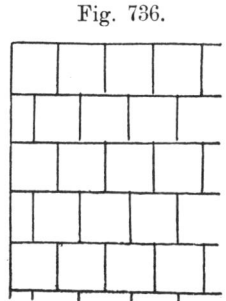

Fig. 737.

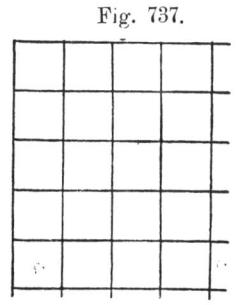

Fig. 738.

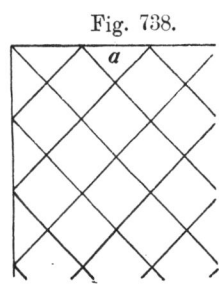

des Raumes verlaufen. Im ersteren Falle kann man die Platten im Verbande (Fig. 736) oder mit durchgehenden Stoßfugen (Fig. 738) nach beiden Längen-

Fig. 739.

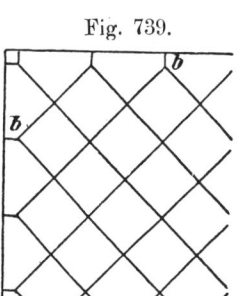

Fig. 740.

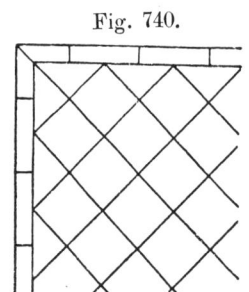

Fig. 741.

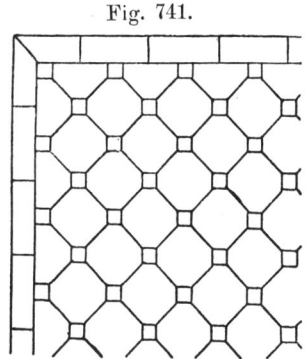

ausdehnungen des Raumes verlegen. Im letzteren Falle ist das Verlegen im Verband nicht zu empfehlen, weil sonst an den Wänden verschiedenartig gestaltete Abschlußplatten erforderlich werden. Die letzteren erhalten entweder die Form eines gleichschenkeligen Dreiecks (Fig. 739 bei a) oder man gibt ihnen die Form eines Fünfecks, wobei Aenderungen dieser Platten zur Verkürzung ihrer Seiten b (Fig. 740) möglich sind. Sie werden meist durch den Flurleger selbst im Bau durch Abmeißeln aus größeren Platten hergestellt, wobei die Länge der Seiten b so bemessen wird, daß die Platten dicht an die Wände des Raumes anschließen. Sollte, bei Verwendung dreieckiger Abschlußplatten, die Zahl der Platten in der Größe des Raumes nicht aufgehen, so hilft man sich durch Einfügung eines mehr oder weniger breiten Wandfrieses (Fig. 741).

Neben den quadratischen Platten kommen auch achteckige Platten mit vier längeren und vier kürzeren Seiten zur Verwendung, zwischen welche kleine quadratische Plättchen eingefügt werden (Fig. 741). Soll ein Fußboden durch Verwendung verschieden gefärbter Platten belebt werden, so hat man darauf zu achten, daß die Platten gleiche Härte besitzen, weil sonst der Fußboden durch Auslaufen des weicheren Gesteins bald unansehnlich und zerstört wird. Möglichst sollte man deswegen zu solchen Fußböden Platten aus ein und demselben Bruche verwenden.

Ausgebreitete Verwendung haben in neuerer Zeit die schon den Griechen und namentlich den Römern bekannten Mosaik- und Terrazzo-Fußböden gefunden. Die ersteren werden aus kleinen, regelmäßig geformten Marmorwürfelchen verschiedener Färbung nach jeder beliebigen Zeichnung zusammengesetzt, die letzteren aus unregelmäßigen Steinchen verschiedener Größe und Färbung derart hergestellt, daß die Steinchen auf das Mörtelbett ausgestreut und in dieses eingewalzt werden. Bei der Auswahl der Steinsorten ist darauf zu achten, daß dieselben gleiche Härte besitzen, weil sonst eine ungleiche Abnutzung des Fußbodens stattfinden muß.

Als Unterlage für diese Fußböden wählt man am besten Beton in einer Stärke von 8 bis 10 cm. Als Bindemittel für die Steinchen verwendet man eine Mischung von Backsteinmehl, Marmorstaub und Portlandzement. Bei Terrazzo werden die Steinchen auf der Mörtelunterlage ausgestreut, so daß die ganze Fläche mit denselben überdeckt ist, und alsdann mit einer Walze fest eingedrückt. Nachdem der Boden genügende Festigkeit besitzt, was nach drei bis vier Tagen der Fall ist, wird er mit scharfen Sandsteinen abgeschliffen und bleibt dann so lange ohne weitere Behandlung, bis er vollständig ausgetrocknet ist. Dieser Zeitpunkt tritt nach zwei bis drei Monaten ein. Alsdann wird der Boden mit einer Masse aus Zement und Marmorstaub überzogen und dann nochmals geschliffen, bis die Fläche eine durchaus ebene und gleichmäßige ist. Zur Erzielung eines schönen Glanzes wird zum Schlusse der Boden mehrmals mit rohem Leinöl getränkt. Dieses Tränken mit Leinöl ist zu wiederholen, sobald der benutzte Fußboden seinen Glanz verloren hat, wenn er „stumpf" geworden ist.

Mosaik wird in der Regel an Ort und Stelle nach der gegebenen Zeichnung durch Eindrücken der einzelnen Steinwürfelchen in das Bindemittel hergestellt. Zuweilen werden jedoch auch kleinere Teile des Fußbodenmusters auf Papier geklebt, diese mit dem Papier nach oben in die Unterlage eingedrückt, das Papier losgeweicht und das Ganze mit dünnflüssigem Bindemittel übergossen, damit sich die Fugen schließen. Die weitere Behandlung ist dann die gleiche, wie bei den Terrazzo-Fußböden.

2. Fußböden aus künstlichen Steinen.

Gebrannte Steine werden in der Form gewöhnlicher Ziegelsteine oder von Platten quadratischer oder vielseitiger Form, seltener mit gekrümmten Begrenzungslinien verwendet. Die Stärke der Platten schwankt zwischen 3 und 6 cm.

Ziegelsteine werden entweder in eine geebnete Sandschicht gesetzt, wobei die Fugen mit Sand gefüllt werden, oder man gießt die Fugen nach vollendeter Pflasterung mit dünnflüssigem Mörtel aus, oder man mauert die Steine, wie jedes andere Mauerwerk, mit Mörtel gegeneinander und gießt etwa offen gebliebene Fugen nachträglich aus. Die erstere Art der Pflasterung nennt man ein in Sand gesetztes Ziegelsteinpflaster, die zweite ein Ziegelsteinpflaster mit ausgegossenen Fugen und die dritte ein in Mörtel gelegtes Ziegelsteinpflaster. Hierbei können die einzelnen Steine auf die flache oder auf die hohe Seite gestellt werden, und man unterscheidet demnach flachseitiges und hochkantiges (Rollschicht-) Pflaster. Hochkantiges Ziegelsteinpflaster wird dort angewendet, wo man befürchtet, daß die aufruhenden Lasten die flachliegenden Steine zerdrücken könnten. Wegen der vielen Fugen und der Ungleichheit in der Härte der Steine ist aber ein solches Pflaster weniger haltbar und wird besser ersetzt durch ein doppellagiges flachseitiges Pflaster, wobei man die Fugen der beiden Lagen in verschiedener Richtung verlaufen läßt. Damit die obere Schicht überall dicht und glatt aufruht, ist die untere mit einer Sandlage abzugleichen, oder es ist die obere Lage in Mörtel zu verlegen. Die Stoßfugen müssen in den einzelnen Reihen verbandmäßig wechseln (Fig. 742 und 743) oder es werden die Steine so gelegt, daß sie, wie beim Schwalbenschwanzverbande, gegeneinander treten (Fig.

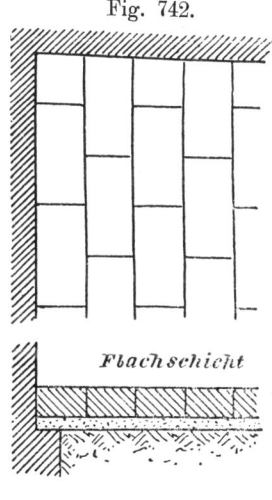

Fig. 742.

Flachschicht

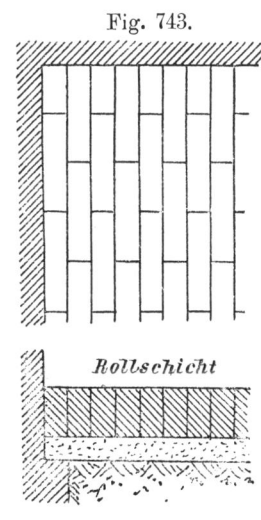

Fig. 743.

Rollschicht

744 bis 746) oder man bildet die Reihen durch die Langseiten der Steine und läßt in diesen die Richtung der Stoßfugen wechseln (Fig. 747). Sehr geeignet zu Ziegelsteinpflaster sind die Loch- oder Hohlsteine, namentlich, wo man auf Trockenheit und Wärme der Fußböden zu sehen hat. Durch Verwendung verschiedenfarbiger Steine lassen sich mit Leichtigkeit allerhand gemusterte Fußböden herstellen.

Zu 1 qm flachseitigen Ziegelsteinpflasters mit ausgegossenen Fugen sind 33 Steine und 3 Liter Mörtel, zu 1 qm gleichen Pflasters, auf hohe Kante verlegt, 56 Steine und 11 Liter Mörtel, zu 1 qm flachseitigen Pflasters, in 12 mm starker Mörtelbettung verlegt, 33 Steine und 17 Liter Mörtel und zu 1 qm gleichen Pflasters, auf hohe Kante verlegt, 56 Steine und 23 Liter Mörtel erforderlich.

Gebrannte Tonplatten werden in Mettlach (Villeroy & Boch), in Sinzig, von March in Charlottenburg, von den vereinigten Servais-Werken in Ehrang im Rheinland, und in anderen Fabriken hergestellt. Namentlich die Mettlacher und die Servais'schen Fliesen sind von ausgezeichneter Qualität; sie sind witterungsbeständig und stahlhart und eignen sich deswegen ebenso gut zu

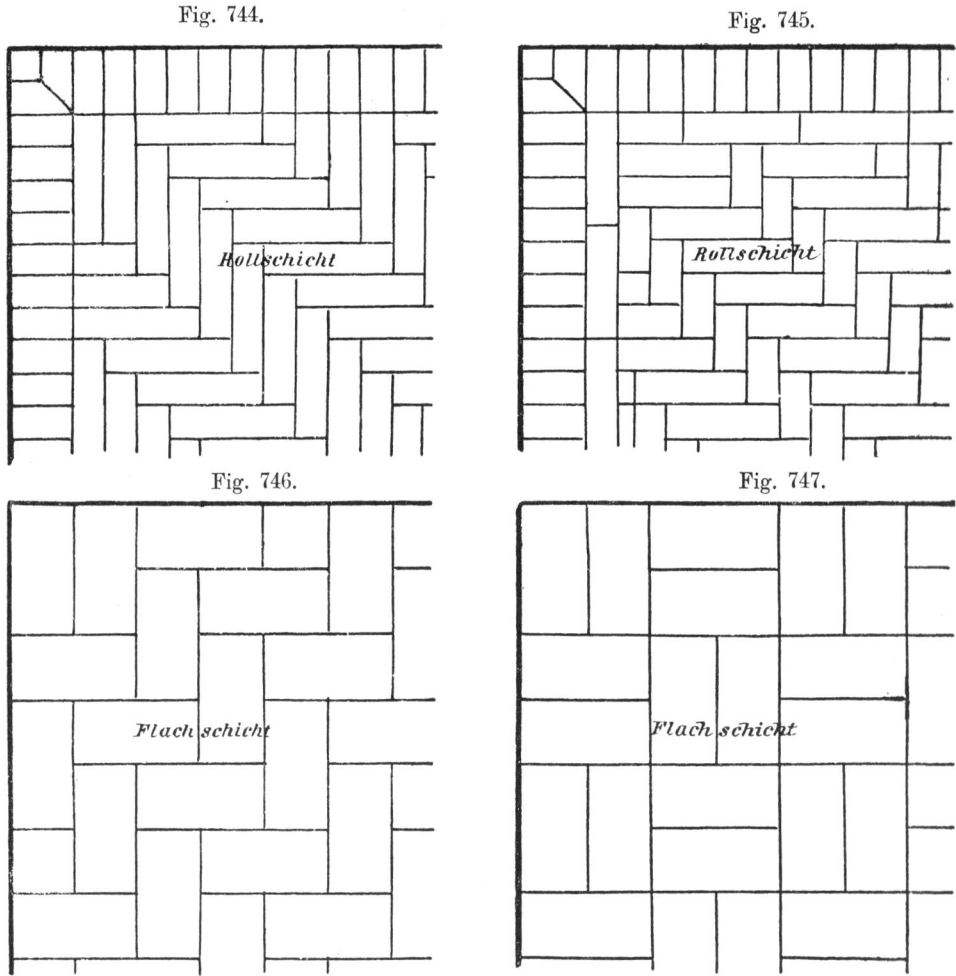

Fig. 744.

Fig. 745.

Rollschicht

Rollschicht

Fig. 746.

Fig. 747.

Flach schicht

Flach schicht

Ausführungen im Freien wie im Innern der Gebäude. Meist sind die Oberflächen dieser Fliesen mit ornamentalen Mustern bedeckt, doch werden auch schlichte Platten in den verschiedensten Färbungen hergestellt. Die Herstellung der Platten geschieht in der Weise, daß Ton bester Qualität in Pulverform mit Flußmitteln gemischt, einem sehr bedeutenden Drucke ausgesetzt wird und die so zu einem festen Körper geformten Platten in Gasöfen gebrannt werden. Gemusterte Platten werden dadurch erhalten, daß man auf die ungebrannten Platten Lehren aus schwachem Blei legt, diese mit Tonpulver in der durch die Zeichnung vorgeschriebenen Färbung füllt, die Lehren behutsam abhebt, die Platten nochmals unter die Presse bringt und sie alsdann brennt.

Für viel begangene Fußböden in öffentlichen Gebäuden, für Bürgersteige, Durchfahrten und Stallungen werden gerauhte oder gerillte Platten verwendet, welche in verschiedenen Größen und Stärken zu haben sind.

Das Verlegen der Tonfliesen geschieht im Innern der Gebäude gewöhnlich auf einer Ziegelflachschicht in verlängertem Zementmörtel, im Freien dagegen besser auf einer Betonbettung, weil Ziegelpflaster die Erdfeuchtigkeit aufnimmt und dann leicht ein Abfrieren des Plattenbelages verursacht.

In neuerer Zeit werden wieder vielfach Zementfliesen verwendet, welche aus langsam bindendem Zement und Sand mit geringem Wasserzusatz gefertigt und einem hohen Druck ausgesetzt werden. Die Fabrikate älteren Ursprunges waren wenig beliebt, weil dieselben geringe Festigkeit und Widerstandsfähigkeit gegen Abnutzung besaßen. Das Hauptverdienst um die Vervollkommnung in der Herstellung der Zementfliesen, namentlich in Bezug auf schöne Musterung und Färbung, ist den Fabrikanten Graf in Winterthur und Albrecht in Berlin zuzuschreiben.

Weitere Fabrikate, über deren Brauchbarkeit jedoch noch keine längere Erfahrung urteilen kann und bei deren Verwendung deshalb Vorsicht anzuraten ist, sind die Kunststein-Fliesen und die Terrazzo-Fliesen.

3. Estrich-Fußboden.

Bei landwirtschaftlichen Bauten, namentlich in Dreschtennen, wird der Fußboden häufig aus Lehm hergestellt. Man verwendet hierfür gut ausgefrorenen Lehm, welcher in Lagen von 7 bis 10 cm Stärke aufgebracht und festgetreten wird, bis er eine Stärke von 35 bis 45 cm erreicht. Die weitere Dichtung erfolgt mit Schlegeln von der Form eines halben Zylinders, sogen. „Pritschbläueln", so lange, bis die Oberfläche keine Eindrücke von den Schlegeln mehr annimmt. Hierauf wird der Fußboden mit Rindsblut oder Teergalle unter Zusatz von Hammerschlag, auch wohl mit einer Lösung von Ton in Rindsblut und Wasser mehrere Male angefeuchtet, bis alle Risse im Fußboden zugeschlämmt sind. In gleicher Weise wird auch wohl der Fußboden für Kegelbahnen auf dem Lande hergestellt.

Gipsestrich findet namentlich Anwendung zur Herstellung des feuersicheren Abschlusses der Dachbalkenlagen gegen den Dachraum. Der hierfür zu benutzende Gips ist im Handel unter der Bezeichnung „Bodengips" zu haben; derselbe ist weniger fein gemahlen und auch stärker gebrannt als Gießergips, um das Abbinden desselben zu verlangsamen. Die Unterlage des Estrichs bildet eine 2 bis 4 cm starke Schicht trockenen Sandes, um ihn unabhängig von dem Arbeiten des Holzwerkes zu machen. Da der Gips beim Erhärten sein Volumen vergrößert, so muß zunächst rings an den Wänden eines mit Gipsestrich zu versehenden Raumes ein Streifen frei bleiben, welcher erst später, nachdem der ganze Estrich vollendet und vollständig erhärtet ist, ausgefüllt wird. Die Breite dieses Streifens wird in jedem besonderen Falle ein anderer sein müssen und ist abhängig von der Größe der Bodenfläche, der Dicke des Estrichs und der Beschaffenheit des Gipses. Jedenfalls soll der Spielraum eher zu groß als zu klein bemessen werden, da sonst der Estrich sich in Wellenlinien nach oben hebt und rissig wird. Der Estrich wird in der Weise ausgeführt, daß man in einem Abstande gleich 1,0 bis 1,5 m von dem durch eine Lehrlatte begrenzten Spielraum an einer der Wände eine zweite Lehrlatte anordnet und das Feld zwischen beiden Latten mit dem unter Zusatz von Wasser zu dünnem Brei angerührten Gips mittels Eimern eingießt. Zur Erzielung einer durchweg gleichen Dicke des Estrichs, beziehungsweise einer wagerechten Oberfläche desselben, führt man ein Richtscheit über die Lehrlatten und füllt die Stellen, wo das Richtscheit hohl liegt, mit Gipsmörtel aus. Nach etwa einer Viertelstunde ist der Estrich so weit erstarrt, daß man die Lehrlatten beseitigen und ein zweites Feld anordnen kann, welches ebenso gefüllt wird wie das erste. In dieser Weise fährt man mit Herstellung des Estrichs fort, bis der ganze Fußboden mit Estrichmasse überdeckt ist. Nach etwa 24 Stunden werden Laufbretter über den Estrich geschoben und derselbe von den auf den Brettern stehenden Arbeitern mit hölzernen Schlegeln so lange bearbeitet, bis alle Risse in der Oberfläche verschwunden sind und die Oberfläche feucht wird. Dieses Verfahren ist nach weiteren 6 Stunden zu wiederholen und darauf der Estrich mit der Mauerkelle zu glätten.

Gipsestriche in besseren Räumen werden auch wohl mit Sandstein abgeschliffen, wobei etwaige Luftblasen mit Gipsmörtel auszufüllen sind. Wesentlich erhöht wird die Haltbarkeit dieser Fußböden durch ein zwei- bis dreimaliges Tränken mit Leinöl oder durch Bohnern mit Wachs, doch darf dies erst geschehen, nachdem der Estrich vollständig ausgetrocknet ist. Durch Einlegen von Schablonen oder Latten und auch durch nachträgliches Ausstemmen lassen sich in den Gips-Fußböden mit Leichtigkeit verschiedenartig gefärbte Muster und Streifen bilden.

Kalkestrich wird nur noch selten ausgeführt, er ist in Deutschland fast ganz durch den Zementestrich verdrängt worden. Zu seiner Herstellung wird meist eine Mischung von kleinen Steinen, Sand und hydraulischem Kalk verwendet. Dieses Gemenge wird auf einer festgestampften Unterlage von Steinen oder Sand in 2 bis 3 Lagen ausgebreitet, von denen jede für sich zu stampfen ist, bis sich an der Oberfläche Wasser zeigt. Für die obere Lage verwendet man, wohl auch zur Erzielung größerer Feinheit, ein Gemenge aus 1 Teil Kalkpulver und 2 Teilen feinem, reinem Sand. Nach dem Abrammen ist die obere Lage mit der Mauerkelle zu glätten und der Estrich während der folgenden 3 bis 4 Tage anzufeuchten. Nach völligem Austrocknen ist wieder ebenso wie bei dem Gipsestrich ein zwei- bis dreimaliges Tränken mit Leinöl anzuraten.

Als Unterlage für Zementestrich wählt man stets einen 10 bis 12 cm starken Zementbeton, welcher geebnet und festgestampft wird. Ist kein Wasserandrang zu befürchten, so genügt eine Betonschicht von 8 bis 10 cm Stärke bei einem Mischungsverhältnis von 1 Teil Zement, 1 Teil Kalk, 4 Teilen Sand und 8 Teilen Steinschlag, die festgestampft wird. Ist dagegen Wasserandrang zu erwarten, so ist die Betonschicht wenigstens 20 cm stark zu machen und darf nicht mit Kalkzusatz hergestellt werden. Der den Beton abgleichende Zementestrich ist auch an den die Räume einschließenden Mauern hochzuführen. Ein solcher Boden hält einen Wasserdruck von etwa 0,40 m Höhe aus. Ist ein größerer Druck zu erwarten, so sind sehr starke Betonplatten (vergl. Abschnitt B, Fig. 460 bis 464) herzustellen. Auf den frischen Beton, dessen Oberfläche mit der Gießkanne anzufeuchten ist, wird eine 2 bis 3 cm starke Zementmörtellage, aus 1 Teil Zement und 2 bis 3 Teilen scharfem Sand gemischt, aufgebracht und gestampft, bis sich auf der Oberfläche Wasser zeigt, oder, wie der Maurer sagt, bis der Zement schwitzt. Alsdann ist die Oberfläche mit dem Reibebrett zu ebnen und zu glätten. Starkes Glätten des Zementestrichs, namentlich das sogen. Bügeln mit eisernen Kellen ist nicht anzuraten, weil dadurch ein baldiges Abblättern der obersten Schicht hervorgerufen wird. Die Oberfläche kann auch durch geriffelte Walzen (Zementrollen) rauh gemacht und gemustert werden. Nach der Vollendung ist der Estrich während mindestens einer Woche vor der Einwirkung der Sonnenstrahlen zu schützen und jeden Tag wenigstens zweimal mit der Gießkanne anzufeuchten. Wegen seines wenig guten Aussehens ist Zementestrich nur in untergeordneten Räumen (Aborten, Pissoirs, Kellerräumen, Waschküchen, Schlachthäusern, Lagerräumen usw.) anwendbar.

Zur Abdeckung von Balkonen, Terrassen, Badezimmern, Kellerfußböden usw., wo es sich um Abhaltung der Feuchtigkeit handelt, wird mit Vorteil Asphaltestrich verwendet. Im Innern der Gebäude kann ein flachseitiges, in Sand gesetztes Ziegelsteinpflaster als Unterlage dienen; im Freien sollte dagegen immer eine 10 bis 12 cm starke Zementbeton-Unterlage verwendet werden, weil sich sonst der Asphalt infolge der Frosteinwirkung von der Ziegelunterlage abhebt und zerbricht. Beim Aufbringen der heißen Asphaltmasse muß die Unterlage völlig trocken sein, weil sonst durch die Verdampfung des Wassers Blasen in der Asphaltdecke hervorgerufen werden.

Man unterscheidet natürlichen und künstlichen Asphalt.

Der natürliche Asphalt, welcher zu uns in den Handel kommt, wird aus Kalksteinlagern gewonnen, welche von Asphaltadern durchzogen sind. Derartige Asphaltlager finden sich vornehmlich in Frankreich (Seyssel), in der Schweiz (Val de Travers), im Elsaß bei Lobsann, wo der Asphalt über einem Braunkohlenlager liegt, unter dem sich Bergteer (Goudron) angesammelt hat, sowie im Hannoverschen (Limmer). Außerdem findet sich Asphalt auf dem Toten Meer, wo nach Stürmen und Erdbeben Klumpen Asphalt umhertreiben; es muß sich mithin auf dem Grunde des Meeres ein Asphaltlager befinden. Aehnlich ist das Vorkommen des Asphaltes im Pechsee auf der Insel Trinidad. Der Trinidad-Asphalt wird namentlich zur Herstellung von künstlichem Goudron verwendet, indem ihm schwersiedende Oele aus den Rückständen der Petroleumraffinerie zugesetzt werden.

Das Rohprodukt, welches in den mit Asphalt durchzogenen Kalksteinlagern gewonnen wird, bezeichnet man als Asphaltstein. Wird dieser nach mechanischer Zerkleinerung auf etwa 130° C. erhitzt, so erweicht sich das Bitumen (Gattungsname für die verschiedenen mineralischen oder mineralisch gewordenen Harze) und der Stein zerfällt in eine feinkörnige, pulverförmige Masse. Dieser Rohasphalt wird entweder ohne jegliche Beimischung als „asphalte comprimé" (Stampf-Asphalt) zur Befestigung von Straßen-Fahrbahnen und Hofflächen verwendet, oder er wird zu „Asphalt-Mastix" (Guß-Asphalt) verarbeitet.

Beim Stampf-Asphalt wird das Asphaltmehl auf die vorbereitete feste Unterlage (geglätteter, durchaus trockener Beton von 15 bis 20 cm Stärke mit feinem trockenem Sande übersiebt) in 6 bis 8 cm Dicke aufgebracht. Das Komprimieren geschieht mittels eiserner Rammen und erwärmter Walzen um 4 bis 6 cm, so daß eine Asphaltdecke von etwa 2 cm Dicke verbleibt. Die fertige Fahrbahn kann bereits 4 bis 5 Stunden nach ihrer Vollendung dem Verkehr übergeben werden.

Der Guss-Asphalt, meist kurzweg Asphalt genannt, findet ausgedehnteste Verwendung zur Herstellung von Fußböden in Kellerräumen, Badezellen usw., sowie von Bürgersteigen und Isolierungen. Zu seiner Herstellung wird der pulverförmige Rohasphalt mit einem Zusatz von 3 bis 8 % reinem Asphalt-Bitumen bei einer Temperatur von annähernd 200° R. während 6 Stunden zu einem gleichförmigen Brei umgeformt und die Masse in Formen von länglich-runder oder kreisrunder Gestalt gegossen. Diese Asphaltblöcke, kurzweg „Brode" genannt, haben meist ein Gewicht von 25 kg. Letztere werden in faustgroße Stücke zerschlagen, in tragbaren, eisernen Kesseln wiederum mit 3 bis 5 % reinem Asphalt-Bitumen (Goudron) aufgeschmolzen und mit $33^1/_3$ bis 60 % gereinigtem, bis zur Erbsengröße ausgesiebtem Kies unter fleißigem Umrühren zu einem gleichförmigen Brei umgebildet*). Jemehr Goudron dem Gußasphalt zugesetzt wird, um so elastischer und weicher bleibt der ausgeführte Fußboden. Man wird also für Ausführungen im Freien, wo die Einwirkungen der Sonne und die Beanspruchung durch Stöße zu befürchten sind, dem Asphalt zur Erzielung größerer Härte nur geringen Zusatz von Goudron geben. Wo es darauf ankommt, eine harte Oberfläche und zugleich einen elastischen Fußboden zu besitzen, z. B. bei Kegelbahnen, kann dies durch doppelte Lagen, eine untere weiche und eine obere härtere Lage, erreicht werden.

Die Ausführung der Asphaltestriche geschieht in der Regel durch besondere, auf diese Arbeit eingeübte Arbeiter, die „Asphalteure". Zur Erzielung einer gleichmäßigen Stärke der aufzubringenden Asphaltschicht, werden dünne, eiserne Schienen von 10 bis 20 mm Höhe in Entfernungen von etwa 1 m auf die Unterlage gelegt, zwischen diese der geschmolzene heiße Asphaltbrei eingegossen und die Fläche mit einem Richtscheit eben abgezogen und mit dem Reibebrett geglättet. Zuweilen wird auch die noch heiße Estrichschicht mit feingesiebtem Sande überstreut, um die sonst glatte Oberfläche körnig zu machen. Wo es darauf ankommt, unter der Asphaltschicht befindliche Räume gegen das Eindringen von Feuchtigkeit zu schützen, muß die Asphaltschicht mindestens 2 cm hoch an den Mauern heraufgeführt werden.

Der künstliche Asphalt wird durch Eindampfen von Steinkohlenteer in den Gasanstalten gewonnen. Das Eindampfen muß so lange fortgesetzt werden, bis eine zähe pechartige Masse zurückbleibt, welche annähernd 70 % des zur Verwendung gelangten Teers ausmacht. Der Rückstand wird mit trockenem Sand, fein gemahlenem Kalkstein oder Kreide gemischt. Die mit künstlichem Asphalt ausgeführten Arbeiten, sowie auch die unter den verschiedensten Namen angepriesenen Asphaltestriche, deren Zusammensetzung Geheimnis der Erfinder sind, haben sich wenig bewährt und Anlaß gegeben, die Asphaltestriche zeitweise in Verruf zu bringen.

---

*) Empfehlenswert: Prof. E. Nöthling-Jeep, Der Asphalt und seine Anwendung in der Technik. Preis 6 Mark. Verlag von Bernh. Friedr. Voigt in Leipzig.

F. Putz- und Fugearbeiten.

Unter Putzen versteht man das Ueberziehen von Mauer- oder Deckenflächen mit Mörtel, um diese gegen die Einflüsse der Witterung oder des Feuers zu schützen, oder um ihnen ein besseres Aussehen zu geben. Oft erfahren die geputzten Flächen noch eine weitere Behandlung durch Anstriche, malerische oder plastische Ausschmückungen zum Zwecke des Schutzes oder des Schmuckes.

Die Ausführung der Putzarbeiten geschieht in manchen Gegenden von den Maurern oder von besonders auf diese Arbeiten eingeübten Putzmaurern (Putzern), in anderen Gegenden von den Tünchern oder Weißbindern.

Für die Herstellung des Putzes wird hauptsächlich Luft- oder hydraulischer Kalkmörtel, Zement- und Kalkzement-Mörtel verwendet. Daneben kommen noch Lehm, Gips, Tripolith und Terranova in Frage, von denen die beiden ersteren Stoffe, wegen ihrer geringen Wetterbeständigkeit, nur in ganz geschützter Lage, also namentlich im Innern der Gebäude, Anwendung finden können. Ueber Tripolith und Terranova sind die Meinungen hinsichtlich ihrer Wetterbeständigkeit noch sehr geteilt, und deswegen ist Vorsicht bei deren Verwendung anzuraten.

Auf die Behandlung des Putzes hat die Art des Untergrundes, ob Mauerwerk oder Holz, wenig Einfluß; ein Unterschied besteht nur in der Vorbereitung des Untergrundes.

Jede Mauerfläche muß, ehe sie geputzt wird, möglichst trocken sein und sich vollständig gesetzt haben. Alsdann sind die Fugen mindestens 1 cm tief auszukratzen, die Flächen mittels stumpfer Reisigbesen oder Bürsten von Staub und Schmutz zu reinigen und hierauf mit Wasser gut anzunässen und zwar um so mehr, je begieriger der Untergrund die Nässe aufsaugt.

Die Vorbereitung des Holzwerkes zur Aufnahme von Putz kann geschehen:

1. Durch Auf- oder Rauhhacken des Holzes mit einem scharfen Maurerhammer, besser mit einer Queraxt, so daß die Späne am Holz sitzen bleiben und nur von der Fläche abgebogen werden. Bei senkrechten oder geneigten Flächen muß man von oben nach unten hacken, so daß die Späne an ihrem unteren Ende hängen bleiben. Dieses Verfahren ist nicht zu empfehlen, besonders nicht auf Außenflächen, weil der Putz infolge des Schwindens des Holzes leicht abfällt.

2. Durch Berohren, indem man 5 bis 10 mm starke Schilfrohrstengel in Zwischenräumen gleich ihrer Stärke parallel uuter sich, aber rechtwinkelig zur Holzfaser mit geglühtem Draht und breitköpfigen Rohrnägeln befestigt. Die Drähte werden in Abständen von 10 bis 15 cm in Zickzacklinien (Fig. 748) oder rechtwinkelig zur Richtung der Rohrstengel (Fig. 749) gespannt und durch die verbandmäßig in Entfernungen von 12 bis

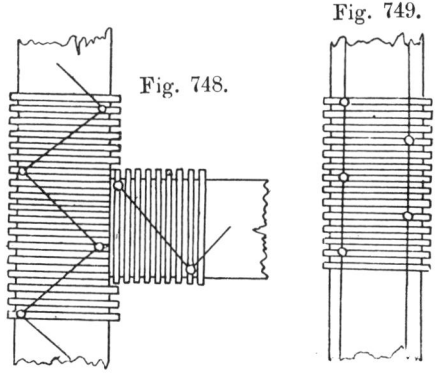

Fig. 749.

Fig. 748.

15 cm eingetriebenen Nägel gehalten. Sind größere Flächen zu berohren, so werden an Stelle der Rohrstengel besser die fabrikmäßig hergestellten **Rohrgewebe** oder **Rohrmatten** verwendet und so gelegt, daß die Längen der Stengel die Fugen des Holzwerkes senkrecht kreuzen, damit beim Schwinden des Holzes die Bewegungen desselben dem Rohre und dem an diesem haftenden Putze nicht mitgeteilt werden.

Decken, welche starken Erschütterungen ausgesetzt sind, oder an denen schwere Stuckverzierungen befestigt werden sollen, überzieht man häufig mit

Fig. 750.

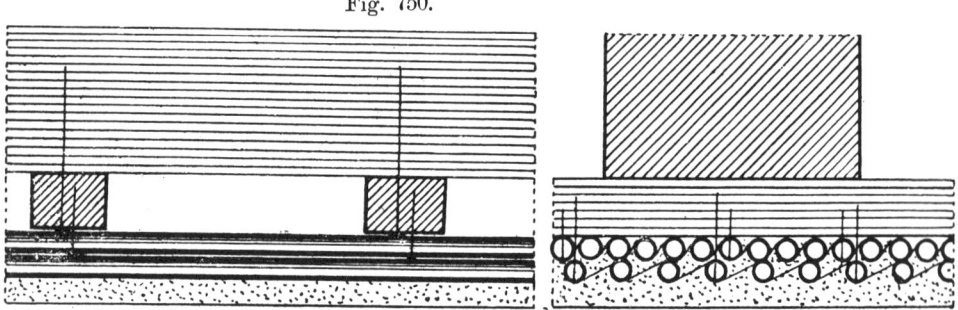

zwei sich rechtwinklich kreuzenden Lagen Rohrgewebes; die Befestigung geschieht dann entweder auf einer Schalung oder auf Latten, welche in Abständen von 20 cm quer unter die Balken genagelt sind (Fig. 750).

3. Durch Aufnageln von Leistenschalungen oder Leistengeflechten, welche in den verschiedensten Formen Anwendung finden. Im Rheinlande werden be

Fig. 751.

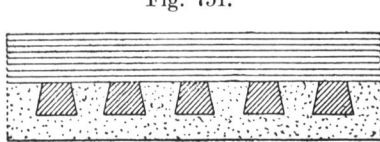

sonders die konisch geschnittenen Wurf- oder Pliesterlatten verwendet, welche in Abständen von 1,5 bis 2 cm an den Balken zu befestigen sind (Fig. 751). Die **Leistengeflechte**, aus über Eck stehenden quadratischen oder eigenartig profilierten Latten bestehend, welche mittels Drahtes zu einer Art Mattengewebe verbunden sind, werden unter Verwendung verzinkten Drahtes und verzinkter Haken entweder unmittelbar an

Fig. 752.

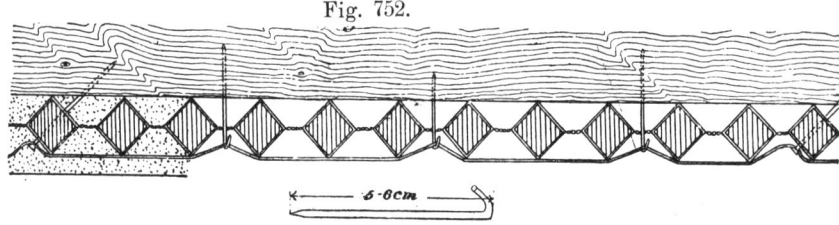

die Balken oder auf Latten, welche in Abständen von etwa 60 cm quer unter die Balken genagelt sind, befestigt.

Von den vielen derartigen Geflechten ist durch die Fig. 752 bis 755 das von Martin Schubert in Görlitz, durch Fig. 756 das von Ernst Loth & Komp. in Braunschweig und durch Fig. 757 das von Hermann Kahls in Chemnitz veranschaulicht.

Die Anbringung der Holzleisten-Geflechte geschieht in der Weise, daß während des Aufrollens zunächst nur einige Leisten festgenagelt werden, damit die Matte vorläufig hängt. Hierauf erfolgt das eigentliche Befestigen, indem der 2 mm starke verzinkte Draht in Abständen von etwa 1 m angenagelt, durch Hakennägel (Fig. 752) in Entfernungen von 10 bis 15 cm fest angezogen und hierdurch das Geflecht stramm an die Balken angepresst wird. Eine derartige Befestigung hat auf jedem Balken, beziehungsweise auf jeder Latte zu erfolgen.

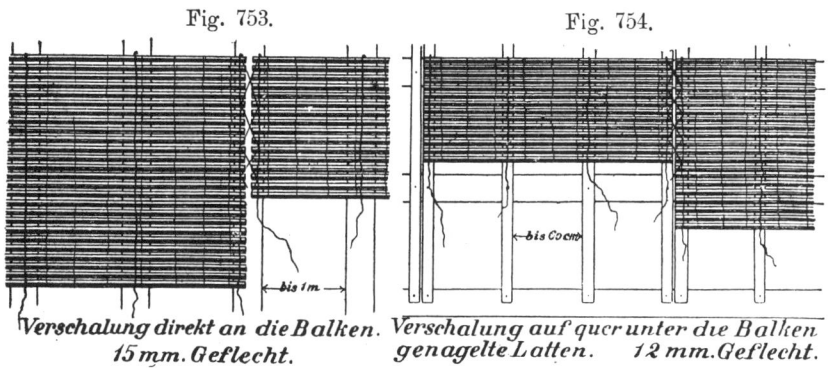

Fig. 753. Fig. 754.

Verschalung direkt an die Balken. Verschalung auf quer unter die Balken
15 mm. Geflecht. genagelte Latten. 12 mm. Geflecht.

Dort, wo sich zwei Matten treffen (am Stoß) müssen Verbindungs-Kreuzdrähte (Fig. 753 und 754) gespannt werden.

4. Durch Verkleiden mit Gipsdielen oder durch Ueberspannen der bündig mit Balkenunterkante verlegten Gipsdielen mit einem Drahtnetze. Im

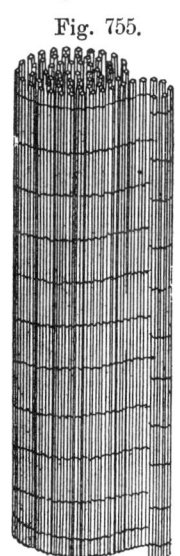

Fig. 755.

ersteren Falle werden $2^{1}/_{2}$ bis 3 cm starke Gipsdielen — die glatte Fläche den Balken zugekehrt — mittels verzinkter, breitköpfiger Drahtstifte von 7 bis 9 cm Länge quer unter die Balken je dreimal genagelt, wobei die Stöße der Dielen gewechselt werden (Fig. 758 und 759). Hierauf werden

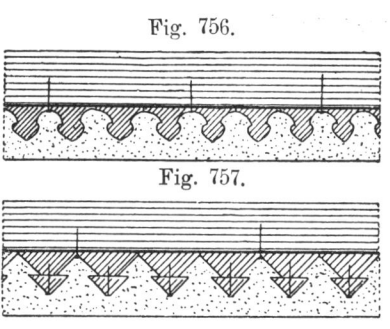

Fig. 756.

Fig. 757.

die Fugen, am besten von oben, vor Einbringung der Zwischendecke mit Gipsmörtel verstrichen und die geraufte Gipsdielenfläche mit einem 8 bis 10 mm starken Verputz versehen. Im zweiten Falle (Fig. 760) werden auf die Unterfläche der Balken Dachpappstreifen genagelt, deren rauhe Seiten nach unten gerichtet ist und alsdann, in Entfernungen von 8 bis 9 cm, verzinkte, 2 mm starke Drähte über die Balkenunterfläche gezogen, welche auf jedem Balken mittels angelförmiger verzinkter Krampen befestigt werden. Damit man die Drähte straff anspannen kann, werden dieselben über je drei Balken nicht geradlinig, sondern unter stumpfem Winkel derart gezogen, daß mit der für den mittleren Balken bestimmten Krampe der Draht gedehnt werden kann. Auf das Drahtnetz kommen alsdann die hohlen, 10 bis 12 cm starken Gipsdielenstücke quer zu den Balken mit 1 cm Abstand, die rauhe Fläche nach unten zu liegen, deren Fugen von oben mit Gipsmörtel auszugießen sind. Nachdem die Dachpappstreifen unter den Balken mit Schilfrohr benagelt sind, wird auf die ganze Deckenfläche ein 1½ bis 2 cm starker Verputz aufgebracht.

5. Durch Verkleiden mit Tonplatten. In Amerika werden die Tonplatten unter Verwendung von 2 bis 3 cm hohen Eisenröhrchen an die Balken geschraubt (Fig. 761), so daß bei ausbrechendem Brande die Hitze von dem Holzwerke in wirksamer Weise ferngehalten wird.

Fig. 758.

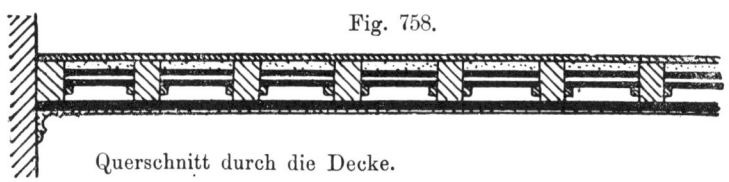

Querschnitt durch die Decke.

Fig. 759.

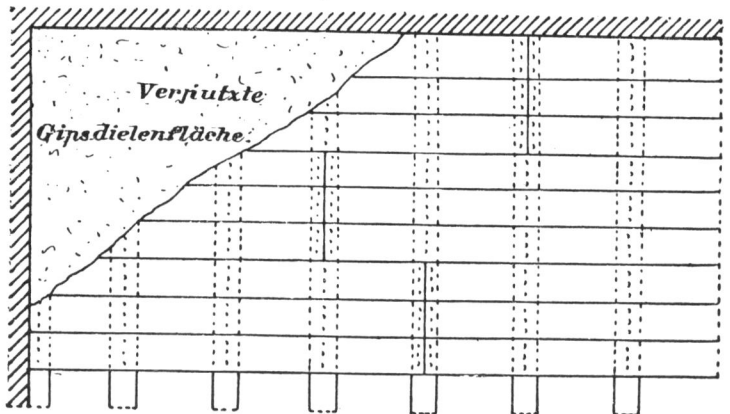

Verputzte Gipsdielenfläche.

Unteransicht der Gipsdielenfläche.

Fig. 760.

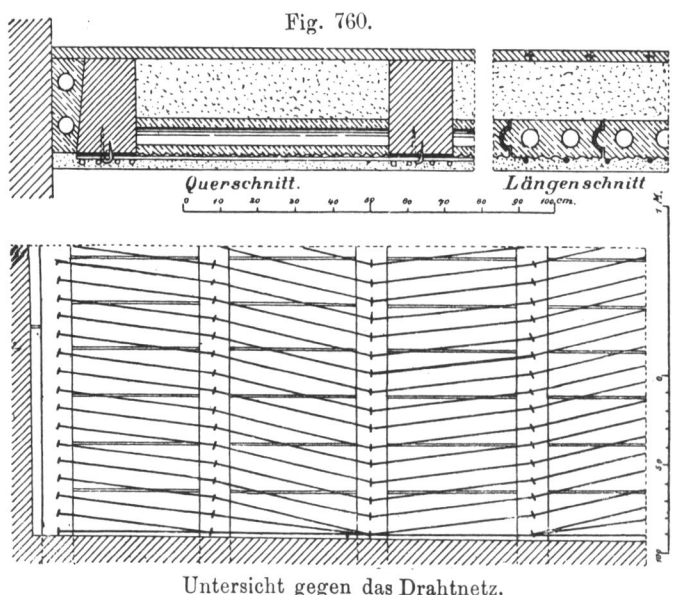

Querschnitt.

Längenschnitt.

Untersicht gegen das Drahtnetz.

In Deutschland werden ähnliche Ton-Verputzplatten durch Heinrich Brenning in Stuttgart hergestellt. Die 20 cm breiten, 70 cm langen, im Spiegel 6 mm und in den schwalbenschwanzförmigen Stegen 15 mm starken Platten (Fig. 762), welche auf jede Länge zersägt werden können, werden mittels verzinkter Kreuznägel (Fig. 763) in den Quer- und Längsfugen auf einer mit 33 cm Abstand unter die Balken genagelten Lattung befestigt (Fig. 764). Mit dem Vorzuge sehr großer Feuersicherheit verbinden diese Verputzplatten noch den, daß der Verputzmörtel nicht mit dem Holz in Berührung kommt, wodurch der Trockenprozeß wesentlich beschleunigt wird.

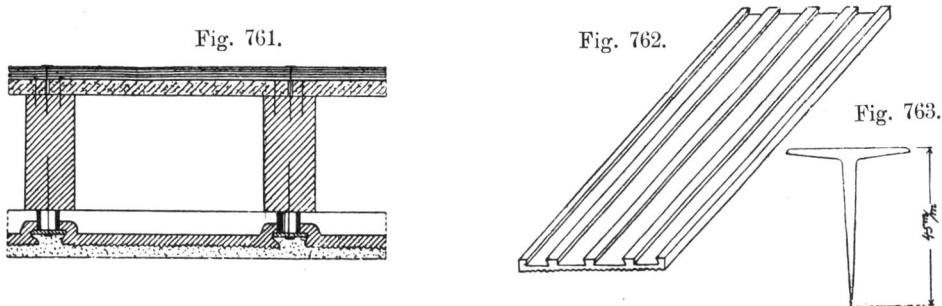

Fig. 761. Fig. 762. Fig. 763.

6. Durch Verkleiden mit Drahtziegeln. Diese bestehen aus einem Drahtgewebe, welches kleinen aufgepreßten und ziegelhart gebrannten Tonkörper-

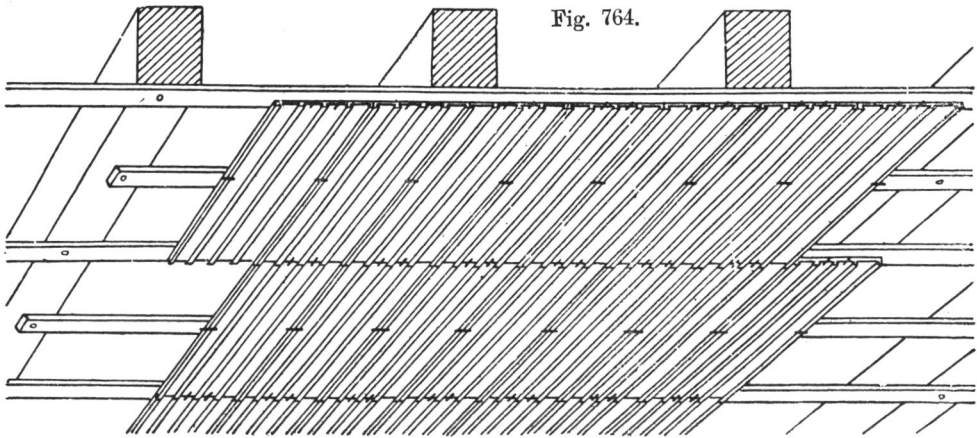

Fig. 764.

chen als Einlage dient (Fig. 765). Die Verspannung geschieht mittels 8 mm starker Rundeisen, welche auf den gegenüberliegenden Wandbalken durch Spann-

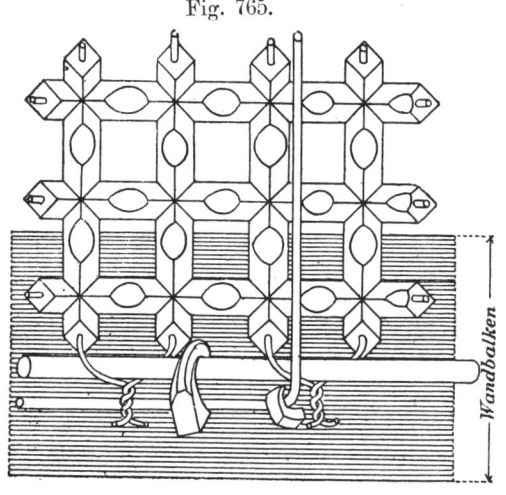

Fig. 765.

Wandbalken

haken (Fig. 766) gehalten werden. Zur Unterstützung des Gewebes werden unterhalb desselben 34 mm starke Tragedrähte in Abständen von 20 cm an den Balken mittels Schlaufen (Fig. 767) befestigt.

7. Durch Aufnageln von Drahtgewebe. Dasselbe wurde zuerst von Rabitz zur Aufnahme

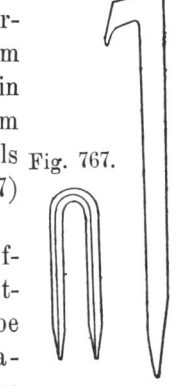

Fig. 766.

Fig. 767.

des Deckenputzes aus 2 mm starken verzinkten Drähten hergestellt, in einem
Abstande von etwa 1 cm unter den Balken mittels Spannhaken (Fig. 766) an
den Wänden straff gespannt und unter jedem Balken sowie in der Mitte jedes
Balkenfaches durch Drähte in Abständen von 50 cm aufgehangen (Fig. 768).
Alsdann wird in einem Abstande von 1,5 cm unter dem Drahtgewebe eine Brettschalung auf provisorisch an die Balken geschraubte Lagerbohlen verlegt und
sogenannter Patentputz (vorwiegend Zementmörtel) von oben eingestampft. Die

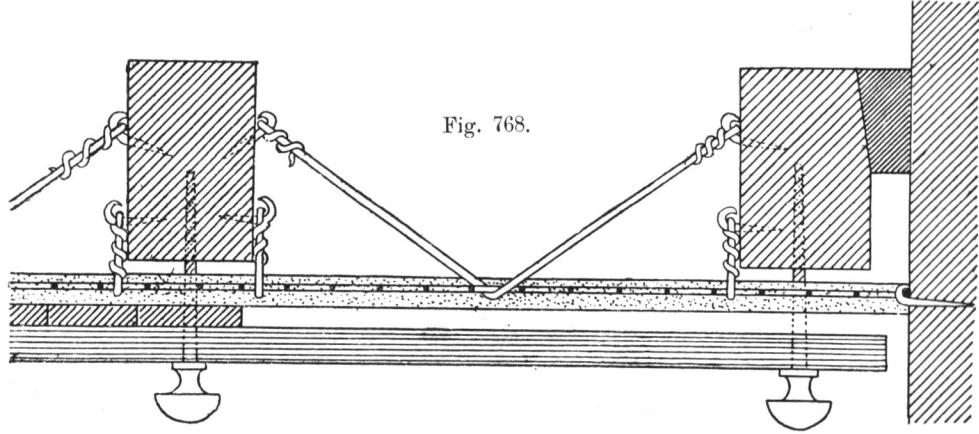

Fig. 768.

Tragfähigkeit dieses Putzes ist so bedeutend, daß das Füllmaterial ohne Bedenken
auf demselben gelagert werden kann. Der Luftraum zwischen Putz und Balken
trägt nicht unwesentlich zur Feuersicherheit der Konstruktion bei und ist zugleich
ein Schutzmittel gegen die Fortpflanzung des Schalles.

Nach der Zahl der aufeinanderfolgenden Mörtellagen kann man den Putz
unterscheiden in ein-, zwei-, drei- und vierlagigen Putz. Da indessen in
der Praxis diese Bezeichnungen wenig gebräuchlich sind, so sollen auch hier die
üblichen Namen: Rappputz, gestippter Putz, Rieselputz, ordinärer Putz,
Spritzputz, feiner oder glatter Putz und Stuckputz beibehalten werden.

Der Rappputz, Berapp oder rauhe Bewurf findet in untergeordneten
Räumen, namentlich in Keller- und Bodenräumen Anwendung und hat den Zweck,
die Unebenheiten des Mauerwerkes auszugleichen, besonders aber die Fugen auszufüllen. Er wird durch einmaliges Bewerfen mit Mörtel mittels der Kelle hergestellt, mit welcher er auch oberflächlich geebnet wird.

Der gestippte, gestupfte oder Besenputz entsteht dadurch, daß man
einen in stärkerer Schicht angeworfenen Rappputz mit einem stumpfen Besen stippt
oder stupft, so daß seine Oberfläche ein gleichmäßiges gekörntes Aussehen erhält.

Den Rieselputz oder Rieselbewurf erhält man, wenn über einem
Rappputz ein zweiter Anwurf mit Mörtel ausgeführt wird, der mit gleichgroßen
Kieseln von 4 bis 6 mm Durchmesser gemengt ist.

Der ordinäre Putz besteht, ebenso wie der Rieselputz, aus zwei Mörtellagen. Zuerst werden die Fugen mit einem dünnflüssigen, groben Mörtel ausgeworfen (bestochen, ausgeschweißt) und darauf ein erster rauher Anwurf in
dünner Lage ausgeführt, den man etwas erstarren läßt, bis er kleine Risse be-

kommt. Hierauf folgt ein zweiter Bewurf mit magerem Mörtel, welcher mit dem Reibebrett mehr oder weniger geglättet wird.

Der Spritzbewurf, auch Besenbewurf genannt, besteht aus drei Mörtellagen. Nachdem, ebenso wie bei dem ordinären Bewurf, die beiden unteren Mörtellagen hergestellt sind und die Oberfläche der zweiten Lage oberflächlich geglättet ist, wird ein dünner Mörtel aus Kalk und nicht zu feinem Quarzsand von gleichmäßigem Korn mittels eines Besens angespritzt. Dieses Anspritzen geschieht, indem man einen mit Mörtel gefüllten Besen mit der rechten Hand so gegen einen in der linken Hand befindlichen Stab anschlägt, daß der Mörtel gegen die Wand geschleudert wird.

Feiner oder glatter Putz besteht aus drei Lagen, welche der Reihe nach angeworfen werden, nachdem der vorhergehende Bewurf etwas angezogen und so steif geworden ist, daß er durch das Gewicht der folgenden Lage nicht von der Wand abgelöst werden kann. Der dritte Bewurf wird mit etwas fetterem, mit ganz feinem Sande hergestellten Mörtel aufgezogen und mit dem Reibebrett (d. i. ein etwa 20 cm langes und 10 bis 12 cm breites Brett mit einem Griff von Hartholz) sorgfältig geglättet, nachdem er genügend fest geworden ist. Während des Glättens ist der Bewurf ständig mit dem Pinsel (Quast, Maurerquast) zu nässen, da sonst der Putz, infolge des Reibens, zu schnell trocknet, so daß er abfällt (der Putz ist tot gerieben).

Zur Herstellung des ordinären und des glatten Putzes wird die Wand zunächst mit dem Bleilot (Senkel) und der Schnur untersucht, um die nötige Stärke des Bewurfes zu ermitteln, wobei man in lotrechten Abständen von 1,50 bis 1,70 m und in wagerechten Entfernungen von 1,0 bis 1,20 m die sogen. Lehrpunkte oder Lehrköpfe l (Fig. 769), welche den richtigen Vorsprung vor der Wand haben, mit rauhem Putzmörtel anwirft und oberflächlich mit dem Reibebrett glättet. Je zwei übereinanderliegende Lehrpunkte werden dann durch Antragen von Mörtel zu 12 bis 15 cm breiten Lehrstreifen oder Putzlehren mittels Richtscheit und Bleilot vereinigt und mit dem Reibebrett geglättet. Die Oberflächen dieser Streifen müssen in einer lotrechten Ebene liegen und treten so weit gegen die Mauer vor, daß der

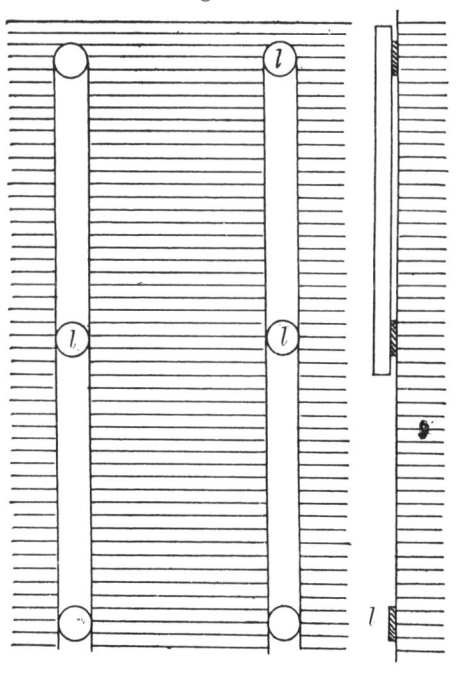

Fig. 769.

Putz in den zwischenliegenden Feldern eine durchschnittliche Stärke von 15 bis 20 mm erhält. Ob die Lehrstreifen lotrechte Ebenen bilden, findet man durch Einloten eines angehaltenen Richtscheites, während das Einfluchten in wagerechter Richtung mittels der Schnur erfolgen kann. Die Felder zwischen den

Lehrstreifen werden dann mit Putzmörtel von der Tünchscheibe, auch Dünn-
scheibe genannt (d. i. ein quadratisches Brett von etwa 30 cm Seitenlänge mit
kurzem Stiel), mit der Kelle angeworfen und der über die Lehrstreifen vortretende Mörtel durch ein Richtscheit abgestreift, das man auf den Putzlehren
mit kurzen Bewegungen nach rechts und links, von unten nach oben führt. Hierbei hinterlassen die Sandkörner im Putze Wellenlinien, und es wird ein Abreißen
größerer Putzstücke verhindert. Immerhin werden aber auch bei sorgsamster Ausführung im Putz zunächst einzelne Vertiefungen, sogen. Nester, verbleiben,
welche mit Mörtel auszufüllen und mit der Kelle glatt zu streichen sind. Hierauf
ist die ganze Putzfläche mit der „Kardätsche“, einem großen, länglichen Reibebrett, welches an einem Handgriff mit beiden Händen erfaßt oder von zwei Mann
in Kreislinien bewegt wird, abgerieben. Noch etwa verbleibende Nester sind mit
feinkörnigem Mörtel auszufüllen und mit einem kleinen Reibebrett zu glätten.

Sollen Putzflächen im Innern der Gebäude sehr glatt werden, so sind dieselben zu „filzen“, d. h. mit Reibebrettern, welche mit Filz benagelt sind, ab-
zureiben, wobei der Maurer einen sehr fein gesiebten Sand mit Kalk und Gipszusatz verwendet. Derartigen Putz bezeichnet man als „Filzputz“.

Wird ein Mörtel aus gemahlenem oder durchgeriebenem Kalk und Gips
verwendet und auf die Herstellung einer glatten Oberfläche ganz besondere Sorgfalt gelegt, so erhält man den „Stuckputz“.

Einspringende Ecken, sogen. Ixel, werden mit einem aus zwei rechtwinkelig
zusammenstoßenden Brettstücken gebildeten Reibebrett scharf angezogen. Um

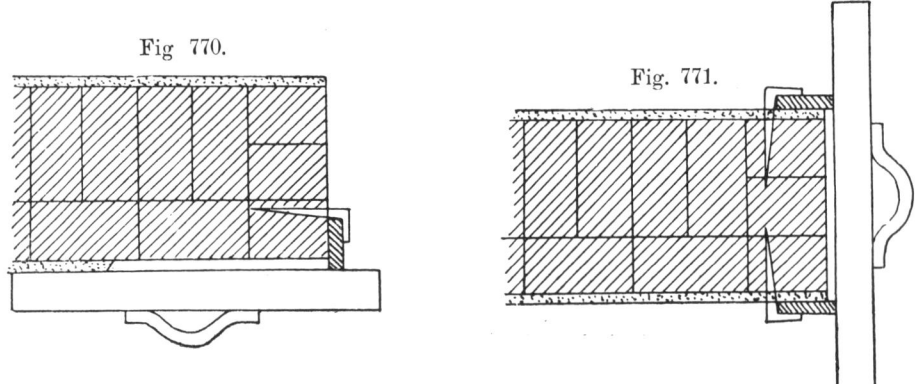

Fig 770.

Fig. 771.

vorspringende Mauerecken scharf und lotrecht zu putzen, wird vor einer der
Mauerflächen eine gerade gehobelte Latte mit Putzhaken so befestigt, daß sie
mit den Lehrstreifen der anderen Wand in einer Ebene liegt (Fig. 770). Sodann
wird die Latte auf der nun geputzten Fläche, ehe diese vollständig trocken ist,
so befestigt, daß die Kante wieder mit der anderen Fläche in eine Ebene fällt
(Fig. 771) und die Kante durch Auftragen des Putzes hergestellt. Sollen die
Putzflächen unter einem spitzen oder stumpfen Winkel zusammenstoßen, so
müssen die Putzlatten nach diesem Winkel zugehobelt werden.

Der geeignetste Untergrund für Putz ist Ziegelmauerwerk, sowohl wegen
der vielen Fugen, in denen der Mörtel Halt findet, als auch wegen der innigen
Verbindung, welche der Mörtel mit gut gebrannten Steinen eingeht. Schwach

gebrannte Ziegelsteine haben diese Eigenschaft nicht, weil in ihnen die im Ton vorhandene Kieselsäure und Tonerde infolge zu schwachen Brennens nicht zum Aufschließen gebracht wurde. Sie werden deswegen nur vom Putz umhüllt, gehen aber keine Verbindung mit ihm ein. Ebenso verhalten sich die meisten natürlichen Steine, und es müssen die Oberflächen derselben deswegen vor Aufbringung des Putzes mit Meißel und Hammer möglichst aufgerauht und ihre Fugen gut und tief ausgekratzt werden. Aus Lehm gestampfte oder aus Lehmsteinen gemauerte Wände werden in der Regel mit Lehmmörtel geputzt, weil Kalkmörtel schlecht auf Lehmwänden haftet. Besseren Halt findet auf denselben Zementmörtel, doch zeigen sich in demselben bald Risse, infolge des starken Setzens der Lehmwände, auch wird durch das Gefrieren und Wiederauftauen der immer etwas feuchten Lehmwände oft ein Absprengen des Zementputzes verursacht. Da nun gerade die Außenwände eines Schutzes gegen die Witterungseinflüsse bedürfen, Lehmputz aber als ein solcher nicht anzusehen ist, so ist derselbe nur dadurch zu erreichen, daß der Regen durch weit vortretende Dächer von den möglichst niedrig zu haltenden Wänden abgeleitet und das Aufsteigen der Erdfeuchtigkeit durch Anordnung von Isolierschichten verhindert wird.

Putzmörtel von Luft- oder Fettkalk muß stets mit Sandzusatz bereitet werden, dessen Menge von der Beschaffenheit des Kalkes abhängig zu machen ist. Er schwankt zwischen 3 bis 5 Raumteilen auf 1 Teil Kalk. Zu fetter Mörtel wird leicht rissig und erlangt nicht die erforderliche Dichtheit, mit welcher die Widerstandsfähigkeit des Putzes wächst. Macht man den Mörtel zu mager, ist also nicht genügend Kalk vorhanden, um jedes Sandkorn mit einer Kalkhydrathaut zu umhüllen, so bleibt der Putz zu porig und wird nicht genügend fest. Der Fettkalk muß vor der Verwendung zur Herstellung des Putzmörtels mindestens 14 Tage, besser vier Wochen, gelöscht und eingesumpft werden, damit kein nachträgliches Löschen von Kalkteilchen im Putz, wodurch Blasen gebildet werden, die aufbrechen und Löcher verursachen, stattfindet.

Zum Putz äußerer Wandflächen wird der hydraulische Kalkmörtel dem Fettkalkmörtel vorgezogen, weil er im allgemeinen wetterbeständiger ist, als der letztere und auch unter dem Einflusse der Nässe erhärtet. Da die Beschaffenheit der hydraulischen Kalke eine sehr verschiedene ist, so ist in jedem besonderen Falle durch Versuche festzustellen, welche Menge von Sandzusatz dieselben vertragen. Es empfiehlt sich, die Kalkmilch und das Kalkpulver durch ein Haarsieb laufen zu lassen, um zu verhindern, daß ungelöschte Kalkstücke in den Mörtel gelangen.

In neuerer Zeit sind zur Ausführung von Putzarbeiten auf Außenwänden und solchen Innenwänden, die den Einflüssen von Feuchtigkeit ausgesetzt sind, immer mehr die Mischungen von Fettkalk mit Portland-Zement, die sogen. verlängerten Zementmörtel in Aufnahme gekommen. Dieselben sind leicht zu verarbeiten und vertragen ein öfteres Aufrühren innerhalb 24 bis 36 Stunden. Bei Festlegung des Mischungsverhältnisses verfährt man wohl in der Weise, daß man der nach Beschaffenheit des Fettkalkes und des Sandes erprobten Mischung für jeden beizumengenden Raumteil Zement einen gleichen Raumteil Kalk in Abzug bringt. Bei einem Mischungsverhältnis gewöhnlichen Kalkmörtels gleich

3 Teile Kalk auf 6 bis 12 Teile Sand (oder 1 : 2 bis 1 : 4) würden sich mithin für verlängerten Zementmörtel folgende Mischungsverhältnisse ergeben:

2 Teile Kalk, 1 Teil Zement, 6 bis 12 Teile Sand,
$1^1/_2$ „ „ $1^1/_2$ „ „ 6 „ 12 „ „
1 „ „ 2 „ „ 6 „ 12 „ „

Für Putzarbeiten, die im hohen Grade der Einwirkung von Nässe ausgesetzt sind, also namentlich auf Außenwänden, in Zisternen, Abortgruben usw. eignet sich besonders reiner Zementmörtel. Zu Putzflächen, die nicht wasserdicht zu sein brauchen, verwendet man eine Mischung von 1 Teil Zement auf 3 bis 4 Teile Sand; wird dagegen Wasserdichtigkeit verlangt, so darf man höchstens 2 Teile Sand mit 1 Teil Zement mischen. Bei der Mörtelbereitung ist der Zement mit reinem, scharfem und durchaus trockenem Sande innig zu vermengen und erst dann Wasser zuzusetzen. Es ist durchaus unstatthaft, einen bereits erstarrenden Zementmörtel durch Wasserzusatz wieder aufzuarbeiten. Fleißiges Durcharbeiten des Mörtels mit der Kelle in kürzeren Zwischenräumen ist dagegen zu empfehlen.

Häufig beobachtet man ein Ablösen des Zementputzes in schwachen Schalen oder größeren Stücken von dem Untergrunde, auch bilden sich vielfach Blasen oder erhabene Stellen, die beim Beklopfen hohl klingen. Die Ursache dieser Erscheinungen liegt entweder daran, daß der Putz in verschiedenen ungleichartigen Lagen aufgetragen wurde oder in zu schnellem Austrocknen. Vor allem ist deshalb darauf zu sehen, daß der Untergrund vor dem Aufbringen des Putzes gut angenäßt wird, wie sich denn auch Zementmörtel am meisten für den Abputz von feuchtem Mauerwerk eignet.

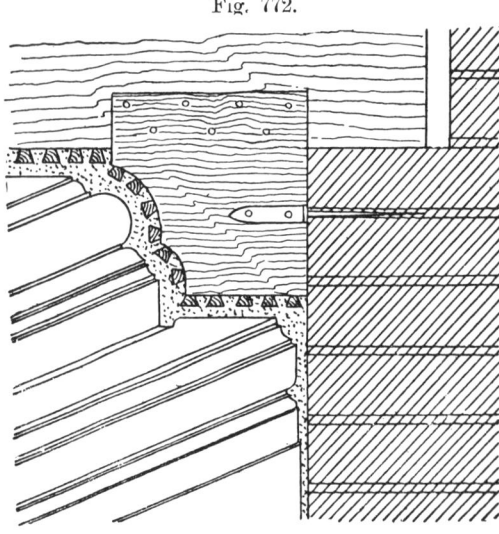

Fig. 772.

Die Dicke des Putzes soll nicht weniger als 10 mm und nicht mehr als 25 mm betragen, da derselbe im ersteren Fulle zu rasch trocknet und keinen genügenden Schutz gewährt, im zweiten Falle dagegen rissig wird und abfällt. Der Bewurf muß auch möglichst gleichmäßige Dicke haben, damit kein ungleichmäßiges Trocknen und Schwinden desselben eintritt. Bei starken Abweichungen einer Mauer von der lotrechten Ebene oder einer Decke von der wagerechten Ebene (bei scheitrechten Gewölben) hilft man sich, um eine Verringerung der Putzstärke zu erreichen, durch Eindrücken von Ziegelstücken in den Mörtel.

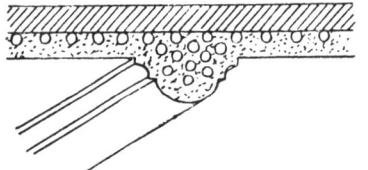

Fig. 773.

Sollen Ausbesserungen oder Erneuerungen des Putzes auf Mauerflächen vorgenommen werden, so genügt eine Reinigung der Flächen und ein Auskratzen der Fugen allein nicht, um dem neuen Putz Halt zu geben, es muß vielmehr ein Abarbeiten der Mauer mit dem scharfen Hammer oder der Zweispitze, bei Backsteinmauerwerk mindestens ein Abreiben mit scharfen Steinen stattfinden, um frische Steinflächen zur Aufnahme des Putzes zu schaffen.

Außer den glatten Flächen werden auch vorspringende Gliederungen und Gesimse geputzt und zwar durch Ziehen mittels Schablonen. Ueberschreitet

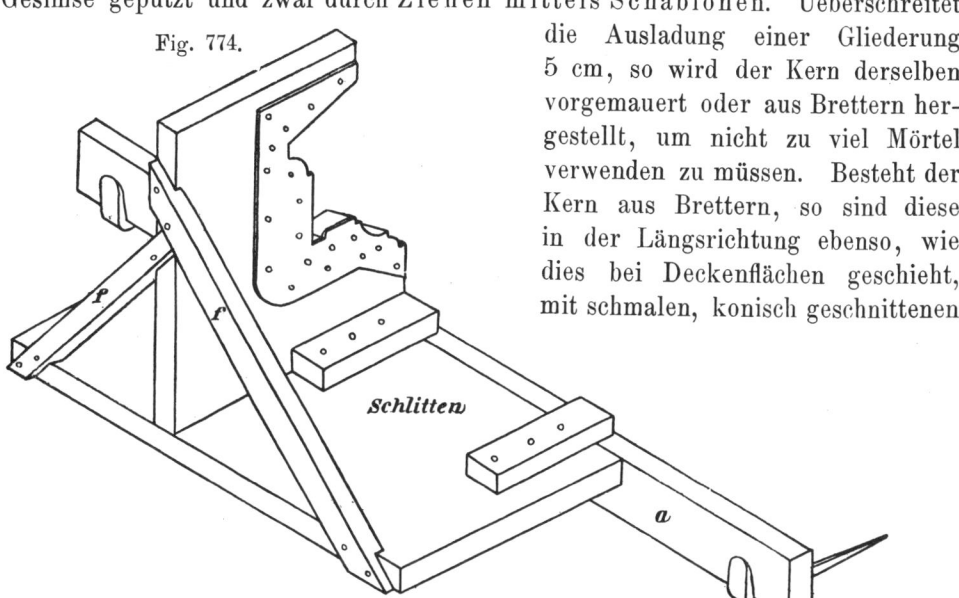

Fig. 774.

die Ausladung einer Gliederung 5 cm, so wird der Kern derselben vorgemauert oder aus Brettern hergestellt, um nicht zu viel Mörtel verwenden zu müssen. Besteht der Kern aus Brettern, so sind diese in der Längsrichtung ebenso, wie dies bei Deckenflächen geschieht, mit schmalen, konisch geschnittenen

Latten (Fig. 772), mit Drahtgewebe, Rohrgewebe, Drahtziegeln und dergl. m. zu benageln. Kleinere Gliederungen an Decken werden auch wohl mit Rohrbündeln unterfüttert, welche mit Draht und langen Nägeln zu befestigen sind (Fig. 773).

Die nach der beabsichtigten Form der Gliederungen aus Brettern hergestellten Schablonen sind mit gleich geformten Schablonen aus Zink- oder Eisenblech zu beschlagen, und deren Kanten sind mit einer feinkörnigen Feile möglichst zu glätten, damit die Kanten und Flächen der Gliederungen möglichst große Schärfe und Glätte erhalten. Die Schablone wird auf einem Brett, dem sogen. „Schlitten" (Fig. 774) so befestigt, daß beide Teile sich unter rechten Winkeln treffen. Damit diese Lage dauernd gesichert ist, werden zwischen

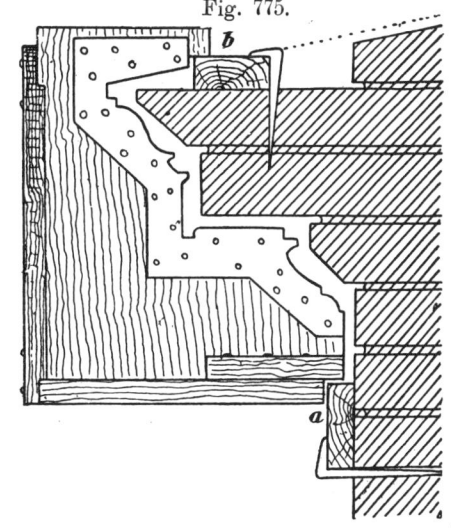

Fig. 775.

Schablone und Schlitten in schräger Lage Leisten f eingezogen, welche zugleich als Handhabe bei Fortbewegung der Schablone dienen. Dieses Fortbewegen muß so erfolgen, daß die Blechschablone den Mörtel vor sich herschiebt. Der zu viel angeworfene Mörtel fällt auf den Schlitten herab und wird von diesem mit der Kelle abgestrichen.

Zur sicheren Führung der Schablone dienen „Führungslatten". Bei kleineren Gesimsen begnügt man sich mit nur e i n e r Führungslatte (Fig. 774 bei a), auf welcher der Schlitten gleitet; größere Gesimse, bei welchen das Andrücken der großen und schweren Schablone viel Kraft voraussetzt, erfordern eine zweite Führungslatte, welche so anzubringen ist, daß auf ihr die Schablone mit dem oberen Ende gleitet. Diese beiden Führungslatten (Fig. 775 bei a und b), welche in genau paralleler Lage zu einander anzubringen sind, bilden zusammen den sogenannten „Lattengang".

Bei bogenförmigen Gesimsen tritt an Stelle der Führungslatten eine „Leier", d. i. eine Latte, mit deren Hilfe die Schablone um den Mittelpunkt des Bogens geführt wird.

Fig. 776.

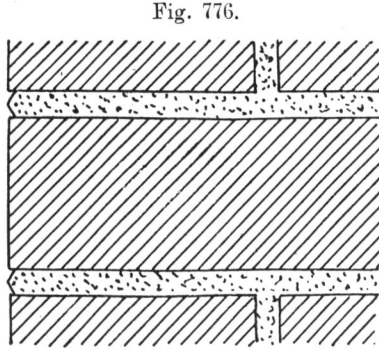

Fig. 777.

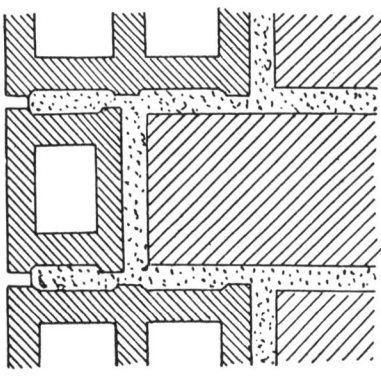

Kröpfungen und Gehrungen der Gesimse lassen sich nicht mit Schablonen der beschriebenen Art ziehen; sie werden meist aus freier Hand mit kleinen Kellen, in neuerer Zeit auch wohl mit der B r a n d e schen Gehrungsschablone hergestellt. Wenn sich Kröpfungen sehr oft wiederholen und die zwischen ihnen liegenden geraden Gliederungen sehr kurz sind (z. B. bei kassettierten Decken), so sieht man meist von einem Ziehen der Gliederungen auf der Wand oder Deckenfläche ganz ab. Man kommt dann am leichtesten zum Ziele, wenn man auf einem langen Brett den Mörtel aufträgt, die Gliederungen mit der Schablone zieht, dieselben trocknen läßt, darauf mit der Säge in Stücke von der erforderlichen Länge. schneidet und mit dem gleichen Mörtel, aus dem sie hergestellt wurden, an ihrem Ort befestigt.

Schablone und Führungslatten müssen nach jedem Zuge mit Wasser abgewaschen werden, damit der abgebundene Mörtel beseitigt wird. Nach jedesmaligem Ziehen wiederholt man das Bewerfen mit stets dünnerem und fetterem Mörtel, bis die Gliederungen scharf hervortreten. Bevor die Schablone über den angeworfenen Mörtel geführt wird, muß derselbe etwas angezogen haben. Wird Kalkmörtel verwendet, so setzt man demselben bis zur Hälfte Gips oder Zement zu, um auf das Anziehen nicht zu lange warten zu müssen. Reiner Gips- oder Zementmörtel binden sehr schnell ab, und es erfordert deswegen das

Ziehen mit diesen Mörtelarten sehr geübte und zuverlässige Arbeiter, welche sicher und schnell hantieren.

Sollen Mauern, welche den Witterungseinflüssen ausgesetzt sind, ohne Mörtelbewurf bleiben, so ist anzuraten, die Fugen mit einem geeigneten Dichtungsmaterial zu verstreichen, wenn nicht mit ganz vollen Fugen gemauert worden ist. Das Ausfugen erfolgt in der Regel aus Gründen der Zweckmäßigkeit vor dem Abrüsten der Mauern.

Die haltbarste Art des Fugens ist jedenfalls die mit vollen Fugen. Hierbei werden die Steine voll in Mörtel gesetzt, und der durch den Druck der Steine übertretende Mörtel wird mit der Kelle abgeschnitten, auch wohl mit der Kelle nach Fig. 776 zugeschnitten, so daß er vollständig vor der Mauerfläche vortritt.

Hohlfugen (Fig. 777) geben zwar dem Mauerwerk ein saubereres Aussehen als Vollfugen, bieten aber Anlaß zum Eindringen und Ansammeln von Feuchtigkeit, namentlich, wenn sie weit gegen die Mauerflucht zurückgelegt werden sollen.

Besonders bei Blendmauerwerk wird sehr häufig das nachträgliche Ausfugen in Anwendung gebracht, weil dann das Mauerwerk viel leichter sauber gehalten werden kann, als beim Ausfugen während des Mauerns. Hierbei wird das Auskratzen, Reinigen und Ausfugen entweder nach Vollendung der ganzen Verblendung oder während des Hochmauerns nach Vollendung von 4 bis 6 Schichten vorgenommen. Die erstere Ausführungsweise ist die gebräuchlichere; sie liefert sauberes Mauerwerk und erfordert weniger Zeit, da die Maurer nicht gleichzeitig zwei verschiedene Arbeiten vorzunehmen haben. Die zweite Art hat hingegen den bedeutenden Vorteil, daß der Fugenmörtel sich besser mit dem noch frischen Mauermörtel verbindet. Zu empfehlen ist jedenfalls, daß das Auskratzen der Fugen sogleich nach dem Mauern vorgenommen wird, da durch das nachträgliche Aufhauen und Auskratzen des festgewordenen Mörtels die Steinkanten leicht beschädigt werden. Man hat jedoch darauf zu achten, daß ausgekratzte Fugen nicht während sehr langer Zeit, namentlich nicht während der Wintermonate, offen bleiben, weil sonst das Eindringen von Regen und Schnee dem Mauerwerk gefährlich werden kann.

Geschieht die Ausfugung erst nach Vollendung der ganzen Verblendung, so ist das verblendete Mauerwerk vor Abrüstung der Fronten gehörig zu reinigen. Bei Anwendung von Säuren (stark verdünnte Salzsäure) müssen die gereinigten Flächen gehörig mit Wasser nachgespült werden, damit die Steine nicht an ihrer Oberfläche zerfressen werden. Ein Abschleifen der schmutzigen Flächen mit Steinen ist nicht zu gestatten.

Ist die Ausfugung der Verblendung bereits bei Hochführung des Mauerwerks erfolgt, so sind die Fugen trotzdem nach beendigter Reinigung der Flächen sorgfältig zu untersuchen und, soweit erforderlich, voll auszustreichen.

Das Auskratzen der Fugen geschieht entweder mit einem sog. Fugholz (Fig. 778), dessen vordere Kanten auf die beabsichtigte Tiefe der Fugen mit geringer Verjüngung der Oberfläche eingeschnitten sind, oder mit einer eisernen

Fugenkelle (Fig. 779). Das Fugholz ist jedoch unter allen Umständen vorzuziehen, weil es den Mauermörtel weniger glatt abreißt, so daß der Fugenmörtel besseren und sichereren Halt findet.

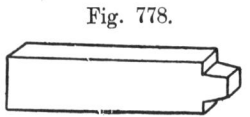

Fig. 778.

Beim Ausfugen hält der Maurer in der linken Hand eine Tünchscheibe, auf welcher er nur so viel Fugenmörtel vorrätig hält, wie er etwa innerhalb einer Viertelstunde verarbeiten kann, während er die eigentliche Fugearbeit mit einem Fugeisen oder einer Fugenkelle, die er in der rechten Hand hält, ausführt. Ist der Mörtel auf der Tünchscheibe verbraucht, so ist dieselbe abzuwaschen und der Mörtel in dem Mörtelbehälter gut mit einer Mauerkelle durchzuarbeiten, ehe neuer Mörtel auf die Tünchscheibe aufgebracht wird.

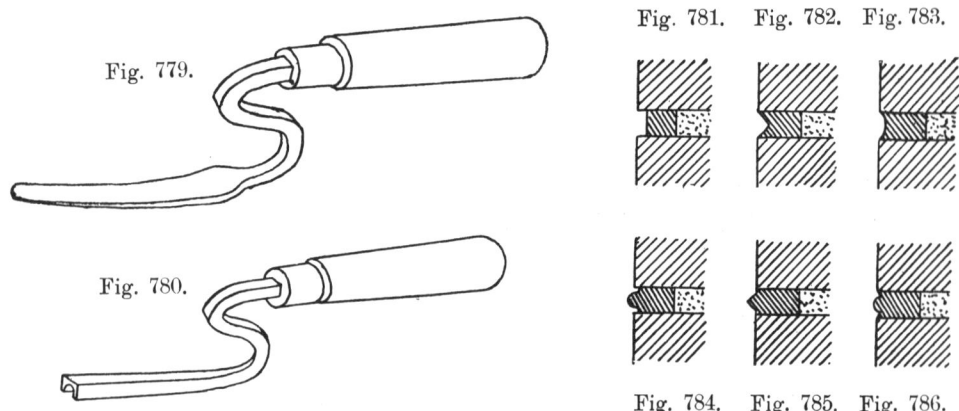

Fig. 779.

Fig. 780.

Fig. 781.　Fig. 782.　Fig. 783.

Fig. 784.　Fig. 785.　Fig. 786.

Die Fugenkelle (Fig. 779) findet Anwendung, wenn die Fugen die durch die Figuren 781 bis 783 dargestellten Formen erhalten sollen, während das Fugeisen (Fig. 780) benutzt wird, wenn vorgelegte Fugen (Fig. 784 bis 786) hergestellt werden sollen.

Als Fugenmörtel kommen namentlich Wasserkalk und verlängerter Zementmörtel in Betracht, reiner Zementmörtel ist dagegen ungeeignet. Kalkmörtel wird zweckmäßig mit gesiebtem Ziegelmehl, welches aus hart gebrannten Steinen gewonnen ist, gemischt. Er wird dadurch zu einer Art von hydraulischem Mörtel, welcher dem Wetter besser widersteht, als gewöhnlicher, aus Kalk und Sand hergestellter Mörtel; des guten Aussehens wegen verwendet man in neuerer Zeit vielfach auch reinen Weißkalkmörtel.

Damit der nachträglich eingebrachte Mörtel sich mit dem in der Mauer befindlichen verbinden kann, müssen die Fugen vorher durch Ausbürsten und Ausspülen mit Wasser von Staub gründlich gereinigt werden.

G. Die Wiederherstellungs- und Umbauarbeiten.

Bei den Wiederherstellungs- und Umbauarbeiten ist meist nicht nur der Maurer, sondern auch eine mehr oder weniger große Zahl anderer Handwerker (Zimmerer, Tischler, Schlosser, Bauklempner, Dachdecker usw.) beteiligt. Eine Trennung nach den einzelnen Handwerken ist aber dennoch bei der Beschreibung nicht am Platze und auch kaum möglich, weil oft Arbeiten, deren Herstellung bei Neubauausführungen dem Zimmerer oder einem anderen Handwerker obliegt, durch den Maurer bewirkt werden müssen (Absteifungen, Verbindungen des Mauer- oder Holzwerkes mit Eisenteilen usw.). Aus diesem Grunde wird auch die Ausführung der gesamten Wiederherstellungs- oder Umbauarbeiten in der Regel an nur einen Unternehmer, und zwar meist an einen Maurermeister, vergeben. Von diesem Gesichtspunkte aus betrachtet, ist es berechtigt, daß diese Arbeiten im vorliegenden Bande Aufnahme gefunden haben.

Während durch die Wiederherstellungs-, Ausbesserungs- oder Instandsetzungsarbeiten schadhafte Bauteile durch neue ersetzt werden, welche die gleiche Form wie die ursprünglichen erhalten, werden bei Umbauarbeiten alte Bauteile beseitigt, ohne in gleicher Weise durch neue ersetzt zu werden, und neue Bauteile hinzugefügt, so daß das Bauwerk eine andere Gestalt und Einteilung erhält. Da jedoch mit Umbauten auch stets Wiederherstellungsarbeiten verbunden sind, so lassen sich beide Arten von Bauausführungen nicht streng voneinander scheiden und werden zweckmäßig gemeinsam behandelt.

Vor Inangriffnahme dieser Arbeiten beziehungsweise vor Anfertigung der erforderlichen Baurisse und des Kostenanschlages ist immer eine Untersuchung und genaue Aufnahme des bestehenden Zustandes des Bauwerkes vorzunehmen, und festzustellen, ob die für die Instandsetzung oder den Umbau des Gebäudes aufzuwendenden Geldmittel in angemessenem Verhältnis zu den damit zu erreichenden Vorteilen stehen, oder ob ein vollständiger Neubau an Stelle des alten Bauwerkes vorteilhafter erscheint. Als Grundsatz muß aber immer gelten, daß notwendige Instandsetzungsarbeiten keinen Aufschub dulden, weil vorhandene Schäden sich meist sehr schnell auf andere Bauteile übertragen, so daß dann die Beseitigung derselben ganz bedeutende Kosten verursachen kann.

Bei jedem Umbau sind die gleichen Hilfsräume, deren man auch bei Neubauten bedarf, die Bauhütte, Materialienschuppen, Arbeiteraborte usw., zu schaffen. Ist ein genügend großer Hofraum vorhanden, so wird man diesen zur Unterbringung dieser provisorischen Gebäulichkeiten benutzen, andernfalls aber solche Räume des Hauses verwenden, welche unberührt vom Umbau bleiben.

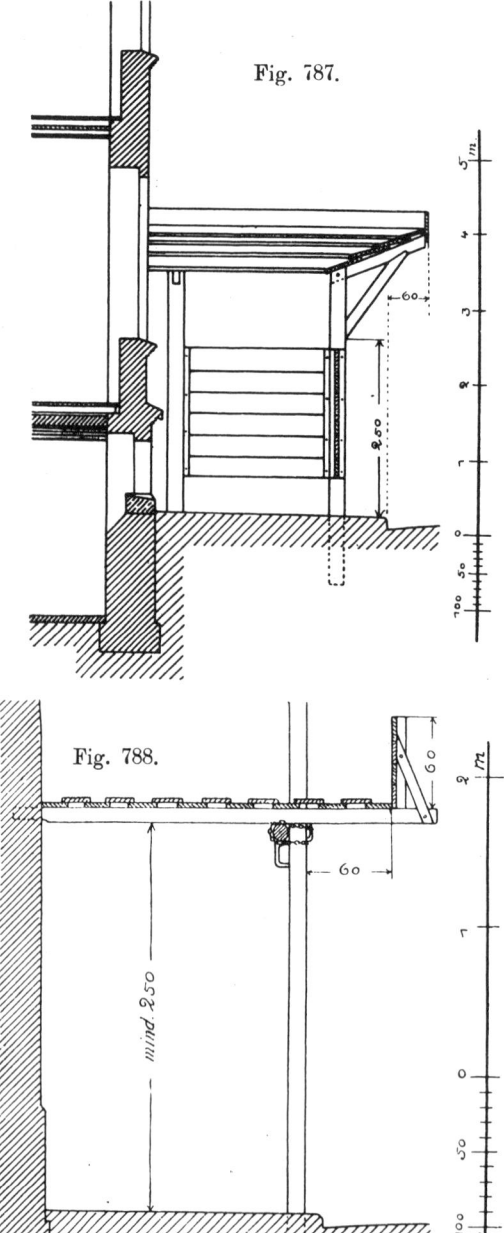

Fig. 787.

Fig. 788.

Gegen die Straße ist der Bauplatz gewöhnlich durch einen Bauzaun abzuschließen; die Genehmigung zur Aufstellung desselben ist bei der Polizei-Verwaltung zu beantragen. Da der Raum zwischen Bauzaun und Gebäude zum Lagern von Materialien, zum Einbringen von Materialien nach den Innenräumen, zum Ausbringen des Bauschuttes usw. dient, und außerdem meist noch die Absteifungen der Straßenfront aufnehmen muß, so ist immer dahin zu streben, eine möglichst große Fläche zu erhalten. Wird die Genehmigung erteilt, daß der Bauzaun bis an die Vorderkante des Bürgersteiges herantritt, so ist außerhalb desselben ein provisorischer Bürgersteig aus Lagerhölzern und Bohlen herzustellen, dessen Breite von der Polizeibehörde vorgeschrieben wird (1 bis 1,5 m). Zur Sicherung der Straßenpassanten gegen herabfallendes Baumaterial sind die Bauzäune gegen die Straße mit „Schutzdächern" derart zu versehen, daß diese höchstens 60 cm über die Vorderkante des Bürgersteiges vortreten und deren Konstruktionshölzer (stützende Streben) in einer Höhe von mindestens 2,00 m über dem Bürgersteige ansetzen (Fig. 787).

Sofern Absteifungen der Frontmauer des Gebäudes nicht erforderlich sind, schreibt die Polizeibehörde, namentlich in Straßen mit sehr starkem Verkehr, oft vor, daß der Bürgersteig während der Umbauarbeiten ganz frei bleibt. Sind dabei solche Instandsetzungs- oder Umbauarbeiten in den oberen Stockwerken, an der Frontseite oder am Dache vorzunehmen, welche befürchten lassen, daß Baustoffe oder Schutt auf die Straße fallen können, so sind wiederum Schutzdächer oberhalb des Bürgersteiges anzubringen. Diese können entweder auf Riegelhölzern gelagert werden, die an eingegrabenen Gerüst- bezw. Streichbäumen befestigt sind (Fig. 788) oder auf Hölzern, die entweder in Höhe des Fußbodens oder in Höhe der Fensterbrüstung in demjenigen Stockwerk herausgestreckt werden, in welchem Ausbesserungs- oder Umbauarbeiten vorgenommen werden sollen.

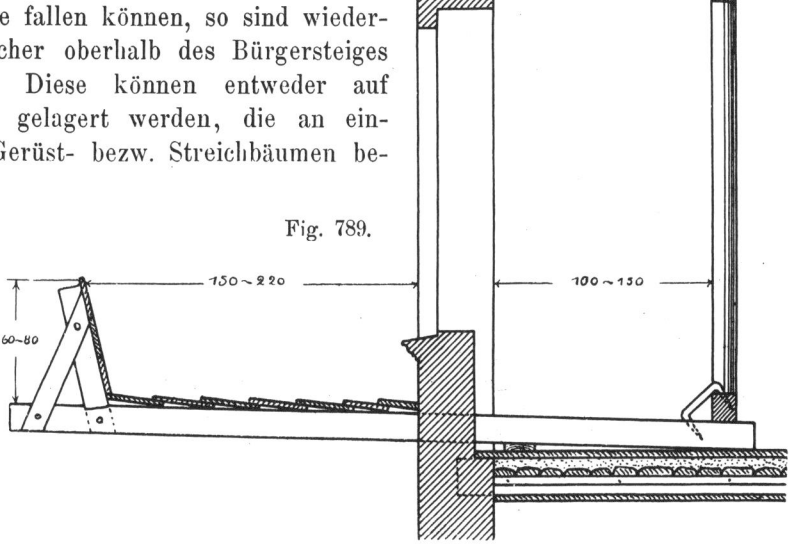

Fig. 789.

Sollen die das Schutzdach tragenden Lagerhölzer in Höhe eines Fußbodens angebracht werden (Fig. 789), so werden Löcher durch die Fensterbrüstungen gestemmt und die rückwärtigen Enden der Lagerhölzer mittels Schwellen und Rundhölzer zwischen Fußboden und Zimmerdecke eingekeilt sowie mit den Schwellen durch Spitzklammern verbunden. Wird das Schutzdach in Höhe der Fensterbrüstungen herausgestreckt, so legt man auf die Sohlbänke Bohlenstücke oder Querriegel und befestigt die Enden der Lagerhölzer im Gebäudeinnern zwischen Riegelhölzern, die mit Versatz und Zapfen in senkrechte Steifen eingreifen (Fig. 790).

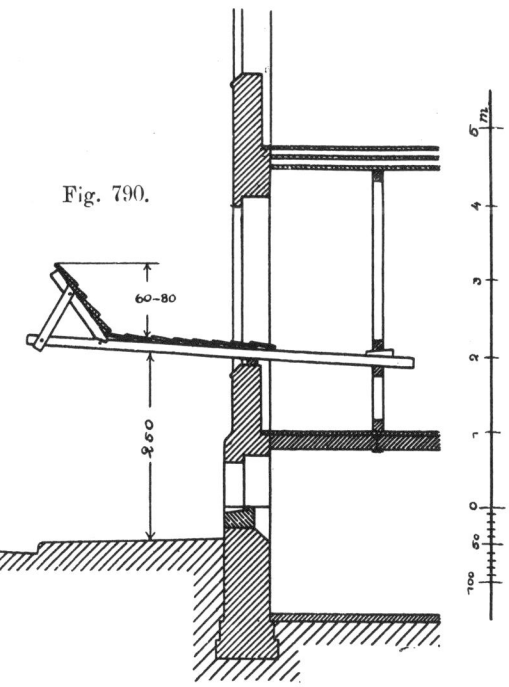

Fig. 790.

21*

In vielen Fällen wird die Forderung gestellt, daß einzelne Räume (nament-lich Geschäftsräume) oder ganze Stockwerke während des Umbaues ihrer ur-

Fig. 791.

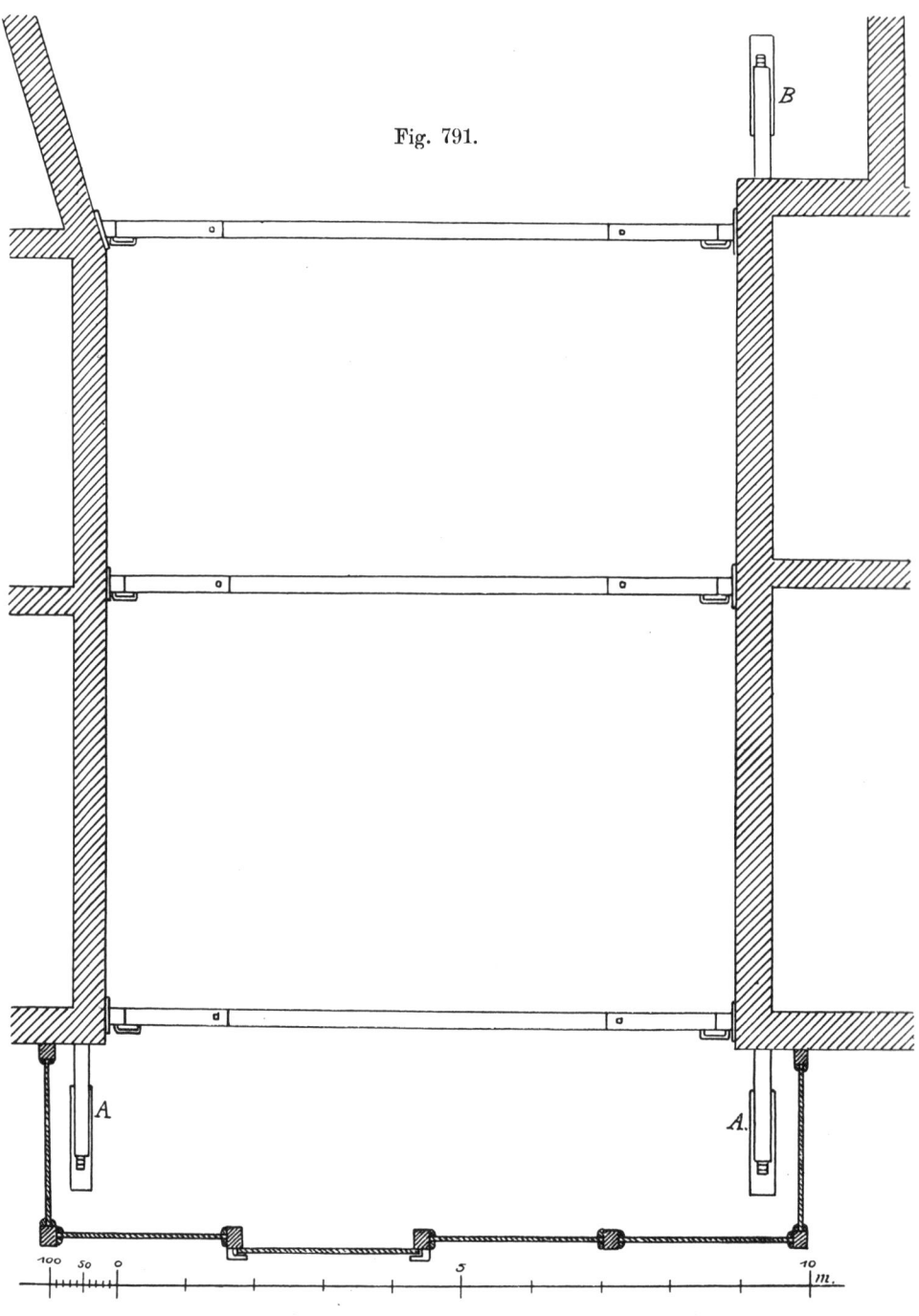

sprünglichen Zweckbestimmung erhalten bleiben, damit für den Hausbesitzer keine zu bedeutenden Mietverluste eintreten. Es muß dann Sorge getragen werden, daß der bei den Umbauarbeiten entstehende Staub nicht nach den in Benutzung stehenden Räumen übertreten kann. Am einfachsten wird dies erreicht durch Schutzwände aus alten, trockenen Brettern, die auf beiden Seiten mit Tapete oder Packpapier überklebt werden. Dieselben sind leicht und schon nach 24 Stunden vollständig ausgetrocknet. Gemauerte Wände aus hochkantig gestellten Schwemm- oder Ziegelsteinen bieten zwar auch einen staubdichten Abschluß, sie erfordern aber bis zum vollständigen Austrocknen eine bedeutend längere Zeit.

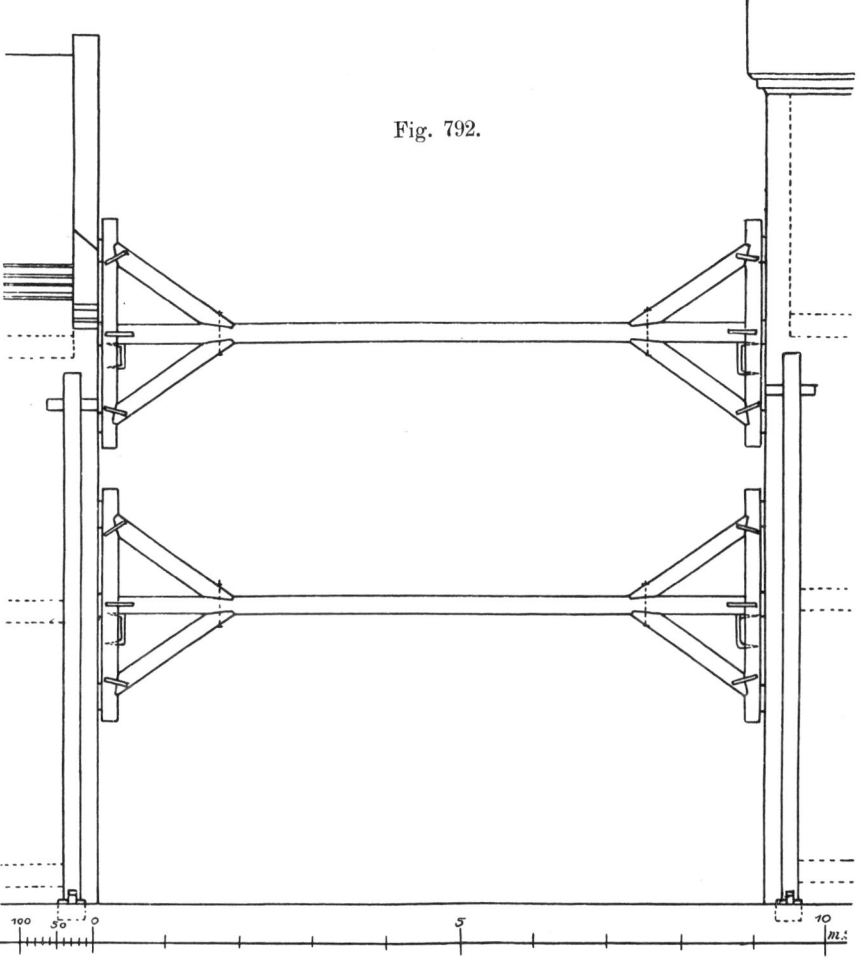

Fig. 792.

Die Art der bei einem Umbau vorkommenden Arbeiten kann eine so mannigfaltige sein, daß eine eingehende Besprechung derselben an dieser Stelle ausgeschlossen sein muß und nur in die Erörterung solcher Fälle eingetreten werden kann, zu deren Durchführung es besonders reiflicher Ueberlegung bedarf. Diese erstrecken sich namentlich auf die Abbrucharbeiten, das Anlegen und Vergrößern von Maueröffnungen, die Wegnahme und Unterstützung von Tragemauern, das Unterfangen alter Fundamente und die Ausbesserung von Balkenlagen.

1. Die Abbrucharbeiten.

Bei den Abbrucharbeiten ist mit der größten Vorsicht zu verfahren, damit weder die Arbeiter noch die Straßenpassanten gefährdet oder durch den sich entwickelnden Staub in unzulässiger Weise belästigt werden. Es ist deswegen das Umwerfen ganzer Bauteile als unzulässig zu bezeichnen, und es müssen diejenigen Teile, welche durch den Abbruch ihre Verspannung oder Unterstützung verlieren, bis zum Ersatz derselben in zweckentsprechender Weise abgefangen, abgesteift werden.

Soll z. B. bei geschlossener Bauweise ein zwischen zwei anderen Gebäuden stehendes Haus niedergelegt werden, so ist es notwendig, die Gebäudeecken abzusteifen und die Giebelwände der Nachbarhäuser gegen einander so lange abzuspreizen, bis der auszuführende Neubau die Lücke wieder geschlossen hat. Das Einziehen der Verspreizungen geschieht am leichtesten Hand in Hand mit dem Fortschreiten des Abbruches, indem man dieselben, im obersten Stockwerk beginnend, möglichst in Höhe der Balkenlagen und in Nähe der Tragmauern der Nachbarhäuser einzieht. An den zu stützenden Mauern werden in lotrechter Richtung Klebhölzer von 3 bis 3,5 m Länge angebracht, durch Streben mit wagerechten Querbäumen verbunden und dann fest mit Eichenholzkeilen hinterkeilt (Fig. 791 und 792). An den Gebäudeecken werden Streben aufgestellt (vergl. Fig. 791 bei A und B), die mit dem unteren Ende in sogen. „Treibladen" eingreifen und mit dem oberen Ende in der Nähe der Balkenlagen unter eine Strecker-

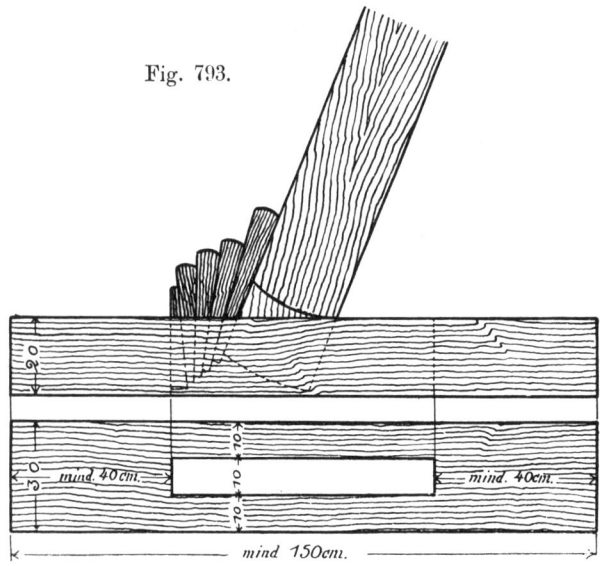

Fig. 793.

mind. 40cm.

mind. 40cm.

mind. 150cm.

schicht, oder besser, mit Klaue unter kurze Querhölzer oder Bohlenstücke (vergl. auch Fig. 799) aus Eichenholz, die in die zu stützende Mauer eingelassen sind, greifen. Die Treibladen (Fig. 793) bestehen aus einem mindestens 1,50 m langen, etwa 20/30 cm starken Holzklotz mit einem durchgehenden Schlitz von etwa 10 cm Breite und mindestens 70 cm Länge. In diesen Schlitz wird die Schubstrebe mit abgerundetem Zapfen eingeführt und durch Keile aus Hartholz, deren erster mit dem breiten Ende nach unten gerichtet ist, so lange angetrieben, bis sie mit dem oberen Ende fest gegen die Querhölzer greift. Ob dies der Fall ist, erkennt man durch Anschlagen mit einem Hammer gegen die Strebe; ruht die Last voll auf, so muß durch das Anschlagen ein deutlich wahrnehmbarer, heller Klang hervorgerufen werden.

Da die Querbäume der Abspreizungen meist aus alten Balken, die beim Abbruch gewonnen wurden, hergestellt werden, so ist es oft vorzuziehen, dieselben aus zwei Stücken zusammenzusetzen, also in der Mitte zu stoßen. Dieser

Fig. 794.

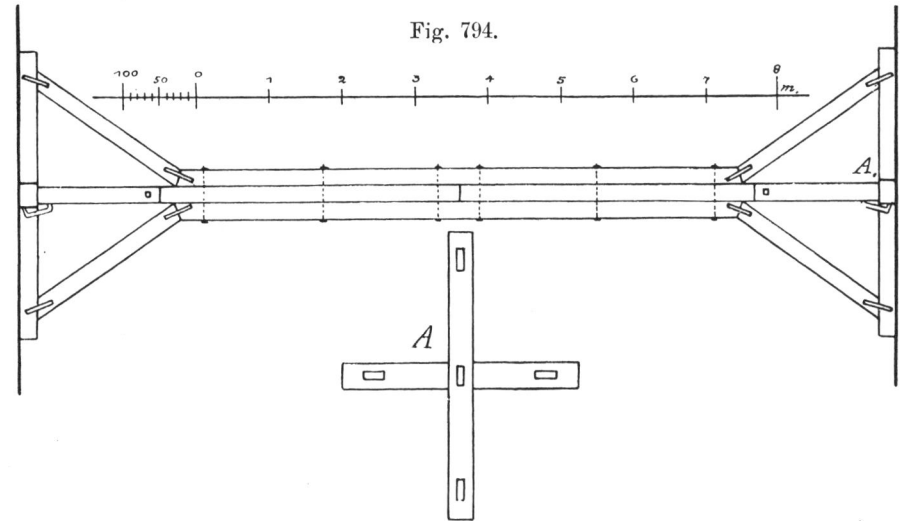

Stoß kann durch zwei mit dem Querbaum verbolzte Hölzer, gegen den die von den Klebhölzern ausgehenden Streben antreten (Fig. 794), gedeckt werden, oder es werden die leicht abgerundeten Stoßflächen durch ein Zangengeschränk (Fig. 795) überdeckt, welches gesenkt wird und, in diesem Zustande befestigt, den Querbaum fest gegen die Klebhölzer drückt. Um den Druck auf eine größere Fläche der Giebelwände zu übertragen, können

Fig. 795.

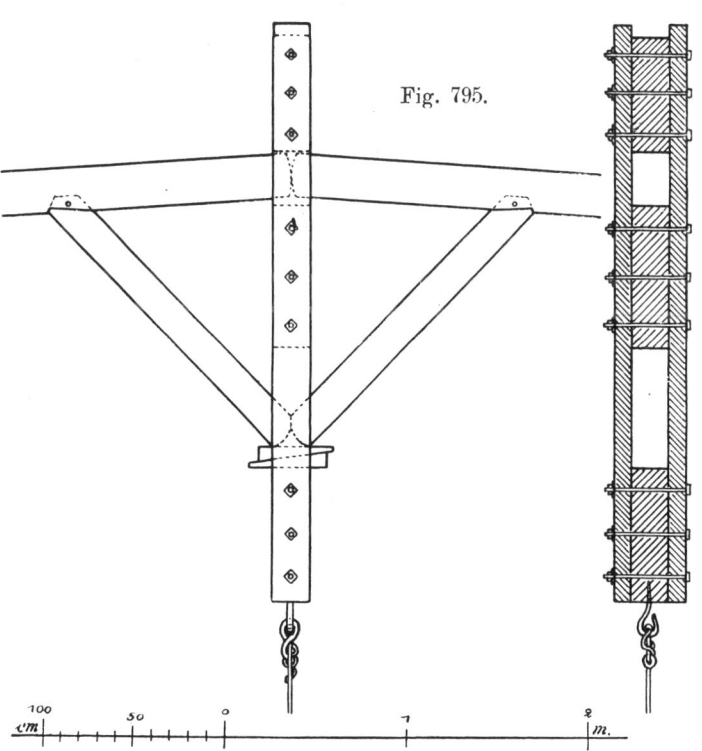

die Klebhölzer, aus je zwei Hölzern bestehend, in Kreuzform gestaltet werden (vergl. Fig. 794 bei A).

Bei den Abbrucharbeiten ist darauf zu achten, daß die Balkenlagen und Massivdecken nicht durch Schuttmassen überlastet werden. Es ist deswegen für eine alsbaldige Beseitigung und geregelte Abfuhr des Schuttes zu sorgen. Damit die Straßenpassanten und die Bewohner der Nachbargebäude nicht zu sehr durch die Staubentwickelung belästigt werden, bestimmen die behördlichen Vorschriften, daß die Schuttmassen vor dem Verladen auf die Fuhrwerke mit Wasser übersprengt werden, und daß das Herabschaffen des Schuttes aus den Stockwerken nach den Wagen in geschlossenen Brettrutschen erfolgt, deren untere Mündung sich unmittelbar über dem Abfuhrwagen befindet. Sache des Bauführers ist es, die Abbrucharbeiten so zu leiten, daß die Schuttmassen auf dem kürzesten Wege, ohne sie mehrmals umlagern zu müssen, fortgeschafft werden.

Diejenigen Abbruchmaterialien, welche im Neubau nicht wieder verwendet werden sollen, werden, soweit sie noch für den einen oder anderen Zweck brauchbar erscheinen, durch Verkauf verwertet. Um eine möglichst große Menge Materialien zu erhalten, die sich für die Wiederverwendung im eigenen Bau oder für den Verkauf eignen, ist es nötig, bei der Gewinnung derselben mit der größten Vorsicht zu verfahren. Dies gilt namentlich für das Losnehmen von Tür- und Fensterfuttern und Bekleidungen, Holzvertäfelungen, Treppen, Plattenbelägen, Dachziegeln, Dachschiefern, Oefen, Abort- und Pissoirbecken usw.

2. Das Anlegen und Vergrößern von Maueröffnungen.

Die Herstellung von Oeffnungen in altem Mauerwerk kann, je nachdem man die Ueberdeckung derselben durch Bögen oder Eisenträger bewirken will auf verschiedene Weise erfolgen.

Im ersteren Fall und bei geringer Breite der herzustellenden Oeffnung (bis 1,5 m) kann man, ohne Absteifungen vorzunehmen, in der folgenden Weise vorgehen: Man reißt die Bogenlinien auf beiden Seiten der Mauer vor, nimmt zuerst die beiden Widerlager vor, indem man das Mauerwerk auf die Strecken $a\,b$ und $a_1\,b_1$ aus-stemmt und die Widerlagsflächen durch neue, entsprechend zugehauene Steine herstellt. Darauf befestigt man auf beiden Seiten der Mauer Wölbscheiben mittels Putzhaken und gleicht das alte Mauerwerk zwischen diesen Lehren mit feuchtem Sand

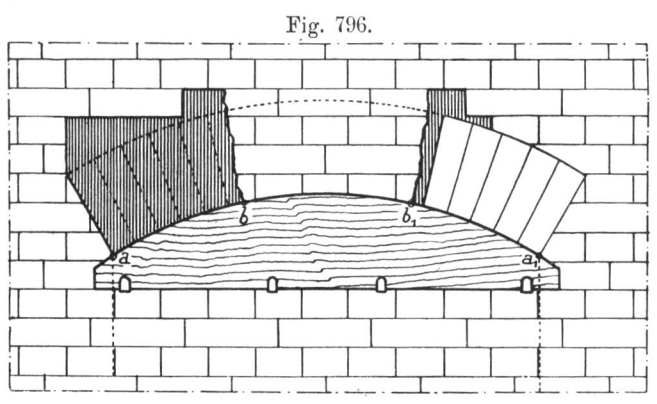

Fig. 796.

oder Kalkmörtel nach den Bogenlinien ab. Nachdem an beiden Widerlagern 4 bis 6 Wölbschichten unter Verwendung von Zementmörtel eingefügt und der Raum zwischen dem Bogenrücken und dem oberen Mauerwerk dicht schließend ausgezwickt ist, wird der mittlere Teil von b bis b_1 ausgestemmt und auf gleiche

Weise durch Wölbschichten geschlossen wie die Teile an den Widerlagern. Nach einigen Tagen, wenn der Mörtel genügend erhärtet ist, bricht man die unter dem Bogen liegende Oeffnung aus.

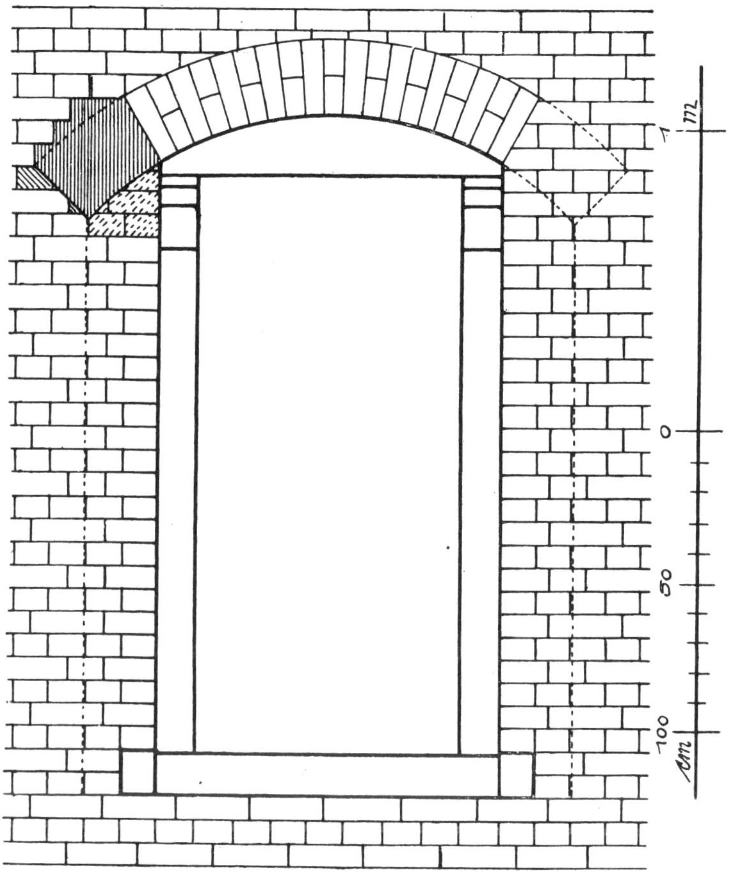

In ähnlicher Weise läßt sich auch eine schon vorhandene mit einem Mauerbogen überdeckte Oeffnung verbreitern. Vor Beginn der Umänderungsarbeiten ist die Oeffnung mit einer genau passenden Aussteifung, bestehend aus Lehrbögen und den erforderlichen Stützen (Fig.797), zu versehen. Das weitere Verfahren ist dann das gleiche wie oben beschrieben; man kann aber auch die Unterstützung der neuen Wölbschichten dadurch schaffen, daß man das Mauerwerk an den Widerlagern um eine Schicht tiefer ausbricht und hier neues Mauerwerk unter Verwendung von Lehmmörtel so einfügt, daß dessen Rükken die untere Bogenleibung bildet (vergl. die punktiert-schraffierten Steine).

Sollen zur Ueberdekkung einer zu verbreiternden oder einer neuen Oeffnung in einer nicht über 38 cm starken Wand Eisenträger Verwendung finden und befindet sich das Mauerwerk in zuverlässigem Zustande, so kann man eben-

Fig. 797.

Fig. 798.

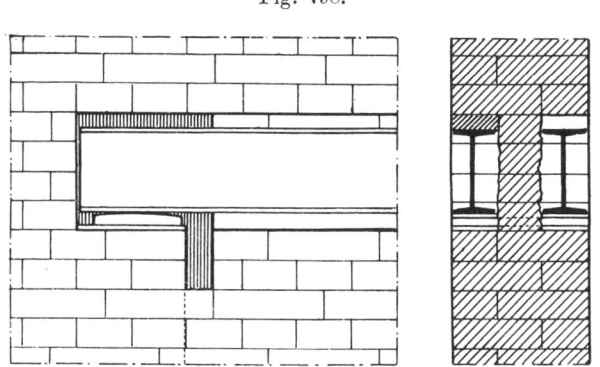

falls ohne Absteifungen auskommen (Fig. 798). Zunächst durchbricht man die Mauer an den beiden Auflagern, mauert ein bis zwei neue Schichten mit Klinkersteinen in Zementmörtel auf, gleicht dieselben satt mit Zementmörtel ab und verlegt in dieses Bett eiserne Auflagerplatten oder Auflagersteine aus Granit bezw. einem anderen festen natürlichen Steinmaterial. Nach einigen Tagen, wenn der Mörtel an den Auflagern genügend abgebunden hat, wird auf der einen Seite der Mauer eine wagerechte Nische auf solche Tiefe ausgestemmt, daß der

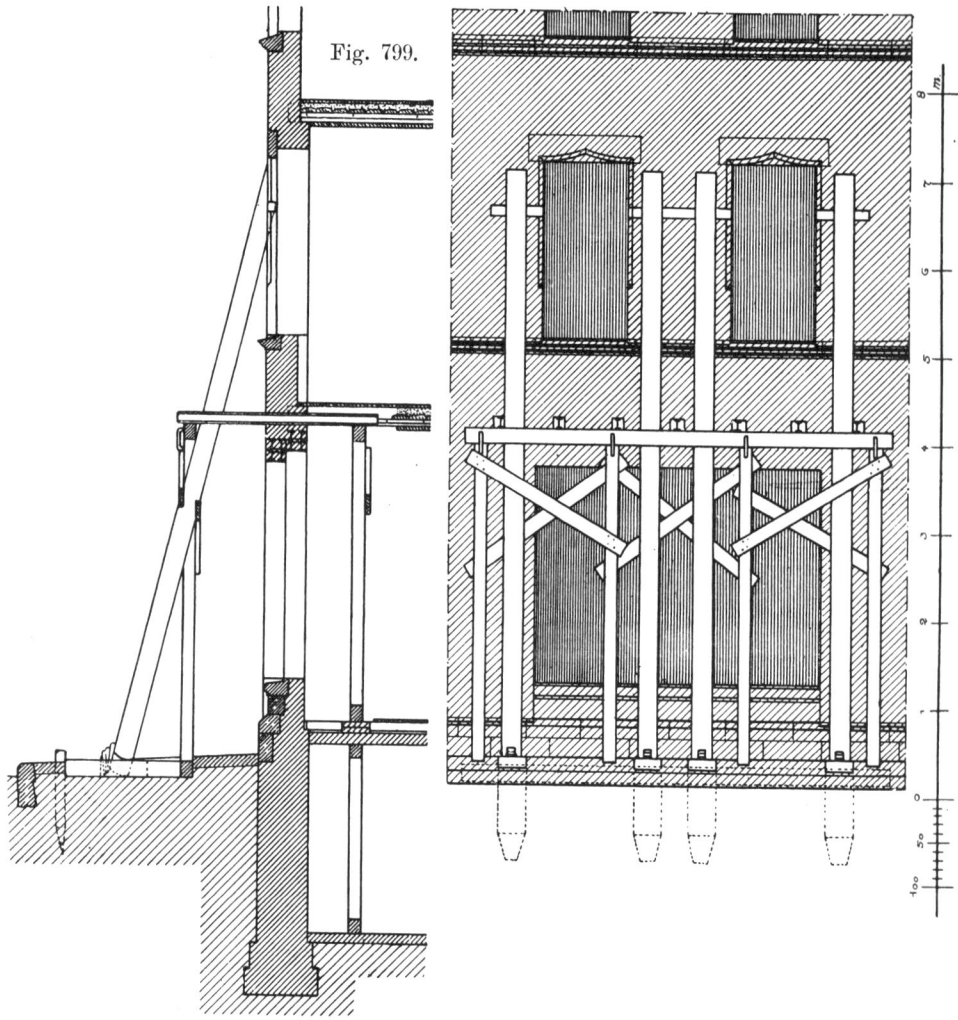

Fig. 799.

Flansch des einzulegenden Eisenträgers in ganzer Breite auf den Auflagerplatten ruhen kann. Der eine Träger wird dann eingeschoben und dichtschließend übermauert. Das gleiche Verfahren wird mit dem zweiten Träger auf der gegenüberliegenden Mauerseite wiederholt und nach einigen Tagen das Mauerwerk unterhalb der Träger ausgebrochen.

Ganz besondere Vorsicht ist zu üben, wenn es sich um das Ausbrechen sehr großer Oeffnungen in stark belasteten Frontwänden, z. B. den Durchbruch von Schaufenstern (Fig. 799), handelt. Die Last der unmittelbar über der Durchbruchstelle vorhandenen Balkenlage und der Frontmauer in dem darüber befindlichen Stockwerk kann durch eine senkrechte Absteifung aufgenommen werden, während die Last der Frontmauer in den oberen Stockwerken einer Treibladen-Absteifung zufällt. Der Gang der Arbeiten bei Herstellung der Absteifungen ist der folgende:

Zuerst wird die Treibladen-Absteifung ausgeführt und dann in dem Raume hinter der auszubrechenden Oeffnung der Deckenputz in einer Breite von 1 bis 1,5 m abgeschlagen, die Deckenschalung losgenommen und die Einschubdecke auf gleiche Breite beseitigt. Darauf werden in Abständen von 60 bis 80 cm durchgehende Löcher so in der Frontmauer ausgebrochen, daß durchgeschobene Querriegel oder Eisenträger annähernd mit den Unterkanten der Deckenbalken abschneiden. Vor der Außen- und Innenseite der Frontmauer werden jetzt senkrechte Steifen aufgerichtet, die zwischen Schwellen und Rahmhölzer so eingetrieben werden, daß das innere Rahmholz die Last der freigelegten Balkenlage aufnimmt. Die Querriegel oder Eisenträger werden dann von außen durch die Mauerschlitze geschoben und durch Keile, die oberhalb der Rahmhölzer eingeführt werden, fest gegen das obere Mauerwerk getrieben. Der Abstand der inneren Steifen von der Frontmauer muß ein möglichst geringer (40 bis 60 cm) sein, damit die Deckenbalken nahe ihren Auflagern abgefangen werden, während die äußeren Steifen so anzubringen sind, daß das Rahmholz v o r den Streben der Treibladen-Absteifung durchgehen kann. Zur Sicherung der Steifen gegen Verschieben dienen Spitzklammern und kreuzweise aufgenagelte Bohlen.

Ist der Raum hinter der Durchbruchsöffnung unterkellert, so muß auch der Fußboden im Erdgeschoß auf gleiche Breite wie die Deckenschalung losgenommen und das Kellergewölbe durch ein Bockgerüst abgefangen werden, oder es sind Löcher in das Kellergewölbe zu stemmen, durch welche die inneren Steifen bis zur Kellersohle herabgeführt werden.

Nach diesen Vorbereitungen erfolgt der Ausbruch der Oeffnung, das Aufmauern der Gewände, das Einlegen der Unterlagsplatten und schließlich das Einbringen und Uebermauern der die Oeffnung nach oben abschließenden Eisenträger. Während dieser Arbeiten sind die Streben und Steifen mehrfach mit einem Hammer anzuschlagen, um festzustellen, ob die Last des Mauerwerks und der Balkenlagen voll auf ihnen ruht; es ist dies der Fall, wenn beim Anschlagen ein hell klingender Ton hervorgerufen wird. Trifft dies nicht zu, so sind die Keile erneut anzutreiben, jedoch ist hierbei, und in erhöhtem Maße bei den Steifen, mit Vorsicht zu verfahren, damit die untere Balkenlage nicht gehoben wird.

Einige Tage nach Vollendung der Arbeiten können die Senkrecht-Steifen und 8 bis 14 Tage später auch die Treibladen-Absteifungen entfernt werden.

3. Die Wegnahme und Unterstützung von Tragemauern.

Ist eine Mauer zu beseitigen, auf welche eine Wand des oberen Stockwerkes und außerdem die Last einer Balkenlage ruht (Fig. 800), so ist in der gleichen Weise, wie dies bei dem Schaufenster-Durchbruch beschrieben wurde, zu verfahren. Die zur Ueberdeckung der Oeffnung und zum Abfangen der Lasten dienenden Eisenträger müssen schon vor Beginn der Absteifungsarbeiten seitlich von der abzubrechenden Mauer auf der unteren Balkenlage gelagert werden, weil sie nachträglich nicht zwischen den engstehenden Steifen eingebracht werden

Fig. 800.

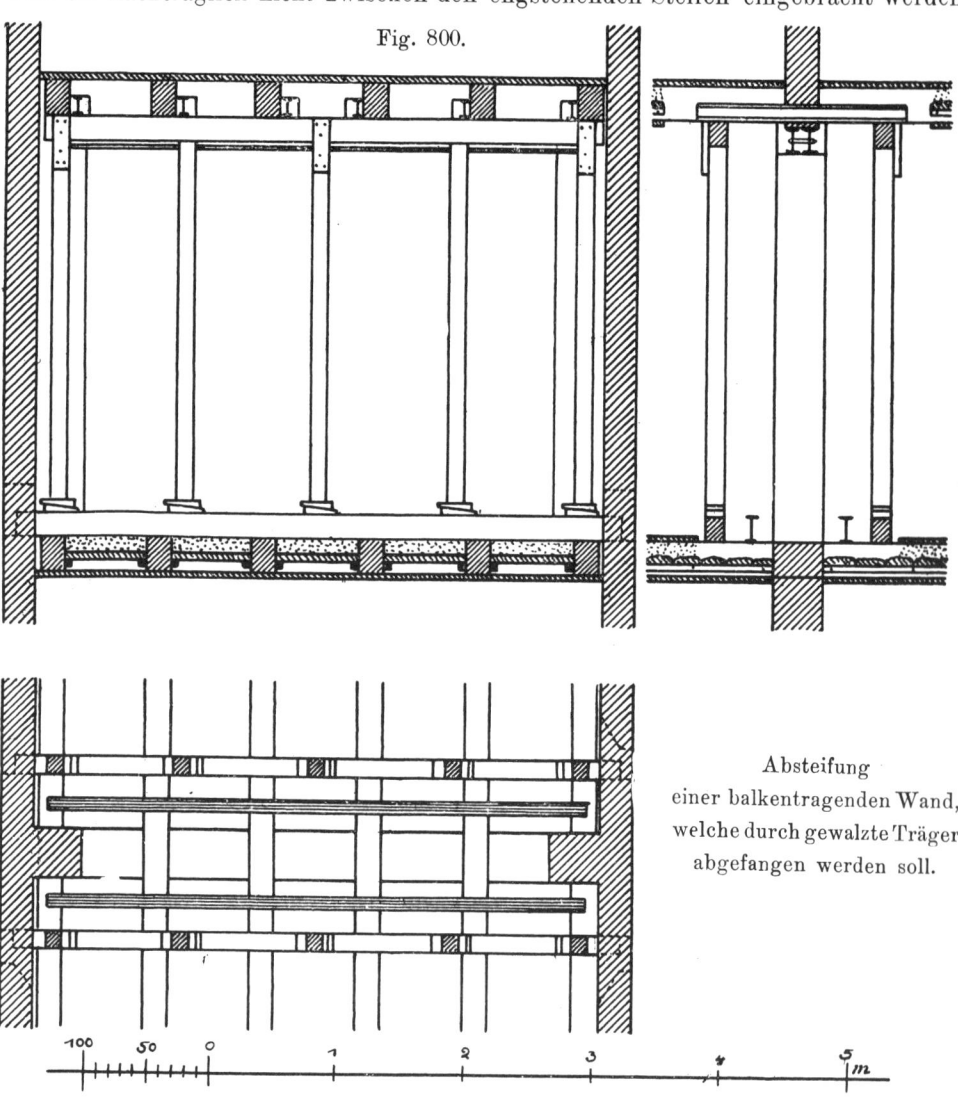

Absteifung
einer balkentragenden Wand,
welche durch gewalzte Träger
abgefangen werden soll.

können. Das Heben der Träger geschieht, sofern jeder nicht mehr als 350 kg wiegt, von Hand durch 4 bis 8 Arbeiter; schwerere Träger werden mittels Flaschenzüge, die jedoch nicht an der Absteifung befestigt sein dürfen, gehoben. Vorsicht ist auch bei dem Fortbewegen schwerer Träger über Balkenlagen oder Gewölbe hinweg geboten; man benutzt hierfür rund gehobelte Walzen aus Hartholz von 10 bis 15 cm Durchmesser und 40 bis 60 cm Länge. Diese werden in Zwischenräumen von 1,5 bis 2 m auf zwei Schwellen oder Bohlen gelegt, über diese wird eine zweite Bohle gestreckt und der Träger langsam an seinen Bestimmungsort geschoben. Durch diese Vorrichtung erspart man Arbeitskräfte und vermeidet jede Erschütterung. Handelt es sich um den Transport sehr schwerer Stücke über Gewölbe oder frisch hergestellte Massivdecken hinweg, so sind diese durch kräftige Vierkanthölzer, die frei über die Decken weggestreckt sind, zu entlasten.

Ist eine Wand auf die ganze Breite eines Raumes abzubrechen, so ist die Länge der die Lasten aufnehmenden Träger größer als der lichte Abstand der Auflagermauern.

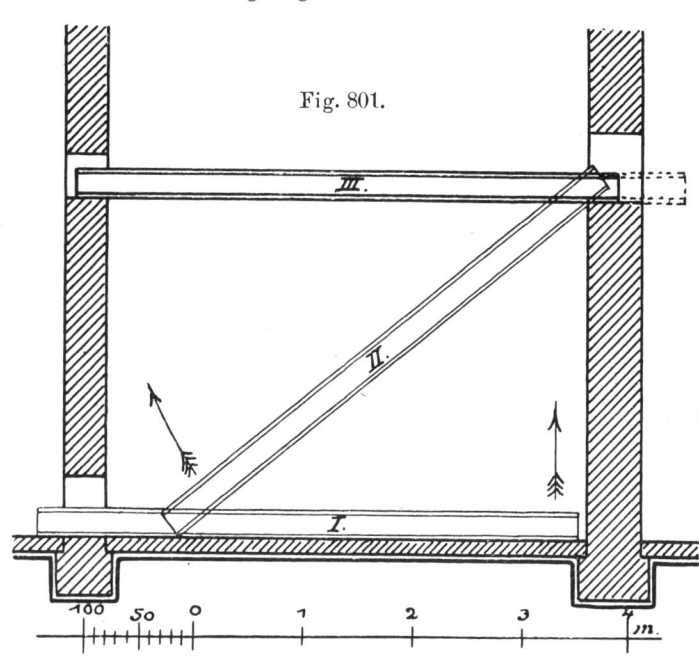

Das Einbringen der Träger neben die abzubrechende Wand kann dann vor Ausführung der Absteifung von einem Nebenraume aus, oder, wenn eine Frontmauer in Frage kommt, von außen erfolgen, indem in die betreffende Auflagermauer unmittelbar über dem Fußboden eine Oeffnung gestemmt wird, durch welche der Träger geschoben wird (Fig. 801 bei I).

Fig. 801.

Vor dem Verlegen sind dann beide Mauern in Auflagerhöhe zu durchbrechen. Der Träger wird zunächst in die Lage II gebracht, darauf soweit durch die eine Oeffnung geschoben, daß er mit dem anderen Ende frei im Raume bis zur Höhe des Auflagers gehoben werden kann, und alsdann in seine endgültige Lage III gebracht.

Zuweilen kommt auch der Fall vor, daß die Widerlagsmauern stark belasteter Gurtbögen während eines Umbaues zeitweise geschwächt, durch neue Widerlager ersetzt werden oder unterfangen werden müssen. Um trotzdem den hierdurch gefährdeten Gurtbogen mit dem auf ihm ruhenden Mauerwerk und den anschließenden Gewölben erhalten zu können, ist eine Absteifung desselben vorzunehmen, indem ein aus kräftigen Vierkanthölzern hergestelltes Lehrgerüst eingebaut und gegen den Gurtbogen abgekeilt wird.

Fig. 802 zeigt eine derartige Absteifung im Aufrisse. In Abständen von 50 bis 60 cm wird der Putz am Gurtbogen losgeschlagen, ein Brettstück eingeführt und mit Keilen aus Eichenholz gegen die Wölbung gepreßt. Ist der Gurtbogen nur 25 cm breit, so genügt ein solches Gerüst, bei größerer Breite sind zwei Gerüste aufzustellen, die miteinander durch geneigt liegende kräftige Latten zu verbinden und gegeneinander abzustreben sind. Die einzelnen Hölzer

des Gerüstes treten mit stumpfem Stoß gegeneinander und werden durch ein-
geschlagene Spitzklammern in ihrer Lage gesichert.

Fig. 802.

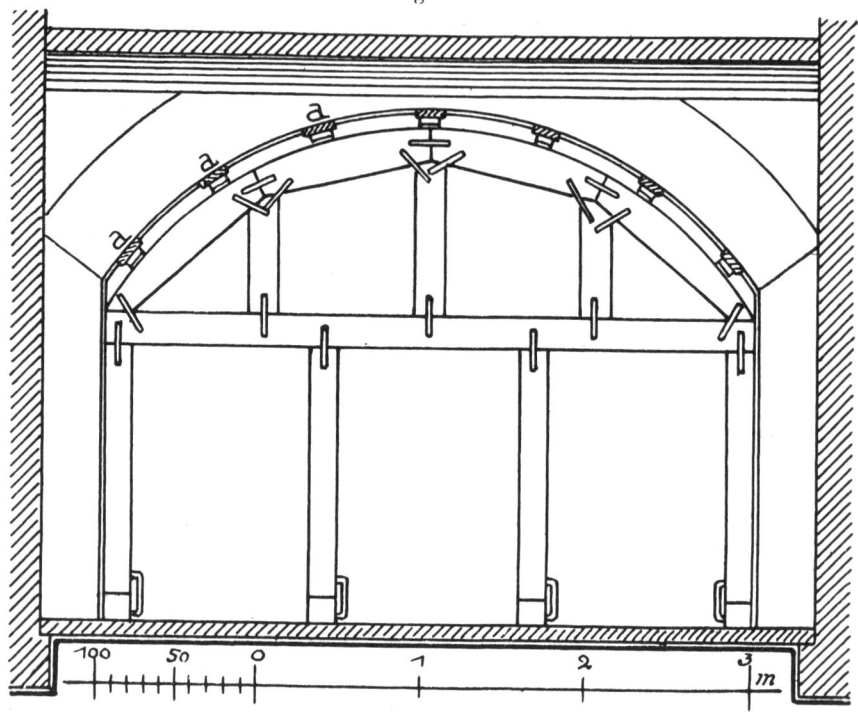

Fig. 803.

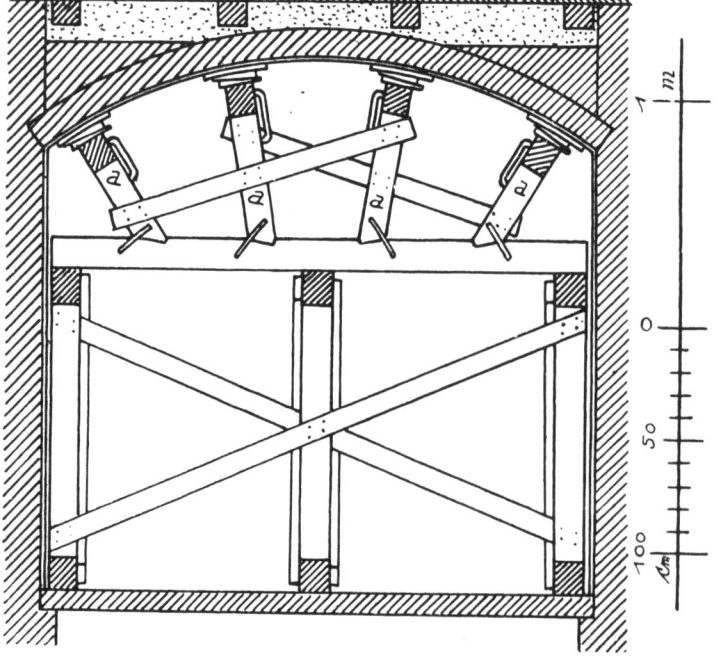

Werden auch
die Widerlager
der anschließen-
den Gewölbe in
Mitleidenschaft
gezogen oder die
Gewölbe durch
die Umänderungs-
arbeiten starken
Erschütterungen
ausgesetzt, so
sind auch diese
in zweckentspre-
chender Weise
auszusteifen.
Hierbei werden
in ein Bockgerüst
(Fig. 803) Pfo-
sten a eingezapft,
deren oberes Ende
mit Zapfen in

Langhölzer eingreifen. Die zentral gerichteten Pfosten werden durch aufgenagelte Brettstücke in ihrer gegenseitigen Lage gesichert. Nachdem diese Aussteifungen auf die ganze Gewölbelänge in Abständen von 1,5 bis 2,0 m eingebaut sind, werden 25 mm starke Brettstücke in 70 bis 80 cm weiten Abständen direkt auf den Gewölbeputz gelegt und mit Holzkeilen angetrieben. Dieses Antreiben darf aber nur sehr mäßig erfolgen, da sonst das nur $\frac{1}{2}$ Stein starke Gewölbe nach oben durchgedrückt werden kann. Es empfiehlt sich auch, nach dem Antreiben einen Drahtstift durch die Keile und das Brett zu schlagen, damit beim Antreiben der nächsten Keile die vorhergehenden nicht gelockert werden und herausfallen.

4. Das Unterfahren alter Fundamente.

Man versteht hierunter die Tieferführung bestehender Fundamente. Diese Arbeit wird nötig, wenn nicht unterkellerte Teile eines bestehenden Gebäudes nachträglich unterkellert oder, wenn dicht anstoßend an die Giebelwände von Nachbargebäuden ein Neubau ausgeführt werden soll, dessen Fundamente tiefer reichen als die Fundamente der alten Gebäude. Soll ein Neubau an Stelle eines von Nachbargebäuden begrenzten alten Gebäudes errichtet werden, so empfiehlt sich die Ausführung der Unterfahrungsarbeiten bevor das alte Gebäude abge-

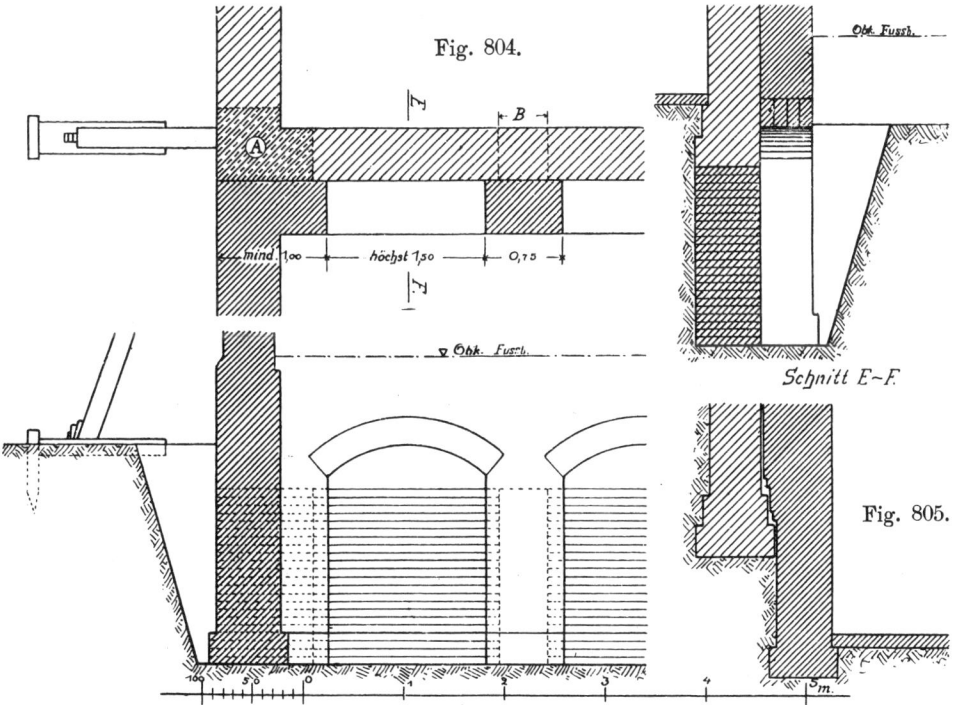

Fig. 804.

Schnitt E–F.

Fig. 805.

brochen ist, da dann die zu unterfangenden Nachbargiebel noch in allen Stockwerken ihre natürliche Verspannung durch die Decken, Außen- und Zwischenwände haben. In jedem Falle darf aber die Unterfangung nur stückweise erfolgen, so daß man die Erde auf höchstens 1,50 m Länge ausschachtet, diesen Teil der Mauer unterfängt, die Erde wieder einfüllt und dann ein weiteres Stück in Arbeit nimmt. Ruhen die Fundamente der Nachbargebäude auf tragfähigem Erdreiche, so ist das Unterfahren derselben dann nicht geboten, wenn die Fundamente des Neubaues nicht tiefer unter die Fundamentsohle des alten Gebäudes zu liegen kommen, als diese breit ist. Das neue Fundament muß aber auch in diesem Falle stückweise ausgeführt werden, wobei die Steine scharf gegen den auf der Nachbargrenze senkrecht abgestochenen Boden angesetzt werden.

Liegen die neuen Fundamente in größerer Tiefe unter der Fundamentsohle des alten Gebäudes, und ist das Erdreich unter der letzteren standfähig, so kann man das Fundament der neuen Mauer längs der Nachbargrenze in einzelnen Pfeilern (Fig. 804) ausführen, die oberhalb der Fundamentsohle des alten Gebäudes durch Mauerbögen miteinander verbunden werden. Sind auf diese Weise beide Giebelmauern des Neubaues mindestens bis zur Höhe des Fußbodens im Erdgeschoß (besser bis zur Balkenlage im 1. Stockwerk) ausgeführt, so wird die Erde stückweise zwischen den Mauerpfeilern ausgehoben und das alte Fundament mit Klinkersteinen und Zementmörtel nnter Einhaltung möglichst enger Fugen unterfangen (vergl. den Schnitt E—F). Daß dabei kleine Stücke B der alten Mauer ohne Untermauerung bleiben, ist unbedenklich, weil sich selbst Mauerwerk geringer Güte auf so kurze Längen (50—65 cm) frei trägt. Den Eckpfeiler A unterfängt man am besten vor Ausführung der neuen Mauer von der Straßenseite aus, nachdem die aufruhenden Lasten durch eine Treibladenabsteifung abgefangen sind.

Fig. 806.

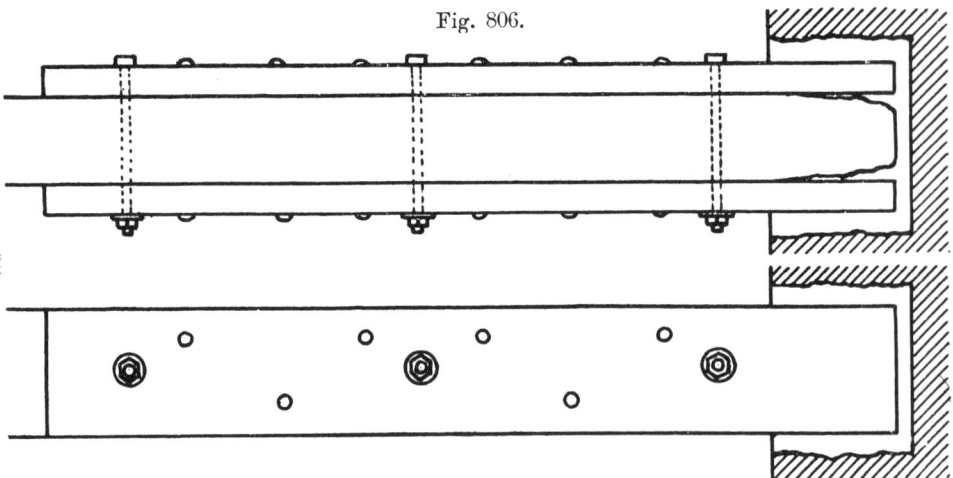

Springt das zu unterfahrende Fundament in das Grundstück des neu zu errichtenden Gebäudes hinein, so kann man die über die Grenze tretenden Absätze abstemmen, wenn das Fundament aus sehr gutem Mauerwerk besteht und die Tragfähigkeit desselben durch die Einschränkung der Fundamentbreite nicht zu sehr beeinträchtigt wird. Andernfalls muß man das neue Fundament über die Vorsprünge des alten Nachbargiebels auskragen (Fig. 805) und dabei einen ausreichenden Spielraum (5—8 cm) für das Setzen des Neubaues belassen.

Besteht der Untergrund der zu unterfangenden Wand aus sehr schlechtem Material (feinem, nicht standfähigem Sand, Rollkies, aufgeschüttetem Boden),

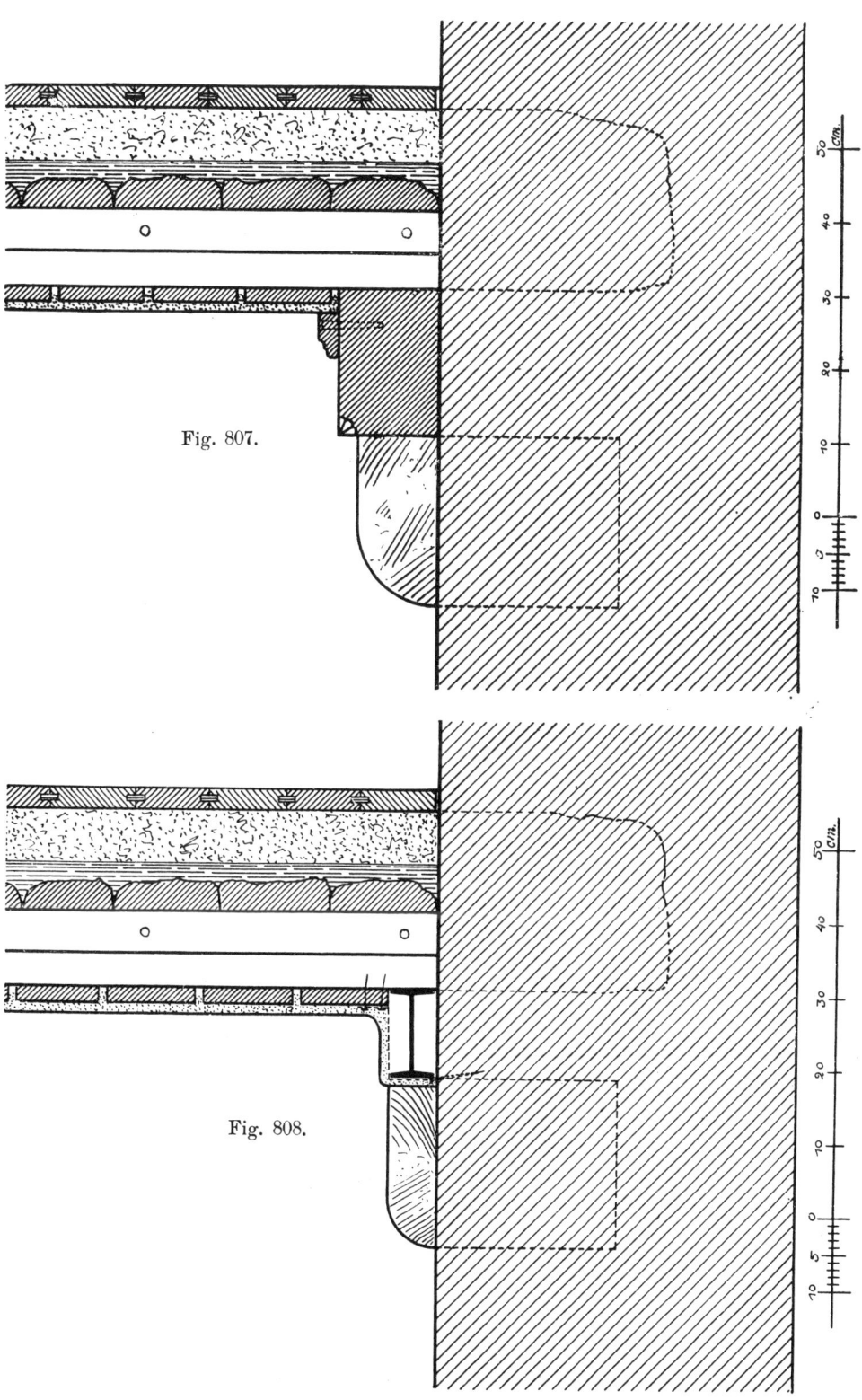

Fig. 807.

Fig. 808.

so müssen die unter die Fundamente führenden Gräben, die dann auf höchstens 1 m Länge auszuheben sind, wie die Gräben bei Kanalisierungsarbeiten oder die Stollen in Bergwerksbetrieben ausgezimmert und außerdem Absteifungen des alten Gebäudes vorgenommen werden.

5. Ausbesserungen an Balkendecken.

Bei fast allen Umbauarbeiten macht man die Erfahrung, daß eine mehr oder weniger große Zahl von Balken an den Auflagerenden der Trocken- oder Naßfäule anheimgefallen ist, und es sollte deshalb immer eine genaue und gewissenhafte Untersuchung aller Balken auf ihren Zustand durch Freilegen der Balkenenden erfolgen.

Ist eine große Zahl von Balken angefault, so ist es immer das zweckentsprechendste, die ganze Balkenlage zu beseitigen und dieselbe durch eine neue zu ersetzen.

Handelt es sich dagegen um nur wenige Balken, so kommt man weit billiger zum Ziele und kann den nicht mehr tragfähigen in die Mauer eingreifenden Balkenenden dadurch ein sicheres Auflager geben, daß man auf eine Länge von 1,5 bis 2,0 m Verstärkungsbohlen seitlich an die betreffenden Balken anbolzt (Fig. 806).

Scheint es nicht ratsam, die Balkenenden ganz frei zu legen, so kann man auch in Abständen von etwa 2,5 m Kragsteine aus hartem Gestein in die Auflagermauer einfügen und die Balkenenden durch einen Unterzug aus Holz (Fig. 807) oder aus Walzeisen (Fig. 808) unterstützen.

Druck von Straubing & Müller, Weimar.

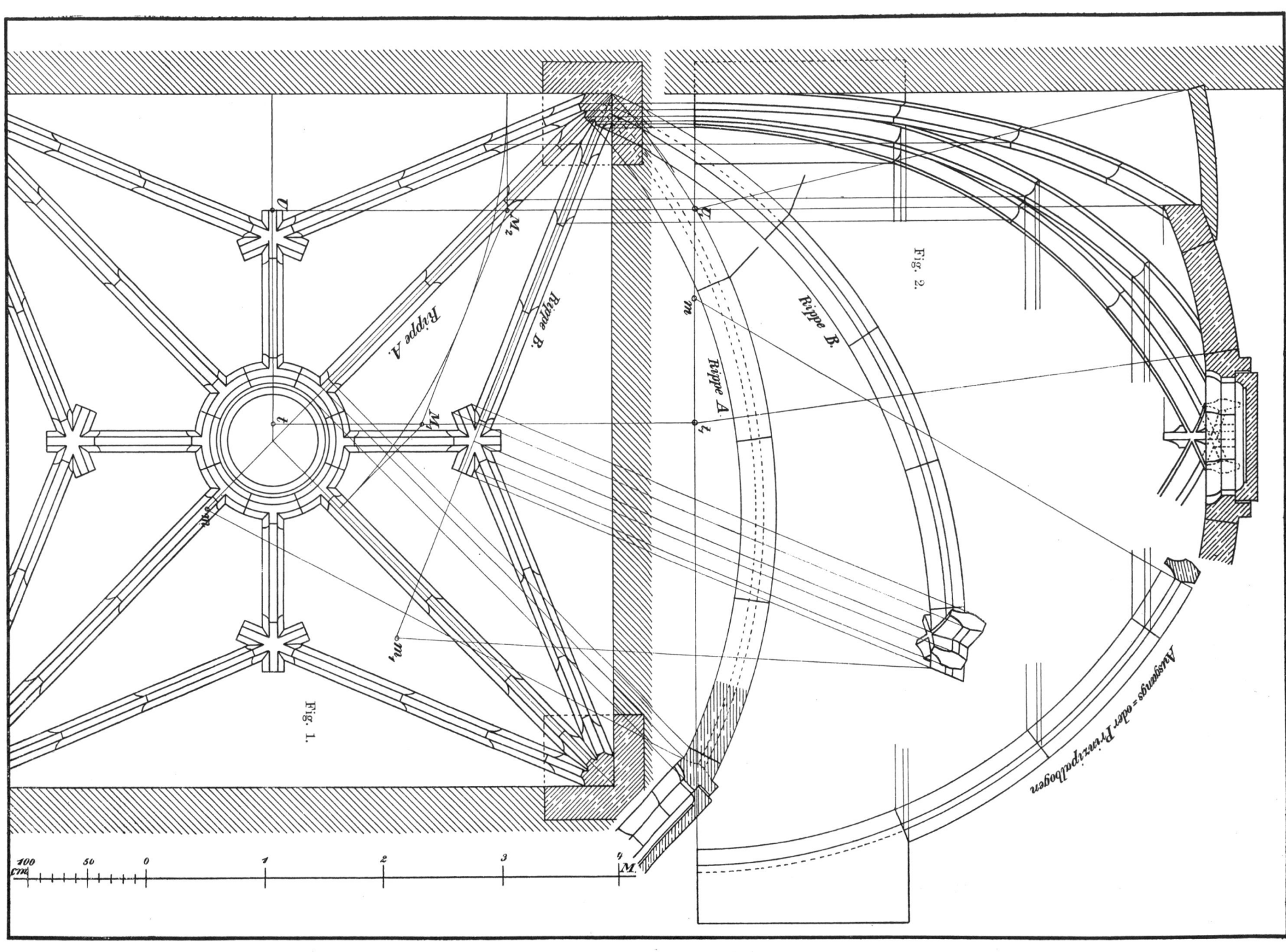

Rippe A.

Rippe B.

Rippe B.

Rippe A.

Fig. 2.

Fig. 1.

Ausgangs= oder Principalbogen.

100
cm
50
0
1
2
3
4
M.

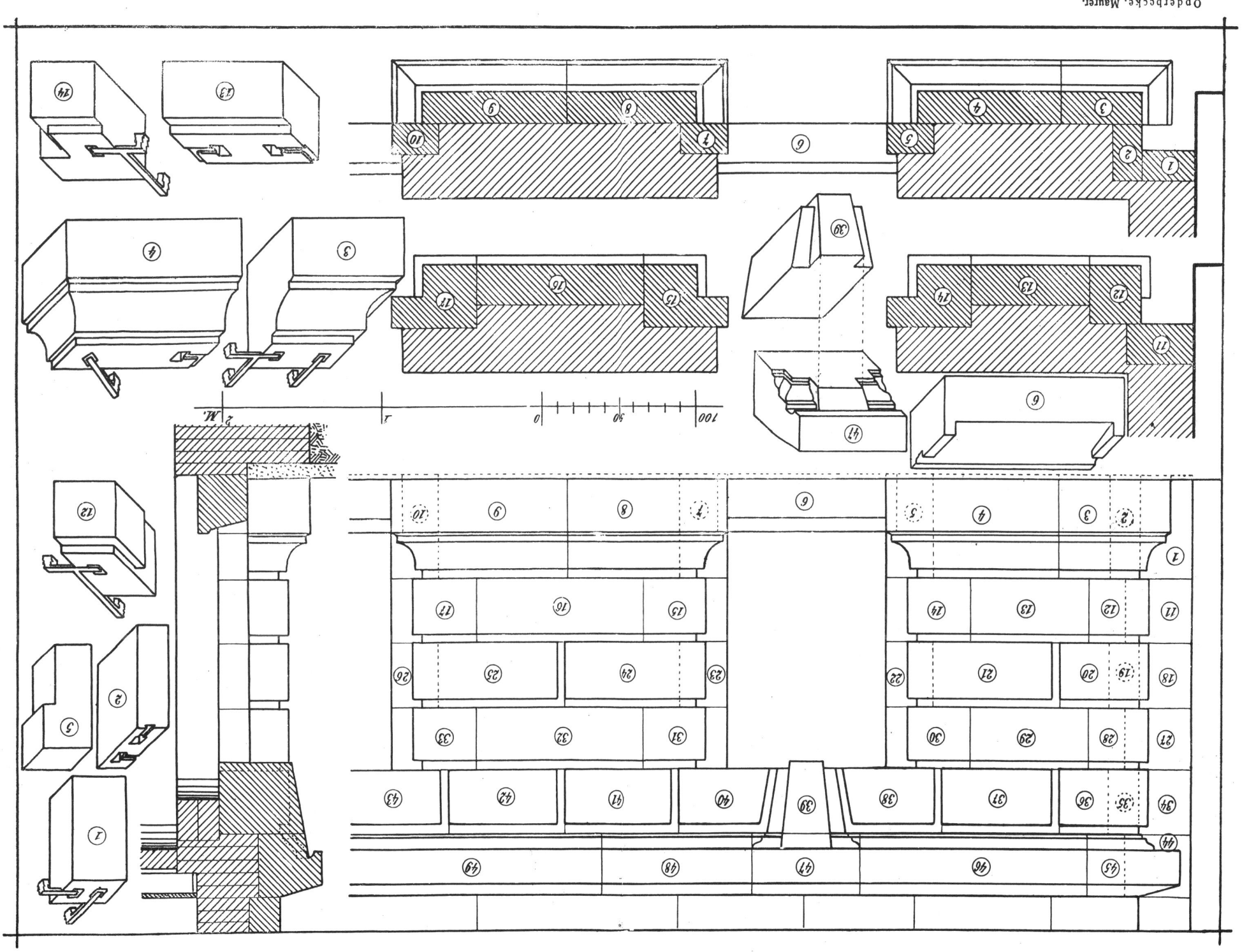

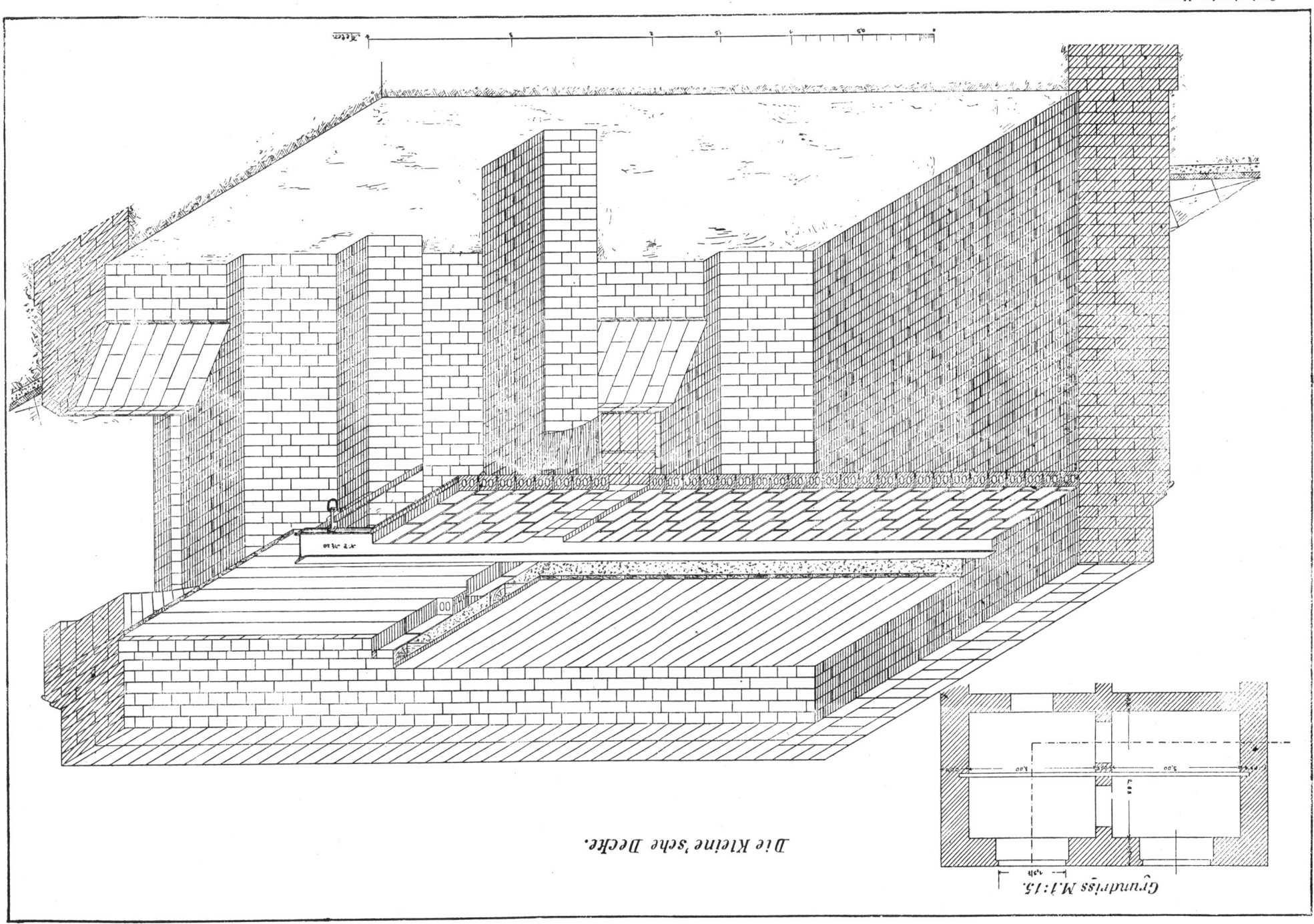

Die Kleine'sche Decke.

Grundriss M.1:15.

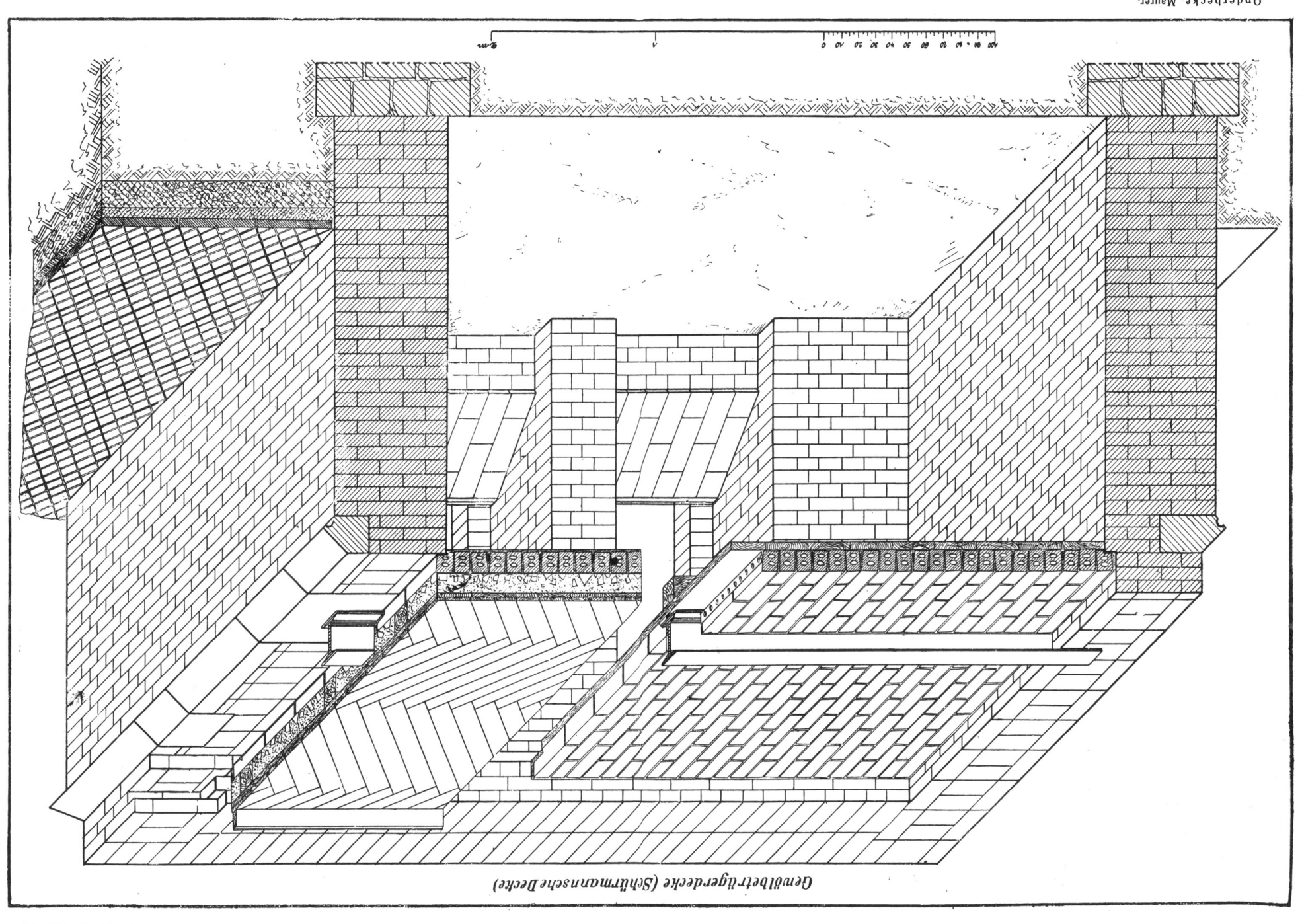

Opderbecke, Maurer.

Gewölbeträgerdecke (Schürmannsche Decke)

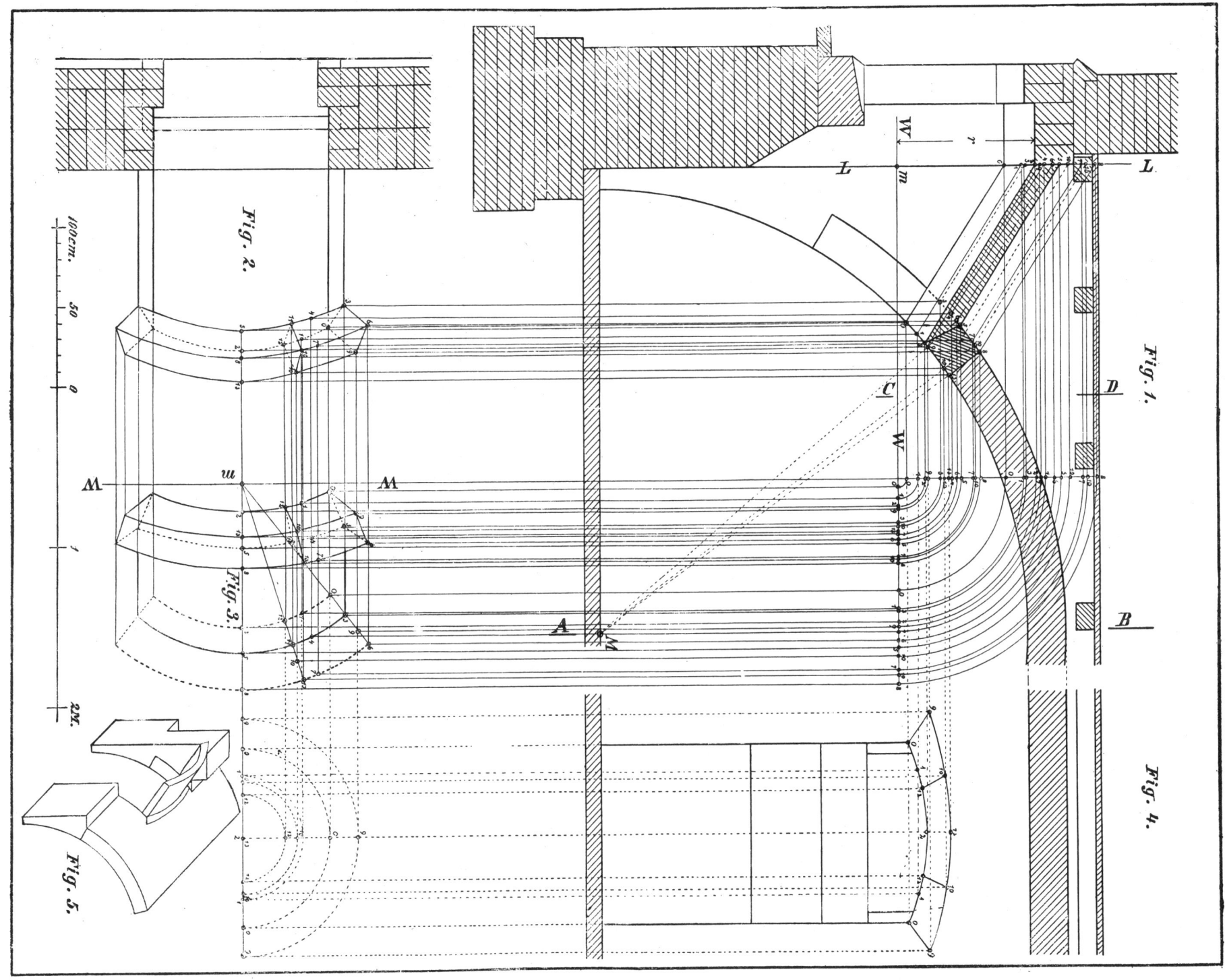

Opderbecke, Maurer.

Fig. 2.

Fig. 1.

Fig. 3.

Fig. 4.

Fig. 5.

Taf. 7 u. 8.

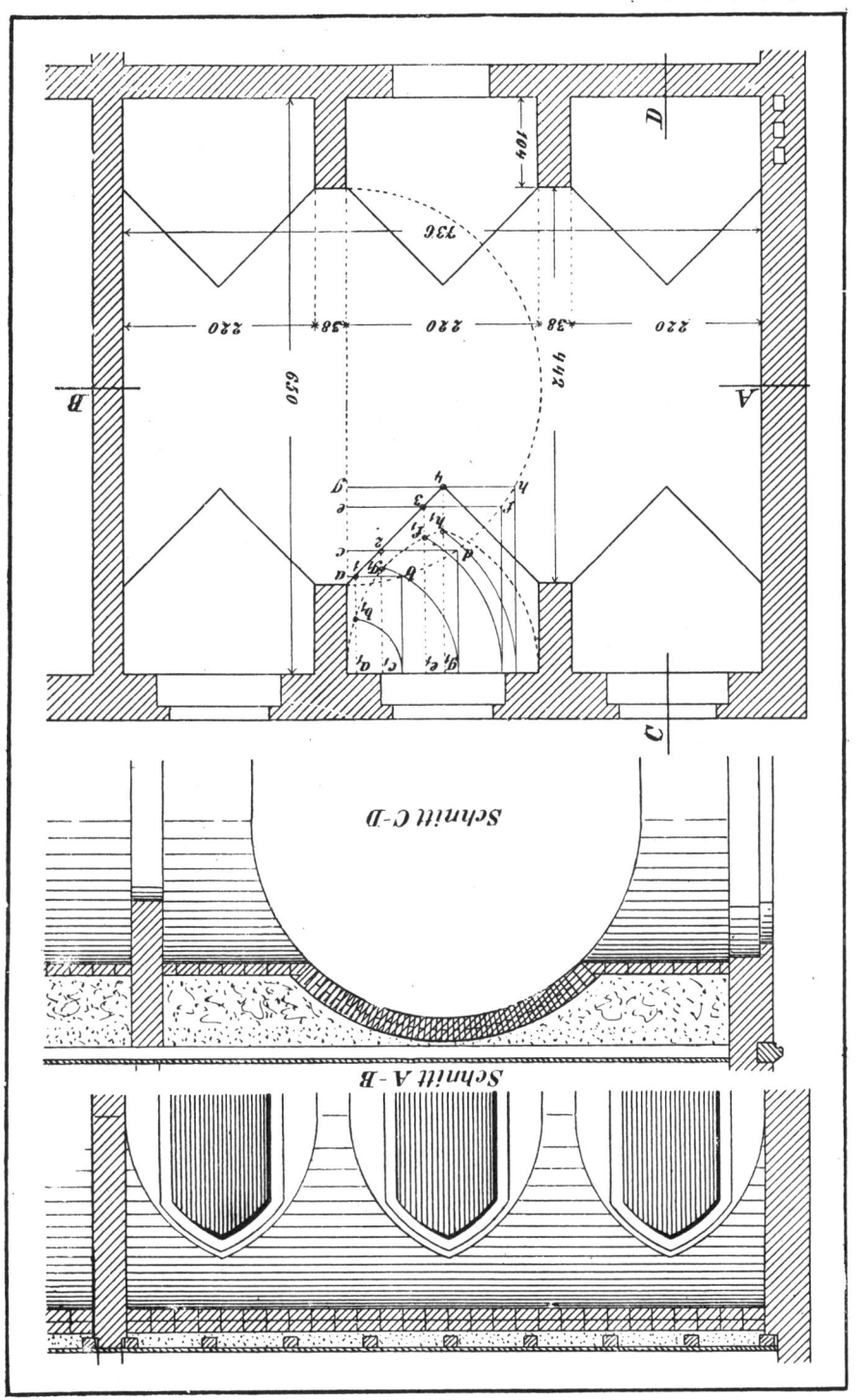

Schnitt C–D

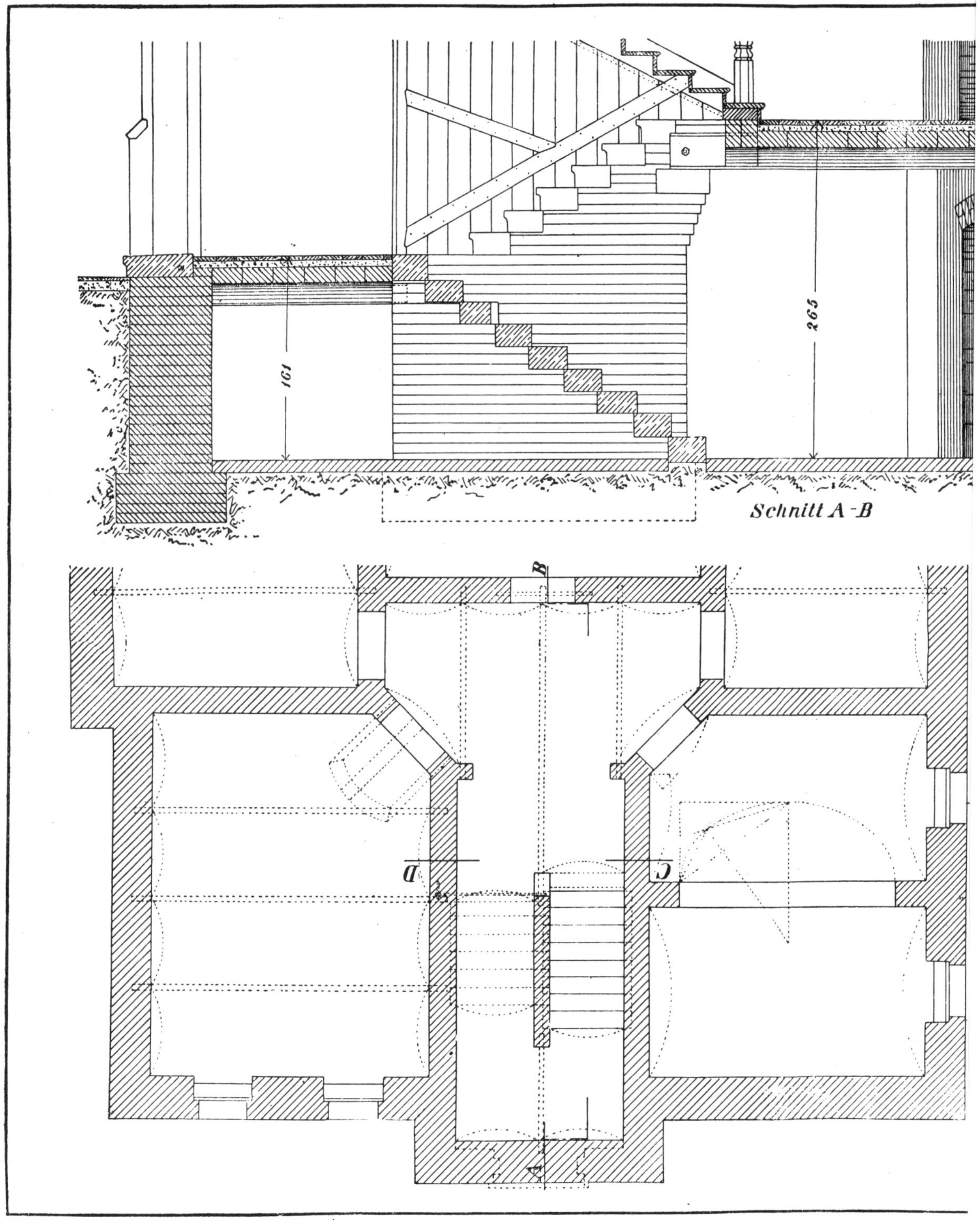

Schnitt A–B

Schnitt A–B

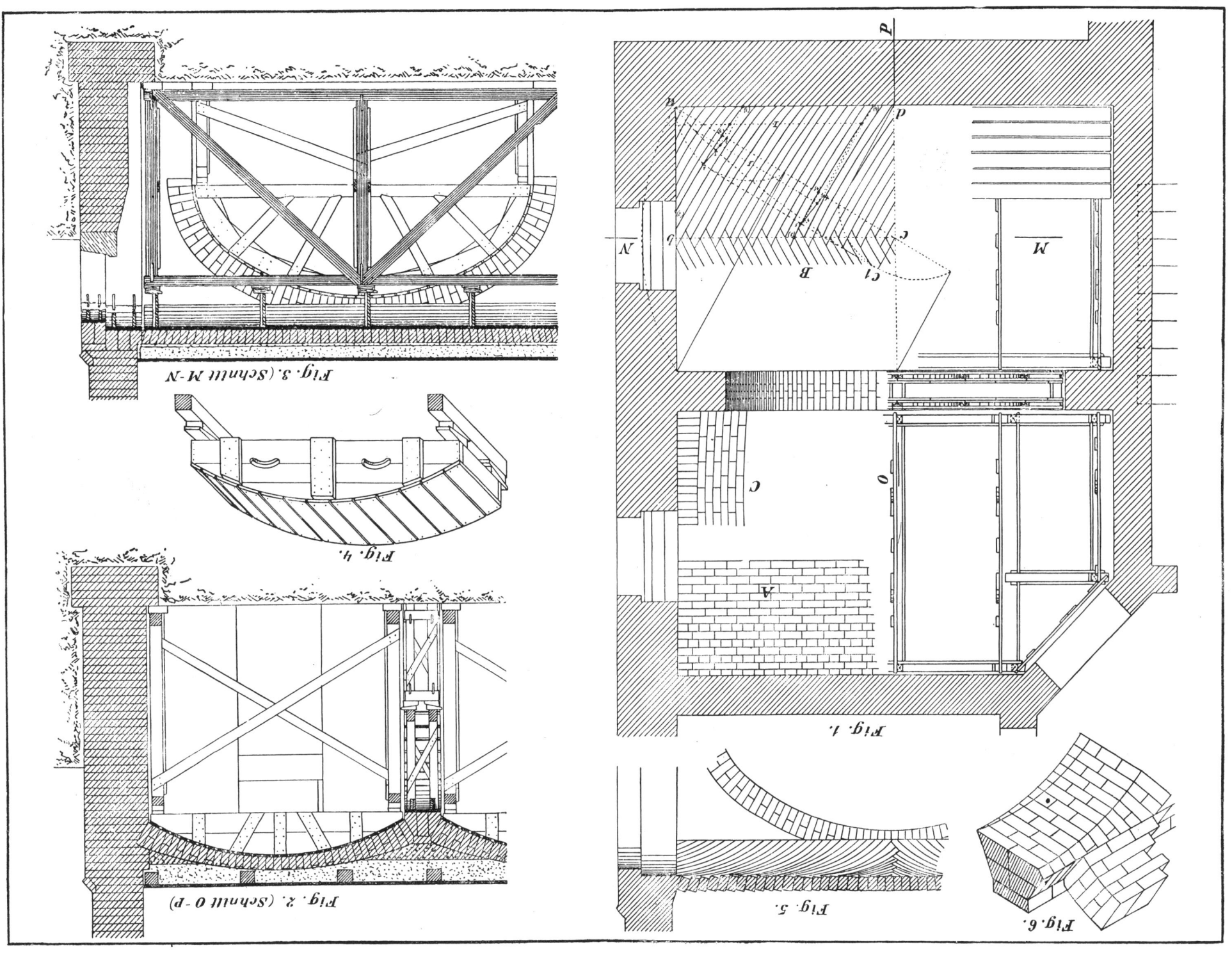

Fig. 3. (Schnitt M-N)

Fig. 4.

Fig. 2. (Schnitt O-P)

Fig. 1.

Fig. 5.

Fig. 6.

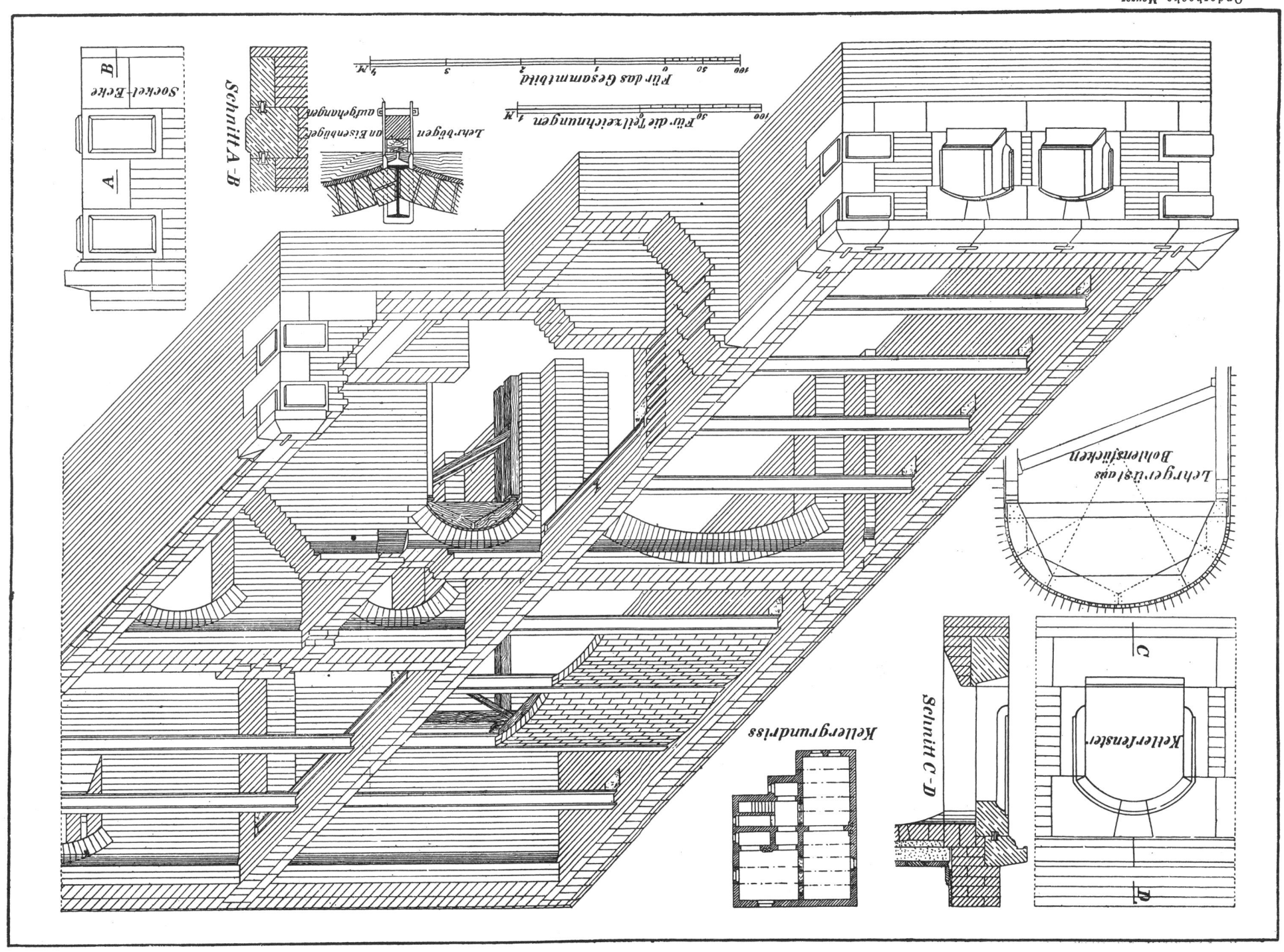

Sockel-Ecke

B

A

Schnitt A-B

Lehrbögen an Eisenbügel aufgehängt.

Für das Gesamtbild.

Für die Detailzeichnungen.

Lehrgerüst aus Bohlenstücken

Schnitt C-D

Kellergrundriss

Kellerfenster

C

D

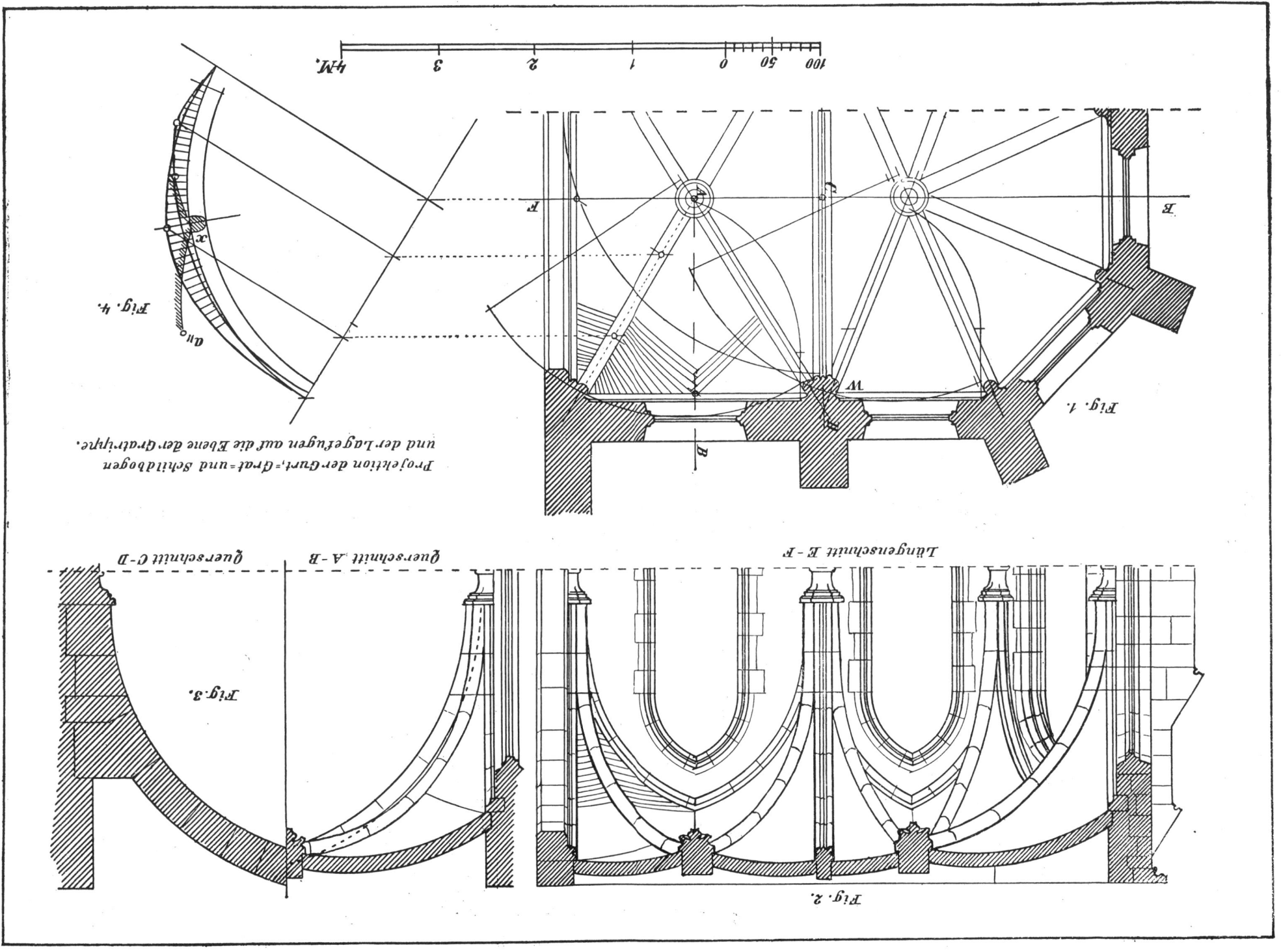

Opderbecke Maurer

Projektion der Gurt-, Grat- und Schildbogen
und der Lagerfugen auf die Ebene der Gratrippe.

Fig. 4.

Fig. 1.

Fig. 3.

Fig. 2.

Querschnitt C–D
Querschnitt A–B
Längenschnitt E–F

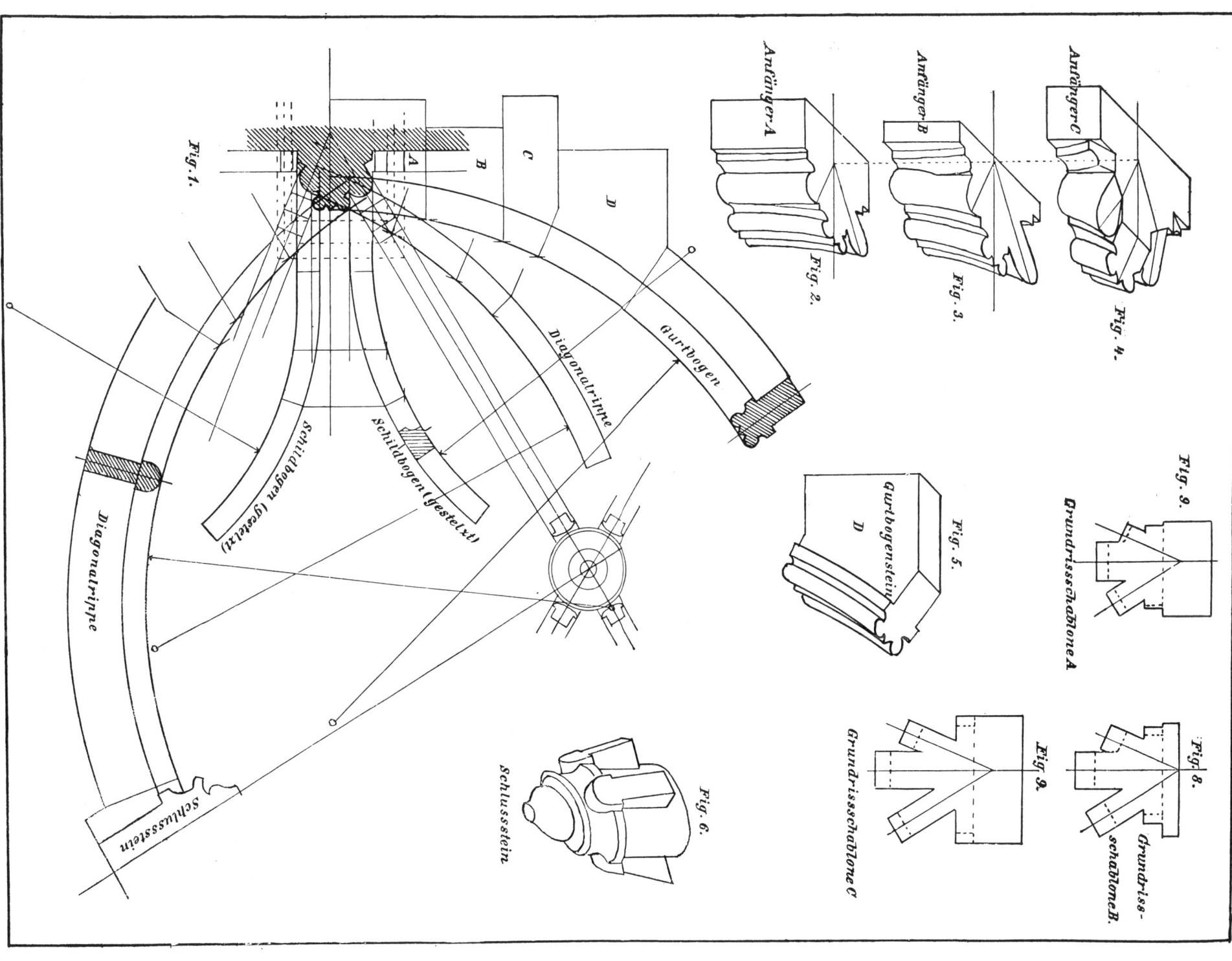

Opderbecke, Maurer.

Fig. 1.

A
B
C
D

Diagonalrippe

Gurtbogen

Schildbogen (gestellt)

Schildbogen (gestellt)

Diagonalrippe

Schlussstein

Anfänger A

Fig. 2.

Anfänger B

Fig. 3.

Anfänger C

Fig. 4.

Gurtbogenstein
D

Fig. 5.

Schlussstein

Fig. 6.

Grundrissschablone A

Fig. 9.

Grundrissschablone C

Fig. 9.

Grundriss-
schablone B.

Fig. 8.

Taf. 18 u. 19.

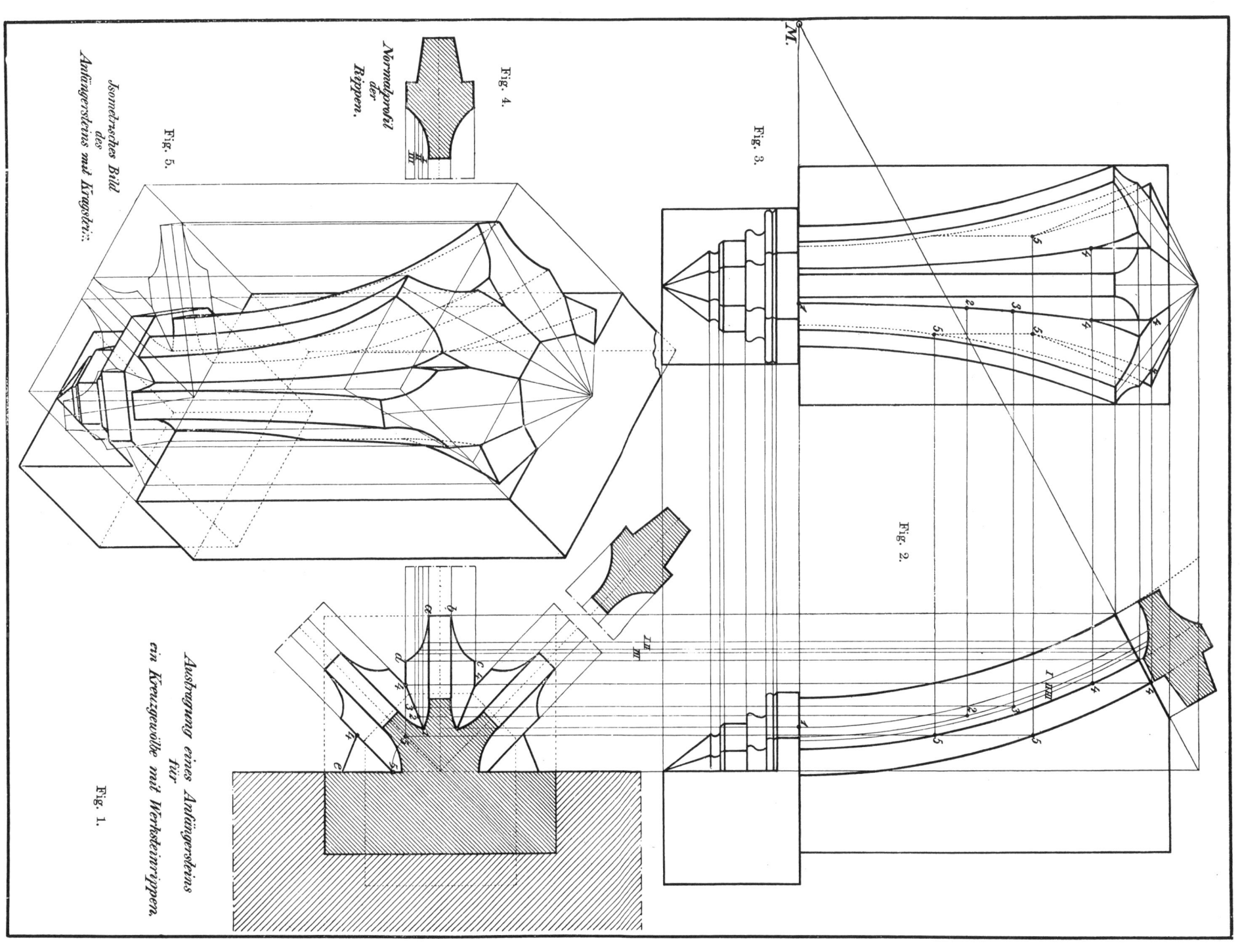

Fig. 4.

Normalprofil
der
Rippen.

Fig. 5.

Isometrisches Bild
des
Anfängersteins mit Kragstr...

Fig. 3.

M.

Fig. 2.

Austragung eines Anfängersteins
für
ein Kreuzgewölbe mit Werksteinrippen.

Fig. 1.

Taf. 20 u. 21.